AF899221

Die Kathodenstrahlröhre
und ihre Anwendung in der Schwachstromtechnik

Von

Manfred von Ardenne

Unter Mitarbeit
von Dr.-Ing. Henning Knoblauch

Mit 432 Textabbildungen

Berlin
Verlag von Julius Springer
1933

ISBN-13: 978-3-642-89351-3 e-ISBN-13: 978-3-642-91207-8
DOI: 10.1007/978-3-642-91207-8

Alle Rechte, insbesondere das der Übersetzung
in fremde Sprachen, vorbehalten.
Copyright 1933 by Julius Springer in Berlin.
Softcover reprint of the hardcover 1st edition 1933

Vorwort.

Die Braunsche Röhre war noch vor wenigen Jahren besonders in Deutschland ein wenig verbreitetes Instrument. Nur in der Hochspannungstechnik konnte der Kathodenstrahloszillograph, nachdem er durch die Arbeiten von Dufour, von Rogowski und seinen Schülern, sowie von Gàbor, Mathias, Knoll und deren Mitarbeitern den speziellen Erfordernissen dieser Technik angepaßt worden war, die Bedeutung erlangen, die ihm gebührt. In der Schwachstromtechnik wurde die Braunsche Röhre zu Forschungszwecken nur vereinzelt, etwas häufiger dagegen für Unterrichtszwecke gebraucht. Der Grund für die seltene Anwendung war die Kompliziertheit von Bedienung und Zusatzapparatur. Wurde doch in der Regel das Entladungsgefäß in Verbindung mit der Evakuiereinrichtung benutzt.

Erst nachdem von Wehnelt, Westphal, Zenneck, Johnson u. a. dazu übergegangen wurde, abgeschmolzene Röhren mit Glühkathode für langsame Elektronenstrahlen herzustellen, wurde ein Weg beschritten, der eine wesentliche Vereinfachung der Apparatur bringen mußte. Dieser Weg allein führte jedoch nicht zum vollen Erfolge, weil die erreichten Fleckhelligkeiten infolge zu geringer Geschwindigkeit der Elektronen und zu geringer Intensität des Kathodenstrahles den Ansprüchen der Praxis nicht genügen konnten. Erst mit der Durchbildung abgeschmolzener Elektronenstrahlröhren mit Glühkathode und Gasfüllung für Anodenspannungen von einigen 1000 V und mit der Durchführung des vollkommenen Netzbetriebes standen Einheiten zur Verfügung, die auch den anspruchsvollen Forderungen gerecht wurden, die in der Technik an Instrumente für allgemeinere Verwendung gestellt werden. Gleichzeitig und schon vor der Entwicklung der Braunschen Röhre zum technischen Meßinstrument entstanden eine Reihe wichtiger Zusatzapparate und eine große Anzahl besonderer Meßschaltungen und Meßmethoden. In der Folgezeit ist auf fast allen Gebieten, die die elektrische Meßtechnik und die Aufzeichnung von Schwingungskurven berühren, die Kathodenstrahlröhre eingesetzt worden. Daß Meßmethodik und Meßhilfsmittel entsprechend der großen Verschiedenheit der Anforderungen bei der Bearbeitung der Spezialaufgaben zum Teil stark voneinander abweichen, wird ohne weiteres verständlich sein. Trotz dieser Verschiedenheit lassen sich jedoch wesentliche Bestandteile in den einzelnen Kombinationen immer wieder finden. In allen Anwendungen enthalten ist die Kathodenstrahlröhre. Ihrer Theorie und Konstruktion ist der erste Teil dieses Buches gewidmet.

Im zweiten Teil ist auf die Hilfsapparaturen der Kathodenstrahlröhre eingegangen, die, wie z. B. die Netzgeräte, die Vorverstärker zur

Empfindlichkeitssteigerung, die Zeitablenkungsgeräte und die photographischen Registrierapparate bei fast allen Anwendungen wieder vorkommen.

Der restliche Inhalt des Buches behandelt die speziellen Anwendungen auf den verschiedensten Gebieten.

Durch die geschilderte Einteilung glaubt der Verfasser, den umfangreichen Stoff übersichtlich geordnet zu haben. Lesern, denen die Entwicklung eigener Meßschaltungen oder die Anpassung der Schaltungen an die jeweiligen Aufgaben Freude macht, oder die von Grund auf neue Methoden für ihren Aufgabenkreis durchbilden müssen, werden die ersten beiden Abschnitte nützen können. Für diejenigen, meßtechnisch vielleicht weniger vorgebildeten Leser, die häufig wiederkehrende Aufgaben zu bearbeiten haben, ist der dritte Teil gedacht, der möglichst vollständig alle dem Verfasser bekanntgewordenen Anwendungen auf den verschiedenen Gebieten erfaßt. In diesem Teil ist daher nach Erläuterung der Prinzipien auf die praktische Ausführung, Dimensionierung und auch auf charakteristische Ergebnisse besonderer Wert gelegt.

Eine sehr eingehende Würdigung hat im letzten Teile die Anwendung der Kathodenstrahlröhre in der Fernsehtechnik erfahren. Gerade ihrer Bedeutung auf diesem industriell aussichtsreichem Gebiet verdankt die Braunsche Röhre zu einem großen Teile ihre Durchbildung in den letzten Jahren. —

An dieser Stelle sei Herrn Dr. Knoblauch für seine Mitarbeit gedankt.

Lichterfelde-Ost, Juli 1933.

Manfred von Ardenne.

Inhaltsverzeichnis.

A. Die Kathodenstrahlröhre.

B. Die Hilfsapparate.

C. Die wichtigsten Anwendungen als Meßgerät.

D. Die Braunsche Röhre als Betriebsgerät

Berichtigungen.

Seite 3, Zeile 22 v. o. lies $^1/_5$ statt $^1/_{50}$.

Seite 3, Zeile 11 v. u. lies 50000 statt 500000.

Seite 344, Anmerkung lies Z. techn. Physik statt Z. Physik.

A. Die Kathodenstrahlröhre.

I. Allgemeines über Kathodenstrahlröhren.

1. Stand der Technik.

Die außerordentlich geringe Trägheit der Kathodenstrahlen, die eine Aufzeichnung sehr schneller Vorgänge der elektrischen Schwingungsforschung ermöglicht, hat den Kathodenstrahloszillographen auf dem Gebiete der Hochfrequenztechnik unentbehrlich gemacht. Die Entwicklungsarbeiten zielten zunächst darauf ab, die maximal erreichbare Schreibgeschwindigkeit der Kathodenstrahloszillographen immer weiter zu steigern. Unter Schreibgeschwindigkeit ist hierbei diejenige Geschwindigkeit zu verstehen, mit welcher der durch das Auftreffen des Kathodenstrahles auf dem Leuchtschirm bzw. der photographischen Platte hervorgerufene Fleck sich über die Platte bzw. den Leuchtschirm bewegt. Die maximal erreichbare Schreibgeschwindigkeit ist sinngemäß diejenige, die gerade noch subjektiv oder objektiv wahrnehmbar ist. Als Ergebnis der überaus erfolgreichen Arbeiten gerade der letzten Jahre entstand der Hochfrequenz-Hochspannungsoszillograph, der mit einer Schreibgeschwindigkeit von über 50 000 km/sec praktisch jedem in der Elektrotechnik vorkommenden Kurzzeitvorgang gewachsen ist. Bei dieser Entwicklungslinie zum Hochfrequenzschreiber war man gezwungen, mit sehr hohen Elektronengeschwindigkeiten zu arbeiten. Nur für Kathodenstrahlen mit einer nahe an die Lichtgeschwindigkeit herankommenden Elektronengeschwindigkeit ist es möglich, die vom ablenkenden Felde beaufschlagte Bahnstrecke in einer Zeit durchlaufen zu lassen, welche immer noch klein bleibt gegen die Zeitdauer des zu untersuchenden Vorganges selbst. Gerade die Aufnahmen von Ausgleichsvorgängen längs Leitungen, die sich selbst beinahe mit Lichtgeschwindigkeit abspielen, stellten in dieser Hinsicht die höchsten Anforderungen. So war es unvermeidlich, daß der Hochfrequenzoszillograph zu einem Bestandteil der Höchstspannungstechnik werden mußte. Andererseits aber ließ die Erkenntnis, daß dieses Instrument die einzige Möglichkeit darstellt, schnellstes elektrisches Geschehen zu erforschen, die Aufwendung großer Mittel und die Errichtung kostspieliger Anlagen für Höchstspannungsoszillographen gerechtfertigt erscheinen.

In den letzten Jahren hat sich aber gleichzeitig und unabhängig von den Erfolgen der Kurzzeitforschung eine zweite Entwicklungsform der Kathodenstrahltechnik ausgebildet: der S c h w a c h s t r o m o s z i l l o g r a p h. Auf dem Gebiete der Nieder- und Mittelfrequenz hatten die älteren Kathodenstrahlröhren mit ihren unscharfen und lichtschwachen Brennflecken und den Schwierigkeiten einer photographischen Niederschrift zunächst wenig Aussicht, die Konkurrenz mit den mechanischen Oszillographen aufzunehmen, die bereits in großer Vollkommenheit vorlagen (Schleifenoszillograph, Saitengalvanometer usw.). Nachdem es jedoch gelungen war, außerordentlich scharfe Brennflecke bei guter Helligkeit auch bei niederen Spannungen mit einfachen Mitteln herzustellen, trat eine grundlegende Änderung der Verhältnisse ein. Die Glühkathode und die Entdeckung der Selbstkonzentration in Gasen bedeuteten wegweisende Fortschritte in der Richtung zum Schwachstromoszillographen. Heute werden Schwachstrom-Kathodenstrahloszillographen als abgeschmolzene, handliche Glasentladungsrohre hergestellt, die mit einfachsten Hilfsmitteln zu betreiben sind. Die niedrige Anodenspannung — einige Hundert bis etwa 5000 V — läßt sich leicht mit kleinen Gleichrichtern herstellen: die durch die niedrige Anodenspannung bedingte hohe Empfindlichkeit ermöglicht die Untersuchung kleiner Meßspannungen, wie sie in der Schwachstromtechnik auftreten, der Fortfall von Pumpen und Vakuumkontrollen bedeutet eine außerordentliche Erleichterung des Arbeitens sowie eine große Vereinfachung der gesamten Anlage. Die Verbreitung der Kathodenstrahlröhre für Niederspannung hat aus diesem Grunde in den letzten Jahren erheblich zugenommen.

2. Grundsätzliches über die Verwendung strahlförmiger Elektronenströmung zur Aufzeichnung von Schwingungen.

Die Technik des Oszillographierens mit Kathodenstrahlen beruht auf folgenden Eigenschaften der Strahlen:

gradlinige Fortpflanzung,
Ablenkbarkeit,
Durchdringungsvermögen.

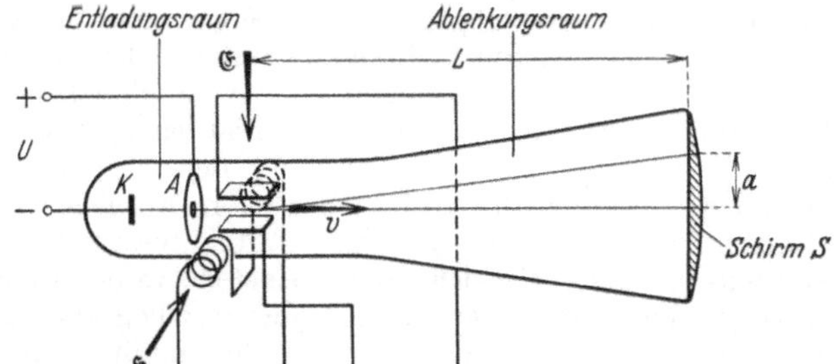

Abb. 1. Schema einer einfachen Kathodenstrahlröhre.

Auf diese Erscheinungen soll an Hand der Abb. 1 eingegangen werden, die eine schematische Zeichnung einer Kathodenstrahlröhre darstellt. Grundsätzlich lassen sich drei Teile der Röhre unterscheiden:

der Entladungsraum,
der Ablenkungsraum,
der Aufnahmeraum.

Im Entladungsraum werden die Elektronen des Kathodenstrahles erzeugt. In Abb. 1 wird dieser Raum durch eine zugleich als Blende dienende Anode abgeschlossen. Während auf den Mechanismus der Strahlerzeugung später noch eingegangen werden soll, sei hier zunächst ein allgemeiner Zusammenhang zwischen der beschleunigenden Spannung und der Elektronengeschwindigkeit im Strahl gebracht. Die Elektronen verlassen die Anode mit einer Bahngeschwindigkeit, die mit steigender Beschleunigungsspannung erst schnell, dann langsamer wächst. Der Zusammenhang zwischen der Anodenspannung U, der Bahngeschwindigkeit v eines Elektrons, der Ruhemasse m_0 und der Ladung e ist gegeben durch die Beziehung

$$\frac{m_0 v^2}{2} = e \cdot U, \tag{1}$$

da die am Elektron durch das Anodenfeld geleistete Arbeit in Bewegungsenergie umgewandelt wird. Unter Berücksichtigung der numerischen Werte der eingehenden Größen geht der angegebene Ausdruck über in

$$v\,(\text{km/sec}) = 593 \cdot \sqrt{U\,(\text{Volt})}. \tag{2}$$

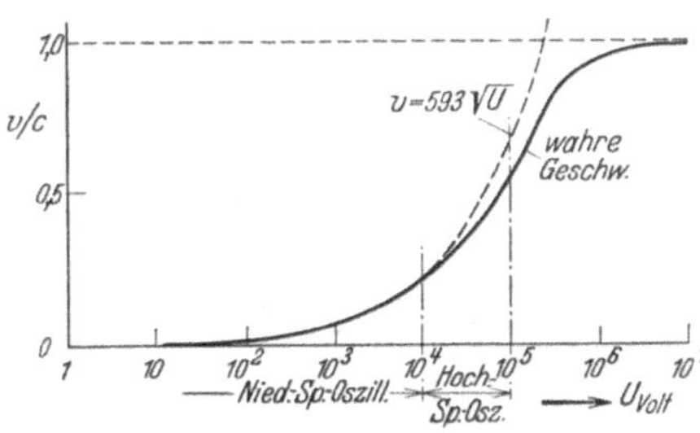

Abb. 2. Geschwindigkeit und Anodenspannung.

In Abb. 2, Abhängigkeit der Bahngeschwindigkeit von der Anodenspannung entspricht der Gleichung (2) die gestrichelt gezeichnete Parabel. Für Spannungen bis zu 10000 V bleibt die Geschwindigkeit der Elektronen kleiner als $^1/_{50}$ der Lichtgeschwindigkeit. Dies ist der Bereich, in dem beim Schwachstromoszillographen gearbeitet wird. Bei Spannungen bis zu 100000 V, wie sie beim Hochspannungsoszillographen angewendet werden, steigt die tatsächliche Geschwindigkeit der Elektronen nicht mehr nach der angegebenen Beziehung, sondern langsamer. Die Masse des Elektrons wächst mit der Annäherung an die Lichtgeschwindigkeit nach der Beziehung von Lorentz - Einstein:

$$m = \frac{m_0}{\sqrt{1-\left(\frac{v}{c}\right)^2}} \tag{3}$$

Bei $^1/_3$ der Lichtgeschwindigkeit, d. h. bei etwa 500000 V Beschleunigungsspannung ist sie bereits um 5% gegenüber der Ruhemasse m_0 gestiegen, um später noch mehr zuzunehmen. Diesen Zusammenhang, der für die Ablenkbarkeit, also für die Empfindlichkeit von Höchstspannungsröhren von Interesse ist, bringt Abb. 3 für magnetische Ablenkung noch deutlicher zum Ausdruck.

Im Entladungsraum gelingt es, durch Maßnahmen, welche noch eingehender zu beschreiben sind, die einzelnen Elektronenbahnen parallel zu richten. Bei manchen Konstruktionen ist es möglich, den Entladungsraum gegen den anschließenden Ablenkungsraum durch Metallfolien vakuumdicht abzuschließen, durch die die schnellen Elektronen hindurchfliegen. Die Durchdringungsfähigkeit der Elektronen wächst mit zunehmender Geschwindigkeit, und zwar mit der vierten Potenz derselben, also mit dem Quadrate der Beschleunigungsspannung. Den genaueren Zusammenhang veranschaulicht Abb. 4. Die Absorption hängt nach Lenard[1] außerdem nur noch von der spezifischen Dichte des durchquerten Mediums ab. Hieraus erklärt sich die technische Eignung der Aluminium- oder Berylliumfenster.

Nach Durchlaufen des Entladungsraumes tritt der Kathodenstrahl in den Ablenkungsraum ein. Er durchläuft hier seine größte freie Bahnlänge. Der Querschnitt des Strahles muß auf diesem langen Wege so klein als möglich bleiben. Eine

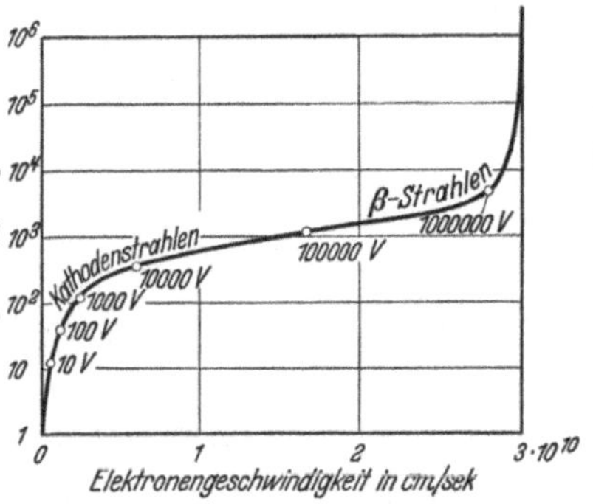

Abb. 3. Die Abnahme der Ablenkbarkeit von Kathodenstrahlen mit zunehmender Geschwindigkeit.

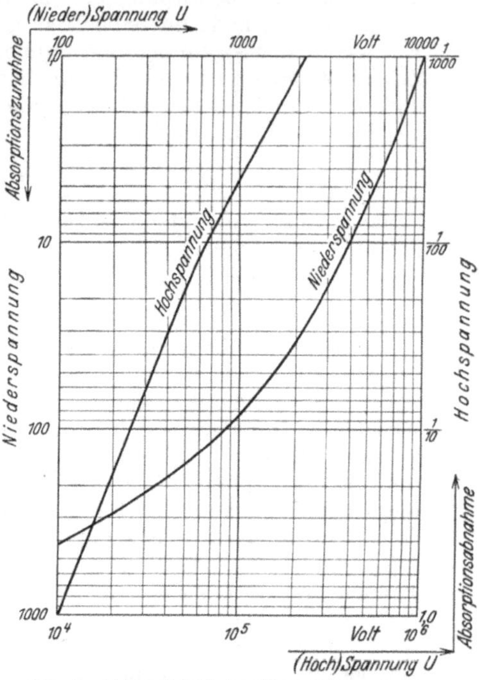

Abb. 4. Abhängigkeit der Absorption von der Elektronengeschwindigkeit.

Strahlverbreiterung tritt durch Diffusion des Elektronenstrahles an Gasmolekeln auf. Die Diffusion kann nicht eintreten, wenn das Vakuum in diesem Raume genügend hoch gewählt wird. Ein weiterer Grund für Strahlverbreiterung ist die gegenseitige Abstoßung der Elektronen im Strahl.

In der Ablenkkammer wirkt auf den Kathodenstrahl das äußere Feld, dessen zeitlicher Ablauf zu oszillographieren ist. Dieses Feld kann als elektrostatisches zwischen zwei kurzen Kondensatorplatten oder als magnetisches mittels Ablenkspulen hergestellt werden. Die Richtungsänderung wirkt sich am Ende der Bahn in einem Ausschlage aus, dessen Größe direkt proportional der Bahnlänge ist.

An dieser Stelle findet die Registrierung der Schreibbewegung statt. Sie erfolgt photographisch oder visuell. Für direkte Photographie eignen sich nur die schnellen, im Hochspannungsoszillographen erzeugten

[1] Lenard, P.: Quantitatives über Kathodenstrahlen. Heidelberg: Karl Winter 1918.

Elektronen wegen ihrer größeren Eindringtiefe. Die benutzte Photoplatte oder der Film kann entweder in einer besonderen Registrierkassette im Innern der Röhre angebracht sein (Innenphotographie), oder sie kann auf einem durchlässigen Abschluß der Ablenkungskammer (Lenard-Fenster) außen aufgelegt werden (Kontaktphotographie). Ein weiteres Aufnahmeverfahren besteht darin, die photographische Platte unmittelbar auf die Rückseite eines durchsichtigen dünnen Leuchtschirmes aufzulegen, der den Abschluß des Oszillographen gegen die Außenluft bildet (Leuchtschirmkontaktphotographie). Beim Schwachstromoszillographen, bei dem geringe Elektronengeschwindigkeiten zur Verfügung stehen, wird die aufgenommene Kurve ebenfalls auf einem Leuchtschirm sichtbar gemacht und meist durch Kamera und Linse photographiert (Photographie mit Kamera und Linse).

3. Die Erzeugung von Kathodenstrahlen.

a) Ionenröhre.

Nach der vorangehenden Darstellung der Strahlanwendung ist nunmehr einzugehen auf die Möglichkeiten der Strahlerzeugung. Die Entladungsröhren zur Herstellung von Kathodenstrahlen werden eingeteilt in solche mit kalter und mit geheizter Kathode. Die Röhre mit kalter Kathode oder Ionenröhre ist die historisch erste Ausführungsform. Sie stellte seinerzeit eine Weiterentwicklung der Glimmentladungsröhren dar und erhielt anfänglich eine Form nach Abb. 5, mit welcher die grundlegenden Arbeiten Lenards und Goldsteins ausgeführt wurden.

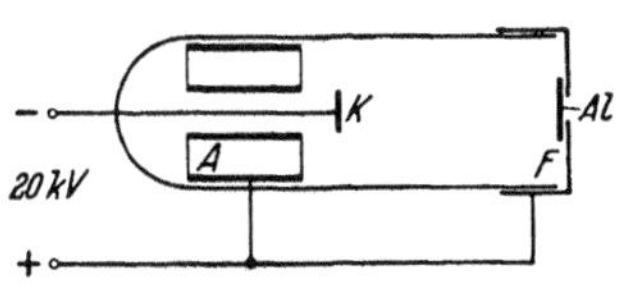

Abb. 5. Entladungsröhre mit kalter Kathode.

Als Kathode dient bei K eine Aluminiumplatte. Die Anode kann beliebig angebracht werden: sie ist in Abb. 5 als Rohr bei A hinter der Kathode angeordnet. Ein Aluminiumfenster F schließt das Entladungsrohr gegen die Außenluft ab und ermöglicht Messungen an den Strahlen auch außerhalb der Entladungskammer. Bei einem Gasdruck im Entladungsrohr von etwa 10^{-2} mm Hg wird an die Elektroden eine Entladungsgleichspannung von mindestens 20 kV, maximal 100 kV gelegt. Es bildet sich eine voll selbständige Glimmentladung aus, die Elektronen werden aus der Kathode durch aufprallende Ionen losgeschlagen und erzeugen ihrerseits neue positive Träger durch Stoßionisation. Die Elektronen bewegen sich geradlinig in einem engbegrenzten bläulich leuchtenden Strahl, der zunehmend mit der Entfernung von der Kathode divergiert. Sie haben bereits in einer Entfernung von der Kathode, die nur wenige Millimeter beträgt, nahezu ihre volle Geschwindigkeit erlangt, d. h. fast die gesamte Potentialdifferenz wird von ihnen auf diesem kurzen Wege durchlaufen. Eine Erniedrigung des Druckes bringt die Entladung zum Verlöschen. Selbstverständlich kann im Entladungsrohr mit kalter Kathode bei höheren Drucken als 10^{-2} mm Hg auch mit niedrigen Anodenspannungen eine Glimmentladung erzeugt werden. Doch gehen die auf diese Weise erzeugten

Kathodenstrahlen niedriger Geschwindigkeit nicht im engbegrenzten Strahl, sondern von der Gesamtoberfläche der Kathode nach allen Richtungen aus, so daß eine solche Röhre als Kathodenstrahloszillograph nicht geeignet ist.

Aus diesen Erklärungen geht die Notwendigkeit hervor, bei Ionenröhren höchste Anodenspannungen zur Anwendung zu bringen. Das Ionenrohr mit kalter Kathode ist Bestandteil der Hochspannungstechnik.

b) Glühkathodenröhre.

Durch die Einführung einer Glühkathode (Wehnelt [1]) werden die physikalischen Verhältnisse und damit auch die technischen Arbeitsbedingungen der Röhre entscheidend umgestaltet. Da ein glühendes Metall eine Elektronenquelle darstellt, so erscheint es auf den ersten Blick möglich, die Gasfüllung der Röhre mit kalter Kathode ganz entbehren zu können. Dies ist auch in der Tat beim Ausbau der Glühkathodentechnik mit Erfolg geschehen.

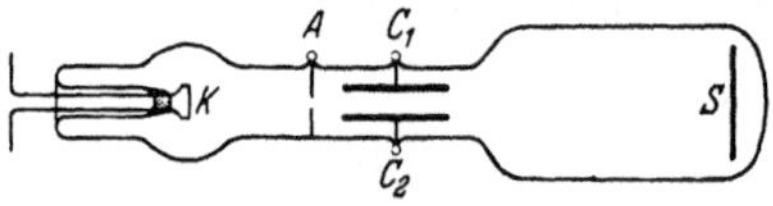

Abb. 6. Einfache Glühkathodenröhre mit gasgefülltem Entladungsraum nach Wehnelt.

Jedoch auch bei der gasgefüllten Ionenröhre bringt die Einführung der Glühkathode Vorteile. Durch die Emission von Glühelektronen in den Kathodenfallraum wird der Kathodenfall erheblich verringert. Es gelingt daher, die Anodenspannung bedeutend, bis auf einige hundert Volt zu reduzieren. Abb. 6 zeigt die Wehnelt-Röhre als Beispiel.

II. Die Herstellung feiner Kathodenstrahlbündel.

1. Allgemeine Bedingungen.

Bisher wurde nur der physikalische Vorgang bei der Erzeugung des Kathodenstrahles besprochen. Über die Formgebung, Bahngestaltung und Struktur der Entladungsbahn wurde noch nichts ausgesagt. Die Beherrschung dieser Probleme stellt eine der wichtigsten Aufgaben der Konstruktion einer technischen Oszillographenröhre dar. Wie diese Aufgabe im einzelnen praktisch zu lösen ist, wird weiter unten an einigen Beispielen ausgeführter Kathodenstrahlröhren gezeigt werden. An dieser Stelle sollen die physikalischen Grundlagen der Methoden besprochen werden, welche zur Erzielung definierter Strahlenbündel zur Verfügung stehen.

Die Notwendigkeit, einen scharfen, gerichteten Elektronenstrahl herzustellen, besteht im Ablenkungsraum und am Schirm der Kathodenstrahlröhre. Beim Eintritt in den Ablenkungsraum gelangt der Strahl in den Wirkungsbereich des ablenkenden Transversalfeldes. Dieses muß alle Stromfäden des Strahles gleichmäßig beeinflussen und daher groß gegen die Dimension des Strahles und über alle vom Strahl eingenommenen Lagen homogen sein.

[1] Wehnelt, A.: Empfindlichkeitssteigerung der Braunschen Röhre durch Benutzung von Kathodenstrahlen geringer Geschwindigkeit. Physik. Z. Bd. 6 (1905) S. 732.

2. Die Konzentration des Strahles.

a) Methodik.

Der unbeeinflußte Kathodenstrahl behält seinen anfänglichen Querschnitt infolge der Diffusion und der inneren Abstoßung der Elektronen nicht bei. Die Diffusion tritt auf beim Vorhandensein von Gas, und zwar in steigendem Maße mit zunehmendem Gasdruck und abnehmender Strahlgeschwindigkeit. Abgesehen von den besonderen Bedingungen der Fadenstrahlbildung, auf die noch eingehend zurückzukommen ist, wird oberhalb von etwa 10^{-2} mm Druck der Strahl völlig diffus. In Luft sind selbst Strahlen von 10 000 V nach bereits 1—2 mm Weglänge völlig ungebündelt.

Aber auch im Hochvakuum, welches man aus diesem Grunde im Ablenkungsraum herzustellen pflegt, bestehen innere Feldkräfte, die zu einer allmählichen Querschnittsvergrößerung führen. Die im Strahl vorhandenen gleichnamigen Ladungen stoßen sich ab mit einer Kraft, die unter vereinfachenden Annahmen für Randelektronen am größten und für die innersten Elektronen zu vernachlässigen ist.

α) **Äußere Felder.** Eine Konzentration des Strahles kann durch Einwirkung zusätzlicher stationärer elektrischer oder magnetischer Felder auf den Strahl erreicht werden. Elektrische Konzentration bringt hauptsächlich in der Form von Längsfeldern Erfolge. Obwohl insbesondere die schnellen Elektronen infolge ihrer hohen kinetischen Energie dem Verlauf der Feldlinien nicht immer folgen, gelingt es z. B. durch hohe Vorspannung von Fangelektroden in der Nähe des Schirmes oder auch durch Benutzung der Schirmfläche als zweite Anode, den Strahl bis dahin parallel zu erhalten.

Ein ausgedehntes, konstantes Magnetfeld, das den Strahl zirkular umschlingt, bewirkt radial nach innen wirkende Kräfte für alle Längselektronen und lenkt die Steuerelektronen in die Bahnrichtung um. Des Coudres [1] stellte ein solches Zirkularfeld dadurch her, daß er einen stromführenden Draht in die Strahlmitte einführte. Das Verfahren ist aber bedeutungslos geblieben, da es für abgelenkte Strahlen seine Wirkung verliert.

Es gibt noch eine weitere, sehr wichtige Gruppe von Verfahren, mit denen es gelingt, Elektronenbrennpunkte herzustellen, ohne daß der Strahl in seiner ganzen Länge streng gebündelt verläuft. Die Verfahren dieser Gruppe können, da sie den optischen Abbildungsverfahren analog sind, als elektronenoptische Konzentrationsmittel bezeichnet werden. Die wichtigsten Ausbildungsformen dieser Gruppe sind: Blenden, kurze elektrostatische Felder und kurze, koaxial zum Strahl angebrachte, stromdurchflossene Spulen, mit denen die brechenden Flächen der Optik nachgeahmt werden können und von denen speziell die dritte Anordnung besondere praktische Bedeutung erlangt hat.

Die einfachste Möglichkeit zur Herstellung paralleler Bündel aus stark divergierenden Strahlkegeln bietet die Anwendung von metallischen

---

[1] Des Coudres: Verh. Dtsch. Physik. Ges. Bd. 16 (1897) S. 157.

Lochblenden. Die Strahlen verlassen die Blende mit einem Divergenzwinkel, der bei Annahme einer punktförmigen Kathode durch das Verhältnis von Blendenöffnung zu Kathodenabstand gegeben ist und daher sehr klein werden kann. Dieses einfache Verfahren ist schon früh als eines der ersten Verfahren zur Herstellung eines eng begrenzten Strahlenbündels angewendet worden, z. B. schon von F. Braun[1] in seiner ersten Kathodenstrahlröhre, sowie im gleichen Jahre von Thomson[2]. Der große Nachteil dieses Verfahrens liegt in der sehr schlechten Ausbeute. Der überwiegende Anteil der Strahlung wird direkt von der Blende abgefangen ohne in die Ablenkkammer eintreten zu können. Ausreichende Ströme im Schreibstrahl sind mit dieser Anordnung nicht zu erhalten. Eine einfache Steigerung der Kathodenemission zum Ausgleich des Blendverlustes führt kaum zum Ziel, da sich die spezifische Emission der Kathodenoberfläche nicht beliebig steigern läßt. Auch ist die Erhöhung der Kathodenemission zwangsläufig verbunden mit einer entsprechenden, unerwünschten Erhöhung der Anodenleistung.

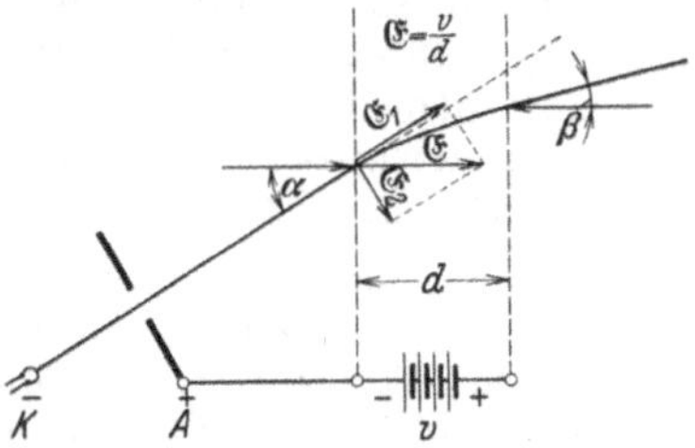

Abb. 7. Strahlenbrechung im kurzen Kondensatorfeld.

Bei Anwendung von Blenden allein ist also eine gute Ausbeute grundsätzlich nicht zu erreichen. Das Ziel muß sein, alle von der Kathode ausgehenden Strahlen, auch wenn sie divergieren, in einem räumlich definierten Punkte ohne Verluste zusammenzubringen, d. h. möglichst die gesamte Kathodenemission auszunutzen. Dieses Ergebnis ist nur zu erzielen durch Anwendung zusätzlicher Konzentrationsmittel.

Ein Mittel hierfür ist die elektronen-optische Abbildung. Auf rein elektrostatischem Wege können derartige Abbildungen vermittelt werden. Das interessanteste Verfahren ist kürzlich von M. Knoll und E. Ruska[3] einerseits, von Brüche[4] andererseits angegeben und mit großem Erfolge bei dem weiteren Ausbau der Elektronenstrahloptik angewendet worden (Abb. 7). Bringt man in den Strahlengang zwei planparallele Metallnetze, zwischen denen ein Potentialunterschied besteht, so erleidet der Strahl, wenn er nicht mit dem Einfallslot der Netze zusammenfällt, eine Richtungsänderung. Durch Veränderung der zwischen den Netzen liegenden Spannung kann der „Brechungsindex" der Anordnung beeinflußt werden.

Nach diesem Gedanken lassen sich nunmehr sämtliche Effekte nachbilden, die in der Optik an geschliffenen Flächen erzielt werden. So ist

[1] Braun, F.: Über ein Verfahren zur Demonstration und zum Studium des zeitlichen Verlaufes variabler Ströme. Wied. Ann. Bd. 60 (1897) S. 552.

[2] Thomson, J. J.: Phil. Mag. (5) Bd. 44 (1897) S. 293.

[3] Knoll, M. u. E. Ruska: Beitrag zur geometrischen Elektronenoptik. Ann. Physik (5) Bd. 12 (1932) Heft 5 S. 607.

[4] Brüche, E.: Naturwiss. Bd. 20 (1932) S. 49 u. 353.

z. B. Dispersion am Prisma und damit eine wirksame spektrale Zerlegung inhomogener Geschwindigkeiten ausführbar. Interessant ist die in Abb. 8 wiedergegebene Sammellinse für Kathodenstrahlen. Die Linse, die selbst als Anode dienen kann, baut sich aus zwei ineinanderliegenden, voneinander isolierten metallischen Netzen auf. Das Potential am äußeren Netz ist weniger positiv als das des inneren Netzes; die Elektronen werden daher beim Eintritt in den Netzzwischenraum dem Einfallslot zugebrochen; im Innern beider Netze fliegen sie in einem Raum konstanten Potentiales unabgelenkt weiter, beim Austritt werden

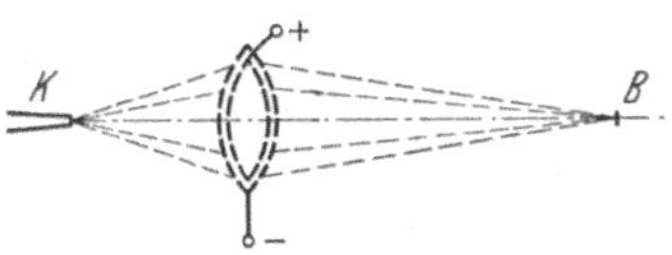

Abb. 8. Elektrostatische „Sammellinse" für Kathodenstrahlen.

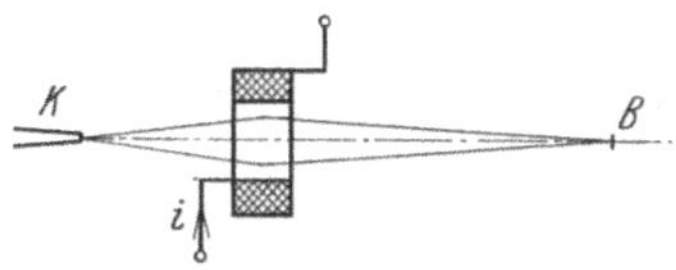

Abb. 9. Wirkung einer Konzentrationsspule.

sie noch einmal, und zwar vom Einfallslot weg, gebrochen. An dieser Einrichtung kann wiederum durch Veränderung der Belegungsspannung die Brennweite willkürlich verändert werden. Man kann daher die Kathode in beliebiger Entfernung abbilden und eine wirksame Verkleinerung oder Vergrößerung herbeiführen.

Ein weiteres, praktisch sehr wichtiges Konzentrationsmittel ist in der Anwendung eines magnetischen Längsfeldes gegeben. Eine Konzentrierspule (Wiechert [1]), welche kurz gegen die Strahllänge bleibt, ist auf einen Zylinder aufgewickelt, dessen Achse mit der Strahlachse zusammenfällt (Abb. 9). Das Spulenfeld wirkt dann auf alle Elektronenbahnen, welche nicht genau der gewünschten Achsenrichtung folgen, also gerade auf die streuenden Elektronenstrahlen, und zwingt sie, sich auf einer gekrümmten Bahn zu bewegen. Wie Busch nachgewiesen hat, ist die zusätzliche Ablenkung, die die Elektronen erleiden, abhängig vom Eintrittswinkel der Elektronenbahnen in das Spulenfeld. Der Effekt der Konzentrierspule ist in diesem Falle vollkommen analog dem einer optischen Linse.

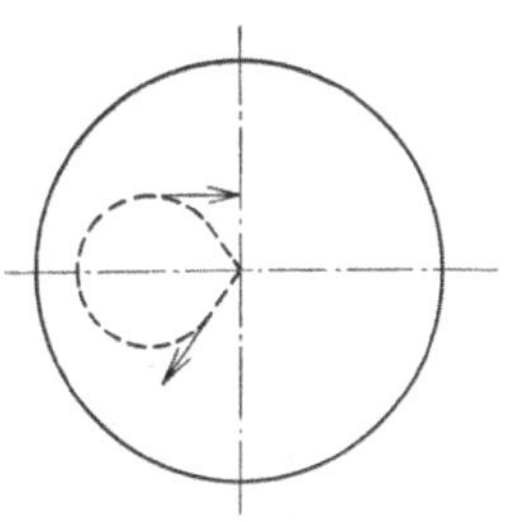

Abb. 10. Projektion der Strahlbahnen auf eine Querschnittsebene.

An der Stelle B, dem Brennpunkt der von K ausgehenden Strahlen, erscheint ein optisches Abbild von K. Diese Analogie ist auch quantitativ erfüllt. Busch [1] führte den rechnerischen Nachweis für die Analogie zwischen Sammelspule und Linse; es zeigte sich, daß das Linsengesetz

$$\frac{1}{a} + \frac{1}{b} = \frac{1}{f} \tag{4}$$

[1] Wiechert, E.: Experimentelle Untersuchungen über Geschwindigkeit und magnetische Ablenkbarkeit der Kathodenstrahlen. Wied. Ann. Bd. 69 (1899) S. 739.

gültig ist, wobei die Brennweite der Sammelspule durch

$$f = \left(\frac{2v}{\frac{e}{m}}\right)^2 \frac{1}{\int\limits_{-\infty}^{+\infty} \mathfrak{H}_z^2(z)\,dz} \tag{5}$$

Hierin ist $\int\limits_{-\infty}^{+\infty} \mathfrak{H}_z^2(z)\,dz$ das Integral des Quadrates der magnetischen Feldstärke der Spule genommen über die ganze Symmetrieachse. f ist daher durch die Spulenstromstärke i zu beeinflussen. Es ist ebenso auch möglich, ein vergrößertes oder verkleinertes Bild der Kathode an der Stelle B zu entwerfen.

Um mit geringer spezifischer Emission auszukommen und große Strahlströme zu erreichen, sind Kathoden mit großer Oberfläche erforderlich. Scharfe Flecke sind von solchen Kathoden nur zu erzielen, wenn die Kathode stark verkleinert abgebildet wird. Die Verkleinerung findet bei den besprochenen Anordnungen nur statt, wenn der Abstand Kathode/Linse groß ist gegenüber dem Abstand Linse/Schirm. Da der Abstand Linse/Schirm mit Rücksicht auf die Ablenkempfindlichkeit möglichst groß sein soll, können wirksame Verkleinerungen nur dann vorteilhaft benutzt werden, wenn Rohrlängen von einigen Metern als zulässig erachtet werden. Diese Dimensionierungsschwierigkeiten lassen sich umgehen, wenn es gelingt, Anordnungen zu schaffen, die ein von einer Großflächenkathode ausgehendes Strahlenbündel völlig parallel verlaufen lassen. Tritt ein solches Strahlenbündel in einen feldfreien Raum ein, so kann es durch eine elektrische oder magnetische Linse auf einen Punkt konzentriert werden. Der Abstand Kathode/Linse kann bei dieser Anordnung trotz der stattfindenden Verkleinerung wesentlich kleiner gewählt werden als der Abstand Linse/Schirm. Über die Ausführung dieses Prinzips, das eine besondere Ausgestaltung des Strahlerzeugungssystemes notwendig macht, wird im Abschnitt A, II, 2, b, γ, ausführlicher berichtet werden. Neben der geringen Baulänge ermöglicht das angedeutete, von H. G. Möller und E. W. Helmholz[2] praktisch verwirklichte Parallelstrahlverfahren die Erzielung sehr hoher Strahlstromstärken bei geringer spezifischer Emission der Kathode. Für die zukünftige Entwicklung der Kathodenstrahlröhren dürfte diese Methode[3] von außerordentlicher Wichtigkeit sein.

β) Selbstkonzentration. Neben den angeführten Konzentrationsmöglichkeiten besitzt eine Erscheinung heute große praktische Bedeutung, die in gasgefüllten Entladungsröhren auftritt und zur Fokussierung des Strahles benutzt wird, die sog. Selbstkonzentration.

Der Vorteil dieser Methode besteht darin, daß die Wirkung ganz unabhängig von der Lage der Strahles ist.

---

[1] Busch, H.: Über die Wirkungsweise der Konzentrationsspule bei der Braunschen Röhre. Arch. Elektrotechn. Bd. 18 (1927) S. 583.

[2] Nach mündlichen Mitteilungen.

[3] Anmerkung bei der Korrektur: Der gleiche Grundgedanke findet sich bereits bei M. Knoll und E. Ruska: Beitrag zur geometrischen Elektronenoptik I. l. c. S. 658.

Westphal[1], van der Bijl[2], Johnson[3], Buchta[4], Wood[5], van Itterbeck[6], Ranzi[7], Brüche[8], der Verfasser[9], haben festgestellt, daß in gasgefüllten Glühkathodenröhren bei etwa 10^{-3} bis 10^{-2} mm Gasdruck und Spannungen von 20—2000 V eine zusätzliche Selbstkonzentration des divergierenden Strahles unter bestimmten Bedingungen auftritt. Als Ursache werden die vom Kathodenstrahl auf seinem Wege im Gas durch Stoß erzeugten Ionen angesehen, die sich infolge ihrer größeren Masse und daher geringeren Geschwindigkeiten langsamer als die gleichzeitig mit ihnen erzeugten Sekundärelektronen aus der Strahlmitte fortbewegen. Es bildet sich daher in der Strahlbahn eine positive Raumladung aus, und damit ein Feld, das die von der Strahlachse divergierenden Elektronen konzentriert.

Diese positive Raumladung ist abhängig

A. Von der Anzahl der sekundlich im Strahl erzeugten Ionen, d. h.

1. Vom Strahlstrom, bei Glühkathoden regelbar durch den Heizstrom der Glühkathode,
2. Von Gasdruck und -temperatur,
3. Von der Ionisierungsfähigkeit der Elektronen bei ihrer der angelegten Anodenspannung entsprechenden Geschwindigkeit.

B. Vom sekundlichen Ionenverlust im Strahl, der sich zusammensetzt aus der Anzahl der sekundlich sich neutralisierenden und den Strahl verlassenden Moleküle.

Ein schöner Bestätigungsversuch für die angegebene Hypothese der Selbstkonzentration, der von Ende stammt, wird in Abb. 11 gezeigt. Der Fadenstrahl durchläuft eine Reihe elektrischer Querfelder. Die Felder werden zwischen kurzen Kondensatorplatten aufgebaut und sind abwechselnd polarisiert. Es zeigt sich, daß zu allen negativen Platten eine starke leuchtende Entladung aus dem Strahl hinübertritt, während die positiven Platten im Dunkel bleiben. Offenbar werden also aus dem Strahlinnern die positiven Ionen in großer Menge herausgezogen und verbinden sich unter Aussendung des Rekombinationslichtes mit

---

[1] Westphal, W. H.: Potentialmessungen im dunklen Kathodenraum glühender Oxydspiralen. Ann. Physik Bd. 27 (1908) S. 586.

[2] Bijl, H. J. van der: Vacuum tube and method of operating the same. Am. Pat. 1 565 873.

[3] Johnson, J. B.: A low voltage cathode ray oscillograph. Physic. Rev. Bd. 10 (1921) S. 420.

[4] Buchta, J. W.: A low voltage electron beam oscillograph. J. opt. Soc. Amer. Bd. 16 (1925) S. 581.

[5] Wood, A. B.: The cathode ray oscillograph. J. Amer. Inst. electr. Engr. Bd. 63 (1925) S. 1046.

[6] Itterbeck, H. van: Eenige beschouwingen omtrent het verwesenlyiken van gekoncentreerte electronenbundels, Constructie van een lagspanningsoscillograph. Naturwiss. Tijdschr. Bd. 10 (1928) S. 161.

[7] Ranzi, J.: Sulla concentrazione di fasci di elettroni lenti. Nuovo Cim. Bd. 7 (1930) S. 254.

[8] Brüche, E. u. Ende W.: Fadenförmige, sichtbare Elektronenstrahlen. Z. Physik Bd. 64 (1930) Heft 3. S. 186,

[9] Ardenne, M. v.: Mitt. E. Leybolds Nachfolger A.G., Köln 1930.

Elektronen in der Nähe der Minusplatten. Messungen der aufgefangenen Ströme positiver und negativer Polarität ergeben Ionenströme in der Größenordnung von bis zu 1% des Hauptstrahlstromes.

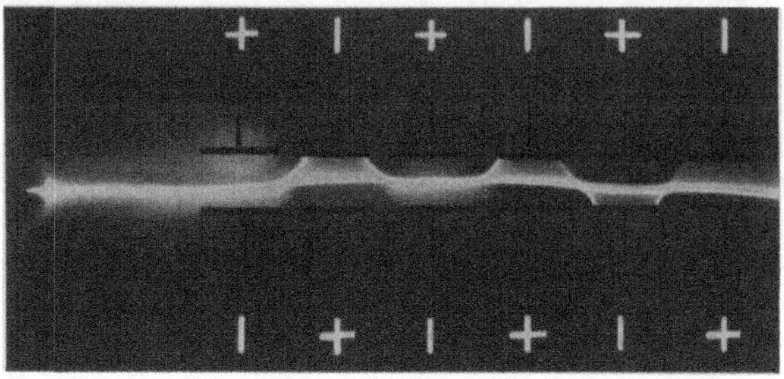

Abb. 11. Bestätigungsversuch über das Vorhandensein positiver Ionen im Fadenstrahl. (Aufnahme W. Ende.)

Weitere Bestätigungen ergeben sich bei gewissen Versuchen, bei denen der Strahl ein anderes Verhalten zeigt, als es einem Kathodenstrahl rein negativer Raumladung zukommen würde. Bei Besprechung der Anomalien der elektrostatischen Ablenkung und der Untersuchungen über Hochfrequenzaufzeichnung mit Fadenstrahlen wird darauf zurückzukommen sein.

b) Ausführung der Konzentration.

α) Vorkonzentration. α_1) Äußere Felder. Die Verfahren zur Verbesserung des Ausbeutefaktors in der Entladungsröhre, d. h. zur Vorkonzentration können sich zunächst auf die Ausgestaltung der Kathode

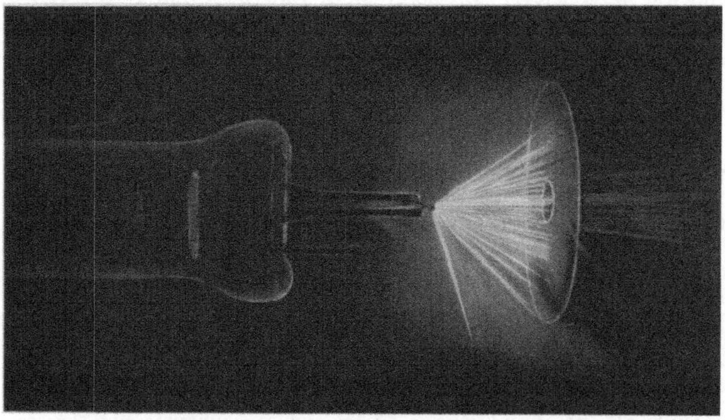

Abb. 12. Punktförmige Emissionsquelle und Anodenblende.

selbst erstrecken. Die Bündelung durch Oberflächengestaltung zeitigt im allgemeinen keinen Erfolg. Bei Ionenröhren ist der Querschnitt der dicht vor der Kathodenoberfläche liegenden Fallraumes klein gegenüber den Abmessungen der Kathode und wird daher durch deren Formgebung nicht beeinflußt. Bei Glühkathodenröhren ist die vor der Kathode sich ausbildende Raumladungswolke maßgebend für die Feldstruktur des Fallraumes und kann durch die Kathodenform nur in sehr geringem Maße beeinflußt werden. Bei gasgefüllten Glühkathodenröhren ist die Feldverteilung im Kathodendunkelraum wegen dessen Längenausdehnung ebenfalls nicht beeinflußbar. Daher bleibt nichts anderes übrig, als die Strahlen durch Hilfsfelder zu bündeln oder auszublenden. Voraussetzung für die wirksame Konzentration durch Hilfsfelder ist die Ausbildung einer möglichst punktförmigen Glühkathode, da durch deren Querschnitt außer bei dem Parallelstrahlverfahren die Größe des durch Konzentration erreichten Schreibfleckes unter sonst ungeänderten Konzentrationsverhältnissen begrenzt ist. Abb. 12 ist die Photographie einer Punktkathode und einer Anodenblende während des Betriebes. Die Glühkathode emittiert, wie zu erkennen, praktisch punktförmig. Unter der Wirkung des Raumladungsfeldes hat sich ein breiter Strahlenkegel ausgebildet, von dem ein schmales, zentrales Bündel durch die Anode ausgeblendet und nutzbar gemacht wird. Die Ausbeute beträgt kaum 10%.

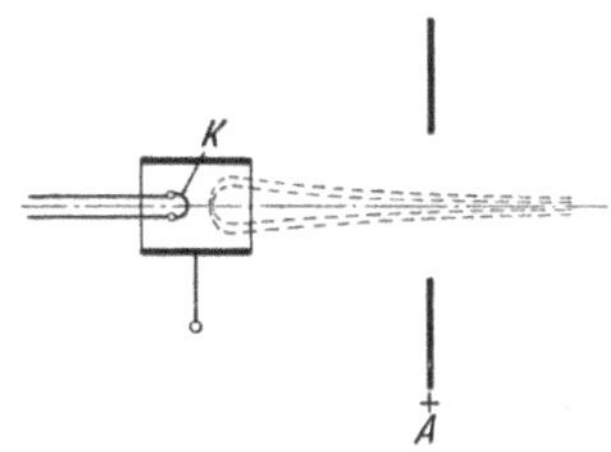

Abb. 13. Wirkungsweise des Wehnelt-Zylinders.

Ein wichtiges, elektrostatisches Verfahren, die in Abb. 12 sichtbar gemachte Strahldivergenz zu beseitigen, das speziell für Glühkathoden geeignet ist, wird durch die Abb. 13 erläutert. Ein negativ vorgespannter Zylinder (Wehnelt [1]) umgibt konzentrisch die emittierende Punktkathode. Die Anode ist radialsymmetrisch vor der Anordnung angebracht und kann wieder als Lochblende, aber auch als Drahtring, Drahtnetz oder dergleichen ausgebildet werden. Durch den Zylinder wird bei geeigneter Vorspannung und Lage die Feldstruktur zwischen Anode und Kathode so beeinflußt, daß die ursprünglich konisch verlaufenden Feldlinien eingeschnürt werden. Die Kathodenstrahlen können daher die Zylinderwandung nicht mehr erreichen und müssen das Zylinderinnere unter einem Divergenzwinkel verlassen, der mit zunehmender negativer Spannung immer kleiner wird.

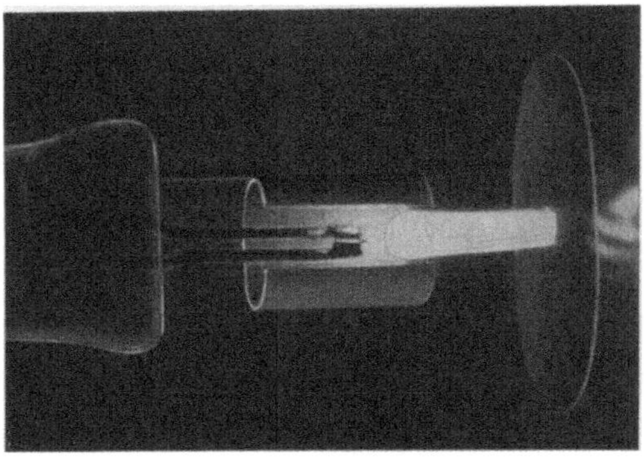
Abb. 14. Elektrostatische Konzentration bei schwacher Vorspannung.

In derselben Weise wie die Abb. 12 wurde die Abb. 14 an einer Glühkathodenröhre mit Wehnelt-Zylinder gewonnen. Um eine Betrachtung

[1] Wehnelt, A.: Eine Braunsche Röhre für elektrostatische Ablenkung. Ber. Dtsch. Physik. Ges. Bd. 5 (1903) S. 29.

zu ermöglichen, war der Zylinder längs einer Mantellinie aufgeschlitzt. Die Vorspannung ist noch relativ schwach, das Strahlenbündel ist gerade so stark eingeschnürt, daß der gesamte Kathodenstrahl durch die kleine Anodenblende hindurchtritt. In der Abbildung ist der Kathodendunkelraum von 1—1,5 mm Länge deutlich sichtbar, der die Wegstrecke erkennen läßt, in der die Elektronen noch nicht die Anregungsgeschwindigkeit erreicht haben.

Die magnetische Vorkonzentration wird sehr häufig bei den Hochspannungsoszillographen angewandt (Rogowski[1]). Sie ist für diese Geräte besonders zweckmäßig, da sie außen angebracht wird und daher keine Einbau- und Isolationsschwierigkeiten bestehen wie bei elektrostatischen Methoden. Der Nachteil der großen Erregerleistung fällt bei diesen großen Anlagen nicht ins Gewicht. Beim Schwachstromoszillographen werden dagegen elektrostatische Methoden wegen ihrer nahezu leistungslosen Arbeitsweise stark bevorzugt.

β_1) Selbstkonzentration. Relativ am einfachsten in Ausführung und Anwendung ist die bereits erwähnte Gaskonzentration.

Die Einführung geringer Gasspuren von 10^{-3} bis 10^{-2} mm Hg in die Röhre führt, wenn eine bestimmte Stromdichte erreicht ist, zur Bildung eines Fadenstrahles, dessen Gesamtintensität durch die Anodenblende fällt.

β) Hauptkonzentration im Ablenkraum. α_1) Äußere Felder. Ist eine gute Vorkonzentration erzielt worden, so ist am Eingang des Ablenkraumes ein starker, homogener Kathodenstrahl mit einheitlicher Richtung und geringer Streuung vorhanden. Die Erhaltung dieses Strahles auf seiner Bahn bis zum Schirm bereitet bei Höchstspannungsanlagen aus mehreren Gründen relativ geringe Schwierigkeiten. Zunächst kann keine starke Diffusion stattfinden, da der effektive Wirkungsquerschnitt der vorhandenen Restgasmolekeln bei den hohen Elektronengeschwindigkeiten sehr klein wird, so daß die meisten Moleküle von den Elektronen ohne Ionisation durchquert werden. Ferner wird infolge der hohen Geschwindigkeit die Wirkung der inneren Feldkräfte (innere Raumladung im Strahl) geringer. Die verbleibende, relativ geringe Strahldivergenz kann mittels Konzentrierspulen kompensiert werden.

Bei geringeren Anodenspannungen, speziell beim Schwachstromoszillographen, der mit weniger als 10 kV arbeitet, läßt sich im feldfreien Raume ein scharfes Strahlenbündel über die Länge des Entladungsraumes nicht mehr erhalten. Abgesehen von der Konzentrierspule besteht die Möglichkeit durch Einführung eines starken elektrostatischen Längsfeldes eine solche Nachbeschleunigung zu erteilen, daß die Diffusion ausreichend verringert wird. Hierzu wird der Schirm auf wesentlich höhere Spannungen als die erste Anodenblende gebracht.

Bei Anodenspannungen unter 3000 V ist auch mit dem elektrischen Längsfeld ein scharfes Strahlenbündel im Hochvakuum nicht mehr erreichbar. Gute Resultate ergeben sich in allen Anodenspannungsbereichen bei Hochvakuumröhren mit Konzentrierspulen. Allerdings wird man bei

---

[1] Rogowski, W.: Improvements in cathode ray Oscillograph. Brit. Pat. 295 710.

kleinen Anlagen dieses unbequeme Hilfsmittel nach Möglichkeit zu vermeiden suchen. Grundsätzlich ist bei Hochvakuumröhren durch vollständige Innenmetallisierung dafür zu sorgen, daß keine Wandladungen auftreten können.

β_1) Selbstkonzentration. Als einfachste Möglichkeit verbleibt auch hier der Verzicht auf das Hochvakuum im Ablenkraum und die Füllung desselben mit einem indifferenten Gas von etwa 10^{-3} mm Druck. Bei der

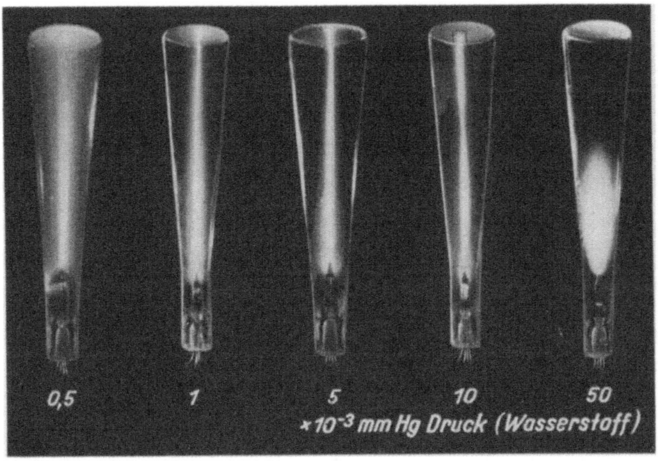

Abb. 15. Entstehung von Fadenstrahlen beim Einlassen von Gas in den Ablenkungsraum. (Aufnahme W. Ende.)

außerordentlichen Bedeutung der Selbstkonzentration für die Kathodenstrahltechnik, speziell für den Schwachstromoszillographen, scheint es angemessen, auf diese Erscheinungen im folgenden etwas näher einzugehen.

Die Anwendung der Gaskonzentration im Ablenkraum unterscheidet sich nur durch die größere Bahnlänge des zu konzentrierenden Strahles von der gleichen Methode der Vorkonzentrierung.

Im folgenden sind einige Erscheinungen beschrieben, die zur Erläuterung der bereits erwähnten Grundprinzipien der Selbstkonzentration dienen sollen. Die Vorgänge sind gedanklich völlig von denen im Entladungsraum zu trennen: man stelle sich vor, daß die Arbeitsbedingungen des Entladungsrohres bei allen Maßnahmen im Ablenkungsrohre unverändert bleiben, was z. B. dadurch erreicht werden kann, daß beide Räume durch ein Lenard-Fenster getrennt werden.

Am Eingang in die Ablenkungskammer sei also ein Kathodenstrahl vorhanden, dem durch irgendeine Vorkonzentration im Entladungsraum eine gute Bündelung und einheitliche Richtung gegeben sei. Es handle sich um Elektronengeschwindigkeiten zwischen 100 und 1000 V. Die Erscheinungen, die man bei zunehmendem Gasdruck beobachtet, sind in einer Photographie in Abb. 15 festgehalten. Im Hochvakuum wird der langsame Kathodenstrahl sehr bald diffus, so daß überhaupt kein

Fluoreszenzfleck auf dem Schirme erscheint. Wird der Druck gesteigert, so beginnt sich die Wirkung des durch die positive Raumladung hervorgerufenen Konzentrationsfeldes zu zeigen. In Abb. 15 ist das erste Stadium dieser Gaskonzentration bei 10^{-3} mm Druck zu erkennen. Der Strahl ist immer noch fast bis zum Schirm des Kolbens von einer nebelähnlichen Lichterscheinung umgeben, erst bei etwa $5 \cdot 10^{-3}$ mm Druck kann man von einem scharf umrandeten feinen Strahlbündel sprechen. Am Schirmende hat sich ein besonders kleiner Querschnitt, gleichsam eine Knotenstelle gebildet. Bei weiterer Steigerung des Druckes gelingt

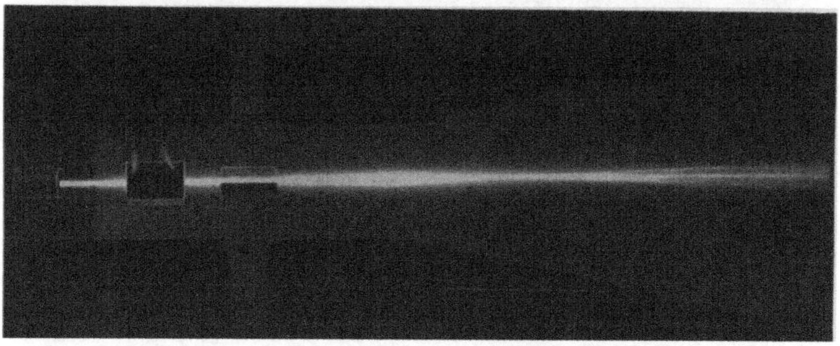

Abb. 16. Fadenstrahl in Edelgas. Durch zu hohen Druck hat sich die Knotenstelle zur Bahnmitte verschoben.

es, diese Knotenstelle in der Längsachse der Röhre zu verschieben; sie nähert sich dem Eintrittsende des Rohres, während hinter ihr, also nach dem Schirm zu, wieder Unschärfe eintritt. Hier ist offenbar die konzentrierende Wirkung des Gases bereits so groß, daß die Elektronenbahnen durch das konzentrierende Feld nicht nur parallel gerichtet werden, sondern zu einem Brennpunkt konvergieren. Mit steigendem Druck, d. h. mit steigender Ionisation und daher vergrößerter konzentrierender Raumladung wird die Konvergenz stärker, so daß der Knotenpunkt immer weiter an die Strahleintrittstelle heranrückt (Abb. 16). Bei geeigneter geometrischer Anordnung des Rohres werden die Elektronen nach Durchlaufen des ersten Knotenpunktes in einem oder mehreren weiteren Knotenpunkten vereinigt. Bei zu hohem Druck ist der Strahl gänzlich diffus und erreicht auch bei niedrigen Spannungen nicht mehr den Leuchtschirm (s. Abb. 15 rechts).

Abb. 15 ist mit Wasserstoffüllung aufgenommen. Das beschriebene Phänomen trifft aber allgemein, auch bei anderen Gasfüllungen qualitativ ein. Abb. 16 ist z. B. mit einer Argonfüllung gewonnen.

Es interessiert nun, bis zu welcher Länge ein Fadenstrahl seinen konzentrierten Querschnitt beibehält, und welche Querschnitte erreichbar sind. Solange die Erzeugerspannungen nicht allzu klein sind, z. B. nicht unter 300 V betragen, macht es keine Schwierigkeiten, Fadenstrahlen in der Größenordnung eines Meters herzustellen. Brüche und Ende[1] haben in ihren Magnetfeldmessern (Elektronenstrahlkompaß)

[1] Brüche, E.: Strahlen langsamer Elektronen und ihre technische Anwendung, Forschung und Technik, S. 31. Berlin: Julius Springer 1930.

solche Strahlen mit einigen hundert Volt Anodenspannung hergestellt. Der Strahl scheint daher auf seinem Wege keine allzu starke Bremsung durch das Gas zu erfahren. Erst bei sehr geringen Anodenspannungen unter 200 V gelingt es, in kurzen Entladungsgefäßen

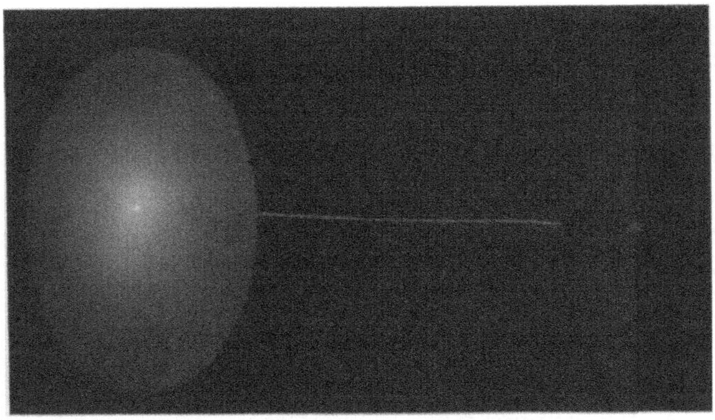

Abb. 17. Streulicht um den Brennfleck.

Fadenstrahlen mitten im Gasraum endigen zu lassen. Die Ausbreitung erfolgt im feldfreien Raume auch bei den längsten Fadenstrahlen geradlinig. Da jedoch diese langsamen Strahlen auf alle Störfelder, z. B. auf das Erdfeld sehr stark reagieren, so ist es nicht ganz leicht, Strahlen von mehr als 50 cm Länge bei größter Empfindlichkeit im Oszillographen zu verwerten.

Da die Querschnitte des Fadenstrahles über seine Länge nicht konstant sind, wird man die Arbeitsbedingungen so einstellen, daß in der Schirmebene ein Knotenpunkt zu liegen kommt.

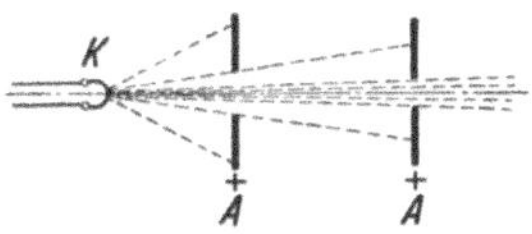

Abb. 18. Ausblendung von Kathodenstrahlen.

Daß der Fadenstrahl nicht nur aus einem Hauptstrahlbündel mit einheitlicher Richtung besteht, geht aus vielen Beobachtungen hervor. Ein ziemlich starker Lichthof umgibt in Abb. 17 den Elektronenbrennfleck. Offenbar wird der Schirm auch in größerer radialer Entfernung vom Brennfleck noch von streuenden Elektronen getroffen und, wenn auch viel schwächer, erregt. Es entsteht beim Arbeiten mit Gaskonzentration ein schwaches Nebenleuchten des Schirmes. Von einem beschränkten Einfluß auf die Stärke des Nebenleuchtens ist die Ausgestaltung der Öffnung in der Anodenblende. Bei sehr kleinen Öffnungen ist das Nebenleuchten etwas schwächer ausgeprägt. An Stelle einer kleinen Öffnung kann das Gleiche erreicht werden, wenn zwei Blenden mit etwas größerer Öffnung hintereinandergeschaltet werden. In Abb. 18 ist schematisch diese Anordnung wiedergegeben. Einen starken Beitrag zu der Lichthoferscheinung liefert die unten (A, V, d, ε) besprochene optische Ursache. Daß diese jedoch nicht allein die Störung verursacht, beweist die Aufnahme Abb. 19.

In Abb. 19 ist ein Versuch[1] wiedergegeben, der über die Herkunft des Nebenleuchtens der Streustrahlung Aufschluß gibt. Durch einen vor den Schirm gehaltenen Magneten wurde der Fadenstrahl veranlaßt, in Form einer Schleife ins Kolbeninnere zurückzukehren. Bei dieser Gelegenheit verschwand nicht nur der Brennfleck, sondern auch das Nebenleuchten,

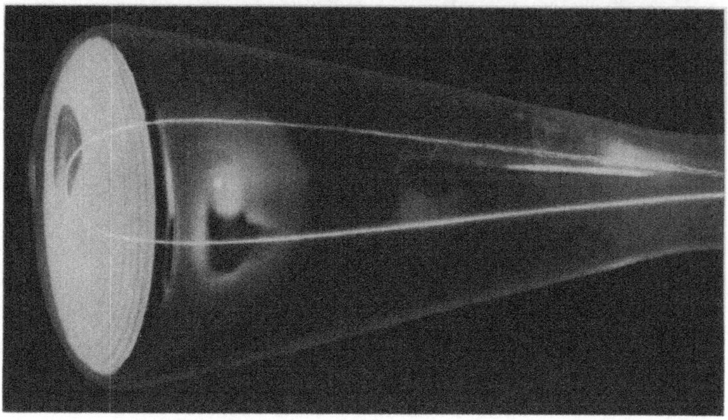

Abb. 19. Gleichzeitige Ablenkung der Streuelektronen und des Strahles durch ein Magnetfeld.

wie es die Abbildung zeigt. Das Streulicht ist aber an derselben Stelle zurückgelenkt, an der auch der Hauptstrahl vom Felde beeinflußt wird. Man kann daher annehmen, daß der Fadenstrahl Streuelektronen mitführt, deren Bahnrichtungen nicht sehr stark von seiner eigenen Richtung verschieden sind, und deren Geschwindigkeiten zum Teil kleiner sind.

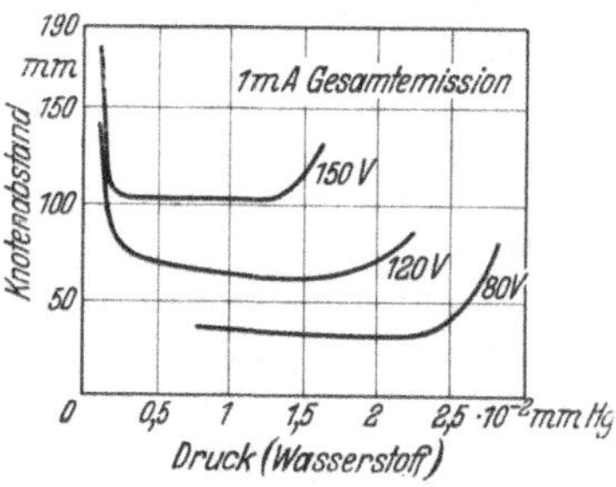

Abb. 20. Druckabhängigkeit der Gaskonzentration (nach Ende).

Der Einfluß des Gasdruckes auf die Ionisation geht aus Abb. 20 (Ende[2]) hervor. Als Größe für die Wirksamkeit der Gaskonzentration ist in diesen Figuren nicht nur der mittlere Strahlquerschnitt, sondern der leicht meßbare erste Knotenabstand eingetragen, der um so geringer ausfallen wird, je mehr die innere Abstoßung durch den Konzentrationseffekt kompensiert wird. Die Messungen ergeben eindeutig ein gut definiertes Gasdruckminimum bei etwa $3 \cdot 10^{-3}$ mm Druck, unterhalb dessen eine Bündelung nicht mehr gelingt. Bei anderen Gasen als Wasserstoff verschieben sich diese Minima, und zwar bei den Gasen größeren Wirkungsquerschnittes, z. B. bei den edleren Gasen nach kleineren Drucken. Das Optimum ist unscharf und der Druck kann bei Wasserstoff bis zu etwa 10^{-2} mm gesteigert werden, bis Unschärfe eintritt. Bei niedrigen Spannungen verschiebt sich diese Druckgrenze etwa umgekehrt proportional der Spannung.

[1] Ardenne, M. v.: Untersuchungen an Braunschen Röhren mit Gasfüllung. Z. Hochfrequenztechn. Bd. 39 (1932) H. 1. S. 22.
[2] Ende: Physik. Z. Bd. 32 (1931) S. 942.

Wenn der Druck der Gasfüllung zu gering ist, so daß zu wenig Ionen gebildet werden können, so muß durch Erhöhung der Strahlstromstärke bei sonst gleichen Bedingungen eine Verbesserung der Fokussierung eintreten. Die Messung der Abb. 21 bestätigt diesen Zusammenhang: sie zeigt oberhalb einer gewissen Mindeststromstärke von etwa 1 mA, die übrigens noch stark von den Anfangsbedingungen, d. h. Anfangsstromdichte und -querschnitt abhängt, ein gleichmäßiges Zunehmen der konzentrierenden Wirkung der Stromstärke.

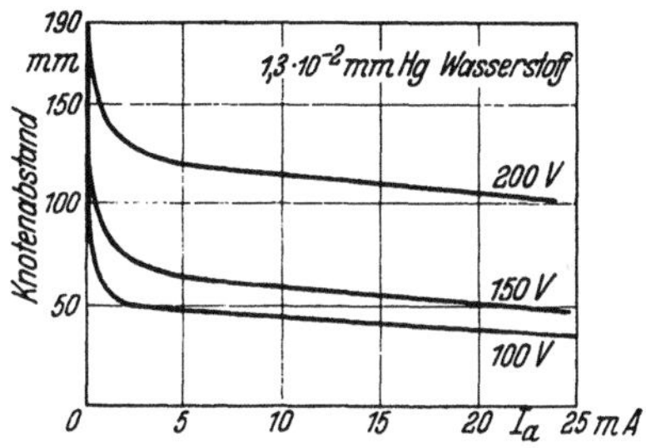

Abb. 21. Gaskonzentration und Stromstärke (nach Ende).

Die Spannungsabhängigkeit des Ionisierungsvermögens von Elektronen für Luft wurde im Bereich bis 1000 V von Kossel[1], Compton[2] und Wilson[3], im Bereich über 1000 V von Buchmann[4] für Wasserstoff, Luft, Argon und Kohlensäure experimentell bestimmt. Aus Abb. 22 geht hervor, daß bei etwa 350 V Elektronengeschwindigkeit ein Optimum für Luft auftritt. Bei sehr hohen Primärgeschwindigkeiten nimmt das Ionisierungsvermögen ab, da hier eine Durchquerung des Atoms ohne Ionisierung desselben stattfindet.

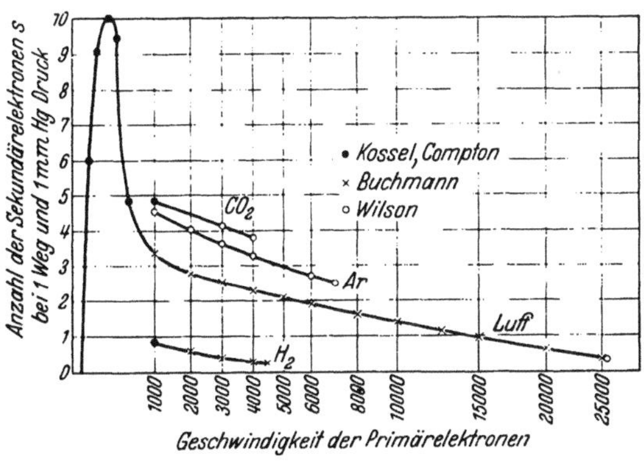

Abb. 22. Ionisierungsvermögen in Abhängigkeit von der Elektronengeschwindigkeit (nach Buchmann).

In Abb. 23 sind Kurven der Wirkungsquerschnitte von Atomen verschiedener Gase in Abhängigkeit von der Primärgeschwindigkeit und im Bereich kleiner Spannungen wiedergegeben, aus denen ebenfalls hervorgeht, daß die Stoßausbeute durchstrahlter Gase ausgeprägte Maxima aufweist.

Experimentelle Untersuchungen des Verfassers haben ergeben, daß Gaskonzentration bei gesteigerten Drucken bis zu Elektronengeschwindigkeiten von etwa 7000 V sehr gut ausführbar ist. Es ergab sich dabei, daß bei Wasserstoff die höchsten Strahlgeschwindigkeiten angewendet

[1] Kossel, W.: Über die sekundären Kathodenstrahlen in Gasen in der Nähe des Optimums der Primärgeschwindigkeit. Ann. Physik Bd. 37 (1912) S. 395.

[2] Compton, H. T. and C. C. van Voorhis: Probality ionisation of gas molecules by electron impact. Physic. Rev. Bd. 26 (1925) S. 436 u. 453.

[3] Wilson, C. T. R.: Investigation on X-rays by the cloud method. Proc. Roy. Soc., London (A) Bd. 104 (1923) S. 195.

[4] Buchmann, E.: Über die Auslösung von Sekundärelektronen von 1,30 kV. Ann. Physik (4) Bd. 87 (1928) S. 509.

werden konnten. Die zugehörigen Drucke lagen dann bei etwa 10^{-2} mm Hg. Bei schwereren Gasen ließ die Konzentration schon vorher nach, z. B. bei Argon bereits oberhalb 4000 V. Diese Versuche wurden allerdings an Röhren mit einem gemeinsamen Erzeugungs- und Ablenkungsraum ausgeführt, bei denen eine beliebige Steigerung des Druckes nicht möglich ist. Gearbeitet wurde mit Fadenstrahlen bis zu $^1/_2$ m Länge.

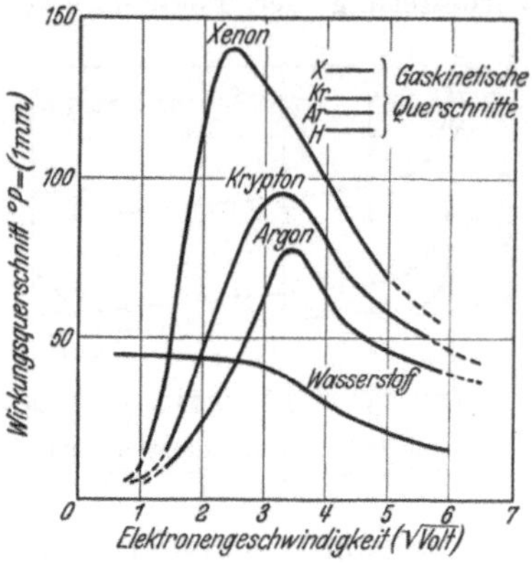

Abb. 23. Maximum des Wirkungsquerschnittes von Gasen gegenüber langsamen Kathodenstrahlen.

γ) Ausführung der Konzentration bei dem Parallelstrahlverfahren. Bei dem oben besprochenen Parallelstrahlverfahren (Abschnitt A, II, 2, a, α) müssen die von einer Kathode mit großer emittierender Fläche abgehenden Elektronen in ein elektrisches Feld gelangen, dessen Kraftlinien sämtlich parallel zur Achse liegen. Die von H. G. Möller und E. W. Helmholz benutzte Anordnung geht aus der Zeichnung Abb. 24 hervor. Von der Flächenkathode *a* werden die Elektronen in einem parallelen Strahlenbündel durch das sehr feinmaschige Drahtnetz *b*, das die Homogenität des elektrischen Feldes praktisch nicht stört, in einen feldfreien Raum überführt. Dort werden die Strahlen durch eine magnetische (*c d e* in Abb. 24) oder elektrische Linse auf dem Schirm zu einem Punkt zusammengezogen. Die Schärfe der Punktabbildung hängt davon ab, bis zu welchem Grade es gelingt, dem Idealfall des parallelen Strahlenbündels nahezukommen. Der parallele Verlauf ist bei dieser Anordnung nur gegeben, wenn eine Reihe wichtiger Maßnahmen getroffen sind, auf die im folgenden Absatz eingegangen werden soll.

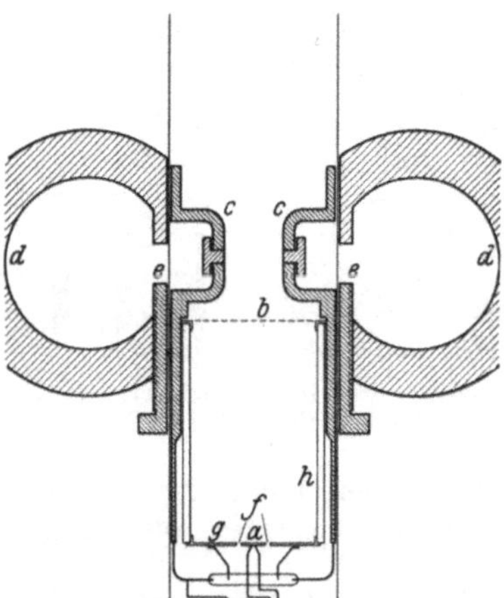

Abb. 24. Schema einer Röhre nach dem Parallelstrahlverfahren.

Damit keine seitlichen Komponenten vorhanden sind, darf weder ein Spannungsabfall an der Kathode noch ein störendes von dem Heizstrom verursachtes Magnetfeld bestehen. Geheizt wird die Kathode zweckmäßig indirekt, und zwar beispielsweise mit einem bifilar geführten Draht oder mit einem Metallband, das so geführt bzw. zusammengelegt ist, daß das störende Magnetfeld kompensiert wird. Unvermeidlich bleibt die Störung durch seitliche Komponenten infolge der Temperaturbewegung. Diese Störung wird klein bei Verwendung hoher Beschleunigungsspannungen. Um die Parallelität der Feldlinien im Beschleunigungsraum zu sichern, ist die Kathode mit einer auf gleichem Potential befindlichen Schutzscheibe (*g* in Abb. 24) umgeben. Der Spalt *f* zwischen Kathode und Schutzscheibe muß möglichst klein sein. Am besten wird überhaupt kein Schlitz vorgesehen, sondern die Schutzscheibe so dünn gewählt, daß die Wärmeableitung durch sie nicht stört.

Von erheblicher Bedeutung für die Verwirklichung des Parallelstrahlverfahrens ist die Dimensionierung des Anodennetzes. Wie praktische Versuche gezeigt haben, muß der Abstand der Netzdrähte sehr klein

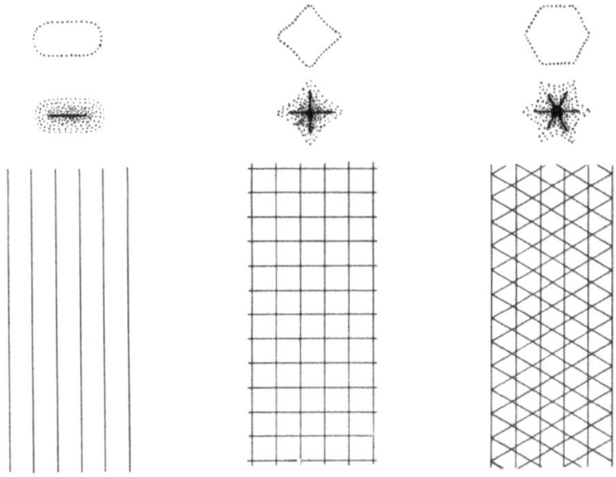

Abb. 25. Beeinflussung der Fluoreszenzfleckform durch Ausgestaltung des Anodennetzes.

sein gegen den Abstand Netz/Kathode. Ein Verhältnis von 1 : 100 erweist sich als genügend. Die von den Netzdrähten verursachte Inhomogenität des elektrischen Feldes ist dann etwa auf $^1/_{100}$ des Beschleunigungsweges beschränkt, und zwar gerade auf den Teil, in dem die Elektronen bereits eine hohe Geschwindigkeit haben. Daher werden sie nicht merklich aus ihrer parallelen Bahn abgelenkt. Anodengitter, die aus einer Anzahl paralleler Drähte bestehen, erzeugen auf dem Fluoreszenzschirm einen kurzen Strich, solche, die aus rechtwinklig gekreuzten Drähten bestehen, ein Kreuz oder einen quadratischen eckigen Punkt und andere aus 3 unter 60° sich kreuzenden Drahtlagen drei sich kreuzende Striche oder ein kleines Sechseck (s. Abb. 25). Die Striche stehen dabei senkrecht zu den Spalten, da die Elektronen senkrecht zur Richtung der Drähte aus ihrer Bahn gelenkt werden.

Sehr erhebliche Störungen der Parallelität der Feldlinien sind durch Wandladungen gegeben. Diese Störungen lassen sich durch verschiedene Mittel beseitigen. Eine Näherungslösung besteht darin, den Durchmesser der das Beschleunigungsfeld erzeugenden Elektroden größer als die Länge des Beschleunigungsfeldes zu wählen, am besten sehr groß gegen die Länge. Der Durchgriff von der inhomogenen Randzone bis in die

Mitte des Beschleunigungsfeldes ist dann so klein, daß die Parallelität der mittleren Feldlinien nicht merklich gestört wird. Diese Näherungslösung ist besonders dann recht brauchbar, wenn die Glaswandung oder eine innere Metallbelegung nicht unmittelbar am Rande der Beschleunigungselektroden sich befinden, sondern erst in einem größeren Abstande. Sie erlaubt die Zwischenschaltung von Netzelektroden für Intensitätssteuerung. Selbstverständlich sind diese Elektroden so auszugestalten, daß durch sie der geradlinige Verlauf der Feldlinien nicht gestört wird.

Eine sehr gute Homogenität des Feldes im Beschleunigungsraum ist zu erzielen, wenn die Glaswandung mit Metallringen belegt ist, zwischen denen Zonen gleichen Glaswiderstandes liegen, so daß der Spannungsabfall von Ring zu Ring der gleiche ist. Eine besonders gute und einfache Methodik besteht darin, den Beschleunigungsraum durch einen Glaszylinder einzuschließen, an dessen Wand Metall- oder Metallschichtkeile aufgebracht sind, die abwechselnd mit Kathoden- und Anodenpotential verbunden sind. Schematisch ist die Keilanordnung in Abb. 26 dargestellt. Dies sind nur Beispiele für Anordnungen, die einen gleichmäßigen Potentialabfall längs der Wandung herstellen.

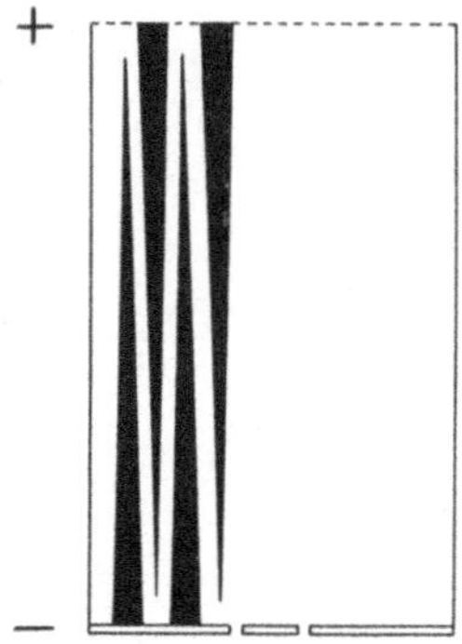

Abb. 26. Keilförmige Belegung der Wand des Beschleunigungsraumes.

Als Linse kann eine magnetische oder elektrische verwandt werden. Für die Ausgestaltung und Anordnung einer magnetischen Linse sei ein Ausführungsbeispiel angegeben. Eine Anordnung mit einem Dauermagneten (d) ist schon in Abb. 24 dargestellt. Die im Innern angeordneten Polschuhe (c) werden von außen magnetisiert. Die Fokussierung erfolgt durch Regelung eines ebenfalls außen angebrachten magnetischen Nebenschlusses (e). Die Anordnung der Linse im Innern, d. h. in großer Nähe des Strahlbündels hat den Vorteil kleiner Abmessungen und entsprechend kleiner Streuungen. Geringe Streuung der Linse ist erwünscht, da insbesondere in den Beschleunigungsraum keine äußeren Felder eindringen dürfen. Linse, Anodennetz und Kathode sind hier zu einer festen, gut zentrierbaren Einheit zusammengefaßt und eingeschmolzen.

Nicht die ganze Anode muß als Gitter ausgebildet sein. Die Anode kann vielmehr aus einer Lochblende, deren Öffnung durch ein feinmaschiges Netz überspannt wird, bestehen. Der Durchmesser des Loches soll etwa mit dem Durchmesser der Glühkathode übereinstimmen. Bei dieser Ausführung der Anode ist es günstig, das Drahtnetz etwas nach der Kathode hin zu rücken, um ein möglichst gut homogenes Feld zu erhalten. Diese Ausführung der Beschleunigungselektrode hat den Vorteil leichter Herstellbarkeit und der Abblendung solcher Elektronen, die vom parallelen Strahlenbündel abirren.

Man kann noch weiter gehen und die Öffnung der Lochblende völlig frei lassen, muß dann aber, um ausreichend parallele Feldlinien zu erhalten, den Abstand Kathode/Anode sehr groß gegen den Durchmesser des Loches wählen. Die geringe bestehenbleibende Streuung des Strahlenbündels läßt sich dadurch unschädlich machen, daß hinter der Anode in größerem Abstande noch eine zweite Lochblende angebracht wird. An diese kann sich unmittelbar die Abbildungslinse anschließen. Der Vorteil freier Durchtrittsöffnungen ist nicht nur in der einfacheren Herstellbarkeit zu sehen, sondern vor allem in dem Fortfall kritischer Erhitzung der Gitterdrähte, die bei den hohen Strahlstromstärken dieser Methodik sonst sehr leicht eintreten kann.

3. Stromkreis in der Röhre.

Von besonderer technischer Bedeutung sind diejenigen Braunschen Röhren mit Gasfüllung, bei denen zwischen dem Entladungsraum und dem Kolben, in dem die Ablenkung stattfindet, ein gasdichter Abschluß

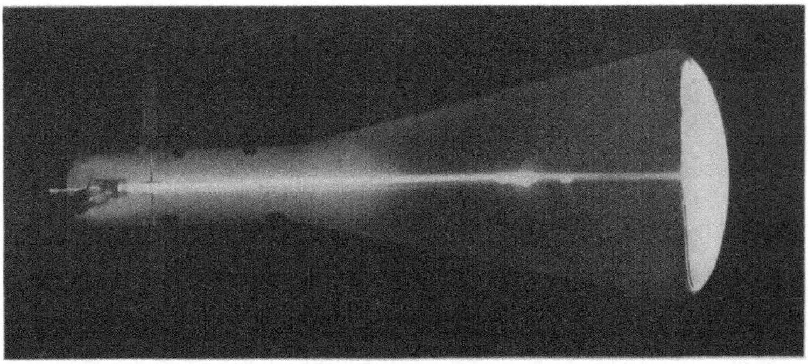

Abb. 27. Die inneren Leuchterscheinungen bei einer gasgefüllten Kathodenstrahlröhre.

fehlt. Bei diesen Konstruktionen wird der Abschluß zwischen beiden Kammern durch die Anode gebildet, welche meist als Lochblende ausgeführt ist. Die Trennung ist daher nur eine elektrostatische. Physikalisch sowie technisch interessiert in gleichem Maße die Frage nach dem Stromverlauf innerhalb solcher Röhren. Beim Betrieb einer Braunschen Röhre mit einheitlichem Gasraum beobachtet man die in der Abb. 27 wiedergegebenen Leuchterscheinungen. Der Fadenstrahl ist durch eine Lichtspur deutlich gekennzeichnet. Er verläuft geradlinig bis zum Schirm und endet dort innerhalb eines mehr oder weniger ausgeprägten Lichthofes. Der größte Teil des Kolbens bleibt dunkel. In der Nähe der Anode dagegen bildet sich eine verschwommene Leuchterscheinung aus, deren Länge mit abnehmendem Gasdruck wächst.

Zur Klärung der Frage nach dem Stromverlauf wird der Schirm metallisiert und nach außen abgeleitet. Ein Elektrometer mißt den Spannungsabfall längs des Strahles zwischen Anode und Schirm. Die Messung ergibt den Wert von etwa — 50 bis — 150 V gegenüber der Anode, also weniger als 10% der Anodenspannung, der nur wenig durch die Änderung der Größe von Anodenstrom und -spannung sowie Druck beeinflußt werden kann. Die Ionenstrecke erweist sich daher als eine Bahn sehr geringen Widerstandes.

Abb. 28. Anodenlicht im elektrischen Feld.

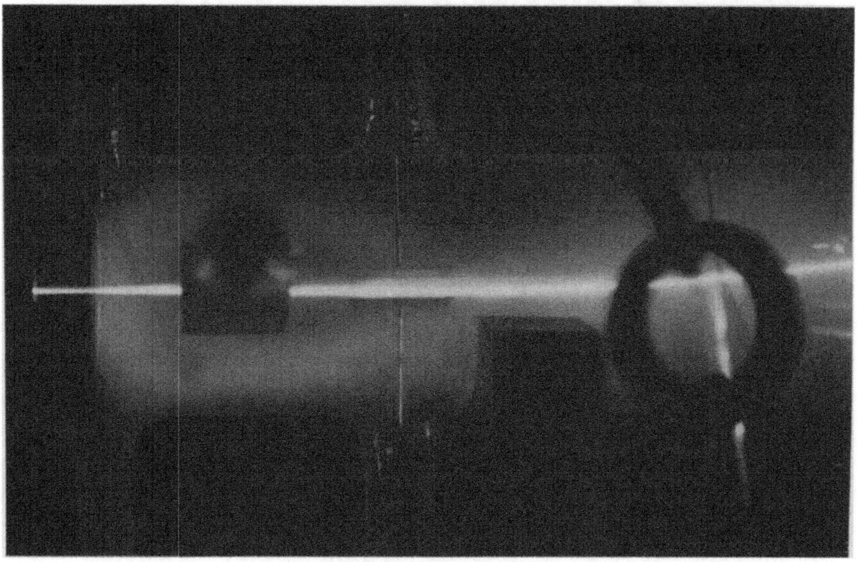

Abb. 29. Anodenlicht im Magnetfeld.

Sobald der Schirm mit der Anode leitend verbunden wird, verschwindet augenblicklich die gesamte Anodenlichterscheinung und das ganze Kolbeninnere bleibt mit Ausnahme der Strahlbahn dunkel. Nach diesen Versuchen ergibt sich für die übliche Röhrenausführung mit nicht abgeleitetem Fluoreszenzschirm folgende Annahme für den Stromverlauf. Die am isolierten Schirm zerstreuten und reflektierten Elektronen sowie die evtl. entstandenen Sekundärelektronen bewegen sich unter der Wirkung des geringen Potentialgefälles zur Anode, in deren Nähe sie die Lichtemission durch das Zusammentreffen mit freien Ionen hervorrufen. Im Kolben der Röhre geht ein regelloser, ausgebreiteter Rückstrom zwischen Schirm und Anode vor sich, der den Fadenstrahl allseitig umschließt.

Zwei Bestätigungsversuche hierzu sind in den Abb. 28 und 29 wiedergegeben. Der leuchtende Raum hinter der Anode wurde der Einwirkung eines magnetischen oder elektrischen Feldes ausgesetzt. Der Strahl wurde in beiden Fällen durch dieses Querfeld nach derselben Richtung, in den Abbildungen nach oben, abgelenkt. In Abb. 28 bewegt sich beim Anlegen des positiven Potentials an die obere Ablenkplatte nicht nur der Strahl, sondern auch die gesamte Lichterscheinung gleichzeitig nach oben. Die Raumladung ist danach negativ. Über die Strömungsrichtung gibt dieser Versuch noch keinen Aufschluß.

In Abb. 29 wird ein magnetisches Feld senkrecht zur Papierebene angewendet. Es zeigt sich, daß der Strahl sich nach oben krümmt, die leuchtende Raumladung dagegen viel stärker nach unten. Hierdurch ist der Nachweis erbracht, daß es sich in der Tat um Rückstromelektronen handelt, welche mit langsamer Geschwindigkeit aus dem Gasraum zur Anode zurückkehren. Da dieser Rückstrom den Querschnitt gleichmäßig erfüllt, durchsetzt er auch den Raum zwischen den Ablenkplatten. Er kann die Feldverteilung um den Strahl beeinflussen und Abweichungen der wirklichen Ablenkkurve von der theoretisch erwarteten ergeben. Hierüber ist noch zu berichten; eine Beseitigung des inneren Rückstromes durch eine äußere Ableitung ist also in vielen Fällen angebracht.

4. Anomalien der Fadenstrahlen.

Beim Arbeiten mit gasgefüllten Glühkathodenstrahlröhren sind zwei Erscheinungen festzustellen, welche eine besondere Beachtung verdienen. Beide Phänomene treten erst bei Ablenkung des Kathodenstrahles auf. Die Auswirkungen des einen Effektes sind in Abb. 30 photographiert worden. Wenn man den Kathodenstrahl, z. B. zur Erzeugung eines Zeilenrasters, wie es beim Fernsehen gebraucht wird, über die Schirmfläche laufen läßt, wobei die Geschwindigkeit in Zeilenrichtung etwa 100 m/sec betrage, so treten zusätzliche Schwingungen auf, wie man sie in Abb. 30 erkennt. Diese störenden Schwingungen entstehen, sobald die Anodenspannung etwa 2000 V überschreitet. Die Frequenz der Störschwingungen ist definiert und ändert sich nur wenig mit Druck- oder Stromstärke. Sie liegt in der Größenordnung von 50 kHz. Die Richtung der Schwingungsamplituden liegt stets radial vom Schirmmittelpunkt aus. Der Strahl verhält sich so, als ob die Voltgeschwindigkeit mit der erwähnten Frequenz um wenige Prozent moduliert wäre. Die beobachteten Erscheinungen lassen sich durch Wandladungen auf den Glaswänden der Röhre erklären, hervorgerufen durch gestreute oder Sekundärelektronen. Haben diese Wandladungen eine bestimmte Höhe erreicht, so erfolgt eine Kompensation dieser Wandladungen durch die im Gase vorhandenen positiven Ionen. Die dadurch bewirkte periodische

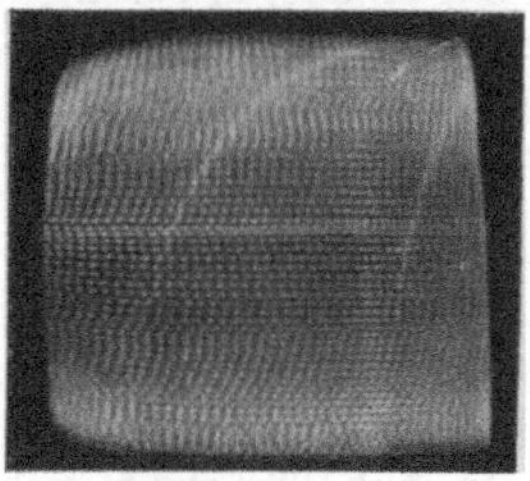

Abb. 30. Durch Ionenschwingungen gestörtes Raster.

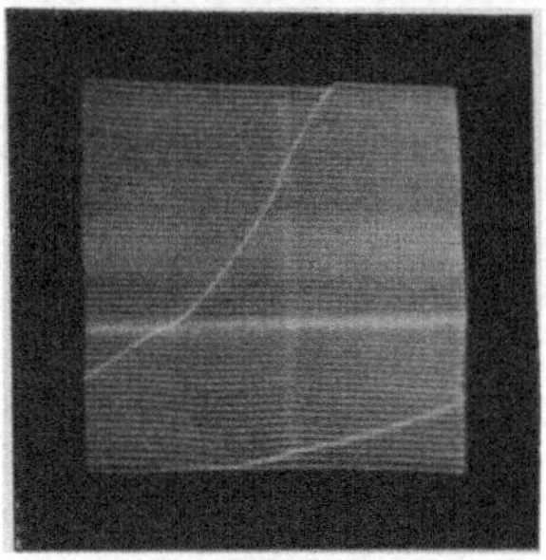

Abb. 31. Ungestörtes Raster bei außenmetallisierter Röhre.

Ablenkung des Kathodenstrahles kann also durch eine außen auf die Glaswand gelegte geerdete Metallbelegung beseitigt werden, da durch diese Belegungen die Wandladungen kapazitiv fixiert bzw. abgeleitet werden.

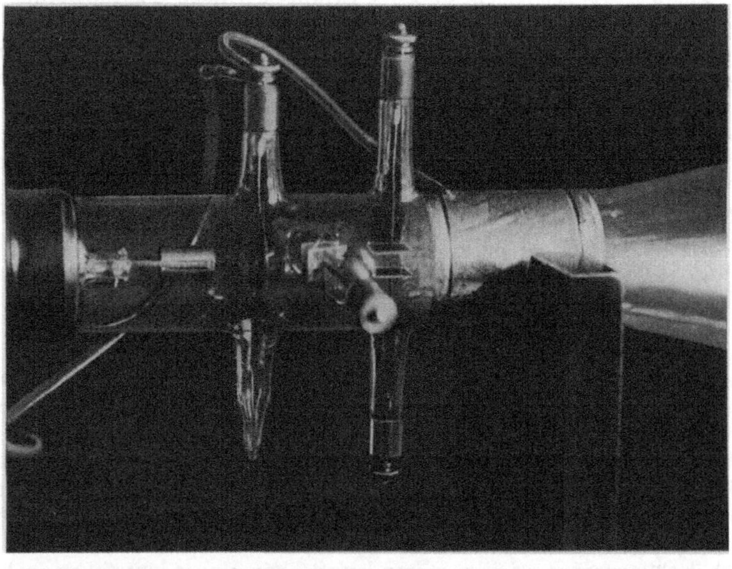

Abb. 32. Anbringung einer Außenerdung am Kolben zur Unterdrückung der Gasschwingungen.

In der Tat führt eine Außenmetallisierung des Röhrenkolbens mit Sicherheit zur Beseitigung der zusätzlichen Strahlablenkung, und das Rasterbild erscheint dann in der gewünschten, ungestörten Form, die in Abb. 31 photographiert worden ist. An Stelle der Außenmetallisierung genügt meist eine, wie in Abb. 32 um den Röhrenhals gelegte und geerdete Metallfolie.

Eine weitere Anomalie tritt auf bei dem Versuch, Gaskonzentration schnell bewegter Strahlen durchzuführen. Ein interessanter Fall ist in Abb. 33 a und 33 b wiedergegeben. Ein an sich ausreichend scharfer Punkt zeichnet in Abb. 33a eine 50-Periodenschwingung, in Abb. 33 b eine 300-m-Welle. Die Amplituden sind fast gleich. Die Niederfrequenz wird mit der gleichen Schärfe wiedergegeben, welche auch an dem ruhenden Punkte eingestellt wurde. Die Hochfrequenzschwingung dagegen

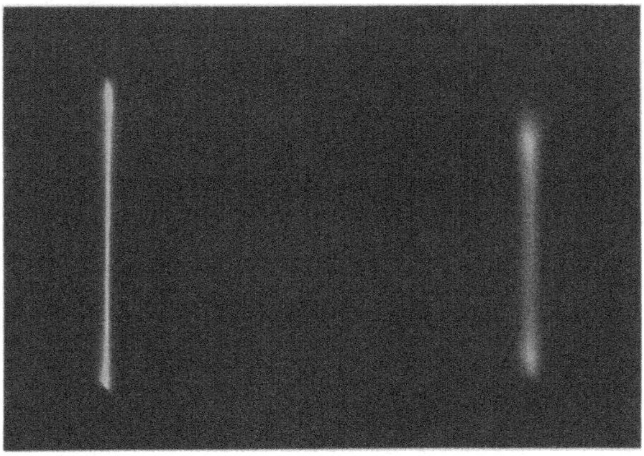

a b

Abb. 33. Unschärfe bei hohen Schreibgeschwindigkeiten. a Scharfer Fluoreszenzstrich bei 50 Hertz-Ablenkung. b Unscharfer Fluoreszenzstrich bei 10^6 Hertz-Ablenkung.

scheint stark verwaschen. Besonders haben die mittleren Teile, also die Stellen größter Schreibgeschwindigkeit an Schärfe eingebüßt. Diese Unschärfe läßt sich durch Steigerung der Emission zum Teil wieder aufheben. Ebenso hat sich gezeigt, daß durch die Füllung der Röhre mit einem Gas niedrigen Molekulargewichtes, z. B. mit Wasserstoff, die hochfrequente Grenze beginnender Unschärfe gegenüber Argon auf etwa das Vierfache hinausgeschoben werden kann. Im vorliegenden Falle gelang mit 2 cm Strichlänge scharfe Zeichnung noch bei 200 m Wellenlänge.

Im Zusammenhang mit diesen Versuchsergebnissen soll näher auf die Erscheinungen eingegangen werden, die bei der Strahlablenkung mit tiefen, mittleren und sehr hohen Frequenzen auftreten. Durch die praktische Beobachtung kommt man dazu, zwischen zwei Zuständen der Gaskonzentration zu unterscheiden:

a) Gaskonzentration bei einmaligem Durchlauf des Strahles,

b) Gaskonzentration bei mehrmaliger Überschreibung.

Unter einmaligem Durchlauf ist in diesem Falle auch die Aufzeichnung niederfrequenter Oszillogramme zu verstehen, deren Periodendauer groß ist gegenüber der Auf- und Abbauzeit der positiven Raumladung. Als mehrmalige Überschreibung soll der Fall angesehen werden, bei dem die Periodendauer der oszillographierten Schwingung klein gegen die Aufbauzeiten der Raumladung oder von gleicher Größenordnung wie diese ist. Um optimale Gaskonzentration zu erhalten, kommt es sowohl im ersten als auch im zweiten Falle darauf an, daß eine möglichst große positive Raumladung erzeugt wird. Der einzige Unterschied gegenüber den oben näher ausgeführten Gesichtspunkten für die Gaskonzentration liegt im zweiten Falle darin, daß die positive Raumladung nicht auf das kleine Volumen des Strahlinnern sich zu beschränken hat, sondern auf das große Volumen des gesamten vom Strahl durchlaufenen Raumes. Das letztere Volumen wird naturgemäß um so größer, je größer die absolute Länge des Oszillogrammes ist. Daher ist es verständlich, daß im zweiten Falle eine sehr viel größere Ionenmenge erzeugt werden muß (z. B. durch größere Strahlstromstärken, Auswahl geeigneter Gase, höhere Drucke, nicht zu hohe und nicht zu kleine Anodenspannungen). Daß auch in dem zweiten Betriebszustand eine ausreichende Gaskonzentrationswirkung zu erzielen ist, beweisen die Messungen im Gebiet der Meter- und Dezimeterwellen, die mit gasgefüllten Röhren erfolgreich durchgeführt worden sind (Dr. Hollmann, 80-cm-Welle, Röhrentype: Normale Ausführung des Verfassers).

Zwischen den beiden diskutierten Gebieten befindet sich ein Bereich, der bei den üblichen Oszillogrammlängen das Frequenzgebiet von 10^5 bis 10^6 Hertz umfaßt. Gerade dieses Gebiet enthält die Rundfunkfrequenzen und ist daher von besonderem technischen Interesse. Das schon angeführte Versuchsergebnis, wonach bei Anwendung von Wasserstoff der Zustand „a)" der Gaskonzentration sich bis zu 10^6 Hertz erstreckt, ist daher für die Herstellung von Röhren für rundfunktechnische Messungen wertvoll.

III. Die Steuerung der Strahlenenergie.

1. Allgemeines über die Steuerung der Strahlenenergie.

Bei den normalen Anwendungen der Braunschen Röhre als Oszillograph wird angestrebt, den Betrieb mit möglichst reinen und konstanten Gleichspannungen durchzuführen. Welligkeiten der Spannungsquellen können sich als störende Schwankungen der Empfindlichkeit auswirken und können Helligkeit und Kurvenform des Oszillogrammes in unerwünschter Weise beeinflussen. Es gibt jedoch Anwendungsgebiete, bei denen eine derartige Modulation der Betriebsgröße gerade erwünscht ist. Wenn die Strahlenergie durch eine Steuerspannung moduliert wird, so ist damit die Möglichkeit geschaffen, nicht nur zwei, sondern sogar drei unabhängige Vorgänge zu oszillographieren. Zu den beiden Lagenkoordinaten, die der Bewegung des Lichtpunktes auf dem Fluoreszenzschirm zugeordnet sind, tritt dann die Helligkeit, die der jeweiligen modulierten Strahlleistung entspricht, hinzu. Die bekannteste Anwendung dieses Verfahrens ist die Erzeugung von Bildern mit Braunschen Röhren beim Fernsehen.

In anderen Fällen besteht das Bedürfnis, den Strahl nur während einer bestimmten Zeit schreiben zu lassen und ihn vor und nach der Arbeitsperiode zu sperren. Dieser Fall liegt bei der Aufnahme sehr kurzzeitiger Vorgänge mit einmaligem Ablauf vor, bei denen aus photographischen Gründen die Mitaufnahme des wartenden Brennfleckes in der Ausgangslage unerwünscht ist. In solchen Fällen kann durch eine Helligkeitssteuerung zwischen voller Helligkeit und völliger Dunkelheit eine Lösung geschaffen werden.

Wird die Helligkeitsmodulation von einer gleichzeitigen Beeinflussung der Empfindlichkeit begleitet, so entstehen bei Anwesenheit stationärer Ablenkungen zusätzliche Bewegungen des Strahles im Rhythmus seiner Energiemodulation. Es ergibt sich die Möglichkeit, Aufnahmen in anderen als kartesischen Koordinaten zu machen, z. B. in Polarkoordinaten (s. nächsten Abschnitt).

Vereinzelt sind Kathodenstrahlröhren auch als elektrische Relais und Verstärker benutzt worden. In solchen Fällen fällt der Strahl auf Fangelektroden, die an der Stelle des Schirms angebracht sind. Bei diesen Anwendungen wird stets eine Energiemodulation erforderlich.

Aus den angeführten Beispielen geht hervor, daß der modulierte Strahl im allgemeinen einer der beiden folgenden Bedingungen zu genügen hat: entweder muß seine Geschwindigkeit bei veränderter Energie konstant bleiben, oder es muß die Energiemodulation durch reine Geschwindigkeitsänderung stattfinden. Die erstere Bedingung ist zu erfüllen, wenn Helligkeitsmodulation an vorgeschriebenen Bildpunkten zu erfolgen hat. Sie bedeutet, daß die Helligkeitskoordinate unabhängig von den Lagenkoordinaten sein muß, d. h. daß bei der Durchführung der Energiesteuerung kein Lagenwechsel eines abgelenkten Strahles erfolgen darf. Beim Fernsehen muß diese Bedingung auf weniger als 1% genau erfüllt werden. Die zweite Art der Energiesteuerung mit veränderlicher Geschwindigkeit ist technisch leichter auszuführen; die Schwierigkeiten bestehen in diesen Fällen meist mehr darin, die Konzentration zu erhalten. Die beiden Gruppen von Methoden zur Energiesteuerung sollen in den folgenden Betrachtungen näher behandelt werden.

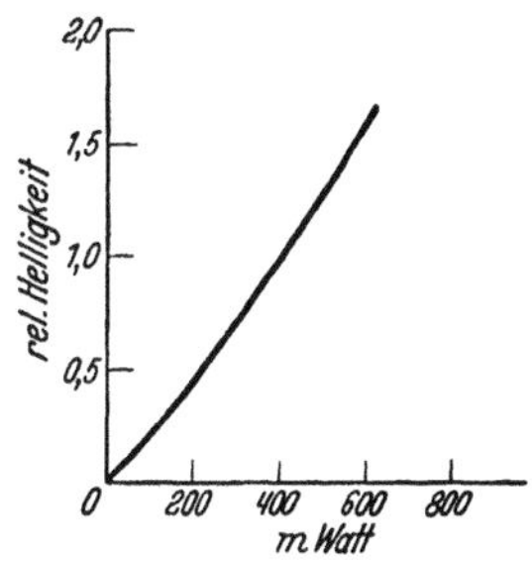

Abb. 34. Abhängigkeit der Punkthelligkeit von der Strahlleistung.

Die Helligkeit, mit der ein Phosphor aufleuchtet, und die durch die Energiesteuerung beeinflußt werden soll, hängt von der Energie in eindeutiger Weise ab. In Abb. 34 ist das Ergebnis einer photometrischen Messung wiedergegeben, aus der die Proportionalität zwischen Leistung und Helligkeit hervorgeht.

Der Strahl besteht aus Elektronen mit der Elementarladung e, von denen pro Sekunde n auf eine auf das Potential U gebrachte Fangelektrode, z. B. auf den Leuchtschirm, auffallen. Dann ist $n \cdot e$ die sekundlich transportierte Ladung, also die Stromstärke. Und daher ist

$$N = n \cdot e \cdot U \tag{6}$$

die von der Fangelektrode aufgenommene Leistung. Nun ist aber nach dem Energiegesetz

$$e\,U = \frac{m}{2}\,v^2 \tag{7}$$

Anderseits ist bei einer Dichte von ϱ Elektronen pro Zentimeter Strahllänge die sekundliche transportierte Anzahl n durch

$$n = \varrho\, v \tag{8}$$

gegeben. Die Leistung läßt sich daher auch in der Form

$$N = \frac{m}{2}\, \varrho\, v^3 \tag{9}$$

schreiben. Man kann also die Strahlenergie modulieren, indem man entweder ϱ oder v beeinflußt. Der erstere Fall wird sinngemäß als Strommodulation, der zweite als Spannungsmodulation bezeichnet. Bei der Strommodulation muß es möglich sein, die Elektronengeschwindigkeit v konstant zu halten. Bei der Spannungsmodulation muß es gelingen, mit gleichbleibender Stromstärke zu arbeiten.

2. Methoden der Energiesteuerung.

Zunächst sei auf die Strommodulation bei konstanter Geschwindigkeit eingegangen, welche das wichtigere der beiden Modulationsverfahren ist.

a) Strommodulation.

Da es sich bei der Beeinflussung der sekundlich emittierten Elektronen um eine Steuerung der Kathodenergiebigkeit (ϱ) handelt, so ist der Ort für die Steuerelektroden dieser Verfahren meist in der Nähe der Kathode, also im Entladungsrohr gegeben. Der Vorgang entspricht dem in den Verstärkerröhren ausgenutzten Effekt und kann genau wie dort durch Benutzung kalter Steuerelektroden zwischen Anode und Kathode eingeleitet werden. Man unterscheidet im einzelnen das Gittersteuerungsverfahren und das Blendverfahren.

α) Gitterverfahren. Die Arbeitsweise des Gitterverfahrens der Energiesteuerung ist wesentlich davon abhängig, ob das Verfahren in einer Hochvakuumröhre oder in einer gasgefüllten Kathodenstrahlröhre angewendet wird. Im ersten Falle ist die Konzentrationswirkung lediglich abhängig von der geometrischen Anordnung von Kathode, Anode und Steuerelektrode. Wird zur Erreichung einer zusätzlichen Raumladungskonzentrierung eine Gasfüllung in der Röhre vorgesehen, so sind die Steuerverhältnisse wesentlich komplizierter. Das Steuerorgan bewirkt in diesem Falle nicht nur eine Veränderung der sekundlich auf den Leuchtschirm gelangenden Elektronenzahl, sondern eben durch diese Variation der Kathodenergiebigkeit auch eine Änderung der durch die erzeugte positive Raumladung gegebenen Konzentrationsbedingungen. Der Einfluß des Steuervorganges auf die Konzentration des Kathodenstrahles ist verschieden groß, je nach Form und Lage der Steuerelektrode relativ zum Kathodendunkelraum. Auch die Größe des Kathodendunkelraumes selber wird durch die geometrische Anordnung des Steuerorganes beeinflußt.

Eine einwandfrei arbeitende Steuervorrichtung muß also eine unverändert gute Konzentration des Strahles bei stetiger Steuercharakteristik gewährleisten. Über den gesamten Modulationsbereich der Steuerspannung, der möglichst groß sein soll, darf keine Veränderung des Fluoreszenzfleckdurchmessers eintreten.

Die nächstliegende Form der Strommodulation, wenn man von der sehr trägen und die Konzentration außerordentlich stark verändernden Heizstrommodulation absieht, ist die Steuerung mittels eines Gitters, das zwischen Kathode und Anode in die Strahlbahn eingeschaltet ist[1]. Die entsprechende Elektrodenanordnung ist in Abb. 35 wiedergegeben. Gerade diese Anordnung erfüllt die für einwandfreies Arbeiten gestellten Bedingungen bei der gasgefüllten Röhre nur sehr schlecht. Die Gittersteuerung wird daher in dieser geometrischen Anordnung nur selten

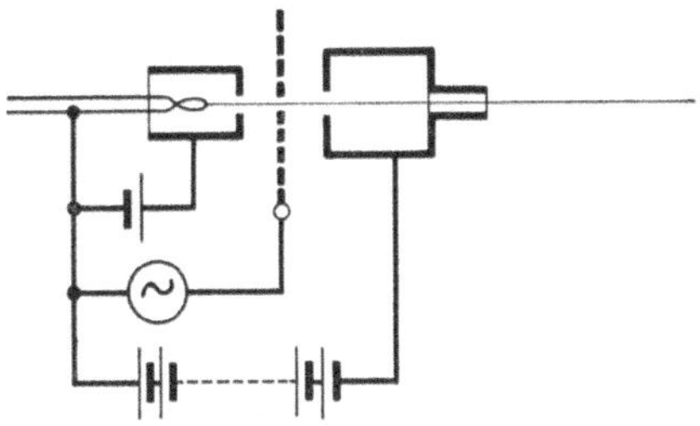

Abb. 35. Strommodulation durch Steuergitter nach Skaupy.

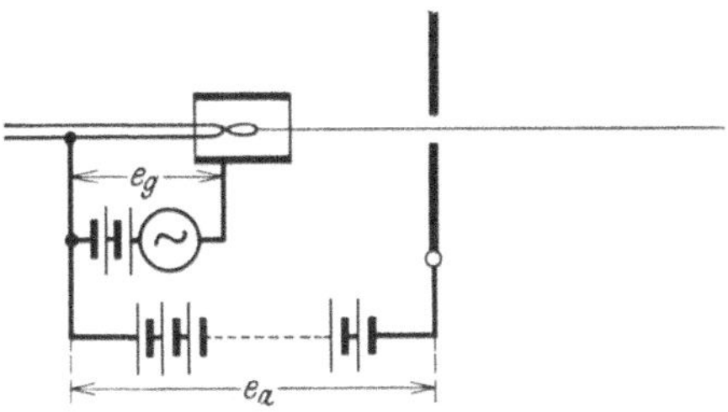

Abb. 36. Strommodulation durch Wehnelt-Zylinder.

benutzt. Wird das Gitter außerhalb des Dunkelraumes angebracht, was praktisch fast immer der Fall ist, so ist unter Umständen eine Durchsteuerung mit Hochfrequenz schlecht möglich.

In Abb. 36 wird eine Strommodulation ohne besonderes Steuergitter durchgeführt, und zwar wird der zur Vorkonzentration dienenden Gleichspannung des Wehnelt-Zylinders eine Steuerwechselspannung überlagert[2]. Dieses Steuerverfahren hat große Bedeutung erlangt.

Die geheizte Kathode erzeugt eine Raumladungswolke von Elektronen, welche das Emissionsorgan umhüllt, und für die Ausbildung des Strahles der Entstehungsort ist. Bei einem Aufbau ohne negativ vorgespanntes Steuerorgan (Wehnelt-Zylinder) muß die bei konstantem Gasdruck und konstanter Anodenspannung für die Strahlbildung notwendige Größe der Elektronenzahl durch das Emissionsvermögen der Kathode, also durch die Heizung, genau eingestellt werden.

Der Dunkelraum zwischen Strahlentstehungsart und Kathode, der ohne negatives Steuerorgan nur etwa $1/_{100}$ mm beträgt, wird bei negativ vorgespanntem Zylinder stark vergrößert. Daraus ist zu schließen, daß der Verlauf des Anodenpotentials in der Nähe der Kathode verflacht ist, mit anderen Worten, daß die Feldstärke in der Nähe der Kathode durch die negativen Zylinderspannungen stark verkleinert wird.

Aus der Elektronenwolke um die Kathode wird bei einem negativ vorgespannten Zylinder für die Strahlbildung nur ein kleiner Bruchteil Elektronen entnommen. Bildlich kann man die Variation der Elektronenzahl so beschreiben, daß bei Veränderung des Zylinderpotentials die Zahl der auf der Raumladung endenden, von der Anode her durchgreifenden Kraftlinien variiert. Voraussetzung dafür ist, daß die Kathode eine

---

[1] Skaupy, F.: DRP. 349838.

[2] Ardenne, M. v.: Die Braunsche Röhre als Fernsehempfänger. Z. Fernsehen. Bd. 1 (1930) H. 5. S. 200.

größere Anzahl Elektronen emittiert, als für den Stromfluß im Strahl benötigt wird.

Damit die Raumladung an der Kathode aufrechterhalten bleibt, muß der Zylinder gegen Kathode negativ vorgespannt sein. Praktisch ist die statische Vorspannung des Wehnelt-Zylinders so einzustellen, und die Amplitude der Steuerwechselspannung so zu wählen, daß in keinem Augenblick der Strahl so weit dekonzentriert wird, daß nur ein Teil seines Querschnittes durch die Anodenblende fällt. Bei positivem Steuerpotential würde ein großer Teil der Elektronen zum Zylinder fließen.

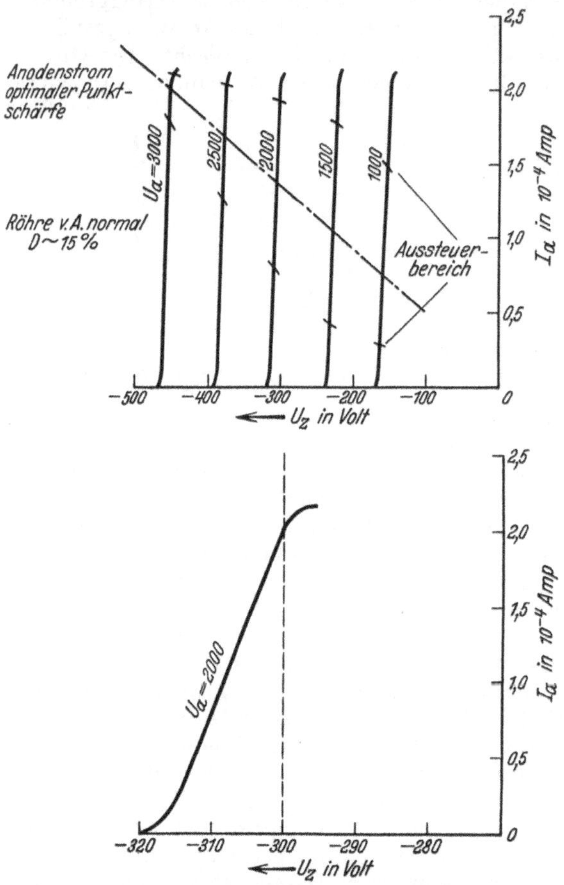

Abb. 37. Steuerkennlinien bei Wehnelt-Zylinderhelligkeitssteuerung.

Die Wechselwirkung zwischen Wehnelt-Zylinder und Raumladungskonzentration geht aus den in Abb. 37 wiedergegebenen Steuerkennlinien hervor, deren Parameter die Anodenspannung U_a ist. Im unteren Teile ist die Kennlinie für $U_a = 2000$ V mit vergrößertem Abszissenmaßstab gezeichnet. Diese Kurve

$$I_a = f(U_z)_{U_a = \text{konst}} \tag{10}$$

zeigt einen weiten Bereich nahezu geradlinigen Verlaufes, so daß bei Modulation die Elektronenmenge in ziemlich weiten Grenzen durch Variation von U_z proportional dieser Spannungsänderung variiert werden kann. Die bei Hochvakuum-Drei-Elektrodenröhren aus solchen Kurven errechenbare Steilheit

$$S = \left(\frac{\Delta J_a}{\Delta U_z}\right)_{U_a = \text{konst}} \tag{11}$$

zeigt bei konstanter Heizung auch bei Gasfüllung keine Abhängigkeit von der Größe der Anodenspannung. Aus dem Verlauf der Kennlinien kann ebenso wie bei Hochvakuumröhren der nur von den Elektrodendimensionen abhängige Durchgriff der Anodenspannung U_a durch die Zylinderöffnung zur Kathode bestimmt werden.

$$D = \left(\frac{\varDelta U_a}{\varDelta J_a}\right) = \text{konst.} \qquad (12)$$

Der innere Widerstand der Entladungsstrecke ist darstellbar durch

$$R_i = \left(\frac{\varDelta U_a}{\varDelta J_a}\right)_{U_z = \text{konst.}} \qquad (13)$$

Alle drei aus Abb. 37 errechneten Größen sind bei konstanter Heizung, konstantem Elektrodenaufbau und gleichbleibendem Gasdruck durch die Barkhausensche Formel

$$S \cdot D \cdot R_i = 1 \qquad (14)$$

miteinander verknüpft, woraus das Vorhandensein einer stetig steuerbaren, nicht selbständigen Gas- bzw. Glimmentladung zu folgern ist. Da, wie ersichtlich, im Bereich der hier gegebenen Entladungsformen der Durchgriff konstant bleibt, scheinen die positiven Raumladungen den Verlauf der elektrischen Felder nicht zu verändern. Aus der Definition einer Steuerspannung

$$U_{st} = U_z + D \cdot U_A, \qquad (15)$$

wobei D der Durchgriff ist, folgt, daß bei sonst konstanten Bedingungen der Anodenstrom J_a nicht mehr als Funktion von Anoden- und Zylinderspannung auftritt, sondern lediglich von der Steuerspannung U_{st} und von dem Emissionsvermögen der Kathode abhängig bleiben darf, wenn bei verschiedenen Heizströmen der gleiche Durchgriff eingesetzt werden kann.

Die zum Wehnelt-Zylinder fließenden Ströme stören nicht. Bei negativer Vorspannung sind sie kleiner als 10^{-7} Ampere, bleiben also trotz der Gaskonzentration um zwei Größenordnungen niedriger als der Anodenstrom. Obwohl, wie aus der Stromrichtung zu erkennen ist, positive Ionen Träger dieses Steuerzylinderstromes sind, hat ihre Anwesenheit auf den Feldverlauf im Wehnelt-Zylinder praktisch keinen Einfluß. Die für gaskonzentrierte Strahlen notwendige positive Raumladung bleibt also im wesentlichen auf den eigentlichen Strahlraum beschränkt, so daß der Verlauf der Steuerkraftlinien durch sie nicht gestört ist.

Auf den in Abb. 37 gezeichneten Steuerkennlinien ist fernerhin für jede Anodenspannung der Aussteuerbereich eingezeichnet, innerhalb dessen keinerlei Verschlechterung der Punktkonzentration auftritt. Für zunehmende Anodenspannungen liegt dieser Aussteuerbereich bei immer höheren Anodenströmen und wird immer kleiner. Diese Tatsache erklärt sich daraus, daß der zur Strahlkonzentration zur Verfügung stehende Ionenüberschuß mit zunehmender Anodenspannung, d. h. Elektronengeschwindigkeit, infolge der abnehmenden Ionisierungswahrscheinlichkeit immer kleiner wird. Eine Vergrößerung der negativen Wehnelt-Zylinderspannung über den gezeichneten Aussteuerbereich hinaus würde zur Folge haben, daß die zur Verfügung stehenden positiven Ionen zur Strahlkonzentration nicht mehr ausreichen.

Schließlich ist noch in Abb. 37 bei jeder Charakteristik der zur optimalen Punktschärfe zugeordnete Anodenstrom eingezeichnet, der aus dem gleichen Grunde mit zunehmender Elektronengeschwindigkeit wächst.

Wird zwischen völliger Dunkelheit des Schirmes und optimaler Punktkonzentration moduliert, so ändert sich die Strahlstromstärke zwischen Null und dem Stromwert, der einem Strahlknoten, d. h. einem Bildpunkt in der Fluoreszenzschirmebene entspricht. Dieser Anodenstrombereich ist durch die am Zylinder wirkende Sperrspannung U_s und Punktspannung U_p eingegrenzt. Die Differenz $U_s - U_p$ wächst, wie aus den Kurven Abb. 38 (Sperrspannung und Punktspannung in Abhängigkeit von der Anodenspannung) zu erkennen ist, in Übereinstimmung mit Abb. 37 mit zunehmender Anodenspannung. Bei gegebenem Gasdruck werden pro Elektron bei hohen Anodenspannungen weniger strahlkonzentrierende positive Ionen erzeugt. Daher muß, um das für die

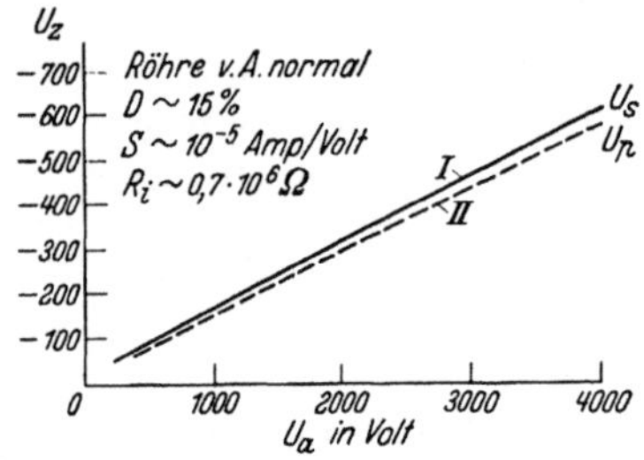

Abb. 38. Kennlinie für beginnenden Strahlstrom (I) und optimale Punktschärfe (II).

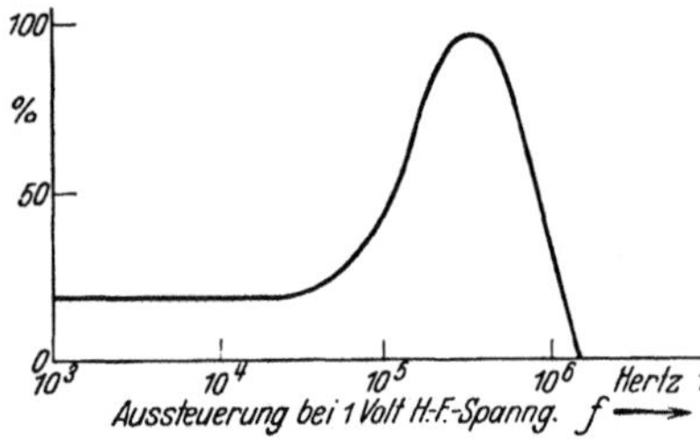

Abb. 39. Strommodulation mit Wehnelt-Zylinder bei hohen Frequenzen.

Punktbildung notwendige, richtige Gleichgewicht von Elektronen und Ionen zu erzielen, bei Vergrößerung der Anodenspannung eine größere Elektronenmenge für den Strahl freigegeben werden.

Zusammenfassend kann gesagt werden, daß bei richtiger Dimensionierung der Konzentrationselektrode (s. später) im Bereich des nutzbaren Helligkeitsintervalls mit Zylindersteuerung eine exakte Strommodulation ohne Bildpunktverschiebung ausgeführt werden kann, vorausgesetzt, daß die geometrische Zylinderachse optisch genau mit der Strahlachse zusammenfällt.

Jedoch treten bei der Strommodulation mit dem Wehnelt-Zylinder Anomalien auf, sobald mit hochfrequenten Steuerspannungen gearbeitet wird. Diese vom Verfasser experimentell beobachteten Erscheinungen sollen an Hand der Messung Abb. 39 besprochen werden. Wird an den Wehnelt-Zylinder einer normalen Kathodenstrahlröhre eine Wechselspannung veränderlicher Frequenz, aber konstanter Amplitude von ± 1 V gelegt, so zeigt sich, daß im Frequenzbereich bis zu etwa $5 \cdot 10^4$ Hertz eine Helligkeitsaussteuerung von etwa 20% der Ruheleistung eintritt. Oberhalb des eben genannten Wertes nimmt der Aussteuerungsgrad schnell zu. Bei Röhren mit Argonfüllung ist bei Frequenzen von etwas über 10^5 Hertz mit der gleichen Modulationsamplitude der Aussteuerungsgrad auf 100% angewachsen. Kurz oberhalb dieses Frequenzbereiches nimmt der experimentell festgestellte Aussteuerbereich sehr schnell ab. Dabei ist bemerkenswert, daß bei Frequenzen über 10^6 Hertz eine Strommodulation offenbar infolge von Gasträgheiten überhaupt nicht mehr auftritt. Diese festgestellte, höchst eigentümliche Frequenzabhängigkeit verdient besondere Beachtung bei der Anwendung dieser Steuerungsart für Fernsehzwecke.

Eine Abart der Wehnelt-Zylindersteuerung wird von Hudec angegeben, der eine ringförmige Konzentrationselektrode zwischen Anodenblende und Wehnelt-Zylinder schaltet. Durch die in Abb. 40 gezeichnete Elektrodenanordnung soll eine Emissionssteuerung ohne Konzentrationsbeeinflussung gelingen. Der Grundgedanke besteht in der Trennung von Steuerung und Konzentrationsfeld.

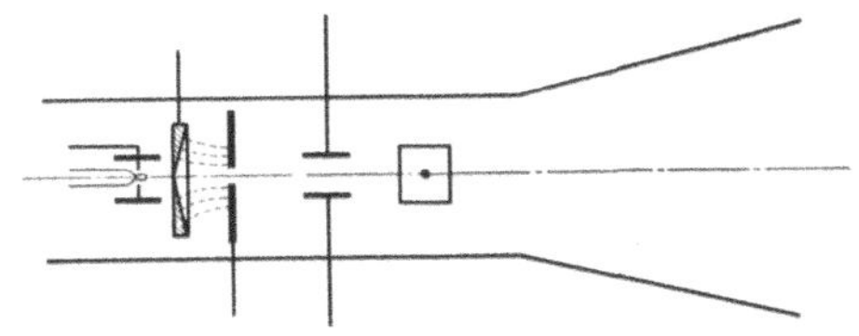

Abb. 40. Emissionssteuerung (nach Hudec).

Eine andere Ausführung mit schwacher Konzentrationsbeeinflussung, soweit sie von einer Veränderung der elektrostatischen Konzentration herrührt, ist durch die recht empfindliche und einfache Anordnung, Abb. 41 gegeben. Diese Elektrodenanordnung wurde im Laboratorium des Verfassers von K. Schlesinger durchgebildet. Der grundlegende Unterschied dieser Anordnung gegenüber den bisher beschriebenen Gitterverfahren besteht darin, daß die Modulation des Elektronenstromes im Innern des Wehnelt-Zylinders erfolgt, so daß die Struktur des Wehnelt-Konzentrationsfeldes durch die Modulation nicht wesentlich verändert wird. Die Hilfselektrode wirkt unmittelbar auf die die Kathode umgebende negative Raumladung ein. Diese Steuerung im Dunkelraum

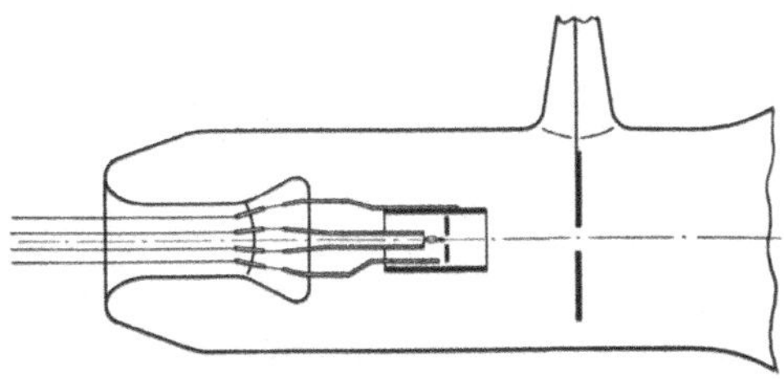

Abb. 41. Strommodulation durch besondere Steuerelektrode im Wehnelt-Zylinder.

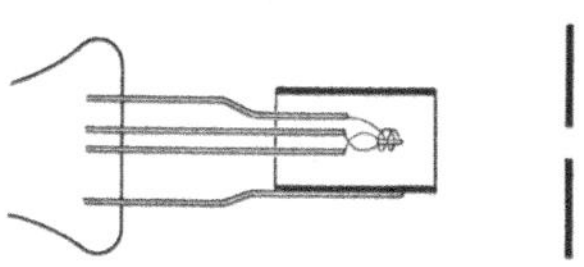

Abb. 42. Spirale im Wehnelt-Zylinder als Modulationselektrode.

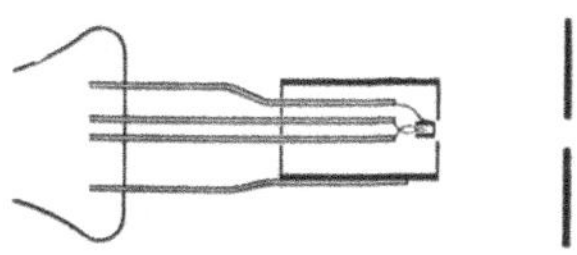

Abb. 43. Strommodulation durch den die Kathode umgebenden Steuerzylinder.

erlaubt eine wirksame Intensitätssteuerung mit Hochfrequenz. Die Steuerelektrode, in die die Kathode hineinragt, besitzt entsprechend den Durchgriffsverhältnissen ein Ruhepotential, das überhaupt nicht oder nur wenig vom mittleren Kathodenpotential abweicht. Bereits Modulationsspannungen von wenigen Volt genügen, um die Hell-Dunkel-Steuerung zu bewirken. Unabhängig wurde von B. Döhring die in Abb. 42 gezeichnete Steueranordnung angegeben, die im Prinzip auf das gleiche hinausläuft. Auch hier erfolgt die Steuerung im Innern des Wehnelt-Zylinders in unmittelbarer Nähe der Kathode. Eine weitere Variation dieses Steuerungsprinzips ist in Abb. 43 gezeichnet. Der Nachteil dieser Steuerungsart liegt darin, daß sie sehr stark abhängig ist von Unsymmetrien und von dem Verlauf der Potentiallinien vor der Kathode, d. h. von Anregungsbedingungen, Formierzustand usw. Ebenso wie auch bei der reinen Wehnelt-Zylindersteuerung ist auch bei dieser Art der Intensitätssteuerung das Aussteuerintervall des konzentrierten Flecks durch die Grenzen der Gaskonzentration eingeengt.

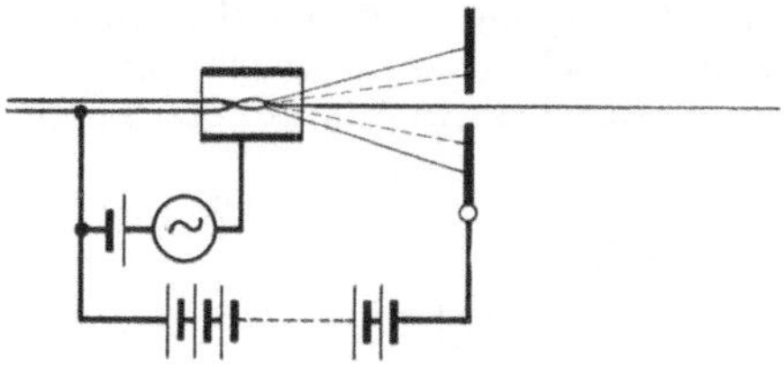

Abb. 44. Strommodulation durch Ausblendsteuerung.

β) **Blendverfahren.** Neben den Gittermethoden bestehen bei den gasgefüllten Röhren die Verfahren der Ausblendung. Auch hier ist zunächst eine Art der Zylindersteuerung zu nennen, deren Wirkung in Abb. 44 schematisch, in Abb. 45a und b photographisch am Experiment erläutert ist. Das Verfahren beruht darauf, daß bei einer zu geringen negativen Vorspannung des Zylinders es nicht mehr gelingt, alle Elektronen durch die Anodenblende zu schicken, sondern daß sich ein Strahlkegel ausbildet, aus dem nur ein Bruchteil durch die Anode ausgeblendet wird. Mit steigender negativer Zylinderspannung wird dieser Konus schmaler, und die Ausbeute, und damit die Stromstärke im Ablenkungsraum nimmt zu bei gleichbleibender Strahlgeschwindigkeit. Zwei Phasen dieses Vorganges sind in den Bildern der Abb. 45 wiedergegeben, und zwar ist in 45a ein großer Helligkeitswert bei spitzem Konus und in 45b ein kleiner Helligkeitswert bei weitgeöffnetem Konus eingestellt. Modulationskurve und mittlere Helligkeit sind bei diesem Verfahren schlecht. Auch der große Strahlquerschnitt hinter der Anode macht sich störend bemerkbar.

a

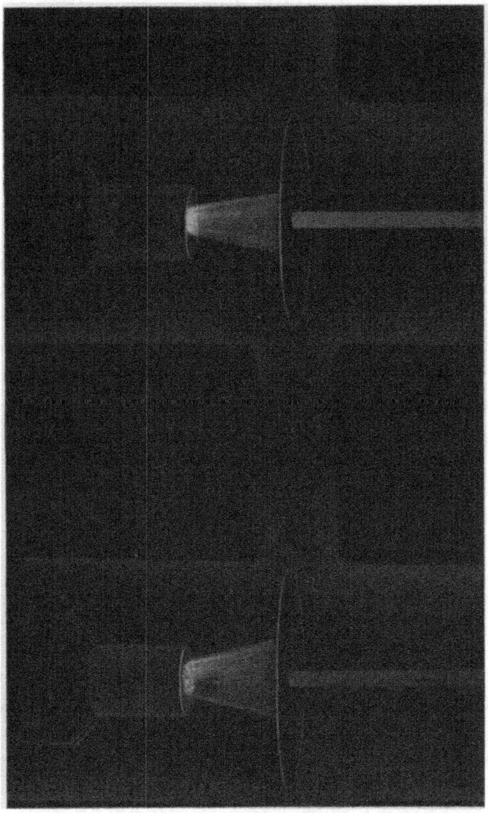

b

Abb. 45a und b. Die Ausblendsteuerung durch Konzentrationsänderung.

Will man Blendverfahren anwenden, so erscheint es besser, die Modulationsspannung grundsätzlich von dem Konzentrationszylinder fernzuhalten und diesen nur mit der konstanten Vorspannung zu versehen, bei der er optimal konzentriert. Eine Lichtsteuerung kann dann durch die Anordnung Abb. 46 erfolgen. Durch eine besondere Plattenelektrode wird hier der Strahl quer über die Sondenblende hinweggezogen. Diese Anordnung hat den Vorteil, bei großer Empfindlichkeit und ohne Leistungsaufwand eine völlige Durchsteuerung der Strahlstromstärke zu ermöglichen. Die Strahlbündelung bleibt hinter der Anode voll erhalten. Es tritt jedoch infolge der Ablenkung vor der Blende ein Richtungsfehler

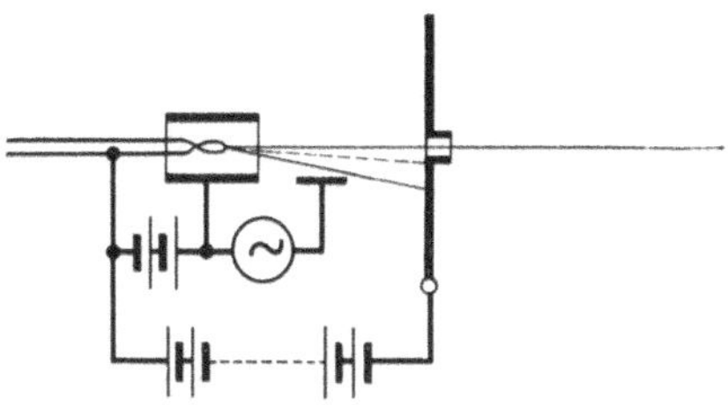

Abb. 46. Ablenklichtsteuerung (nach Claigh).

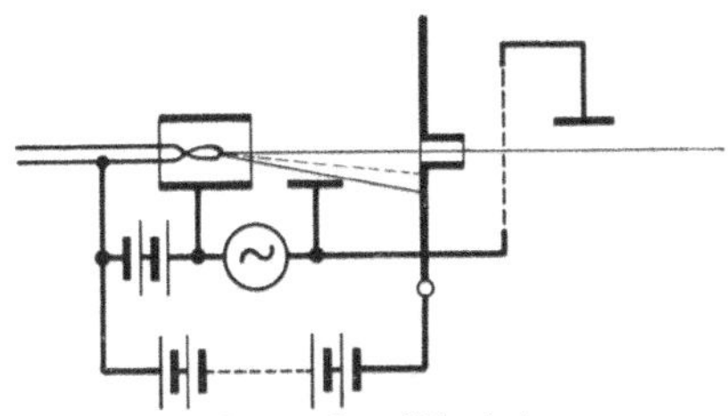

Abb. 47. Schema der Ablenksteuerung.

auf. Dieser Richtungsfehler ist naturgemäß um so kleiner, je kleiner der Durchmesser des Strahles an der Blendstelle ist. Er läßt sich zum großen Teil aufheben durch einen Zylinder, der hinter die Anodenblende geschaltet wird und negativ gegenüber der Anode aufgeladen ist. Noch sicherer läßt sich der Richtungsfehler nach einem weiteren Vorschlage des Verfassers beseitigen, indem hinter die Anode eine Gegenelektrode gebracht wird. Die entsprechende Elektrodenanordnung ist schematisch in Abb. 47 dargestellt. Indem an die vor und hinter der Anode liegenden Steuerplatten die gleiche Steuerwechselspannung gelegt wird, tritt eine automatische Kompensation des Richtungsfehlers ein. Noch günstigere Resultate lassen sich, wie entsprechende praktische Versuche zeigten, erreichen, wenn zwischen Kompensationsplatte und dem Ablenkplattensystem der Braunschen Röhre ein weiterer Zylinder gebracht wird, der konstantes Potential gegenüber der Anode aufweist. Durch die Lichtsteuerungsplatte wird zwangsläufig eine Geschwindigkeitsänderung der Elektronen mit bewirkt. Diese wird aufgehoben, wenn die Elektronen wieder durch eine Elektrode mit konstantem Potential hindurchfliegen müssen. Die unerwünschte Geschwindigkeitsänderung ist zu vermeiden, wenn die Strahlablenkung nicht durch ein elektrostatisches, sondern ein elektromagnetisches Feld bewirkt wird. Gleichzeitig wird bei der magnetischen Ablenkung die Anordnung einfacher, da eine Einstellung der Hilfselektroden zur Lichtsteuerung auf bestimmte Gleichspannungspotentiale fortfällt. Über nähere Einzelheiten, praktische Ausführungen und Erfahrungen wird im letzten Teil des Buches im Abschnitt über die Anwendung in der Fernsehtechnik berichtet.

Bei den meisten beschriebenen Methoden zur Strommodulation ist das unter Aufrechterhaltung guter Strahlkonzentration erreichbare Steuerintervall nicht sehr groß. Um größere Modulationsgrade ohne

Verzicht auf Zeichenschärfe zu erreichen, ist öfter dazu übergegangen worden, zwei verschiedene Verfahren zur Strommodulation gleichzeitig in einer Röhre zur Anwendung zu bringen.

b) Spannungsmodulation.

Wird die Elektronengeschwindigkeit bei konstantem Strahlstrom durch ein Steuerfeld variiert, so liegt reine Spannungs- oder Geschwindigkeitsmodulation vor. Die Strahlenergie wird, da sie von der Geschwindigkeit in der dritten Potenz abhängt, schon bei kleinen Geschwindigkeitsänderungen sehr stark moduliert.

Die Modulationselektrode wird meist nicht in Kathodennähe angebracht, sondern es wird hierzu die erste Anode, welche die Entladungskammer vom Ablenkungsraum trennt, oder in besonderen Fällen eine zweite Anode in der Nähe des Schirmes oder der Schirm selbst benutzt. Im ersteren Falle wird der Ablenkungsraum bereits mit modulierten Geschwindigkeiten durchlaufen, und es entstehen, da die Ablenkempfindlichkeiten mit abnehmender Geschwindigkeit wachsen, radial gerichtete Auslenkungen am Schirm. Auf diesem Wege kann z. B. eine Darstellung einer Abhängigkeit in Polarkoordinaten durchgeführt werden (s. unten). Abb. 48 zeigt die Wirkung einer Anodenspannungsmodulation. Die modulierende Spannung war eine tonfrequente Wechselspannung. Mit Hilfe synchronisierter Zeitablenkung (s. unten) wurde auf dem Schirm eine stehende Figur von drei Modulationsperioden erzeugt. Die Modulationsspannung hatte eine solche Amplitude, daß die gesamte Helligkeitsskala überstrichen wurde. Die durch Geschwindigkeitsänderung hervorgerufene Beeinflussung der Ablenkempfindlichkeit ist in Abb. 48 unten am ausgelenkten Strahl erkennbar. Die helleren Phasen entsprechen größeren Strahlgeschwindigkeiten und sind daher am weitesten nach dem Zentrum (oben) gerichtet; die dunkleren Phasen zeigen nach außen, die starke Bildpunktverschiebung ist proportional dem Abstand vom Zentrum und daher in der Schirmmitte (oben) gleich Null.

Abb. 48. Aufnahme der natürlichen Punktverschiebung bei Modulation durch Anodenspannungsbeeinflussung.

Die bei bestimmten Aufgaben störende Bildpunktverschiebung wird vermieden, wenn man die Spannungsmodulation erst hinter der Ablenkung, z. B. kurz vor dem Schirm, durchführt. Bei dem Verfahren der Nachbeschleunigung (Abb. 49) durchläuft der Strahl kurz vor der Erreichung des Schirmes ein ausgedehntes dünndrähtiges Netz, welches sich auf dem Potential der ersten Anode befindet. Der Schirm selbst kann als zweite Anode dienen und die Modulationsspannung führen. Ist der Durchgriff dieser Spannung durch das Netz und die erste Anode genügend klein, so sind die Empfindlichkeiten der Röhre durch die Vorgänge am Schirm nicht beeinflußt.

Ein Nachteil aller Verfahren der Geschwindigkeitsmodulation besteht in der Notwendigkeit, hohe, in der Größenordnung der Anodenspannung liegende Steuerspannungen anzuwenden. Die Aufrechterhaltung hoher Steuerspannungen an Elektroden- und Leitungskapazitäten führt bei höheren Steuerfrequenzen sehr bald zu enormen Steuerleistungen. Z. B. beträgt bei einer Steuerkreiskapazität von 50 cm, einer Modulationsspannung von 1000 V und einer Steuerfrequenz von $3 \cdot 10^5$ Hertz die erforderliche Steuerleistung über 100 Watt. Die Verfahren bleiben daher praktisch auf diejenigen Spezialfälle beschränkt, bei denen eine Kopplung zwischen Helligkeit und Empfindlichkeit erforderlich ist.

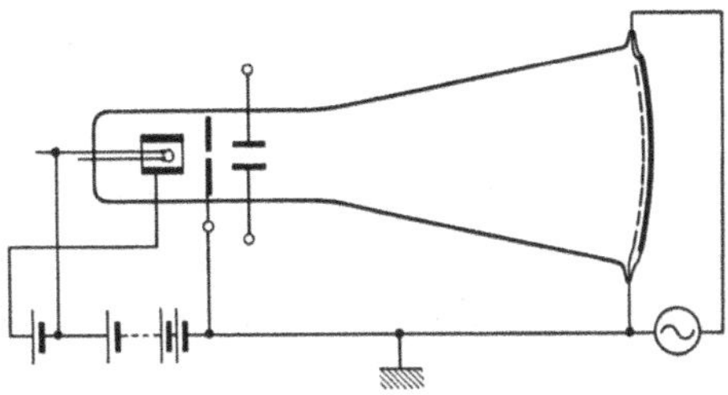

Abb. 49. Helligkeitssteuerung durch Variation einer Nachbeschleunigung.

IV. Die Beeinflussung der Strahlbahn.

Im Ablenkraum wird der Kathodenstrahl in einem Querfeld abgelenkt, das sich proportional mit der Meßgröße ändert. Richtungsänderungen können durch ein elektrisches oder magnetisches Querfeld bewirkt werden. Die Ablenkungsgesetze des Feldes und die unter bestimmten Voraussetzungen auftretenden Abweichungen von diesen Gesetzen sollen im folgenden diskutiert werden.

1. Elektrostatische Beeinflussung.

a) Theorie.

Das Verhalten eines Kathodenstrahles in einem Kondensatorfelde kann in guter Annäherung mit den Gesetzen beschrieben werden, die für

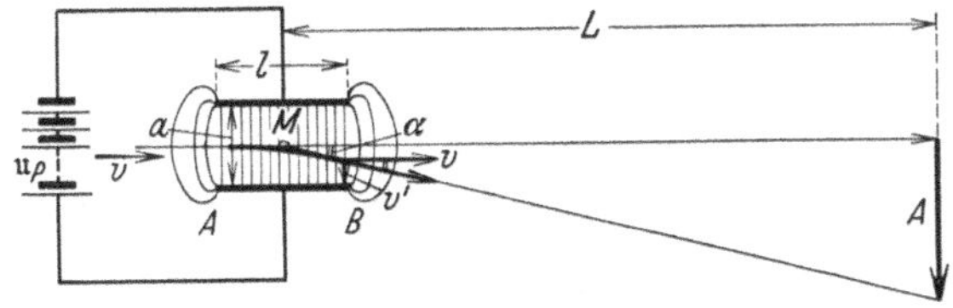

Abb. 50. Die Strahlablenkung durch ein elektrostatisches Feld.

ein einzelnes Elektron gültig sind. In Abb. 50 sind die geometrischen Verhältnisse des Ablenkfeldes dargestellt. Mit einer Geschwindigkeit v tritt das Elektron in das Feld ein, das sich zwischen den Platten mit dem Abstand b unter der Wirkung der angelegten Spannung u_p aufgebaut hat, parallel zu den Platten ein. Es durchläuft das Feld mit einer Laufzeit von $\tau = \frac{l}{v}$, worin l die Länge der Platten bedeutet. Von der Existenz eines Randfeldes ist hierbei abgesehen. Der weitere Vorgang entspricht formal dem Wurf einer Masse im Schwerefeld. Auf das Elektron mit der Ladung e wirkt eine Kraft $e \cdot \mathfrak{E} = \frac{u_p}{a} e$, die ihm bei seiner Ruhemasse m_0 die „Fall"-Beschleunigung $g = \frac{e}{m_0} \cdot \frac{u_p}{a}$ erteilt, wobei $\mathfrak{E}$ die Feldstärke und a der Plattenabstand ist. Diese Beschleunigung g bleibt während der ganzen Flugzeit τ in gleicher Größe und Richtung erhalten. Daher ist beim Austritt aus dem Felde zu der longitudinalen Geschwindigkeit v eine transversale Fallgeschwindigkeit v' hinzugekommen, die durch die Gleichung

$$v' = g\tau = \frac{e}{m_0} \cdot \frac{u_p}{a} \cdot \frac{1}{v} \tag{16}$$

gegeben ist. Die Diagonale des Geschwindigkeitsparallelogrammes (hier Rechteckes) gibt die gewünschte Austrittsrichtung $\operatorname{tg} \alpha = \frac{v'}{v}$, in der der Strahl nach Verlassen des Plattenraumes geradlinig weiter verläuft. Die im Felde durchlaufene Kurve ist eine Fallparabel. Die Tangente am Ausgangspunkt B geht durch den Mittelpunkt M des Feldes. Der Strahl verhält sich so, als ob er geradlinig vom Punkte M unter dem Winkel α gegen die Röhrenachse ausginge. Daraus folgt für den Ausschlag A auf dem Schirm, der in einem Abstande L von der Plattenmitte M angebracht ist, die Beziehung

$$A = L \cdot \operatorname{tg} \alpha \tag{17}$$

und nach Einsatz des gefundenen Wertes für $\operatorname{tg} \alpha$ das bekannte Ablenkungsgesetz

$$A = \frac{l \cdot L}{2\, U_a \cdot a} \cdot u_p \tag{18}$$

nachdem wieder für die Geschwindigkeit v die Anodenspannung U_a gemäß $e\, U_a = \frac{m}{2} v^2$ eingeführt ist.

Der Ausschlag ist also genau proportional der Plattenspannung u_p. Die **Braunsche** Röhre hat daher die sehr wertvolle Eigenschaft, Zeitkurven in ihrem natürlichen Verlaufe, d. h. ohne Amplitudenverzerrungen aufzuzeichnen. Den Ausschlag pro Volt, $\frac{A}{u_p}$, kann man als Empfindlichkeit a_v eines Kathodenstrahloszillographen bei elektrostatischer Ablenkung bezeichnen und kann diese Konstante aus der Gleichung

$$a_v = \frac{l \cdot L}{2\, U_a \cdot a} \tag{19}$$

mit guter Näherung vorausberechnen.

In der Praxis ergeben sich eine Reihe Abweichungen von der Theorie. Sie treten zum Teil nur bei Röhren mit Gasfüllung, zum Teil auch bei Hochvakuumröhren auf.

Eine der Abweichungen folgt aus der Existenz von Randfeldern. Das Feld beginnt und endet nicht an den Plattenkanten, sondern greift darüber hinaus. Gerade bei kurzen Platten mit großem Abstande, für die der Wert $\frac{1}{a}$, das „Feldformat" klein wird, ergibt die theoretische Beziehung zu kleine Werte. Die Abweichungen zwischen errechneter und gemessener Ablenkempfindlichkeit betragen bis zu etwa 30%.

Die Ablenkung des Kathodenstrahles erfordert bei Braunschen Röhren mit Gasfüllung einen merklichen Wirkleistungsaufwand, da die Leitfähigkeit im Raum zwischen den Ablenkplatten nicht, wie theoretisch angenommen, Null ist, sondern einen spannungsabhängigen Verlauf zeigt.

b) Praktische Messungen und Erfahrungen.

Die bei gasgefüllten Röhren auftretenden Abweichungen des praktischen Verhaltens von der Theorie der elektrischen Ablenkungen sind einer Rechnung nur schwer zugänglich. Sie sind jedoch leicht durch Messungen festzustellen. Grundlage für die Ermittlung der Abweichungen bildet eine Aufnahme der Charakteristik des Plattenkreises, d. h. des Zusammenhanges zwischen der Plattenspannung u_p und dem zwischen den Platten fließenden Strome i_p. Eine Kennlinie des Plattenkreises mit der zu ihrer Aufnahme benutzten Meßschaltung ist in Abb. 51 wiedergegeben. Die obere Platte nimmt, wenn sie positiv vorgespannt ist, einen Elektronenstrom auf, der sich einem Sättigungswert von etwa $25 \cdot 10^{-5}$ nähert. Dieser Wert liegt bereits in der Größenordnung des gesamten Strahlstromes, obwohl der Strahl die Platten nicht sichtbar streift. Ist die Platte negativ vorgespannt, so wird trotzdem der Strom zu ihr nicht sofort zu Null, da ihr Potential immer noch positiv gegenüber den vom Schirm zurückkehrenden Elektronen bleibt. Bei stärker negativer Vorspannung beginnt bei gasgefüllten Röhren ein etwa 1% des Elektronenstromes betragender Ionenstrom zu fließen.

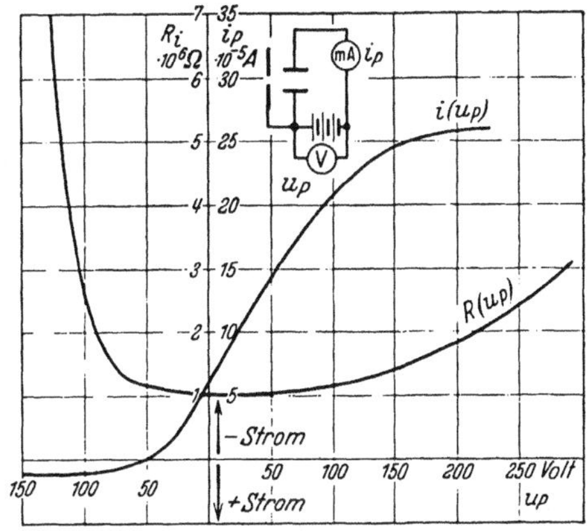

Abb. 51. Widerstandskurve einer Braunschen Röhre mit Argonfüllung.

Der Elektronenstrom zu den Platten wird also nach Abb. 51 erst bei einer Vorspannung von etwa — 50 V zum Verschwinden gebracht. Das Plattensystem der Röhre verhält sich daher so, als ob eine eingeprägte *EMK* von gleicher Größe vorhanden ist.

Abgesehen von dieser inneren *EMK* läßt sich aus der gemessenen Charakteristik der wirksame innere Widerstand des Plattenkreises ermitteln. Die Widerstandskurve $R_i = f(u_p)$ ist in dem gleichen Kurvenblatt eingetragen. Aus dem Kurvenverlauf geht hervor, daß bei Röhren mit Gaskonzentration, wie im vorliegenden Falle, innere Widerstände von der Größenordnung 1 Megohm auftreten. Die maximale Leitfähigkeit besteht bei der Vorspannung Null, d. h. im unabgelenkten Zustande des Strahles. Bei großen Auslenkungen steigt der Widerstand unsymmetrisch um eine Größenordnung.

Rechnet man damit, daß die empfindlichen Schwachstromröhren bei 1000 V Anodenspannung im Durchschnitt etwa 100 V für einen Vollausschlag benötigen, so kommt man zu einer Ablenkungsleistung von maximal etwa 10^{-2} Watt. Diese Leistung ist zwar immer noch sehr gering, kann aber bei der Untersuchung von Spannungsquellen mit einem inneren Widerstand von etwa 10^6 Ohm bereits eine unzulässige Belastung bedeuten.

Infolge der spannungsabhängigen Leitfähigkeit der Plattenkreise liefern gasgefüllte Kathodenstrahlröhren vollkommen verzerrungsfreie Aufzeichnungen nur unter bestimmten Voraussetzungen. Wenn der innere Widerstand der Meßspannungsquelle nahezu gleich groß oder größer ist als der innere Widerstand des Plattenkreises, so werden Verzerrungen und Verlagerungen der Meßkurven unvermeidlich. Die Plattenspannung ist dann ein mit dem Ausschlag schwankender Bruchteil der Prüfspannung, und zwar ist die Spannungsteilung in der Mittellage am ungünstigsten. Die Röhre ist in dieser Lage scheinbar unempfindlicher als in den ausgelenkten Schreibflecklagen. Dieser Fehler kann als **äußerer**, d. h. schaltungsmäßiger **Nullpunktsfehler** bezeichnet werden. An Generatoren, deren innerer Widerstand $1/_{10}$ des kleinsten Plattenkreiswiderstandes, also etwa 100000 Ohm nicht übersteigt, wird der Fehler vernachlässigbar klein. Nur in den seltenen Fällen, wo die Widerstände des Meßkreises größer als 100000 Ohm sind, wird ein Zwischenverstärker unentbehrlich. Bei den unten besprochenen Röhren mit verringertem Strom zu den Ablenkplatten kann die Röhre an Generatoren von bis zu 10^6 Ohm angeschlossen werden, Röhren dieser Ausführung bilden daher bei den meisten Schwachstromuntersuchungen keine Belastung des Meßkreises.

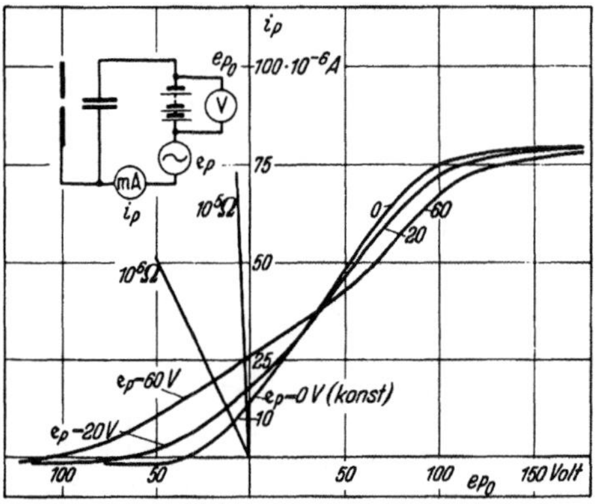

Abb. 52. Richtcharakteristiken des Plattenkreises.

Ein schaltungsmäßiges Mittel zur Verringerung des äußeren Nullpunktsfehlers ist die gemeinsame negative Vorspannung beider Platten gegen den Strahl, die die Aufnahme von Elektronenströmen verhindert.

Die Charakteristik von Abb. 51 weist wie eine Röhrenkennlinie zwei Gebiete starker Krümmung auf. In diesen Gebieten kann ein Gleichrichtereffekt auftreten, und durch den am äußeren Widerstande entstehenden Richtspannungsabfall die gesamte Kurve gegen ihre Mittellage verschoben werden. In Abb. 52 sind sog. Richtcharakteristiken des schon durch Abb. 51 charakterisierten Plattenkreises gezeichnet.

Richtcharakteristiken sind statische Kennlinien bei gleichzeitiger Anwesenheit einer konstanten Wechselspannung U_p, deren Wert bei den einzelnen Kennlinien als Parameter angegeben ist. Aus dem Schnittpunkt zwischen diesen Kennlinien und der Widerstandsgeraden ergibt sich die durch den Richteffekt bewirkte Vorspannungsänderung bzw. Verlagerung. In Abb. 52 entsteht bei 10^6 Ohm Außenwiderstand und einer wirksamen Prüfspannung von 20 V eff eine Vorspannungsänderung von 12 V, also von beinahe dem gleichen Betrage, der die Kurve um etwa 60% ihrer eigenen Amplitude hebt oder senkt. Bei 60 V findet man an 10^6 Ohm eine Richtspannung von fast 20 V, bei 100000 Ohm Außenwiderstand dagegen stellt sich nur 2 V Verlagerungsspannung ein, die praktisch zu vernachlässigen ist. Auch gegen diese Kurvenverlagerung erweist sich daher ein nicht zu großer innerer Widerstand der Meßspannungsquelle als erforderlich. Bei Röhren mit stark verringertem Strom zu den Ablenkplatten ist auch dieser Fehler meist zu vernachlässigen.

Neben dem bisher besprochenen, sog. äußeren Nullpunktsfehler, der beim Zusammenwirken einer Braunschen Röhre mit dem äußeren Stromkreise zustande kommt, besteht ein weiterer, vom äußeren Meßkreiswiderstand unabhängiger, innerer Nullpunktsfehler.

Dieser innere Nullpunktsfehler kann durch Ausschlagsmessungen festgestellt werden unter Verwendung von Eichspannungsquellen, deren innerer Widerstand praktisch Null ist. Der Effekt ist zu erklären durch eine Veränderung der inneren Feldstruktur des Kondensatorfeldes durch die Gasfüllung. Bei Hochvakuum besteht er nicht. Die auf den Strahl wirkende Feldstärke ist in der Umgebung der Mittellage nicht gleich der theoretisch für das Vakuum berechneten, sondern geringer.

Die Erklärung für diese Anomalie beruht auf der Tatsache, daß durch den Elektronenstrahl gebildete positive Ionen langsam zur negativen Ablenkplatte und herausdiffundierte Elektronen schnell zur positiven Platte abwandern. Hierdurch bildet sich vor den entsprechenden Platten ein Kathoden- bzw. Anodenfall aus, so daß das Feld in dem mittleren Bereich zwischen den Platten geschwächt wird. Die Differenz der Wanderungsgeschwindigkeiten führt eine Feldverteilung herbei, bei der das Minimum der Feldstärke nicht genau in die Mitte des Plattenabstandes fällt. Das zur Beseitigung des äußeren Nullpunktsfehlers vorgeschlagene Hilfsmittel, alle Ablenkplatten negativ gegenüber dem Strahl vorzuspannen, bringt in diesem Falle auch wieder nur eine Verbesserung, aber keine völlige Beseitigung des inneren Mittelpunktsfehlers, da ja nicht nur der Elektronen-, sondern auch der Ionenstrom zu den Platten unterbunden werden muß. Die Differenz zwischen tatsächlich vorhandener und theoretisch errechneter Feldstärke ist abhängig von dem Verhältnis der aus der Meßspannung resultierenden Feldstärke zu der durch die Raumladung verursachten Feldstärke. Der Nullpunktsfehler ist um so kleiner, je größer die durch die Meßspannung gegebene Feldstärke im Verhältnis zur Raumladungsfeldstärke ist. Da die Raumladungsfeldstärke mit dem Strahlstrom steigt, ist bei kleinen Strahlströmen der Nullpunktsfehler besonders schwach ausgeprägt[1]. Eine

[1] Siehe hierzu auch E. Hudec: Die Verzerrungen durch die Raumladung in der Braunschen Röhre. Elektr. Nachr.-Techn. Bd. 10 (1933) Heft 5 S. 215.

Erhöhung der Elektronengeschwindigkeit verringert den prozentualen Nullpunktsfehler ebenfalls, da die gleichen Strahlauslenkungen nur mit höheren Feldstärken zu erreichen sind. Auch durch geeignete Bemessung des Ablenksystemes läßt sich der Nullpunktsfehler auf ein Minimum bringen. Da die Empfindlichkeit der Ablenkung von der Plattenlaufzeit der Elektronen und der durch die Ablenkspannung verursachten Feldstärke abhängt, so ist für eine geforderte Empfindlichkeit bei gegebener Anodenspannung Plattenlänge und Plattenabstand möglichst klein zu wählen. Als Grenze ist schließlich, wie unten näher ausgeführt, zu berücksichtigen, daß der Strahl insbesondere im abgelenkten Zustande einen erheblichen Raum erfüllt.

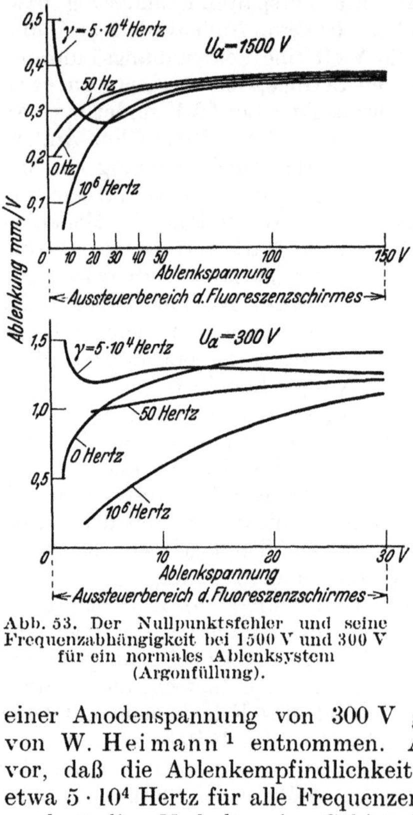

Abb. 53. Der Nullpunktsfehler und seine Frequenzabhängigkeit bei 1500 V und 300 V für ein normales Ablenksystem (Argonfüllung).

Da der Nullpunktsfehler zum Teil durch die Ladung positiver Ionen im Ablenkfeld entsteht, ist es verständlich, daß der Nullpunktsfehler frequenzabhängig ist. Messungen über Größe und Frequenzabhängigkeit des Nullpunktsfehlers sind in Abb. 53 wiedergegeben. Die oberen Kurven wurden an einer Röhre bei einer Anodenspannung von 1500 V erhalten. Die untere Abbildung, die bei einer Anodenspannung von 300 V gewonnen wurde, ist einer Arbeit von W. Heimann[1] entnommen. Aus beiden Diagrammen geht hervor, daß die Ablenkempfindlichkeit mit Ausnahme des Gebietes von etwa $5 \cdot 10^4$ Hertz für alle Frequenzen mit der Spannung zunimmt. Das merkwürdige Verhalten im Gebiet der Mittelfrequenzen, das bei allen Vorgängen, an denen positive Ionen mit beeinflußt werden (Wehnelt-Zylindersteuerung, Außensteuerung usw.) wiederkehrt, tritt dann ein, wenn die Periodendauer der Ablenkung die Größenordnung der Ionenlaufzeiten erreicht. Die beiden Diagramme bestätigen weiterhin das oben Gesagte, wonach der geometrische Bereich des Nullpunktsfehlers bei Betrieb mit höheren Anodenspannungen wesentlich kleiner ist als bei kleinen Anodenspannungen[2].

Der Anteil des inneren Nullpunktsfehlers an der Verzerrung der Empfindlichkeitskurve einer normalen, gasgefüllten Braunschen Röhre

[1] Heimann, W.: Über die Empfindlichkeit der Braunschen Röhre mit Gaskonzentration bei verschiedener Frequenz. Z. Hochfrequenztechn. Bd. 40 (1932) Heft 4 S. 127.

[2] Vgl. hierzu M. v. Ardenne: Bemerkungen zu der Arbeit v. W. Heimann: Z. Hochfrequenztechn. Bd. 40 Heft 6 S. 217.

mit Elektronengeschwindigkeiten von 1000 V geht aus der statisch gewonnenen Messung Abb. 54 hervor. Hier wurde die Auslenkung bei verschiedenen angelegten Batteriegleichspannungen gemessen. Eine weitere dynamisch aufgenommene Ausschlagskurve ist in Abb. 55 wiedergegeben. Die letztere wurde erhalten, indem eine mit konstanter Geschwindigkeit ansteigende Spannung (Kippfrequenz 50 Hertz), einer Kippschwingungsanordnung an beide Plattenpaare mit gleicher Amplitude gelegt wird. Sowohl die Messungen mit Gleichspannungen als auch die dynamisch erhaltene Kurve zeigen den Knick in der Empfindlichkeitskurve mit aller Deutlichkeit. Die verbessernde Wirkung einer gemeinsamen negativen Vorspannung der Ablenkplatten gegenüber

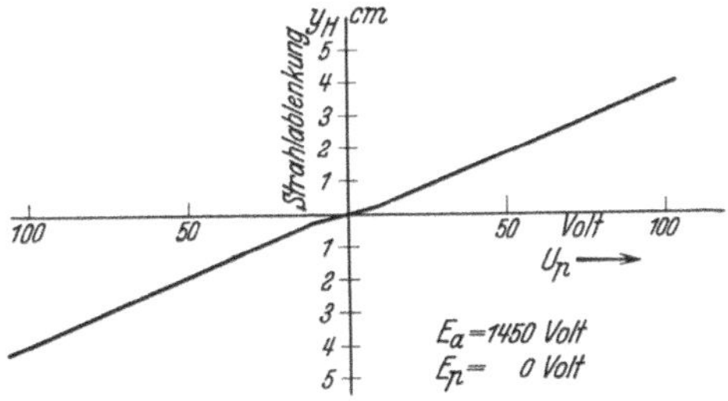

Abb. 54. Statisch gemessene Empfindlichkeitskurve.

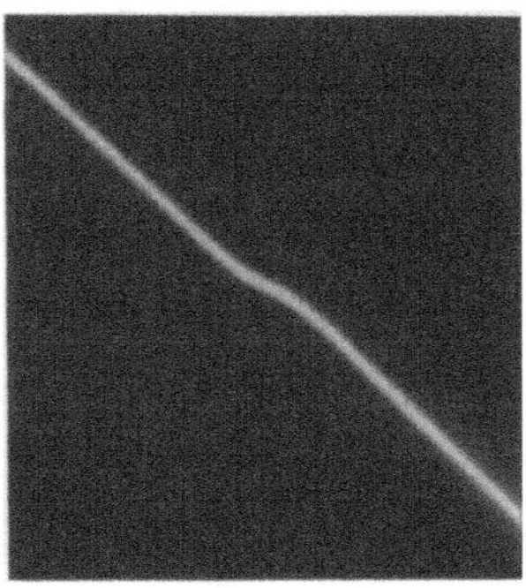
Abb. 55. Stark ausgeprägter Knick in der Empfindlichkeitskurve einer älteren Röhre mit Gasfüllung.

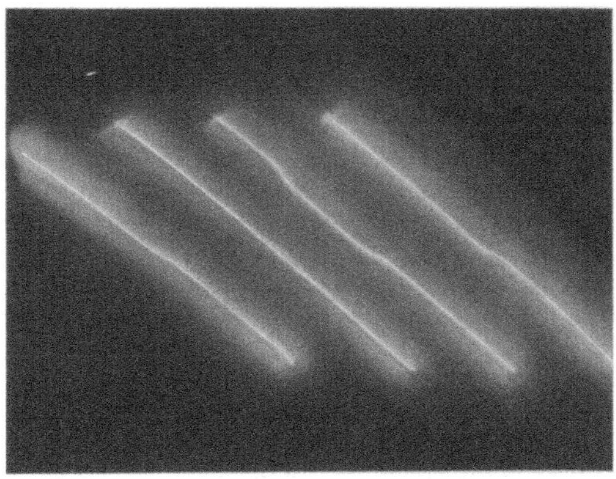
Abb. 56. Photographierte Empfindlichkeitskurven bei verschiedener Vorspannung der Platten gegen die Anode.

der Anode geht aus den photographierten Fluoreszenzschirmbildern Abb. 55 hervor. Hier sind verschiedene ebenso wie in Abb. 56 gewonnene Auslenkungskurven nebeneinander aufgenommen. Die verschiedenen Kurven unterscheiden sich dadurch, daß ihnen verschiedene Plattenvorspannungswerte zugrunde liegen, und zwar wird von rechts nach links die Vorspannung stärker negativ. Bei einer Vorspannung von etwa 200 V gegenüber der Anode ist die zweite Kurve von links in Abb. 56 erhalten, die einen ausreichend linearen Verlauf zeigt. Diese Messung lehrt, daß der innere Nullpunktsfehler, durch negative Plattenvorspannung so weit abgeschwächt werden kann, daß er praktisch für die meisten Messungen vernachlässigt werden kann. Zur vollkommenen Beseitigung des inneren und äußeren Nullpunktsfehlers existiert ein Verfahren von

Bedell und Kuhn[1]. Nach diesem Verfahren wird an je eine Platte eines jeden Paares eine höhere negative Spannung gelegt, die den Zweck hat, den Elektronenstrahl aus der anomalen Mitte des Plattenfeldes an die ungestörte Peripherie zu verlagern. Da aus praktischen Gründen der Fluoreszenzfleck in der Mitte des Schirmes gehalten werden muß, ist es entweder notwendig, die Röhre selbst unsymmetrisch zu bauen oder die elektrostatische Verlagerung durch ein zusätzliches, passend gerichtetes Magnetfeld wieder aufzuheben. Besonders einfach gelingt die Herstellung des magnetischen Hilfsfeldes bei Röhrenausführungen mit Nickelanode. Hier ist es nur notwendig (s. unten), die Anode einmalig zu magnetisieren.

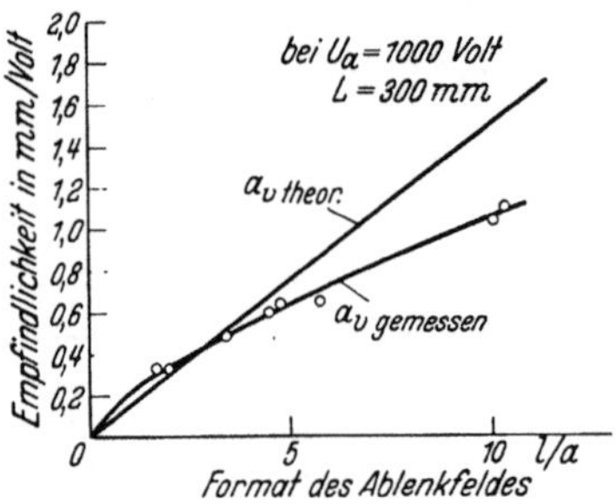

Abb. 57. Gemessene und berechnete Empfindlichkeitswerte.

Wie sich gezeigt hat, sind eine ganze Reihe Abweichungen zwischen Messung und Rechnung vorhanden, besonders bei den gasgefüllten Röhren für niedere Spannung. Es ist daher von großem Wert, die Meßergebnisse zusammenzufassen. Um die Empfindlichkeitsformel empirisch korrigieren zu können, sollen die gemessenen Abweichungen graphisch zusammengestellt werden. An einer Reihe von Kathodenstrahlröhren verschiedenster Dimensionen wurde die Empfindlichkeitskonstante a_v berechnet und gemessen. Die Messung geschah durch den Betrieb der Röhre mit 3 .... 4 bekannten Normalablenkwechselspannungen von Tonfrequenz. Die Meßergebnisse wurden in Abb. 57 aufgetragen über dem Feldformat als Abszisse. Alle Meßwerte wurden umgerechnet auf eine Normalkolbenlänge $L = 300$ mm und eine Normalanodenspannung $U_a = 1000$ V.

Es stellt sich heraus, daß unterhalb eines Verhältnisses $\frac{l}{a} = 2{,}5$ die gemessenen Werte zu groß sind, oberhalb dieses Punktes zu klein sind. Die Erklärung ist nach dem Gesagten einerseits im Randfeldeffekt, andererseits im Nullpunktsfehler gegeben.

In relativem Maßstab sind die Meßergebnisse von Abb. 57 in Abb. 58 eingetragen. Es kommen, wie man sieht, Abweichungen bis zu 50% vor. Man kann daher an Hand der in Abb. 58 gegebenen Kurve eine Braunsche Röhre für eine gegebene Empfindlichkeit richtig dimensionieren.

Gelegentlich ist der Einbau der Ablenkplatten unterlassen und statt dessen mit außen angebrachten Belegungen gearbeitet worden. Prinzipiell besteht bei Außensteuerung kein Unterschied in der Wirkungsweise gegenüber einem von innerhalb der Röhre angeordneten Platten erzeugten Feld. Praktisch treten jedoch Schwierigkeiten auf, die beim Arbeiten mit Außensteuerung zu berücksichtigen sind. Röhren mit außen angebrachten Kondensatorbelegungen und mit Gasfüllung zeigen eine stark ausgeprägte Frequenzabhängigkeit. Wie Abb. 59 zeigt, ist

[1] Bedell, F. u. J. Kuhn: Linear correction for cathode ray oscillograph. Physic. Rev. (2) Bd. 36 (1930) Heft 5 S. 993.

die Außensteuerung bei Niederfrequenz bis etwa 5000 Hertz wegen der geringen Empfindlichkeit ungeeignet. Solange die Wanderungsgeschwindigkeit der Ionen eine Erreichung der inneren Glaswand innerhalb der Periodendauer gestattet, erfolgt eine Kompensation der durch die

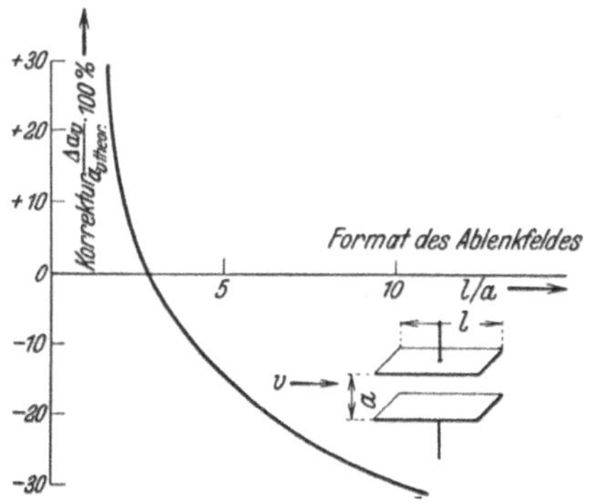

Abb. 58. Abweichungen der Empfindlichkeit gegenüber berechneten Werten.

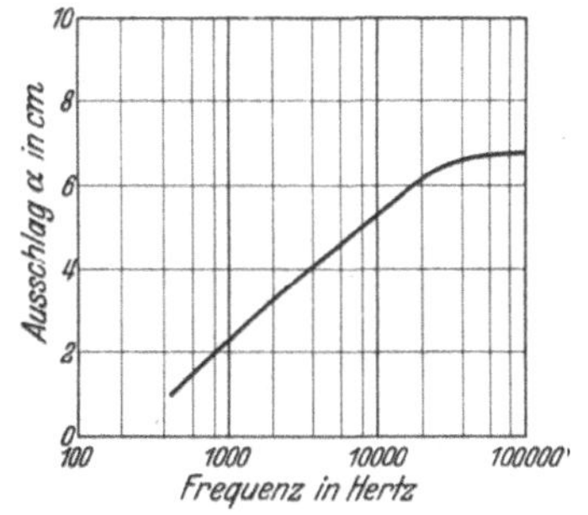

Abb. 59. Die Frequenzabhängigkeit bei elektrostatischer Ablenkung durch Außenelektroden.

Außenelektroden auf der inneren Wandladung influenzierten Ladungen. Erst bei ausgesprochener Hochfrequenz, bei etwa 100 000 Hz, hat eine Außensteuerröhre ihre Grenzempfindlichkeit angenommen. Bis dahin ist der Verlauf empirisch angenähert durch die Beziehung

$$a_v = k \cdot ln \cdot f \tag{20}$$

darstellbar, worin die Frequenzabhängigkeitskonstante k noch stark von Gasdruck, Glasleitfähigkeit u. dgl. abhängt. Für reine Hochfrequenzuntersuchungen ist die Außensteuerröhre durchaus geeignet. Sie bietet den Vorteil einfacher Herstellung und die Möglichkeit bequemer Empfindlichkeitsänderung durch Plattenverstellung.

2. Die magnetische Ablenkung.

a) Theorie.

Gerechnet werde mit einem homogenen, magnetischen Querfeld, dem der Strahl während eines Stückes l seiner Bahn ausgesetzt sei. Die Feldstärke $\mathfrak{H}$ werde durch einen die Erregerspule durchfließenden Meßstrom i aufgebaut. Auch hier ist es möglich, eine mit der Wirklichkeit nahe übereinstimmende Beschreibung der Vorgänge durch Ableitung des Gesetzes für ein einzelnes Elektron zu erhalten (Abb. 60). Die auf ein Stromstück vom Betrage $i \cdot l$ wirkende und senkrecht zur Richtung des Magnetfeldes liegende Kraft ist

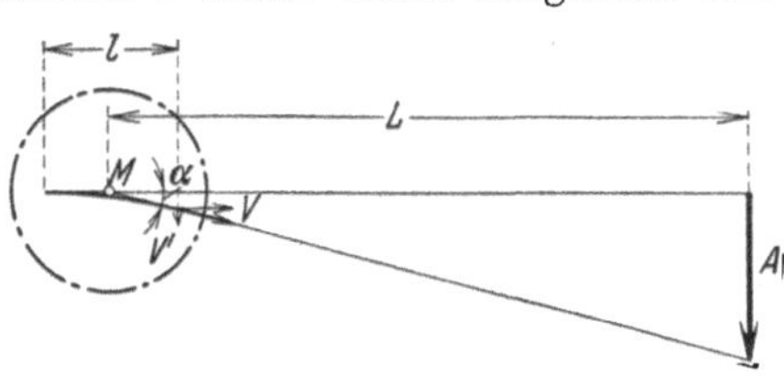

Abb. 60. Die Strahlablenkung durch ein magnetisches Feld (Feld senkrecht zur Zeichenebene).

$$K = \mathfrak{H} \cdot i \cdot l \tag{21}$$

und die auf das Elektron wirkende Beschleunigung:

$$g = \frac{K}{m} = \frac{\mathfrak{H} \cdot i \cdot l}{m} = \frac{\mathfrak{H}\, e\, v}{m} \tag{22}$$

Die Endgeschwindigkeit v', die das Elektron unter der Einwirkung der Kraft K in der Zeit τ erreicht, ist

$$v' = g\,\tau = \mathfrak{H} \frac{e\,v}{m} \cdot \frac{l}{v} = \mathfrak{H} \frac{e}{m} \cdot l \tag{23}$$

Hieraus folgt die Flugrichtung beim Abgang, welche einen Winkel α von der Größe

$$tg\,\alpha = \frac{v'}{v} = \mathfrak{H} \frac{e}{m} \cdot \frac{l}{v} \tag{24}$$

mit der ursprünglichen Richtung einschließt. Die geometrische Vergrößerung des kleinen Bahndreieckes auf das große Dreieck mit den Katheten L und dem Schirmausschlag A gibt für den Schirmausschlag A die Beziehung:

$$A = \mathfrak{H} \frac{e}{m} \cdot \frac{l\,L}{v} \tag{25}$$

Bei magnetischer Ablenkung ist die Empfindlichkeit

$$a_m = \frac{A}{\mathfrak{H}} = \frac{e}{m} \cdot \frac{l\,L}{v} \text{ (mm/Gauß)} \tag{26}$$

Wie man sieht, hängt die magnetische Empfindlichkeit nur von $\frac{1}{v}$, aber nicht von $\frac{1}{v^2}$ ab, wie die elektrische Empfindlichkeit. Kleine Geschwindigkeitsänderungen kommen daher bei magnetischer Ablenkung in geringerem Maße als bei elektrostatischer Ablenkung zur Auswirkung.

Die zu erwartenden Abweichungen von dieser Theorie ergeben sich aus den vorgenommenen Vereinfachungen. Sie sind die gleichen wie bei elektrostatischer Ablenkung und sind zum Teil in der gleichen Weise durch die Rechnung zu erfassen. Die Randfelder bewirken, besonders wenn das Außenfeld der Erregerspulen den Strahl beeinflußt und nicht durch Eisenjoche von ihm abgelenkt wird, unter Umständen erhebliche Abweichungen; auch ist es nicht leicht, das Ablenkfeld über die Wirkungslänge l homogen zu gestalten, so daß in die Beziehung evtl. eine andere wirksame Länge an Stelle der geometrischen Länge einzusetzen ist. Man wird daher genauere Feststellungen dem Experiment überlassen.

b) Praktische Erfahrungen.

Die magnetische Ablenkung ist von Fehlern durch Rückwirkung des Kathodenstrahls auf den Stromkreis und von Verzeichnungsfehlern, wie den oben besprochenen, frei. Zu diesen Vorteilen kommt als weiterer Vorteil hinzu, daß das Verfahren ein Außensteuerverfahren ist und daß es daher möglich ist, eine Lagenjustierung und ein Auswechseln von Erregerspulen leicht vorzunehmen.

Ein Nachteil besteht in der Frequenzabhängigkeit des Spulenwiderstandes. Soll eine über einen weiteren Frequenzbereich gleichbleibende Stromempfindlichkeit erzielt werden, so ist die Vorschaltung eines Ohmschen Widerstandes, welcher groß gegen den induktiven Widerstand ωL

der Spule bleibt, anzuraten. In diesem Falle wird der Leistungsbedarf der Ablenkung natürlich stark vergrößert. Leistungsempfindlichkeit und Frequenzunabhängigkeit sind bei der magnetischen Ablenkung schwer vereinbar.

Beim Arbeiten mit Niederfrequenz ist eine Verstärkung des magnetischen Feldes durch Eisen nur mit Vorsicht auszuwenden, da man im benötigten Amplitudenbereich nur dann Proportionalität zwischen Feld und Prüfstrom erhält, wenn man im linearen Bereich der Magnetisierungskurve arbeitet.

Einen Begriff von den zahlenmäßigen Verhältnissen bei magnetischer Ablenkung gibt folgendes numerische Beispiel. Die mittlere Empfindlichkeit bei Spulenablenkung beträgt etwa 1 mm/mA, wenn 1000 V Elektronen, eine Wirkungslänge von 60 mm, eine Strahllänge von etwa 300 mm und eine Windungszahl von 600 vorausgesetzt wird. Die zugehörige Induktivität beträgt etwa 0,02 Hy und besitzt bei der höchsten Tonfrequenz von 10000 Hertz einen Scheinwiderstand von etwa 1200 Ohm. Beim 10fachen Vorschaltwiderstand resultiert daher für den frequenzunabhängigen Vollausschlag immerhin eine Meßleistung von etwa 20 Watt, die, wie man sieht, mit der Wirtschaftlichkeit der elektrostatischen Ablenkung nicht konkurrieren kann.

3. Kombinierte Methoden der Strahlbeeinflussung.

a) Ablenkung in kartesischen Koordinaten.

Bei Untersuchungen im Gebiet langsamer Frequenzen ist die Aufnahme von Zeitkurven unter Verwendung nur eines ablenkenden Feldes möglich. Die fehlende Koordinate, die Zeitabszisse wird in diesem Fall ersetzt durch einen Drehspiegel oder andere äußere optische Mittel, die zwischen die sichtbare Prüfamplitude und den Beobachter geschaltet werden. Bei Hochfrequenz versagen diese mechanischen Mittel. Man bedenke, daß die Aufnahme einer 100-m-Welle, z. B. bei einer Amplitude von 10 cm bereits mit einer maximalen Schreibgeschwindigkeit von etwa 2000 km/sec vor sich geht, während bei den Höchstleistungen des Kathodenstrahloszillographen, den Wanderwellenuntersuchungen mit Hochspannungsröhren, Schreibgeschwindigkeiten bis zu $^1/_3$ der Lichtgeschwindigkeit vorkommen. Bei Hochfrequenzuntersuchungen ist man daher gezwungen, die Zeitkoordinate ebenfalls durch eine elektrische Ablenkung des Strahles quer zur Ablenkrichtung der Prüfgröße zu ersetzen. Die das Querfeld erzeugende Spannung muß einen bekannten, möglichst linearen zeitlichen Verlauf haben, sodaß die entstehende Kurve unmittelbar den zeitlichen Ablauf der Prüfgröße ergibt.

Die oszillographentechnische Aufgabe besteht daher darin, dem Kathodenstrahl zwei zueinander eindeutig orientierte Ablenkungen zu erteilen, die vollkommen unabhängig voneinander sein müssen. Von wenigen Ausnahmefällen abgesehen, wird man die beiden Ablenkungen in zwei zueinander senkrecht stehenden Achsen erfolgen lassen. In manchen Fällen, insbesondere bei Phasenmessungen, muß außerdem noch die Bedingung erfüllt sein, daß die Ablenkungen in beiden Richtungen gleichzeitig erfolgen.

Die Ablenkungen können durch zwei gekreuzte elektrische oder magnetische Felder oder durch eine elektrisches und ein magnetisches Feld paralleler Feldrichtung hervorgerufen werden. Die Felder können dabei grundsätzlich an demselben Bahnelement, also gleichzeitig angreifen, können aber auch gegeneinander in der Strahlrichtung versetzt sein, also nacheinander einwirken. Die charakteristischen Schwierigkeiten beider Methoden werden an Hand der Abb. 61 u. 62 erläutert.

Abb. 61 zeigt zwei gekreuzte elektrische Felder mit gleichzeitiger Einwirkung, hergestellt durch eine Kastenanordnung von vier Kondensatorplatten. Abb. 62 zeigt dagegen die am meisten angewendete Hintereinanderschaltung der gekreuzten Felder. Bei der Kastenanordnung ist die Unabhängigkeit der beiden Feldkomponenten voneinander nicht unbedingt gesichert. In Abb. 61 rechts ist der Feldverlauf in einer Querschnittslinie dargestellt, der zustande kommt, wenn das horizontale

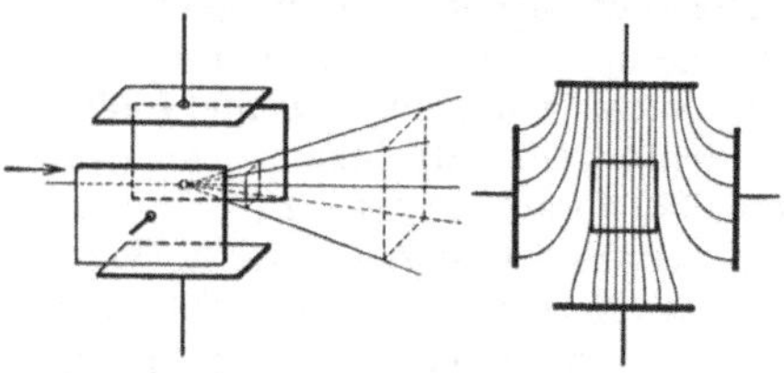

Abb. 61. Gleichzeitige elektrostatische Einwirkung gekreuzter Felder durch Kastenanordnung der Ablenkelektroden.

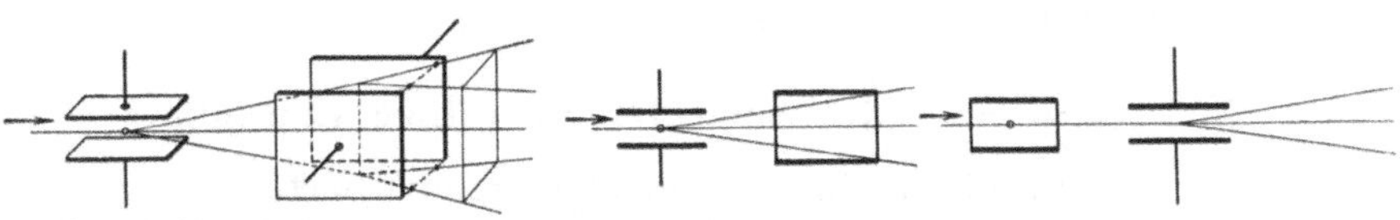

Abb. 62. Nacheinander erfolgende Beeinflussung durch zwei getrennte Ablenkplattenpaare.

Abb. 61 u. 62. Die beiden wichtigsten Möglichkeiten.

Plattenpaar kurz geschlossen ist. Dabei ist angenommen, daß, wie praktisch meist der Fall, beide Spannungskomponenten einpolig geerdet sind. Wie man sieht, wird das Ordinatenfeld, welches bei Fehlen der Querplatten über die ganze Plattenbreite hinweg parallel und homogen wäre, durch das Vorhandensein der beiden geerdeten Querplatten deformiert, und es bleibt nur ein beschränkter Teil für unverzerrte Ablenkung verwendbar. Die Bedingung lautet daher für die Anordnung von Abb. 61, daß der größte Endausschlag immer noch klein sein muß gegen die Kantenlänge des Plattenformates.

Dadurch, daß man die beiden ablenkenden Felder gegeneinander versetzt, wie in Abb. 62, ist die Superposition ohne gegenseitige Störung erreicht. Nur muß der Abstand der einander benachbarten Kanten noch groß gegen die Ausdehnung des Randfeldes sein. Die Breite der Vertikalplatten, welche in Abb. 62 zuerst ablenken, kann dabei sehr gering sein und braucht nur einige Strahldurchmesser zu betragen; die Breite der Querplatten muß größer sein, damit der Strahl auch bei größter Ablenkung durch das erste Plattenpaar nicht über den Plattenrand hinauskommt.

Die Nachteile des Systemes der hintereinandergeschalteten Felder sind die verschiedene Empfindlichkeit der beiden Plattensysteme infolge der verschiedenen Abstände vom Schirm, und die durch die Strahlgeschwindigkeit und den Achsenabstand gegebene innere Phasendifferenz zwischen den Feldwirkungen auch bei an sich gleichphasigem Feldaufbau. Letztere wird allerdings (s. unten) erst bei hochfrequenten Aufnahmen mit langsamen Kathodenstrahlen beachtenswert.

Für gekreuzte magnetische Felder gelten prinzipiell dieselben Überlegungen und Fehlerquellen. Die gleichzeitige Anwendung eines elektrischen und magnetischen Feldes bietet den Vorteil, daß eine Überlagerung beider Felder bei gleichzeitiger Wirkung am gleichen Ort ohne gegenseitige Störung möglich ist.

b) Ablenkung in Polarkoordinaten.

Die bisher besprochenen, kombinierten Ablenkungen erfolgten in zueinander rechtwinkligen Koordinaten. Mitunter ist jedoch auch

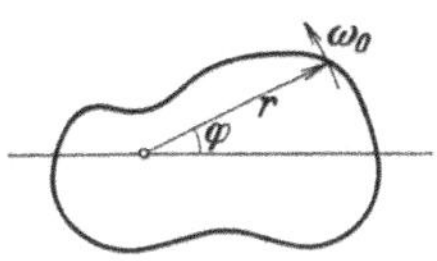

Abb. 63. Zur Darstellung in Polarkoordinaten.

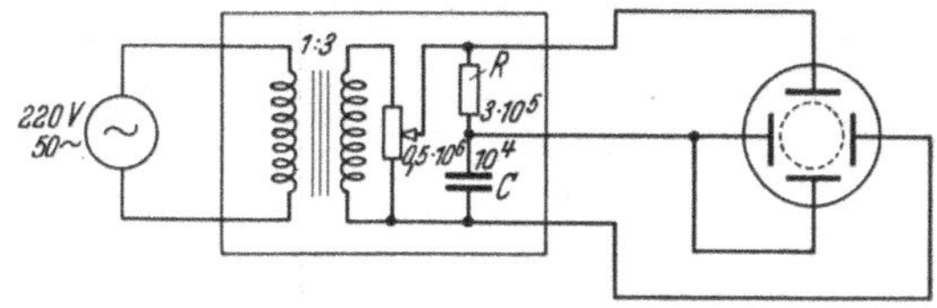

Abb. 64. Einfache Schaltung zur Kreiszeichnung.

eine Darstellung in Polarkoordinaten erwünscht. Das Prinzip dieser Darstellung besteht nach Abb. 63 darin, daß ein mit konstanter Winkelgeschwindigkeit umlaufender Spannungsvektor r seine Länge entsprechend der Prüfgröße ändert. Seine Winkelgeschwindigkeit entspricht der Grundfrequenz ω der Prüfgröße oder einem ganzzahligen Bruchteil der Prüffrequenz, wenn eine stehende Figur entstehen soll.

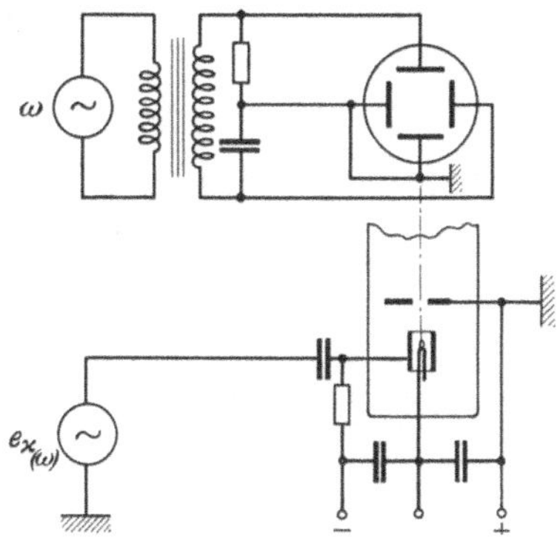

Abb. 65. Kreiszeichnerschaltung mit einseitiger Erdung.

Das Oszillographieren in Polarkoordinaten erfolgt mit zwei gekreuzten Ablenkfeldern und konstanter Wehnelt-Zylinderspannung unter Verwendung eines Phasenschiebers nach Abb. 64 oder 65. An Abb. 64 ist die Sinusspannung in Reihe mit einem Ohmschen Widerstand R und einer Kapazität C geschaltet, und es sind dabei R und C so dimensioniert, daß ihre Widerstände gleich sind. Dann entstehen an R und an C zwei Spannungen gleicher Größe mit einer um 90^0 verschobenen Phase. Bei Anlegung dieser Spannungen an die zueinander senkrechten Ablenkplattenpaare der Braunschen Röhre entsteht dann die erforderliche Kreisfigur. Die Amplituden der Ablenkspannung und damit der Kreishalbmesser betragen dabei 70% des Ausschlages, den die Wechselspannung selbst ergeben würde. Die Anordnung nach Abb. 65 gibt als Kreishalbmesser die Gesamtamplitude und bietet gleichzeitig den Vorteil einpoliger Erdung der Spannungsquelle.

Die Modulation der Vektoramplitude durch die Meßspannung wurde schon beim Kapitel „Spannungsmodulation" Abschnitt A, III, 2b gestreift. Durch die Überlagerung der Wechselspannung auf die Anodenspannung wird die Empfindlichkeit moduliert und es erscheinen im

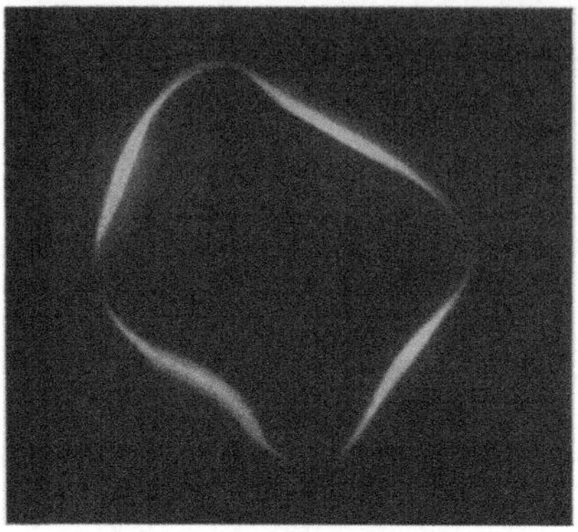

Abb. 66. Oszillogramm einer Sinusspannung in Polarkoordinaten bei vierfacher Kreisfrequenz.

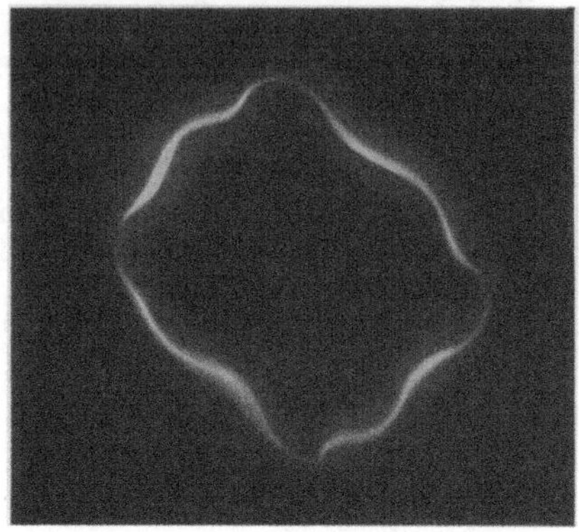

Abb. 67. Sinusspannung von Abb. 66 durch Oberwellen verzerrt.

Oszillogramm der Meßspannung entsprechende Abweichungen der Kurve von der Kreisbahn. Abb. 66 und 67 zeigen die Oszillogramme einer Sinusspannung von vierfacher Kreisfrequenz, und zwar in Abb. 67 verzerrt infolge der in der oszillographierten Spannung enthaltenen Oberwellen.

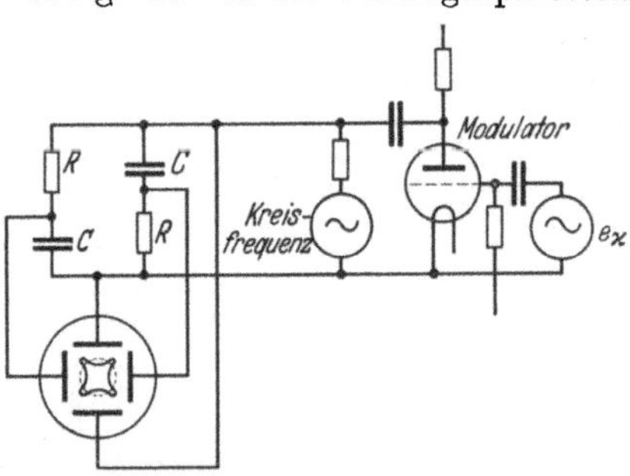

Abb. 68. Modulation der Kreisspannung durch die Meßgröße bei konstanter Elektronengeschwindigkeit.

Im Gegensatz zu dem angegebenen Verfahren, bei dem die Kreiszeichnerbrücke unverändert bleibt und die Elektronengeschwindigkeit durch die Meßgröße beeinflußt wird, läßt man in der Anordnung nach Abb. 68 die Anodenspannung konstant und moduliert die an der Brücke liegende Kreisfrequenz durch die zu oszillographierende Spannung. Der spezielle Vorteil dieser Schaltung ist darin zu sehen, daß das gesamte Oszillogramm mit konstanter Fleckhelligkeit geschrieben wird. Die Herstellung der Ablenkung in Polarkoordinaten durch Modulation ist neuerdings auch an anderer Stelle [1] durchgeführt worden. Mit Hilfe einer komplizierten Doppelgegentaktanordnung gelangt Goubau [2] zur gleichen Methode.

[1] A circular time-base giving radial deflections for use with the cathode ray oscillgraph. Staff of the Radio Research Station. J. Instn. electr. Engr. Bd. 71 (1932) Nr. 426 S. 82.

[2] Goubau, G.: Eine Methode zur radialen Ablenkung an der Braunschen Röhre. Z. Hochfrequenztechn. Bd. 40 (1932) Heft 1 S. 1.

Schließlich ist noch die Möglichkeit gegeben, bei unbeeinflußter Kreiszeichnerbrücke den Strahlstrom mittels der Meßspannung nach den bereits früher angegebenen Methoden zu modulieren. Doch ist dieses Meßverfahren nur für Phasenmessung geeignet. Eine Bestimmung der Meßspannungsamplitude durch Photometrieren erscheint wegen der durch den Leuchtschirm eingehenden Ungenauigkeiten unzweckmäßig.

Will man außer der Größe der Phasenverschiebung auch die Richtung der Verschiebung und eine Umkehr des Phasenvorzeichens feststellen, so ergibt die von Hollmann und Saraga [1] angegebene stroboskopische Methode ein geeignetes Verfahren. Die Schreibgeschwindigkeit des Kathodenstrahloszillographen wird auf stroboskopische Weise scheinbar so weit herabgesetzt, daß sie auch bei sehr hohen Ablenkfrequenzen noch dem Auge erkennbar bleibt. Diese stroboskopische Geschwindigkeitsverminderung wird bei der Kathodenstrahlröhre auf einfache Weise bewirkt, indem der Strahl mit einer von der Untersuchungsfrequenz bzw. von bestimmten Verhältniswerten geringfügig abweichenden Hilfsfrequenz moduliert wird. Die Modulationsspannungen können der Wehnelt-Spannung oder dem Anodenpotential überlagert werden. In die Ablenkfigur werden dann Zeitmarken eingezeichnet, die in einem oder anderen Sinne umlaufen. Bleibt die Modulationsfrequenz unterhalb der Ablenkfrequenz oder bestimmter durch die Reihe der ganzen Zahlen gegebener Verhältniswerte, so stimmt die stroboskopische Bewegung der Zeitmarke mit der wirklichen Bewegungsrichtung des Strahles überein. Durch dieses Verfahren läßt sich der Umlaufsinn von Lissajous Figuren demonstrieren und erlaubt so die gesuchte Phasenverschiebung zwischen den Koordinaten und eine Umkehr des Phasenvorzeichens zu erkennen. Hierfür seien zwei Beispiele angegeben:

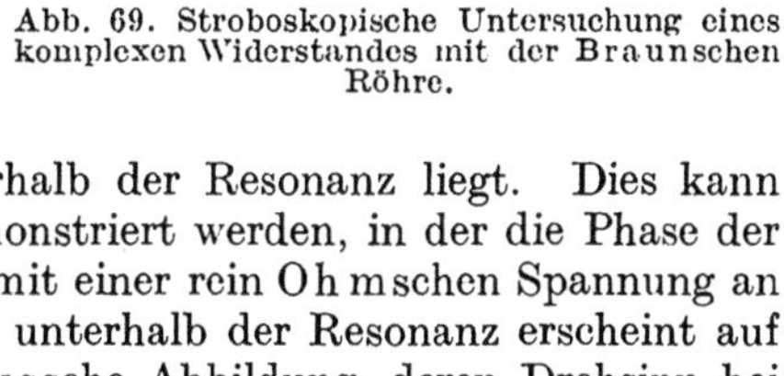

Abb. 69. Stroboskopische Untersuchung eines komplexen Widerstandes mit der Braunschen Röhre.

Im ersten Falle wirkt ein Resonanzkreis in Reihenschaltung als induktiver oder kapazitiver Widerstand, je nachdem, ob die Erregerfrequenz ober- oder unterhalb der Resonanz liegt. Dies kann in der Schaltung der Abb. 69 demonstriert werden, in der die Phase der Spannung am Resonanzkreis LC mit einer rein Ohmschen Spannung an R verglichen wird. Oberhalb und unterhalb der Resonanz erscheint auf dem Röhrenschirm eine Lissajoussche Abbildung, deren Drehsinn bei induktiver oder kapazitiver Phasenverschiebung entgegengesetzt ist. Ein analoger Versuch läßt sich natürlich auch mit einem Schwingungskreis in Parallelschaltung ausführen.

Im zweiten Beispiel (Abb. 70) wird die Phasenverschiebung bei fortschreitenden Wellen nach der erwähnten Methode untersucht. Der Phasenwinkel φ zwischen Sender und Empfänger einer fortschreitenden

[1] Hollmann, H. E. u. W. Saraga: Stroboskopische Untersuchungen mit der Braunschen Röhre. Mitt. a. d. Heinrich Hertz-Inst. f. Schwingungsforschung. Z. Hochfrequenztechn. Bd. 41 (1933) Heft 2.

Welle hängt vom Abstand d zwischen beiden und von der Wellenlänge λ ab und ergibt sich zu $\varphi = \omega t$, wenn ω die Kreisfrequenz und t die Laufzeit ist. Bezeichnet man die Fortpflanzungsgeschwindigkeit mit v, so wird $t = \frac{d}{v}$ und $\varphi = \frac{2\pi d}{\lambda}$, d. h. die Phasenlage ist eine Funktion des Abstandes d. Dieser Zusammenhang läßt sich mit der in Abb. 70 dargestellten akustischen Demonstrationsanordnung zeigen, bei der das eine Plattenpaar die Erregerspannung für den Lautsprecher L und das andere die verstärkte Spannung des Mikrophons M erhält. Bei allmählicher Vergrößerung der Entfernung des Mikrophones vom Lautsprecher beobachtet man in Abständen von halben Wellenlängen periodisch ein Entstehen und Wiederzusammenfallen elliptischer Figuren mit jedesmaliger Umkehr ihres Umlaufsinnes.

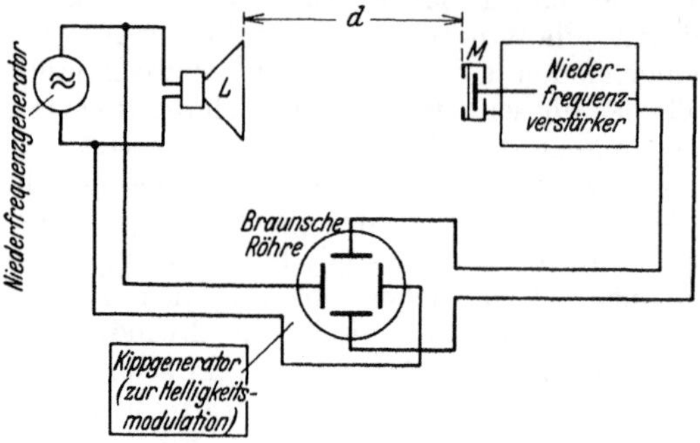

Abb. 70. Stroboskopische Untersuchung der Phasenverschiebung bei fortlaufenden Wellen.

4. Der Einfluß der Elektronenlaufzeit beim Arbeiten mit sehr hohen Frequenzen.

a) Elektrostatische Ablenkung.

Bei der Aufzeichnung sehr hoher Frequenzen treten Fehler auf, die auf der Tatsache beruhen, daß auch der Kathodenstrahl kein absolut trägheitsfreies System ist, weil sich die Elektronen mit einer endlichen Geschwindigkeit durch das ablenkende Feld bewegen. Wird die Verweilzeit der Elektronen im Ablenkfeld groß gegenüber den zeitlichen Änderungen dieses Feldes, was gerade bei Oszillographen mit niedriger Anodenspannung, d. h. kleinen Elektronengeschwindigkeiten und langen Ablenkfeldern der Fall ist, so ergibt sich bei hohen aufzunehmenden Frequenzen eine Abnahme der Empfindlichkeit sowie ein Phasenfehler.

α) Die dynamische Empfindlichkeit der Braunschen Röhre bei sehr hohen Frequenzen[1]. Die bereits früher angegebene Gleichung (19) behält nur so lange ihre Gültigkeit, als das Ablenkfeld während der Durchlaufzeit der Elektronen konstant ist. Fällt die Periodendauer der Ablenkspannung dagegen mit der Laufzeit der Elektronen angenähert zusammen, so bleibt das Ablenkfeld während des Durchlaufens der Elektronen nicht mehr konstant. Die sich dann ergebenden Verhältnisse seien an Hand der Abb. 71 erläutert. Betrachtet werde ein Elektron, das gerade in dem

---

[1] Hollmann, H. E.: Die Braunsche Röhre bei sehr hohen Frequenzen. Z. Hochfrequenztechn. Bd. 40 (1932) Heft 3 S. 97. Analoge Betrachtungen und die gleichen Rechnungen wurden Ende 1931 im Laboratorium des Verfassers angestellt.

Zeitmoment zwischen die Ablenkplatten tritt, in dem der Augenblickswert der Ablenkspannung Null ist. Mit dem fortschreitenden Elektron ändert sich die Spannung, indem sie zuerst die positive und dann die negative Halbperiode durchläuft, so daß man für das fliegende Elektron die über die obere Ablenkplatte gezeichnete räumliche Spannungsverteilung erhält.

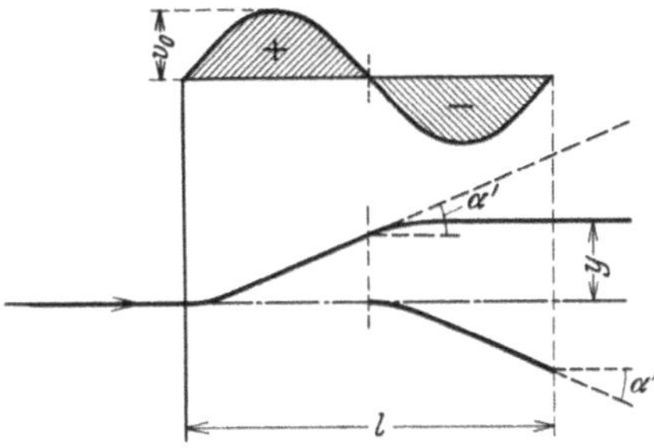

Abb. 71. Bahn eines Elektrons im hochfrequenten Ablenkfeld für Gleichheit von Periodendauer und Verweilzeit.

Wird zunächst lediglich die positive Halbwelle berücksichtigt, so bewirkt diese eine Ablenkung um einen Winkel α', wonach das Elektron in der punktierten Geraden weiterfliegen würde. Betrachtet man dagegen nur die negative Halbwelle, so lenkt diese das Elektron in entgegengesetzter Richtung ab, und zwar um den gleich großen, aber entgegengesetzten Winkel α''. Durchläuft das Elektron jedoch beide Halbwellen nacheinander, so erhält man die ausgezogene Bahn und erkennt, daß sich nach der vollen Periodendauer die beiden Halbwellen bezüglich des Ablenkwinkels α vollkommen aufheben; d. h. das Elektron verläßt die Ablenkplatten wieder in der ursprünglichen horizontalen Richtung. Die Parallelverschiebung um den Betrag y ist dabei gegen den Ausschlag A zu vernachlässigen. Weiter zeigt die Abbildung, daß die Ablenkung dann am größten ist, wenn das Elektron gerade eine Halbperiode durchlaufen hat. Die Braunsche Röhre versagt also bei allen Frequenzen vollkommen, bei denen die Laufzeit durch das Ablenkfeld gerade mit der vollen Periodendauer übereinstimmt. Andererseits durchläuft die Empfindlichkeit dazwischen, wenn die Laufzeit mit der Halbperiode übereinstimmt, ein Maximum.

Die mathematische Formulierung der vorstehenden Betrachtung ergibt sich aus folgenden Erwägungen: Würden sich die Elektronen mit Lichtgeschwindigkeit bewegen, so entspräche die Länge einer vollen Periode, wie sie bei der Betrachtung über die Spannungsverteilung längs der Ablenkplatten vorausgesetzt ist, gerade einer ganzen Wellenlänge λ. Da sich die Elektronen aber mit einer geringeren Geschwindigkeit v_0 bewegen, erscheint die Spannungsverteilung über den Ablenkplatten im Verhältnis $\frac{v_0}{c}$ verkürzt. Da die Betrachtungen völlig analog auch für mehrere Perioden gelten, lassen sie sich dahin zusammenfassen, daß die Braunsche Röhre völlig unempfindlich wird, wenn die Länge l der Ablenkplatten gerade mit einer oder mehreren reduzierten Wellenlängen übereinstimmt, d. h. wenn

$$l_0 = n\,\lambda\,\frac{v_0}{c}\;(n = 1, 2, 3 \ldots) \tag{27a}$$

ist. Dazwischen erfolgt jedesmal in dem einer reduzierten Halbwelle entsprechenden Plattenstück eine stärkste Ablenkung, so daß man Empfindlichkeitsmaxima erhält, wenn die Länge l eine reduzierte

Halbwelle oder das ungerade Vielfache jener reduzierten Halbwelle beträgt; d. h.

$$l_{max} = (2n - 1)\frac{\lambda}{2} \cdot \frac{v_0}{c} \tag{27b}$$

Ist die Frequenz so hoch, daß sich mehrere reduzierte Halbwellen über die Ablenkplatten verteilen, so heben sich jeweils zwei aufeinanderfolgende Halbwellen auf. Es bleibt nur ein kleiner, tatsächlich wirksamer Teil übrig, der in Abb. 72 als effektive Plattenlänge bezeichnet ist und optimal $\frac{\lambda}{2} \cdot \frac{v_0}{c}$ wird. Da nun aber nach Gleichung (19) die Empfindlichkeit mit abnehmender Plattenlänge sinkt, folgt, daß mit kürzeren Wellen die dynamische Empfindlichkeit immer mehr abnehmen muß, weil die wirksame Plattenlänge kürzer wird.

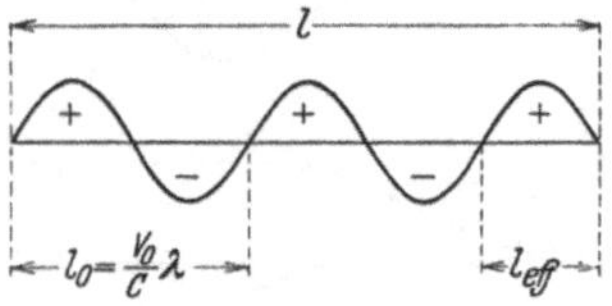

Abb. 72. Effektive Plattenlänge und reduzierte Wellenlänge.

Die genaue mathematische Behandlung des Problems ergibt sich aus dem Ansatz für die transversale Beschleunigung des Elektrons:

$$g = \frac{e}{m_0} \cdot \frac{u_p}{d} \sin(\omega t + \omega \vartheta)\,. \tag{28}$$

worin mit t die zeitliche Änderung des Beschleunigungsfeldes und mit $\vartheta = \frac{x}{v_0}$ seine räumliche Verteilung in bezug auf die sich fortbewegenden Elektronen bezeichnet sei. Hieraus erhält man für die Größe der dynamischen Empfindlichkeit unter Vernachlässigung ihrer Phasenlage den Ausdruck:

$$a_\omega = a_0 \frac{\sin\frac{\varphi}{2}}{\frac{\varphi}{2}} \tag{29}$$

worin der Phasenwinkel φ durch die Kreisfrequenz ω und die Elektronenlaufzeit ϑ zu $\varphi = \omega\vartheta$ bestimmt ist. In Abb. 73 ist der Strahlausschlag A als Funktion der Frequenz für eine Plattenlänge von 2 cm und eine Anodenspannung von 1000 V aufgetragen. An den der Gleichung (27a) entsprechenden Stellen wird die Empfindlichkeit der Braunschen Röhre gleich Null, während an den durch Gleichung (27b) bestimmten Frequenzen Maxima liegen, deren Ordinaten indessen mit steigenden Frequenzen immer mehr abnehmen. Bei Änderung der Anodenspannung, d. h. der Elektronengeschwindigkeit verschiebt sich die gesamte Kurve, so daß man jeweils auf ein Empfindlichkeitsmaximum einstellen kann. Je nachdem,

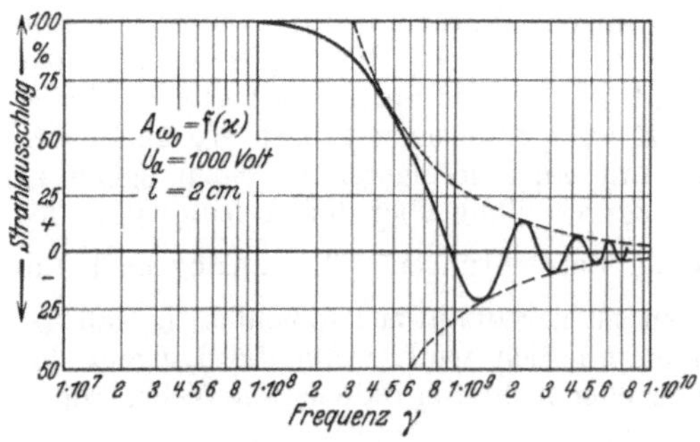

Abb. 73. Empfindlichkeit einer Braunschen Röhre als Funktion der Frequenz.

ob man sich auf eine Nullstelle zu oder von ihr wegbewegt, nimmt die Empfindlichkeit mit sinkender Anodenspannung nicht eindeutig zu, wie es für die statische Empfindlichkeit nach Gleichung (19) der Fall ist, sondern sie kann ebensogut abnehmen. Dies soll später noch an einem experimentellen Beispiel gezeigt werden.

β) Die Phasenverschiebung zwischen den Koordinaten. Durch die räumliche Hintereinanderlegung der zueinander senkrecht liegenden Ablenkplattenpaare tritt eine zusätzliche Phasenverschiebung zwischen den an die beiden Plattenpaare gelegten Ablenkspannungen auf, die zuerst von E. H. Hollmann eingehender berücksichtigt worden ist. Dadurch, daß die Elektronen eine endliche Zeit benötigen, um von einem Plattenpaar zum anderen zu gelangen, entsteht eine zeitliche Verzögerung zwischen den Ablenkungen in beiden Koordinaten um den Betrag

$$\tau = \frac{d}{v_0} \tag{30}$$

oder, als Phasenwinkel ausgedrückt, um

$$\psi = \omega\,\tau = \frac{\omega\,d}{v_0} \tag{31}$$

Erhalten die beiden Ablenksysteme gleichphasige Wechselspannungen, so zeigt sich auf dem Röhrenschirm eine unter 45^0 gegen die Ablenksysteme geneigte Gerade. Tritt nun eine Phasenverschiebung zwischen den Ablenkplatten auf, so wird die Gerade zu einer Ellipse oder zu einem Kreise auseinandergezogen. Bei sehr hohen Frequenzen entsteht eine Phasenverschiebung um den Winkel ψ zwischen den beiden Ablenkungen schon in der Röhre selbst, so daß schon bei an sich gleichphasigen Ablenkspannungen keine Gerade mehr entstehen kann. Erst wenn die dem $\sin\psi$ proportionale Phasenverschiebung wieder zu Null wird, arbeitet die Röhre phasenrein und ist zur Untersuchung auch bei sehr hohen Frequenzen geeignet.

Diese Forderung wird immer dann erfüllt, wenn ψ Vielfache von 180^0 durchläuft. Als Bedingung für Phasenreinheit erhält man also:

$$\psi = \frac{\omega\,d}{v_0} = n\,\pi\,. \tag{32}$$

Daraus resultieren wieder bestimmte Strahlgeschwindigkeiten v_0 oder diesen entsprechende Anodenspannungen, bei denen sich auf dem Röhrenschirm eine Gerade zeigen muß, während dazwischen kreisförmige Ablenkfiguren zu erwarten sind.

In der Abb. 74 sind verschiedene Ablenkfiguren wiedergegeben, die mit Ausnahme der bei 50 Hertz aufgenommenen Abbildung a bei einer Wellenlänge von 84 cm erhalten wurden. Sämtliche Oszillogramme wurden mit direkt verbundenen Plattensystemen, d. h. an sich gleichphasigen Ablenkspannungen aufgenommen. Abb. a zeigt die statische Orientierung der Koordinaten bei einer Ablenkspannung von 50 Perioden an. Bei 1200 V erhält man bei einer Welle von 84 cm die Gerade der Abbildung b, die gegenüber der statischen Kennlinie der Abbildung a um 90^0 gedreht ist. Bei der Anodenspannung von 1500 V erkennt man in Abbildung c, daß sich die Gerade bei Steigerung des Anodenpotentials wieder aufspaltet, um dann bei sehr hohen Spannungen in die statische

Kennlinie der Abbildung a überzugehen. Die Abbildungen d—f gelten für niedrigere Potentiale, und man erkennt, wie sich die dynamische Kennlinie der Abbildung b über eine Ellipse bei 800 V (d) und einen Kreis bei 550 V (e) wieder bei 230 V (f) zu einer Geraden zusammenzieht. Diese Kennlinie der Abbildung f hat nun wieder dieselbe Orientierung wie die statische und stellt somit eine Kennlinie zweiter Ordnung dar, bei der die Elektronenlaufzeit zwischen den beiden Plattenpaaren gerade eine Phasendrehung um 360° bewirkt hat. Gleichzeitig erkennt man in den verschiedenen Abbildungen deutlich die sinkende Empfindlichkeit mit steigender Anodenspannung an den kleineren Ausschlägen. Die Röhre arbeitet somit auf einem absinkenden Ast der Empfindlichkeitskurve in der Richtung auf eine Nullstelle hin, wie im letzten Abschnitt erläutert wurde. In diesem Beispiel handelt es sich um die erste Nullstelle, die bei 2000 V Anodenspannung erreicht wird.

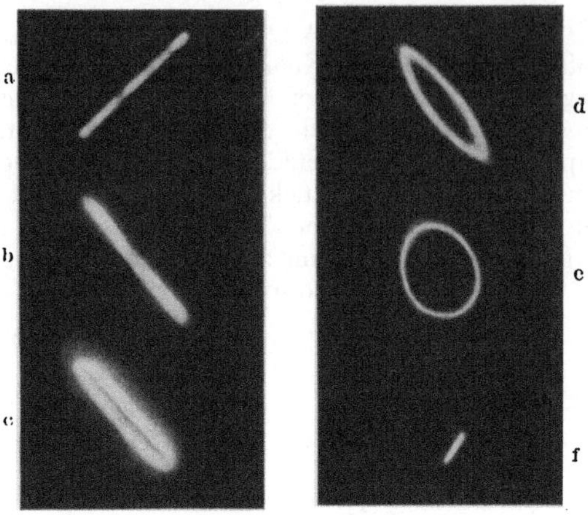

Abb. 74. Statische Kennlinie und Inversionen durch den Einfluß der Elektronenlaufzeit.

Die Phasenverschiebung zwischen den Koordinaten erschwert die Analyse der Oszillographenbilder bei sehr hohen Frequenzen. Andererseits bedeutet die Phasenkompensation durch passende Einregulierung der Anodenspannung, die bei einer gegebenen Röhre für jede Frequenz besonders vorgenommen werden muß, praktisch eine unerwünschte Komplikation, so daß es angebracht erscheint, die Phasendrehung unabhängig vom Anodenpotential zu kompensieren. Hierzu wurde nach Hollmann[1] eine besondere Anordnung der Ablenkplatten getroffen, wie sie schematisch in der Abb. 75 angegeben ist. Das neue Plattensystem unterscheidet sich von der ursprünglichen Anordnung dadurch, daß eines der Plattensysteme, P_2, in zwei gleiche Teile aufgelöst ist, die in gleichen Abständen d' und d'' zu beiden Seiten des anderen Plattenpaares P_1 angebracht sind. Beim Durchlaufen der Strecke d' tritt nun eine Phasenverschiebung um den Winkel $\psi' = \frac{\omega d'}{v_0}$ ein. Die Strecke d'' wird in umgekehrter Richtung durchlaufen, und bewirkt eine Phasendrehung um den Winkel $\psi'' = -\frac{\omega d''}{v_0} = -\psi'$. Die beiden Phasenwinkel heben sich also gegenseitig auf, so daß die Röhre bei allen Frequenzen und Strahlgeschwindigkeiten unbedingt phasenrein arbeiten muß.

[1] DRP. 908 741. Erfinder: H. E. Hollmann.

Eine zweite Anordnung zur Phasenkompensation, die im Grunde genommen auch wieder auf die elektrische Aufteilung eines der beiden Plattenpaare hinausläuft, ist in Abb. 76 gezeichnet. Der Phasenfehler wird wie bei Kastenanordnung der Elektroden dadurch vermieden, daß der Abstand der Plattenpaare $d = 0$ gemacht wird, und damit

$$\psi = \omega \vartheta = \frac{\omega d}{v_0} = 0 \tag{33}$$

wird. Die räumliche Verzerrung des Feldes von P_2, die sich an sich nach Abschnitt A, IV, 3a (Abb. 61) ergeben würde, wird dadurch verhindert, daß der Plattenabstand a_1 von P_1 doppelt so groß wie der Abstand a_2 von P_2 gemacht und damit der Durchgriff klein

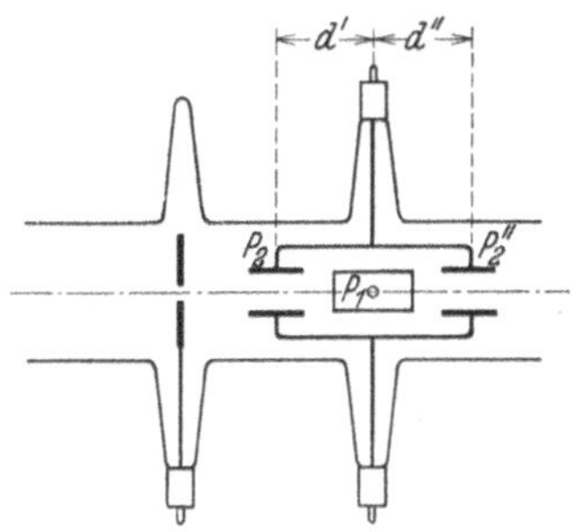

Abb. 75. Ablenkplattensatz nach Hollmann für sehr hohe Frequenzen.

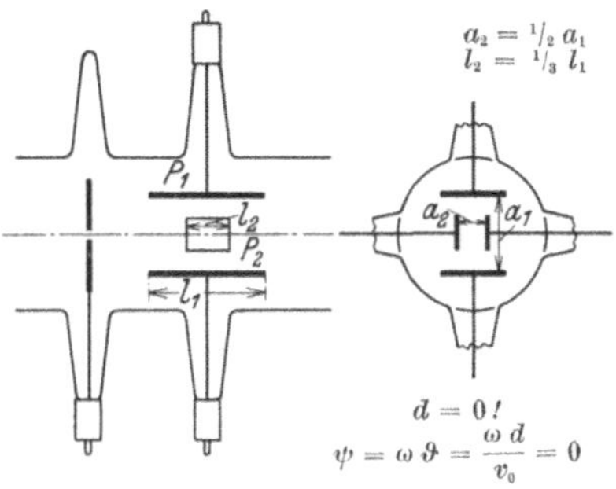

Abb. 76. Ablenkplattensatz nach Hollmann-Hartel für sehr hohe Frequenzen.

wird. Die durch den vergrößerten Plattenabstand hervorgerufene geringere Empfindlichkeit wird durch die Vergrößerung der Plattenlänge l_1 von P_1 auf die dreifache Länge von P_2 erreicht.

Zusammenfassend kann gesagt werden, daß die Leistungsgrenze der Braunschen Röhre mit elektrostatischer Ablenkung bei hohen Frequenzen einmal durch die noch zu erreichende Empfindlichkeit gegeben ist, die wiederum durch das Feldformat $\frac{1}{a}$ bedingt ist. Der kleinste Abstand a ist begrenzt durch den Radius des Kathodenstrahles, der, um störende Aufspaltung des Strahles sowie Elektronenreflexion und -streuung zu vermeiden, den Platten nicht mehr als etwa zwei Strahldurchmesser genähert werden darf. Eine beliebige Vergrößerung der Plattenlänge ist aus röhrentechnischen Gründen nicht möglich und bei hohen Frequenzen nicht wirksam, da jeweils nur die effektive Plattenlänge für die dynamische Empfindlichkeit maßgeblich ist. Eine weitere Grenze der Leistungsfähigkeit ist durch die Elektrodenresonanz gegeben, die ihrerseits von der verteilten Induktivität und Kapazität der Plattenkreise abhängig ist. Jedoch liegt die Eigenfrequenz der Plattenkreise für die übliche Anordnung bei wenigen Dezimetern Wellenlänge, ein Bereich, der für die Braunsche Röhre dieser Ausführung nicht in Betracht kommt.

b) Die magnetische Ablenkung.

Die Frequenzabhängigkeit bei Vorgängen, die nicht mehr lang gegen die Verweilzeit der Elektronen im Ablenkfeld sind, tritt bei magnetischer Ablenkung ebenso wie bei elektrostatischer auf. Allerdings wird bei magnetischer Ablenkung das Gebiet der sehr hohen Frequenzen seltener erreicht werden, da die Spulen für ausreichende Empfindlichkeit zu große Impedanzen haben müßten. Viel früher als die innere Frequenzabhängigkeit wird sich hier im allgemeinen eine äußere Frequenzabhängigkeit der Schaltung einstellen.

V. Die Röhrenkonstruktion.

Nachdem in den vorangehenden Abschnitten die allgemeinen theoretischen Grundlagen behandelt worden sind, deren Kenntnis Voraussetzung für die zweckmäßige Durchbildung von Kathodenstrahlröhren für Schwachstromzwecke sind, sollen im folgenden vornehmlich die Richtlinien für die Konstruktion und den Bau von Kathodenstrahlröhren gegeben werden. Größte Leistungsfähigkeit der Röhren wird dann erreicht, wenn jedes einzelne Konstruktionselement seinem Sonderzwecke entsprechend optimal durchgebildet ist.

1. Konstruktionselemente.

Die Konstruktionselemente der Kathodenstrahlröhre für Schwachstromzwecke bestehen aus der Kathode, dem Konzentrationsorgan, der Ablenkanordnung, dem in der Gasfüllung gegebenen Hauptkonzentrationsmittel und dem Glaskörper mit dem Fluoreszenzschirm.

a) Kathode und Anfangskonzentration.

Die Leistungsfähigkeit der Braunschen Röhren hängt in hervorragendem Maße von der Leistungsfähigkeit der eingebauten Kathode ab, die aus in früheren Abschnitten erwähnten Gründen für Schwachstromzwecke durchweg als Glühkathode ausgeführt wird.

α) **Grundsätzliches über die Elektronenemission.** Der Vorgang der Elektronenemission glühender Metalle ist analog dem Verdampfungsvorgange einer Flüssigkeit. Auf die Elektronen werden vom Metall Kräfte ausgeübt, die sich innerhalb des Metalles aufheben, jedoch an der Oberfläche des Metalles verhindern, daß die Elektronen in den umgebenden Raum austreten können. Die Arbeit, die erforderlich ist, um den Übergang der Elektronen aus dem Metall in den umgebenden Raum zu bewirken, wird als Austrittsarbeit bezeichnet und entspricht der Verdampfungswärme einer Flüssigkeit. Sie wird geleistet in Form einer Steigerung der kinetischen Energie der Elektronen durch Temperaturerhöhung. Der Zusammenhang zwischen der Anzahl der emittierten Elektronen und der Temperatur bzw. zwischen Sättigungsstrom der Glühkathode und Temperatur ist gegeben durch die Richardsonsche[1] Gleichung

$$J_s = q_0 \cdot \mathfrak{C}\, T^2 \cdot e^{-\frac{\varepsilon \varphi}{K T}} \tag{34}$$

[1] Siehe z. B. H. G. Möller: Die Elektronenröhren und ihre technischen Anwendungen. 3. Aufl. (1929) S. 6 u. 226. Braunschweig: F. Vieweg Sohn.

wobei q_0 die wirksame Kathodenoberfläche, $\mathfrak{C}$ eine universelle quantentheoretisch ermittelte Konstante mit dem Werte

$$60{,}2\,\frac{\text{Amp.}}{\text{cm}^2\,\text{Grad}^2},$$

$\varepsilon = 4{,}77 \cdot 10^{-7}$ (elst. cgs) die Elementarladung,

$K = 1{,}36 \cdot 10^{-16}$ erg/Grad die molekulare Gaskonstante, T die absolute Temperatur und φ die Austrittsarbeit pro Ladungseinheit in elektrischen Spannungseinheiten ist. Die Gleichung sagt aus, daß der Emissionsstrom für kleine Temperaturen sehr klein ist, von einer bestimmten Temperatur an stärker zunimmt und dann fast genau nach einer Exponentialfunktion wächst. Der Verlauf der Temperaturabhängigkeit ist gerade deswegen für gasgefüllte Kathodenstrahlröhren von großer Wichtigkeit, weil erst von einem bestimmten Emissionsstrom ab Anfangs- und Hauptgaskonzentration einsetzen. Es folgt ferner aus der Richardsonschen Gleichung, daß für gleiche Temperatur der Emissionsstrom um so größer ist, je kleiner die Austrittsarbeit φ ist. Diese Austrittsarbeit φ ist eine reine Materialkonstante. $\mathfrak{C}$ erweist sich experimentell nicht als konstant, sondern in weiten Grenzen abhängig von φ und damit vom Kathodenmaterial. Aus diesem Ergebnis geht hervor, welche grundlegende Bedeutung die Wahl des geeigneten Kathodenmaterials für die Leistung einer Kathodenstrahlröhre hat. Der Abtransport der die heiße Kathode umgebenden Elektronen erfolgt unter dem Einfluß des sich infolge der Anodenspannungen zwischen Kathode und Anode aufbauenden Feldes. Je größer die Anodenspannung und je größer der Durchgriff der Anode zur emittierenden Kathodenoberfläche ist, desto mehr nähert sich der Strahlstrom dem Sättigungsstrom der Glühkathode.

β) **Anforderungen an die Glühkathode.** Die Anforderungen, die an die Glühkathode einer Braunschen Röhre zu stellen sind, weichen ab von den bei Verstärkerröhren gegebenen Bedingungen und resultieren aus dem besonderen Verwendungszweck der Röhre.

Bei der Kathode für die Braunsche Röhre kommt es nicht allein wie bei den Verstärkerröhren darauf an, den Gesamtemissionsstrom nach Möglichkeit zu steigern, vielmehr muß die Stromdichte im Strahl bei kleinstmöglichstem Strahl- bzw. Kathodendurchmesser einen größtmöglichsten Wert erhalten. Eine hohe spezifische Emission der Kathode ist deswegen notwendig, weil Schärfe und Helligkeit des Fluoreszenzfleckes und damit die Leistungsfähigkeit der Röhre durch Anfangsquerschnitt des Strahles und Größe des Elektronenstromes bedingt sind. Eine hohe spezifische Emission ist nach der Richardsonschen Gleichung nicht nur durch beliebige Erhöhung der Temperatur zu erzwingen. Nach der angeführten Beziehung ist die Emission nicht allein von der Temperatur, sondern auch von der Materialkonstante $\mathfrak{C}$ abhängig. Unterschreitet $\mathfrak{C}$ bei gasgefüllten Röhren einen bestimmten Minimalwert, so läßt sich zwar theoretisch durch entsprechende Steigerung der Temperatur die gewünschte Emission herstellen, doch wird durch die dann erfolgende Überbelastung der Kathode entweder die Lebensdauer der Kathode sehr stark herabgesetzt oder die Kathode brennt bereits vor Erreichen der gewünschten Emission durch. Beispielsweise gelingt es mit reinen Wolframkathoden schwer, mit brauchbarer Lebensdauer die erforderliche spezifische Emission zu erzielen. Selbst dann, wenn es gelänge, die benötigte spezifische Emission nur durch Temperaturerhöhung ohne Durchbrennen der Kathode zu erzielen, so hätte eine solche Betriebsweise erhebliche Nachteile. Die entstehenden hohen Heizströme bedingen glastechnisch schwerer zu verarbeitende Durchführungen. Ferner werden bei den hohen Heizströmen die Magnetfelder in der Umgebung der Kathode so stark, daß im Betriebe mit Wechselstrom, selbst bei weiter unten ausführlicher besprochenen Spezialkathodenausführungen, Störungen auftreten. Außerdem ist die Anwendung hoher Kathodentemperaturen deswegen äußerst unerwünscht, weil die Kathode als Lichtquelle eine Vorbelichtung des Fluoreszenzschirmes bewirkt. Die Vorbelichtung des Schirmes läßt sich erst wieder durch verschiedenartige zusätzliche, teilweise sehr umständliche Maßnahmen konstruktiver Art beseitigen, die sämtlich prinzipiell darin übereinstimmen, daß infolge ihrer Anwendung die Kathode vom Fluoreszenzschirm aus unsichtbar ist. Damit die Elektronen ihrerseits die zwischengeschaltete Lichtschleuse passieren, müssen zusätzliche elektrische oder magnetische Felder sinngemäß eingesetzt werden.

Die Kathodenoberfläche wird, wenn die Konzentrationsmittel der Röhre richtig dimensioniert sind, auf der Ebene des Fluoreszenzschirmes optisch abgebildet. Durchmesser und Form des Fluoreszenzfleckes sind daher direkt proportional den gleichen Größen der Kathode. Ebenso ist die Helligkeitsverteilung im Fluoreszenzfleck unmittelbar abhängig von der Emissionsverteilung auf der Kathode. Die Ungleichmäßigkeiten der Emissionsverteilung auf der Kathode werden im Fluoreszenzfleck nicht in der Schärfe abgebildet, wie sie tatsächlich bestehen, weil Ungenauigkeiten in der optischen Abbildung, die praktisch fast immer gegeben sind, dies verhindern. Wie außerordentlich ungleichmäßig die Emissionsverteilung, insbesondere auf der formierten Kathode ist, geht prägnant aus Kathodenaufnahmen hervor, die mit Hilfe des Elektronenmikroskopes [1, 2] gewonnen wurden. Die Ungleichmäßigkeiten selber fallen nicht ins Gewicht. Bei der Kleinflächenkathode der Braunschen Röhre dagegen bewirkt die Inselbildung Ungleichmäßigkeiten der Ergiebigkeit scheinbar völlig gleichartig hergestellter Kathoden. Es ist daher bei Konstruktion, Herstellung und Formierung (s. unten) von Kathoden darauf zu achten, daß Größe, Form und Emissionsbelegung der Kathode so gewählt werden, daß im Fleck ein Optimum an Leistung erhalten wird.

Die Lebensdauer der Glühkathode, die bei Hochvakuumröhren lediglich von der spezifischen Belastung der Glühkathode abhängig ist,

---

[1] Knoll, M. u. E. Ruska: Das Elektronenmikroskop. Z. Physik Bd. 78 (1932) Heft 5 S. 318.

[2] Knoll, M., F. G. Houtermans, W. Schulze: Untersuchung der Emissionsverteilung an Glühkathoden mit dem magnetischen Elektronenmikroskop. Z. Physik Bd. 78 (1932) Heft 5, S. 340.

wird bei gasgefüllten Kathodenstrahlröhren noch durch folgenden weiteren Vorgang beeinflußt. Die unter Wirkung des Anodenfeldes sich zur Kathode bewegenden positiven Ionen zerstören durch Ionenbombardement in kurzer Zeit den auf der Kathode befindlichen Oxydfilm, sofern nicht besondere elektrostatische oder mechanische Vorkehrungen getroffen werden, um die anlaufenden Ionen vom Glühfaden abzulenken. Die zerstörende Wirkung der positiven Ionen ist abhängig von ihrer kinetischen Energie und damit abhängig von der angelegten Anodenspannung. Wie experimentell beobachtet worden ist, scheint das Füllgas die Kathodenzerstäubung in der Weise zu beeinflussen, daß bei schweratomigen Gasen die Zerstäubung höhere Werte erreicht als bei leichten Gasen.

γ) **Herstellung der Glühkathode.** Die Herstellung der Glühkathode hat bei gasgefüllten Braunschen Röhren unter Berücksichtigung der oben angegebenen Gesichtspunkte — hohe spezifische Emission bei kleiner Emissionsfläche und geringer Austrittsarbeit des aktiven Materials — zu geschehen. Unter diesen Gesichtspunkten hat auch die Wahl der drei Grundelemente der Glühkathode, Trägerdraht, aktive Oxydmasse und Lösungsmittel der Oxydmasse, zu erfolgen.

Für den Trägerdraht ist ein Material zu wählen, das leicht bearbeitbar ist, beim Biegen keine Sprödigkeit zeigt, jedoch hinreichend steif ist, das ferner auch bei Erschütterungen der Röhre seine einmal gegebene Lage in der Elektrodenanordnung beibehält. Auch darf das Material bei der Heizung im Betrieb nicht so weich werden, daß es seine Steifigkeit verliert. Zweckmäßigerweise wird grundsätzlich nur vakuumgeschmolzenes Trägerdrahtmaterial verwendet, da nichtvakuumgeschmolzenes Metall längere Zeit in bereits aktiviertem Zustand ausgeheizt werden muß. Zwangsläufig wird dadurch die Lebensdauer der Glühkathode herabgesetzt. Als Kerndraht eignen sich Platin, Iridium, Platiniridium und Nickel, während die hochschmelzenden Metalle weniger geeignet sind.

Von ausschlaggebender Bedeutung für die Leistung der Glühkathode ist die Wahl der geeigneten Oxydmasse. Zur Herstellung verwendet man hauptsächlich zwei Verfahren: das Pasteverfahren und das Schmelzverfahren. Das erste ist das älteste, jedoch bei Braunschen Röhren auch heute noch das geeignetste und am meisten verwendete Verfahren. Benutzt werden als Ausgangsmaterial hauptsächlich die Karbonate, Hydrate, Nitrate, Hydroxyde, Peroxyde und Oxyde. Die letzteren haben den Nachteil, an der Luft am wenigsten beständig zu sein und nach relativ kurzer Zeit doch in Hydroxyde oder Karbonate überzugehen. Die Verbindungen werden in möglichst fein verteiltem Zustand in Paraffinöl, in geschmolzenem Paraffin oder geschmolzenem Harz zu einer Paste verrieben, am besten in einer Kugelmühle oder auch in einem Mörser. Zur Erreichung einer möglichst feinen Körnung der Substanz soll die Paste etwa 24—48 Stunden in der Kugelmühle bearbeitet werden. Dann läßt man die Paste einige Zeit stehen, damit die schweren Teilchen absinken und nimmt nur den oberen Teil zur Herstellung der Oxydkathode. Diese Paste wird auf den Kerndraht aufgebracht, nachdem seine Oberfläche vorher durch chemische Behandlung und Erhitzung gereinigt worden ist. Hierauf wird durch mäßiges Erwärmen des Drahtes im Ofen oder mittelst elektrischen Stromes zunächst das Paraffinöl abgedampft (etwa 300—500° C) und dann durch Erhitzen bis auf Rotglut (etwa 1000° C) die Substanz auf den Kerndraht festgesintert, wobei sie gleichzeitig in das Oxyd übergeht oder bei Anwesenheit von Kohlensäure in das Karbonat. Dieser Prozeß wird nun so oft wiederholt, bis die Oxydschicht die gewünschte Dicke hat und der Kerndraht völlig bedeckt ist.

Das zweite Verfahren besteht darin, in Wasser lösliche Substanzen zu verwenden, also die Nitrate oder Hydroxyde. Grundsätzlich tritt die Schwierigkeit auf, daß der Kerndraht, wenn er Spuren von Verunreinigungen an der Oberfläche oder eine verschieden rauhe Oberfläche hat, sich nicht gleichmäßig benetzt. Die nach einmaligem Benetzen erhaltene Schicht ist sehr dünn, so daß man mehrfach die Paste in dünnen Schichten aufbringen muß, ehe der Faden eine gute Bedeckung hat.

Statt die Nitrate zu lösen, kann man den Draht auch in eine Nitratschmelze eintauchen oder mit einem Nitratkristall den glühenden Draht berühren. Im allgemeinen scheint es vorteilhafter, auch die Nitrate und Hydroxyde in Paraffinöl aufzuschwemmen. Dieses Verfahren wird in der Praxis mit Schmelzverfahren bezeichnet. Schließlich werden auch alkoholische Lösungen von Oxydmassen verwendet.

Im Gegensatz zu der bei Verstärkerröhren üblichen Methode, möglichst die gesamte Länge des Glühfadens mit der aktiven Masse zu benetzen, muß bei Glühkathoden für Braunsche Röhren darauf geachtet werden, daß lediglich die der Anode zugewendete Spitze oder Fläche der Glühkathode mit aktiver Masse bedeckt wird, da anderenfalls unerwünschte Vergrößerungen des Strahlquerschnittes bzw. Deformation der Strahlstruktur eintreten. Aus diesem Grunde sind Wasserpasten im allgemeinen für Braunsche Röhren geeigneter als Ölpasten, da letztere dazu neigen, auch beim Aufbringen kleiner Quantitäten sofort die gesamte Trägerdrahtoberfläche zu benetzen.

Nach dem Aufbringen der aktiven Masse und dem Einsetzen der Kathode in die Braunsche Röhre muß zunächst das in Oxydmasse und Trägerdraht vorhandene Restgas durch Ausheizen entfernt werden. Hierzu wird die Glühkathode an der Pumpe langsam bis auf etwa 1050° C erwärmt. Die Temperaturen sind zweckmäßig mit einem Pyrometer zu kontrollieren und dabei zu achten, daß die wirklichen Fadentemperaturen an der späteren Emissionsstelle beobachtet werden. Die Heizung wird so lange fortgesetzt, bis am Vakuummeter festgestellt werden kann, daß in der Röhre einwandfreies Vakuum von etwa 10^{-6} mm Hg herrscht.

An den Ausheizvorgang schließt sich die eigentliche Aktivierung der Kathode, die sog. Formierung an. Bei der Arbeitstemperatur der Kathode (850° C bei Pastenkathoden) wird zwischen Anode und Kathode bei nicht angeschlossenem oder mit der Kathode verbundenen Wehnelt-Zylinder eine Spannung gelegt, die je nach den Durchgriffsverhältnissen Anfangswerte von 30—500 V hat und langsam unter gleichzeitigem Abpumpen des bei dem Formierprozeß elektrolytisch freiwerdenden Gases auf einen Endwert von 200—3000 V je nach der Röhrentype gesteigert wird. Hierbei zeigt sich, daß für einen jeweils eingestellten Spannungswert die Emission langsam bis zu einem zugehörigen maximalen Wert steigt. Erst wenn dieser Wert erreicht ist, darf die Spannung weiter gesteigert werden. Grundsätzlich ist beim Formieren darauf zu achten, daß nicht etwa bei großen freiwerdenden Gasmengen und hohen Formierungsspannungen eine Glimmentladung in der Röhre auftritt, da diese aus oben angeführten Gründen eine sofortige Zerstörung der Oxydmasse bewirken würde. Sollte die freiwerdende Gasmenge so groß sein, daß sie nur durch lang andauerndes Pumpen beseitigt werden kann, so ist zur Abkürzung des Formierprozesses die Anwendung eines Getters zu empfehlen. Die Formierung ist dann beendet, wenn die spezifische Emission etwa 1 mA pro mm^2 der wirksamen Kathodenoberfläche beträgt. Ferner kann auch bei angelegten Betriebsspannungen, aber freiem Wehnelt-Zylinder formiert werden. Bei hellroter Glut des Fadens beginnt die Emission und wird mit der Zeit immer kräftiger, so daß der Heizstrom allmählich stufenweise vermindert werden kann. Bei dunkler Rotglut des Fadens ist dann die negative Vorspannung an den Wehnelt-Zylinder zu legen. Dieses Verfahren ist besonders bei solchen älteren Röhren erfolgreich, deren Fluoreszenzflecke Unschärfen und sonstige von der Kathode herrührende Mängel aufweisen. Nähere Einzelheiten über Aktivierungssubstanzen und Aktivierungsverfahren finden sich im Handbuch der Experimentalphysik, Bd. 13, 2 in dem Abschnitt H. Simon: Herstellung der Glühelektroden.

δ) Konstruktiver Aufbau von Kathode und Vorkonzentrationselektrode. Für die Dimensionierung, Formgebung und die geometrische Anordnung der Kathode im Elektrodensystem sind eine große Anzahl Vorschläge bekannt geworden, die je nach dem Verwendungszweck, der Betriebsart und den für die Herstellung zur Verfügung stehenden Mitteln mehr oder weniger in Frage kommen. Bei den Kathodenausführungen kann zwischen zwei Gruppen unterschieden werden: Kathoden, die nur mit Gleichstrom — meist aus einem Akkumulator — geheizt werden und Kathoden, die auch eine Heizung mit Wechselstrom zulassen, ohne daß eine Strahlstörung durch die die Kathode umgebenden Magnetfelder erfolgt. Nicht alle der für Wechselstromheizung durchgebildeten Kathoden sind für Gleichstromheizung ideal geeignet, weil der hohe Leistungsverbrauch, der bei Wechselstrom (Netzbetrieb) keine Rolle spielt, bei Batterieheizung unangenehm ins Gewicht fällt, insbesondere auch deswegen, weil bei den Kathoden für Braunsche Röhren möglichst über lange Zeiten konstante Betriebsspannungen erwünscht sind.

α_1) Gleichstromkathoden. Die von den Verstärkerröhren her naheliegendste Ausführungsform ist der einfache, geradlinig, senkrecht zur Röhrenachse ausgespannte und an seinen Enden befestigte Glühdraht. Eine solche Kathode im Innern eines Wehnelt-Zylinders ist in Abb. 77 dargestellt. Um mit dieser Anordnung einigermaßen punktförmige Fluoreszenzbilder zu erzeugen, muß die Fadenlänge sehr kurz gewählt werden. Durch diese Maßnahme steigt die Fadenstromstärke infolge der stark zunehmenden Abkühlung durch die Fadenhalterung erheblich an. Bei genügend kurzem Faden bewirkt die Wärmeableitung an den Fadenenden, daß nur die Mitte die zur Emission erforderliche Temperatur erreicht. Brauchbare Resultate lassen sich erzielen, wenn der Formierprozeß so gehandhabt wird, daß nur die Fadenmitte aktiviert wird. Für die Erzeugung punktförmiger Fluoreszenzflecke, wie sie in der Braunschen Röhre benötigt werden, ist diese Form der Glühkathode nicht besonders geeignet. Doch gewinnt diese Anordnung Bedeutung, wenn die Erzeugung eines strichförmigen Fluoreszenzfleckes gefordert wird, wie es z. B. bei Tonfilmröhren der Fall ist. Die Schärfe und Form des Strichbildes wird wesentlich verbessert durch Verwendung einer rechteckigen Anodenblende (s. Abb. 77 unten).

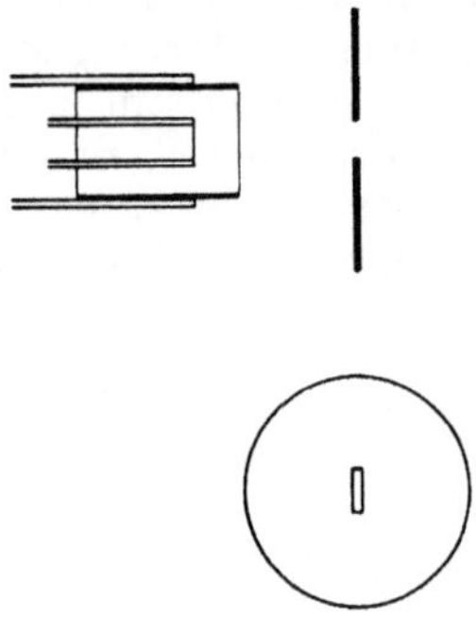

Abb. 77. Fadenkathode für die Erzeugung von Strichbildern.

Eine für punktförmige Abbildung geeignete Kathodenausführung, die sogenannte Wehnelt-Kathode, zeigt die Abb. 78 schematisch. Der Faden ist hier durch ein etwa 2 mm breites Band ersetzt, in dessen Mitte mittelst eines Körners ein Näpfchen von etwa 0,5 mm Durchmesser zur Aufnahme der Oxydmasse eingeschlagen ist. Die Erzeugung eines punktförmigen Fluoreszenzfleckes läßt sich mühelos erreichen, wenn man die Fadenkathode in Form einer Haarnadel ausbildet (Abb. 79). Beim

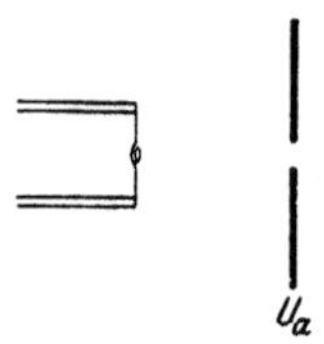

Abb. 78. Näpfchenkathode (nach Wehnelt).

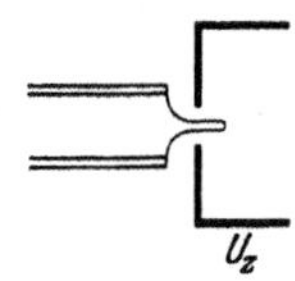

Abb. 79. Haarnadelkathode.

Aktivieren muß dafür gesorgt werden, daß lediglich die Spitze der Haarnadel, die der Anode zugekehrt ist, mit Oxydmasse bedeckt ist.

Eine Verbindung von Haarnadel- und Näpfchenkathode zeigt Abb. 80.

Die Eigenschaften der geradlinigen Fadenkathode lassen sich verbessern durch Aufschweißen eines Nickelplättchens auf den Glühfaden (Abb. 81 oben). Man erhält auf diese Weise eine Äquipotentialkathode, da das Plättchen durch den Glühdraht aufgeheizt wird und in ihm selber praktisch kein Spannungsabfall stattfindet. Doch hat diese Äquipotentialkathode besondere Vorteile nur für die Verwendung in Elektronenmikroskopen und Parallelstrahlmethoden, wo aus Gründen der Verzerrungsfreiheit an allen Punkten der Kathode gleiches Potential herrschen muß. Für die Erzeugung von Fadenstrahlen ist diese Kathode nach Ende[1] erst durch Anbringung einer besonderen hütchenförmigen Ausblendvorrichtung geeignet (Abb. 81 unten), die außerdem noch nach Brüche durch Reflektion der Elektronen an negativen Grenzladungen der Wände die Elektronen konzentrieren soll. Gleichzeitig wird durch die Hütchenanode

[1] Ende, W.: Über Gaskonzentration von Elektronenstrahlen. Physik. Z. Bd. 32 (1931) S. 942.

ein rein mechanischer Schutz der Glühkathode vor anlaufenden Ionen erreicht. Erstmalig wurde dieses Prinzip des mechanischen Schutzes sowie der Elektronenkonzentration durch eine Röhrchenanordnung von van der Bijl[1] und Johnson[2] angewendet, die jedoch zwischen

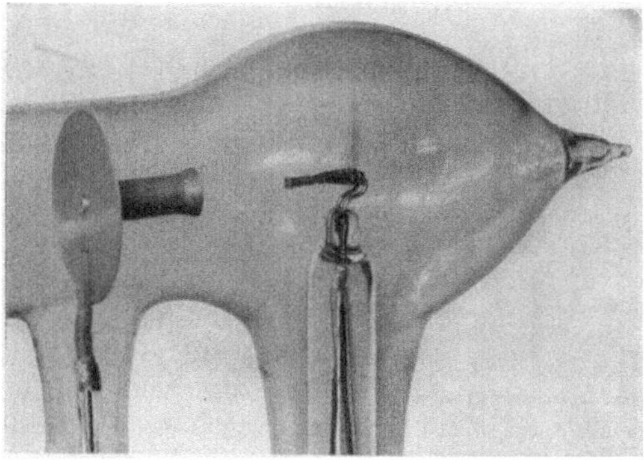

Abb. 80. Ergiebige Kathode mit Oxydnapf im Platinband (Ausführung: O. Preßler).

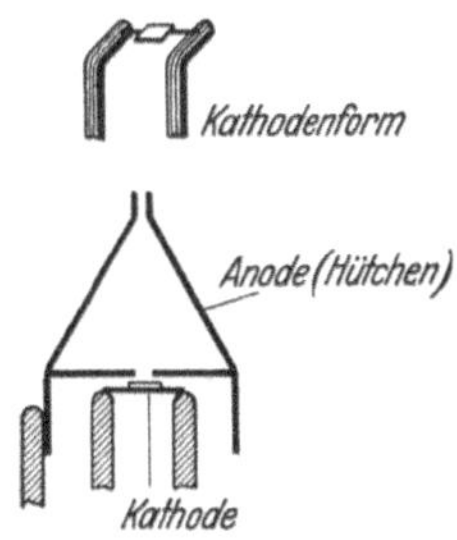

Abb. 81. Äquipotentialkathode (nach W. Ende).

Kathode und Röhrchen eine normale Lochblende anordneten. Dieses Elektrodensystem stellt die Anwendung eines von Lilienfeld[3] für Glühkathodenröntgenröhren angegebenen Prinzips auf die Braunsche Röhre dar. Das Anodenpotential greift hiernach nicht auf die Kathodenoberfläche durch, sondern auf die Elektronenwolke, die die Kathode umgibt. Die Glühfadenkathode dient lediglich zur Herstellung der Elektronenwolke. Die von Johnson benutzte Elektrodenanordnung ist in Abb. 82 abgebildet. Sinngemäß ist der Durchmesser der ringförmigen Kathode größer als der Durchmesser der Lochblende, so daß der Anodendurchgriff nur auf die Teile der Raumladungswolke erfolgt, die sich im Innern des Kathodenringes befinden. Gasionen, die trotz des mechanischen Schutzes durch die Lochblende hindurchgelangen, treffen zum größten Teil nicht auf die aktivierte, auf der Innenseite des Ringes befindliche Oxydmasse auf, sondern fliegen durch den Kathodenring hindurch.

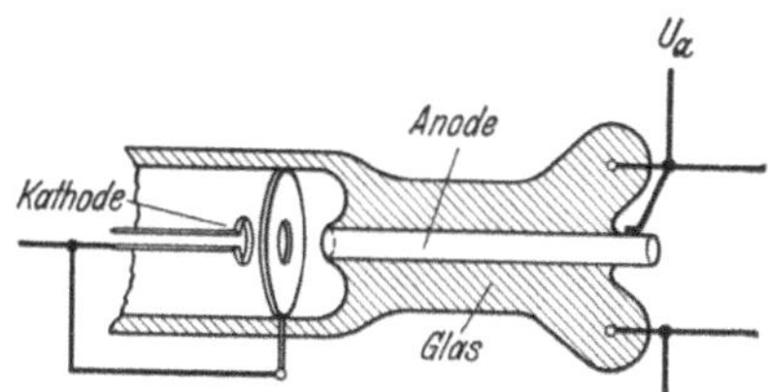

Abb. 82. Elektrodenanordnung mit abgeschwächtem Ionenaufprall auf die Kathode (nach Johnson).

In gleicher Weise wie die Lilienfeldsche Anordnung arbeitet die von Sommerfeld[4] angegebene Elektrodenanordnung (Abb. 83). Das

[1] Bijl, J. van der: Vacuum tube and method of operating the same. Amer. Pat. 1565 873.

[2] Johnson, J. B.: A low voltage cathode ray oscillograph. Physic. Rev. Bd. 10 (1921) S. 420.

[3] Lilienfeld, E.: Die Elektrizitätsleitung im extremen Vakuum. Röntgenspektren bei verschiedenen Entladungsbedingungen. Ber. verh. Sächs. Akad. d. Wiss. Leipzig Bd. 71 (1919) S. 113.

[4] Sommerfeld, E.: Kathodenoszillograph hoher Spannungsempfindlichkeit. Arch. Elektrotechn. Bd. 20 (1928) S. 607.

auf Anodenpotential befindliche Schutzröhrchen ist nach Rogowski[1] und Grösser konisch geformt und taucht in die nach der Anodenseite zylindrisch fortgesetzte Kathodenblende ein, um auf diese Weise eine zusätzliche elektrostatische Konzentration des Elektronenstrahles zu bewirken.

β_1) Wechselstromkathoden. Die Heizung der Kathode mit Gleichstrom hat verschiedene grundsätzliche Nachteile. Bei dem fast nur in Frage kommenden Batteriebetrieb werden im Laufe der Entladung häufig Nachstellungen des Heizreglers erforderlich. Eine Gefährdung der Kathoden ist nach Ausschaltung des Heizstromes bei nahezu entladenen Batterien gegeben, wenn der Heizregler nicht gleichzeitig mit der Ausschaltung zurückgedreht wird, denn nach Wiedereinschaltung des Heizstromes besteht infolge der Batterieerholung eine größere Klemmenspannung als zuvor. Die bei dem allmählichen Absinken der Batteriespannung leicht eintretende Unterheizung der Kathode gefährdet die Kathode, da infolge des erhöhten Kathodenfalles das Ionenbombardement zunimmt und eine schnelle Deformierung verursacht. Unbequem ist bei der Gleichspannungsheizung die Wartung und Ladung der Batterien. Schwerlich kann bei Gleichspannungsbetrieb die Forderung erfüllt werden, daß unter Aufrechterhaltung einfachster Schaltung die gesamte Oszillographenanlage durch Betätigung eines einzigen Schalters arbeitsfähig gemacht wird. Nicht zuletzt ist die Gleichstromheizung deswegen grundsätzlich ein Nachteil, weil die mit der Kathode verbundenen Batterien oder sonstigen Stromquellen fast immer sich auf hohem Potential befinden, das der vollen Anodenspannung entspricht. Häufig entstehen Aufbauschwierigkeiten, unkontrollierbare Ableitungen und es werden speziell bei Anlagen, die außerhalb der Laboratorien zur Anwendung kommen, besondere Schutzmaßnahmen erforderlich. Die geschilderten Schwierigkeiten bestehen bei Wechselstrombetrieb nicht oder nur in sehr verringertem Umfange.

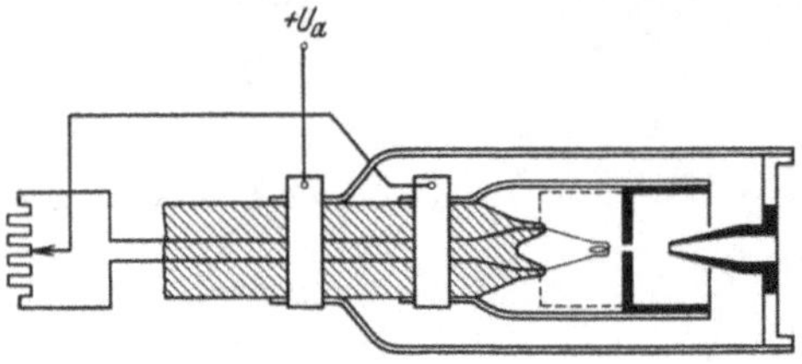

Abb. 83. Elektrodenanordnung (nach Sommerfeld).

Im Gegensatz zu den bekannten Verhältnissen bei Verstärkerröhren kommt es bei den Kathoden für Braunsche Röhren mit Ausnahme des Parallelfalls nicht darauf an, daß die Kathode eine reine Äquipotentialkathode ist. Die Steuerspannungen in der Braunschen Röhre sind sehr groß, die Heizspannungsabfälle an den Kathoden bei fast allen Kathodenformen recht klein, so daß die letzteren zu vernachlässigen sind. Da die wirksame Kathodenlänge fast immer sehr klein gegenüber der gesamten Kathodenlänge ist, liegt außerdem an der Emissionsstelle selbst meist nur ein Bruchteil der Heizspannung. Praktisch hat man es

[1] Rogowski, W. u. W. Grösser: Über einen lichtstarken Glühkathodenoszillographen zur Außenaufnahme rasch verlaufender Vorgänge. Arch. Elektrotechn. Bd. 15 (1925) S. 377.

daher fast immer mit einer Äquipotentialkathode zu tun. Das Problem der Wechselstromkathode liegt vielmehr darin, Kathodenformen zu schaffen, bei denen in der Strahlrichtung kein vom Heizfadenstrom abhängiges Magnetfeld besteht. Dieses Problem wird von einer Reihe Kathodenkonstruktionen gelöst, deren wichtigste Vertreter im folgenden besprochen werden sollen.

Der störende Einfluß des von der Kathodenheizung herrührenden magnetischen Wechselfeldes ist um so stärker, je stärker der Heizstrom in der Kathode und je geringer die Elektronengeschwindigkeit bzw. Anodenspannung ist. Bei Röhren, die in erster Linie für den Betrieb mit

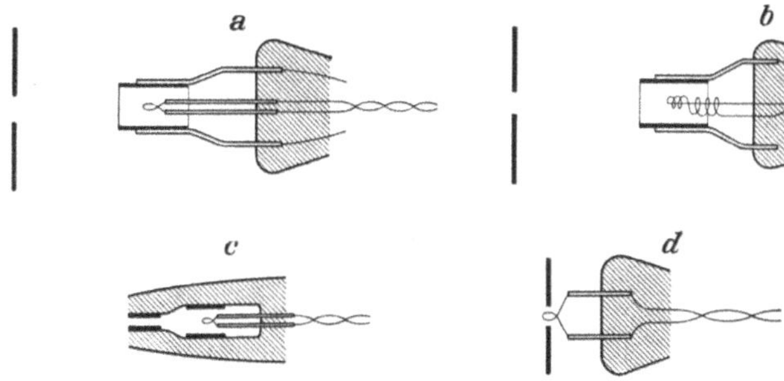

Abb. 84. Kathoden für Wechselstrom- oder Gleichstromheizung mit Auskompensation des Fadenmagnetfeldes (nach H. von Hartel).

kleinen Anodenspannungen gedacht sind, erscheinen praktisch nur solche Kathoden für Wechselstrombetrieb brauchbar, die mit geringem Heizstrom (Größenordnung 1 Amp. und weniger) arbeiten, weil sonst schon die durch die Heizzuleitungen verursachten Streufelder merkliche Strahlablenkungen hervorrufen. Kathoden mit höherem Heizstrom kommen nur dann in Frage, wenn durch Verdrillung der Heizleitungen das von ihnen verursachte Feld aufgehoben wird.

Eine Kathodenform mit direkter Heizung, die sich praktisch außerordentlich bewährt hat, ist die von H. v. Hartel[1] angegebene Kathode mit kompensiertem Magnetfeld. Verschiedene Vorschläge für die Kathodenführung sind in Abb. 84 gezeichnet. Eine praktische Ausführung ist die, daß der Heizfaden zu einer Schleife verdreht wird, etwa in Form einer nach unten offenen Acht. Alle Kathodenführungen laufen darauf hinaus, daß das Feld, das von den weiter zurückliegenden Strombahnen erzeugt wird, die Wirkung des magnetischen Feldes in der Nähe der Spitze des Heizfadens gerade aufhebt. Praktisch kommt es darauf an, daß an dem Punkt oder richtiger in der Umgebung des Punktes, wo die Elektronen die geringste Geschwindigkeit haben — in der Zone des Minimumpotentials — ein möglichst geringes magnetisches Wechselfeld besteht. Bei Anwendung des Wehnelt-Zylinders liegt das Minimumpotential nahe der Öffnung im Innern des Zylinders.

[1] Reibedanz, H.: Neue Braunsche Röhre mit Wechselstromheizung. Z. Hochfrequenztechn. Bd. 36 (1930) S. 196.

Die technische Ausführung einer Schleifenkathode zeigt die Photographie Abb. 85, bei der der Wehnelt-Zylinder zu Demonstrationszwecken aufgeschnitten ist. Die einmal gefundene optimale Dimensionierung läßt sich bei Verwendung geeigneter Werkzeuge so gleichmäßig reproduzieren und die jeweils angewendeten Steuerspannungen haben auf die Kompensationsverhältnisse einen so geringen Einfluß, daß es im allgemeinen nicht erforderlich ist, durch besondere Führungen der Heizleitungen außerhalb der Röhre die Kompensationsfehler auszugleichen. Die Kathode, die in der abgebildeten Ausführung infolge der direkten Heizung keinen höheren Stromverbrauch hat als die früher beschriebenen Drahtkathoden, kann selbstverständlich auch ohne weiteres mit Gleichstrom geheizt werden.

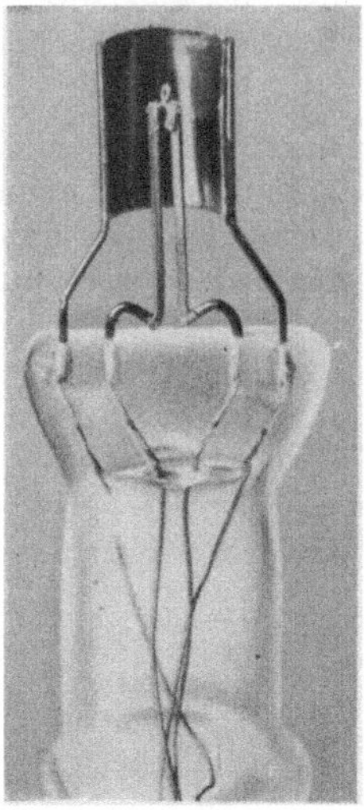

Abb. 85. Anordnung der Universalkathode im Wehnelt-Zylinder.

Die einfache Schleifenkathode hat den Nachteil, daß die emittierende Stelle außerordentlich leicht beim Aufbringen des Oxydes größere Ausdehnung annimmt, als gewünscht wird. Wesentlich vorteilhafter ist in dieser Hinsicht die Ausführungsform Abb. 86, bei der an der Schleife ein kurzes Drahtstück angeschweißt ist. Dieses Drahtstück trägt das Oxyd, das durch Wärmeleitung von der Schleife geheizt wird. Insbesondere wenn für den Faden ein Material gewählt wird, das eine schnelle Desaktivierung herbeiführt (z. B. Wolfram) und die angeschweißte Spitze aus einem günstigen Trägermaterial, z. B. Platin gebildet wird, läßt sich eine Emissionsfläche kleiner Ausdehnung schaffen. Der Unterschied der Fleckschärfe bei einer normalen Schleifenkathode und der Spitzenkathode geht aus den Oszillogrammen Abb. 87a und b hervor. Die schärfere Zeichnung links wurde mit Spitzenkathode, die wesentlich unschärfere rechts mit einer gut formierten Schleifenkathode erhalten. Die Spitzenkathode in Abb. 86 hat den Nachteil, daß der Heizdraht leicht durch die Schweißung geschwächt wird und später an dieser Stelle besonders zum Durchbrennen neigt. Sie hat ferner den Nachteil, daß gerade an der Drahtspitze, wo die Emission gewünscht wird, infolge des Temperaturabfalles längs des Drahtansatzes eine geringere Temperatur besteht. Es geschieht daher leicht, daß die weiter von der Anode entfernten Teile des Drahtes stärker emittieren als die der Anode zugekehrten, worunter die Brennfleckschärfe wieder leidet. Diese Nachteile werden durch eine neuere, in Abb. 88 gezeichnete Form der Spitzenkathode vermieden, die eine Kombination von Schleifen- und Haarnadelkathoden darstellt. Hier herrscht die größte

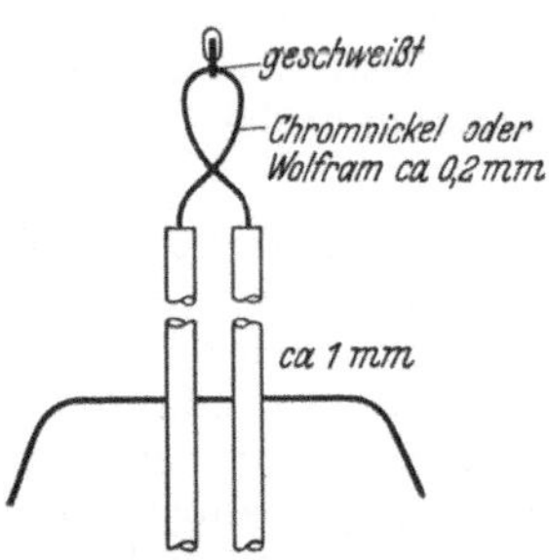

Abb. 86. Spitzenkathode für Wechselstrom- und Gleichstromheizung.

Temperatur an der Spitze. Diese Kathodenform, die besonders bei Verwendung von Platin als Trägermaterial außerordentlich widerstandsfähig ist, wird vorzugsweise bei neueren Röhren angewendet.

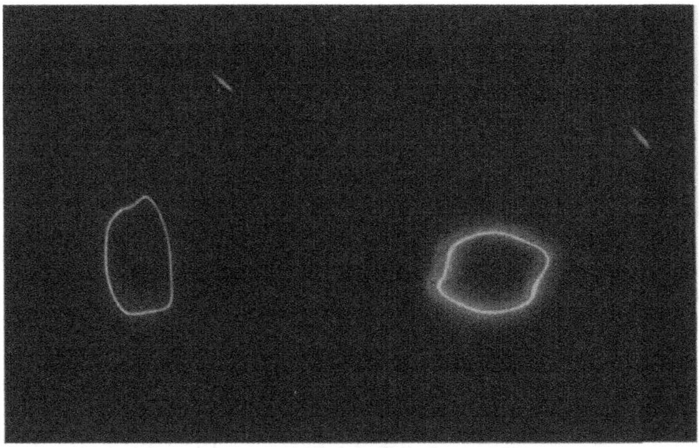

a b

Abb. 87. Einfluß der Anfangskonzentration auf den Strahldurchmesser. a Spitzenkathode oder moderne Schleifenkathode. b Alte Schleifenkathode.

Bereits die oben erwähnte Spitzenkathode bildet die Übergangsform zur Gruppe der sog. indirekt geheizten Kathoden. Bei diesen Kathodenformen befindet sich im Gegensatz zu den direkt geheizten Kathoden die Emissionsstelle nicht unmittelbar an der Oberfläche des Heizdrahtes. Der sonst wichtigste Vorteil dieser Kathodenart, die Äquipotentialfläche, fällt bei Kathoden für Braunsche Röhren im allgemeinen, wie schon oben gesagt, nicht ins Gewicht. Auch die größere Temperaturträgheit, die den indirekten Kathoden infolge der größeren geheizten Massen eigen ist, erscheint nicht notwendig, da schon die Trägheit der Drahtkathode vollkommen ausreicht, um die Konstanz der Emission bei 50-periodigem Wechselstrom zu garantieren. Die größere Temperaturträgheit kann sich sogar insofern zu einem Nachteil auswirken, als durch sie bei Inbetriebnahme der Röhre Anheizperioden relativ langer Dauer zwangsläufig auftreten. Um indirekt geheizte Kathoden vor Zerstörung durch Ionenbombardement zu schützen, muß daher bei Betrieb mit höheren Anodenspannungen getrennte Einschaltmöglichkeit von Heizspannung und Anodenspannung vorgesehen werden.

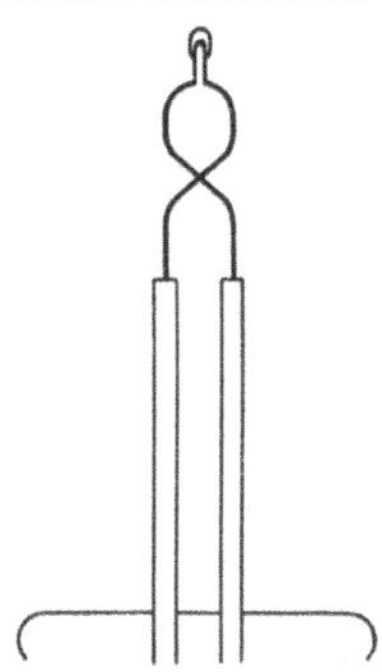

Abb. 88. Neuere Form der Spitzenkathode.

Eine Ausführungsform der indirekt geheizten Kathode, die eine gewisse Ähnlichkeit mit der in Abb. 86 dargestellten Spitzenkathode hat, ist die in Abb. 89 angegebene Kathode nach B. Döhring[1]. Innerhalb

[1] Döhring, B.: Nach einer mündlichen Mitteilung.

eines Nickelzylinders, der die eine Zuführung der Heizspannung bildet, ist die als zweite Zuführung dienende Heizspirale angeordnet. Die Oxydmasse befindet sich auf einem, auf den Deckel des Zylinders in Achsenrichtung aufgeschweißten, kurzen Drahtende.

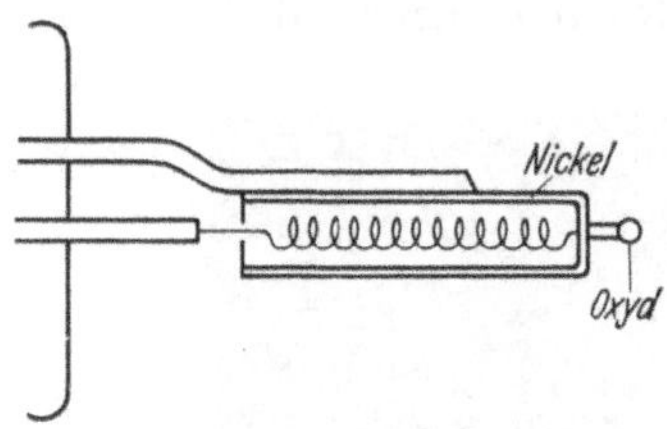

Abb. 89. Indirekt geheizte Kathode (nach B. Döhring).

Elektrisch vollkommen vom Oxydträger getrennt, ist die zur Vermeidung magnetischer Störfelder bifilar gewickelte Heizspule in der indirekt geheizten Kathode nach Abb. 90. Den Oxydträger bildet ein sich über die ganze Länge der Heizspule erstreckender Chromnickeldraht, der durch einen Steatitkörper von der Heizspule isoliert ist. Als Heizdrahtmaterial wird Wolfram verwendet. Die einzelnen Heizdrahtwindungen sind durch Zirkonoxyd isoliert. Über die Heizspule ist zur besseren Wärmeisolation ein zweiter Steatitkörper geschoben, der durch einen Metallring am Quetschfuß gehalten wird. Diese Kathodenhalterung dient gleichzeitig zur Elektronenstromzuführung. Infolge der zahlreichen vorhandenen Einzelelemente wird der Gesamtaufbau der Kathode kompliziert, so daß dieser Vorschlag keine praktische Bedeutung erlangt hat.

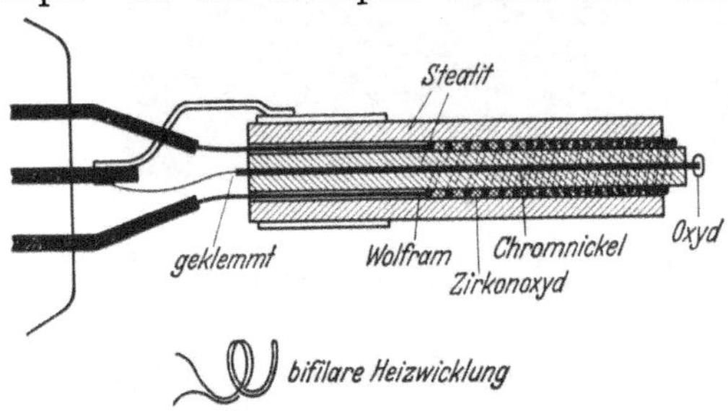

Abb. 90. Indirekt geheizte Kathode (nach K. Schlesinger).

Grundsätzlich andere Wege wurden bei der von Chaffee[1] angegebenen und von Schröter[2] und Dobke[3] modifizierten Topfkathode begangen. Diese Kathoden sind als „schwarze Körper" ausgebildet. Das Oxydmaterial ist auf den Wänden und dem Boden eines zylindrischen Hohlraumes aufgetragen, während durch die Öffnung im Deckel Elektronen austreten können. Zur elektronen-optischen Abbildung gelangt also die die innere Raumladungszone freigebende Öffnung des Kathodendeckels, wodurch die Bildung eines völlig strukturlosen Strahles ermöglicht wird, der einen kreisrunden Leuchtfleck auf dem Schirm erzeugt. Auch durch Ionenbombardement ist diese Kathode weniger gefährdet, da die in den Hohlraum hineinfliegenden Ionen nur den der Öffnung gegenüberliegenden Boden treffen, während die emittierenden Seitenwände unberührt bleiben. Man erkennt hier wieder das bereits von

[1] Perry, C. T. u. E. L. Chaffee: Determination of e/m for an electron by direct measuring of the velocity of cathode rays. Physic. Rev. Bd. 39 (1930) Nr. 5 S. 907.

[2] Schröter, F.: DRP. 535 163.

[3] Dobke, G.: Eine neue Braunsche Röhre kleiner Strahlgeschwindigkeit. Z. techn. Physik Bd. 13 Nr. 9 S. 433.

Johnson benutzte Prinzip von Lilienfeld. Der große Nachteil der Topfkathode besteht darin, daß der Durchgriff des Anodenfeldes in die Topfkathode für die insbesondere bei Anwendung eines Wehnelt-Zylinders in Frage kommenden Abstände außerordentlich klein ist. Daher wird es notwendig, dicht vor die Topfkathode eine Saugelektrode mit hohem positiven Potential zu schalten. Zwei Ausführungsformen der Topfkathode sind in Abb. 91 und 92 gezeichnet. Bei der Ausführung nach Schröter ist die Sauganode konstruktiv unmittelbar mit dem Kathodenaufbau vereinigt. Auch hier sind Heizwicklung und der als Oxydträger dienende Nickelzylinder elektrisch voneinander getrennt, während der als Wärmeisolator dienende Außenzylinder (Steatit) die Sauganode trägt. Bei der Anordnung nach Dobke (Abb. 92) dient die metallische Außenwand des Kathodentopfes

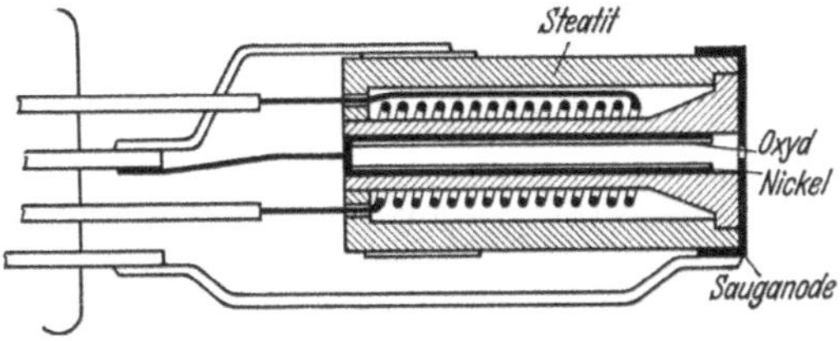

Abb. 91. Indirekt geheizte Kathode (nach F. Schröter).

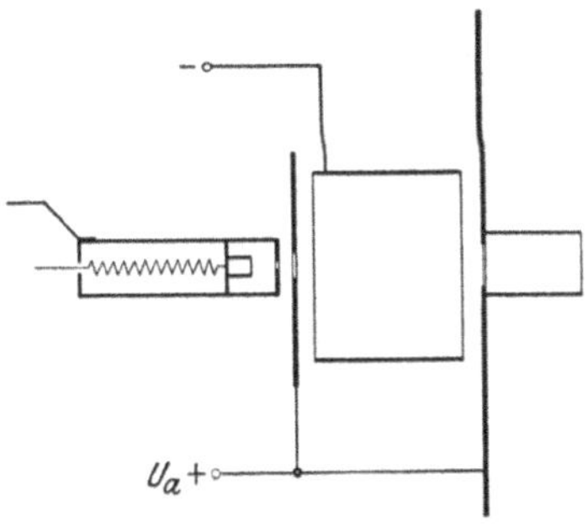

Abb. 92. Elektrodenanordnung und Schaltung der AEG-Niedervoltröhre.

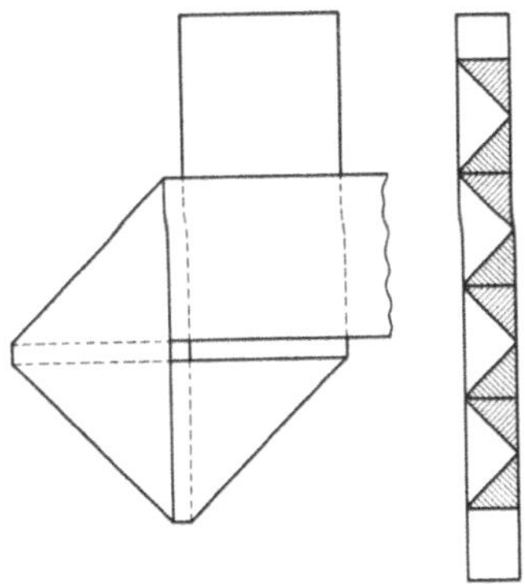

Abb. 93. Herstellung einer magnetfeldfreien Flächenkathode (nach H. G. Möller).

als Rückleitung für den Heizstrom, so daß für die Sauganode eine besondere Halterung und Spannungszuführung notwendig wird. Aus räumlichen Gründen kann in diesem Falle der Wehnelt-Zylinder erst hinter der Sauganode angeordnet werden. Um eine vollständige Abbremsung der Elektronen zu verhindern, ist es notwendig, hinter dem Wehnelt-Zylinder eine zweite Anode anzuordnen.

Für das Parallelstrahlverfahren sind Kathoden erforderlich, die eine größere Emissionsfläche besitzen, die indirekt geheizt sind und kein störendes Magnetfeld aufweisen. Eine solche Flächenkathode läßt sich nach H. G. Möller dadurch herstellen, daß ein Metallband in der Weise zusammengelegt wird, wie es in Abb. 93 dargestellt ist. Rechts in der Abbildung ist in etwas kleinerem Maßstabe das gesamte Band mit seinen Knickstellen angedeutet. Selbstverständlich ist durch Einfügung dünner Isolationsschichten dafür zu sorgen, daß die verschiedenen aufeinandergelegten Metallschichten sich nicht berühren.

Von gleicher Bedeutung wie Aufbau und Art der Glühkathode ist für die Erzeugung eines guten Fluoreszenzfleckes Dimensionierung und Anordnung des Wehnelt-Zylinders. Vom Durchmesser des Wehnelt-Zylinders abhängig ist die Höhe der zur optimalen Konzentration des Elektronenstrahles erforderlichen negativen Vorspannung. Um die letztere klein zu halten, wird man daher bestrebt sein, Wehnelt-Zylinder mit kleinem Durchmesser zu verwenden. Der Verkleinerung des Durchmessers ist dadurch eine Grenze gesetzt, daß schließlich kleine Unsymmetrien in der Lage der Emissionsstelle gegenüber der Zylinderachse sich bereits infolge des kleinen Zylinderdurchmessers bemerkbar machen. Die prozentualen Abweichungen von der Zylinderachse, die mit abnehmendem Zylinderdurchmesser sehr stark anwachsen, sind auch maßgebend für die optischen Abbildungsfehler, die die Qualität des Fluoreszenzfleckes herabsetzen. Speziell bei der Lichtsteuerung durch Änderung der Wehnelt-Zylinderspannung ist durch präzise mechanische Herstellung und geeignete Auswahl der Kathodentype sowie große Zylinderdurchmesser dafür Sorge zu tragen, daß die Emissionsstelle genau in der Zylinderachse liegt, da sonst nicht nur eine Qualitätsverschlechterung des Brennfleckes, sondern auch eine Beeinflussung der Flecklage, d. h. der Strahlrichtung stattfindet.

Wenn im vorangehenden vom Wehnelt-Zylinder gesprochen worden ist, so ist hierbei nicht aussschließlich an die zylindrische Elektrodenform gedacht, die sich allerdings praktisch sehr bewährt hat, sondern auch an andere rotationssymmetrische Anordnungen. In diesem Zusammenhang sei an die napfförmige Elektrode der Abb. 79, an die ebene Elektrode Abb. 84 *d* erinnert. In vereinzelten Fällen sind auch, insbesondere zur Abbildung strichförmiger Emissionsflächen Konzentrationselektroden vorgeschlagen worden, die nichtrotationssymmetrischen Charakter hatten: beispielsweise wurden Elektroden mit rechteckigem Querschnitt, einander gegenüberstehende Plattenelektroden gleichen Potentials, Elektrodenanordnungen mit elliptischem Querschnitt usw. benutzt oder erwogen. In einzelnen Fällen wurden parabolspiegelartige Konzentrationselektroden verwendet, wobei der Faden etwa in die optische Brennlinie gebracht wurde. Diese nichtrotationssymmetrischen Anordnungen stimmen in der Regel darin überein, daß sie in einer zum Glühdraht parallelen Achse orientiert sind.

Der Abstand des Emissionspunktes von der der Anode zugekehrten Öffnung des Wehnelt-Zylinders bedingt bei gegebenem Gasdruck und gegebener Anodenspannung den Anodenabstand, der notwendig ist, um den optimalen Durchgriff des Anodenfeldes zur Kathode bei optimaler Wehnelt-Zylinderspannung sicherzustellen. Es ist wünschenswert, den Abstand der Glühkathode von der Öffnung des Wehnelt-Zylinders möglichst groß zu wählen, um die optimale Konzentrierung des Kathodenstrahles mit möglichst kleinen Vorspannungen zu erreichen. Der Abstand der Emissionsstelle von der Wehnelt-Zylinderöffnung kann jedoch nicht beliebig gesteigert werden, da sonst auch bei geringen Wehnelt-Zylinderspannungen der Durchgriff des Anodenfeldes zur Kathode so klein wird, daß nur durch starke Erhöhung der Anodenspannung ein ausreichender Emissionsstrom aufrechterhalten werden kann. Bei gegebenem Abstand

Anode/Wehnelt-Zylinder sinkt bei zu tiefer Anordnung der Emissionsstelle im Wehnelt-Zylinder nicht nur die Emission, sondern es ist schließlich eine ausreichende Konzentration aus geometrischen Gründen nicht mehr möglich. Der Brennpunkt des Kathodenstrahles kann in diesem Falle auch durch Variation des Druckes nicht mehr in die Ebene des Fluoreszenzschirmes gebracht werden, sondern die Elektronen werden bereits nahe der Anode in einem Brennpunkt vereinigt. Die Zeichnungen

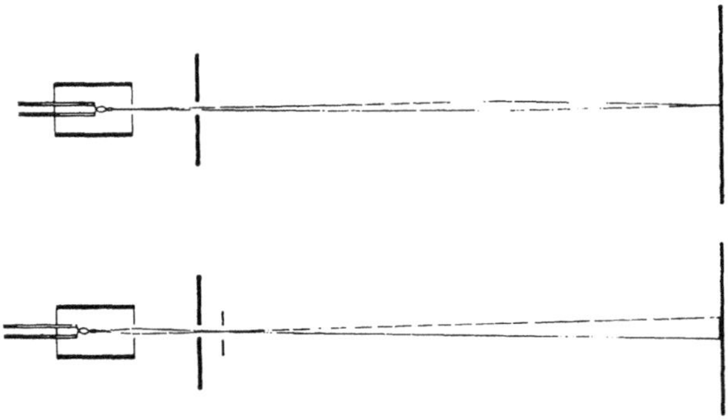

Abb. 94. Strahlengang bei verschiedenen Lagen der Kathode im Wehnelt-Zylinder.

der Abb. 94 geben den beobachteten Strahlverlauf bei verschiedenen Abständen der Emissionsstelle von der Zylinderöffnung wieder.

Bei der geometrischen Anordnung der Anodenblende relativ zum Wehnelt-Zylinder ist darauf zu achten, daß der Abstand Anodenblende-Wehnelt-Zylinder nicht zu klein gewählt wird. Bei zu großer Annäherung der Anode an den Wehnelt-Zylinder wird eine derartige Deformierung des Konzentrationsfeldes bewirkt, daß entweder die Wehnelt-Zylinderspannung erhöht werden muß, um den besten Konzentrationseffekt zu erhalten (vgl. Anordnung Abb. 92) oder aber eine ausreichende Konzentration infolge der Felddeformation überhaupt nicht mehr möglich ist.

Bei praktisch vorkommenden Abmessungen der Einzelteile und ihrer gegenseitigen Abstände, z. B. bei einer Entfernung Anode vorderer Zylinderrand von 10 mm muß die empirisch gefundene Bedingung erfüllt sein, daß der lotrechte Abstand a des Elektronenquellpunktes von der vorderen Begrenzungsfläche des umhüllenden Zylinders die Länge des halben inneren Zylinderdurchmessers d nicht überschreiten darf. Diese Beziehung $a \leq \frac{d}{2}$, die gute Steuerung und optimale Bildpunktschärfe gewährleistet und im Laboratorium des Verfassers seit langem angewendet wird, ist auch neuerdings an anderer Stelle[1] angegeben worden.

Die nach den besprochenen Gesichtspunkten auf Grund experimenteller Arbeiten von den verschiedenen Röhrenherstellern ermittelten günstigsten Abmessungen gehen aus den verschiedenen im Rahmen

[1] Michelssen u. Kleen: Die Intensitätssteuerung gaskonzentrierter Elektronenstrahlen durch elektrische Felder (Wehnelt-Zylinder). Telefunkenztg. Bd. 61 Juli (1932) S. 35.

dieses Buches wiedergegebenen Zeichnungen, die nach Möglichkeit maßstäblich gehalten sind, und aus den photographischen Aufnahmen der Elektrodenanordnungen hervor.

b) Die Elektrodenanordnung.

Für die Anordnung sowohl der Strahlerzeugungs- wie auch der Konzentrations- und Strahlablenkungselektroden innerhalb der Entladungsröhre, für die Wahl der für die Elektroden und ihren Aufbau verwendeten Materialien sowie für die Art der Elektrodenmontage sind mannigfache Möglichkeiten gegeben.

α) **Werkstoffe, Halterungen und Verbindungen.** Grundsätzlich ist für Elektroden aller Arten nur vakuumgeschmolzenes Material zu verwenden, da bei diesem die Ausheizzeit zur Entfernung der Restgase, auf ein Minimum verkürzt werden kann. Als Baustoffe werden hauptsächlich verwendet: Nickel, Chromnickel, Aluminium, Platin und Molybdän. Nickel wird wegen seiner guten Schweißfähigkeit, hohen Temperaturbeständigkeit und geringen Oxydationsneigung hauptsächlich als Elektrodenmaterial benutzt. Besteht die Gefahr, daß am Verwendungsort der Kathodenstrahlröhre starke Magnetfelder gegeben sind, möglicherweise auch zur Vornahme von Strahljustierungen absichtlich herbeigeführt werden, so empfiehlt es sich, grundsätzlich die Ablenkplatten aus völlig unmagnetischem Material herzustellen. Letzteres ist insbesondere auch schon deswegen zweckmäßig, weil bei Anwendung von Spulenablenkung durch die dann unbenutzten Ablenkplatten keine Kurvenverzerrungen eintreten können. Als unmagnetische Baustoffe werden speziell Kupfer und Aluminium verwendet. Aluminium hat außerdem den Vorteil, bei Aufprall von Elektronen nur in sehr geringem Maße Sekundärelektronen abzugeben, was besonders bei geringen Plattenabständen wertvoll ist.

Für die Halterung der Elektroden werden zweckmäßig Nickeldrähte von kreisrundem oder rechteckigem Profil benutzt. Müssen verschiedene gegeneinander abzustützende Elektroden voneinander isoliert bleiben, so wird meist Glas oder Glimmer verwendet. Wird gleichzeitig Temperaturbeständigkeit gefordert, so sind Quarz, Porzellan und Steatit als Werkstoffe üblich.

Ein sehr wichtiger Bestandteil jeder Hochvakuumröhre ist die vakuumdichte Stromdurchführung durch das Glas. Für Durchführungen, die nur einen geringen Strom führen, werden Platin- oder Platinmanteldrähte von kleinem Durchmesser verwendet. an denen auf der Vakuumseite die Halterungsstäbe, auf der Außenseite Kupferlitze oder Tombakdrähte befestigt werden. Sind höhere Ströme von etwa 2 Amp. aufwärts in die Röhre einzuführen, so benutzt man für die Durchführung und Halterung gemeinsam einen durchgehenden Stab größeren Querschnittes, der bei Verwendung normaler Gläser aus Chromeisen, bei der Verwendung von Spezialgläsern aus Molybdän hergestellt wird, um den gleichen Ausdehnungskoeffizienten von Gas und Metall zu gewährleisten.

Um die Lage aller Einbauteile gegeneinander auch bei hohen Temperaturen sicherzustellen und um bei galvanisch miteinander verbundenen

Teilen eine gute Leitfähigkeit der Verbindungsstücke zu erreichen, muß bei der Auswahl der Befestigungsverfahren dem jeweiligen Verwendungszweck Rechnung getragen werden. Am besten vereinigt hohe Festigkeit mit niedrigem Übergangswiderstand der Kontaktstelle das elektrische Punktschweißverfahren. Leider ist das Punktschweißverfahren nicht für alle Metalle ohne Unterschied anwendbar. Metalle hoher Leitfähigkeit sind wegen ihrer zu geringen Erwärmung, und Legierungen wegen des zu niedrigen Schmelzpunktes nicht schweißbar. Ebenso gelingt es nicht in allen Fällen, verschiedene Materialien miteinander zu verschweißen. Doch ist in solchen Fällen vielfach der Ausweg möglich, zwischen zwei Stücke gleichen Materials ein Stück anderen Materials durch Schweißen einzubetten. In den meisten Fällen, in denen Punktschweißung nicht anwendbar ist, kann als unlösbare Verbindung die Lötung angewendet werden, die beim Auftreten mechanischer oder thermischer Beanspruchungen selbstverständlich als Hartlötung auszuführen ist. Sind jedoch Lötungen in der Nähe von Durchführungen auszuführen, so ist entweder Weichlötung oder sogar Lötung mit Woodschem Metall notwendig.

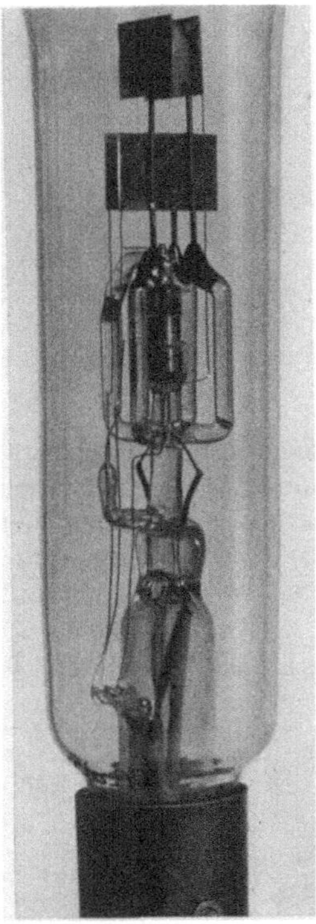

Abb. 95. Montage des gesamten Elektrodensystemes auf einem Glasfuß. (Ältere Western-Röhre.)

An Stellen, die wegen des zu verbindenden Materials oder wegen der Unzulässigkeit auch geringster thermischer Beanspruchungen eine Lötung auf keinen Fall zulassen, bleibt als letzter Ausweg das Anklemmen oder Anschrauben einzelner Bauelemente.

Die Methode des Anklemmens ist keineswegs immer ein Notbehelf, sondern oft ein sehr brauchbares, konstruktives Hilfsmittel, beispielsweise bei der Befestigung ganzer Elektrodensysteme auf den zur Halterung dienenden Glas- oder Metallteilen.

β) Geometrische Anordnung. Strahlerzeugungs- wie auch Konzentrations- und Ablenkelektroden können prinzipiell an einer einzigen Halterung in sog. Einsockelmontage vereinigt werden. Ein charakteristisches Beispiel dieser Ausführungsform zeigt Abb. 95 an einer Elektrodenanordnung der Western-Electric-Röhre. Der große Vorteil dieser Anordnung besteht darin, daß die Justierung aller Einzelteile des Systems gegeneinander zum großen Teil von nicht glasbläserisch vorgebildeten Arbeitern außerhalb der Röhre vorgenommen werden kann. Beim Einbau des Systemes ist dann lediglich erforderlich, das gesamte System gegen die Röhrenachse auszurichten. Nachteilig ist in der in Abb. 95 angegebenen Konstruktion, daß eine evtl. erforderlich werdende Reparatur der Kathode kaum lohnend ist. Nicht nur der Fuß muß herausgesprengt werden, sondern auch fast der gesamte Elektrodenaufbau demontiert werden. Außerdem ist der Anwendungsbereich dieser Sockelanordnung auf niedrige Frequenzen beschränkt, da das Gesamtsystem eine sehr große Eigenkapazität besitzt. Ein weiterer Nachteil dieser Einsockelausführung ist durch die Verbindung eines Teiles der Ablenkplatten mit der Anode gegeben. Das letztere geschieht im Interesse der Verringerung

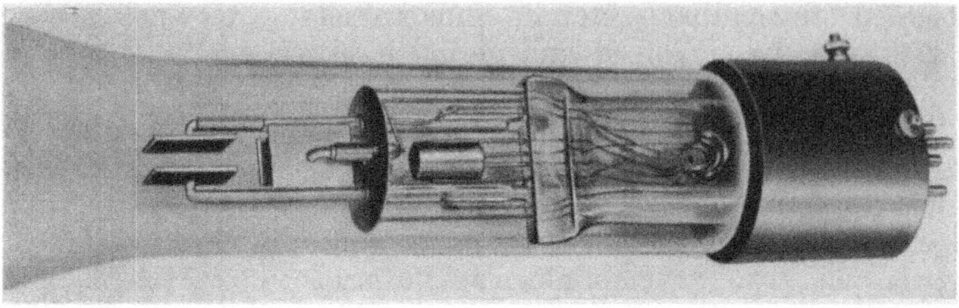

Abb. 96. Elektrodenmontage unter Verwendung eines Glasrahmens. (Einfache Röhre von E. Leybolds Nachf. A.G.)

der Durchführungszahl und zur Vereinfachung des Sockels. Die Einsockelmontage ist ganz besonders dort angebracht, wo die Röhren für ganz bestimmte Aufgaben (beispielsweise für die Zwecke des Fernsehempfanges) gedacht sind, und daher die Konstruktion von Röhren und Zusatzgeräten von vornherein dem Verwendungszweck angepaßt werden kann.

Etwas einfacher als die Konstruktion der Westernröhre ist das in Abb. 96 abgebildete Elektrodensystem einer neuen vom Verfasser entwickelten und hergestellten Röhre. Ähnlich wie bei älteren Mehrfach-Röhren-Ausführungen erfolgt hier die Halterung wichtiger Elektrodenteile durch einen Glasrahmen. Diese Röhre kann mit Anodenspannungen bis zu 3000 V betrieben werden. Das Arbeiten mit so hohen Anodenspannungen ist trotz der Einsockelmontage durch besondere Ausgestaltung von Quetschfuß und Röhrensockel ermöglicht. Wie die Abbildung zeigt, besitzt der Sockel Steckerstifte und seitliche Klemmen. Das Hauptmerkmal der Sockelung, die in Abb. 97 gezeichnet ist, besteht darin, daß alle Elektroden, die genau oder nahezu auf Kathodenpotential stehen, mit den seitlichen Klemmen und alle Elektroden, die genau oder nahezu auf Anodenpotential stehen, mit den Steckerstiften verbunden werden. Die fünf in der Art des bekannten Europasockels angeordneten Steckerstifte wiederum sind so verbunden, daß der mittlere Stift zur Anode führt und die vier seitlichen Stifte jeweils an die auf der Stiftseite liegende Ablenkplatte [1]. Bei diesem Modell sind also alle Ablenkplatten getrennt herausgeführt und durch die Ausführung des Röhrensockels ist eine gute Übersichtlichkeit des Anschlusses der vier Ablenkplatten gesichert.

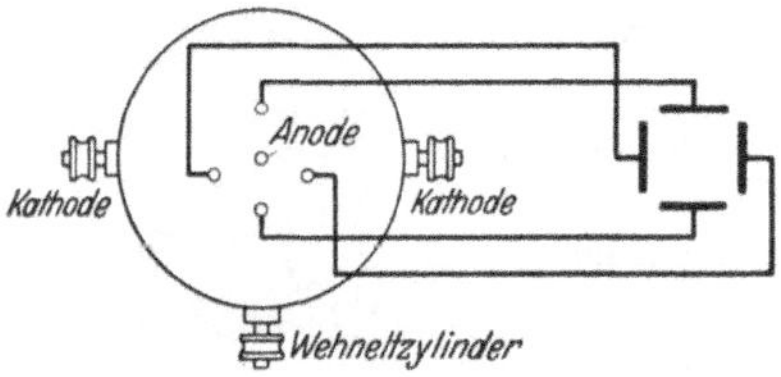

Abb. 97. Übersichtliche Sockelung bei einer Einfußmontage-Röhre (Röhre der Abb. 96).

[1] Ardenne, M. v.: DRGM. 1254744.

Bei dem Elektrodensystem ist darauf hinzuweisen, daß der Glasrahmen nicht an den Quetschfußenden eingesetzt ist, sondern in einiger Entfernung vom Ende. Die ganz oder nahezu auf Kathodenpotential befindlichen Drahtdurchführungen sind im Innern des Glasrahmens angeordnet und die ganz oder nahezu auf Anodenpotential stehenden Durchführungen außerhalb des Glasrahmens. Die hierdurch bedingte Vergrößerung des Abstandes zwischen den Elektrodensätzen ermöglicht zusammen mit der oben besprochenen Sockelung, daß die abgebildete Röhre mit Spannungen von einigen tausend Volt betrieben werden kann.

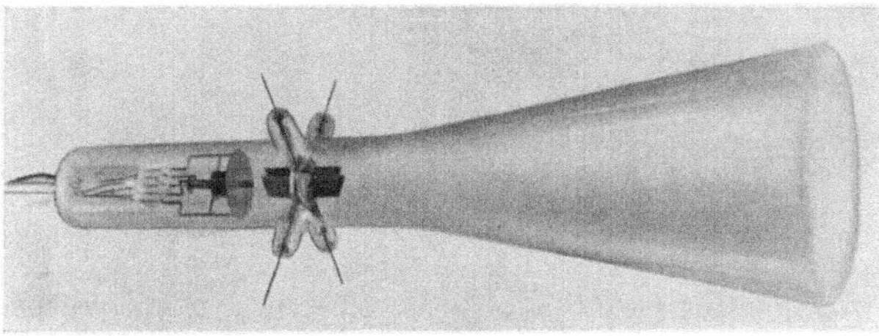

Abb. 98. Der konstruktive Aufbau der AEG.-Röhre.

Der Einsockelaufbau führt, wie das Beispiel der Röhre Abb. 96 bewiesen hat, bei der Fabrikation größerer Serien zu recht rationellen Lösungen. Er bietet die Möglichkeit, mit großer Genauigkeit unter Zuhilfenahme von Werkzeugen, Lehren und Schablonen zu arbeiten. Der Hauptnachteil der Einsockelmontage gegenüber den Röhren mit seitlich herausgeführten Ablenkplatten ist die größere Teilkapazität zwischen den Ablenkplattensätzen. Die Teilkapazitäten liegen auch bei günstiger Anordnung der Durchführungen in der Größenordnung 5 $\mu\mu$F. Die Verkopplung zwischen den beiden Plattenpaaren führt bei gegebener Ablenkfrequenz besonders dann zu Störungen, wenn gleichzeitig am Ordinaten- und Abszissenplattenpaar Generatoren von hohem, inneren Widerstande angelegt sind. Mit Rücksicht auf die erwähnten Zusammenhänge wird die Einsockelmontage in erster Linie Röhren vorbehalten bleiben, die ausschließlich für Messungen im Gebiet der Niederfrequenzen bestimmt sind.

Übersichtlicher wird der Aufbau der Elektrodenanordnungen, wenn man das Ablenkelektrodensystem vom System der Strahlerzeugung trennt. In der von der AEG hergestellten Niedervoltröhre (Abb. 98) ist das Ablenkplattensystem zwar noch als einheitlicher Komplex durch einen Glasring zusammengefaßt, jedoch räumlich und elektrisch nicht mehr mit dem Strahlerzeugungssystem verbunden. Obgleich der Ablenkplattensatz eine konstruktive Einheit bildet, sind doch um schädliche Kapazitäten herabzusetzen, die Platten jede für sich herausgeführt.

Die Betriebssicherheit der Kathodenstrahlröhre für Spannungen von mehreren 1000 V kann wesentlich gesteigert werden, wenn die Anodenzuführung aus dem Sockelsystem der Röhre herausgenommen und die Anode an einer besonderen Halterung, die gleichzeitig als Durchführung dient, befestigt wird. Diese Art der Elektrodenanordnung findet sich bei den größeren Röhrentypen des Verfassers, deren konstruktive Einzelheiten aus dem im Abschnitt „Praktische Ausführungen" gebrachten Abbildungen hervorgehen. Bei diesen Röhren sind weiterhin die Ablenkplatten jede für sich getrennt gehaltert. Diese Elektrodenanordnung erfordert im Gegensatz zur Einsockelanordnung eingearbeitete Glasbläser.

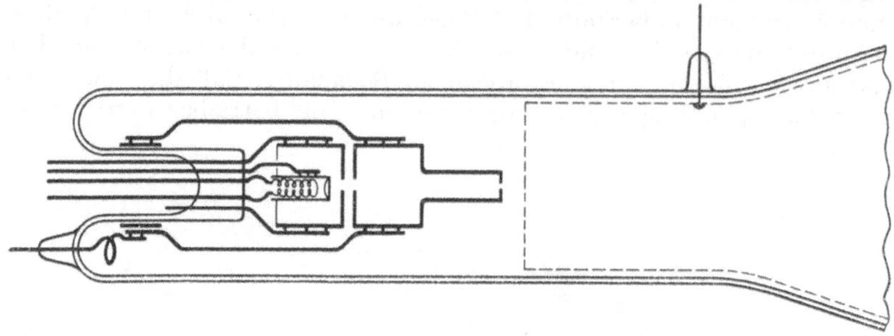

Abb. 99. Elektrodensystem einer Röhre nach Zworykin mit Nachbeschleunigung.

Dafür ist es jedoch besonders leicht, Veränderungen und Verbesserungen am Elektrodensystem vor zunehmen, Versuche und evtl. durch falsche Bedienung erforderliche Reparaturen ohne Schwierigkeit durchzuführen.

Eine Elektrodenanordnung, völlig ohne Ablenksystem für magnetische Strahlbeeinflussung ist in Abb. 99 gezeichnet. Dieses Modell, das von Zworykin speziell für Fernsehzwecke entwickelt wurde, zeigt als Besonderheit die Halterung eines Teiles des Elektrodensystemes durch die um den Glasfuß gelegten Schellen, ferner die zur Nachbeschleunigung benutzte metallische Belegung der Innenwand des Röhrenkolbens, die durch Versilberung oder durch eine Netzanordnung hergestellt wurde.

Die Gesichtspunkte für die Dimensionierung der Ablenkplatten befinden sich bereits in dem Abschnitt über elektrostatische Beeinflussung. Die konstruktiven Grenzen für die Länge der Ablenkplatten sind in diesem und in dem Abschnitt über den Einfluß der Elektronenlaufzeit beim Arbeiten mit sehr hohen Frequenzen definiert. Aus zum Teil mechanischen, zum Teil elektrischen Gründen kann der Abstand zwischen den Ablenkplatten, der im Interesse großer Empfindlichkeit und eines kleinen Nullpunktsfehlers niedrig zu halten ist, nicht beliebig herabgesetzt werden. Je präziser der mechanische Aufbau ist, oder richtiger, je genauer evtl. durch nachträgliche mechanische Justierung der Strahl in der Röhrenachse verläuft, desto enger kann bei gegebener Plattenlänge der Abstand gewählt werden. Schließlich stellt sich jedoch bei großen Strahlausschlägen Plattenstreifung ein, zunächst an den dem Leuchtschirm zugekehrten Plattenenden. Um diese Streifung erst bei möglichst kleinen Abständen zu halten, ist man zuweilen dazu übergegangen, die Platten schräg [1] zu stellen. Diese konstruktive Hilfsmaßnahme hat bei gasgefüllten Röhren jedoch selten Anwendung gefunden, da bei diesen in der Regel verhältnismäßig kurze Ablenkplatten zur Anwendung kommen.

[1] Gábor, D.: Oszillographieren von Wanderwellen mit den Kathodenoszillographen. Forschungsheft der Studiengesellschaft für Höchstspannungsanlagen 1927 Heft 1 S. 17.

c) Gasdruck und Gasfüllung.

Für die Richtlinien bei der Wahl von Gasfüllung und Gasdruck zum Zwecke der Konzentration sei weitgehend auf den Abschnitt A II 2 verwiesen. Aus den in diesem Abschnitt gemachten Erwägungen und Versuchen geht bereits hervor, daß sowohl für die Art des Füllgases wie auch für den Betriebsdruck des Gases verhältnismäßig enge Grenzen gezogen sind. In den normalen Kathodenstrahlröhren wird vorzugsweise Argon als Füllgas verwendet. Eine Gasfüllung mit schwereren oder leichteren Gasen ist nur dann zweckmäßig, wenn besondere Betriebsbedingungen der Röhre es erfordern. Ist z. B. zum Aufzeichnen sehr hoher Frequenzen eine größere Fluoreszenzfleckhelligkeit erforderlich, so ist die Erzielung dieser erhöhten Fleckintensität durch Erhöhung der Anodenspannungen von 2000 bis auf etwa 6000 V möglich. Es zeigt sich jedoch, daß etwa oberhalb 4000 V die Konzentration bei Argonfüllung merklich nachläßt. Wasserstoffüllung ermöglicht jedoch bei der Wahl des geeigneten Druckes (s. unten) Gaskonzentration bis zu sehr hohen Strahlgeschwindigkeiten.

Im Gebiet kleiner Anodenspannungen kann die Fleckhelligkeit ohne Erhöhung der Anodenspannung nicht unwesentlich vergrößert werden durch Einfüllung schwerer Edelgase (Krypton und Xenon), bei denen ein wesentlich kleinerer Elektronenverlust durch Streuung gegeben ist. Bei Verwendung dieser beiden Gase zeigt sich gleichzeitig eine Abnahme des in Abb. 17 und 19 dargestellten Nebenleuchtens. Bei diesen schweren Edelgasen stellt sich jedoch die bereits oben besprochene Konzentrationsanomalie schon im Grenzgebiet zwischen Niederfrequenz und Hochfrequenz ein.

Niedervolt-Kathodenstrahlröhren werden oft auch mit Quecksilberdampf gefüllt. Quecksilberdampffüllung besitzt gute Konzentrationseigenschaften. Leider ist sie stark temperaturabhängig, wobei die Stelle tiefster Temperatur in der Röhre für den Druck bestimmend ist. Um einen bestimmten Betriebsdruck der Röhre aufrechtzuerhalten, muß daher unter Umständen Wärmeisolation der Röhre oder Außenheizung der Glaswand vorgesehen werden.

Von gleicher Wichtigkeit wie die Wahl der Gasfüllung ist die Einstellung des optimalen Gasdruckes in der Röhre. Für Argonfüllung hat sich als günstigster Druck ein Gasdruck von etwa $5 \cdot 10^{-3}$ mm Quecksilbersäule ergeben, der bei der Fabrikation der Röhre experimentell bis zur Erzielung günstigster Konzentration um kleine Bruchteile korrigiert wird, indem sorgfältig darauf geachtet wird, daß einerseits auf dem Fluoreszenzschirm gerade ein Strahlknoten sich befindet, andererseits der Gesamtquerschnitt des Strahles durch die Anodenblende hindurchfällt. Für Quecksilberfüllung ergeben ebenfalls Drucke von etwa $5 \cdot 10^{-3}$ mm Quecksilbersäule einen optimalen Wert. Wendet man Wasserstoffüllung bei hohen Anodenspannungen an, so muß, da entsprechend der höheren Elektronengeschwindigkeit und des geringen Molekulargewichts die Ionisation sinkt, ein höherer Gasdruck, etwa 10^{-2} mm Hg angewendet werden.

Bei der Herstellung von Hochvakuumröhren sind zur Erhaltung des niedrigen Druckes von etwa 10^{-7} mm Hg die Grundsätze zu befolgen, die vom Bau der Hochvakuumverstärkerröhren hinreichend bekannt sind.

d) Der Fluoreszenzschirm.

Während alle im vorhergehenden beschriebenen Röhrenelemente: Kathode, Konzentrationsvorrichtungen und Ablenkelektroden dazu dienen, die Arbeitsmittel zur Aufzeichnung einer Schwingung zu schaffen, geschieht die eigentliche Niederschrift des Oszillogrammes bei Röhren für Schwachstromzwecke auf einem Fluoreszenzschirm. Die Leistungsfähigkeit einer Oszillographenröhre hängt also in gleicher Weise vom Leuchtschirm ab wie von den Strahlerzeugungs- und Beeinflussungsmitteln. Der Leuchtschirm hat die Aufgabe, an allen Stellen, auf die der beeinflußte Kathodenstrahl auftrifft, die kinetische Energie der bewegten Elektronen in möglichst große Anteile optischer Strahlungsenergie umzuwandeln. Um ein Urteil über die Eignung eines Fluoreszenzschirmes abgeben zu können, müssen seine physikalischen Eigenschaften hinreichend bekannt sein.

α) Anforderungen an den Leuchtschirm. Die Anforderungen, die an einen leistungsfähigen Oszillographenleuchtschirm zu stellen sind, sind folgende: möglichst große Lichtausbeute in dem Spektralbereich, in dem das Empfindlichkeitsmaximum des Aufnahmemittels liegt und evtl. eine Gradationskurve, deren Anfangsbereich so gelagert ist, daß durch Streuelektronen geringer Geschwindigkeit keine Anregung des Schirmes mehr erfolgt. Weiterhin ist Lichthoffreiheit erwünscht. Für viele Zwecke wird ferner möglichst kurze Dauer des Schirmnachleuchtens verlangt. Ein den geschilderten optischen Anforderungen entsprechender Fluoreszenzschirm genügt nicht ohne weiteres den Anforderungen, die der Betrieb einer abgeschmolzenen Kathodenstrahlröhre stellt. Vielmehr muß aus Gründen hoher Röhrenlebensdauer der Schirm so beständig sein, daß bei den zur Anwendung kommenden Strahlleistungen noch keine Ermüdungs- und Verbrennungserscheinungen auftreten. Speziell, wenn es sich darum handelt, große Schreibgeschwindigkeiten zu erzielen, kommen Strahlenergien zur Anwendung, bei denen auch die besten, heute bekannten Leuchtschirmsubstanzen Ermüdungs- und Verbrennungserscheinungen zeigen, insbesondere dann, wenn der Strahl nicht abgelenkt wird, und die ganze Strahlenergie sich auf die kleine Fläche des Brennfleckes konzentriert. Bei Röhren für hohe Schreibgeschwindigkeiten soll daher der Schirm noch die weitere Eigenschaft haben, daß er sich selbständig regeneriert. Bei einigen Röhrenausführungen, insbesondere Hochvakuumröhren und Röhren mit Strahlströmen von über $5 \cdot 10^{-4}$ Amp., kommt noch die Forderung ausreichender elektrischer Leitfähigkeit hinzu. Die Erfüllung der gestellten Anforderungen ist durch die Wahl geeigneter Materialien und Herstellungsverfahren der Leuchtschirme zu erfüllen.

β) Leuchtschirmsubstanzen. Die Helligkeit H, mit der eine Leuchtschirmsubstanz beim Aufprall von Elektronen leuchtet, berechnet sich nach dem Lenardschen Gesetz

$$H = \eta \cdot n \, (U - U_0) \tag{35}$$

Hierin bedeutet η eine Konstante[1] des Materials, n die Teilchenzahl pro Sekunde auf 1 cm² Oberfläche, U die angewendete Anodenspannung

[1] Inwieweit diese Größe als Konstante anzusehen ist, wird weiter unten (Kapitel D II) noch ausführlicher besprochen werden.

und U_0 die Schwellspannung des Fluoreszenzmaterials. In Anbetracht der begrenzten Zahl erregbarer Zentren des Materials ist diese Gleichung über gewisse Sättigungswerte der Helligkeit hinaus nicht mehr gültig. Ebenso bei sehr kleinen Helligkeitswerten gibt diese Beziehung nur Näherungswerte. Durch die Schwellspannung U_0 in der diskutierten Gleichung wird zum Ausdruck gebracht, daß die meisten Phosphore auf sehr langsame Elektronen unterhalb einer gewissen Minimalgeschwindigkeit U_0 nicht mehr ansprechen. Die Schwellgeschwindigkeit U_0 ist jedoch nicht allein vom Material abhängig, sondern kann vergrößert werden durch die Art der Einbettung der einzelnen Körner des Phosphors in das zur Herstellung des Leuchtschirmes benötigte Bindemittel. Deutlich geht das eben Gesagte aus den im Rahmen dieses Kapitels gebrachten Gradationskurven von Fluoreszenzschirmen mit und ohne Bindemittel hervor. Bei einzelnen Phosphoren liegt die Schwellgeschwindigkeit U_0 bei sehr kleinen Spannungen (Größenordnung unter 50 V). Diese Phosphore sind speziell geeignet für die Verwendung in Niedervoltröhren, weniger dagegen in Röhren für einige tausend Volt Anodenspannung, wo die Streuelektronen bereits im Mittel Geschwindigkeiten besitzen, die weit oberhalb der Schwellspannung liegen.

Bei der großen spektralen Frequenzabhängigkeit der praktisch in Frage kommenden Aufnahmeorgane — sei dies nun die Frequenzabhängigkeit des menschlichen Auges, dieser oder jener photographischen Schichtsorte — wird man bei der Materialauswahl so vorgehen, daß jeweils Stoffe ausgesucht werden, deren Fluoreszenzlicht bei guter Ausbeute im Spektralbereich des Aufnahmeorgans liegt.

Über Fluoreszenzmaterialien bei Kathodenstrahlanregung finden sich außerordentlich umfangreiche Angaben in der Literatur [1]. Im Rahmen dieses Abschnittes will der Verfasser sich daher darauf beschränken, einige wenige Materialien aufzuzählen, die praktisch bei Kathodenstrahlröhren im größeren Umfange verwendet werden. Für Fernsehzwecke, wo weißes Fluoreszenzlicht erwünscht ist, werden auch Substanzen mit blauem und grünem Licht in geeigneter Verteilung kombiniert angewendet. Auch Mischungen mit rot leuchtenden Materialien sind benutzt worden.

Allgemein lassen sich die Materialien in zwei Hauptgruppen einreihen. Solche, die grün bzw. gelb leuchten, die in erster Linie für die Beobachtung mit dem Auge vorteilhaft sind, und solche, die blaugelb, blau oder violett leuchten und daher wegen des aktinischen Gehaltes ihres Lichtes für photographische Beobachtung besonders geeignet sind. Ein sehr verbreitetes, besonders für visuelle Zwecke geeignetes Material, das in hellgrüner Farbe leuchtet, ist das Zinksulfid. Sehr ähnlich verhält sich auch das Zinksilikat. Beide Leuchtsubstanzen besitzen einen sehr niedrigen Schwellwert und finden sich daher besonders bei Niedervoltröhren häufig. Diese beiden Materialien besitzen in der handelsüblichen Qualität in der Regel Nachleuchtzeiten mit Werten zwischen $^1/_{50}$ und $^1/_5$ Sekunde. Sie sind daher nur geeignet in solchen Fällen, wo die Leuchterscheinungen auf dem Fluoreszenzschirm ruhend betrachtet oder fixiert

[1] Lenard, P. u. A. Becker: Kathodenstrahlen. Handbuch der Experimentalphysik, Bd. 14. Leipzig 1927.

werden. Bei besonders reinen Salzen kann die Schirmträgheit um 1 bis 2 Größenordnungen herabgesetzt werden, was jedoch meist noch nicht ausreicht, um Schirme für universellste Verwendung herstellen zu können.

Ein Material mit blau-gelber Fluoreszenzfarbe, das in gleicher Weise für visuelle Beobachtung wie auch für photographische Zwecke brauchbar ist, wird durch einige Kadmiumverbindungen, speziell Kadmium-Wolframat in spezieller Kristallisation und Reinheit gebildet. Dieses Material zeigt eine etwas höhere Schwellspannung als die angeführten Zinksalze und besitzt eine vorzügliche Ausbeute. Die Nachleuchtzeit liegt bei ihm in der Größenordnung 10^{-5} sec. Dieses Material ist daher für die Herstellung von Fluoreszenzschirmen für die verschiedenartigste Verwendung vorzüglich geeignet.

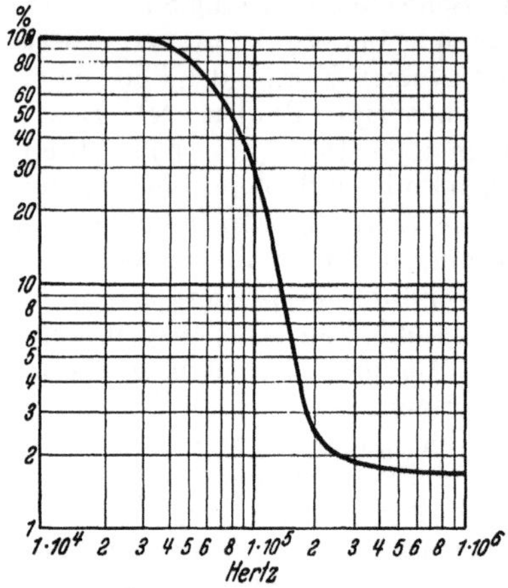

Abb. 100. Modulationsgrad des Fluoreszenzleuchtens bei 100% Durchmodulierung der Strahlenergie für einen Kalziumwolframatschirm als Funktion der Frequenz.

Soll die Röhre in erster Linie für die photographische Registrierung benutzt werden, so ist Kalzium-Wolframat als Schirmmaterial zu empfehlen, das im Handel in sehr gleichmäßiger Qualität leicht erhältlich ist, und dessen photographische Ausbeute infolge seines blauweißen Fluoreszenzlichtes außerordentlich groß ist. Immerhin verdient in diesem Zusammenhang darauf hingewiesen zu werden, daß das Kadmium-Wolframat oder Kadmium-Sulfid besonderer Qualität, das zuvor erwähnt wurde, hinsichtlich photographischer Ausbeute nur wenig hinter dem Kalzium-Wolframat zurücksteht. Die Nachleuchtzeit des Kalzium-Wolframates liegt ebenfalls etwa bei 10^{-5} sec. Untersuchungen über die Nachleuchtzeiten der gleichen Wolframate, die nach verschiedenen Methoden dargestellt waren, ließen gewisse Unterschiede der Nachleuchtzeit erkennen, die jedoch nicht wie bei den Zinksalzen ein oder gar mehrere Größenordnungen erreichen. Bei besonders rein hergestelltem Kalzium-Wolframat liegt die Nachleuchtzeit bei etwa $5-6 \cdot 10^{-6}$ sec.

Die Nachleuchtzeit des Fluoreszenzschirmes ist eine außerordentlich wichtige Konstante, die eine Anzahl Möglichkeiten der Braunschen Röhre begrenzt, z. B. die Verwendung im Fernsehsender, die Verwendung als Lichtquelle hochfrequenzgesteuerter Intensität. Die durch das Nachleuchten bedingte Frequenzabhängigkeit des Schirmes läßt sich mit Hilfe eichfähiger Hochvakuumphotozellen und besonderer Röhrenmeßgeräte bestimmen, wenn bei verschiedenen Frequenzen die Strahlintensität, z. B. durch Ablenklichtsteuerung zu 100% moduliert wird. Die Messung der resultierenden, zur Modulationsfrequenz synchronen Lichtschwankung ergibt für einen Kalzium-Wolframat [1]-Schirm den in Abb. 100 wiedergegebenen eigentümlichen Verlauf. Wie diese Messung des Verfassers zeigt, nimmt der Schwankungsanteil mit zunehmender Frequenz

[1] $CaWO_4$ in handelsüblicher Qualität.

zunächst außerordentlich schnell ab, sobald die Periodendauer der Modulationsfrequenz in die Größenordnung der Nachleuchtzeit rückt. Bemerkenswerterweise nähert sich der Modulationsgrad nicht Null, sondern einem konstanten Wert der Größenordnung 1,5%. Auch bei Frequenzen von 1 Million Hertz und mehr bleibt dieser Modulationsgrad erhalten, trotzdem die Nachleuchtzeit des Materials bei etwa 10^{-5} sec liegt. Dieses Meßergebnis zwingt zu dem Schluß, daß das Fluoreszenzleuchten aus zwei Komponenten besteht: Aus einer Leuchterscheinung mit großer Ausbeute, deren Trägheit bei 10^{-5} sec liegt, und die bisher als Fluoreszenzleuchten angesprochen wurde, obwohl sie eigentlich nur als Phosphoreszenzleuchten bezeichnet werden dürfte. Die zweite Komponente ist durch die tatsächliche Fluoreszenzerscheinung gegeben, die eine nicht meßbare kleine Trägheit, voraussichtlich 10^{-8} sec analog den Vorgängen der optischen Fluoreszenz, und einen im optischen Spektralgebiet um fast zwei Größenordnungen kleineren Ausbeutefaktor besitzt. Dieser große Unterschied in der Ausbeute bei den gebräuchlichen Materialien führt dazu, daß das trägheitslose Fluoreszenzleuchten optisch von dem Phosphoreszenzleuchten vollkommen überdeckt wird, und es mußte daher selektiven Meßverfahren vorbehalten bleiben, diese beiden Erscheinungen voneinander zu trennen. Für gewisse Anwendungen, wo es auf völlige Trägheitsfreiheit des Leuchtens ankommt, kann das reine Fluoreszenzleuchten, dessen spektrales Maximum mehr in Richtung kürzerer Wellen verschoben zu sein scheint, trotz seiner, im Bereich des sichtbaren Lichtes relativ geringen Intensität praktisch benutzt werden.

γ) **Herstellungsverfahren.** Die Materialeigenschaften der verschiedenen, im vorigen Abschnitt aufgezählten Leuchtmassen sind weitestgehend beeinflußbar durch die Art der Substanzherstellung und Verarbeitung sowie der Aufbringung auf den eigentlichen Schirmträger. Was die Substanz selbst betrifft, so ist ihre Kristallisierungsform sowie die Größe der einzelnen Substanzpartikelchen von großer Wichtigkeit für die Ausbeute der verwendeten Masse. Die Kristallisierungsform läßt sich durch die Art der chemischen Darstellung, der Korngröße und durch den Grad der mechanischen Zerkleinerung beeinflussen. Die Feinheit bzw. Korngröße der Substanz darf nicht ohne weiteres durch einfaches Pulverisieren in einem Mörser hergestellt werden, da durch eine solche Behandlung die Empfindlichkeit der Masse außerordentlich leiden kann. Vielmehr ist es zweckmäßig, bereits beim Kristallisierungsvorgang durch geeignete Maßnahmen darauf zu achten, daß die gewünschte Korngröße erreicht und nicht überschritten wird. Steht eine Leuchtsubstanz der gewünschten Qualität zur Verfügung, so kann diese Masse auf verschiedene Weise auf die Schirmträgerunterlage aufgebracht werden. Grundsätzlich kann hierbei mit oder ohne Bindemittel gearbeitet werden. Die bekanntesten Bindemittel sind Natron- oder Kaliwasserglas. Das einfachste Wasserglasverfahren besteht darin, eine Mischung von Leuchtmasse und Bindemittel herzustellen und diese mit einem Pinsel auf den Schirmträger aufzubringen. Doch ist naturgemäß die Leuchtmassenbelegung der auf diese Weise hergestellten Schirme außerordentlich ungleichmäßig. Wesentlich gleichmäßigere Schirme erhält man, wenn man den Schirmträger mit Wasserglas in außerordentlich dünner Schicht benetzt und die Leuchtmasse durch ein feines Gazesieb oder mittels einer Zerstäuberdüse aufstäubt. Die Schirme mit Wasserglas als Bindemittel zeigen leicht Verbrennungen, Braunfärbungen, zum mindesten aber Ermüdungen. An den Verfärbungen sind Natriumsalze schuld, in denen durch den Kathodenstrahl Reduktion und Ausscheidung von Natrium hervorgerufen wird. Kaliwasserglas ist in dieser Hinsicht günstiger.

Eine Übergangsform zwischen dem Schirm mit Bindemitteln und den bindemittellosen Schirmen stellt die Aufbringung der Leuchtmasse in alkoholischer Suspension dar. Die alkoholische Suspension wird in einer der gewünschten Schichtdicke entsprechenden Konzentration hergestellt und in den Kolben eingefüllt, so daß die Leuchtmassepartikelchen durch eigene Schwere auf den Kolbenboden absinken können. Nach dem Absaugen bzw. Verdunsten des Alkohols bleibt ein praktisch bindemittelfreier Schirm großer Gleichmäßigkeit ohne die störenden Nebenerscheinungen der Wasserglasschirme zurück. Doch sind diese Schirme gegen mechanische Erschütterungen außerordentlich empfindlich, da bei starken Transporterschütterungen bereits große Flächen der Leuchtmasse vom Schirmträger abfallen.

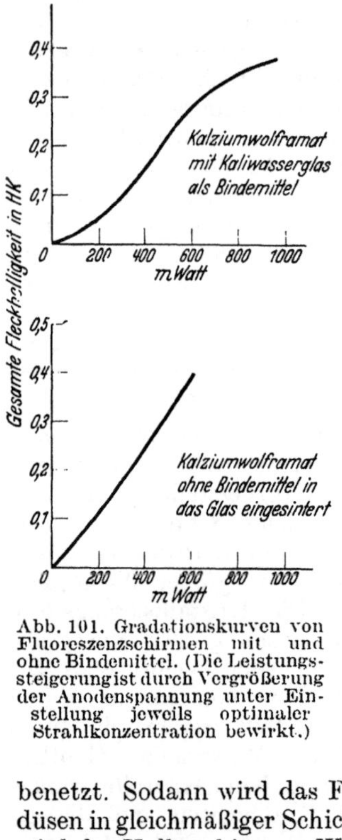

Abb. 101. Gradationskurven von Fluoreszenzschirmen mit und ohne Bindemittel. (Die Leistungssteigerung ist durch Vergrößerung der Anodenspannung unter Einstellung jeweils optimaler Strahlkonzentration bewirkt.)

Das Verfahren für die Schirmherstellung, das praktisch die größte Bedeutung erlangt hat, und das die Herstellung gleichmäßiger, dünner, sehr hitzebeständiger und mechanisch widerstandsfähiger Schirme erlaubt, ist das Verfahren der Einsinterung in das Glas [1]. Die Schirmherstellung nach dieser Methode geschieht auf folgende Weise: Der Kolbenboden wird zunächst mit destilliertem Wasser gleichmäßig in dem Bereich, in dem später die Leuchtsubstanz gewünscht wird, benetzt. Sodann wird das Fluoreszenzmaterial mit Hilfe von Zerstäuberdüsen in gleichmäßiger Schicht auf den Kolbenboden aufgebracht. Hierauf wird der Kolben bis zum Weichwerden des Glases, d. h. bis zu etwa 500° erhitzt. Die Materialteilchen sinken darauf zum Teil in die Oberfläche des Glases ein. Nach Abkühlung werden die nichteingesinterten Teilchen der Leuchtmasse mit einem Pinsel entfernt. Durch das Verfahren wird ein milchglasähnlicher Schirm erhalten, dessen Fluoreszenzlicht auf Vorder- und Rückseite nahezu gleich stark erscheint. Durch die Einbettung der Materialteilchen in Glas erfolgt eine bessere Wärmeableitung, so daß diese Schirme wärmebeständiger als die Schirme nach den bisher beschriebenen Methoden sind. Man kann sogar weiter gehen und dem

[1] Espe, W.: DRP. 447043 vom 13. 6. 23.

einzusinternden Material Glasstaub aus besonders leicht schmelzbarem Glas beimengen, um die Materialumschließung noch stärker werden zu lassen. Durch das Fehlen eines Bindemittels besitzen die einfachen gesinterten Schirme eine sehr niedrige Schwellspannung und besonders hohe Ausbeute, auch bei hohen Elektronengeschwindigkeiten. Dieses Verhalten kommt in den Gradationskurven zum Ausdruck, die in Abb. 101 wiedergegeben sind. Die obere Kurve entspricht einem Kalzium-Wolframatschirm mit Kaliwasserglas als Bindemittel, die untere Kurve einem

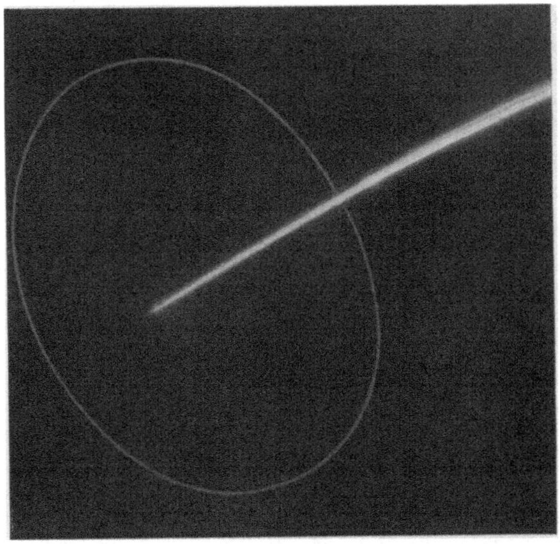

Abb. 102. Abbremsung eines langsamen 100 V-Strahles am Fluoreszenzschirm.

gesinterten Leuchtschirm. Die Leistungssteigerung wurde hier durch die Vergrößerung der Anodenspannung und bei Einstellung jeweils optimaler Konzentration bewirkt. Die gleichen Strahlenergien wurden dadurch herbeigeführt, daß beide Schirme in den gleichen Kolben eingebracht wurden. Abhängigkeiten durch Sättigungserscheinungen wurden bei dieser Messung durch Verteilung der Strahlenergie auf eine größere Fläche (Ablenkung in beiden Koordinaten) ausgeschaltet.

Selbst bei den ohne Bindemittel hergestellten Schirmen kann bei besonders großen Strahlenergien eine Beschädigung des Fluoreszenzschirmes eintreten, die nicht von selber zurückgeht. Oft bringt die Erhitzung des Schirmes über einer Flamme eine gewisse Regeneration des Schirmes. Selbstverständlich hat eine solche Erwärmung allmählich zu geschehen, d. h. zunächst in leuchtender Flamme, um das Entstehen plötzlicher Glasspannungen zu vermeiden.

Treffen sehr langsame Kathodenstrahlen auf das Fluoreszenzmaterial auf, so kann, selbst wenn deren Geschwindigkeit noch oberhalb der Schwellspannung des Materials liegt, der Fall eintreten, daß der Leuchtschirm keine Leuchterscheinung zeigt. Ein solcher Fall ist in Abb. 102

photographiert. Hier wird der Strahl infolge starker Schirmaufladung unmittelbar vor dem Schirm abgebremst. Würde der Schirm unter sonst gleichen Bedingungen leitend und mit der Anode verbunden sein, so würde diese Erscheinung nicht auftreten. Die genaue Betrachtung des Schirmes in der Nähe der Auftreffstelle zeigt zuweilen auch in der Umgebung der Auftreffstelle völlige Dunkelheit. Hier ist nicht einmal das schwache Nebenleuchten, das durch Streuelektronen in den anderen Partien des Schirmes noch zu beobachten ist, festzustellen. Auch bei höheren Spannungen macht sich die Schirmaufladung etwas bemerkbar, selbst wenn sie nicht zur völligen Strahlabbremsung führt. Sie verursacht eine meist für die verschiedenen Zonen des Schirmes nicht gleichstarke Verringerung der Elektronengeschwindigkeiten und kann bei starken Unterschieden der Schirmleitfähigkeiten auch zu kleinen seitlichen Auslenkungen der Strahlspitze führen.

Um die Leitfähigkeit des Schirmes zur Vermeidung der Abbremsung langsamer Elektronen zu vergrößern, ist es prinzipiell möglich, die Schirme in dünner Schicht auf Metallplatten oder metallisierten Glasflächen aufzubringen[1]. Allerdings ist es dann nur möglich, den Schirm von der Innenseite der Röhre her zu betrachten. Eine polierte metallische Rückwand hat den Vorteil, die auf das Metall auftreffenden Lichtstrahlen nach der Innenseite des Leuchtschirmes zu reflektieren und die dort auftretende Leuchtwirkung zu verstärken. Wird Durchsicht verlangt, so müssen die Schichten außerordentlich dünn sein, so daß die gewonnene Erhöhung der Leitfähigkeit nur einen sehr geringen Betrag ausmacht. Auch halbleitende Gläser führen kaum zu einer Verbesserung.

Das Aufstäuben der Metallschicht auf die Vorderseite des Schirmes führt ebenfalls zu erheblichen Verlusten, speziell bei den relativ geringen Elektronengeschwindigkeiten der Röhre für Schwachstromzwecke, da ein erheblicher Prozentsatz der Elektronen auch schon bei sehr dünnen Metallschichten absorbiert werden. Die meist nur geringe Verbesserung der Röhre durch die Schirmableitung wird durch die geschilderten Nachteile und durch die Erschwerung bei der Herstellung mehr als aufgehoben, so daß gasgefüllte Röhren mit abgeleiteten durchscheinenden Fluoreszenzschirmen bisher keine erhebliche Verbreitung in der Praxis finden konnten.

d) Geometrische Anordnung. Bei den älteren Röhrenkonstruktionen ist der Fluoreszenzschirm meist auf einer besonderen Glimmer- oder Metallplatte angebracht, die im Innern des Röhrenkolbens befestigt ist. Diese Ausführungsform hat den Vorteil, daß die Präparierung des Schirmes außerhalb der Röhre bequem vorgenommen werden kann. Sie hat jedoch den großen Nachteil, daß die Einbringung des Schirmes in den Kolben mühselig ist, und daß auch die Befestigung des Schirmes in der Regel nicht ohne Glashalterungen oder in den Kolben eingeschmolzene Metalldurchführungen gelingt. Die Veranlassung zu der Einbringung ebener Fluoreszenzschirme in den Kolben ist nicht allein die leichtere Präparierbarkeit, sondern zum Teil auch optische Gründe (Lichthofbeseitigung). Ferner fehlen die Verzerrungen, die bei den sonst üblichen,

[1] Lilienfeld, E.: Die Elektrizitätsleitung im extremen Vakuum. Ber. Verh. sächs. Akad. Wiss. Leipzig Bd. 71 (1919) S. 113.

auf den Kolbenboden gebrachten Fluoreszenzschirmen, die aus glastechnischen Gründen schwach gewölbt sein müssen, unvermeidlich eintreten.

Zur Zeit hat die Ausführungsform von Fluoreszenzschirmen, bei der die Fluoreszenzmasse unmittelbar auf den schwach gewölbten Glaskolben aufgebracht wird, die größte Verbreitung erlangt. Indem diese Schirme nicht ganz bis zum Rande ausgenutzt werden, lassen sich die Verzerrungen infolge der Kolbenwölbung, auf die weiter unten im Abschnitt über „Meßgenauigkeit Braunscher Röhren" noch näher eingegangen wird, ausreichend klein halten. Verzerrungen durch Glasschlieren sind bei der Betrachtung dieser Schirme von der Rückseite nicht gegeben. Im besonderen sind diese Schirme auch noch für eine Reihe Anwendungen geeignet, wo es, wie beispielsweise bei der Kontaktphotographie erforderlich ist, außerordentlich dicht an den Leuchtschirm heranzukommen. Da bei den unmittelbar auf dem Kolbenboden angebrachten Schirmen in erster Linie die Beobachtung von der Rückseite in Frage kommt, muß dafür gesorgt sein, daß das Fluoreszenzmaterial in einer ganz bestimmten Dicke aufgetragen wird. Die günstigste Schichtdicke ist dann erreicht, wenn das Fluoreszenzleuchten nach der Vorderseite nur wenig größer ist als das Fluoreszenzleuchten nach der Rückseite.

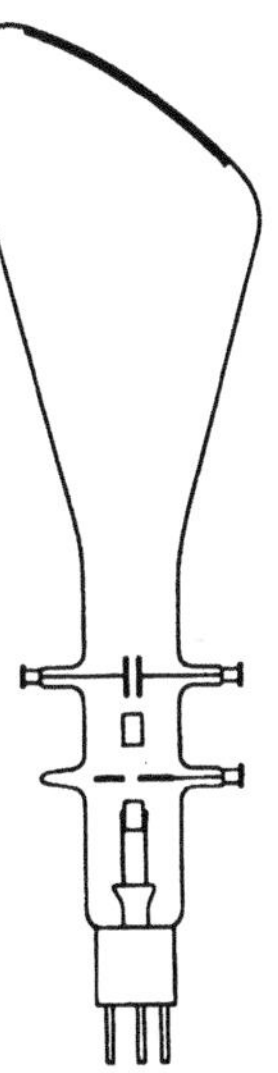

Abb. 103. Röhre mit schräg gestelltem Fluoreszenzschirm.

Die dünnen, nach beiden Seiten nahezu gleichleuchtenden Fluoreszenzschirme ergeben wesentlich geringere Helligkeiten als die dichteren, möglicherweise auf eine lichtreflektierende Platte aufgebrachten Schirme, die nur für die Betrachtung von vorn geeignet sind. Es hat daher nicht an Vorschlägen für vorteilhafte Anordnungen von Fluoreszenzschirmen mit einseitiger Lichtabgabe gefehlt. Schon bei den ersten Braunschen Röhren wurde empfohlen, den Fluoreszenzschirm unter einem Winkel von 45^0 gegen die Röhrenachse anzuordnen. Eine von B. Döhring[1] vorgeschlagene Ausführung des den Schirm tragenden Röhrenbodens geht aus der Skizze Abb. 103 hervor. Die durch Schrägstellung des Schirmes entstehende Verzerrung kann bei visueller Beobachtung dadurch vermieden werden, daß der Schirm aus einer Richtung betrachtet wird, deren Einfallswinkel auf die Schirmebene dem Einfallswinkel des ruhenden Kathodenstrahles auf dem Fluoreszenzschirm nahekommt.

Störungen durch Schlieren des Kolbenglases treten bei visueller Beobachtung wesentlich stärker in die Erscheinung als bei optischer Abbildung mit Linsen von großem Durchmesser. Um die optische Abbildung flächenhafter Fluoreszenzschirmfiguren auf schräggestellten Schirmen mit lichtstarken Optiken zu ermöglichen, muß die Formgebung der Röhre so getroffen sein, daß die Achse der Abbildungsoptik senkrecht zur Schirmebene orientiert werden kann. Bei einer speziell für Projektionszwecke entwickelten Röhre des Verfassers mit unter 45^0 gegen die Röhrenachse geneigtem, ebenem Schirm konnte eine Kolbenform

[1] Döhring, B.: Nach mündlicher Angabe.

gefunden werden, die in der Partie vor dem Schirm besonders schlierenfrei herstellbar ist und eine Kombination mit dem in Abschnitt B. V. 5. a beschriebenen Objektiv der Lichtstärke F 1 und 12 cm Brennweite zuläßt. Die infolge der Neigung des Schirmes bei der Aufzeichnung entstehenden Verzerrungen sind bei der Röhre des Verfassers dadurch vermieden, daß ein entzerrendes Ablenksystem Anwendung findet[1]. Mit der erwähnten lichtstarken Röhre können Projektionen von Oszillogrammen und Fernsehbildern bis auf Flächen von $^1/_4$—1 m² bei aus-

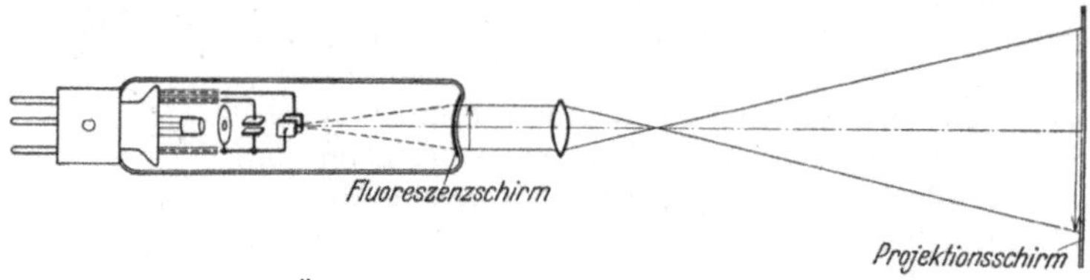

Abb. 104. Ältere Anordnung für Projektion des Schirmbildes.

reichender Flächenhelle ausgeführt werden. Die in dieser Kombination möglichen großen Bildformate sind besonders vorteilhaft für die Demonstrationen von Fluoreszenzschirmbildern vor einem größeren Kreise, insbesondere für Kurvendemonstrationen bei Vorlesungen.

Eine ältere Fluoreszenzschirmausführung für Projektionszwecke ist in Abb. 104 wiedergegeben. Der Röhrenboden ist hier nach innen gewölbt, um eine bis in die Randpartien scharfe Projektion des Fluoreszenzschirmbildes mit sphärisch nicht korrigierten Optiken auf einem Projektionsschirm zu ermöglichen.

Die vielfach vorgeschlagenen Fluoreszenzschirmausführungen, bei denen der Schirm auf eine ebene Glasplatte, die den Röhrenboden bildet, aufgetragen ist, konnten praktisch nicht zur Einführung kommen. Die glastechnischen Schwierigkeiten einer vakuumsicheren, den Ausheizungsvorgang ohne Sprengung überstehenden Kittung einer planen Glasplatte an den Kolben sind so erheblich, daß der Aufwand sich nicht lohnt.

ε) Bedeutung und Beseitigung der Lichthofstörung an Schirmen. Bei den üblichen Schirmen tritt eine Erscheinung auf, die ein starkes Nebenleuchten solcher Teile des Fluoreszenzschirmes hervorruft, die nicht direkt vom Kathodenstrahl getroffen werden und daher völlig dunkel sein sollten. Zwei Photographien der Lichtverteilung um den Fleck sind in Abb. 105a und b wiedergegeben. Die Störung, die als Lichthof um den Fluoreszenzfleck erscheint, wird durch Totalreflektion an der Rückwand der Glaswandung hervorgerufen. Sie ist vorwiegend optischen Ursprungs[2].

Das Zustandekommen der Lichthofstörung ist in Abb. 106 schematisch dargestellt. Durch den Kathodenstrahl entsteht auf dem Fluoreszenzschirm S der Leuchtfleck L. Von diesem gehen Lichtstrahlen in ziemlich gleichmäßiger Verteilung nach allen Richtungen. Nützlich für die Außenbeobachtung ist zunächst nur der Anteil des Lichtes, der an die nach

[1] Ardenne, M. v.: Vortrag „Über einige Themen aus dem Fernsehgebiet". Fernseh-Verein Berlin, 12. Juni 1933.

[2] Ardenne, M. v.: Bedeutung und Beseitigung der Lichthofstörung bei Kathodenstrahlröhren. Z. Hochfrequenztechn. 1933. Im Druck.

außen liegende Halbkugel durch die Glasschicht G gestrahlt wird. Von diesem Teil kommt für die Beobachtung nur der Lichtstrom in Frage, der durch einen räumlichen Winkel von etwa 90° hindurchgeht. Dieser räumliche Winkel ergibt sich aus dem Grenzwinkel β der Totalreflexion, der für Grenzschichten Glas/Luft etwas kleiner als 45° ist. Alle unter großem Winkel auf die Grenzschicht auffallenden Lichtstrahlen werden

Abb. 105 a und b. Fluoreszenzflecke mit Lichthof.

total reflektiert und führen, da der Fluoreszenzschirm optische Eigenschaften einer Mattscheibe aufweist, auf dem Schirm zur Bildung eines Lichthofes (Abb. 106 oben). Der nützliche Anteil der Strahlung beträgt daher nur etwa 30% des Gesamtlichtstromes, der unter Annahme gleichmäßiger Abstrahlung nach allen Richtungen vom Leuchtfleck aus in die nach außen liegende Halbkugel hineingeht. Der Rest von 70% wird total reflektiert und führt zur Bildung des Lichthofes. Da einerseits aber die Strahlung vom Leuchtpunkt nach der Richtung der Fluoreszenzschirmebene hin etwa schwächer ist und andererseits der Schirm nach der Außenseite wieder nur einen Teil des Lichtes zurückstrahlt, erreicht der schädliche Anteil nicht den obengenannten Wert von 70% der Gesamtstrahlung, sondern praktisch etwa 30—50%. Dies bedeutet, daß z. B. ein Fernsehbild mit den üblichen auf den Kolbenboden gebrachten Schirmen aus rein optischen Gründen bestenfalls Kontraste von 1:2 bis 1:3 an den Übergangsgebieten enthalten kann.

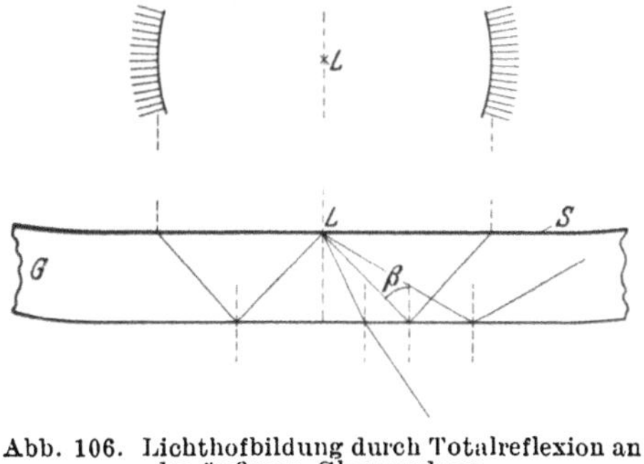

Abb. 106. Lichthofbildung durch Totalreflexion an der äußeren Glaswandung.

Dieses Kontrastintervall ist, wie praktische Versuche erkennen ließen, keineswegs ausreichend. Die Beseitigung der Lichthofstörung ist daher eine der Hauptaufgaben der Fernsehtechnik mit Kathodenstrahlröhren. Auch für Kathodenstrahlröhren, die nur für meßtechnische Zwecke angewandt werden, ist die Beseitigung des Lichthofes von großer Bedeutung, da mit der Beseitigung die Klarheit und Helligkeit der Figuren erheblich zunimmt.

Zur Ausschaltung der Lichthofstörung gibt es mehrere Möglichkeiten. Zwei Wege bestehen darin, insbesondere die optischen Verhältnisse so zu gestalten, entweder daß der Lichthofradius größer wird als der nutzbare Fluoreszenzschirmdurchmesser bzw. die Bilddiagonale, oder daß der Lichthof von der Größenordnung des Fluoreszenzfleckes selbst wird.

Bei dem Bau von Kathodenstrahlröhren handelt es sich fast nur um Grenzschichten Glas/Luft. Da der Grenzwinkel der Totalreflexion hier angenähert 45° beträgt, ergibt sich aus den geometrischen Verhältnissen, daß der Radius des Lichthofes doppelt so groß ist wie die Stärke der Wandung des Glaskolbens. Bei einer Glaswandstärke von beispielsweise 1 mm besteht ein Hofdurchmesser von 4 mm. Damit der Lichthofradius von der Größenordnung des nutzbaren Fluoreszenzschirmdurchmessers wird, wären Glaswandungen von etwa 4 cm bei den heute üblichen Röhrenabmessungen erforderlich. Solche Glaswandstärken kommen aus rein glastechnischen Gründen nicht in Frage. An Stelle von Glas kann jedoch eine Flüssigkeit von gleichem oder nahezu gleichem Brechungskoeffizienten zur Herstellung der starken optischen Schicht Verwendung finden. Ein Beispiel für Anordnung und Strahlengang ist in Abb. 107 gegeben. Dadurch, daß die Flüssigkeit F von gleichem oder nahezu gleichem Brechungskoeffizienten ist, findet an der Grenzschicht Glas/Flüssigkeit keine Totalreflexion statt oder nur eine unter so großem Grenzwinkel, daß auf der nutzbaren Fluoreszenzschirmfläche kein Lichthof entstehen kann. Selbstverständlich wäre es auch möglich, solche Flüssigkeiten zur Anwendung zu bringen, deren Brechungsindex größer ist als der von Glas. Auch in diesem Falle würde eine Totalreflexion erst an der äußeren Grenzschicht stattfinden. Man hätte dabei jedoch den Nachteil, daß der Grenzwinkel der Totalreflexion zwischen stärker brechendem Medium und Luft kleinere Werte annimmt und dann größere Stärken der optischen Schicht notwendig werden, um der oben erwähnten Bedingung zu genügen. Bei Anordnungen mit besonders hoher Strahlleistung muß vom Schirm eine erhebliche Wärmemenge abgeführt werden. Damit die in Schirmnähe eintretende Erwärmung der Flüssigkeit nicht kritische Werte annimmt und außerdem Schlieren entstehen, kann dafür gesorgt werden, daß die Flüssigkeit die gezeichnete Küvette durchströmt und eventuell ein besonderer Kühler in den äußeren Kanal geschaltet wird. Auf diese Weise gelingt eine vorzügliche Schirmkühlung, die besonders bei Projektionsröhren wertvoll ist.

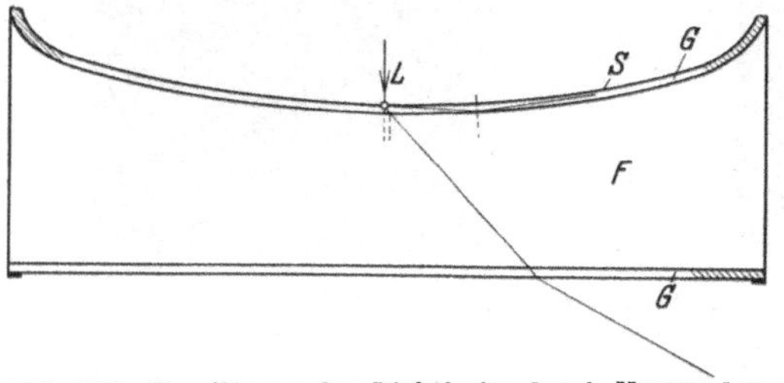

Abb. 107. Beseitigung des Lichthofes durch Verwendung einer optischen Schicht von nahezu gleichem Brechungsexponenten wie Glas.

Der zweite oben angedeutete Weg, den Lichthof sehr klein werden zu lassen, ist nicht möglich, wenn der Fluoreszenzschirm tief in den

Kolbenboden eingebrannt oder mit einem der üblichen Bindemittel aufgetragen wird. Die Fluoreszenzfleckdurchmesser liegen bei modernen Röhren in der Größenordnung von $^1/_2$ bis 1 mm. Nach der oben angegebenen Beziehung müßte daher die Glaswandstärke von dem Wert $^1/_{10}$ mm sein. Diese Wandstärke wäre nicht ausreichend, um den Druck

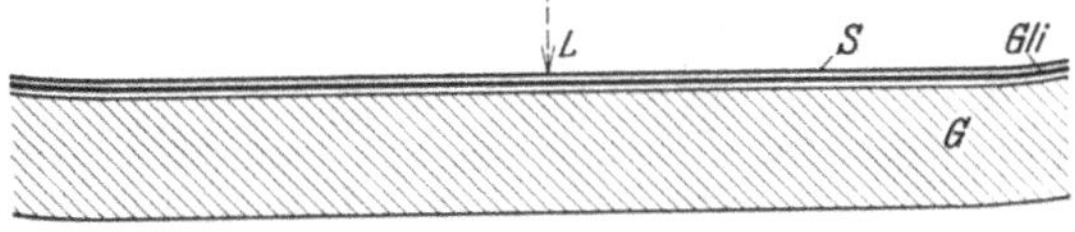

Abb. 108. Beseitigung des Lichthofes durch Verwendung eines sehr dünnen durchsichtigen, von dem Kolbenboden getrennten Schirmträgers.

von einer Atmosphäre auszuhalten. Diese Schwierigkeit läßt sich umgehen, indem der Fluoreszenzschirm nicht auf dem Kolbenboden, sondern auf einen von diesem getrennten, durchsichtigen, sehr dünnwandigen Träger, beispielsweise auf eine Glimmerscheibe, aufgetragen wird. Fluoreszenzschirme, die von einer vom Kolbenboden getrennten dünnwandigen Scheibe getragen werden, sind schon im letzten Abschnitt besprochen worden. Der Vorteil der Lichthoffreiheit läßt sich mit dem Vorteil kleiner optischer Verzerrungen durch Schlieren im Glasboden vereinen, indem gemäß Zeichnung Abb. 108 zwischen sehr dünnwandigem Schirmträger Gli (z. B. Glimmer) und Kolbenboden ein nur geringer Zwischenraum zur Anwendung kommt. Der Zwischenraum braucht nur so gering zu sein, daß im Gebiet des nutzbaren Fluoreszenzschirmdurchmessers keine Berührung zwischen Fluoreszenzschirmträger und Kolbenboden erfolgt. Solange eine Berührung nicht erfolgt, kann an der Grenzschicht Kolbenboden/Luft keine Totalreflexion eintreten, denn kein von außen in Glas einfallender Strahl kann im Glas den Grenzwinkel der Totalreflexion erreichen. Die Anordnung Abb. 108 ist daher ebenfalls frei von einer Lichthofstörung.

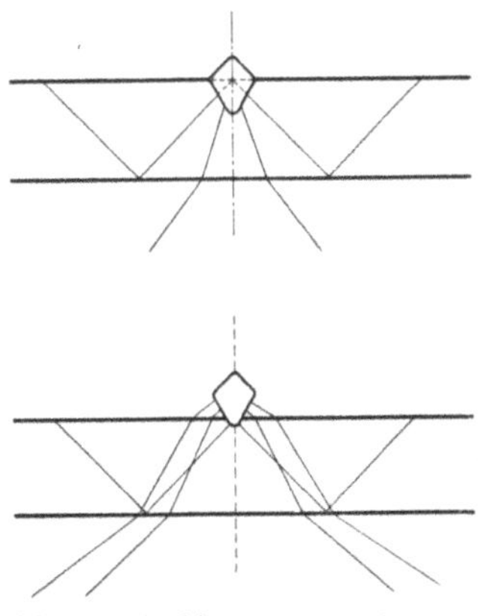

Abb. 109. Strahlengang und schwache Lichthofbildung bei an der Glasoberfläche sich befindenden Fluoreszenzteilchen.

Ferner kann man dazu übergehen, das fluoreszierende Material nicht tief in den Glasboden einzubrennen, sondern möglichst an der Oberfläche zu belassen. Die Fläche eines fluoreszierenden Teilchens, die Kontakt mit der Glaswand hat, — also zur Lichthoferzeugung beiträgt, — ist dann relativ klein gegen die nach außen strahlende Fläche. Der Lichthof wird auf diese Weise entsprechend schwächer werden. In Abb. 109a ist der von einem zur Hälfte in den Glasboden eingebrannten fluoreszierenden Teilchen ausgehende Strahlenverlauf und die durch Totalreflexion hervorgerufene Lichthofbildung dargestellt. In Abb. 109b berührt das Teilchen nur die Glaswand. Ein wesentlich größerer Strahlungsanteil wird für die Beobachtung von außen nutzbar, nur ein kleiner Teil, der von der Berührungsstelle Teilchen/Glas ausgeht, führt zur Bildung eines schwachen Lichthofes. Dieser letzte Fall läßt sich bei der Herstellung von Fluoreszenzschirmen in idealer Weise nicht verwirklichen. Eine für manche Zwecke schon ausreichende Abschwächung der Lichthofstörung ist gegeben, wenn die fluoreszierenden Teilchen einer dünnen Bindemittelschicht von möglichst kleinem Brechungskoeffizienten nur lose auf die Oberfläche aufgestäubt werden.

Ein weiterer Weg, die Lichthofstörung zu vermeiden, besteht darin, den Fluoreszenzschirm durchsichtig herzustellen. In diesem Falle würden die an der äußeren Grenzschicht Glas/Luft total reflektierten Lichtstrahlen entweder den Schirm durchdringen, ihrerseits wieder total reflektiert werden und in letzterem Falle bei Bestehen eines geeigneten Brechungsindex des Fluoreszenzschirmes so reflektiert werden, daß infolge mehrfacher Totalreflexion ebenfalls eine nach außen störende Lichterscheinung nicht mehr eintreten kann. Leider sind bisher keine durchsichtigen Fluoreszenzschirme (Uranglasschirme sind in diesem Zusammenhang zu nennen) mit gutem Wirkungsgrad bekanntgegeben.

Die geschilderten Schwierigkeiten bestehen nicht oder lassen sich jedenfalls leicht vermeiden bei Schirmen, die nur in Aufsicht zu beobachten sind.

2. Praktische Ausführungen.

Die ersten abgeschmolzenen Braunschen Röhren mit Glühkathode und geringer Elektronengeschwindigkeit gehen auf Wehnelt und Westphal zurück. Sie wurden hauptsächlich für Demonstrationszwecke, weniger dagegen für technische Zwecke verwendet. Sehr geringe Fleckhelligkeit, zum Teil recht geringe Fleckschärfe und ein Heizstrom von fast 10 A hinderten eine allgemeinere Verbreiterung dieser Röhren. Die technischen Merkmale dieser ersten Glühkathodenstrahlröhren waren die Verwendung einer Platinbandkathode mit aufgetragenem Oxydfleck, das Fehlen einer Vorkonzentration, Strahlerzeugung durch Ausblendung und das Vorhandensein geringer Gasreste. Die Röhren wurden mit einigen hundert Volt Anodenspannung betrieben. Die resultierende Strahlenergie war so gering, daß die Fluoreszenzfigur nur in völlig verdunkelten Räumen zu beobachten war.

Die erste Röhre, die größere Verbreitunerung, auch in technisch interessierten Kreisen erlangen konnte, ist das von Johnson [1] entwickelte Modell der Western-Electric. Bei diesem bis heute, also fast 10 Jahre nahezu unverändert gebliebenem Modell — Abb. 110 gibt eine neuere Ausführung der Röhre von Johnson — finden sich die meisten wichtigen Merkmale, die bei den verschiedenen Konstruktionen der letzten Zeit zur Anwendung kommen. Die amerikanische Röhre besitzt zum Zwecke der Gaskonzentration eine Edelgasfüllung (Argon) bei einem Druck von etwa $5 \cdot 10^{-3}$ mm Hg. Der Fluoreszenzschirm ist unmittelbar auf den schwachgewölbten Glasboden des Kolbens aufgetragen. Die Strom- und Spannungszuführungen erfolgen über eine Stecksockelkonstruktion. Die

[1] Johnson, J. B.: A low voltage cathode ray oscillograph. Physic. Rev. Bd. 10 (1924) S. 420.

Besonderheiten der Röhre sind die bereits besprochene Kathodenanordnung sowie die Montage des gesamten Elektrodenaufbaues einschließlich des Ablenksystems auf einem Glasquetschfuß. Um die Zahl der Durchführungen durch den Glasquetschfuß zu verringern, sind bei dieser Röhre je eine Ablenkplatte der beiden Plattenpaare mit der Anode verbunden, eine Konstruktionsweise, durch die eine Reihe Betriebs- und Meßschaltungen ausgeschlossen werden. Beispielsweise scheiden die Schaltungen aus, bei denen die einpolige Verbindung der Generatoren für Ordinaten- und Abszissenspannung zu Veränderungen und Rückwirkungen Anlaß geben, und insbesondere auch solche Schaltungen, bei denen die Ablenkplattenpaare Vorspannungen gegen die Anode aufweisen müssen. Im Gegensatz zu der älteren Ausführung der amerikanischen Röhre mit Röhrchenanode ist bei der in Abb. 110 wiedergegebenen neuesten Ausführung mit dem Anodenröhrchen eine kreisförmige Elektrode verbunden, deren Durchmesser nur wenig kleiner ist als der Durchmesser des Glashalses. Durch diese konstruktive Veränderung der Anode wird der Nullpunktsfehler, der bei der älteren Type mit Röhrenanode besonders stark ausgeprägt war, erheblich abgeschwächt. Die vom Schirm zurückkehrenden Elektronen werden nicht mehr fast ausschließlich von den Ablenkplatten aufgenommen wie bei der älteren Konstruktion, sondern von der Anode, die einen ausreichend großen Durchgriff auf den Raum vor dem Fluoreszenzschirm besitzt. Der verringerte Strom zu den Ablenkplatten führt zu einer entsprechenden Verringerung der Belastung der zu untersuchenden Meßspannungsgeneratoren bei Anschluß der Ablenkplatten. Trotz der eleganten, schon oben näher erklärten Kathodenkonstruktion, die das Bombardement der Kathode mit Gasionen heruntersetzt, darf die Anodenspannung bei der amerikanischen Röhre nicht über 4—500 V gesteigert werden, wenn nicht die Lebensdauer der Kathode erheblich verkürzt werden soll. Die für den praktischen Gebrauch zweckmäßigen Anodenspannungen liegen zwischen etwa 200 und 350 V. Bei den zur Anwendung kommenden Zinksilikat- oder Zinksulfidschirmen ergeben die Röhren einen in Anbetracht der geringen Höhe der Anodenspannung als hell zu bezeichnenden in grüner Farbe leuchtenden Fluoreszenzfleck. Infolge der geringen Anodenspannung, infolge der Fleckfarbe und infolge der merklichen Nachleuchtzeit des Schirmmaterials sind diese Röhren für die photographische Registrierung unperiodischer Vorgänge nicht geeignet, auch nicht für Beobachtungen im rotierenden Spiegel. Vorzügliche Dienste leisten sie dagegen bei den Arbeiten mit stehenden Figuren. Die besonderen Vorteile dieser Röhrentype wie überhaupt aller Braunschen Röhren, die mit kleinen Elektronengeschwindigkeiten (Spannungen der Größenordnung 200 V)

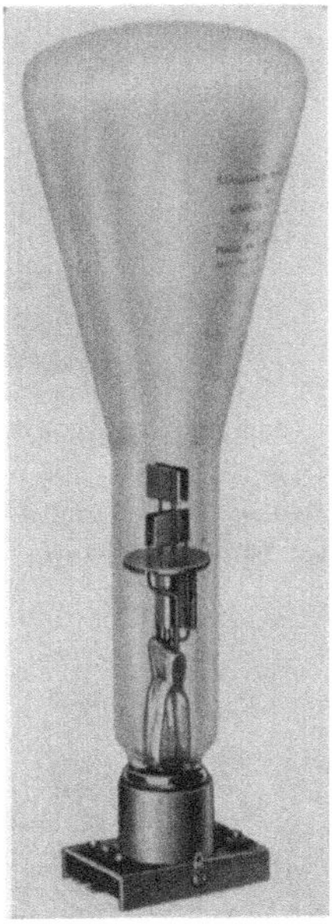

Abb. 110. Kathodenstrahlröhre der Western-Electric.

arbeiten, liegen in der hohen Ablenkempfindlichkeit und der Möglichkeit der Anodenstromentnahme aus dem Gleichstromlichtnetz oder aus Trokkenbatterien. Diese Eigenschaften lassen die Röhrenausführungen für kleinste Anodenspannungen für den Gebrauch in Schulen, für Versuche und für orientierende Messungen besonders empfehlenswert erscheinen.

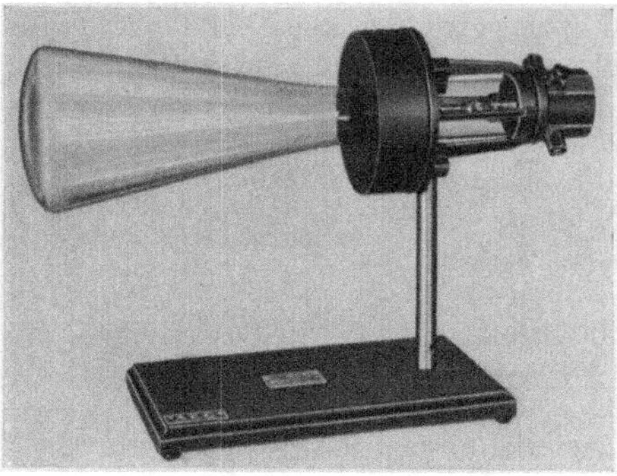

Abb. 111. Kathodenstrahlröhre der AEG.

Sehr ähnliche Eigenschaften wie die besprochene amerikanische Röhre besitzt die kürzlich von der AEG herausgebrachte Niederspannungsröhre, die in Abb. 111 mit der Vorrichtung zu ihrer Halterung wiedergegeben ist. Ein sehr vorteilhafter Unterschied gegenüber der amerikanischen Röhre besteht darin, daß die Ablenkplatten jede für sich unmittelbar seitlich herausgeführt sind. Hierdurch fallen nicht nur die oben angedeuteten Beschränkungen bei der Anwendung fort, sondern die kapazitätsarme seitliche Herausführung der Ablenkplatten erleichtert die Durchführung von Hochfrequenzmessungen und verringert im besonderen die gegenseitige Verkoppelung der evtl. mit den beiden Plattenpaaren verbundenen Hochfrequenzkreise.

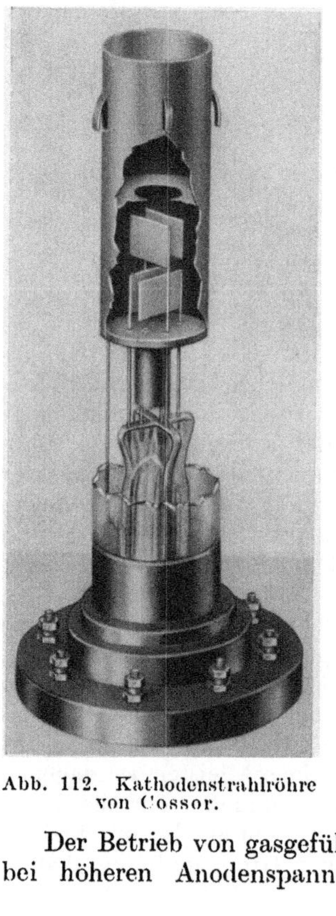

Abb. 112. Kathodenstrahlröhre von Cossor.

Eine weitere, wichtige Röhrentype, deren konstruktive Ausführung sehr dem in Abb. 110 wiedergegebenen System ähnelt, ist in Abb. 112 abgebildet. Diese englische, von Cossor hergestellte Röhrentype hat eine Besonderheit. Direkt mit der Anode ist ein großer, metallischer Zylinder verbunden, der die Ablenkplatten umgibt. Durch diese weitere Vergrößerung der Anodenfläche und insbesondere dadurch, daß große Teile des Zylinders in dem Raum zwischen Fluoreszenzschirm und Ablenkplatten liegen, wird der Elektronenstrom zu den Ablenkplatten weiter erheblich herabgesetzt. Bemerkenswert ist an dieser Röhre ferner der kreuzförmig gequetschte Glasfuß, der das gesamte System trägt.

Der Betrieb von gasgefüllten Kathodenstrahlröhren mit Glühkathode bei höheren Anodenspannungen, d. h. mit Anodenspannungen der

Größenordnung 1000—3000 V, unter Aufrechterhaltung guter Kathodenlebensdauer, ist erst durch die in Abb. 113 abgebildete und seit 1929 hergestellten Röhre des Verfassers möglich geworden. Die Besonderheit dieser Röhrentype liegt in der gleichzeitigen Anwendung von Gaskonzentration und Wehnelt-Zylinder. Der die Kathode umgebende negativ vorgespannte Zylinder bewirkt nicht nur die erforderliche Vorkonzentration, sondern hält, wie schon oben ausgeführt wurde, einen großen Teil der Gasionen von der Kathode fern. Die das Ionenbombardement auf die Kathode abschwächende Wirkung des Wehnelt-Zylinders, der im Betrieb mit hohen Anodenspannungen gegenüber der Kathode negative Spannungen von mehreren hundert Volt aufweist, ermöglicht erst die Anwendung hoher Anodenspannungen, die bei der begrenzten Leistungsfähigkeit der bekannten Kathoden allein Brennflecke großer Helligkeit entstehen läßt. Bei gleichem Strahlstrom ist durch die Steigerung der Anodenspannung auf 1—2000 V die Lichtausbeute etwa auf das 50fache gegenüber Niedervoltröhren gesteigert. Dieser erhebliche Unterschied, der weit größer ist als die eintretende Zunahme der Anodenleistung, erklärt sich aus der Spannungsabhängigkeit des Fluoreszenzschirmwirkungsgrades[1]. Die Steigerung der Lichtausbeute auf das 50fache hat sich für die Praxis als weit wichtiger erwiesen als die gleichzeitig eingetretene Abnahme der elektrischen Ablenkempfindlichkeit auf etwa $^1/_7$ oder der magnetischen Ablenkempfindlichkeit auf etwa $^1/_3$[2]. Durch das in Abb. 113 wiedergegebene, bis heute fast unverändert gebliebene und von vielen Stellen übernommene System wurde ferner die Anode mit großer Oberfläche, die den Elektronenrückstrom vom Schirm besser auffängt, erstmalig als zweckmäßig erkannt. In der Röhre kommt eine nahezu punktförmige emittierende Drahtkathode zur Anwendung, deren besondere Stromführung eine Kompensation des Heizfadenmagnetfeldes vor der Kathode ergibt und daher eine Heizung mit Wechselstrom gestattet. Die Ablenkplatten sind bei dieser Röhrentype seitlich über besondere Glasansätze, jede für sich, herausgeführt. Die Röhren enthalten Argon von etwa $5 \cdot 10^{-3}$ mm Druck. Sie werden jedoch für Spezialzwecke auch mit Wasserstoffüllung hergestellt. Die Röhre enthält einen sehr feinkörnigen, völlig gleichmäßig in den Glasboden eingeschmolzenen

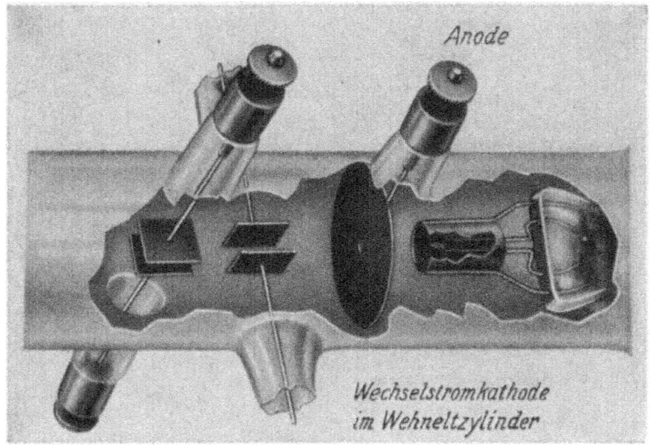

Abb. 113. Elektrodensystem der Röhre des Verfassers (Leybolds Nachf. A. G.).

[1] Siehe den Abschnitt B. V. 1., sowie A. B. Wood: Recent Developments in Cathode Ray Oscillographs. J. Instn. electr. Engr. Lond. Bd. 71 (1932) S. 41.

[2] Watson Watt, R. A.: The Cathode Ray Oscillograph in Radio Research. His Majesty's Stationary Office 1933, S. 21.

Schirm aus Spezialmaterial, das zufolge seiner grünlich-blauen Fluoreszenz für photographische Registrierung ebenso wie für visuelle Beobachtung geeignet ist. Die photographische Wirksamkeit ist etwa von der gleichen Größenordnung wie die eines guten Schirmes aus dem üblichen Kalzium-Wolframat, die optische Wirksamkeit dagegen übertrifft die des Kalzium-Wolframates um ein Vielfaches. Die Nachleuchtzeit des Schirmes beträgt $^1/_{100\,000}$ bis $^1/_{150\,000}$ Sekunde. Durch die Vermeidung

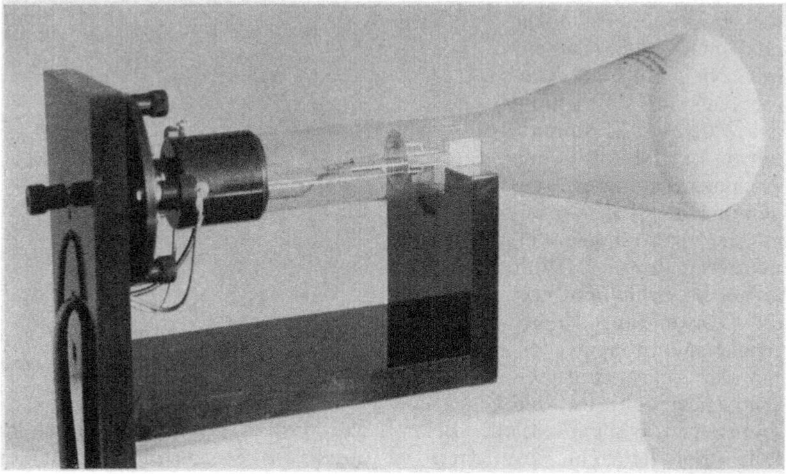

Abb. 114. Ansicht der Einsockelröhre des Verfassers.

jedes Bindemittels und durch die Hitzebeständigkeit des zur Anwendung kommenden Materials ist die Gefahr von Schirmverbrennungen oder -schwärzungen herabgesetzt. Bei Anwendung von Anodenspannungen der Größenordnung 3000 V, mit denen photographische Registrierung im gesamten Niederfrequenzbereich gelingt, sollte jedoch grundsätzlich an einem der Plattenpaare eine Wechselspannung liegen, um die Wärmeerzeugung auf einen größeren Teil der Schirmfläche zu verteilen.

Die Gesamtansicht der Einsockelröhre des Verfassers, deren Elektrodensystem schon in Abb. 96 abgebildet und dort besprochen wurde, ist in Abb. 114 wiedergegeben. Die geometrischen Abmessungen der Elektrodenanordnung sind bei dieser Röhre nahezu identisch mit den Abmessungen der Röhre Abb. 113. Die Unterschiede liegen lediglich in der Halterung und Zuführung der Verbindungsleitungen. Als Fluoreszenzschirmmaterial kommt bei dieser kleineren Röhre Kalzium-Wolframat zur Anwendung. Auch diese Röhre ist bei Betrieb mit Anodenspannungen von 2—3000 V gut geeignet zur photographischen Aufzeichnung von Oszillogrammen.

Bei der Besprechung der Anomalien der Gaskonzentration wurde erwähnt, daß durch eine außen angebrachte leitende geerdete Umhüllung des Röhrenhalses in der Nähe der Ablenkplatten die störenden Einflüsse von Glaswandaufladungen weitgehendst geschwächt werden können. Die praktische Ausführung einer Außenmetallisierung geht aus dem Beispiel Abb. 115 hervor. Fenster in Höhe der Ablenkplatten lassen eine genaue Beobachtung der Vorkonzentration und der Strahllage zwischen den Ablenkplatten zu. Die nach dem Metallspritzverfahren aufgebrachte äußere Belegung braucht für die meisten Zwecke nur einen Teil der Strecke zwischen Fluoreszenzschirm und Ablenkplatten bedecken. Der

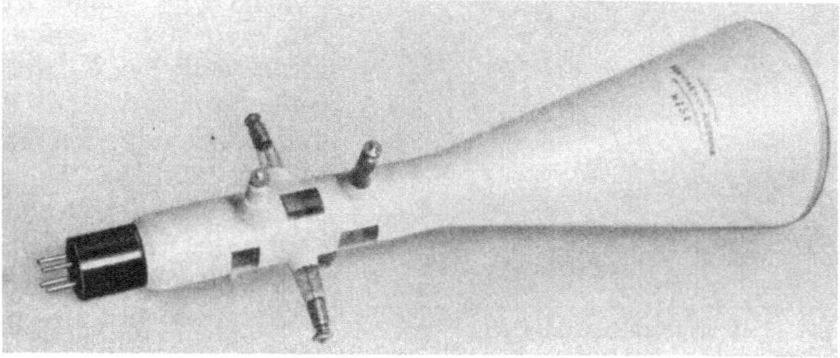

Abb. 115. Außenmetallisierte Röhre mit Fenstern zur Strahlbeobachtung.

Vorteil dieser Ausführung ist die Möglichkeit, den Schirm auch von der Innenseite zu betrachten.

Eine weitere Ausführungsform des zuletzt besprochenen Elektrodensystemes zeigt Abb. 116. Dieses System unterscheidet sich von dem Elektrodensystem Abb. 113 durch einen im Vakuum befindlichen, den

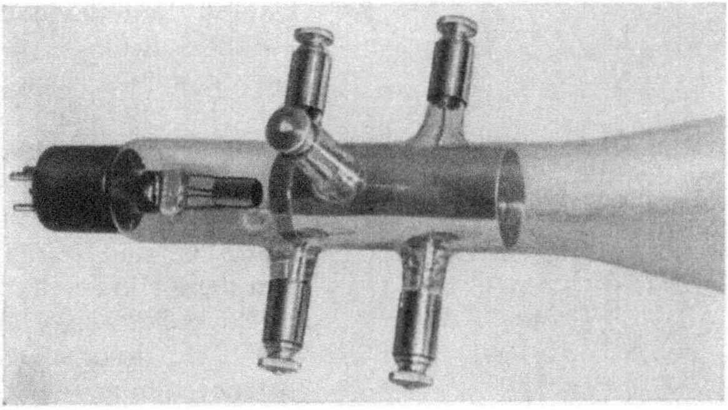

Abb. 116. Elektrodensystem einer Röhre mit Innenzylinder.

gesamten Ablenkraum umschließenden Metallzylinder. Dieser Zylinder ist nicht direkt mit der Anode verbunden, sondern besitzt eine getrennte Ausführung, um die Zwischenschaltung eines Widerstandes (Größenordnung 10^5 Ohm) zwischen Anode und Zylinder zu ermöglichen. Durch diesen Widerstand nimmt der Zylinder, wenn die Anodenspannung der Röhre zwischen Kathode und Anodenblende liegt, ein Potential an, das um wenige Volt gegenüber der Anode negativ ist. Diese geringe Potentialdifferenz hat noch keinen merklichen Einfluß auf die Elektronengeschwindigkeit im Strahl, bewirkt aber eine zusätzliche Konzentration. Während durch die Außenmetallisierung nur die Schwankungen der Wandladungen verhindert sind, können bei Innenmetallisierung oder Innenzylinder Wandladungen überhaupt nicht entstehen. Durch die Wandladungen bedingte Störerscheinungen, die hauptsächlich im Ablenkraum wirksam werden, kommen in Fortfall. Koordinatenverzerrungen, soweit sie von Wandladungen herrühren, sind praktisch beseitigt. Der bei Röhren ohne Innenzylinder von den Platten aufgenommene Strom wird bei Röhren mit Zylinder zum größten Teile vom Zylinder aufgenommen. Die außerordentliche Abnahme des Stromes zu den Ablenkplatten infolge der Einführung des Zylinders geht aus den in Abb. 117 wiedergegebenen Messungen hervor. In den zur Aussteuerung der Röhren wichtigen Bereichen wird der Strom zu den Ablenkplatten durch die Hilfselektrode auf etwa $^1/_{10}$ herabgesetzt. Infolgedessen kann bei diesen Röhren der Ankoppelungswiderstand auf den zehnfachen Wert gebracht werden, ohne daß der durch die inneren Plattenwiderstände bedingte äußere Nullpunktsfehler sich bemerkbar macht. Bei den Röhren mit Innenzylinder können Koppelungswiderstände bis zu 10^6 Ohm benutzt werden. Die Ablenkplatten sind durch Bohrungen in der Zylinderwand kapazitätsarm und getrennt herausgeführt.

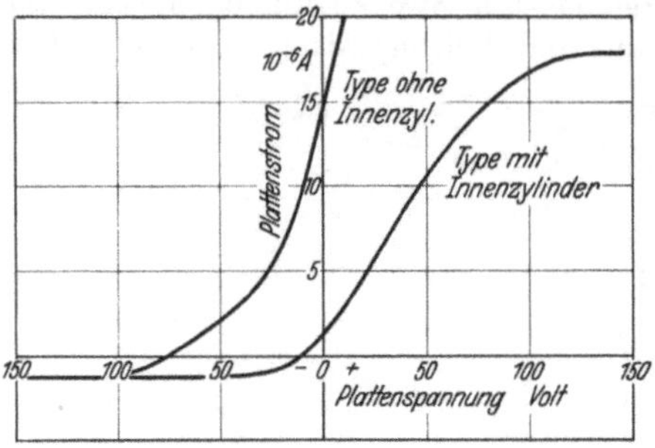

Abb. 117. Plattenstromcharakteristiken von Röhren mit und ohne die Ablenkplatten umgebenden Innenzylinder.

Die besprochenen Elektrodensysteme kommen in verschiedenen Röhrentypen zur Anwendung, die sich durch die Größe des Fluoreszenzschirmes und der übrigen Glaskolbenabmessungen unterscheiden. Um eine Unterlage für die geometrischen Abmessungen üblicher Röhrentypen zu geben, sei im Rahmen dieses Abschnittes die Zeichnung Abb. 118 gebracht, die die Dimensionen handelsüblicher Röhren enthält. Die Röhre mit dem Leuchtschirm von 160 mm Durchmesser wird speziell für Fernseh- und Demonstrationszwecke verwendet. Die unten gezeich-

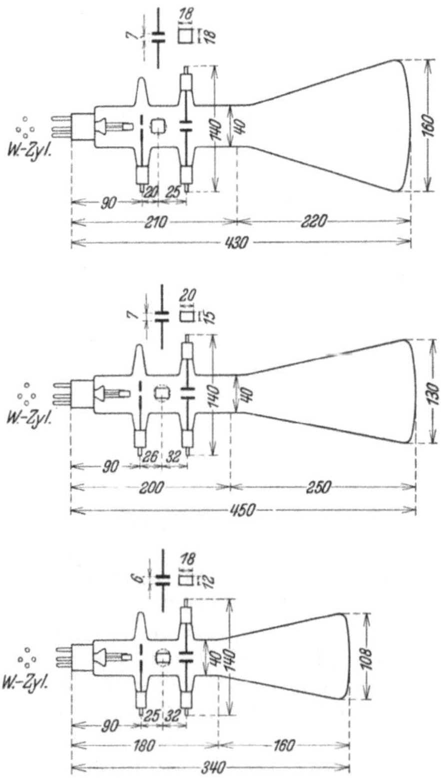

Abb. 118. Maßskizzen normaler Röhren.

nete kleine Röhre, die auch mit Anodenspannungen von 220—3000 V betrieben werden kann, entspricht einer älteren Ausführung für Betriebsmessungen und für Schulzwecke.

Für höhere Schreibgeschwindigkeiten und die Projektion von Fluoreszenzschirmbildern ist eine neue vom Verfasser entwickelte Röhre zu erwähnen, die etwa die 8fache Lichtausbeute der besten im Rahmen dieses Abschnittes besprochenen Röhren liefert. Diese Röhre besitzt einen schräggestellten, nur von der Vorderseite zu betrachtenden Fluoreszenzschirm (vgl. Abschnitt A. V. 1. δ), ein entzerrendes Ablenksystem sowie einen besonders hohen wirksamen Strahlstrom.

Neben den besprochenen Standardtypen besteht noch eine große Anzahl von Sonderausführungen, die, soweit sie von praktischer Bedeutung sind, im folgenden behandelt werden sollen.

3. Typen für Spezialzwecke.

Zunächst sollen diejenigen praktisch ausgeführten Röhrenmodelle Erwähnung finden, die sich durch Spezialausgestaltung des Ablenksystemes von den Standardtypen unterscheiden. Bei den Standardtypen ist man fast durchweg dazu übergegangen, die Plattenformate beider Plattenpaare nahezu gleich oder gleich zu wählen, so daß beide Plattenpaare gleiche Empfindlichkeit besitzen. In vielen Fällen spielt die Gleichheit der Empfindlichkeit keine Rolle, und es kommt vielmehr darauf an, wenigstens mit einem Plattenpaar eine möglichst große Empfindlichkeit zu erzielen. Wenn vorwiegend Messungen mit nur einem Plattenpaar auszuführen sind, oder wenn beispielsweise für ein Plattenpaar eine Spannung sehr großer Amplitude zur Zeitablenkung usw. zur Verfügung steht, wird es zweckmäßig sein, ein Plattenpaar zugunsten des anderen zu bevorzugen. Um den Einfluß evtl. Unsymmetrien und die Wahrscheinlichkeit von Plattenstreifungen herabzusetzen, ist fast immer das der Anode zugekehrte Plattenpaar besonders lang und evtl. enger ausgeführt worden. Ein solches Ablenksystem mit ungleichen Plattenpaaren ist in Abb. 119 wiedergegeben.

Abb. 119. Ablenksystem mit Plattenpaaren verschiedener Empfindlichkeit.

Ein Ablenksystem, bei dem in der einen Richtung drei verschiedene Röhrenempfindlichkeiten herbeigeführt werden können, ist in Abb. 120 abgebildet. An Stelle eines Plattenpaares sind hier zwei in gleicher Richtung liegende Plattenpaare vorgesehen, deren Plattenlängen sich etwa wie 1:2 verhalten. Durch Anschluß des kurzen Plattenpaares an die Meßspannung ist die geringste, durch Anschluß des langen Plattenpaares eine mittlere und durch gleichzeitigen Anschluß beider Plattenpaare

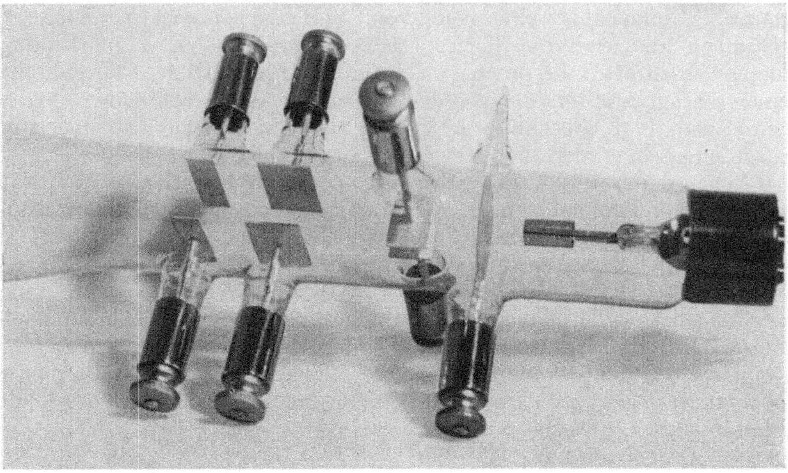

Abb. 120. Spezialrohre für hohe Ablenkspannungen und drei verschiedene Empfindlichkeiten.

die größte Röhrenempfindlichkeit gegeben. Der Plattenabstand ist bei der abgebildeten Ausführung, die für oszillographische Messungen im Gebiet zwischen 100 und 1000 V bestimmt ist, besonders groß gewählt.

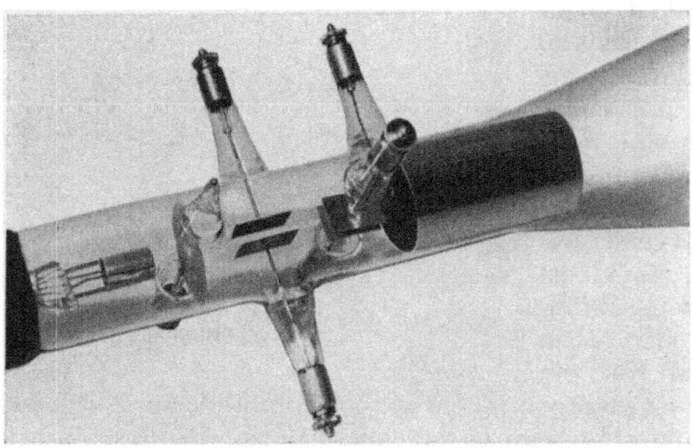

Abb. 121. Röhre mit zylindrischer Hilfselektrode.

Um trotz der Gasfüllung beim Arbeiten mit so hohen Ablenkspannungen keine kritischen Gasentladungen im Ablenksystem entstehen zu lassen, empfiehlt es sich, eine Widerstandskondensatorkombination zur Sicherung vorzuschalten, wenn nicht schon ein hoher Widerstand des Meßspannungsgenerators das Entstehen starker Ströme im Falle eines Gasdurchbruches verhindert. Bewährt hat sich Wasserstoff-Gasfüllung beim Arbeiten mit besonders hohen Ablenkspannungen.

Eine ältere Sonderausführung, die verringerten Strom zu den Ablenkplatten ergibt, ist in Abb. 121 dargestellt. Sie unterscheidet sich von dem Modell der Abb. 116 nur dadurch, daß die weitere zur Röhrenachse

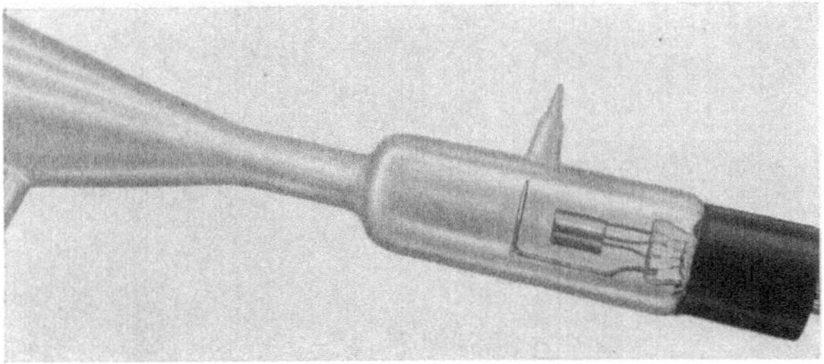

Abb. 122. Röhre für magnetische oder elektrostatische Außensteuerung.

symmetrische Elektrode in den Raum zwischen Ablenksystem und Fluoreszenzschirm gebracht wird. Werden dieser Hilfselektrode größere Vorspannungen erteilt, so wird die Röhrenempfindlichkeit bei größeren Strahlausschlägen stark verändert. In besonders starkem Maße tritt diese Beeinflussung ein, wenn der Durchmesser des Zylinders noch kleiner gewählt wird, als in dem Beispiel Abb. 121. Je nach-

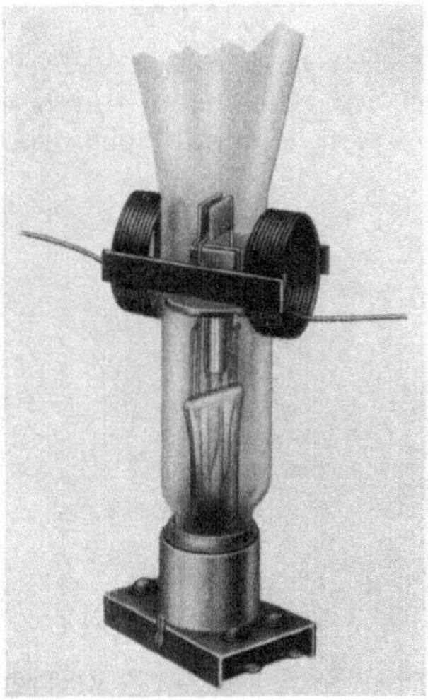

Abb. 123. Beispiel einer Spulenhalterung für magnetische Ablenkung.

Abb. 124. Spulenhalterung für magnetische Ablenkung in zwei Koordinaten.

dem, ob die Vorspannung positiv oder negativ ist, zeigt die Empfindlichkeitskurve der Braunschen Röhre bei größeren Strahlausschlägen eine ständige Zunahme oder ständige Abnahme der Steilheit. Jedenfalls resultiert ein nichtlinearer Verlauf der Ablenkkurve, was im allgemeinen sehr unerwünscht ist, aber für besondere Aufgaben (z. B. Aussteuerkontrollen) willkommen sein kann. Das Gesetz der Empfindlichkeitsbeeinflussung durch die Vorspannung der Hilfselektrode ist ähnlich wie das Gesetz der Empfindlichkeitsbeeinflussung durch Anodenspannungsänderung.

Eine Spezialröhre für Außensteuerung oder für magnetische Ablenkung ist in der Abb. 122 wiedergegeben. Der Hals der Röhre ist hier in einer Länge von etwa 8 cm stark eingeschnürt, um Außensteuerelektroden oder Ablenkspulen möglichst dicht an den Strahl heranzubringen

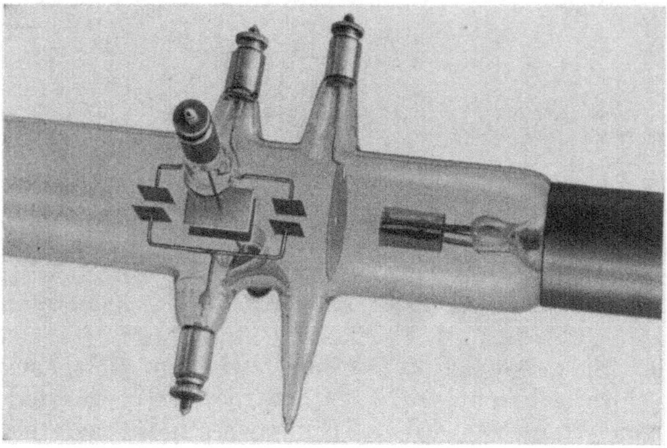

Abb. 125. Röhre für Messungen bei hohen Frequenzen (nach H. E. Hollmann).

und auf diese Weise große Empfindlichkeiten zu erhalten. Die Außensteuerelektroden werden bei dem Modell am einfachsten durch außen aufgeklebte Stanniolbelegungen oder aufgespritzte Metallflächen gebildet.

Abb. 126. Gleichphasige Ablenkung mit einer Schwingung von 80 cm Wellenlänge.
Ablenksystem nach Hollmann. Normales Ablenksystem.

Anregungen über die konstruktive Ausführung der Spulenhalterungen für magnetische Strahlablenkung sollen die Abb. 123 und 124 geben. Abb. 124 gibt eine empfehlenswerte Ausführung an für gleichzeitige magnetische Ablenkung in beiden Richtungen.

Eine wichtige Sonderausführung mit kompensiertem Einfluß der Elektronenlaufzeit für Messungen im Kurzwellen- und Ultrakurzwellengebiet ist in Abb. 125 wiedergegeben. Versuche mit dieser Elektrodenanordnung nach Hollmann haben ergeben, daß ein einwandfreies Arbeiten ohne merkliche Phasenfehler noch bei Wellenlängen der

Größenordnung 1 m gelingt. Eine Versuchsanordnung, die dies bestätigt, ist im Betrieb aufgenommen und in Abb. 126 wiedergegeben worden. Das Bild zeigt einen Sender für 80 cm Wellenlänge. Bei beiden, rechts und links vom Sender angeordneten Kathodenstrahlröhren sind die Ablenkplatten, um gleichphasige Ablenkung zu erhalten, je zwei zusammengeschaltet, mit einem Lecherdraht verbunden worden. Nur die linke mit dem besprochenen Ablenksystem ausgerüstete Röhre gibt die Phasenverhältnisse richtig wieder, indem ein Fluoreszenzstrich entsteht. Bei der rechts angeordneten Röhre mit normalem Ablenksystem ist dagegen eine Ellipse als Fluoreszenzbild zu beobachten. Mit der Spezialröhrentype sind daher Phasenmessungen im äußersten Frequenzgebiet möglich, ebenso auch Amplitudenmessungen, wenn die Größe des bei der Arbeitsfrequenz eintretenden Empfindlichkeitsrückgangs aus der Abb. 73 entnommen bzw. aus der dieser Abbildung zugrunde liegenden Gleichung berechnet

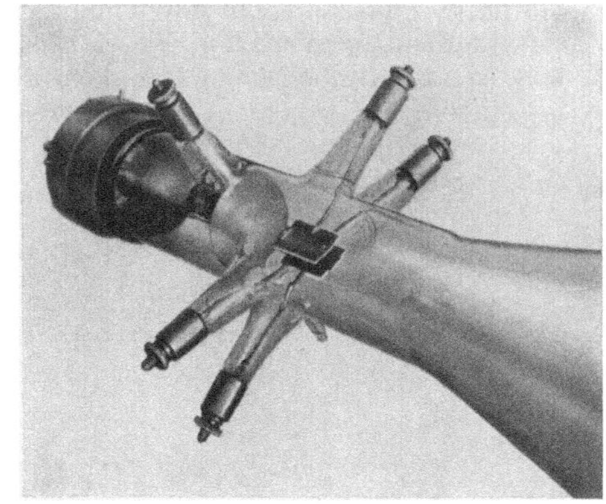

Abb. 127. Röhre mit Kondensatorablenkplatten.

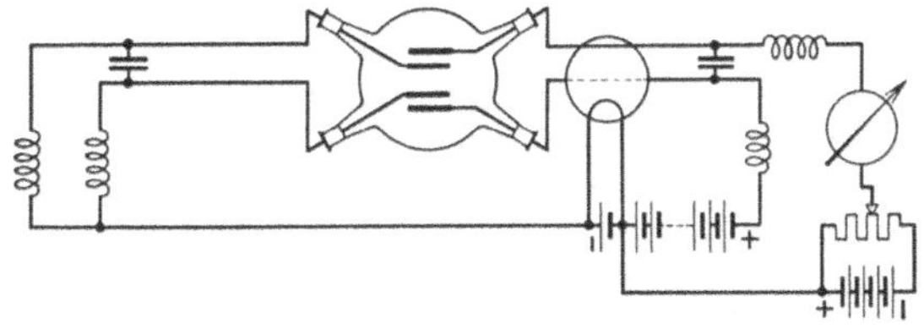

Abb. 128. Lechersystem mit Kondensatorplattenröhre.

wird. Für die Messung im Höchstfrequenzgebiet ist die unmittelbare seitliche Herausführung der Ablenkplatten eine Notwendigkeit, um verteilte Selbstinduktion und verteilte Kapazität des Ablenksystems, d. h. die Eigenfrequenz des Ablenksystems genügend klein zu halten, nämlich etwa in der Größenordnung von 10—20 cm Wellenlänge.

Eine weitere Spezialausführung für das Ultrakurzwellengebiet ist in Abb. 127 abgebildet. Diese Röhre besitzt zwei Ablenkplatten, von denen jede als Kondensator ausgeführt ist. Die Röhre kann daher, wie in Abb. 128 angegeben, unmittelbar in das Lechersystem eines Kurzwellensenders eingeführt werden, ohne daß das Lechersystem gestört wird. Bei richtiger Anschaltung der Röhre zeigt dieselbe trotz der hohen Gleichspannung zwischen den Lecherdrähten nur die Hochfrequenzspannung an. Sie ist speziell für Spannungsmessungen an Lechersystemen auf Anregung von H. E. Hollmann entwickelt worden.

Ein interessantes Röhrenmodell mit Nachbeschleunigung ist in Abb. 129 photographiert. Die Schaltung dieser Sonderausführung ist aus Abb. 130 zu entnehmen. Ähnliche Anordnungen, jedoch mit völliger Innenmetallisierung sind in Amerika von Zworykin [1] entwickelt worden. Nach der Ablenkung erhalten die Elektronen eine Nachbeschleunigung, um große Fleckhelligkeit entstehen zu lassen. Im Ablenkraum bewegen sich die Elektronen mit konstanter, verhältnismäßig geringer Geschwindigkeit, so daß ziemlich hohe Ablenkempfindlichkeiten bestehen. Die Nachbeschleunigung geschieht nach Passieren einer Ringelektrode. Eine

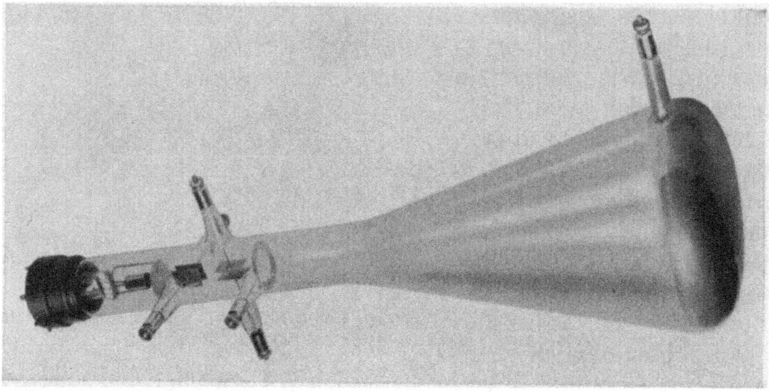

Abb. 129. Röhre mit metallisiertem Leuchtschirm für Nachbeschleunigung.

Rückströmung der Elektronen findet nicht statt, da der Fluoreszenzschirm leitend ausgeführt ist. Die Schirmleitung ist bei dem abgebildeten Modell dadurch erreicht, daß der Schirm auf seiner Innenseite schwach versilbert ist. Die dünne Silberhaut bewirkt, daß ein Teil der Elektronen nicht mehr die Fluoreszenzschicht trifft. Der hierdurch entstehende Verlust wird allerdings zum großen Teil dadurch wieder wettgemacht, daß das Fluoreszenzlicht reflektiert wird, und auf diese Weise an der Außenseite eine größere optische Ausbeute entsteht. Weitere Ausführungen mit und ohne Nachbeschleunigung sind häufiger hergestellt und beschrieben worden, bei denen der gesamte innere Kolben metallisiert ist. Die Innenmetallisierung wird praktisch hergestellt durch Kathodenzerstäubung, Getterverfahren und Lösungsverfahren. So vorteilhafte Eigenschaften die Ausführungen mit Nachbeschleunigung aufzuweisen scheinen, sie konnten sich nicht durchsetzen, weil die entstehenden Resultate in keinem Verhältnis zu dem höheren Aufwande bei der Herstellung und der komplizierten Einstellung der Röhren stehen.

Außerordentliche Bedeutung haben die Innenmetallisierungen bei den Röhrenausführungen für Hochvakuum, worauf schon oben hingewiesen wurde.

Um besonders hohe Ablenkempfindlichkeiten zu erhalten, d. h. besonders niedrige Elektronengeschwindigkeiten im Ablenkraum zu

[1] Zworykin, V. K.: Improvements in cathode ray tube design. Electronics, November 1931.

verwirklichen, ohne daß Fleckhelligkeit und Fleckschärfe leiden, sind vom Verfasser Röhren durchgebildet worden, bei denen die Strahlerzeugung und Vorkonzentration mit hohen Geschwindigkeiten erfolgt und dann in einem Raum mit möglichst parallelem Feldlinienverlauf die Elektronen auf eine Geschwindigkeit der Größenordnung 100 V abgebremst werden. Nach Passieren des Ablenkraumes erfolgt die Nachbeschleunigung auf Anodenspannungen von einigen Tausend Volt. Der Vorteil der Strahlerzeugung und Vorkonzentration mit höheren Anodenspannungen besteht darin, daß die Vorkonzentration besser gelingt und die Streuverluste im Gas wesentlich geringere Werte annehmen. Die Ablenkempfindlichkeit Braunscher Röhren mit Bremsfeld konnte auf den 10—20fachen Betrag der Empfindlichkeit normaler Röhren gebracht werden.

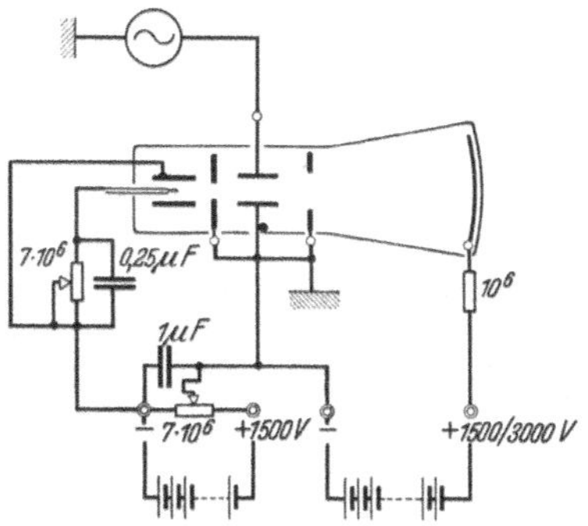

Abb. 130. Schaltung der Rohre mit Nachbeschleunigung.

Eine andere Anordnung, die vor einigen Jahren im Laboratorium des Verfassers hergestellt und in verbesserter Form neuerdings entwickelt wurde, ist in Abb. 131 dargestellt. Der Gedanke einer Röhre

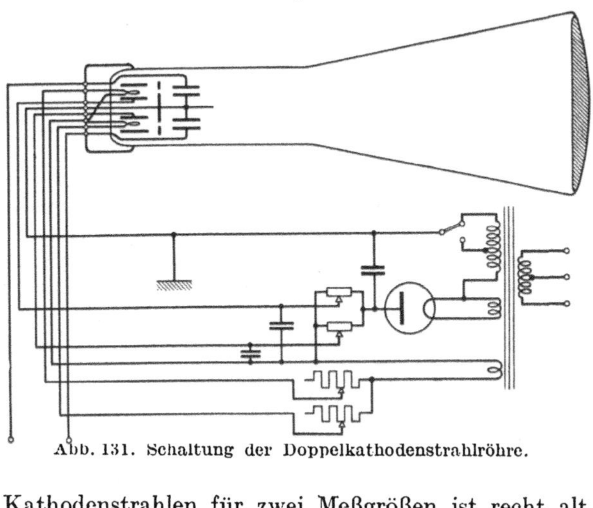
Abb. 131. Schaltung der Doppelkathodenstrahlröhre.

mit zwei Kathodenstrahlen für zwei Meßgrößen ist recht alt (Kock). Die Schwierigkeiten liegen hauptsächlich in gegenseitigen Beeinflussungen im Elektrodensystem. Diese sind bei der Anordnung Abb. 131 durch Einführung einer Abschirmung zwischen beiden Systemen verhindert. Übrig bleibt eine geringe Beeinflussung der beiden Strahlen im Raum zwischen Fluoreszenzschirm und Ablenkelektroden. Auch diese Beeinflussung läßt sich durch Vergrößerung der abgeschirmten Zone durch Anwendung einer Innenmetallisierung und evtl. durch Verwendung leitender, mit der Anode verbundener Fluoreszenzschirme vermeiden. In der Abb. 131 ist gleichzeitig ein Vorschlag für die Ausgestaltung des Netzteiles (s. unten) für die Doppelkathodenstrahlröhre gegeben.

Die Versuchsausführung einer älteren Doppelkathodenstrahlröhre ist in Abb. 132 abgebildet. Dieses Modell war vornehmlich gedacht, um zwei Oszillogramme für zwei Meßgrößen untereinander zu erzeugen und enthielt daher pro Kathodenstrahl nur ein Ablenkplattenpaar. Selbstverständlich ist es bei entsprechender Konstruktion der Plattenhalterung ohne weiteres möglich, auch bei den Doppelkathodenstrahlröhren je System vier Ablenkplatten anzuwenden. Weiterhin kann man unter Berücksichtigung und geeigneter Kompensierung der gegenseitigen Strahlbeeinflussung statt zwei Kathodenstrahlen auch eine noch größere

Abb. 132. Versuchsausführung einer Doppelkathodenstrahlröhre des Verfassers.

Anzahl von Elektronenstrahlen in einer Rohreinheit zur Niederschrift von Mehrphasenoszillogrammen erzeugen. Ob solche Doppel- und Mehrstrahlröhren wegen der sehr viel größeren Fehlermöglichkeit praktische Verbreitung finden werden, ist recht zweifelhaft. Eine andere Sachlage besteht allerdings bei Hochvakuummodellen, die sich mit besonders großer Stabilität und Gleichmäßigkeit bauen lassen[1].

Ein außerordentlich wichtiges und aussichtsreiches Gebiet ist die Anwendung der Kathodenstrahlröhre als mit geringer Trägheit behafteter Schalter oder Relais. Der bekannte Grundgedanke besteht darin, den Strom zur Auslösung oder Steuerung irgendwelcher Vorgänge zu benutzen, der entsteht, wenn der Kathodenstrahl auf eine Fangelektrode trifft. Grundsätzlich können eine oder mehrere Fangelektroden vorgesehen werden. Je nach der Aufgabe, die die Röhre zu erfüllen hat, werden die Fangelektroden an den verschiedensten Stellen des Kolbenbodens angeordnet. Die Anordnung einer oder mehrerer Fangelektroden auf einer der Ablenkachsen sowie die Anordnung einer großen Anzahl Fangelektroden auf einem um den Fluoreszenzschirmmittelpunkt geschlagenen Kreis sind besonders wichtige Ausführungen. Die Anordnung mit Fang-

[1] Knoll, M.: Mehrfach-Kathodenstrahloszillograph, E.T.Z. Bd. 53 (1932) H. 46 S. 111.

elektroden hat zur Voraussetzung, daß ein Strom zur Fangelektrode nur dann fließt, wenn der Strahl die Fangelektrode trifft. Der Strom muß sofort verschwinden, sobald die Strahllage so verändert wird, daß der Strahl an der Fangelektrode vorbeigeht. Diese Voraussetzung ist nur dann erfüllt, wenn die Fangelektroden in bestimmter Weise ausgestaltet sind. Werden die Fangelektroden allseitig frei in den Kolbenboden gebracht, so zeigt sich, daß auch dann ein starker Strom zur Fangelektrode fließt, wenn der Strahl nicht die Fangelektrode trifft. Der Strom ist fast unabhängig von der Strahllage. Dieses zunächst überraschende Ergebnis erklärt sich daraus, daß die Elektronen nach ihrer Abbremsung am Kolbenboden oder am Fluoreszenzschirm nicht mehr zur Anode zurückkehren, sondern zu der näher gelegenen und

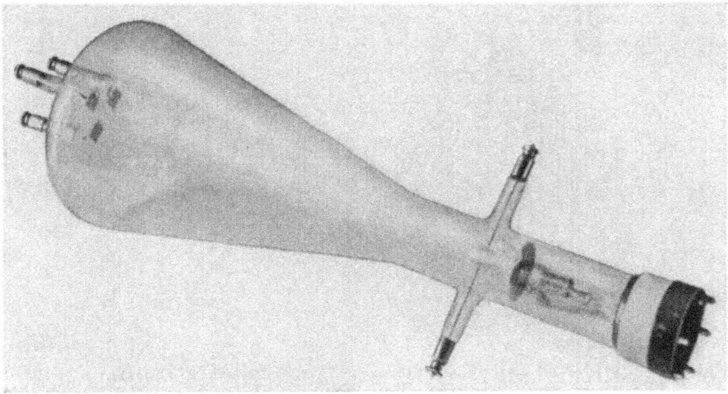

Abb. 133. Versuchsausführung eines Elektronenstrahlschalters.

nahezu auf Anoden-Potential stehenden Fangelektrode. Auch bei Röhren mit Gasfüllung läßt sich eine saubere Schaltung durch den Elektronenstrahl erreichen, wenn in der Umgebung oder hinter den Fangelektroden durch Anbringung mit der Anode verbundener Metallflächen dafür gesorgt wird, daß die Streuelektronen sofort abgeleitet werden. Noch einfacher und besser gelingt die Erfüllung der erwähnten Voraussetzung, indem die Fangelektroden in der Richtung zum Kolbenboden und nach den Seiten durch Glas isoliert und abgeschirmt werden. Eine Versuchsröhre mit solchen durch Glas abgeschirmten Fangelektroden ist in Abb. 133 dargestellt. Durch die rückwärtige Abschirmung ist erreicht, daß der Elektronenrückstrom vom Kolbenboden zur Anode nicht auf die Fangelektrode trifft und daß ein erheblicher Strom nur fließt, wenn der Kathodenstrahl die Fangelektrode trifft. Der auf diese Weise verwirklichte Elektronenstrahlverteiler ist nicht ganz trägheitslos. Für jeden Schaltvorgang muß der Strahl mindestens so lange auf der Fangelektrode verweilen, bis die zur Aufladung ihrer Kapazität erforderliche Elektronenmenge zugeführt oder die Entladung ihrer Kapazität über einen außen vorgesehenen Widerstand geschehen ist. Je größer die Kapazität von Fangelektrode und außen angeschalteten Leitungsteilen wird, desto größer die Trägheit des Elektronenstrahlschalters. Durch die Anwendung besonders ergiebiger Kathoden mit größerer Oberfläche, die einen Strahlstrom von über 1 mA liefern, ist es dem Verfasser gelungen, die Trägheit dieses Schalters auf 10^{-5} sec herabzudrücken. Dieser Schalter ist daher allen mechanischen Anordnungen weit überlegen.

Eine interessante Anwendung des Fangelektrodenprinzips gibt neuerdings R. A. Watson Watt[1]. Der genannte Autor ordnet eine Fangelektrode seitlich in der Abszissenachse an und sorgt durch eine entsprechende Schaltung dafür, daß im Ruhezustand der Strahl auf die Fangelektroden trifft. Sobald, beispielsweise durch einen einmaligen Spannungsstoß, eine Ordinatenablenkung eintritt, setzt der Strahlstrom zur Fangelektrode aus, und es findet eine einmalige Zeitablenkung statt, die somit durch den Vorgang selbst ausgelöst ist. Schematisch ist eine solche Röhre ähnlich der von Watson Watt in der Zeichnung Abb. 134

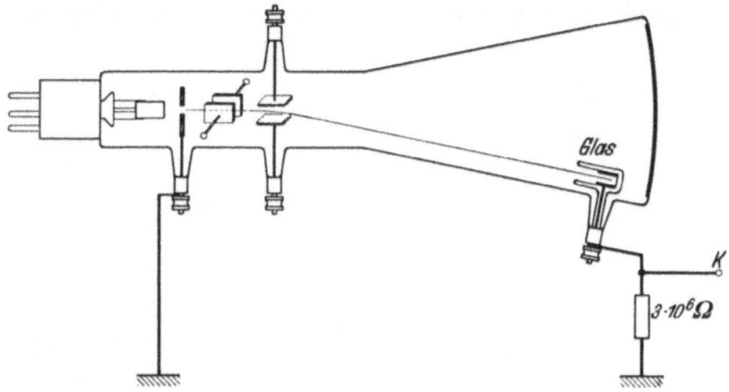

Abb. 134. Spezialröhre mit Fangelektrode für selbsttätige Auslösung einmaliger elektrischer Zeitablenkung.

dargestellt. Der an dem Widerstand von etwa $3 \cdot 10^6$ Ohm durch den Strahlstrom hervorgerufene Spannungsabfall liegt in der Größenordnung von etwa 50 V. Die Zeitverzögerung bei kapazitätsarmem Aufbau liegt bei der Anwendung üblicher gasgefüllter Röhren mit normalem Strahlstrom in der Größenordnung 10^{-3} bis 10^{-4} sec. Durch Anwendung kleinerer Widerstände, die eventuell die Einfügung von Verstärkern notwendig werden lassen, kann die Zeitkonstante weiter um 1—2 Größenordnungen reduziert werden.

Mit der gezeichneten Fangelektrodenanordnung kann der an dem Strahlende bestehende, wirksame Strom gemessen werden. Messungen an normalen gasgefüllten Röhren zeigten, daß der wirksame Strahlstrom oft nur 25—30% des gesamten Anodenstromes beträgt. Der übrigbleibende Prozentsatz wird durch Streuelektronen gebildet, die seitlich den Strahl verlassen. Der Ausbeutefaktor nimmt besonders hohe Werte an bei geringen Strahllängen, hohen Anodenspannungen, niedrigen Gasdrucken und Füllungen mit schweratomigen Gasen. Bei der Konstruktion der oben besprochenen Röhre des Verfassers für Projektionen und hohe Schreibgeschwindigkeiten sind die Strahlstromverluste infolge Elektronenstreuung durch geringe Baulänge der Röhre und geeignete Auswahl von Gasdruck und Gasart erheblich reduziert. Der Ausbeutefaktor liegt etwa doppelt so hoch wie bei den normalen Röhren.

[1] Watson Watt, R. A.: The Cathode Ray Oscillograph in Radio Research, l. c. S. 78.

Eine weitere interessante Spezialröhre mit Fangelektroden ist in Abb. 135 wiedergegeben.

Diese Röhre besitzt im Kolbenboden zwei halbkreisförmige Metallplatten, die zur besseren Strahlbeobachtung mit einer dünnen Fluoreszenzschicht überzogen sind. Jede der beiden Platten ist für sich abgeleitet. Diese auf Anregung von R. A. Watson Watt entstandene Röhre ist für die Konstruktion eines automatischen Richtungszeigers oder einer trägheitslosen, selbsttätigen Kompaßsteuereinrichtung gedacht. Die Röhre wird so betrieben, daß der Fluoreszenzfleck bzw. Fluoreszenzstrich im Raum zwischen den beiden halbkreisförmigen Fangelektroden liegt[1].

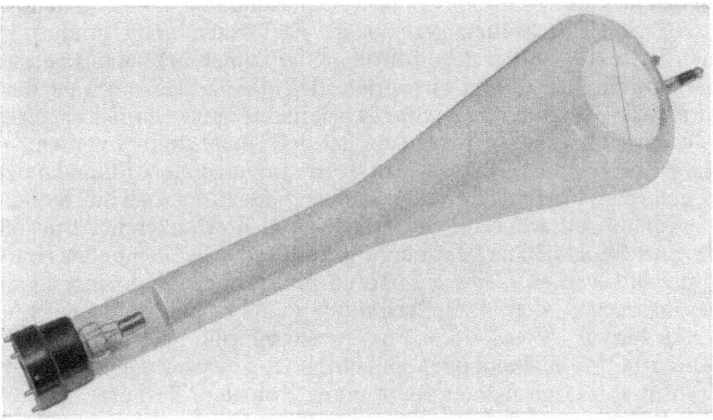

Abb. 135. Kompaßröhre nach W. Watt.

Jede abweichende Strahllage wird durch eine außen angeschlossene Brückenanordnung mit Verstärkerröhren registriert und kann zu Steuerungen beliebiger Art, beispielsweise zu Drehungen der Kathodenstrahlröhre mit Hilfe entsprechender mechanischer Einrichtungen benutzt werden.

Auch bei dieser Röhre ist Voraussetzung, daß ein Strahlstrom nur dann fließt, wenn er die betreffende Fangelektrode trifft. Hierzu hat es sich bei der abgebildeten Röhre als notwendig erwiesen, eine Glimmerplatte in den Schlitz zwischen den Ablenkelektroden zu setzen. Diese Glimmerplatte erstreckt sich bis an den Kolbenboden.

Ganz ähnliche Elektrodenanordnungen wie bei dem Elektronenstrahlschalter sind für die Durchführung von Frequenzvervielfachungen häufiger vorgeschlagen worden.

Eine große Anzahl praktisch sehr wichtiger und zum Teil recht verbreiteter Kathodenstrahlröhren besonderer Bauart bestehen für die Erfordernisse der Tonfilmaufnahmetechnik und der Fernsehtechnik. Diese Röhrentypen werden im Rahmen des Kapitels über die Braunsche Röhre als Betriebsgerät am Schlusse des Buches besprochen werden.

[1] Watson Watt, R. A.: The Cathode Ray Oscillograph in Radio Research, l. c. S. 245.

4. Fabrikation und Prüfung.

Da als Baustoff für die abgeschmolzene Kathodenstrahlröhre vorwiegend Glas verwendet wird, nehmen bei der fabrikatorischen Herstellung der Röhre die glastechnischen und glasbläserischen Vorbereitungsarbeiten einen großen Teil ein. Ausgangspunkt für den Bau der Röhre ist der Glaskolben, bei dessen Herstellung auf gute Qualität des verwendeten Glases und Spannungsfreiheit geachtet werden muß, da sonst beim Evakuieren an der Pumpe oder später leicht Sprünge und Implosionen des Kolbens auftreten. Der Kolben wird zweckmäßig als Hüttenkolben, d. h. in eine Form geblasen, angefertigt und umfaßt räumlich den konischen Teil der Röhre mit Schirmfläche und den zylindrischen Ansatz, der später die Durchführungen für die Elektroden trägt, und an seinem offenen Ende die Glühdrahtzuführungen aufzunehmen hat. Insbesondere ist bei dem Kolben darauf zu achten, daß die als Schirmträger dienende Glaswand in gleichmäßiger Stärke schlieren- und verdickungsfrei hergestellt wird. Besondere Beachtung ist der Dimensionierung der Kolbenwölbung zu widmen, die im Interesse unverzerrter Fluoreszenzbilder klein gehalten wird. Damit der Kolben jedoch speziell im Verlauf der Beanspruchungen während der Ausheizung den äußeren Atmosphärendruck aushält, darf der Krümmungsradius des Kolbenbodens nicht zu groß gewählt werden. Eine auf Grund praktischer Erfahrungen gewählte Dimensionierung der Bodenkrümmung geht aus den Zeichnungen Abb. 118 hervor. Werden die Fluoreszenzschirme nach dem Sinterungsverfahren in den Kolbenboden eingebrannt, so ist der Glaskolben zweckmäßig mit etwas geringerer Krümmung von der Glashütte zu beziehen, da der Kolben während des Sinterns eine stärkere Wölbung annimmt.

Die komplizierteste und wichtigste Elektrodendurchführung der Röhre ist der sog. Quetschfuß, der die Zuführung zum Glühdraht und die Halterungen und Spannungszuführung für die Konzentrierelektrode evtl. auch noch für die Anode und Platten aufnimmt. Denn gerade bei seiner Herstellung treten leicht Undichtigkeiten an den Durchführungsstellen und nachträgliche Sprünge im Glas auf, so daß bei seiner Herstellung jeder Arbeitsvorgang sowie die nachfolgende Wärmebehandlung genau überwacht werden müssen.

Ausgangsform des Quetschfußes ist ein mittels einer sog. Tellerdrehmaschine einseitig aufgestülptes Glasrohr, in das die einzuschmelzenden Halterungen in der dem späteren Elektrodenaufbau entsprechenden Lage zueinander eingeführt werden. Unter gleichzeitiger Erwärmung von Glas und Elektroden werden mittels einer Quetschzange oder einer Mehrfach-Quetschfußmaschine die in einer Ebene liegenden Elektrodendurchführungen in einen Fuß zusammengequetscht. Besonders ist darauf zu achten, daß beim Quetschen an den im Glas eingebetteten Platinmanteldrähten keinerlei Lufteinschlüsse entstehen. Ebenso ist bei der Auswahl der Platinmanteldurchführungen darauf zu achten, daß im Platinmantel keinerlei, auch nicht mikroskopisch kleine Längsrisse vorhanden sind, die den Eintritt der Außenluft in das Rohr ermöglichen würden. Um den Quetschfuß spannungsfrei zu machen und spätere Sprünge und Risse zu vermeiden, muß der Quetschfuß sofort nach seiner

Herstellung in einen Ofen gebracht werden, wo er langsam unter Ausgleichung der inneren Glasspannungen abkühlt. Als Material wird für den Quetschfuß vorwiegend wegen seiner leichten Bearbeitbarkeit Bleiglas verwendet. Abb. 136 zeigt die zur Herstellung eines Quetschfußes notwendigen Apparaturen: links die Quetschfußmaschine, in der Mitte der Abkühlofen, rechts die Tellerdrehmaschine.

Einfacher als der Quetschfuß sind die Durchführungen für die Plattenhalterungen herzustellen. Zunächst werden am Kolben an den gewünschten Stellen Glasansätze angeblasen. Die einzuschmelzenden

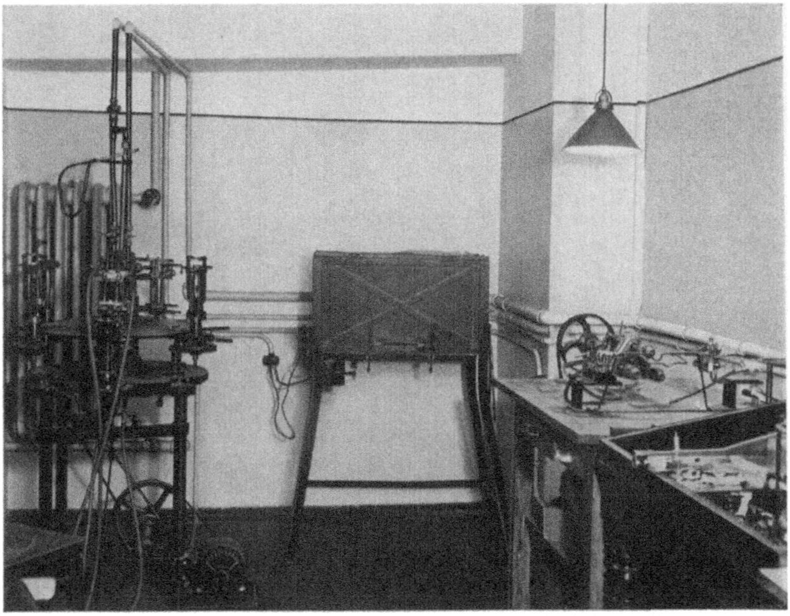

Abb. 136. Vorrichtungen zur Herstellung von Glasquetschfüßen.

Durchführungen werden im Sauerstoffgebläse mit Glas umwickelt und umschmolzen, und die gesamten Durchführungen mit verschmolzener Glasbewickelung an die am Kolben befindlichen Ansätze angeblasen. Auch hier ist auf sorgfältige Abkühlung der Ansätze zu achten, damit späterhin keine Sprünge am Durchführungsdraht entstehen.

Nach Fertigstellung der vorbereitenden Glasbläserarbeiten werden die einzubauenden Elektroden in der gewünschten geometrischen Form angefertigt. Bei der Bearbeitung der Elektroden soll eine direkte Berührung der Elektroden mit den Händen nach Möglichkeit vermieden werden oder allenfalls nur mit sorgfältig durch Benzin oder Äther gesäuberten Händen erfolgen. Bei Außerachtlassung dieser Vorsichtsmaßregel bleiben fast immer leichte Fettspuren auf den Elektroden zurück, die zu unerwünschten Gasausbrüchen der Elektroden in der Röhre und dadurch verursachten Nebenentladungen zwischen einzelnen Elektroden Anlaß geben. Auf jeden Fall empfiehlt es sich, kurz vor dem Einbau die Elektroden mit verdünnter Salpetersäure, Kalilauge, Benzin und zum Schluß mit Tetrachlorkohlenstoff zu säubern. Ganz besonders gilt dies für die Herstellung von Hochvakuum-Kathodenstrahlröhren. Die zur Anfertigung der Elektroden einschließlich Kathode benötigten Vorrichtungen sind in Abb. 137 abgebildet: links die Werkzeuge und die zur Beobachtung und Untersuchung kleiner Elektroden erforderliche Stereolupe, im Vordergrund zwei Punktschweißmaschinen.

Abb. 137. Elektrodenwerkzeuge und Punktschweißmaschinen.

Beim eigentlichen Einbau der fertigmontierten Elektroden in den Röhrenkolben müssen die einzelnen Elemente unter Umständen unter Verwendung von Lehren und Justiervorrichtungen genauestens gegeneinander und symmetrisch zur Röhrenachse ausgerichtet werden.

Die in der beschriebenen Weise angefertigte Röhre wird unter Vorschaltung einer Falle mit flüssiger Luft an die Pumpapparatur angeblasen.

Nachdem durch fortlaufende Vakuumkontrollen festgestellt worden ist, daß keinerlei Undichtigkeiten in der Röhre vorhanden sind, wird diese zur Entfernung der an den Wänden befindlichen Wasserhaut mindestens eine Stunde lang im Heizofen auf etwa 400° erwärmt. Die evtl. eintretenden Undichtigkeiten besitzen zuweilen einen so geringen Querschnitt, daß es außerordentliche Schwierigkeiten bereitet, die schadhafte Stelle zu finden. Daher muß man sich besonderer Methoden bedienen, um schnell den Fehlerort zu ermitteln. Ein einfaches Mittel zur Feststellung von Undichtigkeiten bietet der Farbumschlag, der in einer Glimmentladung beim Auftreten von Spiritusdampf eintritt. Beim sukzessiven Bestreichen der Röhrenoberfläche mit Spiritus tritt in dem Moment ein Farbumschlag der in der Röhre aufrechterhaltenen Glimmentladung auf, wenn die undichte Stelle mit Spiritus befeuchtet wird. Ein anderes Mittel, das besonders in Quetschfüßen und Durchführungen benutzt wird, besteht im Benetzen des Durchführungsdrahtes mit farbiger Glastinte. Diese wird unter dem Einfluß des äußeren Überdruckes an den

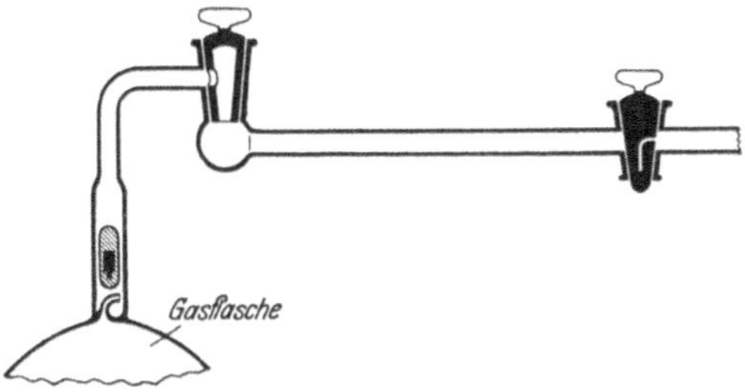

Abb. 138. Ausführung einer Gasschleuse.

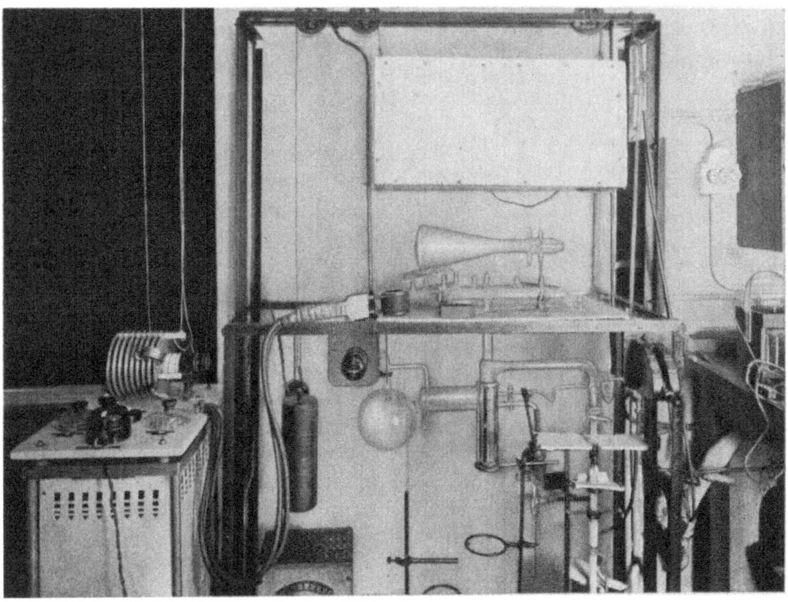

Abb. 139. Einfaches Pumpgestell mit Heizkasten.

Durchführungen entlang in die Röhre gedrückt und läßt ohne weiteres durch Verfärbung der schadhaften Elektrode den Ort der Undichtigkeit erkennen.

Sowohl das Ausheizen als auch das Abkühlen der Röhre muß langsam und gleichmäßig erfolgen, um zusätzliche Spannungen im Glas und daraus resultierende Sprünge zu verhindern. Elektroden, die im Betrieb höhere Temperatur erreichen, müssen vor dem Abschmelzen der Röhre bereits auf eine höhere Temperatur gebracht werden. Bei der

Glühkathode geschieht dies durch kurzzeitiges Heizen der Kathode mit einer etwas höheren als der normalen Temperatur. Elektroden, die im Betrieb warm werden, heizt man vorher durch Elektronenbombardement aus, oder erwärmt sie durch Wirbelstrom, der mit Hilfe eines Hochfrequenz-Glühsenders von etwa 1 kW Leistung erzeugt wird. Speziell ist die Ausheizung von Anoden notwendig bei Röhren mit Blendensteuerung, wo der Kathodenstrahl längere Zeit auf dem Anodenblech ruht.

Die Füllung von Kathodenstrahlröhren mit spektral reinem Gas geschieht zweckmäßig aus Sparsamkeitsgründen über eine in Abb. 138 gezeichnete Gasschleuse. Diese Schleuse ist von zwei Hähnen abgeschlossen, von denen der eine durch eine einseitig abgeschlossene Bohrung im Hahnküken die Dosierung kleiner Gasmengen erlaubt. Der genaue Betriebsdruck wird durch schrittweises Abpumpen der überschüssigen Gasmenge eingestellt.

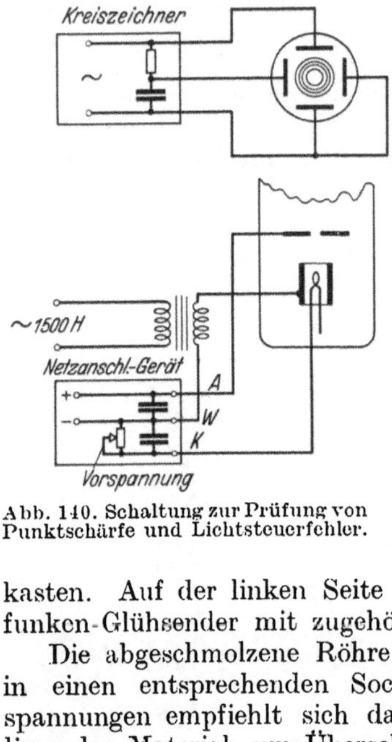

Abb. 140. Schaltung zur Prüfung von Punktschärfe und Lichtsteuerfehler.

Die Formierung der Kathode wird nach den bereits oben angegebenen Gesichtspunkten vorgenommen.

Die fertiggepumpte und gefüllte Röhre wird, sobald sie ein einwandfreies Arbeiten zeigt, in der von den Verstärkerröhren her bekannten Art von der Pumpe abgezogen. Abb. 139 zeigt das Pumpgestell mit angeblasener Röhre, Quarzdiffusionspumpe und Gasflasche unter dem angehobenen Heizkasten. Auf der linken Seite der Abbildung sieht man einen Löschfunken-Glühsender mit zugehöriger Heizspule.

Die abgeschmolzene Röhre wird je nach ihrem Verwendungszweck in einen entsprechenden Sockel gekittet. Für sehr hohe Anodenspannungen empfiehlt sich das Ausfüllen des Sockels mit einem isolierenden Material, um Überschläge zu vermeiden. Die fertiggesockelte Röhre muß vor ihrer endgültigen und dauernden Verwendung in Meßschaltungen mindestens eine Stunde lang bei normaler Anodenspannung brennen. In dieser Zeit kann festgestellt werden, ob etwaige Deformationen des Fleckes auftreten.

Im Verlaufe der Herstellung und nach Beendigung der Herstellung sollte die Punktschärfe nicht nur am ruhenden Punkt, sondern besser in allen Lagen, die der Punkt auf dem Fluoreszenzschirm einnehmen kann, kontrolliert werden. Hierzu bedient man sich entweder einer Anordnung, die ein Fernsehraster erzeugt oder noch einfacher der bereits erwähnten Kreiszeichnerbrücke. Unsymmetrien des Fluoreszenzfleckes machen sich in der Kreisabbildung durch entsprechende Schärfeunterschiede der Kreislinie bemerkbar. Indem mit Hilfe eines Potentiometers allmählich die der Kreiszeichnerbrücke zugeführte Spannung gesteigert wird, wird erreicht, daß der Punkt Kreise immer größeren Durchmessers schreibt. Eine weitere Größe, die für eine Reihe von Anwendungen sorgfältig geprüft werden muß, ist der Lichtsteuerungsfehler. Am einfachsten wird letzterer dadurch untersucht, daß während der Kreiszeichnung der Lichtsteuerelektrode (z. B. Wehnelt-Zylinder) eine Wechselspannung höherer Frequenz zugeführt und die bei Hell-Dunkelsteuerung auftretende Deformation der Kreisbahn beobachtet werden. Eine Schaltung zur Prüfung von Punktschärfe und Lichtsteuerung ist in Abb. 140 gezeichnet. Neben der Prüfung mit einer Schaltung nach Abb. 140 darf jedoch auch die Prüfung bei ruhendem Punkt nicht außer acht gelassen werden, da Fehler wie Kommabildung, Lichthöfe usw. bei ruhendem Punkt leicht beobachtbar sind. Insbesondere ist auch bei ruhendem Punkt ein evtl. Fehler bei der Wechselstromheizung besser festzustellen als unter Durchführung der Kreiszeichnung.

Bei Prüfung und Anwendung Braunscher Röhren ist es wichtig, die tatsächliche Betriebsstundenzahl der Oszillographenröhren festzustellen. Auf sehr bequeme Weise ist diese Feststellung bei solchen Anordnungen möglich, die aus dem Wechselstromnetz betrieben werden. Hier ist lediglich die Parallelschaltung eines Synchronuhrsystems notwendig. Bei Batteriebetrieb leisten kleine Zählereinrichtungen den gleichen Dienst. In letzterem Falle ist der mittlere Kathodenstrom in Rechnung zu setzen, um aus der vom Zähler angezeigten Ampère-Stundenzahl die Betriebsstundenzahl entnehmen zu können.

VI. Die Meßgenauigkeit der Braunschen Röhre.

Bereits in den bisher gebrachten Abschnitten dieses Buches wurde jeweils darauf hingewiesen, inwieweit die Meßgenauigkeit der Kathodenstrahlröhre sowohl durch konstruktive wie durch schaltungsmäßige Bedingungen der Röhre beeinflußt wurde. Daher soll an dieser Stelle nicht zusammenfassend auf die einzelnen Ungenauigkeiten eingegangen werden, sondern vielmehr dem Leser durch eine kurze Zusammenstellung mit Hinweisen die Möglichkeit gegeben werden, sich an Hand der vorangegangenen Abschnitte über die auftretenden Meßfehler zu orientieren [1]. Ein Teil der Ungenauigkeiten ergibt sich aus der physikalischen Wirkungsweise der Oszillographenröhre. Hierher gehören der oben ausführlich besprochene innere und äußere Nullpunktsfehler sowie die Frequenzabhängigkeit der Empfindlichkeit bei Außensteuerelektroden (s. die Abschnitte über elektrostatische Beeinflussung, praktische Messungen und Erfahrungen). Auch die eingehend diskutierte Frequenzabhängigkeit und die Phasenfehler, die sich bei Aufnahmen hochfrequenter Vorgänge ergeben, wenn die Elektronenlaufzeit in die Zeitdauer des aufzunehmenden Vorgangs fällt (Kapitel A, IV, 4), sind in diesem Zusammenhang zu nennen. Einen starken Einfluß auf die Meßgenauigkeit haben auch die inneren Glaswandladungen, die erst in den Röhren mit Innenzylinder oder Innenmetallisierung ausreichend vermieden sind (Kapitel A, II, 4 und A, V, 2).

Damit keine Störungen durch undefinierte Aufladung von Ablenkplatten eintreten, sind unbenutzte Ablenkplatten direkt mit der Anode

[1] Siehe auch J. T. Mac-Gregor Morris und H. Wright: Accuracy of Measurements made with hot-filament cathode-ray tubes. Inst. of El. Eng. 1932.

zu verbinden, oder in Fällen, wo dies nicht möglich ist, über Widerstände der Größenordnung 10^6 Ohm.

Selbstverständlich ist grundsätzlich darauf zu achten, daß keinerlei Meßfehler infolge von Einstreuungen durch Fremdfelder auf den Oszillographen gegeben sind. Auch über die Bestimmung von Streufeldern ist an anderer Stelle dieses Buches (Kapitel B III 2) berichtet.

Weitere Genauigkeitsfehler ergeben sich aus rein geometrischen Bedingungen. Die geometrische Auswertung eines Oszillogrammes ist um so genauer, je kleiner der Durchmesser des Fluoreszenzfleckes, d. h. je größer das Auflösungsvermögen ist. Insbesondere das Diffuswerden des Strahles bei der Aufnahme sehr hoher Frequenzen (Kapitel A II 4) setzt das Auflösungsvermögen des Oszillographen stark herab. Auch durch die Anwendung der Leuchtschirmkontaktphotographie (Kapitel B VI 4) leidet die Meßgenauigkeit erheblich unter der schwer vermeidbaren Fleckverbreiterung. Ein meist zu vernachlässigender, geometrischer Verzeichnungsfehler ergibt sich weiterhin durch die meist aus konstruktiven Gründen notwendige Krümmung des Schirmbodens. Der Verzeichnungsfehler ist natürlich um so kleiner, je kleiner das Verhältnis zwischen Maximalamplitude und Schirmdurchmesser ist, da in der Mitte des Fluoreszenzschirmes die Bodenkrümmung am geringsten ist. Der Ablenkungsfehler beträgt bei Beobachtung von außen

$$\Delta Y = \frac{Y^3}{2 R \cdot L_2} \tag{36}$$

wobei L_2 der Abstand von der Mitte der Ablenkplatten bis zum Fluoreszenzschirm, Y die Ablenkung und R der Krümmungsradius des Schirmes ist.

B. Die Hilfsapparate.

Zu ihrer Inbetriebnahme und zur Anpassung an den jeweiligen Verwendungszweck erfordert die Braunsche Röhre Hilfsapparate, deren gute Durchbildung im Interesse der Leistungsfähigkeit der gesamten Kathodenstrahlapparatur von ebensolcher Bedeutung ist wie die Durchbildung der Röhre selbst. Unabhängig von dem Verwendungszweck der Kathodenstrahlröhre wird stets ein Aggregat erforderlich, das die verschiedenen Betriebsspannungen der Röhre liefert.

I. Die Stromquellen für Kathodenstrahlröhren.

Die Stromquellen für die Kathodenstrahlröhre müssen eine oder mehrere Anodenspannungen, die Spannungen für Konzentrationselektroden und die Heizspannung liefern. Die Erzeugung der Anodenspannung erfordert hierbei im allgemeinen den relativ größten Aufwand. Neben den zum Teil recht hohen Spannungen, die erforderlich sind, ist für viele Fälle eine stufenweise oder stetige Regelung der Beschleunigungsspannung in weiten Grenzen wünschenswert. Da die Leistungsfähigkeit der Kathoden bei den verschiedenen zur Zeit bekannten Röhrentypen nicht sehr voneinander abweichen, ist die erreichte Fleckhelligkeit zu überwiegendem Teile von der Höhe der angewendeten Anodenspannung bedingt. Bei den Strahlströmen, wie sie bei den heute üblichen Kathodenstrahlröhren gegeben sind, bestehen etwa folgende Arbeitsmöglichkeiten in den verschiedenen Anodenspannungsbereichen.

Mit Anodenspannungen von 200—400 V ist nur in kurzen mit relativ kleinen Schirmen versehenen Röhren die Helligkeit stehender Figuren ausreichend zur Beobachtung in nicht verdunkelten Räumen. Größere, vornehmlich für den Betrieb mit höherer Anodenspannung gedachte Röhren liefern in diesem Spannungsbereich Fluoreszenzbilder, die nur im Dunkeln oder verdunkelten Räumen gut zu betrachten sind. Die Betrachtung unperiodischer Vorgänge unter Anwendung niedriger Anodenspannungen kommt kaum in Frage, da die Lichtausbeute zu klein ist. Erst im Anodenspannungsbereich zwischen 400 und 800 V nimmt die maximale Schreibgeschwindigkeit derartige Werte an, daß in verdunkelten Räumen niederfrequente unperiodische Vorgänge visuell betrachtet werden können. Schon mit diesen Anodenspannungen, besser noch mit Anodenspannungen von 800—1200 V ist die Fleckhelligkeit ausreichend, um die Röhre für Betriebsmessungen und Betriebskontrollen auszunutzen, wo es auf bequeme Beobachtbarkeit ankommt. Innerhalb des gesamten Anodenspannungsbereiches von den kleinsten Spannungen an, die noch eine Fluoreszenz ergeben, können Photographien gut stehender Figuren aufgenommen werden. Zur photographischen Registrierung nichtperiodischer niederfrequenter Vorgänge ergeben jedoch erst Anodenspannungen über 1200 V die erforderliche Schreibgeschwindigkeit. Um Komponenten im Oszillogramm mit zu erfassen, die bei einer Amplitude im Fluoreszenzbild von mehreren Zentimetern nahe der oberen Grenze des Niederfrequenzbereiches liegen, sind Spannungen zwischen 2000 und 3000 V notwendig. Spannungen dieser Größenordnung kommen in den Röhren für Tonfilmaufnahmezwecke und in den Fernsehröhren zur Anwendung, wo die Energie des Fluoreszenzfleckes auf große Flächen verteilt wird. Nur selten und mit Röhren besonderer Konstruktion und Gasfüllung werden Anodenspannungen von über etwa 4000 V für Schwachstromzwecke benutzt. Bei den meisten gasgefüllten Röhren setzt etwa in diesem Spannungsbereich die Konzentrationswirkung aus, und die Neigung zu Durchschlägen ein. Mit Spannungen der Größenordnung 4000 V gelingt es bereits, Schreibgeschwindigkeiten bei photographischer Registrierung zu erzielen, die eine Aufzeichnung mittelfrequenter Vorgänge mit einer Amplitude von mehreren Zentimetern ermöglichen.

1. Betrieb aus Batterien.

In allen Fällen, wo kein Lichtnetz zur Verfügung steht, oder wo die Verkoppelung mit dem Lichtnetz nicht erwünscht erscheint, ist man auf die Entnahme aller Betriebsspannungen aus Batterien angewiesen. Spezielle Bedeutung gewinnt die Batteriespeisung bei transportablen Anlagen. Da die Anoden- und Heizleistung der üblichen Kathodenstrahlröhre nur selten je 1 Watt erreicht, bleibt der Betrieb aus Batterien durchaus wirtschaftlich, wenn auch, insbesondere bei Anodenspannungen der Größenordnung 1000 V, die Herstellung der hohen Spannungen aus Trockenbatterien unvorteilhaft ist und man besser zu Gleichspannungsumformungseinrichtungen greift, auf die weiter unten noch näher eingegangen wird.

Der Anodenstrom liegt bei den heute bekannten Röhrentypen von praktischer Bedeutung in der Größenordnung von etwa $^1/_{10}$ bis $^4/_{10}$ mA. Der Ionenstrom, der in gasgefüllte Röhren zu den negativen Konzentrationselektroden fließt, liegt noch um etwa zwei Größenordnungen tiefer als die eben genannten Werte. Da Änderungen der Anodenspannung um 10 V die Eigenschaften der Braunschen Röhren kaum merklich ändern und die gesamten Strahlströme erst an Widerständen von etwa 10^5 Ohm Spannungsabfälle dieser Größenordnung entstehen lassen, schadet es nichts, wenn die benutzte Anodenspannungsquelle einen inneren Widerstand von 10^5 Ohm besitzt. Trotz der wesentlich kleineren, bei der Steuerelektrode zulässigen Spannungsänderung kann mit Rücksicht auf den sehr kleinen Strom zu dieser Elektrode der innere Widerstand der Spannungsquelle für die Konzentrationselektrode einen Wert von $5 \cdot 10^5$ Ohm erhalten, ohne daß kritische Rückwirkungen entstehen.

Die Möglichkeit so hoher innerer Widerstände der Stromquelle für Anodenspannung und Zylinderspannung ist außerordentlich vorteilhaft. Durch den hohen inneren Widerstand wird die Spannungsquelle ungefährlich. Findet versehentlich eine Berührung spannungsführender Teile statt, so bricht die Spannung sofort zusammen. Weiterhin hat ein hoher, innerer Widerstand der Anodenspannungsquelle und der Zylinderspannungsquelle den Vorteil, daß keine Gasentladungen in der Röhre stattfinden können, die zu vollständiger Zerstörung des Elektrodensystems führen. Eine Ionenlawine, die sich ausbilden will, kann nicht zu einer der Röhre gefährlichen Größe anwachsen, weil die Spannung an der Röhre infolge des eingetretenen Spannungsabfalles sich außerordentlich verringert hat. Die Verhinderung von Gasdurchschlägen durch hohen, inneren Widerstand gewinnt naturgemäß wieder besondere Bedeutung beim Arbeiten mit Anodenspannungen von mehreren tausend Volt. Viele Spannungsquellen, insbesondere Batterien und Generatoren besitzen innere Widerstände, die um mehrere Größenordnungen kleiner sind als 10^5 Ohm. In solchen Fällen wird stets die Vorschaltung von Schutzwiderständen der Größenordnung 10^5 Ohm notwendig. Als Schutzwiderstände eignen sich die üblichen modernen Hochohmwiderstände, soweit sie belastungsunabhängig sind. Gewarnt sei hier vor den sog. Vakuumwiderständen, die meist kein vollkommenes Vakuum besitzen und bei denen dann im Falle einer äußeren Berührung, eines Kurzschlusses oder eines Gasdurchschlages in der Röhre eine Glimmentladung im Widerstand einsetzt, die den Schutzwiderstand praktisch überbrückt.

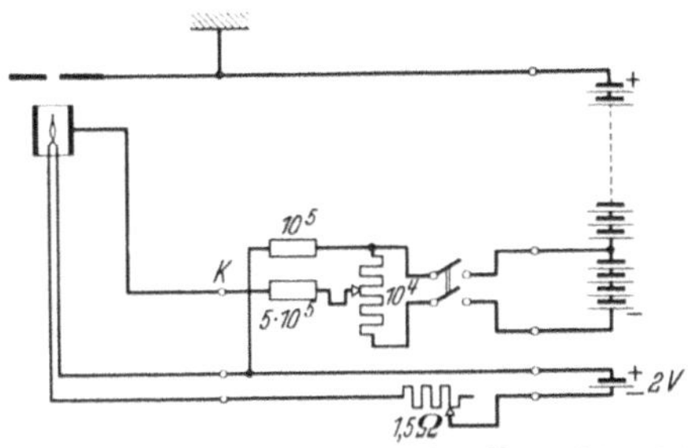

Abb. 141. Schaltanordnung für Batteriebetrieb (200 – 500 V).

Die zweckmäßige Einschaltung von Schutzwiderständen bei Batteriebetrieb geht aus der Schaltzeichnung Abb. 141 hervor. An Stelle der beiden Schutzwiderstände genügt auch ein in die Zuführung zur Anode gelegter Vorwiderstand. Auch diese Schaltweise ist vor allem bei niedrigeren Spannungen ziemlich verbreitet. Für sehr hohe Spannungen ist sie der Schaltung Abb. 141 unterlegen, weil, solange nur die Anode allein gesichert ist, noch Entladungen zwischen den Ablenkelektroden einerseits und Kathode oder Zylinder andererseits eintreten können. Werden die Ablenkplatten durch den Vorwiderstand mitgesichert, so ergeben sich leicht Rückwirkungen infolge des Spannungsabfalles am Schutzwiderstand auf die Strahlstellung. Die Schaltweise der Schutzwiderstände wie in Abb. 141 ist daher besonders zu empfehlen. Die Anordnung der Schutzwiderstände in unmittelbarer Nähe der Röhre hat den Vorteil, daß die Leitungsteile, insbesondere zur Konzentrationselektrode verhältnismäßig wenig ausgedehnt sind, so daß kapazitive Einstreuungen von außen her, z. B. durch benachbarte Lichtnetze oder ähnliches keine Spannungen kritischer Größe entstehen lassen.

Im Interesse definierter Verhältnisse soll grundsätzlich eine Erdung der Stromquelle vorgenommen werden. Die vom Verstärkerbau her naheliegende Erdung am Kathodenpunkt, die den Vorteil hat, daß die zur Heizung evtl. benutzten Akkumulatoren auf Erdpotential gebracht werden, kommt bei Braunschen Röhren nur in Betracht, wenn die Röhren ohne elektrostatische Strahlablenkung betrieben werden. Bei Anwendung elektrostatischer Strahlablenkung wird fast durchweg die Anodenseite geerdet wie in Abb. 141. Auf diese Weise können auch die Ablenkplatten und vor allem die verschiedenen, mit diesen verbundenen, oft sehr ausgedehnten Schaltungen auf Erdpotential gebracht werden.

Um die Braunsche Röhre auf Grund der Schaltung Abb. 141 in Betrieb zu setzen, ist zunächst vorsichtig die Kathode auf die erforderliche Temperatur zu bringen, evtl. unter Verwendung eines in den Heizkreis geschalteten Amperemeters. Absichtlich ist in den Heizkreis kein gesonderter Schalter gelegt. Auf diese Weise ist man gezwungen, den Heizregler bei Ausschaltung wieder zurückzudrehen, so daß zwangsläufig die schon oben erwähnten Überheizungen vermieden werden, die bei plötzlicher Wiedereinschaltung entladener Akkumulatoren infolge stattgefundener Erholung nur zu leicht entstehen. Erst nach Einregelung der Heizung soll durch den Doppelschalter gleichzeitig Anodenspannung und Potentiometerspannung angelegt werden.

Mit Hilfe des an einem Teil der Batterie liegenden Potentiometers gelingt es leicht, die günstigste Spannung für die Konzentrationselektrode zu ermitteln, bei der größte Fleckhelligkeit und gute Strahlkonzentration besteht. Die Möglichkeit stetiger Regulierung der Zylinderspannung soll bei allen Anlagen gegeben sein, wo es darauf ankommt, große Fleckschärfen zu erreichen und nicht darauf, die Anzahl der Bedienungsgriffe auf ein Minimum zu beschränken. Zweckmäßig ist es, den Regulierungsbereich für die Spannung der Konzentrationselektrode durch Einschaltung eines konstanten Widerstandes in Reihe mit dem Potentiometer oder durch Einführung eines Anschlages zu beschränken, damit die für die Kathode unzuträglichen Betriebszustände grundsätzlich vermieden werden, bei denen der Zylinder keine oder nur schwach negative Spannung besitzt. Die optimale Vorspannung für die Konzentrationselektrode liegt je nach den Durchgriffsverhältnissen etwa bei einer negativen Vorspannung von dem Betrage von $^1/_{10}$ bis $^1/_5$ der Anodenspannung.

Um mit der Schaltung Abb. 141 eine Wehnelt-Zylinder-Lichtsteuerung zu bewirken, ist es nur notwendig, die Steuerwechselspannung über eine Kapazität an die Klemme K zu führen. Da der Generator der Steuerwechselspannung meist einpolig geerdet sein wird, muß darauf geachtet werden, daß diese Kapazität für so hohe Prüfspannungen hergestellt wird, daß sie durchschlagssicher die volle Beschleunigungsspannung der Braunschen Röhre mit aushält. Die Größe dieser Kapazität ist so zu wählen, daß der kapazitive Spannungsabfall der Lichtsteuerfrequenz an ihr klein bleibt gegenüber dem Ohmschen Spannungsabfall an dem mit $5 \cdot 10^5$ Ohm gegebenen Schutzwiderstand des Zylinderkreises. Sehr große Kapazitäten (von über 1 Mikrofarad und mehr) sollten speziell bei Betrieb mit höheren Anodenspannungen an dieser Stelle nicht zur Anwendung kommen, weil deren Ladeströme bereits intensive Gasdurchschläge verursachen können, die zu einer Zerstörung der Röhre führen.

Infolge der guten Kontrollierbarkeit aller Spannungen ist die Schaltung Abb. 141 geeignet zur Aufnahme der Anodenstrom-Zylinderspannungscharakteristik der Braunschen Röhre, wie überhaupt zu Messungen an der Braunschen Röhre.

Eine weitere, vereinfachte Anschlußschaltung, bei der die Vorspannung der Konzentrationselektrode als durch den Anodenstrom selbst verursachter Spannungsabfall an einem Vorwiderstand abgenommen wird, ist in Abb. 142 abgebildet. Die Abhängigkeit der Zylinderspannung vom jeweiligen Anodenstrom ist insofern ein Vorteil, als durch die automatisch bei Anodenstromzunahme einsetzenden stärker negativen Vorspannungen die Anodenstromzunahme abgeschwächt wird. Diese Schaltweise ist speziell dort zu empfehlen, wo mit plötzlichen Änderungen der Anodenspannung (wie z.B. beim Anschluß an Lichtnetze) gerechnet werden muß. Die Beschleunigungsspannung zwischen Kathode und Anode, die die Endgeschwindigkeit der Elektronen und damit die Empfindlichkeit des Elektronenstrahles bedingt, ist bei dieser Schaltweise naturgemäß etwas verschieden, je nach der Zylinderspannung. Bei Braunschen Röhren mit großer Steilheit der Anodenstrom-Zylinderspannungscharakteristik betragen jedoch die zur Hell-Dunkelsteuerung erforderlichen Zylinderspannungsänderungen kaum mehr als 10—20 V; besonders, wenn hohe Anodenspannungen zur Anwendung kommen, bleibt die prozentuale Geschwindigkeitsänderung durch die Regulierung der Zylinderspannung in dieser Schaltung so klein, daß die Empfindlichkeit der Braunschen Röhre als unabhängig von der jeweiligen Zylinderspannungseinstellung angesehen werden kann.

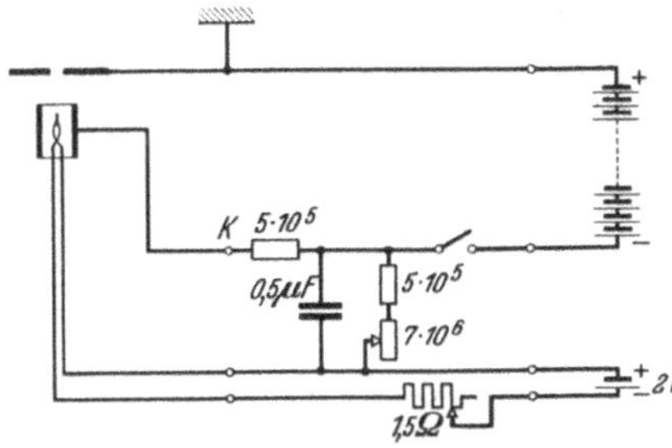

Abb. 142. Vereinfachte Schaltung mit anodenstromabhängiger Zylinderspannung.

In Serie mit dem veränderlichen Hochohmwiderstand ist in der Schaltung Abb. 142 ein konstanter Widerstand gelegt, um den Regulierbereich für die Zylinderspannung einzuschränken. Gerade mit Rücksicht auf die oben besprochene Eichfähigkeit Braunscher Röhren in dieser Schaltung ist diese Begrenzung empfehlenswert.

Der Überbrückungskondensator, der in fast allen weiter unten angegebenen Netzschaltungen gezeichnet ist, erscheint bei Batteriebetrieb nicht notwendig. Er ist jedoch vorgesehen, um bei Vornahme einer Wehnelt-Zylinder-Lichtsteuerung die Rückwirkung der Anodenstromänderungen auf die Zylinderspannung, die zu einer Verflachung der Steuercharakteristik führt, dynamisch zu verhindern. Die Dimensionierung ist in Abb. 142 so angegeben, daß erst bei Steuerwechselspannungen von unter etwa 20 Hertz die Steilheit der Steuerkennlinie merklich abnimmt.

Der Betrieb aus Trockenbatterien wird, wie schon oben erwähnt, unrentabel, wenn Spannungen von einigen tausend Volt notwendig werden. In solchen Fällen ist es ratsamer, die Leistungen, die rationell aus Akkumulatoren oder Trockenbatterien in Form stärkerer Ströme bei niedrigen Spannungen zur Verfügung stehen, mit Hilfe bekannter Umformungseinrichtungen überzuführen in solche höherer Spannung bei entsprechend kleinerem Strom.

Um die schon oben angedeutete Umformung der Gleichspannung vorzunehmen, ist es zunächst notwendig, den Gleichstrom in Wechselstrom umzuwandeln. Hierzu existieren eine Reihe Möglichkeiten, die nacheinander besprochen werden sollen.

Eine sehr einfache Methode, um Wechselstrom aus einem Akkumulator herzustellen, ist durch den sog. Pendelumformer nach Falkenthal gegeben. Ein solcher Pendelumformer, wie er beispielsweise in Abb. 143 abgebildet ist, liefert bei richtiger Einstellung der Unterbrecherkontakte einen leidlich konstanten Wechselstrom von etwa 500 Perioden. Dieser Strom kann vorzüglich dazu benutzt werden, um durch ein Netzanschlußgerät und durch ein Gleichrichtergerät, wie es beispielsweise Abb. 144 zeigt, die hohe Gleichspannung herzustellen. An einer Niedervoltwicklung auf der Sekundärseite des Transformators ist die Kathode der Gleichrichterröhre angeschlossen.

Abb. 143. Pendelumformer nach Falkenthal zur Wechselstromherstellung aus Akkumulatoren.

Die Konstanz des erhaltenen Wechselstromes ist ausreichend, um die Gleichrichterröhre genügend gleichmäßig zu heizen. Sie ist jedoch nicht ausreichend, um mit Hilfe einer weiteren Sekundärwicklung auch den Heizstrom für die Braunsche Röhre zu liefern.

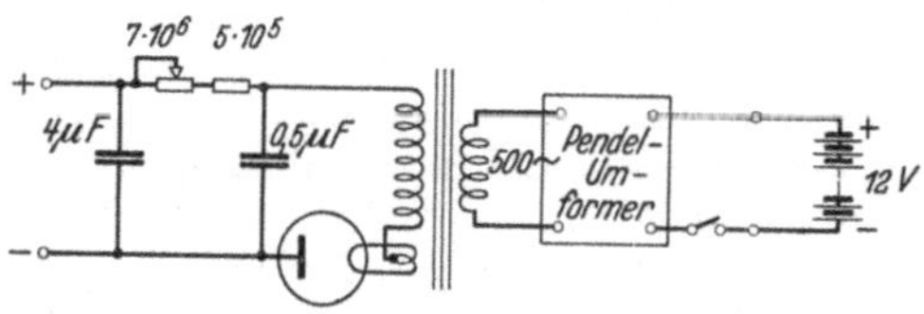

Abb. 144. Pendelumformer-Vorsatzgerät zur Erzeugung hoher Gleichspannungen.

Um die Unregelmäßigkeiten der vom Pendelumformer gelieferten Wechselspannung auszugleichen, muß eine Siebkette mit außerordentlich tiefer Grenzfrequenz vorgesehen werden. Diese Forderung läßt sich bei den kleinen Strömen leicht erfüllen. Mit einer einfachen Widerstand-Kondensatorkette, wie sie in Abb. 144 vorgesehen ist, läßt sich erreichen, daß keine Schwankungen entstehen können, die schneller verlaufen als mit einer Periodendauer von etwa 20 sec. Für Meßzwecke und für die Aufnahme von Oszillogrammen sind in der Regel sehr viel kürzere Aufnahmezeiten gegeben, so daß diese Beruhigung unbedingt ausreichend ist. Das Vorsatzgerät Abb. 144 ersetzt lediglich die Anodenbatterie der Abb. 142. Durch Regelung des veränderlich gezeichneten Widerstandes kann in gewissen Grenzen die von dem Vorsatzgerät gelieferte Spannung variiert werden.

Für die rationelle Erzeugung hoher Spannungen aus Batterien sind Hochfrequenzschaltungen gut geeignet, auf die im Rahmen des folgenden Abschnittes eingegangen wird.

Auch die weiter unten angedeuteten Einrichtungen, bei denen der Gleichstrom durch Kippschwingungen und Wechselrichterschaltungen in den zur Transformation erforderlichen Wechselstrom umgewandelt wird, kommen grundsätzlich in Verbindung mit Batterien in Frage.

2. Geräte für Gleichspannungsnetze.

In der Batterieschaltung Abb. 142 kann grundsätzlich an Stelle der Batterien auch das Gleichstromnetz angeschlossen werden. Lediglich ist dann die Erdung fortzulassen bzw. zuvor festzustellen, ob einer der Gleichspannungspole netzseitig fest geerdet ist. Meist ist die der Gleichspannung überlagerte Wechselspannung in ihrer Amplitude so klein (1—2% der Gleichspannung), daß es nicht notwendig ist, besondere Beruhigungsglieder vorzuschalten.

Grundsätzlich hat der Betrieb aus Lichtnetzen zur Folge, daß die mittlere Höhe der gelieferten Spannungen je nach Tageszeit und Belastung im Verbraucherkreis schwankt. In einzelnen Fällen betragen diese Schwankungen bis zu 10% und mehr. Es empfiehlt sich daher, bei Netzgeräten die Zylinderspannung nicht unabhängig von der Anodenspannung zu erzeugen. Die plötzlichen Spannungsstöße, die den Verlauf von Oszillogrammen infolge Empfindlichkeitsbeeinflussung verändern können, gleichen sich bei den meisten unten wiedergegebenen Netzschaltungen genügend langsam aus. Falls keine Glimmstreckenstabilisatoren oder sonstige Regler zur Abgleichung der Netzspannung vorgesehen sind, ist es notwendig, die Empfindlichkeit der Braunschen Röhre durch eine Spannung bekannter Größe oder durch ein Magnetfeld bekannter Größe jeweils vor der Benutzung zu eichen, wenn Präzisionsmessungen mit der Röhre ausgeführt werden sollen.

Grundsätzlich ist für die direkte Entnahme der Gleichspannung aus dem Lichtnetz festzustellen, daß bei einer Netzspannung von 220 V der Verwendungsbereich der Röhre wegen der erzielbaren Schreibgeschwindigkeiten sehr stark eingeschränkt ist, daß bei 110 V Netzspannung jedoch ohne eine Umformung auf höhere Spannung überhaupt nicht auszukommen ist. Diese Umformung wird am einfachsten durch einen Motorgenerator erreicht. Diese Anordnung bietet den betrieblichen Vorteil, daß die Anodenspannung der Röhre stetig in weiten Grenzen geregelt werden kann durch Änderung der Felderregung des Hochspannungsgenerators. Nachteilig sind der hohe Preis und die umständliche Bedienung des Hochspannungsgenerators. Die Verwendung von Hochspannungsmaschinen empfiehlt sich nur dann, wenn bereits für andere Zwecke derartige Aggregate vorhanden sind.

Ein anderer Weg besteht darin, die Gleichspannung durch rotierende oder ruhende Umformer in Wechselspannung umzuwandeln, bei denen dann auf der Wechselstromseite die Wechselstrom-Netzanschlußgeräte anzuschließen sind, die im folgenden Abschnitt näher beschrieben werden. Eine solche Betriebsweise hat den Vorteil, daß der Heizstrom entsprechend den unten wiedergegebenen Wechselstromschaltungen ebenfalls vom Lichtnetz geliefert wird.

Als ruhender Umformer kommen die neuerdings herausgebrachten sog. Wechselrichter in Frage, die mit Hilfe von Thyratronröhren einen sinusförmigen Wechselstrom von 50 Perioden erzeugen, der sich durch gute Konstanz auszeichnet.

Abb. 145 zeigt die Schaltung eines selbsterregten Gegentaktwechselrichters [1], die eine Umkehrung des Einphasenvollweg-Gleichrichters darstellt. Zwei Thyratronröhren arbeiten im Gegentakt so, daß einmal die linke Hälfte und dann die rechte Hälfte der angeschlossenen Transformatorwicklung stromdurchflossen sind. Die Gitter können dabei durch einen besonderen Taktgeber oder einen Kollektor gesteuert werden. Meistens wird man jedoch mit „Selbststeuerung" arbeiten, d. h. die Primärwicklung des eingezeichneten Gittertransformators wird an die erzeugte Transformatorspannung angeschlossen. Die Frequenzregelung erfolgt durch Phasenschiebung am Gittertransformator. Der Wechselrichter steuert sich dann selbst. Die Kommutierung wird unterstützt durch den Löschkondensator C, der für die Dauer der Entionisierung die Anodenspannung von dem zu löschenden Entladungsgefäß fortnimmt. Die Schaltungsabmessungen sind so zu wählen, daß etwa 50 ~ entstehen.

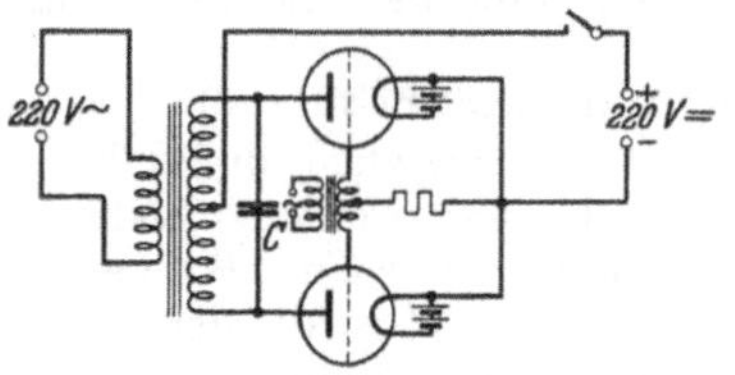

Abb. 145. Selbsterregter Gegentakt-Wechselrichter.

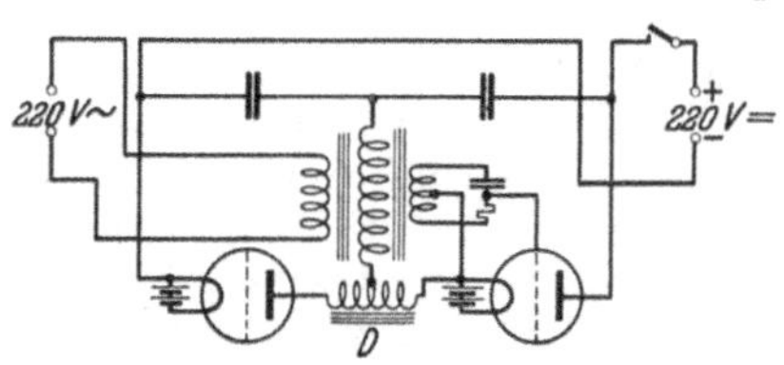

Abb. 146. Speicherwechselrichter.

Eine andere Art der Wechselrichterschaltung ist die in Abb. 146 angegebene, selbsterregte Speicherwechselrichterschaltung. Zwei als Energiespeicher dienende Kondensatoren werden über gittergesteuerte Gleichrichter abwechselnd ge- und entladen. Der Kondensatorstrom ist ein Wechselstrom, der entweder direkt oder wie in dem gezeichneten Fall über einen Transformator geführt wird. Eine in der Schaltung vorgesehene Drossel D erleichtert die Kommutierung. Die Steuerung ist hier ebenfalls als Selbststeuerung ausgeführt.

Eine weitere, ohne mechanisch bewegte Teile arbeitende Umformereinrichtung ist in Abb. 147 dargestellt. Hier wird vom Gleichstromnetz ein normaler Hochfrequenzsender betrieben, dessen Schwingungskreis mit einer Teslaspule gekoppelt ist. Für die jeweilige Ausgestaltung des Senders stehen natürlich alle durch die Hochfrequenztechnik gegebenen Möglichkeiten offen. Die hochgespannte Hochfrequenz an der Teslaspule läßt sich durch einen zur Sekundärseite parallel liegenden Drehkondensator kleiner Maximalkapazität einfach und stetig variieren. Die Gleichrichtung geschieht über eine normale Röhre, die zweckmäßig nicht mit Hochfrequenz, sondern über einen von den übrigen Teilen der Schaltung getrennten, isolierten Akkumulator geheizt wird. Zur Ausgleichung der im Lichtnetz enthaltenen Wechselspannungskomponente bestehen zwei

[1] Laub, H.: „Stromrichter", E. u. M. Bd. 50 (1932) Heft 23 S. 332.

Möglichkeiten. Entweder muß die Beruhigung schon vor dem Anodenkreis des Senders erfolgen, oder aber es wird auf eine Beruhigung der Anodenspannung des Senders verzichtet; der Sender erzeugt dann modulierte Hochfrequenz, und die Schwankung muß durch eine größere Kapazität (Größenordnung 0,1 Mikrofarad) hinter der Gleichrichterröhre ausgeglichen werden. Die letztere Schaltweise ist bequemer. Ihr fehlt jedoch der Vorteil des zuerst genannten Weges, daß auch auf der Gleichspannungshochvoltseite eine Gefährdung durch Berührung nicht eintreten kann, da infolge der geringen Kreiskapazität die im Augenblick der Berührung zur Verfügung stehenden Leistungen gering sind. Im Gegensatz zu allen anderen unten besprochenen Netzanschlußschaltungen lassen die Hochfrequenzumformer ohne Gefahr eine Berührung der noch nicht gleichgerichteten Hochspannung zu. Wegen ihrer etwas komplizierten Schaltweise und wegen der Gefahr von Störungen durch stattfindende Abstrahlung, der nur durch sorgfältige Abschirmung aller Teile begegnet werden kann, haben die Geräte mit Hochfrequenz keine sehr erhebliche Verbreitung erlangt.

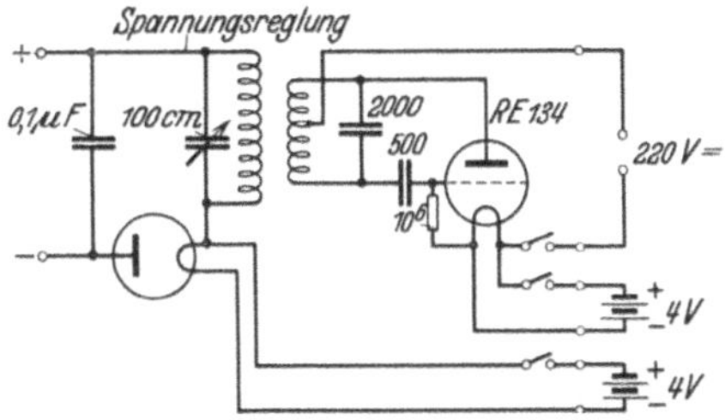

Abb. 147. Hochfrequenz-Vorsatzgerät zur Erzeugung hoher Gleichspannung.

Alle im vorhergehenden beschriebenen Schaltungen für die Entnahme hoher Anodenspannung aus dem Gleichstromnetz zeigen in ihrem Aufbau ein Wechselspannungsglied. Die Entnahme der Anodenhochspannung aus einem Wechselstromlichtnetz ergibt also keine grundlegenden Unterschiede. Der Aufbau eines Wechselspannungsnetzgerätes führt sogar zu einfacheren Lösungen.

3. Wechselstromnetzgeräte.

Soweit es sich um die Erzeugung von Spannungen bis zu 500 V handelt, genügen die aus der Rundfunktechnik hinreichend bekannten Netzanschlußgeräte oder Netzteile. Mit Rücksicht auf die geringe Stromentnahme reicht durchweg Einweg-Gleichrichtung aus. Durch Umschaltung von Rundfunknetzgeräten von der hier üblichen Vollweg-Gleichrichtung auf Einwege-Gleichrichtung kann unter Beibehaltung der gleichen Einheiten mehr als das Doppelte der bei Vollweg-Gleichrichtung erreichten Spannung erhalten werden. Selbstverständlich muß bei den Beruhigungskondensatoren — evtl. durch Hintereinanderschaltung vorher parallel liegender Kapazitäten — dafür gesorgt werden, daß die Kapazitäten die höhere Spannung ohne Durchschlag aushalten. Eine

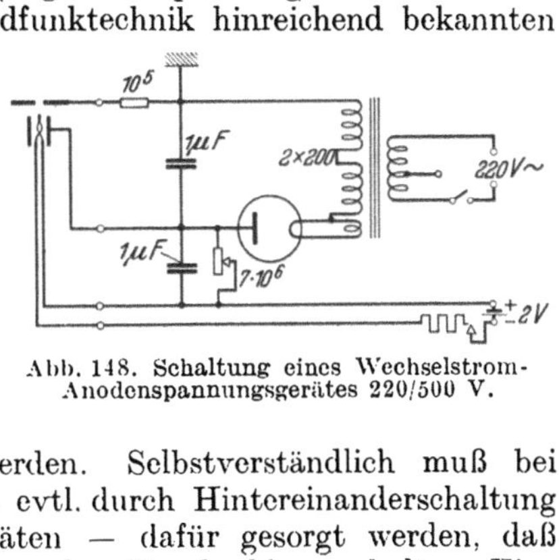

Abb. 148. Schaltung eines Wechselstrom-Anodenspannungsgerätes 220/500 V.

einfache Wechselstrom-Netzanschlußschaltung, bei der normale Rundfunkteile zur Anwendung kommen, ist in Abb. 148 abgebildet. Die Heizung erfolgt hier noch aus einem Akkumulator. Besitzt die verwendete Röhre eine Wechselstromkathode, so kann auch für die Kathodenheizung eine Wicklung auf den Netztransformator aufgebracht werden. Im übrigen sind bei der Schaltung Abb. 148 die Gesichtspunkte berücksichtigt, die bereits oben zur Genüge besprochen wurden. Ein praktisch ausgeführtes Gerät mit der Schaltung Abb. 148 ist in Abb. 149 abgebildet. Die verschiedenen Regelgriffe sind leicht zugänglich. Der Kasten des Gerätes trägt die Röhrenfassung. Durch entsprechende Anordnung des Transformators im Gerät ist dafür gesorgt, daß sein Streufluß keine Strahlbeeinflussungen verursacht.

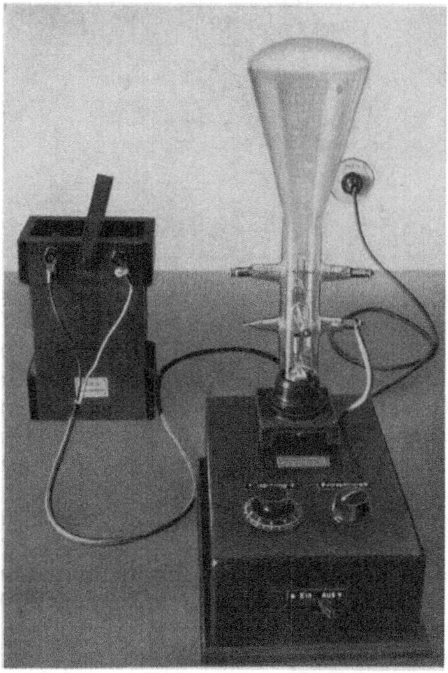
Abb. 149. Wechselstrom-Anodenspannungsgerät mit Röhrenfassung.

Die Schaltung eines Wechselstrom-Netzanschlußgerätes, das sämtliche Betriebsspannungen einschließlich der Heizspannung liefert, ist in Abb. 150 gezeichnet. Durch einen Umschalter werden verschiedene Abgriffe von der Hochspannungswicklung des Netztransformators gewählt. Bei dem Abgriff für besonders hohe Spannungen ist ein Schutzwiderstand von $5 \cdot 10^5$ Ohm vorgesehen, der nur in den Fällen zu überbrücken ist, wo höchste Schreibgeschwindigkeit von der Röhre verlangt werden.

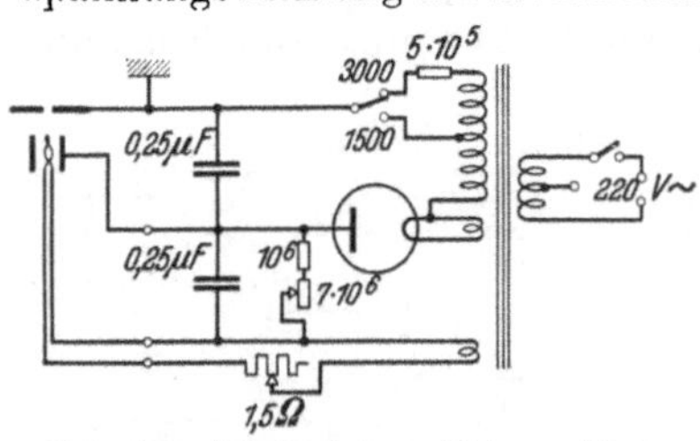

Abb. 150. Wechselstrom-Netzanschlußgerät für sämtliche Betriebsspannungen.

Die Spannung der Wicklung für die Kathode der Braunschen Röhre ist zweckmäßig nur wenig höher zu wählen, als die für die Kathode höchstzulässige Spannung. Man vermeidet durch diese Dimensionierung ein Durchbrennen der Kathode bei kurzzeitigen Fehleinstellungen. Die gesamte Beruhigung erfolgt durch die beiden vorgesehenen Kondensatoren. Auf besondere Schutzwiderstände kann bei dieser Schaltung verzichtet werden, solange Beruhigungskapazitäten von dem angegebenen Werte benutzt werden.

Voraussetzung ist lediglich, daß Transformator und Gleichrichterröhre nur Ströme hergeben, die in der Größenordnung von einigen Milliamperes liegen. Zur Gleichrichtung der hohen Spannungen eignen sich

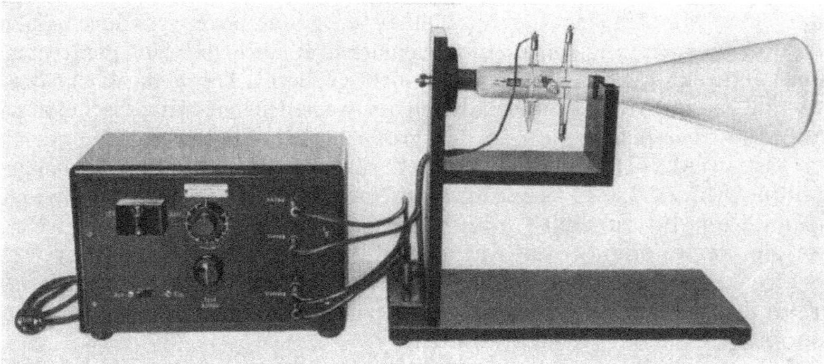

Abb. 151. Wechselstrom-Netzanschlußgerät für 1500/3000 V Anodenspannung, Heizung und stetig einstellbare Zylinderspannung (Leybolds Nachf. A.G.).

die früher für Verstärkungszwecke angewendeten Röhren mit reinen Wolframkathoden und getrennter Anoden- und Gitterausführung. Die

Abb. 152. Großes Netzanschlußgerät für Anodenspannungen bis zu 4000 V.

Wolframkathode mit ihrer geringen Emission bringt zwangsläufig die erwünschte Strombegrenzung und bedingt gleichzeitig eine Vergrößerung der Aufladezeit. Die Aufladezeit liegt bei der besprochenen Dimensionierung in der Größenordnung einer halben Sekunde. Diese Zeit genügt für direkt geheizte Wechselstromkathoden, um zu erreichen, daß die Anodenspannung erst dann hohe Werte erreicht, wenn die Kathode bereits ihre Betriebstemperatur besitzt. Bei Röhren mit temperaturträgeren Kathoden, beispielsweise bei indirekt geheizten Kathoden mit Anheizzeiten von einer Minute, liegt der einfachste Weg zur späteren Einschaltung der Anodenspannung darin, die Gleichrichterröhre des Netzgerätes mit einer indirekt geheizten Kathode noch größerer Trägheit auszurüsten.

Ein Netzgerät, dessen Schaltung im wesentlichen mit der Schaltung Abb. 150 übereinstimmt, und das große praktische Verbreitung erlangt hat, ist in Abb. 151 links abgebildet. Als weiteres Ausführungsbeispiel ist in Abb. 152 ein Metallkasten-Netzgerät für mehrere Anodenspannungen bis zu 4000 V abgebildet. Durch den vollkommenen Netzbetrieb, der es erlaubt, die Kathodenstrahlröhre durch Betätigung eines einzigen Schalters arbeitsfähig zu machen, ist die Kathodenstrahlapparatur in eine Form gebracht, die allen Anforderungen genügt, die an Betriebsinstrumente gestellt werden.

II. Empfindlichkeitssteigerung durch Verstärker.

Die Empfindlichkeit Braunscher Röhren schwankt je nach angewendeter Anodenspannung und Plattenformat zwischen etwa 2,0 und 0,2 mm pro Volt. Um mit diesen Empfindlichkeiten Fluoreszenzfiguren zu erhalten, die die Größe von 10 cm erreichen, d. h. die sich ziemlich vollständig über den Fluoreszenzschirm erstrecken, sind daher Schwankungen der Momentanwerte zugeführter Spannungen erforderlich, die ein Intervall von 50—500 V umfassen. Handelt es sich um sinusförmige Spannungen, die die erwähnte Aussteuerung bewirken sollen, so sind für Braunsche Röhren mit der Empfindlichkeit 0,2 mm pro Volt Wechselspannungen von etwa 200 V_{eff} und für Röhren mit der Empfindlichkeit 2 mm pro Volt Wechselspannungen von 20 V_{eff} zur Strahlablenkung über den ganzen Schirm notwendig. Nicht immer stehen Spannungen dieser Größen zur Verfügung. Entweder wird es in solchen Fällen notwendig, sich mit kleineren Fluoreszenzfiguren zu begnügen, bei denen schließlich die Meßgenauigkeit zu klein wird, oder aber es werden Verstärker erforderlich, die die zur Verfügung stehende Meßspannung so verstärken, daß schließlich Spannungen der genannten Größe zur Vollaussteuerung durch den Meßvorgang gegeben sind.

Die Verstärker zur Empfindlichkeitssteigerung von Kathodenstrahleinrichtungen müssen nicht nur den erforderlichen Verstärkungsgrad besitzen, der sich aus dem Quotienten von Aussteuerspannung der Braunschen Röhre und zur Verfügung stehender Meßspannung berechnet, sondern dürfen auch keinerlei Verzerrungen der Kurvenform des jeweiligen Spannungsverlaufes entstehen lassen. Die Anforderungen, die in dieser Hinsicht gestellt werden müssen, sind wesentlich größer, als sie an den Verstärkerbau für elektroakustische und hochfrequenztechnische Zwecke normalerweise gestellt werden.

Beeinflussungen, d. h. Verzerrungen des Spannungsverlaufes durch die Verstärker können durch ihre Frequenzabhängigkeiten und durch ihre Amplitudenabhängigkeiten entstehen.

Damit durch Frequenzabhängigkeiten keine Kurvenformveränderungen erfolgen, ist es notwendig, daß der Verstärker ein- und denselben Verstärkungsgrad bei allen Frequenzen besitzt, die in der zugeführten Meßspannung als Komponenten enthalten sind. Kommen Komponenten unter etwa 25 Hertz vor, sollen insbesondere auch sehr langsame Änderungen von Ruhewerten mitverstärkt werden, so ist es notwendig, die Empfindlichkeitssteigerung mit Hilfe von Gleichstromverstärkern vorzunehmen. Kommen im Frequenzgemisch keine Frequenzen unter 25 Hertz vor, so können die üblichen Wechselstromverstärkerschaltungen eingesetzt werden. Die Ausgestaltung des Verstärkers wird um so schwieriger, je größer das zu berücksichtigende Frequenzband ist. Die Konstanz des Verstärkungsgrades über weite Frequenzbereiche läßt sich durch Anwendung der Widerstandskopplung erreichen, die bei richtiger Dimensionierung eine weitgehende frequenzunabhängige Kopplung der Verstärkerstufen liefert.

Die Amplitudenabhängigkeit des Verstärkers hängt in erster Linie von der Linearität der letzten Stufe des Verstärkers ab, weil hier die weitaus größten Steuerwechselspannungen gegeben sind. Von der letzten Röhre des Verstärkers ist zu verlangen, daß sie unverzerrt Sinusspannungen von 20—200 V_{eff}, je nach der Empfindlichkeit der Braunschen Röhre, abzugeben in der Lage ist. Diese Forderung ist ungewöhnlich und nicht ganz leicht zu erfüllen. Aus diesem Grunde soll in den folgenden Zeilen näher auf die Dimensionierung der letzten Stufe eingegangen werden. Ausgangspunkt für die Dimensionierung einer Verstärkerstufe sind die charakteristischen Daten des Gliedes, an das die Anpassung der Rohre vorzunehmen ist. In dem vorliegenden Falle ist die Anpassung an den Plattenwiderstand der Braunschen Röhre durchzuführen. Oben wurde eingehender ausgeführt, daß mit Rücksicht auf die Plattencharakteristik keine Kopplungswiderstände angewendet werden sollten, die oberhalb 10^5 Ohm bei den normalen gasgefüllten Röhren liegen bzw. oberhalb 10^6 Ohm bei Röhren mit verringertem Strom zu den Ablenkplatten. Zweckmäßig wird der Kopplungswiderstand durch einen belastungsunabhängigen, rein Ohmschen Widerstand gebildet, der auch schon mit Rücksicht auf seine Frequenzunabhängigkeit besonders vorteilhaft erscheint. Die Ankoppelung der Braunschen Röhre unter Anwendung einer Drossel oder eines Transformators sollte auch in solchen Fällen nicht geschehen, wo hinsichtlich Frequenzabhängigkeiten keine Bedenken bestehen, weil zu leicht schwer kontrollierbare Kurvenverzerrungen, insbesondere bei den großen, in dieser Stufe zu verarbeitenden Amplituden, erfolgen. Die letzte Stufe des Verstärkers ist daher so zu dimensionieren, daß sie eine möglichst große Wechselspannung an einem Widerstand von 10^5 Ohm bzw. 10^6 Ohm bei den erwähnten Spezialröhren unverzerrt entstehen läßt.

Bei der Güte moderner Verstärkerröhren lassen sich in Verbindung mit Anodenwiderständen der Größenordnung 10^5 Ohm Arbeitskennlinien verwirklichen, die in weiten Grenzen linear verlaufen [1]. Der Ohmsche Anodenwiderstand bleibt groß gegenüber den inneren Widerständen

[1] Vgl. M. v. Ardenne: Der Bau von Widerstandsverstärkern, 2. Aufl. S. 43. Berlin: R. C. Schmidt 1927.

weiter Bereiche der Kennlinie moderner Röhren. Die Folge hiervon ist, daß seine lineare Gesetzmäßigkeit fast ausschließlich den Verlauf der Kennlinie bestimmt, d. h. daß die Kennlinie in weiten Bereichen fast ideal geradlinig verläuft. Der Einfluß des Anodenwiderstandes auf die Krümmung der Arbeitskennlinie findet sich in einer früheren Arbeit diskutiert [1], auf die in diesem Zusammenhang hingewiesen werden soll. Die maßgebenden Kennlinien bei einem Anodenwiderstand von 10^5 Ohm sind in Abb. 153 an dem Beispiel der Telefunkenröhre REN 1104 für verschiedene Anodenspannungen gezeichnet. Für andere moderne Batterie- oder Netzröhren mit dem Durchgriff von etwa 10% verläuft die Kennlinie fast genau ebenso. Der Bereich völliger Linearität der Kennlinien ist in Abb. 153 stark ausgezogen. Ebenfalls ist auch der durch die Mitte dieses Bereiches gegebene günstigste Arbeitspunkt gekennzeichnet. Als weiterer Ordinatenmaßstab ist in Abb. 153 der den verschiedenen Anodenstromwerten entsprechende Spannungsabfall am Anodenwiderstand eingetragen. Es ist daher möglich, aus dieser Darstellung unmittelbar abzulesen, in welchem Spannungsintervall die Röhre in Verbindung mit dem Anodenwiderstand von 10^5 Ohm linear arbeitet. Untere Begrenzung durch beginnende Kennlinienkrümmung und obere Begrenzung des Aussteuerbereiches durch Gitterstromeinsatz bewirken, daß bei 700 V Anodenspannung das unverzerrt ausnutzbare Spannungsintervall etwa 560 V beträgt. Bei dieser hohen Anodenspannung besteht also das günstigste Ergebnis, daß fast 80% der Spannung der Anodenstromquelle ausgenutzt werden können. Mit Sinken der Anodenspannung nimmt dieser Prozentsatz ziemlich schnell ab. Bei 500 V Anodenspannung beträgt der unverzerrt ausnutzbare Spannungsbereich etwa 370 V, bei 300 V Anodenspannung etwa 190 V, bei 200 V Anodenspannung etwa 100 V und bei 100 V Anodenspannung schließlich nur etwa 10 V. Aus den gegebenen Beispielen kann durch Interpolation die Anodenspannung entnommen werden, die zum mindesten die letzte Stufe des Verstärkers bei der jeweiligen Empfindlichkeit der Braunschen Röhre besitzen muß. Um beispielsweise eine Fluoreszenzfigur von 10 cm Durchmesser bei einer Empfindlichkeit der Braunschen Röhre von 0,2 mm pro Volt unverzerrt entstehen zu lassen, muß die Anodenspannung der Endstufe des Verstärkers mindestens 650 V betragen, bei der Empfindlichkeit von 0,5 mm pro Volt mindestens 310 V, bei einer

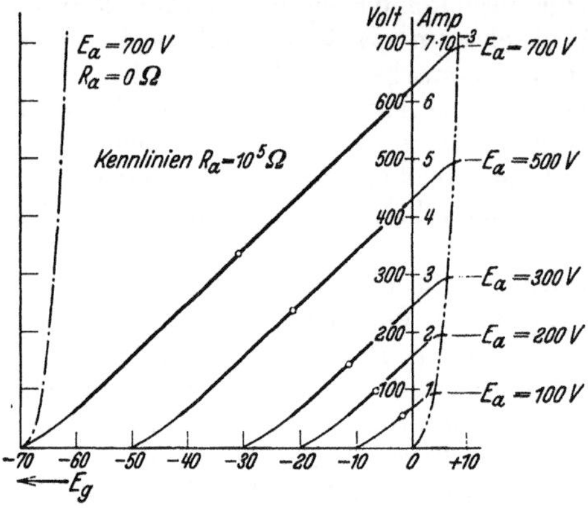

Abb. 153. Arbeitskennlinien der Röhre REN 1104 bei einem Anodenwiderstand von 10^5 Ohm und verschiedenen Anodenspannungen.

[1] Ardenne, M. v.: Über Röhrenverzerrungen bei Verstärkern. Z. techn. Physik Bd. 6 (1927) S. 235f.

Empfindlichkeit von 1 mm pro Volt mindestens 200 V und bei einer Empfindlichkeit von 2 mm pro Volt 150 V. Die angeführten, zum Teil recht hohen Anodenspannungen schaden den normalen Verstärkerröhren nicht, da die Anodenverlustleistungen klein bleiben. Sie erreichen höchstens Werte von 1—2 Watt. Etwa die gleiche Leistung wird auch im Anodenwiderstand in Wärme verwandelt, für den daher ein hochbelastbarer Widerstand zur Anwendung kommen muß. Die im vorstehenden gegebenen Darstellungen und Beispiele werden genügen, um eine richtige und zweckmäßige Dimensionierung der letzten Stufe des Vorverstärkers zu ermöglichen.

Die Verstärkung ist in den linearen Bereichen der Arbeitskennlinien fast immer gleich $\frac{1}{D}$, wobei D der Durchgriff der Verstärkerröhre ist. Der zur Steuerung der letzten Stufe erforderliche Aussteuerbereich der vorletzten Stufe ist entsprechend der stattgefundenen Verstärkung kleiner. Speziell wenn auch die vorletzte Stufe mit der hohen Anodenspannung der Endstufe betrieben wird, ist der resultierende, lineare Aussteuerbereich bei der vorletzten Stufe fast immer viel größer als im Interesse verzerrungsfreier Verstärkung erforderlich. Dies ist auch dann der Fall, wenn in der vorletzten Stufe eine Röhre von kleinerem Durchgriff im Interesse hoher Gesamtverstärkung Verwendung findet.

Bei Einrichtungen, die weitgehendste Frequenzunabhängigkeiten verlangen, werden zweckmäßig auch in den ersten Verstärkerstufen Röhren mit nicht zu kleinem Durchgriff verwendet (nicht unter etwa 8%). In Verstärkern zur Empfindlichkeitserhöhung von Kathodenstrahlanordnungen ist daher meistens in sämtlichen Stufen die gleiche Röhrentype und die gleiche Dimensionierung vorgesehen. Bei Einrichtungen mit hohem Verstärkungsgrad weichen lediglich die letzten Stufen durch Anwendung höherer Anodenspannung evtl. auch durch Netzbetrieb von den vorhergehenden Stufen ab.

1. Vorverstärker für Wechselspannungen.

Die Schaltung und Dimensionierung von Wechselspannungsverstärkern ist in verschiedenen Lehrbüchern [1] so eingehend behandelt, daß eine erneute Darstellung sich erübrigt. Die speziellen Gesichtspunkte für den Bau eichfähiger Röhrenverstärker für Meßzwecke sind bereits früher wiederholt Gegenstand gesonderter Abhandlungen [2] gewesen. Die Methoden zur Prüfung und Eichung von Meßverstärkern sind ebenfalls schon an anderer Stelle [3] eingehend behandelt worden.

Die Verstärker zur Empfindlichkeitserhöhung von Kathodenstrahleinrichtungen werden, wie oben näher begründet wurde, zweckmäßig mit Widerstandskopplung bei gleichmäßiger Dimensionierung aller Stufen

[1] Barkhausen, H.: Elektronenröhren, Bd. 1. Leipzig: S. Hirzel u. H. G. Möller: Die Elektronenröhren. Braunschweig: F. Vieweg & Sohn 1929.

[2] Ardenne, M. v.: Die Elektronenröhre in der Meßtechnik. Referat nach einem Vortrage im Elektrotechnischen Verein Funk 1930, Januarheft 3, und Jauman: Elektrotechn. Z. 1931.

[3] Ardenne, M. v.: Verstärkermeßtechnik. Berlin: Julius Springer 1929.

hergestellt. Eine übersichtliche Methode [1] zur Berechnung von Widerstandsverstärkern mit gleichartigem Stufenaufbau ergibt sich, wenn der Widerstandsverstärker als stark gedämpfter Schwingungskreis aufgefaßt wird.

Widerstandsverstärker, die in dem Frequenzbereich von 100 bis 8000 Hertz frequenzunabhängig arbeiten, sind für Rundfunkzwecke, Tonfilmzwecke und für die Zwecke der Sprechmaschinenwiedergabe in der Technik sehr verbreitet. Durch Vergrößerung der Übertragungskondensatoren zwischen den Röhren, der schließlich durch einsetzende Relaxationsschwingungen eine Grenze gesetzt ist, kann die untere Grenzfrequenz der Widerstandsverstärker bis auf etwa 20 Hertz herabgesetzt werden. Durch Anwendung von Röhren mit geringer Eigenkapazität, mit kleinem inneren Widerstand, und durch Anwendung kleiner Kopplungswiderstände läßt sich die obere Grenzfrequenz ziemlich weit heraufsetzen. Mit normalen Mitteln und normalen Schaltungsaufbauten können Widerstandsverstärker hergestellt werden, die bei sehr erheblichen Verstärkungsziffern frequenzunabhängig von 25 Hertz bis etwa 100 000 Hertz arbeiten. Durch Anwendung besonderer Röhren von Mehrfachröhrenaufbau und ähnlichem lassen sich Verstärker schaffen, deren Verstärkung erst bei Frequenzen von mehr als 10^6 Hertz merklich abfällt. Die Möglichkeiten zu so wirksamer Heraufsetzung der oberen Grenzfrequenzen sind bereits früher [2] ausführlicher behandelt worden. Die Gesichtspunkte, die eine noch weitere Heraufsetzung der Grenzfrequenz bis zu 10^7 Hertz und die Verstärkung beschränkter Frequenzbereiche im Gebiet von etwa $4 \cdot 10^7$ Hertz gestatten, finden sich ebenfalls in einer neueren Arbeit [3]. An Hand der angeführten Literaturstellen dürfte es zweifellos gelingen, die zweckmäßige Schaltung und Dimensionierung solcher Verstärker aufzufinden, die zur Bearbeitung ganz spezieller Aufgaben ungewöhnliche Eigenschaften besitzen müssen. Für die meisten praktisch vorkommenden Aufgaben werden die Verstärker und Verstärkerdimensionierungen ausreichen, die weiter unten im Rahmen dieses Abschnittes ausführlicher besprochen werden. Die Kurvenformverzerrungen, die eintreten, wenn im Frequenzgemisch Meßspannungskomponenten vorkommen, die in der Nähe oder außerhalb der Grenzfrequenz des Verstärkers liegen, sind schwer zu erfassen. Insbesondere die Phasenverzerrungen, die in der Nähe der Grenzfrequenzen des Verstärkers einsetzen, rufen erhebliche Veränderungen des Kurvenverlaufes hervor. Es ist daher grundsätzlich zu vermeiden, die Verstärker in der Nähe ihrer Grenzfrequenzen auszunutzen. Für eine besonders einfache Kurvenform ist die durch obere und untere Frequenzabhängigkeit eines Widerstandsverstärkers verursachte Verzerrung bereits ausführlicher untersucht worden [4].

---

[1] Schlesinger, K.: Der Widerstandsverstärker als Schwingungskreis. ENT 1931 Heft 10 S. 437.

[2] Ardenne, M. v.: Aperiodische Verstärkung von Rundfunkwellen. Z. Hochfrequenztechn. Bd. 33 Heft 5 S. 166.

[3] Ardenne, M. v.: Die aperiodische Verstärkung von ultrakurzen Wellen. Z. Hochfrequenztechn. Bd. 40 (1932) Heft 2.

[4] Schlesinger, K.: Einschaltvorgänge beim Widerstandsverstärker. Z. Hochfrequenztechn. Bd. 38 (1931) Heft 4 S. 144.

In einzelnen Fällen handelt es sich darum, nur schmal begrenzte Frequenzbänder zu verstärken. In diesem Zusammenhang sei beispielsweise auf die Untersuchung modulierter Hochfrequenzschwingungen hingewiesen. Zur Verstärkung sehr schmaler Frequenzbänder können, sowohl bei der Kopplung zwischen den Röhren als auch bei der Ankopplung der Braunschen Röhre abgestimmte Schwingungskreise zur Anwendung kommen. Lediglich ist — evtl. durch künstliche Dämpfung der Kreise — dafür zu sorgen, daß die resultierende Halbwertsbreite des Verstärkers mindestens zwei- bis dreimal so groß wird, wie die Breite des Frequenzbandes der Meßspannung. Ist diese Forderung erfüllt, so sind keine kritischen Veränderungen der Kurvenform durch Frequenzabhängigkeiten und Phasenverzerrungen zu befürchten. Da abgestimmte Verstärker nur für ganz vereinzelte, meist hochfrequenztechnische Aufgaben erforderlich sind, und überdies die entsprechende Dimensionierung abgestimmter Verstärker jedem Hochfrequenztechniker geläufig sein sollte, erübrigen sich an dieser Stelle weitergehende Ausführungen.

Gleichgültig, ob aperiodische oder abgestimmte Verstärker zur Anwendung kommen, stets besteht die Gefahr, daß unkontrollierbare Änderungen des Verstärkungsgrades und Kurvenverzerrungen durch Schwingneigung entstehen. Je größer der Verstärkungsgrad des Vorverstärkers ist, und je größer der Rückkopplungsfaktor, desto eher beginnen Störungen durch Schwingneigung. Bei den üblichen Meßanordnungen mit Braunscher Röhre finden sich in der Regel die mit dem Verstärkerausgang verbundenen Ablenkplatten einschließlich ihrer Zuleitungen unabgeschirmt, andererseits ist aus Bequemlichkeitsgründen meist auch die mit dem Verstärkereingang verbundene Meßanordnung unabgeschirmt; der Rückkopplungsfaktor erreicht bei solchen Aufbauten, insbesondere wenn ein hoher Eingangswiderstand am Verstärker besteht, oft Werte von 10^{-3} oder 10^{-4}, so daß Verstärkungsgrade von 10^3 bzw. 10^4 schon ausreichen, um bei richtiger Phasenlage eine Schwingungserzeugung einzuleiten. Bei Verstärkern mit mehr als zwei Stufen und insbesondere solchen Verstärkern von hohem Eingangswiderstand sind daher die von der Herstellung stabiler Verstärker und Empfänger bekannten Vorsichtsmaßregeln nicht nur auf den Verstärker selbst, sondern auch auf die mit Ausgangs- und Eingangsseite verbundenen Leitungsteile auszudehnen. Um den Rückkopplungsfaktor, der fast immer in erster Linie von den Teilkapazitäten zwischen Ausgangs- und Eingangsseite abhängt, klein zu halten, bestehen verschiedene Möglichkeiten: entweder der Verstärkereingang und alle mit ihm verbundenen empfindlichen Leitungsteile werden abgeschirmt oder der Verstärkerausgang und alle mit diesem verbundenen Leitungsteile. Gleichzeitig ist natürlich der Verstärker selbst nach Möglichkeit vollständig, zum mindesten aber die dem abgeschirmten Ein- oder Ausgang benachbarten Stufen abzuschirmen. Ob besser der Ein- oder Ausgang abzuschirmen ist, hängt von der jeweiligen Anordnung ab. Handelt es sich darum, den Ausgang abzuschirmen, so wird es notwendig, die gesamte Braunsche Röhre metallisch zu umkleiden. Besonders einfach ist diese Abschirmung zu verwirklichen bei Röhrenausführungen mit weitgehender Außenmetallisierung des Kolbens. Der restliche Durchgriff durch die zur Beobachtung des

Fluoreszenzschirmes unabgeschirmt bleibende Fläche ist meist so klein, daß er keine Rolle spielt. Bei Verwendung abgeschirmter stabiler Verstärker und bei Abschirmung von Eingangs- oder Ausgangsseite des Verstärkers gelingt es, stabile Verhältnisse zu verwirklichen, selbst bei Spannungsverstärkungen bis zu 10^7 und 10^8, die wohl das höchste darstellen, was praktisch je von Verstärkern verlangt wird. Bei der Bearbeitung der meisten Aufgaben werden sehr viel kleinere Verstärkungsgrade genügen. In der Mehrzahl der Fälle stehen sogar Meßspannungen von $^1/_2$—1 V und mehr zur Verfügung, dann reicht eine zweistufige Verstärkung bereits aus, um Strahlablenkungen über den ganzen Schirm der Röhre durch die Meßspannungen zu verursachen.

Schaltung und Dimensionierung einer zweistufigen, vollkommen aus dem Lichtnetz betriebenen Verstärkereinheit ist in Abb. 154 abgebildet. Dieser Verstärker besitzt im Maximum eine etwa 70fache Spannungsverstärkung und überträgt gleichmäßig alle Frequenzen zwischen

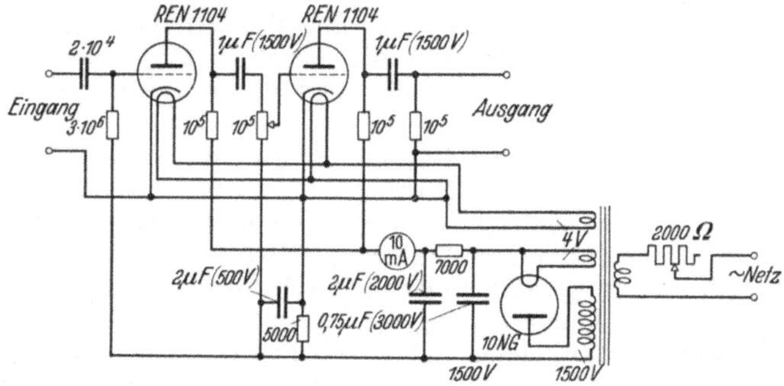

Abb. 154. Schaltung eines Netzvorverstärkers mit 200 V_{eff} unverzerrt abgebbarer Anodenwechselspannung. (Maximale Verstärkung 70; frequenzunabhängig von 25 bis 20000 Hertz.)

etwa 25 Hertz und 20000 Hertz. Die Anodenspannung der Röhren liegt bei etwa 700 V, die Anodenwechselspannung, die der Verstärker unverzerrt abgeben kann, ist daher ausreichend für die Erzielung größter Strahlausschläge, selbst bei unempfindlichen Kathodenstrahleinrichtungen. Sowohl an der Eingangs- wie an der Ausgangsseite ist ein Kapazitätsglied vorgesehen, damit nur die Schwankungsanteile, d. h. die Wechselspannungen aufgezeichnet werden. Zur Eichung des Verstärkers, die am einfachsten nach der unten beschriebenen Methode erfolgt, empfiehlt es sich, den Widerstand im Primärkreis des Netztransformators so einzuregeln, daß am Transformator eine Spannung herrscht, die 10—15% kleiner ist als die Netzspannung. Man hat dann die Möglichkeit, Netzspannungsschwankungen durch Betätigung dieses Widerstandes auszugleichen. Zur Kontrolle der richtigen Einstellung wird der Anodenstrom der beiden Röhren gemessen. Um definierte Verhältnisse herbeizuführen, ist es immer nur erforderlich den Anodenstrom einzuregeln, der im Augenblick der Eichung bestanden hat. Ein Verstärker nach der Schaltskizze Abb. 154 ist in Abb. 155 photographiert. Die Innenansicht des gleichen Modelles ist in Abb. 156 abgebildet. Der Netzteil, der auf seiner

Hochspannungsseite Wechselspannungen von 1000 V aufweist, ist zur Vermeidung von Störungen vom Verstärkerteil metallisch abgeschirmt. Der beschriebene, handliche Netzverstärker hat sich beim Arbeiten im Laboratorium sehr bewährt.

Handelt es sich darum, den Verlauf von Meßspannungen zu untersuchen, die unter 1 V liegen, so empfiehlt es sich, vor den beschriebenen Netzzweifachverstärker einen Batterieverstärker mit der erforderlichen Stufenzahl zu schalten. Die weiteren Vorstufen, auch aus dem Netz zu speisen, ist nur dann zweckmäßig, wenn die Netzteile außerordentlich gut beruhigt werden. Liegen die Meßspannungen so niedrig, daß eine vielstufige Verstärkung vor dem zweistufigen Endverstärker eingesetzt werden muß, so ist es unbedingt ratsam, den Vorverstärker vollkommen aus Batterien zu betreiben.

Abb. 155. Außenansicht des eichfähigen Netzverstärkers mit zwei Stufen.

Die Wechselspannungen, die unverzerrt von der letzten Stufe des Batterievorverstärkers abgenommen werden können, sind in der Regel größer als 1 V, so daß der zweistufige Endverstärker und die Braunsche Röhre voll ausgesteuert werden können. Die obere Grenzfrequenz des Verstärkers Abb. 154 läßt sich auf etwa 100000 Hertz heraufsetzen, wenn an Stelle der Anodenwiderstände von 10^5 Ohm Widerstände (hochbelastbare!) von $3 \cdot 10^4$ Ohm eingesetzt werden. Gleichzeitig ist darauf Wert zu legen, daß das zur Verstärkungsregelung vorgesehene Potentiometer kapazitätsarm ausgeführt ist.

Abb. 156. Innenansicht der Verstärkereinheit.

Infolge der Frequenzunabhängigkeit von Verstärker und Braunscher Röhre bis herab zu sehr tiefen Frequenzen gestaltet sich die Eichung außerordentlich einfach. Die Eichung der Gesamtanlage ist möglich, indem die Braunsche Röhre für sich und auch der Verstärker für sich geeicht werden. Einfacher und genauer ist es, wenn Röhre und Verstärker als Einheit betrachtet und zusammen geeicht werden. Die Eichung kann auf verschiedene Weise geschehen. Sind Verstärker und Braunsche Röhre frequenzunabhängig bis herab zu 50 Perioden, so kann die Eichung mit Hilfe üblicher Wechselstrommeßinstrumente erfolgen. Eine einfache Eichschaltung unter Verwendung von 50-Periodenwechselstrom ist in Abb. 157 abgebildet. Durch den Regelwiderstand R wird ein an einem Weicheiseninstrument ablesbarer Strom eingestellt, der an bekannten Widerständen bekannte Spannungsabfälle — Normalspannungen — entstehen läßt. Durch die vorgesehene Taste werden diese

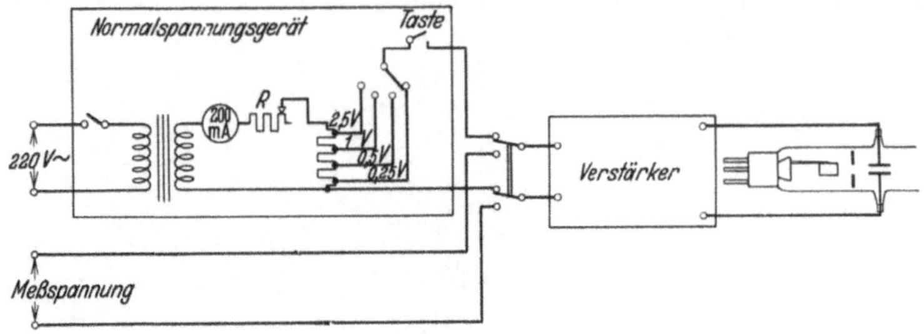

Abb. 157. Eichschaltung unter Verwendung von 50 ∽ Wechselstrom.

Spannungen an den Verstärker gelegt. Mit der Längenbestimmung des auf der Braunschen Röhre entstehenden Fluoreszenzstriches ist die gesamte Eichung der Apparatur erfolgt. Um die bei richtiger Dimensionierung bestehende Linearität nachzuprüfen wie überhaupt um Eichungen bei verschiedenen Verstärkerziffern vornehmen zu können, erweist sich die Anwendung des Normalspannungsgerätes als praktisch (Abb. 158). Mit Hilfe einiger definierter und über mehrere Größenordnungen verteilter Normalspannungen lassen sich die Lautstärkenregler eichen, die in den verschiedenen Verstärkerschaltungen vorgesehen sind. Noch einfacher, aber dafür ungenauer, gelingt die Eichung eines Verstärkungsreglers aus der Messung des Rückganges der Fluoreszenzstrichlänge. Soweit die Röhre linear arbeitet, entspricht die Abnahme der Fluoreszenzstrichlänge direkt der Abnahme des Verstärkungsgrades.

Abb. 158. Eichspannungsgerät.

Eine andere Eichmethode, die lediglich das Vorhandensein bekannter Gleichspannungen erfordert, wird bei der Eichschaltung Abb. 159 benutzt. Hier wird kurzzeitig durch Betätigung der Taste eine Gleichspannung bekannter Größe an den Verstärkereingang gelegt. Im Moment der Tastung wird an der Braunschen Röhre ein leicht zu beobachtender Strahlausschlag sichtbar, dessen Größe der Spannung an der Eingangsseite direkt entspricht. Die Zeit, die der Fluoreszenzfleck nach der Tastung ausgelenkt bleibt, hängt ab von der unteren Grenzfrequenz des Verstärkers. Liegt dieselbe bei 20 Hertz, wie bei den im Rahmen dieses

Abschnittes gebrachten Verstärkerdimensionierungen, so erfolgt der Einschwingungsvorgang im Verstärker schon langsam genug, um eine deutliche Bestimmung der Strahlauslenkung zu gestatten. Mit dieser Eichschaltung ist es also möglich, die Kathodenstrahl- und Verstärkeranlage mit einem Gleichspannungsinstrument zu eichen.

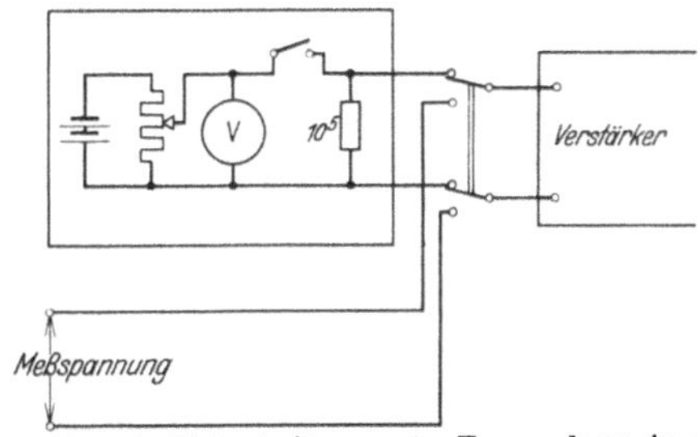

Abb. 159. Eichschaltung unter Verwendung einer bekannten Gleichspannung.

Schon oben wurde ausgeführt, daß, falls die Meßspannung unterhalb etwa 0,5 V_{eff} liegt, die Vorschaltung weiterer Verstärkerstufen vor dem zweckmäßigen Netzvorverstärker notwendig ist. Das Schema eines batteriebetriebenen Verstärkers, der Eingangsspannungen von 10^{-6} V auf eine Amplitude von 1 V bringt, und der die 10^6fache Spannungsverstärkung im Frequenzbereich von etwa 30 Hertz bis 100 000 Hertz beibehält, ist in Abb. 160 abgebildet. Dieser Verstärker zeigt, welche

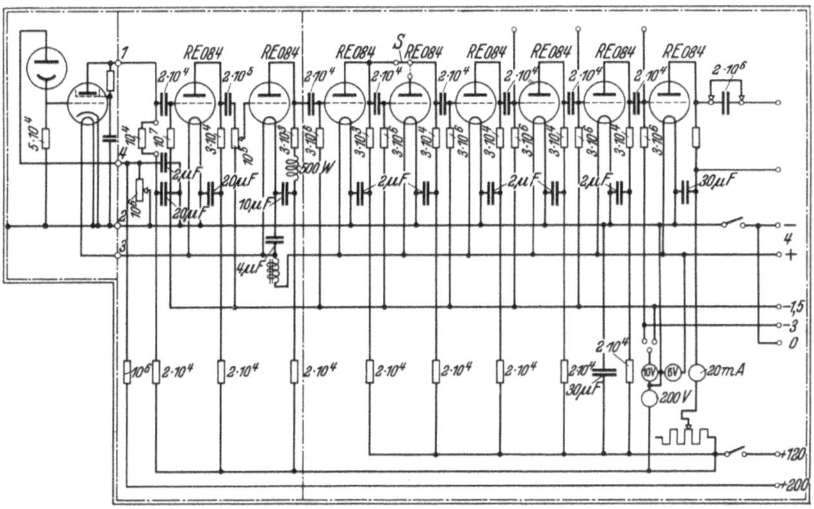

Abb. 160. Schema einer Verstärkereinrichtung für bis 10^6fache, stabile Spannungsverstärkung im Intervall 30 — 10^5 Hertz.

Dimensionierung zweckmäßig benutzt wird, welche Entkopplungsmaßnahmen usw. notwendig sind, um die genannte außerordentliche Leistungsfähigkeit zu verwirklichen. An Hand dieses Schemas wird es keine Schwierigkeiten bereiten, Verstärker mit kleineren Stufenzahlen, deren Leistungsfähigkeit den jeweiligen Aufgaben angepaßt ist, zu schaffen. Im Interesse geringer Rückwirkungen auf den Eingangskreis der in Abb. 160 mit einer Photozelle zur Registrierung schneller Lichtschwankungen verbunden ist, findet in der ersten Stufe eine Schirmgitterröhre Verwendung. Sehr ist darauf zu achten, daß der sog.

Mikrophoneffekt in dieser Stufe möglichst wenig ausgeprägt ist. Im Interesse guter Frequenzcharakteristik kommen verhältnismäßig niedrige Anodenwiderstände zur Anwendung. Der Verstärkungsgrad pro Stufe liegt bei etwa 8. Nicht alle Stufen sind jedoch so weit ausgenutzt. Bei der dritten Stufe liegt im Anodenkreis eine Selbstinduktion, die zusammen mit der Scheinkapazität des Schaltungsaufbaues der betreffenden Stufe etwa bei der oberen Grenzfrequenz des Verstärkers einen Resonanzeffekt verursacht. Trotzdem dieser Resonanzeffekt durch den ebenfalls im Anodenkreis gelegten Ohmschen Widerstand von einigen 1000 Ohm aperiodisch gedämpft ist, bewirkt doch dieses Glied eine Hebung der Frequenzkurve an der oberen Frequenzgrenze und erweitert somit den Bereich konstanter Verstärkung nach oben. Ein ähnliches Glied wird zweckmäßig auch an der Ausgangsseite des Verstärkers zwischen der letzten Stufe und dem evtl. nachgeschalteten Netzzweifachverstärker gelegt. Auch die vierte Stufe des Verstärkers Abb. 160 ist nicht voll ausgenutzt. Durch den Schalter S kann eine Stufe wahlweise überbrückt werden. Um die höheren Kapazitäten, die durch diesen Schalter verursacht sind, unschädlich zu machen, ist der Anodenwiderstand sehr klein gewählt. Diese Stufe dient hauptsächlich der Phasenumkehr, eine Maßnahme, die bei einzelnen Meßaufgaben, insbesondere aber bei Fernseharbeiten, gelegentlich erforderlich ist. In den letzten Stufen dieses Meßverstärkers sind die Gitterleitungen noch an besondere Klemmen geführt, durch die die Überbrückung weiterer Stufen zum Zwecke der Verringerung der Gesamtverstärkung erleichtert wird. In jedem Anodenkreis der verschiedenen Stufen sind Entkopplungseinheiten vorgesehen. Auch der Heizkreis der ersten Stufen ist von dem Heizkreis der letzten Stufen getrennt. An der gleichen Stelle empfiehlt sich auch die räumliche Unterteilung des Verstärkers und die Zwischenschaltung einer Metallwand zur Beseitigung von Rückkopplungen. Wird der Verstärker voll ausgenutzt, so empfiehlt es sich, die beiden Verstärkerkaskaden evtl. aus getrennten Anodenbatterien zu betreiben. Ist man zur Verstärkung von Frequenzen unter etwa 30 Hertz gezwungen, noch größere Übertragungskondensatoren, als angegeben, einzusetzen, so gelingt es, die Neigung zu Relaxationsschwingungen dadurch zu reduzieren, daß die geradzahligen Stufen aus einer Batterie und die ungeradzahligen Stufen aus einer zweiten Batterie gespeist werden. Zur Überwachung der Betriebsspannung und der wichtigsten Betriebsströme sind bei dem Verstärker Abb. 160 eine Reihe Instrumente vorgesehen. Die Ausführung eines Verstärkers mit der Schaltung 160 ist in Abb. 161 abgebildet. Außerordentlich bewährt hat sich bei dieser völlig abgeschirmten Metallkastenausführung die Anordnung der ersten Stufe in einem getrennten, seitlich ansteckbaren Kästchen. Auf diese Weise gelingt es, einfach und ohne Veränderungen an dem Hauptverstärker vornehmen zu müssen, die Eingangsstufe und den Eingangskreis an die jeweiligen Meßaufgaben anzupassen. Um den Einfluß mechanischer Erschütterungen, der bei voller Ausnützung des Verstärkers unvermeidlich besteht, abzuschwächen, empfiehlt es sich, den Verstärker auf einen aufgepumpten Radschlauch zu setzen. Die weiteren konstruktiven Einzelheiten des abgebildeten Verstärkers sind aus der Innenansicht Abb. 162 zu entnehmen. Bei nahezu voller Ausnutzung dieses Verstärkers und Nachschaltung des oben beschriebenen Netzverstärkers gelingt es, die Schrotspannung, deren Pegel bei etwa 10^{-6} V liegt, auf eine Amplitude von 100 V zu bringen.

Abb. 161. Ansicht des ausgeführten Modells mit seitlich ansteckbarer erster Stufe.

Auf diese Weise gelang es sogar, die Ungleichmäßigkeiten der Elektronenströmung in der ersten Stufe des Verstärkers zu oszillographieren. Eine Ausnutzung des Verstärkers bis zu dieser Grenze kommt normalerweise

Abb. 162. Innenansicht des Meßverstärkers.

nicht in Frage. Einzelheiten des Kurvenverlaufes kleiner Meßspannungen können nur dann oszillographiert werden, wenn die Meßspannungen mindestens um 1—2 Größenordnungen größer sind als die Schrotspannung.

Mit ähnlich geschalteten und ähnlich dimensionierten Anordnungen, die sich von dem Verstärker Abb. 160 fast nur durch Anwendung eines besonders kapazitätsfreien Mehrfachröhrenaufbaues und durch Verwendung von Röhrensystemen besonders hoher Güte unterscheiden, konnte die obere Frequenzgrenze bis zu 10^6 Hertz heraufgesetzt werden. Erst mit solchen Spezialverstärkern ist es möglich, die zahlreichen und im Verlaufe von $^{1}/_{100\,000}$ sec sich abwickelnden Vorgänge oszillographisch zu untersuchen, bei denen nur kleine Spannungen zur Verfügung stehen, die nicht zur direkten Strahlablenkung Braunscher Röhren ausreichen.

2. Gleichstromverstärker.

Für die Verstärkung sehr tiefer Frequenzen (Frequenzen unter etwa 20 Hertz), insbesondere zur Verstärkung langsamer Spannungsänderungen, die sich über mehrere Sekunden und länger erstrecken (Frequenzen unter 1 Hertz) kommt nur die Kopplung der Verstärkerstufen durch Ohmsche Widerstände mit unmittelbarem Abgriff der Gitterspannung am Anodenwiderstand in der vorhergehenden Stufe in Frage. Da solche Anordnungen auch statische Zustandsänderungen verstärken, werden sie oft als Gleichstromverstärker bezeichnet. Die grundsätzliche Schaltung eines Gleichstromverstärkers ist in Abb. 163 gezeichnet. Jede Stufe besitzt hier eine eigene Anodenspannungsquelle, und falls nicht indirekt geheizte Röhren zur Anwendung kommen, auch eine eigene Heizbatterie. Damit die zweite Röhre die erforderliche negative Gitterspannung von einigen Volt erhält, muß an der Anodenstromquelle der ersten Stufe ein Abgriff vorgesehen werden. Dieser Abgriff ist sinngemäß so zu wählen, daß nicht nur der Spannungsabfall am Anodenwiderstand kompensiert wird, sondern darüber hinaus der Spannungsüberschuß entsteht, der zur Herbeiführung einer für die zweite Stufe günstigen Gitterspannung erforderlich ist. An dem Anodenwiderstand der zweiten Stufe ist in Abb. 163 unmittelbar das Plattenpaar einer Braunschen Röhre gelegt. Durch geeignete Wahl des Abgriffes bei der Anodenspannungsquelle dieser Stufe gelingt es zu erreichen, daß an den Platten keine Gleichspannung liegt, solange der Verstärker sich im Ruhezustande befindet. Es hat nicht an Vorschlägen gefehlt, die auf eine Verringerung des Aufwandes an Stromquellen abzielten. Bei einer Schaltweise ist man dazu übergegangen, für die Anoden- und Gitterstromabgabe eine Gleichspannungsquelle mit verhältnismäßig hoher Spannung zu benutzen. Die verschiedenen Stufen werden dabei über zahlreich sinngemäß verteilte Abgriffe aus der Gesamtspannung betrieben. Für jede der Stufen kommt nur ein Teil der Gesamtspannung als Anodenspannung zur Wirkung. Für die Zwecke der Braunschen Röhren, wo speziell in der letzten Stufe ziemlich hohe Anodenspannungen bestehen müssen, erscheint diese Schaltweise nicht sehr vorteilhaft. Eine für die vorliegenden Aufgaben geeignete, vereinfachte Schaltung ist in Abb. 164 abgebildet. Bei dieser Schaltung, die in der angegebenen Dimensionierung nur bis zu Frequenzen von höchstens 1000 Hertz brauchbar ist, läßt sich der Verstärkungsgrad durch eine Art Widerstandsrückkopplung noch zusätzlich

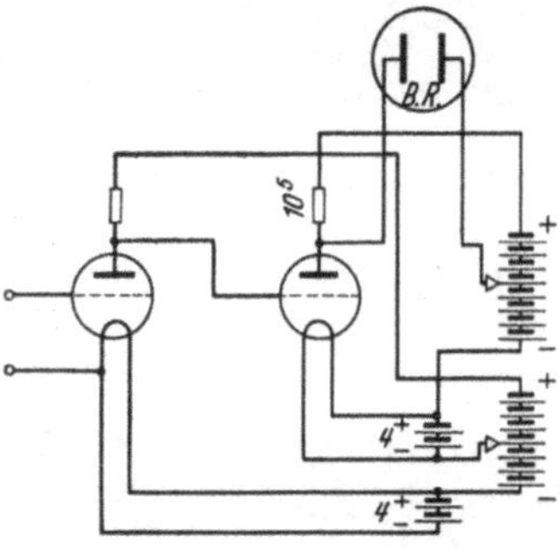

Abb. 163. Grundsätzliche Schaltung eines Gleichstromverstärkers.

erhöhen. Die Rückkopplung entsteht dadurch, daß ein Teil des Anodenwiderstandes der zweiten Stufe im Gitterkreis der ersten Stufe liegt. Im Interesse von Stabilität und Frequenzunabhängigkeit des Verstärkers darf diese Rückkopplung nicht zu weit getrieben werden. Falls Konstanz und Eichfähigkeit des Verstärkers gewünscht wird, empfiehlt es sich, auf diese zusätzliche Verstärkung zu verzichten und den Rückkopplungswiderstand in Abb. 164 zu überbrücken. Die richtige Einstellung der Arbeitspunkte geschieht am besten von Stufe zu Stufe. Speziell kommt es darauf an, daß die Gitterbatterie *GB* eine solche Spannung erhält, daß bei der letzten Stufe auf der Mitte des Aussteuerbereiches gearbeitet wird. Durch Ablesung des im Anodenkreise der letzten Stufe vorgesehenen Instrumentes läßt sich dies leicht kontrollieren. Verschiebt sich infolge von Emissionsänderungen, Batterieentladungen oder auch infolge einer Gleichspannungskomponente an der Eingangsseite der Arbeitspunkt der letzten Stufe, so kann durch die Feinreglung der Gitterspannung der ersten Stufe mit Hilfe der vorgesehenen Potentiometereinrichtung der richtige Arbeitspunkt leicht wiederhergestellt werden.

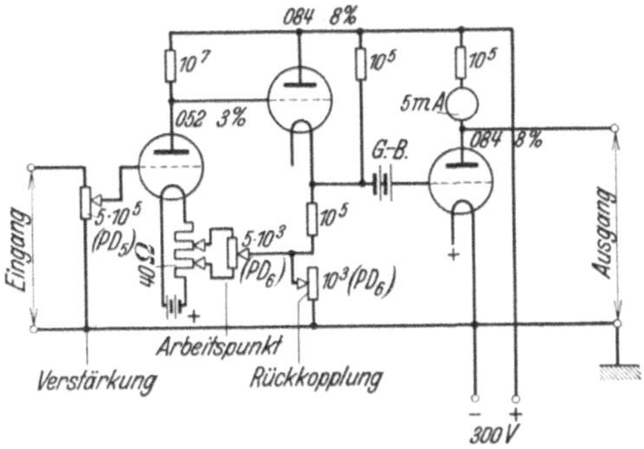

Abb. 164. Gleichstromverstärkerschaltung mit Widerstandsrückkopplung.

Die Aufrechterhaltung günstiger Arbeitspunkte bei allen Stufen, insbesondere natürlich bei der letzten Stufe ist die Hauptschwierigkeit bei Gleichstromverstärkern. Je höher die erreichte Gesamtverstärkung, desto kleinere Änderungen an der Eingangsseite genügen, um den Arbeitspunkt der letzten Stufe kritisch zu verlagern. Kann beispielsweise im Verlauf einer Messung bei der letzten Stufe höchstens eine Gitterspannungsänderung von 1 V zugelassen werden, so bedeutet das, daß bei 10^3facher Spannungsverstärkung in den Vorstufen am Gitter der ersten Stufe keine Gleichspannungsänderung von $^1/_{1000}$ V eintreten darf. Dieses Beispiel zeigt zur Genüge, daß bei hohen Gleichspannungsverstärkungen ganz außerordentliche Anforderungen an die Konstanz der Stromquellen und an die Konstanz der Röhren gestellt werden. Der Betrieb aus Netzanschlußgeräten kommt praktisch für Spannungsverstärkungen von mehr als 100 nicht in Frage. Lediglich die Entnahme der hohen Anodenspannung der letzten Stufe aus einem Netzgerät ist zu empfehlen. Etwas weiter kommt man mit Netzanschlußgeräten, die durch Glimmstrecken stabilisiert sind. Doch bleiben auch bei diesen noch Spannungsschwankungen der Größenordnung von 1 pro Mille bis 1% bestehen, die sich kritisch auswirken. Grundsätzlich soll die Netzheizung bei Gleichstromverstärkern vermieden werden; Röhren mit indirekter Heizung ergaben auch bei Heizung aus Batterien schlechte Resultate, da bei ihnen die Emission häufige und erhebliche Schwankungen zeigten.

Gute Erfahrungen wurden mit modernen Batterieröhren gesammelt, deren Kathoden nach dem Bariumdampfverfahren hergestellt sind und auch mit älteren Wolframkathodenröhren. Die Röhren mit reinen Wolframkathoden sind wegen ihrer geringen Güte natürlich nur dann brauchbar, wenn von dem Gleichstromverstärker keine Frequenzunabhängigkeit bis in das Gebiet der Mittelfrequenzen oder gar der Hochfrequenzen verlangt wird.

Eine sehr vorteilhafte, leistungsfähige und leicht einstellbare Gleichstromverstärkerschaltung des Verfassers ist in Abb. 165 gezeichnet. Die Einregelung des Verstärkers erfolgt hier von Stufe zu Stufe. Die erste Stufe arbeitet grundsätzlich mit richtigem Arbeitspunkt, da hier die Gitterspannung definiert ist und infolge der Kleinheit der Meßspannung keine wesentlichen Änderungen eintreten können. Die richtige Gitterspannung der zweiten Stufe wird durch Regelung des im Anodenkreis der ersten Stufe liegenden Potentiometers so eingestellt, daß der Strommesser im Anodenkreis der zweiten Stufe einen mittleren Wert zeigt. Nachdem diese Stufe eingestellt ist, erfolgt die gleiche Maßnahme bei der dritten Stufe und schließlich bei der vierten Stufe. Erfolgt irgendeine Schwankung im Verstärker, so läßt sich der Ursprung derselben und ihre Größe leicht aus der Ablesung der Anodenstrommesser erkennen. Eine evtl. notwendig werdende Neuregelung ist überaus einfach vorzunehmen. Wird zur Heizung ein großer Akkumulator verwendet und dient auch als Anoden- und Gitterspannungsquelle eine Akkumulatorenbatterie, und wird dafür gesorgt, daß vor Inbetriebnahme der Verstärker sich einige Minuten einbrennt, so ist die erreichbare Konstanz der Arbeitsspannungen ausreichend, um den Verstärker voll auszunutzen. Der Verstärker liefert eine Spannungsverstärkung von etwa 3000 und arbeitet in der angegebenen Dimensionierung frequenzunabhängig von 0 Hertz bis 10^4 Hertz.

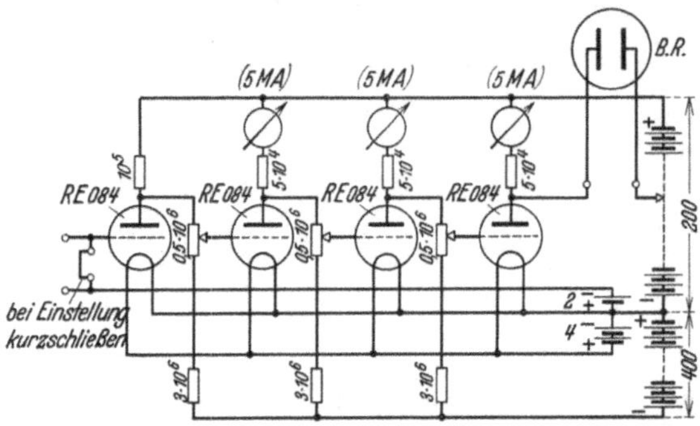

Abb. 165. Sehr leistungsfähige, leicht einstellbare Gleichstromverstärkerschaltung.

Bei Verstärkungsgraden von 10^5 und 10^6, wie sie zur Bearbeitung vereinzelter Aufgaben notwendig sind, kommt die Anwendung von Gleichstromverstärkern nicht in Frage. Bei so hohen Verstärkungsgraden führt der charakteristische Nachteil, daß der Betriebszustand einer Stufe den Betriebszustand aller nachfolgenden Stufen beeinflußt, schließlich doch zu unvermeidlichen Schwankungen und Instabilitäten. Wird eine äußerst wirksame Verstärkung sehr tiefer Frequenzen verlangt, so bleibt nichts anderes übrig, als die Methode der Trägerstromverstärkung anzuwenden, die in der Fernsehtechnik[1] bereits viele Freunde gefunden hat.

[1] Vgl. den Abschnitt „Die Verstärkung mit Trägerfrequenz" in F. Schröter: Handbuch der Bildtelegraphie und des Fernsehens. Berlin: Julius Springer 1932.

Bei einer Verstärkung nach dieser Methode kommen Wechselstromverstärker zur Anwendung. Die Meßspannung wird hierzu mit einer Frequenz unterbrochen, die groß ist gegenüber der höchsten Frequenz, die als Komponente in der Meßspannung vorkommt. Selten bedient man sich hierzu mechanischer Mittel. Am besten wird die Unterbrechung durch eine leistungsfähige, fremdgesteuerte Hochvakuumröhre in mittel- oder hochfrequentem Rhythmus vorgenommen. Soweit nicht hohe Trägerfrequenzen notwendig sind, erscheint auch die Unterbrechung durch Thyratronröhren aussichtsreich. Der Wechselstromverstärker muß bei der Trägerstrommethode frequenzunabhängig arbeiten nur in dem Bereich, der abgegrenzt ist durch die Summe und die Differenz von Trägerfrequenz und höchster Frequenz der Meßspannung. Die Methoden zur Einführung der Trägerfrequenz wie überhaupt die theoretischen und praktischen Gesichtspunkte zur Modulation und Demodulation sind in der oben angegebenen Literaturstelle ausführlich gegeben. Ein erneutes Eingehen erübrigt sich in diesem Zusammenhang um so mehr, als verhältnismäßig selten die Verstärkung mit Trägerfrequenz zur Empfindlichkeitssteigerung notwendig wird. Lediglich sei in diesem Zusammenhang darauf hingewiesen, daß es für oszillographische Zwecke nicht genügt, die Trägerfrequenz wie beim Fernsehen nur um den Faktor 2 oder 3 verschieden zu wählen von der höchsten zu verstärkenden Frequenz. Vielmehr ist es bei der Verstärkung für oszillographische Zwecke erforderlich, die Trägerfrequenz mindestens um eine Größenordnung höher zu wählen als die höchste zu verstärkende Frequenz, um erreichen zu können, daß in den Oszillogrammen die Trägerfrequenz nicht mit erscheint.

III. Hilfsgeräte zur Umformung beliebiger Meßvorgänge in Meßspannungen.

1. Allgemeines.

Der Kathodenstrahloszillograph ist mit oder ohne Zuhilfenahme von Vorverstärkern in der Lage, den Kurvenverlauf von Wechselspannungen zu erfassen, deren Effektivwerte zwischen 10^{-5} V und etwa 300 V liegen. Der Meßbereich erstreckt sich also über mehr als 7 Größenordnungen.

Auch die Aufzeichnung zeitlich veränderlicher Wechselströme ist mit Hilfe in der Braunschen Röhre in weiten Amplitudenbereichen möglich. Die Stromaufzeichnung kann direkt erfolgen unter Zuhilfenahme magnetischer Ablenkung. Der Meßbereich ist hierbei sowohl hinsichtlich der Amplitude als auch hinsichtlich der Frequenzen, wie schon oben näher ausgeführt wurde, beschränkt. Verbreiteter ist daher die indirekte Strommessung unter Zuhilfenahme elektrostatischer Ablenkung. In diesem Falle wird der durch den zu messenden Strom an einem Widerstand bzw. Spannungsteiler erzeugte Spannungsabfall oszillographiert. Durch Zuhilfenahme von Verstärkern läßt sich auch hier der Strommeßbereich in der Richtung kleiner Ströme sehr erweitern. In Richtung hoher Ströme wird die Strommessung begrenzt durch die Streufelder des Hauptleiters. In jedem Falle ist dafür Sorge zu tragen, daß die durch die Meßanordnung hervorgerufenen magnetischen Störfelder durch geeignete Wahl der Abstände zwischen Meßanordnung und Oszillographen bzw. durch Einführung einer geeigneten Schirmung unschädlich gemacht werden.

Mit der Möglichkeit, elektrische Spannungs- oder Stromschwankungen aufzuzeichnen, ist selbstverständlich die weitere Möglichkeit verbunden, Schwankungserscheinungen beliebiger Vorgänge aufzuzeichnen unter der Voraussetzung, daß geeignete Umformer zur Verfügung stehen.

So ist es beispielsweise möglich, Schwankungen der Stärke hochfrequenter elektromagnetischer Felder, Feldstärkeschwankungen magnetischer Felder, Wärmestrahlungsänderungen, Lichtschwankungen usw. aufzuzeichnen. Weiterhin gelingt es, Druck- und Schalländerungen, kleine Abstandsänderungen und ähnliche Schwankungserscheinungen mit der Kathodenstrahlröhre zu registrieren.

Damit die Registrierung die ursprüngliche Schwankungserscheinung verzerrungsfrei wiedergibt, muß dafür gesorgt sein, daß nicht nur die nachgeschaltete Kathodenstrahlröhre mit dem evtl. Verstärker, sondern auch der Meßumformer in dem Frequenzbereich und Amplitudenbereich linear arbeiten, der im Verlauf der Messung beansprucht wird. Welche Grenzen durch Braunsche Röhre und Verstärker gegeben sind, und wie die Grenzen sich in dem erforderlichen Maße verlagern lassen, wurde schon oben ausgeführt. Im Falle bester Ausgestaltung des Oszillographen gelingt es, Frequenzunabhängigkeit im Intervall von 0 Hertz bis über 10^6 Hertz bei ausreichender Amplitudenunabhängigkeit zu erreichen. Das ist eine Frequenzunabhängigkeit, die für fast alle Meßvorgänge ausreichend ist. Die Frequenzabhängigkeit ist in der Mehrzahl der Fälle lediglich durch die Meßumformer bedingt. Vor Beginn aller Meßarbeiten empfiehlt es sich, abzuschätzen, welche Frequenzkomponenten in dem zu untersuchenden Meßvorgang vorkommen. Auf Grund einer solchen Abschätzung, deren Richtigkeit im Verlaufe der späteren Messungen noch evtl. nachzuprüfen wäre, ist der Bereich völliger Frequenzunabhängigkeit, der von dem Meßumformer zu fordern ist, gegeben. Um Korrektionen zu vermeiden, ist durch passende Ausgestaltung, Dimensionierung und Anpassung des Umformers dafür zu sorgen, daß er die jeweils erforderliche Frequenzunabhängigkeit besitzt.

Ebenso wie für die Frequenz ist auch für die Amplitude die obere und untere Grenze abzuschätzen. Hinsichtlich der oberen Grenze ist zu prüfen, ob im Umformer schon nichtlineare Gesetzmäßigkeiten bestehen. Hinsichtlich der unteren Grenze ist zu prüfen, ob die Meßamplitude groß ist (Unterschied mindestens eine Größenordnung) gegenüber den in der Meßanordnung gegebenen Störamplituden. Grundsätzlich kann die Störamplitude nicht unter einen Wert von 10^{-6} V herabgedrückt werden, da dieser Wert durch den Elektronenübergang in der ersten Stufe des verwendeten Verstärkers bedingt ist (Schrotspannung).

2. Spannungsteiler.

Sowohl bei der Aufzeichnung elektrischer wie auch beliebiger anderer Vorgänge werden Spannungsteiler in verschiedenster Ausführung verwendet.

Prinzipiell lassen sich Spannungsteiler durch Schaltungskombinationen Ohmscher, induktiver und kapazitiver Widerstände herstellen. Im Interesse möglichst großer Frequenzunabhängigkeit der Spannungsteilung sind jedoch Spannungsteiler, die lediglich aus Ohmschen bzw. induktiven oder kapazitiven Widerständen aufgebaut sind, vorzuziehen. Praktisch lassen sich jedoch keine rein Ohmschen, rein kapazitiven oder rein induktiven Spannungsteiler herstellen. Wie weit die Größe der schädlichen Widerstandskomponenten eine Rolle spielt, wird durch Abschätzung oder durch Messung vor Beginn der Arbeiten zu prüfen sein.

Die naheliegendste Form der Spannungsteilung ist durch rein Ohmsche Widerstände gegeben. Der Vorteil des Ohmschen Teilers liegt darin, daß nicht nur das Teilungsverhältnis von den tiefsten Frequenzen bis zu Mittel- und Hochfrequenzen unverändert bleibt — richtige Dimensionierung natürlich immer vorausgesetzt —, sondern außerdem auch die Belastung, die durch den Teiler selbst gegeben ist, konstant bleibt. Dies ist von besonderer Bedeutung, wenn der Teiler in Verbindung mit Generatoren arbeitet, deren innerer Widerstand nicht sehr klein ist gegenüber dem Gesamtwiderstand des Teilers. Das letztere ist beispielsweise der Fall in Verstärkern, wo in erster Linie Ohmsche Teiler zur Regelung benutzt werden.

Die dem Ohmschen Teiler eigentümlichen Nachteile ergeben sich einerseits aus seinem konstruktiven Aufbau, andererseits aus seiner räumlichen Anordnung innerhalb der Schaltung. Zur Spannungsteilung werden benutzt: Drahtwiderstände, gelegentlich Flüssigkeitswiderstände und vor allem die Hochohmwiderstände aus einer dünnen Schicht leitenden Materials, die meist auf einer keramischen Trägermasse aufgebracht sind. Fast alle Ohmschen Widerstände ändern bei hohen Spannungen oder hohen Strömen ihren ursprünglichen Wert, soweit nicht durch entsprechend große Baulängen d. h. entsprechend große, wärmeabgebende Oberfläche dafür gesorgt ist, daß ausreichende Konstanz erhalten bleibt.

Bei großen Teilwiderständen ist zu befürchten, daß durch parallel liegende schädliche Kapazitäten eine teilweise Überbrückung des Widerstandes eintritt. Beispielsweise darf, wenn die schädliche Kapazität durch den Verstärkereingang 20 $\mu\mu$F beträgt und Frequenzunabhängigkeit bis 100 000 Hertz gefordert wird, der Teilwiderstand nicht größer als 30 000 Ohm sein.

Bei kleineren Widerständen ist die Eigeninduktivität kritisch, die eine Widerstandszunahme im Bereiche höherer Frequenzen verursacht. Durch Verwendung dünner, evtl. bifilar verlegter Widerstandsdrähte lassen sich Teilwiderstände von einigen Ohm herstellen, die bis in den Bereich von 10^6 Hertz frequenzunabhängig sind.

Werden für besondere Zwecke sehr große Teilungsverhältnisse gewünscht, so ist weitgehende Frequenzunabhängigkeit leichter zu erreichen, wenn die Teilung nicht in einer Stufe, sondern durch Hintereinanderschaltung mehrerer Teiler vorgenommen wird. Indem die Widerstandsdrähte in solchen Fällen immer unmittelbar an den Draht des vorhergehenden Teiles angelötet werden und auf diese Weise gemeinsame Leiterteile nahezu vollkommen vermieden werden, lassen sich Teiler schaffen, die bis herauf zu 10^7 und 10^8 Hertz konstante Teilungsverhältnisse liefern[1].

Ist zu befürchten, daß infolge der schädlichen Kapazität eine Frequenzabhängigkeit entsteht, so sind in diesem Falle die Kapazitäten auf ein Minimum zu reduzieren. Dies kann sowohl durch kurze Verbindungsleitungen, durch Verwendung von Röhren mit getrennter Gitterzuführung in der ersten Verstärkerstufe als auch durch Verwendung von kapazitätsarmen Halterungen geschehen. Die dem großen Widerstand des Teilers parallel liegende Kapazität kann durch Abschirmung sämtlicher Zuleitungen zu dem einen Ende des Widerstandes verringert werden, wodurch die Teilkapazität zum großen Widerstand abnimmt und lediglich die zum Gesamtteiler parallel liegende Kapazität, die meist keine große Rolle spielt, anwächst. Schematisch ist diese einfache Schaltweise in Abb. 166 abgebildet. Durch die Abschirmung, die sich bis zu der Kappe des Widerstandes zu erstrecken hat, läßt sich die dem großen Widerstand parallel liegende Kapazität bis auf Bruchteile eines Zentimeters herabsetzen. Als Hauptwiderstand können daher Werte von einigen hunderttausend Ohm Verwendung finden, wenn Frequenzunabhängigkeiten bis 100000 Hertz gefordert und Werte von etwa 10^4 Ohm, wenn Frequenzunabhängigkeit bis zu 10^6 Hertz gefordert wird.

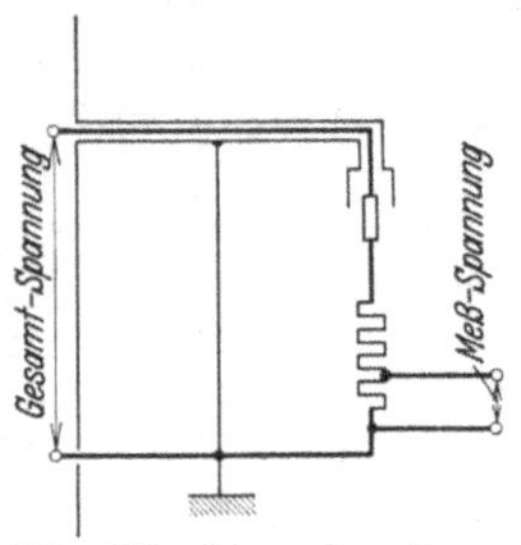

Abb. 166. Ohmscher Spannungsteiler mit geschirmter Zuleitung.

Gute Dienste leisten für viele Zwecke, wo stetige Regelung erwünscht ist, die aus der Hochfrequenztechnik her bekannten Potentiometer, die in allen Abmessungen im Handel sind. Selbstverständlich sind hier nicht drahtgewickelte Widerstände anzuwenden, sondern Schichtwiderstände, insbesondere solche mit Isoliergehäuse.

Der kapazitive Spannungsteiler kommt hauptsächlich in solchen Fällen in Frage, wo in weiten Hochfrequenzbereichen eine frequenzunabhängige Teilung erwünscht ist. Für Niederfrequenzen kommt er praktisch kaum in Frage, weil hier die Blindwiderstände der Kapazitäten sehr bald so groß werden, daß sie in die Größenordnung der unvermeidlichen Ohmschen Ableitungen fallen. Nur bei sehr hohen Teilungsverhältnissen, d. h. speziell bei Hochspannungsmessungen, wo verhältnismäßig große Teilkapazitäten möglich und sogar erforderlich sind, wird der kapazitive Teiler bis herab zu 50 Hertz benutzt.

Ist die Kapazität, an der die Meßspannung abgenommen wird, dagegen klein — das letztere ist häufig bei Hochfrequenzmessungen der Fall —, so muß durch Verwendung einer Schirmgitterröhre in der ersten Stufe des Verstärkers oder durch Verzicht auf eine Verstärkung in der ersten Stufe dafür gesorgt werden, daß die Scheinkapazitätsänderung infolge der Gitter-Anodekapazität der ersten Stufe vernachlässigt

[1] Weitergehende Einzelheiten der Ausgestaltung Ohmscher Teiler für Hochfrequenz sind enthalten in dem Abschnitt „Geräte zum Regeln schwacher Ströme und Wechselspannungen" in dem Buch des Verfassers „Verstärkermeßtechnik" 1929, Verlag Julius Springer, Berlin.

werden kann. Die gleiche Maßnahme empfiehlt sich auch bei Ohmschen Teilern, wenn die Teilwiderstände die Größenordnung von 50 000 Ohm übersteigen, denn die durch die Anodenrückwirkung verursachten scheinbaren Ohmschen Gitterwiderstände liegen häufig bereits in dieser Größenordnung [1]. Ein Nachteil der kapazitiven Regelung und ebenso auch der induktiven Regelung ist die Frequenzabhängigkeit der Belastung, und diese ist nur dann zu vernachlässigen, wenn entweder der Generatorwiderstand sehr klein ist, bzw. der Gesamtwiderstand des Teilers sehr groß ist. Besonders unübersichtlich werden die Verhältnisse, wenn zur Herbeiführung stetiger Regelung eine der beiden Kapazitäten des Teilers variabel ausgeführt wird und der Teiler dann eine vom Teilungsverhältnis abhängige Belastung darstellt. Die Belastungsänderungen in Abhängigkeit vom Teilungsverhältnis lassen sich durch besondere Bauart des Reglers ausgleichen [2]. Diese Einheiten ermöglichen auch in Kombination mit Verstärkern stetige Regelungen in einem weiten Amplitudenbereich und in Frequenzbereichen von etwa 10^4 Hertz bis $2 \cdot 10^6$ Hertz.

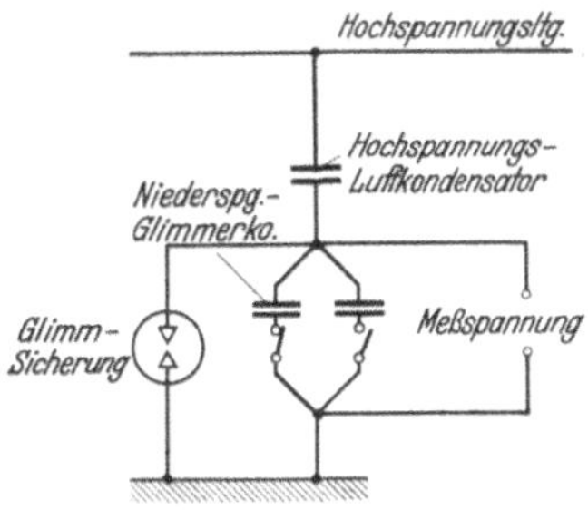

Abb. 167.
Kapazitiver Spannungsteiler für Hochspannungsmessungen.

Ein kapazitiver Spannungsteiler, wie er von Vieweg und Pfestorf [3] zur Aufzeichnung der Oberspannungskurve von Hochspannungsprüftransformatoren mittels der Braunschen Röhre benutzt wurde, zeigt Abb. 167. Als Hochspannungsluftkondensator wurde der zu einer Haefely-Scheitelwert-Meßeinrichtung [4] gehörige Kugelkondensator benutzt, der aus einer Hochspannung führenden Kugel von 750 mm ⌀ und dem Meßkreisausschnitt einer Halbkugel besteht. Die Kapazität betrug in diesem Falle bei einem Abstand von 60 mm (für Spannungen bis etwa 70 kV) etwa 10 $\mu\mu$F, bei einem Abstand von 30 mm (für Spannungen bis etwa 350 kV) 2,5 $\mu\mu$F. Als Niederspannungskondensatoren wurden Glimmerkondensatoren benutzt, deren Kapazität in Stufen zwischen 1000 und 25 000 $\mu\mu$F verändert werden konnten. Die Eigenkapazität angelegter Ablenkplatten beträgt mit Zuleitungen nur einige $\mu\mu$F, so daß sie vernachlässigt werden können. Eine Glimmstreckensicherung schützt Niederspannungskondensatoren und Braunsche Röhre.

Verhältnismäßig geringe Bedeutung haben rein induktive Spannungsteiler, da ihr Verwendungsbereich stark eingegrenzt ist und sie verschiedene grundsätzliche schalttechnische Nachteile zeigen. Der Nachteil, der praktisch am meisten ins Gewicht fällt, ist darin zu sehen, daß das

[1] Ardenne, M. v. u. W. Stoff: Die Berechnung der Scheinkapazität bei Widerstandsverstärkern. Z. Hochfrequenztechn. Bd. 30 (1927) Heft 3 S. 86.

[2] Schlesinger, K.: Ein kapazitiver Spannungsteiler mit Lastausgleich und seine Anwendungen. Z. Hochfrequenztechn. Bd. 36 (1930) Heft 5.

[3] Vieweg u. Pfestorf: Über die Aufnahme der Hochspannungskurvenform mit dem Braunschen Rohr. Elektrotechn. Z. Bd. 53 (1932) Heft 38 S. 913.

[4] Stoerk, C.: Elektrotechn. Z. 1925 S. 95.

Teilungsverhältnis in der Regel nicht linear mit der Abgrifflage zunimmt. Der Teiler wird daher unübersichtlich. Hinzukommt, daß induktive Teiler infolge ihrer Eigenkapazität und infolge zusätzlicher Schaltungs- und Röhrenkapazitäten Resonanzerscheinungen zeigen, die möglicherweise schon in den Bereich der Meßfrequenzen fallen oder nicht sehr weit von der oberen Grenze der Meßfrequenzen entfernt liegen. Auch durch die Notwendigkeit, die Lage der Eigenresonanz zu ermitteln, und das Vorhandensein und die Größe von Abweichungen der Teilung im Bereich der Meßfrequenzen festzustellen, ist die induktive Teilung unbeliebt. Weiterhin ist der induktive Teiler schwerer eichbar als die rein Ohmschen oder kapazitiven Teiler. Die Anwendung induktiver Teiler bleibt praktisch beschränkt auf Schwingkreisanordnungen, wo ein Abgriff an der Selbstinduktion die gewünschte Spannungsteilung eindeutig liefert, wenn der Eingangswiderstand des angeschalteten Verstärkers oder Oszillographen groß ist gegenüber dem durch den Resonanzeffekt gesteigerten Teilwiderstand des induktiven Teilers.

Ähnliche Nachteile besitzen auch die geeichten Kopplungen. Immerhin haben letztere, insbesondere in den Ausführungsformen von E. Klotz [1] dort eine gewisse Bedeutung erlangt, wo außerordentlich weitgehende Teilungen (10^6 : 1 und mehr), wie z. B. bei Empfängermessungen erforderlich sind. Trotzdem hat es in neuester Zeit den Anschein, daß an Stelle der geeichten Kopplungen bei der Notwendigkeit großer Teilungen mehrere hintereinandergeschaltete Ohmsche Teiler oder kapazitive Teiler benutzt werden. Ganz grundsätzlich ist bei der Herstellung großer Teilungsverhältnisse größte Sorgfalt darauf zu legen, daß keine Einstreuungen von der hohen Vorgangsspannung auf die Teilspannungsseite stattfinden. Schon bei Teilungsverhältnissen, die größer werden als 100 : 1 muß entweder durch räumlich auseinandergezogene Aufstellung oder noch besser durch sorgfältige Abschirmung der Hochvoltseite gegen die Teilspannungsseite dafür gesorgt sein, daß keine unkontrollierbaren Einflüsse gegeben sind. Bei extrem hohen Teilungen schließlich werden ineinander geschachtelte doppelte und dreifache Abschirmungen notwendig. Die Ausführungsformen geeichter induktiver Kopplungen, die in der Technik unter dem Begriff „Meßwandler" bekannt sind, kommen für oszillographische Zwecke kaum in Frage. Die erforderliche Frequenzunabhängigkeit läßt sich bei ihnen nur durch Einführung starker Dämpfungen herbeiführen, durch die gleichzeitig der Wirkungsgrad der Wandler stark beeinträchtigt wird. Durch das Vorhandensein von Eisenkernen ist bei diesen weiterhin die Amplitudenunabhängigkeit nicht gewährleistet.

3. Meßumformer zur Aufnahme magnetischer oder elektromagnetischer Wechselfelder.

Die Herstellung von Meßspannungen aus rein elektrischen Wechselfeldern ist schon durch die oben gegebenen Ausführungen über kapazitive Spannungsteiler erfaßt. Die Art der zur Aufnahme magnetischer Wechsel-

[1] Klotz, E.: Ein Beitrag zur quantitativen Messung von Empfängern. Telefunkenztg. 1927 Nr. 46/47.

felder anzuwendenden Meßmethoden und Meßschaltungen richtet sich im wesentlichen nach der Höhe der bei diesen Wechselfeldern auftretenden Feldstärken. Die naheliegendste Art der Messung besteht darin, das Wechselfeld unmittelbar magnetisch auf den Kathodenstrahl wirken zu lassen. Über diese Methodik finden sich sowohl im Abschnitt über „Magnetische Ablenkung" als auch weiter unten nähere Ausführungen. Eine andere Methodik, die jedoch nur für Feldstärken über etwa 10 $\text{Oerst}_{\text{max}}$ in Frage kommt, ist die Verwendung eines Magnetrons als erste Verstärkerstufe. Auch hier findet eine direkte magnetische Beeinflussung der Elektronen in der Röhre statt [1].

Für die punktweise Abtastung auch räumlich nicht sehr ausgedehnter Felder erscheint die Anwendung einer Meßspule kleiner Abmessungen am geeignetsten [2]. Die in dieser Meßspule induzierte Wechselspannung u_{eff} beträgt bei einer Feldstärke $\mathfrak{H}$:

$$u_{eff} = 4{,}44\, f\, n \cdot \mu\, \mathfrak{H} \cdot F \cdot 10^{-8}\, (V) \qquad (37)$$

wobei f die Frequenz, n die Windungszahl der Spule, μ die Permeabilität und F die von der Spule umfaßte Fläche ist ($\mu = 1$ für eisenlose Spulen).

Da im Interesse weitgehendster Frequenzunabhängigkeit Eigeninduktivität und Eigenkapazität der Abtastspule nicht so groß werden dürfen, daß ihre Eigenfrequenz den höchsten Frequenzen in der Meßspannung nahekommt, ist die Windungszahl und damit die induzierte Meßspannung begrenzt. Bei der Abtastung schwacher Felder wird somit praktisch immer die Anwendung von Verstärkern erforderlich. Durch Auswechslung der Abtastspule gegen solche kleinere Windungszahl kann die Empfindlichkeit der Anordnung leicht soweit herabgesetzt werden, bis schließlich die unmittelbare Einstreuung auf den Oszillographen zu stören beginnt.

Für sehr große magnetische Feldstärken kommt als Meßumformer auch eine Wismutspirale in Frage, deren Widerstandsänderungen im Wechselfeld als Stromschwankungen in der üblichen Weise zu oszillographieren sind. Die Wismutspirale als Meßumformer ist höchstens bis zu Frequenzen von 10^4 Hertz verwendbar.

Bei den verschiedenen, hier angedeuteten Meßumformern, insbesondere bei den Induktionsspulen, ist eine ausgesprochene Richtwirkung gegeben. Aus dieser Richtwirkung gelingt es, den räumlichen Feldlinienverlauf zu erfassen. Um die richtigen Feldstärkenwerte zu erhalten, sind die Meßspulen so zu orientieren, daß die größten Meßspannungen entstehen.

Gegenüber den bei magnetischen Feldern auftretenden Feldstärken sind die Stärken elektromagnetischer Felder meist um Größenordnungen kleiner, da die Generatoren der aufzunehmenden Felder in der Regel von dem Meßort sehr weit entfernt sind. Die Aufnahme elektromagnetischer Felder erfolgt daher zweckmäßig unter Ausnutzung von

[1] Hull, E.: Physic. Rev. Bd. 17 (1921) S. 539 u. Bd. 19 (1922) S. 108.

[2] Lubszynski, G.: Über Messung und Ablenkung magnetischer Störfelder insbesondere beim Kathodenstrahloszillographen. Dissertation. 3. Forschungsheft der Studiengesellschaft f. Höchstspannungsanlagen. VDEW. Berlin 1933.

Resonanzerscheinungen (s. Abb. 168). Auch bei hochfrequenten Feldern dient als Meßumformer am besten eine Spulenantenne, die der Berechnung leicht zugänglich ist. Nur in den Fällen, wo keine Absolutwerte der Feldstärke bestimmt werden müssen, sondern eine Messung der Relativwerte ausreicht, sind offene Antennen empfehlenswert.

Die von einem elektromagnetischen Wechselfeld $\mathfrak{E}$ $\left(\frac{\text{Volt}}{\text{m}}\right)$ in einem Empfangsrahmen mit der Fläche F und der Windungszahl n bei der Trägerwellenlänge λ induzierte EMK beträgt

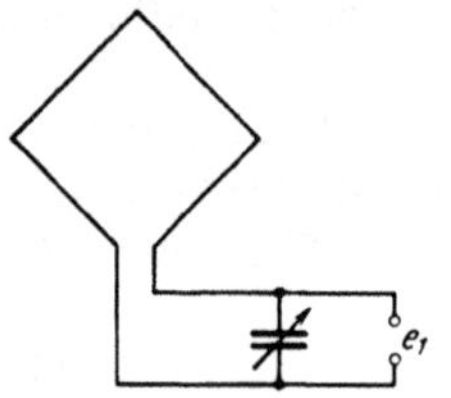

Abb. 168. Abgestimmter Rahmenkreis zur Umwandlung elektromagnetischer Wechselfelder in Hochfrequenzspannungen.

$$u = \frac{2\pi n F}{\lambda} \cdot \mathfrak{E}\,(V). \qquad (38)$$

Bei Abstimmung auf Resonanz gibt der Rahmenkreis, wenn sein Dämpfungsdekrement d ist, in dem Verstärker die Spannung

$$u_1 = \frac{2\pi n F}{\lambda} \cdot \frac{\pi}{d} \cdot \mathfrak{E}\,(V) \qquad (39)$$

Bei Rahmenantennen, wie sie für Rundfunkzwecke zur Anwendung kommen, liegen die Resonanzspannungen in der Größenordnung von 10^{-5} V und 1 V je nach Stärke, Entfernung und jeweiliger Güte der Ausbreitung [1].

Um verzerrungsfreie Oszillogramme plötzlicher Feldstärkeänderungen zu erhalten, muß die Trägheit der Feldstärkemeßeinrichtung hinreichend klein sein. Dies ist der Fall, wenn die resultierende Halbwertsbreite der Feldstärkemeßeinrichtung, bestehend aus abgestimmtem Antennenkreis und evtl. ebenfalls abgestimmten Verstärkern, groß ist gegenüber dem Frequenzband, das zufolge der Feldstärkeschwankung neben der Trägerwelle besteht. Erfolgen die Feldstärkeschwankungen in kürzeren Zeiten als 10^{-4} sec, d. h. liegen die Seitenwellen weiter als 10^4 Hertz von der Trägerwelle ab, so ist evtl. durch künstliche Zusatzdämpfungen der Schwingungskreise dafür zu sorgen, daß die Halbwertsbreite der Größenordnung 10^5 Hertz nahekommt. Bei der Besetzung des Wellenbereiches, die heute besteht, sind naturgemäß störungsfreie Messungen mit solchen Halbwertsbreiten nur möglich zu Zeiten, wo Sender in dem betreffenden Bereich nicht arbeiten, oder wenn die zu messende Feldstärke um Größenordnungen höher liegt als die Feldstärke evtl. vorhandener Störsender. Die praktische Ausführung geeichter Feldstärkemeßeinrichtungen mit Rahmen und relativ großer Halbwertsbreite ist bereits an anderer Stelle ausführlicher behandelt worden [2].

Die erhaltene Hochfrequenzschwingung wird verhältnismäßig selten unmittelbar oszillographiert. Soll dies geschehen, so ist durch sorgfältige, gegebenenfalls mehrfache Abschirmung der Braunschen Röhre, des etwa angewendeten Kopplungsschwingungskreises zwischen Verstärker und Braunscher Röhre und des Verstärkers selber darauf zu achten,

[1] Ardenne, M. v.: Einige Messungen über die Hochfrequenzspannungen an der Eingangsseite von Empfängern. Z. Hochfrequenztechn. Bd. 32 (1928) Heft 6 (67).
[2] Ardenne, M. v.: Über eine neue Feldstärkemeßeinrichtung. Elektr. Nachr.-Techn. Bd. 7 (1930) Heft 11 S. 434.

daß keinerlei Rückkopplungen von der Ausgangsseite auf die empfindliche Eingangsseite der Meßeinrichtung erfolgen. Selbsterregung oder Meßfehler sind sonst die unvermeidlichen Folgen. Zu einem gewissen Grade lassen sich diese Schwierigkeiten durch Anwendung einer Zwischenfrequenz umgehen. Immerhin ist dann der lineare Zusammenhang zwischen Ausgangs- und Eingangsspannung, der im Zwischenfrequenzteil gestört werden kann, zu kontrollieren.

In der Mehrzahl der Fälle wird man sich damit begnügen, nicht die Hochfrequenz unmittelbar zu oszillographieren, sondern erst die gleichgerichtete Hochfrequenz. Arbeitet der Gleichrichter in dem ausgenutzten Bereich linear, so gibt das Oszillogramm des Gleichrichtereffektes genau die Modulation der Hochfrequenz wieder. Voraussetzung ist natürlich, daß die höchsten vorkommenden Modulationsfrequenzen nicht durch den Gleichrichter beeinträchtigt werden. Gut geeignet für lineare und frequenzunabhängige Gleichrichtung ist die Anodengleichrichtung, wenn durch ausreichende Vorverstärkung dafür gesorgt wird, daß die Hochfrequenzspannungen am Gleichrichter genügende Amplitude haben. Die theoretischen Grundlagen der Anodengleichrichtung sind eingehend dargestellt von Ollendorff[1]. Die speziellen Zusammenhänge der Anodengleichrichtung beim Widerstandsverstärker sowie Messungen über die Empfindlichkeit und Linearität bei verschiedenen Dimensionierungen finden sich in einer früheren Arbeit des Verfassers[2]. Indem der Anodenkreis des Richtverstärkers (s. Abb. 169) nach ähnlichen Gesichtspunkten dimensioniert wird, die schon bei der Besprechung der Verstärker gebracht wurden, lassen sich Gleichrichter herstellen, die frequenzunabhängig von den tiefsten Frequenzen bis herauf zu Frequenzen von 10^6 Hertz arbeiten. Der Ohmsche Anodenwiderstand R_a ist so zu wählen, daß er gerade kleiner bleibt als der Blindwiderstand der parallel liegenden Schaltungskapazitäten (etwa 50 $\mu\mu$F) für die höchste Modulationsfrequenz. Mit solchen Gleichrichtern und Feldstärkemeßgeräten großer Bandbreite gelingt es, auch sehr schnelle Feldstärkenschwankungen zu oszillographieren. Amplitudengetreue Aufzeichnung des Feldstärkeverlaufes wird, wie schon oben angegeben, nur dann erreicht, wenn die entstehende Hochfrequenzspannung am Gleichrichter nicht unter einen bestimmten Wert sinkt.

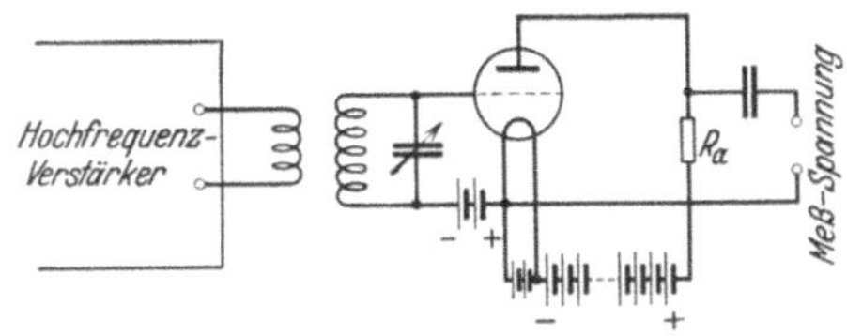

Abb. 169. Schaltung des Anodengleichrichters.

Ebenso wie die Bestimmung der Modulationskurve von Hochfrequenzschwankungen wird auch häufig die Bestimmung der Modulationskurve der angrenzenden Frequenzbereiche, d. h. die Bestimmung der Modulationskurve von Wärme- und Lichtwellen erforderlich.

[1] Ollendorff F.: Die Grundlagen der Hochfrequenztechnik, S. 372. Berlin: Julius Springer 1926.

[2] Ardenne, M. v.: Über Anodengleichrichtung. I. Z. Hochfrequenztechn. 1929 Heft 3 S. 82, 1927 (36) und Über Anodengleichrichtung, II. Z. Hochfrequenztechn. Bd. 31 (1928) (60) Heft 2 S. 51.

4. Photozellen.

Schnelle Schwankungen der im Spektralbereich an den elektromagnetischen Frequenzbereich angrenzenden Wärmestrahlung können durch die sonst allgemein zur Messung der Wärmestrahlung benutzten Vorrichtungen, wie Thermoelemente und Strahlungsbolometer nicht erfaßt werden, da die Trägheiten dieser Anordnungen um Größenordnungen größer als die Zeitkonstanten der zu registrierenden Vorgänge sind. Für langsame Schwankungen erfolgt die Registrierung einfacher nicht mit Kathodenstrahloszillographen, sondern mit Vibrationsgalvanometern oder Galvanometern. Geeignet zur Aufzeichnung schneller Schwankungen sind lediglich Photozellen passenden Spektralbereiches. Je nach der Lage des Spektralbereiches der benutzten Photozellenart können nicht nur Schwankungen im Bereich der Wärmestrahlung, sondern auch Schwankungen im Bereich des sichtbaren oder des ultravioletten Lichtes registriert werden. Verwendet werden Photozellen, deren Arbeitsweise auf dem äußeren oder inneren lichtelektrischen Effekt oder auf dem Sperrschichtphotoeffekt beruht [1]. Je nach der Art des verwendeten Kathodenmetalles und der Art seiner Aktivierung läßt sich das Maximum des Zellenspektralbereiches nach bestimmten gewünschten Frequenzen verlegen. Die Kurven der lichtelektrischen Ausbeute der Alkalimetalle sind in Abb. 170 wiedergegeben (entnommen aus Fleischer-Teichmann). Man erkennt, daß der Bereich von etwa 200 mμ bis etwa 600 mμ durch Wahl geeigneter Zellen bei gutem Wirkungsgrad des Meßumformers erfaßbar ist. Zur Registrierung von Vorgängen im Gebiet roter oder infraroter Lichtwellen ist unter den Alkalizellen speziell die Zelle mit Cäsiumkathode geeignet, noch besser aber die auf dem Sperrschichtphotoeffekt beruhende Sperrschichtphotozelle. Während die evakuierten Alkaliphotozellen sich durch hohe innere Widerstände auszeichnen, die unmittelbar an den Eingangswiderstand von Verstärkern angepaßt sind, besitzen die Sperrschichtphotozellen einen sehr kleinen Widerstand (Größenordnung 500 Ohm), so daß im Interesse eines guten Wirkungsgrades die Anpassung der Photozelle über einen Transformator notwendig wird. Der Sperrschichtphotoeffekt ist am häufigsten an den Grenzflächen zwischen Kupferoxydul oder Kupfer untersucht worden. Wesentlich größere Wirkungsgrade sind bei neueren Zellen gegeben, bei denen ein Halbleiter mit einem Leiter kombiniert ist. In diesem

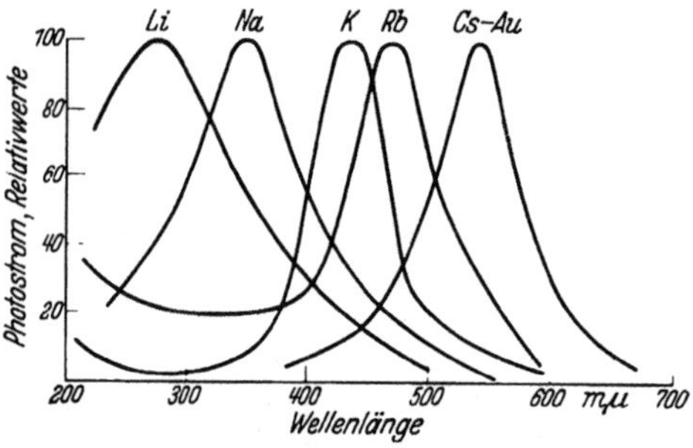

Abb. 170. Kurven der spektralen lichtelektrischen Ausbeute der Alkalimetalle.

[1] Fleischer, R. u. H. Teichmann: Die lichtelektrischen Zellen und ihre Herstellung. Dresden und Leipzig: Theodor Steinkopff 1932.

Zusammenhang sind speziell die Selensperrschichtphotozellen zu erwähnen von W. Schottky[1] und B. Lange[2].

Die Selensperrschichtzellen besitzen wieder etwas höhere innere Widerstände und liefern Spannungen von etwa 0,3 V pro Lux, so daß bei diesen Zellen bereits unmittelbar Verstärker angeschlossen werden können. Im Gegensatz hierzu besteht bei einer Kupferoxydul-Vorderwandzelle eine EMK von etwa $0{,}25 \cdot 10^{-4}$/pro Lux und bei der Kupferoxydul-Hinterwandzelle eine noch etwas kleinere EMK. Die Grenzwellenlänge liegt bei den Selensperrschichtzellen bei etwa 850 mμ,

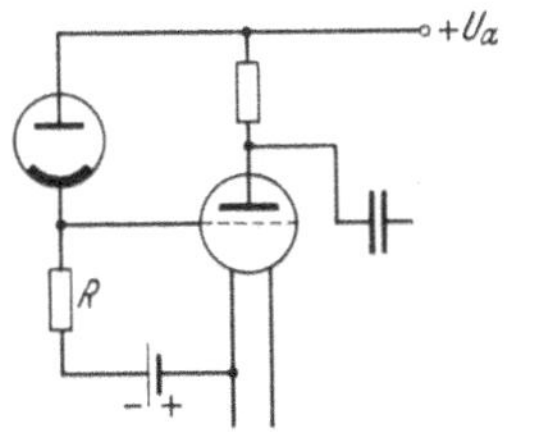

Abb. 171. Eingangsschaltung für Alkalizellen.

Abb. 172. Schaltung von Sperrschichtzellen.

bei den Kupferoxydulzellen bei etwa 1400 mμ. Für noch längere Wärmewellen sind zur Zeit keine Umformereinrichtungen bekannt, die hinreichend trägheitsfrei arbeiten.

Die übliche Schaltung einer Alkalizelle ist in Abb. 171 wiedergegeben und die zweckmäßige Schaltung einer Sperrschichtzelle in Abb. 172.

Frequenzabhängigkeiten und der lineare Bereich der Zellen hängt weitgehendst von der Dimensionierung der Schaltung ab. Selbstverständlich kann durch die Schaltung die bestehende innere Trägheit der Zelle nicht ausgeglichen werden. Es sei daher zunächst auf die innere Trägheit der Zellen eingegangen.

Die Ablösung der Elektronen und ihr quantitativer Durchtritt durch die Grenzfläche geht nach Messungen von E. O. Lawrence und J. W. Beams[3] innerhalb weniger als 10^{-8} sec vor sich. Hochvakuumzellen mit Alkalimetallelektroden, bei denen nur die Elektronenströmung ausgenutzt wird, sind daher bis zu über 10^7 Hertz frequenzunabhängig. Leider ist die Empfindlichkeit der Hochvakuumzellen verhältnismäßig niedrig (Größenordnung 10^{-7} Amp. pro Lumen) gegenüber der Empfindlichkeit gasgefüllter Zellen, die in der Größenordnung 10^{-5} Amp. pro Lumen liegt. Aus diesem Grunde wird man in der Regel gasgefüllte Zellen verwenden. Die Empfindlichkeit und Frequenzcharakteristik einer gasgefüllten Zelle hängt in sehr starkem Maße von der angewendeten Saugspannung ab. Kurz vor der Glimmspannung steigt die Empfindlichkeit, wie aus der Messung Abb. 173 hervorgeht, stark an. Trotzdem empfiehlt es sich nicht, in diesem Gebiet zu arbeiten, weil die Glimmspannung selbst nicht konstant ist, sondern von äußeren Einflüssen

[1] Schottky, W.: Über Gleichrichterwirkungen von Kupferoxydul gegen aufgebrachte Metallelektroden. Z. f. Hochfrequenztechnik, Bd. 37, (1931), H. 4 u. 5, S. 162—167 u. S. 175—187.

[2] Lange, B.: Über die spektrale Empfindlichkeit von Sperrschichtphotozellen. Naturwiss. Bd. 19 (1931) S. 525.

[3] Lawrence, E. O. u. J. W. Beams: Physic. Rev. Bd. 29 (1927) S. 903 u. Bd. 32 (1930) S. 478.

(Temperaturschwankungen) mit abhängt. Im Interesse stabiler Verhältnisse empfiehlt es sich unbedingt, die Saugspannung wenigstens um 10% niedriger zu wählen als die Glimmspannung. Sehr schädlich für die Zellen ist ein längerer Betrieb im gezündeten Zustande, insbesondere dann, wenn die Zellenschaltung keine Widerstände enthält, die den Strom begrenzen. Die Empfindlichkeitszunahme in Abhängigkeit von der Saugspannung erfolgt je nach Art der Gasfüllung in der Zelle nur für Lichtschwankungen, die langsamer sind als 10^4 bzw. 10^5 Hertz. Erfolgt die Lichtschwankung schneller, als die Ionisation im Füllgas vor sich geht, so nimmt die Empfindlichkeit der Zelle mit zunehmender Saugspannung nur sehr langsam zu. Vom Verfasser aufgenommene Charakteristiken, die das angedeutete Verhalten bestätigen, sind in Abb. 173 Kurve II wiedergegeben. Nach diesen Messungen verhält sich die gasgefüllte Photozelle für Hochfrequenzen (Frequenzen über etwa $3 \cdot 10^5$ Hertz) ähnlich wie Hochvakuumzellen. In dem Frequenzintervall von etwa 10^4 Hertz bis zu der eben genannten Frequenz fällt die Empfindlichkeit meist nicht gleichmäßig ab, sondern durchläuft mehrere Maxima mit abnehmender Amplitude. Die Ursache für diese Frequenzabhängigkeiten, die zuerst von F. Ollendorff[1] untersucht wurden, dürfte ähnlich sein wie für die Frequenzabhängigkeiten bei Lichtsteuerung und Ablenkung gasgefüllter Kathodenstrahlröhren.

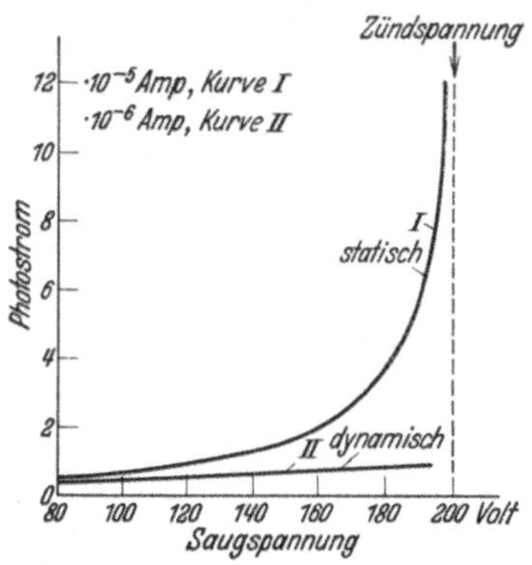

Abb. 173. Photostrom in Abhängigkeit von der Saugspannung bei einer gasgefüllten Zelle und einem Lichtstrom von einem Lumen statisch und dynamisch (Modulationsfrequenz des Lichtstromes $6 \cdot 10^5$ Hertz) gemessen.

Wird hohe Empfindlichkeit und gleichzeitig möglichst geringe Frequenzabhängigkeit bis herauf zu 10^5 Hertz verlangt, so sind Photozellen mit Argongasfüllung, worauf zuerst von F. Schröter[2] hingewiesen wurde, zu empfehlen. Weitere Einzelheiten über Alkaliphotozellen, ihre Herstellung und ihre Frequenzabhängigkeiten finden sich in dem Buche von Simon und Suhrmann[3].

Auch die Sperrschichtphotozellen haben innere Trägheiten, die jedoch überdeckt werden durch die Frequenzabhängigkeiten, die zwangsläufig zufolge der hohen Eigenkapazität dieser Zellen in der Schaltung eintreten.

Die Alkaliphotozellen stellen schaltungsmäßig einen Generator dar, dessen innerer Widerstand von der jeweiligen Beleuchtungsstärke abhängt. Bei den praktisch gegebenen Beleuchtungsstärken und Zelleneigenschaften liegen die inneren Widerstände in der Größenordnung 10^7

---

[1] Ollendorf, F.: Über Trägheitserscheinungen in gasgefüllten Photozellen. Z. techn. Physik Bd. 12 (1932) Heft 12 S. 606.

[2] Schröter, F. u. G. Lubszynski: Untersuchungen zur Frage der Trägheit gasgefüllter Photozellen. Physik. Z. 31. Jg. (1930) Heft 20 S. 897.

[3] Simon u. Suhrmann: Lichtelektrische Zellen und ihre Anwendung. Berlin: Julius Springer 1932.

bis 10^8 Ohm. Handelt es sich darum, sehr langsame Lichtschwankungen (unter 1000 Hertz) zu registrieren, wo die unvermeidlichen Kapazitäten von Zelle und Verstärkereingang und der Ohmsche Scheinwiderstand an der Eingangsseite des Verstärkers noch sehr hohe Widerstände darstellen, ist es möglich, Ableitewiderstände (R in Abb. 171) der gleichen Größenordnung anzuwenden. Leistungsmäßig betrachtet, ist die Anpassung der Zelle an den Verstärker in diesem Falle optimal vorgenommen. Der Generatorwiderstand ist an den Verbraucherwiderstand angepaßt. In der Mehrzahl der Fälle, wo Lichtschwankungen sehr viel höherer Frequenzen zu registrieren sind, kann diese optimale Anpassung nicht durchgeführt werden. Vielmehr muß der Widerstand R Werte annehmen, die meist sehr klein sind gegenüber dem inneren Photozellenwiderstand. Bei sorgfältigem Schaltungsaufbau und Verwendung normaler Röhren und Zellen liegt die unvermeidliche Kapazität in der Größenordnung von 20—30 $\mu\mu$F. Selbst mit gedrängtestem Zusammenbau, auch bei Zusammenbau in einem einzigen Glaskolben und durch Herabsetzung der Anodenrückwirkung gelingt es kaum, die schädliche Kapazität wesentlich unter 10 $\mu\mu$F zu reduzieren. Der Ableitewiderstand R darf höchstens so groß gewählt werden, daß er gleich dem Blindwiderstand der schädlichen Eingangskapazität für die höchste, in der Meßspannung vorkommende Frequenz wird. Beträgt beispielsweise die Eingangskapazität 20 $\mu\mu$F und die höchste zu berücksichtigende Frequenz 10^5 Hertz, so darf der Ableitewiderstand nicht größer gewählt werden als 75 000 Ohm. Je höhere Frequenzen zu berücksichtigen sind, desto kleinere Widerstände werden erforderlich und desto kleinere Spannungsabfälle entstehen am Ableitewiderstand durch den schwachen Photostrom. Die Abnahme der Zellenempfindlichkeit einerseits infolge der oben besprochenen inneren Trägheiten und andererseits die immer ungünstiger werdende äußere Anpassung bewirken, daß für hochfrequente Lichtschwankungen nur sehr schlechte Wirkungsgrade bestehen. Sehr bald kommt man an die durch den Schrotpegel gegebene Grenze der Verstärkung. Die verzerrungsfreie Mitregistrierung hochfrequenter Lichtschwankungen ist daher nur möglich, wenn es sich um lichtstarke Vorgänge handelt. Beschränken sich hochfrequente Lichtschwankungen auf einen sehr schmalen Frequenzbereich (Weite 5000 Hertz), so liegen die Verhältnisse etwas günstiger, indem die schädlichen Eingangskapazitäten in einen Schwingungskreis einbezogen werden können. In diesem Falle ist der Widerstand R in der Schaltung Abb. 171 durch einen Schwingungskreis zu ersetzen, dessen Eigenfrequenz gleich der Trägerfrequenz der Lichtschwankung zu wählen ist. Mit Halbwertsbreiten von 5000 Hertz gelingt es, im Hochfrequenzbereich Resonanzwiderstände der Größenordnung 10^5 Ohm aufrechtzuerhalten.

Bei den Sperrschichtphotozellen mit kleinem innerem Widerstand wird eine Anpassung über Transformatoren notwendig (Schaltung Abb. 172). Bei der Wahl des Übersetzungsverhältnisses ist zu beachten, daß die Pseudodämpfung durch den Zellenwiderstand genügende Frequenzunabhängigkeit sichert. Es müssen daher um so kleinere Übersetzungsverhältnisse zur Anwendung kommen, je größer der geforderte Frequenzbereich ist. Die Fragen der Anpassung von

Verstärkertransformatoren sind bereits wiederholt Gegenstand ausführlicher Betrachtungen gewesen [1].

Durch die Anwendung des Transformators ist die Gefahr von Verzerrungen infolge der variablen Permeabilität des Eisenkernes gegeben.

Um eine amplitudengetreue Aufzeichnung der Lichtschwankungen zu erreichen, sind auch bei den Alkaliphotozellen gewisse Gesichtspunkte zu beachten. Die Kennlinie der Zellen, d. h. die Kurve „Photostrom in Abhängigkeit von der Belichtungsstärke", ist für kleine Beleuchtungswerte bis zu 10^{-2} Lumen von der Abszisse weggekrümmt. Vgl. hierzu die Charakteristiken Abb. 174, die bei verschiedenen Saugspannungen gewonnen wurden (entnommen aus „Handbuch der Bildtelegraphie und des Fernsehens" von F. Schröter). Sie verläuft weiterhin bis zu Belichtungen von etwa 10 Lumen gut linear, um bei noch höheren Belichtungsstärken infolge eintretender Sättigung in eine der Abszisse zugekehrte Krümmung überzugehen. Die Photozellencharakteristik verläuft daher analog einer Röhrenkennlinie. Um die Lichtschwankungen amplitudengetreu aufzuzeichnen, soll der Arbeitspunkt möglichst in der Mitte des linearen Teiles der Kennlinie liegen. Oft wird der Mittelwert der zu untersuchenden Lichtwelle nicht gerade diesem günstigsten Belichtungswert entsprechen. In der Regel werden die Belichtungswerte kleiner sein. Oft werden weiterhin die Lichtschwankungen mit dem Nullwert als untere Grenze stattfinden. Günstigste Arbeitspunktlage wird herbeigeführt und die Amplitudenverzerrungen, die bei kleinen Belichtungswerten zwangsläufig auftreten würden, werden vermieden, indem durch eine konstante Hilfslichtquelle eine Vorbelichtung eingeführt wird.

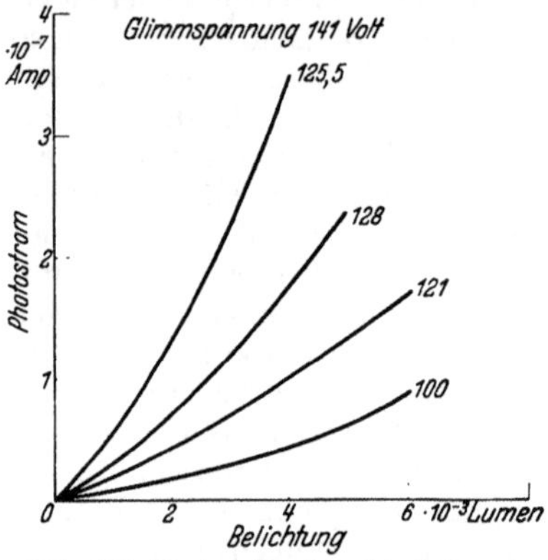

Abb. 174. Photozellencharakteristiken bei verschiedener Saugspannung im Gebiet schwacher Belichtung.

5. Abtasteinrichtung für mechanische Schwingungen.

Mit den bisher besprochenen Hilfsgeräten wurden elektrische, magnetische oder elektromagnetische Vorgänge in Meßspannungen umgeformt. Während bei diesen Umwandlungen die Aufgabe darin zu sehen war, den Meßvorgang an das eigentliche Meßverfahren größenordnungsmäßig anzupassen, handelt es sich bei den in den folgenden Abschnitten besprochenen Umwandlungen darum, mechanische Energien in elektrische Energien zu transformieren.

Eine häufig wiederkehrende Aufgabe besteht darin, mechanische Schwingungen durch unmittelbare Abtastung in Wechselspannungen zu

[1] Zenneck, J. u. H. Rukop: Lehrbuch der drahtlosen Telegraphie, 5. Aufl. S. 765f. Stuttgart: Ferdinand Enke 1925, sowie L. Müller u. M. v. Ardenne: Transformatorenverstärker. Verlag Richard Karl Schmidt 1927.

überführen. Ein charakteristisches Beispiel für diese Art der Umformung sind die elektrischen Schalldosen. Die Schalldosen sind nicht nur für die üblichen Aufgaben verwendbar, die darin bestehen, seitliche Ausschläge von Führungsrillen, in einzelnen Fällen auch Vertiefungen von Führungsrillen, in entsprechende Spannungsschwankungen zu verwandeln, sondern sind auch geeignet, den Verlauf von Oberflächenrauhigkeiten zu registrieren. Das letztere gelingt, wenn die Abtastnadel der Schalldose mit konstanter Geschwindigkeit über die zu untersuchende Oberfläche bewegt wird.

Die Schalldosen in der üblichen Ausführung bestehen meist aus einem elastisch gelagerten, möglichst leicht gehaltenen Eisenanker, der in einem schweren Gehäuse aufgehängt ist. Die Überführung der mechanischen Schwingung geschieht in der Regel dadurch, daß der Anker den eine Induktionsspule durchsetzenden Fluß permanenter Magnete durch seine Lage verändert. Seltener geschieht die Umwandlung durch Kapazitätsänderungen.

Die Tonabnehmer besitzen oft recht erhebliche Amplituden- und Frequenzabhängigkeiten, so daß bei ihrer Verwendung für Meßzwecke besonders vorsichtig vorzugehen ist. Ihr Frequenzbereich ist eingegrenzt durch zwei für den Tonabnehmer charakteristische Frequenzen, durch die Ankerresonanz und durch die Gehäuseresonanz. Durch sehr kleine Ankermassen und durch große Steifigkeit des Ankers einschließlich der Nadel gelingt es, die Ankerresonanz bestenfalls auf 8000—10 000 Hertz heraufzulegen. Durch große Gehäusemassen und schwache Federung des Ankers andererseits gelingt es, die durch die Gehäuseresonanz bedingte untere Frequenzgrenze sehr tief herabzudrücken. Weiterhin ist im Interesse geringer Frequenzabhängigkeiten in den Zwischengebieten dafür zu sorgen, daß beide Resonanzen stark gedämpft werden. Die starke Dämpfung verursacht selbstverständlich geringere Empfindlichkeit, die daher bei den meisten guten Dosen zu beobachten ist. Auch bei unempfindlichen Dosen liegen die bei der Abtastung entstehenden Spannungen nur selten tiefer als 10^{-2} bis 10^{-3} V, so daß die störungsfreie Verstärkung keine Schwierigkeiten bereitet. Die Frequenzabhängigkeit und zu einem gewissen Grade auch die Amplitudenabhängigkeit handelsüblicher Tonabnehmer ist Gegenstand einer eingehenderen Untersuchung gewesen [1]. Die theoretischen Grundlagen für die Berechnung von Abtasteinrichtungen sind ebenfalls in einer ausführlichen Spezialarbeit behandelt [2].

Bei den besten handelsüblichen Tonabnehmern gelingt es, ausreichende Frequenz- und Amplitudenunabhängigkeit im Frequenzintervall von etwa 100 Hertz bis 7000 Hertz zu verwirklichen.

Im allgemeinen wird der Tonabnehmer dazu verwendet werden, eine durch die üblichen Schneideeinrichtungen von einem akustischen Vorgang geschnittene Führungsrille abzutasten. Je nach der Verzerrungsfreiheit der an der Aufzeichnung beteiligten Glieder und je nach

[1] Ardenne, M. v.: Die Kurven moderner Tonabnehmer. Der Radiohändler Jg. 8 (1931) Heft 23 u. 24.

[2] Kluge, M.: Frequenzgang und Plattenbeanspruchung von Tonabnehmern. Z. Hochfrequenztechn. Bd. 40 (1932) Heft 2 S. 55.

der Güte des Tonabnehmers wird die erhaltene Meßspannung mehr oder weniger genau dem Verlauf der ursprünglichen Schwingung entsprechen. Sollen dagegen die Tonabnehmer dazu benutzt werden, um beispielsweise die Rauhigkeit geschliffener oder bearbeiteter Oberflächen festzustellen, so gibt die Meßspannung nicht unmittelbar den Verlauf der Oberflächenrauhigkeiten wieder. Da die Spannung, die der Tonabnehmer liefert, abhängt von dem Produkt aus Amplitude und Frequenz, d. h. von der sog. Geschwindigkeitsamplitude, werden die kleineren Oberflächenunebenheiten überbetont. Um ein getreues, durch die elektrische Methodik vergrößertes Abbild von der Oberflächenbeschaffenheit zu erhalten, ist es notwendig, bei der nachgeschalteten Meßeinrichtung ein frequenzabhängiges Glied vorzusehen, das die Spannungsempfindlichkeit der Anordnung mit $1 : \omega$ abnehmen läßt. Eine solche Frequenzabhängigkeit, die die erwähnte Verzerrung genau kompensiert, läßt sich bei Anwendung von Widerstandsverstärkern außerordentlich einfach dadurch erreichen, daß parallel zu einem der Anodenwiderstände einer der ersten Stufen des Verstärkers eine große Kapazität geschaltet wird. Die Kapazität muß so groß bemessen sein, daß ihr Blindwiderstand auch noch bei der unteren Grenzfrequenz der Schalldose kleiner ist als der Kombinationswiderstand, bestehend aus der Parallelschaltung vom inneren Röhrenwiderstand und dem Kopplungswiderstand. Bei dieser Anwendung des Tonabnehmers soll seine Führungsgeschwindigkeit über die Oberfläche gerade so groß gewählt werden, daß die längsten zu registrierenden Wellungen eine Frequenz verursachen, die gleich der unteren Grenzfrequenz der Schalldose ist. Selbstverständlich muß die Spitze des Führungsstiftes einen kleineren Durchmesser haben als die kleinste abzutastende Unregelmäßigkeit.

Die Anwendung von Schalldosen ist keineswegs darauf beschränkt, daß die Abtastung ständig an neuen Berührungspunkten vorgenommen wird. Ebensogut ist es auch möglich, die relative Bewegung nur eines Körperpunktes zu seiner Umgebung in Meßspannungen zu verwandeln. In dieser Anwendung, die frequenzmäßig fast die gleiche Grenze besitzt wie die vorher diskutierte Anwendung, gelingt es auf einfachste Weise, mechanische Erschütterungen elektrisch zu registrieren. In diesem Zusammenhang sei darauf hingewiesen, daß bei Einsetzung üblicher Tonabnehmer, die immer nur auf Auslenkung in einer Richtung reagieren, es möglich ist, auch die drei räumlichen Komponenten von Erschütterungen zu erfassen, indem Tonabnehmer in den drei Koordinaten sinngemäß angesetzt werden. Diese Auflösung in Komponenten ist speziell für die Zwecke der Erdbebenaufzeichnungen und noch mehr vielleicht für die Zwecke der Druckwellenregistrierung bei der Ermittlung von Unstetigkeiten im Erdboden für geologische Zwecke von Bedeutung.

Für die Messungen langsamer Erschütterungen, wie sie beispielsweise bei dem eben erwähnten seismischen Verfahren vorkommen, genügen selbstverständlich die üblichen Tonabnehmer nicht. Es wird vielmehr notwendig, die Gehäusegewichte ganz außerordentlich zu vergrößern. Man gelangt auf diese Weise schließlich bei Gehäusemassen von einigen 100 kg und den in Frage kommenden Halterungen zu einer unteren Grenzfrequenz, die tiefer liegt als 10^{-1} Hertz. Nähere Einzelheiten über den mechanischen Teil von Schwingungsmessern finden sich an anderer Stelle ausführlich dargestellt [1]. Selbstverständlich ist bei der Registrierung so langsamer Schwankungserscheinungen die Einführung von Gleichstromverstärkern notwendig. Derartige Erschütterungen müssen nicht unbedingt durch ein mechanisches Hebelsystem auf den Meßwandler übertragen werden. Handelt es sich um sehr schnelle Schwingungen (Frequenzen über 10^4 Hertz), so sind solche Übertragungssysteme ungeeignet, worauf schon oben hingewiesen wurde. Für die Messungen mechanischer Schwingungen in sehr weiten Frequenzbereichen leistet die im folgenden Abschnitt beschriebene Methodik gute Dienste.

6. Kapazitive Messung mechanischer Schwingungen.

Die Abstandsänderung des mechanisch schwingenden Körpers relativ zu einer mit dem Meßsystem starr verbundenen Fläche kann durch Veränderung der aus schwingendem System und Meßfläche gebildeten elektrischen Kapazität gemessen werden. Die Empfindlichkeit dieses Umformers ist abhängig von der Kapazitätsänderung, die durch den Meßvorgang verursacht werden kann. Die Kapazitätsschwankung wird um so größer, je kleiner der mittlere Abstand der Belegungen werden kann — der letztere muß immer groß gegenüber den höchsten vorkommenden Amplituden gehalten sein — und je größere Kapazitätsbelegungen sich gegenüberstehen. Die Bemessung der Kapazitätsbelegungen hängt von der Größe der gleichphasig schwingenden Fläche ab. Bei schnellen Schwingungen, wo meist nur kleine Flächenteile gleichphasig schwingen, können zuweilen Meßkapazitäten von nur Bruchteilen eines $\mu\mu$F zur Anwendung kommen. Bei langsamen Lageveränderungen dagegen können die Meßkapazitäten Werte bis zu $10^4\,\mu\mu$F annehmen. So große Kapazitäten werden beispielsweise bei der Messung von Längenänderungen durch Wachstumsvorgänge bei Pflanzen benutzt.

Die Kapazitätsmethode hat den Vorteil, daß selbst bei der Untersuchung von Schwingungsvorgängen an Nichtleitern keine ins Gewicht fallende Masseveränderung auftritt, insbesondere dann nicht, wenn beispielsweise die eine leitende Belegung durch Kathodenzerstäubung hergestellt wird. Der große Vorteil der kapazitiven Methode besteht darin, daß eine statische absolute Eichung der Apparatur in Längeneinheiten möglich ist, indem die Kapazitätsänderungen gemessen werden, die bei Bewegung der Meßelektrode durch eine Mikrometerschraube eintreten.

Eine empfehlenswerte Hochfrequenzschaltung zur Messung von Abstandsänderungen, die auch bei Kondensatormikrophonen häufig zur Anwendung kommt, ist in Abb. 175 abgebildet. Bei dieser Schaltung liegt der Meßkondensator in dem Schwingungskreis eines Meßsenders und bewirkt Frequenzänderungen. Mit dem Meßsender ist lose ein weiterer Resonanzkreis gekoppelt, der so abgestimmt ist, daß die Ruhefrequenz des Senders auf der Mitte des linearen Anstiegs oder Abfalles seiner Resonanzkurve zu liegen kommt. Die an diesem Schwingungskreis

[1] Steuding, H.: Messung mechanischer Schwingungen. VDI-Verlag 1928.

gegebene Hochfrequenzspannung hängt somit in gewissen Bereichen linear von der Frequenz des Senders, d. h. von der jeweiligen Größe des Meßkondensators ab. Voraussetzung ist natürlich, daß die Frequenzänderungen so klein bleiben, daß der lineare Seitenast der Resonanzkurve nicht übersteuert wird. Die von dem Augenblickswert der Meßkapazität abhängende Hochfrequenzspannung am zweiten Schwingungskreis wird in einem Anodengleichrichter gleichgerichtet, der in dem entsprechenden Spannungsbereich ohne weiteres gut linear arbeitet. Selbstverständlich können mit der Anordnung Abb. 175 über Hörbereich liegende Schwankungen nur registriert werden, wenn die benutzte

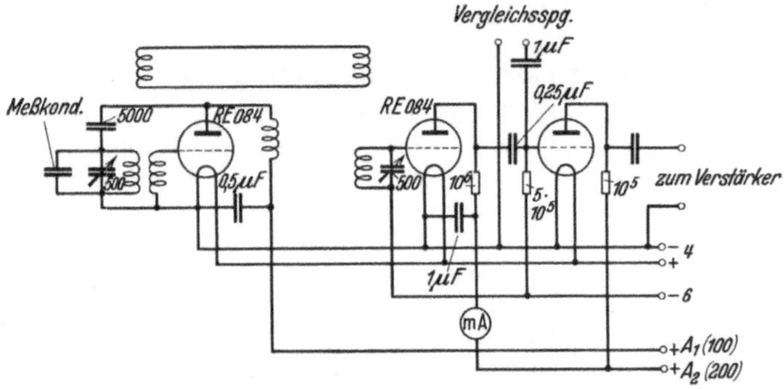

Abb. 175. Hochfrequenzschaltung zur Messung von Abstandsänderungen.

Hochfrequenz sehr groß ist gegenüber der höchsten vorkommenden Meßfrequenz, und wenn die kapazitive Überbrückung des Anodengleichrichters nicht auch schon für die höchsten Meßfrequenzen gegeben ist. Die Dimensionierung in Abb. 175 ist so getroffen, daß mechanische Schwingungen bis zu 10^4 Hertz oszillographiert werden können. Die Welligkeit soll bei der besprochenen Anordnung so weit durch den Gleichrichterkreis abgeschwächt sein, daß ihre Amplitude im Oszillographen kleinere Ablenkungen verursacht, als der Fleckradius beträgt. Dies ist um so eher zu erreichen, je stärker die Senderfrequenz abweicht von der höchsten Meßfrequenz. Mit der Hochfrequenzmeßschaltung konnte E. Meyer noch Abstandsänderungen von weniger als 100 mμ messen. Durch Aussiebung tieferer Frequenzen gelang es dem gleichen Autor [1] die Methode zu Schallisolationsmessungen zu verwenden, trotzdem durch die mechanische Bewegung der Wände infolge des Straßenverkehrs Störamplituden bestanden, die die Meßamplitude um ein Vielfaches übertrafen. Selbstverständlich ist bei Einführung von Frequenzabhängigkeiten die Eichmethodik zu modifizieren.

Die kapazitive Methodik bleibt natürlich darauf beschränkt, daß das schwingende System eine gewisse räumliche Ausdehnung besitzt. Zur Abstandsmessung von Flächen sehr kleiner Ausdehnung ist nur die bereits beschriebene punktförmige Abtastmethode möglich.

---

[1] Meyer, E.: Grundlegende Messungen zur Schallisolation von Einfachtrennwänden. Sonderausg. a. d. Sitzungsber. d. Preuß. Akademie d. Wiss. Physikal.-mathemat. Klasse 1931, IX.

7. Druckmikrophone.

Eine häufig wiederkehrende Aufgabe bei der Untersuchung mechanischer Schwingungen ist die Bestimmung von Druck- und Beschleunigungskräften. Als Druckmikrophone sind eine Reihe Hilfsgeräte in der Praxis üblich.

In den Fällen, wo es auf große Meßgenauigkeit nicht ankommt, werden Kohledehnungsmesser angewendet, bei denen die Drucke durch Widerstandsänderungen von Kohlen gemessen werden. Diese Umformer haben den Vorteil, daß meist so hohe Leistungen gesteuert werden, daß ein Verstärker sich entweder völlig erübrigt oder nur wenige Stufen zu enthalten braucht. Die Bauart solcher Druckmikrophone und ihr Aussteuerbereich ist bereits an anderer Stelle behandelt worden [1].

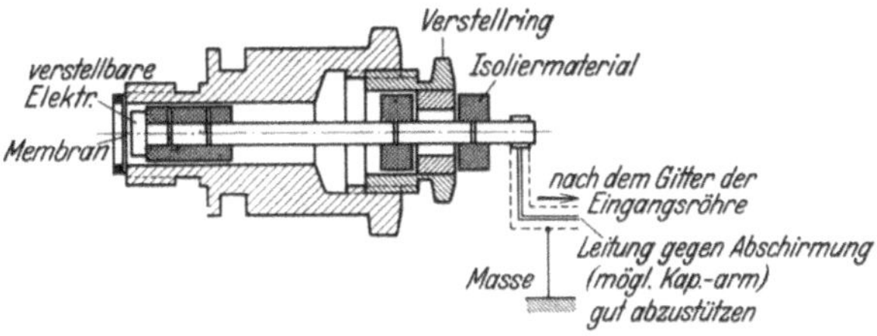

Abb. 176. Kondensatordruckmikrophon für Druckmessungen an Verbrennungsmotoren.

Häufiger sind als Druckmikrophone Anordnungen zur Anwendung gekommen, bei denen Kapazitätsänderungen durch Abstandsänderungen zur Umformung dienten. Der einzige Unterschied solcher Anordnungen gegenüber den im letzten Abschnitt besprochenen Verfahren besteht darin, daß die bewegliche Belegung als Manometermembran ausgebildet wurde.

Die konstruktive Anordnung eines elektrostatischen Druckmikrophones für die Zwecke von Druckmessungen an Explosionsmotoren ist in Abb. 176 gezeichnet. Das Meßmikrophon ist hierbei mit einem Schraubgewinde ausgerüstet, das die Einführung der Meßmembran in den Zündkerzenflansch des Motors gestattet. Bei der Ausgestaltung solcher Druckmikrophone ist dafür zu sorgen, daß das Verbrennungsvolumen durch das Druckmikrophon nicht wesentlich verändert wird. In einzelnen Fällen ist man dazu übergegangen, das Druckmikrophon unmittelbar mit einer Zündkerze zu kombinieren, um mit einer solchen Einheit den Druckverlauf in den Zylindern von Verbrennungsmaschinen unter Arbeitsverhältnissen zu studieren. Gerade die kapazitive Methode, die wegen der Dimensionierung des Gitterkreises sich leichter von dem Zündvorgang abschirmen läßt, ist hier besonders empfehlenswert. Auch hier kann die Eichung des Druckmikrophones — Frequenzunabhängigkeit der nachfolgenden Schaltung vorausgesetzt — statisch mit Hilfe parallel geschalteter Manometer geschehen. Selbstverständlich ist durch Dimensionierung der Membrane dafür zur sorgen, daß das Mikrophon in dem gewünschten Druckbereich linear arbeitet. Die Eigenfrequenz der Membran wird sich in der Regel leicht in Gebiete hoher Frequenzen verlegen lassen, die weit außerhalb des Bereiches der höchsten interessierenden Meßfrequenzen liegen.

[1] Peters: New Development and Electric Telemetres. Proc. Am. Soc. Testing Mat. Bd. 23, 2 (1923) S. 592 u. Martin u. Karris: Messung rasch veränderlicher Drücke durch einen als Zündkerze ausgebildeten elektrischen Indikator. Automot. Ind. Bd. 62 (1930) S. 592.

Eine andere Art von Druckmikrophonen, die neuerdings eine gewisse Verbreitung erlangt hat, ist durch die piezoelektrischen

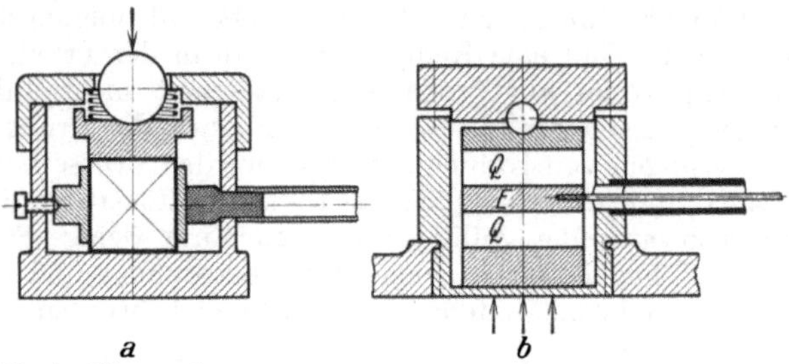

Abb. 177. Ausführungsformen von Quarzdruckkammern für Druckmessungen.

Einrichtungen gegeben. Bei diesen Einrichtungen wird der zu messende Druck auf einen piezoelektrischen Quarz übertragen. Der Quarz selbst wird am besten in Form eines rechteckigen Prismas so geschnitten, daß eine Prismenebene senkrecht zur optischen Achse und eine Prismenebene senkrecht zur elektrischen Achse verläuft. Der Druck kann entweder in der Richtung der elektrischen Achse oder in Richtung der neutralen Achse erfolgen. In beiden Fällen entstehen in den Ebenen senkrecht zur elektrischen Achse Spannungen, die einem Gleichstromverstärker zugeführt werden.

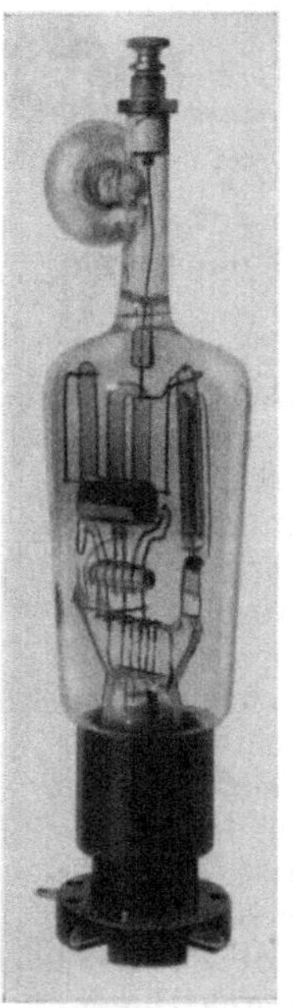

Abb. 178. Eingangsröhre für Piezodruckmessungen.

Die konstruktive Ausführung einer Quarzdruckkammer für ein Prisma ist in Abb. 177*a* abgebildet. Eine andere Ausführungsform, bei der zwei Quarzprismen in eine Stahlkammer eingebaut sind, und die in die Zylinderwand eines Verbrennungsmotors eingeschraubt werden kann, zeigt Abb. 177*b* Auch hier fällt die Druckrichtung mit einer der elektrischen Achsen der Quarze zusammen. Die Stahlkammer hat hier einen dünnen Boden als elastisches Zwischenglied, das die zu messenden Kräfte auf die Quarze überträgt. Durch diese Anordnung sind die Quarze gegen elektrische und magnetische Störungen sowie gegen Verschmutzungen und Temperatureinflüsse abgeschirmt. Zu beachten ist bei der Anordnung der beiden Quarze, daß diese unter Einschaltung der Meßelektrode E mit entgegengesetzter Polarität aufeinandergelegt werden, so daß sich die bei Druckbeanspruchung entstehenden Ladungen addieren. Durch die in beiden Konstruktionen angewendete Kugel wird für gleichmäßige Druckübertragung gesorgt. Einzelheiten über die Ausgestaltung der beschriebenen Quarzdruckkammern finden sich in speziellen Veröffentlichungen [1].

[1] Kluge, J. u. H. E. Linckh: Piezoelektrische Messungen von Druck- und Beschleunigungskräften. Z. VDI Bd. 73 (1929) Nr. 37 S. 1311 u. Piezoelektrischer Indikator für schnellaufende Verbrennungsmotoren. Z. VDI Bd. 74 (1930) Nr. 25 S. 887.

Die maximale Empfindlichkeit des Indikators hängt ab von der Kapazität des Eingangskreises. Die Empfindlichkeit des Indikators läßt sich in weiten Grenzen ändern, indem die Kapazität des Eingangskreises durch Zuschaltung von Luftkondensatoren vergrößert wird. Die Druckempfindlichkeit liegt praktisch in der Größenordnung von 10^{-11} Coulomb/kg. Je nach der Größe der Parallelkapazität und der ausgeübten Drucke liegen die entstehenden Spannungen in der Größenordnung von etwa 10^{-3} V bis 1 V. Damit die Ladungen auch bei langsamen Druckänderungen nicht abfließen können, kommt es darauf an, daß der gesamte Eingangskreis, bestehend aus Druckkammer und erster Verstärkerstufe und evtl. Bereichkondensator, vorzüglich isoliert ist. Um dies zu erreichen, ist eine getrennte Gitterherausführung bei der Verstärkerröhre erforderlich, die durch Bernstein ebenso zu isolieren ist wie auch die Zuführung in der Druckkammer selbst. Eine Spezialröhre für die erste Verstärkerstufe eines Gleichstromverstärkers für Piezodruckmessungen, die von der Radio-AG. D. S. Loewe gebaut wird, ist in Abb. 178 abgebildet. Die Anordnung, insbesondere des Eingangskreises der Piezodruckmeßeinrichtung, ist aus Abb. 179 erkennbar.

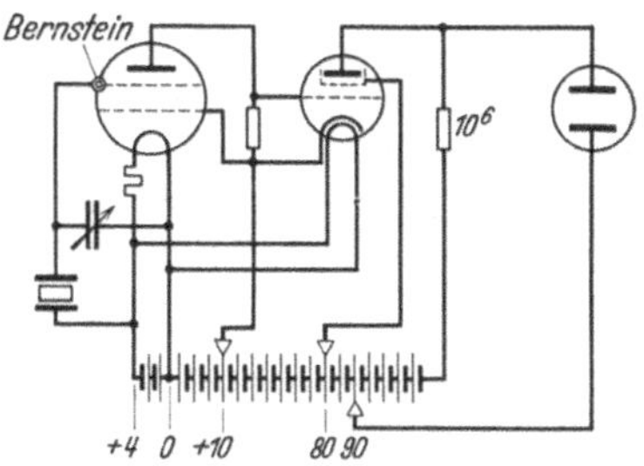

Abb. 179. Schaltung der kompletten Piezodruckmeßeinrichtung.

Amplitudenunabhängigkeit ist in weiten Grenzen gewährleistet. Der Elastizitätsmodul von Quarz ist mit $0{,}8 \cdot 10^6$ kg/cm² so klein, daß die bei Druckmessung eintretenden Deformationen vernachlässigt werden können. Die für die Messung mechanischer Schwingungen erforderliche hohe Eigenfrequenz ist demnach gesichert, und der Quarz kann zur Registrierung von Druckschwankungen bis oberhalb 10^4 Hertz ohne weiteres verwendet werden. Bei Einführung kleinerer, speziell geschnittener Quarze geringer Empfindlichkeit können auch noch sehr viel schnellere Druckschwankungen, wie sie beispielsweise bei Messungen von Ultraschallwellen vorkommen, frequenzunabhängig in Spannungsschwankungen überführt werden.

Die untere Frequenzgrenze liegt bei Aufrechterhaltung genügend guter Isolation im Eingangskreis so tief, daß eine statische Eichung der Druckmeßeinrichtung fehlerfrei gelingt. Die Maximalempfindlichkeit der Quarzdruckmeßeinrichtung ist so erheblich, daß schon der geringe Druck erhebliche Spannungsänderungen verursacht, der entsteht, wenn die Quarzplatte einer Luftströmung ausgesetzt wird. Daß die gleiche Einrichtung in der Lage ist, auch Schalldrucke in Spannungen umzusetzen, liegt auf der Hand. In diesem Falle wirkt der Piezoumformer als Schallmikrophon.

8. Schallmikrophone.

Die Schallmikrophone haben die Aufgabe, die durch das Auftreffen von Schallwellen entstehenden Druckänderungen in Wechselspannungen zu transformieren. Die im Interesse verzerrungsfreier Umformung erforderliche Frequenz- und Amplitudenunabhängigkeit läßt sich bei Mikrophonen leichter erreichen als bei anderen elektromechanischen Einheiten (Tonabnehmern, Lautsprechern). Die Erklärung hierfür dürfte darin liegen, daß die Energiebeträge, die im Mikrophon umgesetzt werden und mit diesen die vorkommenden Schwingungsamplituden, absolut genommen, sehr klein sind. Immerhin ist auch dem Mikrophon als Meßumformer größte Aufmerksamkeit bei der Auswahl zu widmen.

Die größte Verbreitung besitzen die Kohlemikrophone. In den üblichen Ausführungen für Fernsprechzwecke sind diese höchstens für einfache Demonstrationsaufgaben als Umformer verwendbar. Ihr Frequenzbereich erstreckt sich bei bester Ausführung zwischen etwa 500 und 3000 Hertz. Auch innerhalb dieses beschränkten Bereiches ergeben sich zahlreiche Zacken in der Wirkungsgradkurve. Der Wirkungsgrad selber ist gut, so daß in der Regel an der Sekundärseite des zur Anpassung erforderlichen Transformators Wechselspannungen zur Verfügung stehen, die zur Durchsteuerung eines Oszillographen ausreichen. Der Klirrfaktor der Mikrophonkapseln für Fernsprechzwecke ist sehr erheblich. Auch liegt der Störpegel, verursacht durch kleine Schwankungen des Stromüberganges zwischen den Kohlekörnern ziemlich hoch. Genauere Unterlagen über die Eigenschaften von einfachen Fernsprechmikrophonen finden sich in einer Arbeit von M. Grützmacher [1]. Die einfachsten Fernsprechkohlemikrophone kommen nicht nur infolge ihrer erwähnten mangelhaften Eigenschaften, sondern auch wegen ihrer schwankenden Empfindlichkeit nur für Demonstrationszwecke in Frage.

Ganz wesentlich günstiger verhalten sich die von E. Reisz insbesondere für die Zwecke des Rundfunks entwickelten Kontaktmikrophone, die ebenfalls auf Widerstandsschwankungen zwischen Kohlekörnern beruhen. Bei dem Reisz-Mikrophon üben die Schallwellen ihren Druck direkt auf Kohlepulver aus, das zwischen zwei feste Elektroden in der flachen Höhlung eines Marmorblockes gelagert ist. Nach außen hin ist das Kohlepulver durch eine dünne, den Schwingungsvorgang nicht beeinflussende Haut abgeschlossen. Die Teilchengröße des Kohlepulvers sowie die Größe der schallempfindlichen Fläche ist so gewählt, daß weitgehende Frequenzunabhängigkeit im Hörbereich besteht. Bei der Normalausführung des Reisz-Mikrophones liegt der Wirkungsgrad wie bei allen guten Mikrophonen mit geringem Klirrfaktor um einige Größenordnungen tiefer als bei Fernsprechmikrophonen. Die übliche Schaltung des Reisz-Mikrophones zeigt Abb. 180. Da der Widerstand des Reisz-Mikrophones in der Größenordnung 10^2 Ohm liegt, kann im Interesse eines guten Wirkungsgrades auf die Widerstandsanpassung durch den gezeichneten Transformator nicht verzichtet werden. Übersetzungsverhältnis und Transformatorabmessungen sind bei den Spezialtransformatoren so gewählt, daß gute Frequenzunabhängigkeit in dem Intervall von etwa 50 Hertz bis 10 000 Hertz besteht. Die Spannungen an der Sekundärseite des Transformators liegen bei mittleren Schallstärken

[1] Grützmacher, M. u. P. Just: Über Kohlemikrophone. Elektr. Nachr.-Techn. Bd. 8 (1931) S. 104.

(1 Bar) in der Größenordnung von 10^{-3} bis 10^{-2} V. In neuerer Zeit hat Reisz eine sog. Starkstromtype entwickelt, die unter Aufrechterhaltung eines relativ kleinen Klirrfaktors bei gleichen Schallstärken Spannungen von 10^{-1} bis 1,0 V an den Verstärkereingang liefert. Der Störpegel liegt bei dem Reisz-Mikrophon relativ zu den umgesetzten Schallamplituden wesentlich tiefer als der Störpegel der Fernsprechmikrophone. Er liegt jedoch höher als der Störpegel bei den unten besprochenen Kondensatormikrophonen und den elektrodynamischen Mikrophonen. Die stark gedämpften Kohlemikrophone sind für sich betrachtet nahezu frequenzunabhängig von den allertiefsten Frequenzen bis zu den Frequenzen von etwa $2 \cdot 10^4$ Hertz. Ihre erwähnte Frequenzabhängigkeit ist fast ausschließlich durch den Anpassungstransformator gegeben. Sollen auch sehr langsame Schalldruckänderungen registriert werden, oder solche, die an der Grenze und dicht oberhalb des Hörbereiches liegen, so wird es notwendig, auf die Anpassung zu verzichten, zwei Verstärkerstufen mehr im Vorverstärker vorzusehen und die Meßspannungen als Spannungsabfall an einem Ohmschen Widerstand der Größenordnung 100 Ohm abzunehmen.

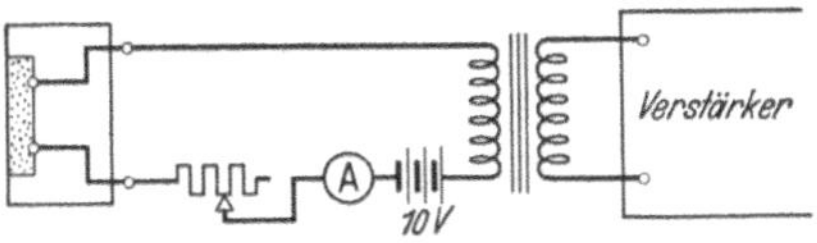

Abb 180. Schaltung des Reiszmikrophons.

Wird dafür gesorgt, daß der das Mikrophon durchsetzende Ruhestrom nicht den höchstzulässigen Wert überschreitet, so bleibt die Empfindlichkeit des Mikrophones auch über längere Zeiten ziemlich gut erhalten. Das Reisz-Mikrophon ist daher für viele Zwecke durchaus geeignet. Für Messungen, wo es auf große Genauigkeit ankommt, ist das Reisz-Mikrophon ungeeignet.

Für präzise Messungen wird heute in erster Linie das Kondensatormikrophon benutzt. Das Kondensatormikrophon besteht in der üblichen Ausführung aus einer dünnen leichten Membran von großer Zerreißfestigkeit, deren Eigenschwingung nahe an die obere Grenze des Hörbereiches verlegt wird. Bei der Beurteilung der Eignung eines Kondensatormikrophones für Meßzwecke kommt es auf folgende Eigenschaften an: Membranmaterial und Membraneinspannung müssen so gewählt sein, daß eine möglichst geringe Änderung der Membranspannung im Laufe der Zeit eintritt. Grundsätzlich ist die Eichung des Kondensatormikrophones erst längere Zeit nach der Membraneinspannung vorzunehmen, da die Membraneigenschaften auch bei den besten Konstruktionen sich im Laufe der ersten Tage in gewissen Grenzen ändern. Weiterhin muß die Konstruktion des Mikrophones so getroffen und ausgeführt sein, daß durch Temperatureinflüsse und durch mechanische Erschütterungen keine Veränderungen des Membranabstandes von der Gegenelektrode eintreten können. Im Interesse eines guten Wirkungsgrades und im Interesse starker Dämpfung der Membraneigenschwingung durch das Luftpolster kommt es darauf an, daß der Abstand Membran—Gegenelektrode möglichst klein wird. Die nur bei präzisester Ausführung gewährleistete Parallelität von Membranebene und Elektrodenoberfläche sichert die Möglichkeit kleinster Membranabstände.

Schon auf Seite 162 wurde ausführlich eine Schaltanordnung (Abb. 175) besprochen, bei der kleinste Abstandsänderungen von Kondensatorbelegungen in Meßspannungen umgeändert werden. Die Anschaltung des Kondensatormikrophones kann ohne weiteres nach der wiedergegebenen Hochfrequenzmeßschaltung geschehen. Das Kondensatormikrophon tritt einfach an die Stelle des Meßkondensators. Diese Anschaltung hat den Vorteil sehr großer Empfindlichkeit. Sie ist besonders zu empfehlen, wenn es sich um die Messung sehr kleiner Schallstärken handelt oder um die Miterfassung sehr langsamer Schallschwingungen.

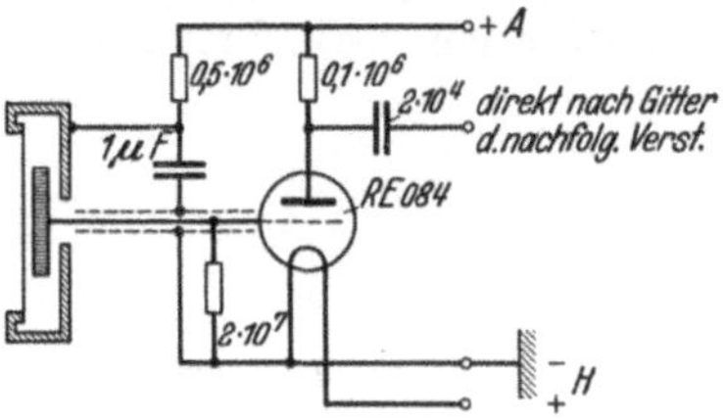

Abb. 181.
Schaltung des Kondensatormikrophones.

Eine andere Eingangsschaltung für das Kondensatormikrophon, die neuerdings große Verbreitung gefunden hat, ist in Abb. 181 abgebildet. Bei gegebenem Kondensatormikrophon hängt hier die Frequenzkurve vor allem im Bereich tiefer Frequenzen in starkem Maße von der Größe des angewendeten Kopplungswiderstandes ab. Bei den üblichen Mikrophon- und Schaltungskapazitäten werden Kopplungswiderstände von $5 \cdot 10^6$ bis $2 \cdot 10^7$ angewendet. Ist ein Kondensatormikrophon für einen bestimmten Kopplungswiderstand und für eine bestimmte Gesamteingangskapazität

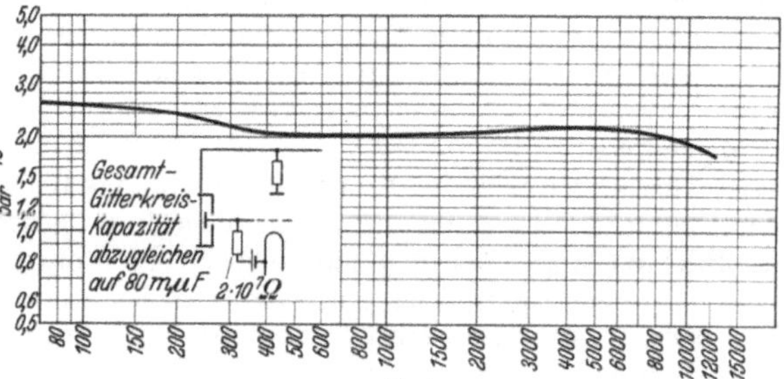

Abb. 182. Frequenzkurve eines Kondensator-Meßmikrophones.

geeicht, so kommt es darauf an, daß in dem betreffenden Schaltungsaufbau genau die Werte reproduziert werden, mit denen die Eichung stattgefunden hat. Die Eichkurve eines sehr guten Kondensatormikrophones für Meßzwecke ist in Abb. 182 abgebildet. Die gesamte Eingangskapazität einschließlich Mikrophon-, Schaltungs- und Gitterkapazität war hier auf $80\,\mu\mu$F abgeglichen. Die Empfindlichkeit des Mikrophons beträgt etwa 2 mV pro Bar. Diese Empfindlichkeit liegt also nicht unwesentlich tiefer als die Empfindlichkeit guter Kohlemikrophone. Dafür ist jedoch weitgehendste Frequenzunabhängigkeit von den tiefsten Frequenzen bis zu den höchsten Frequenzen des Hörbereiches gegeben bei guter Konstanz der Eichung. Das Kondensatormikrophon verhält sich bis zu den höchsten vorkommenden Schallstärken gut linear. Während die Kohlepulvermikrophone gute

Linearität nur bis zu Schallstärken von etwa 70 Phon (10 Bar) bewahren, können Kondensatormikrophone bis zu den außerordentlichen Schallstärken von 140 Phon (10^8 Bar) belastet werden, ohne daß der Klirrfaktor kritische Werte annimmt.

Die Ausführung des durch Abb. 182 charakterisierten Kondensatormikrophones für Meßzwecke ist aus Abb. 183 zu erkennen. Um relativ gute Wirkungsgrade zu erreichen, soll die konstante Kapazität des Eingangskreises möglichst klein gehalten werden. Oft geht man dazu über, Kondensatormikrophone und erste Verstärkerstufe zu vereinen. Eine solche Ausführung, bei der die erste Verstärkerstufe unmittelbar hinter

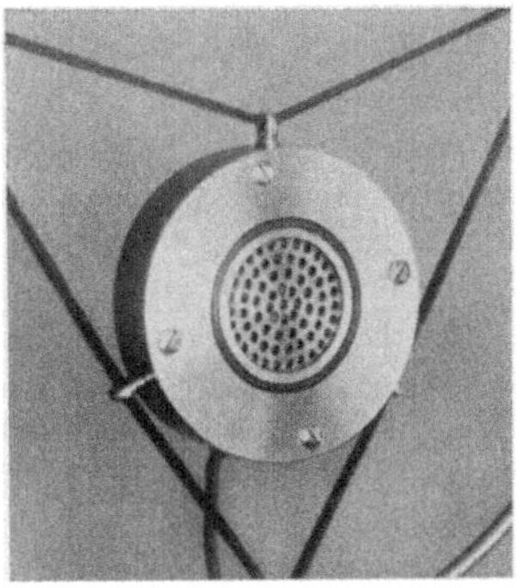

Abb. 183. Modernes Kondensator-Meßmikrophon. (Charlottenburger Motoren - Ges.)

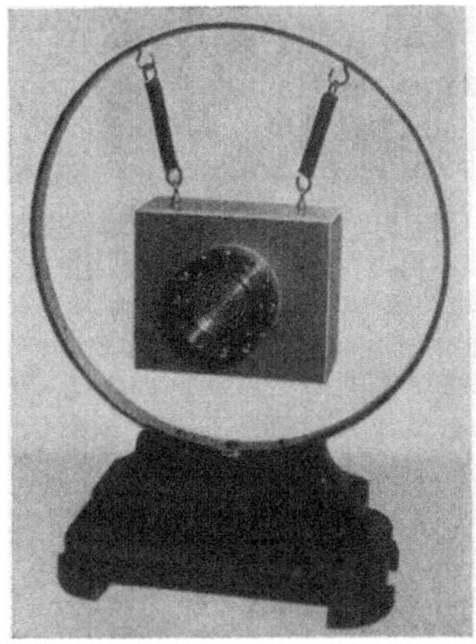

Abb. 184. Kondensatormikrophon und erste Verstärkerstufe als Einheit.

dem Mikrophon in einen Metallkasten abgeschirmt eingebaut ist, zeigt Abb. 184. Der innere Widerstand der ersten Verstärkerstufe liegt mit etwa 10^4 Ohm in einer Größenordnung, die die Einfügung mehrere Meter langer Kabel zwischen Mikrophoneinheit und Verstärker ohne Zwischenschaltung von Transformatoren erlaubt.

Ein großer Vorteil der abgebildeten Kondensatormikrophone mit durchlöcherter Hilfselektrode *vor* der Membrane liegt in der leichten Eichbarkeit. Ist diese Hilfselektrode isoliert, oder läßt sich die Hilfselektrode gegen eine gleichartige isolierte Elektrode austauschen, so gelingt eine rein elektrische Eichung des Mikrophons, indem zwischen Mikrophongehäuse und Hilfselektrode eine konstante Wechselspannung variabler Frequenz gelegt wird. Es ist nur notwendig, die Amplituden zu bestimmen, die bei den verschiedenen Frequenzen infolge der Spannungen an der Hilfselektrode im Oszillographen eintreten, um die Frequenzcharakteristik der gesamten Schallmeßapparatur zu messen. Bei dieser Eichung, die darauf hinausläuft, normalerweise auf das Mikrophon einwirkende Schallkräfte durch elektrostatische Kräfte zu ersetzen, ist im Gegensatz zu anderen Mikrophoneichungen größte Einfachheit gegeben. Lediglich die Eichung der Absolutempfindlichkeit bereitet etwas größere Schwierigkeiten. Nähere Einzelheiten über diese Eichmethode, die von M. Grützmacher und E. Meyer angegeben wurde, finden sich bereits in der Literatur [1]. Durch diese Methode wird allerdings nur die Druckkurve erhalten. Bei den sehr hohen Frequenzen, wo schließlich die Mikrophonabmessungen mit den Längen der Schallwellen vergleichbar werden, ist die wahre Empfindlichkeit etwas höher, jedoch höchstens doppelt so groß, wie aus der elektrisch gewonnenen Kurve hervorgeht. Die wahre Kurve des in Abb. 182 nach der elektrostatischen Methode gemessenen Mikrophones zeigt daher auch in Richtung hoher Frequenzen einen leichten Anstieg. In Verbindung mit normalen Niederfrequenzverstärkern, die oben und unten etwas abfallen, zeigt dieses Mikrophon eine nahezu ideale Frequenzunabhängigkeit im Hörbereich.

In neuester Zeit erhalten bestimmte Konstruktionen elektrodynamischer Mikrophone wieder etwas stärkere Verbreitung. Als Umformer für Meßzwecke erscheinen sie jedoch infolge der bei ihnen fast immer notwendigen Anpassungstransformatoren nicht sehr vorteilhaft.

Bei gewissen Forschungsaufgaben wird es notwendig sein, über Schallmikrophone zu verfügen, die auch solche Schallwellen mit gleichem Wirkungsgrade oder wenigstens mit ausreichendem Wirkungsgrade in Meßspannungen umwandeln, die oberhalb des Hörbereiches liegen. Die meisten Mikrophontypen, wie Kohlepulvermikrophone und Kondensatormikrophone in Spezialausführungen versagen bei Frequenzen von über $2 \cdot 10^4$ Hertz. Die Trägheiten auch der auf das äußerste reduzierten Massen beginnt sich bei so hohen Frequenzen bemerkbar zu machen. Zur Umformung mittel- oder hochfrequenter Schallwellen in Wechselspannungen bestehen zwei Möglichkeiten, entweder die Größe der mechanisch schwingenden Massen noch weiter zu reduzieren — dieser Weg ist beispielsweise beim Kathodophon gegeben — oder die Rückstellkräfte so weit zu steigern, daß trotz großer Massen die mechanischen Eigenfrequenzen in das hochfrequente Gebiet verlegt werden. Das letztere ist der Fall bei den schon oben besprochenen Piezodruckempfängern, deren Eigenfrequenz durch Schliff und Dimensionierung der Quarze fast beliebig hoch verlegt werden kann. Die Quarzmikrophone sind daher für Arbeiten mit Ultraschallwellen durchaus geeignet. Leider ist die Schallhärte der Piezodruckkristalle so außerordentlich groß, daß eine sehr ungünstige Anpassung an Luft besteht. Die Folge hiervon ist ein sehr geringer Wirkungsgrad dieses Mikrophones. Eine wesentlich bessere Anpassung ist naturgemäß in der Nähe der Resonanzlage gegeben. Doch bleibt auch im Resonanzfall die Dämpfung durch die umgebende Luft noch so klein, daß die Ein- und Ausschwingzeiten vergleichbar bleiben mit den Periodendauern der Niederfrequenzschwingung. Deshalb kommt ein Arbeiten in der Resonanz auch in solchen Fällen nicht in Frage, wo Ultraschallwellen mit Niederfrequenzen moduliert sind und das Piezomikrophon nur in einem gewissen Frequenzbereich beansprucht wird. Wesentlich bessere Anpassungsverhältnisse bestehen, wenn der Quarzkristall zur Messung von Schalldrucken in Flüssigkeiten angewendet wird.

---

[1] Grützmacher, M. u. E. Meyer: Elektr. Nachr.-Techn. Bd. 4 (1927) S. 203 u. M. v. Ardenne: Über eine Schallmeßeinrichtung, Abschn. „Die Eichung eines Kondensatormikrophones". Funk 1930 Heft 29 S. 485.

Die bekannteste Mikrophontype mit sehr kleinen bewegten Massen ist das Kathodophon von Vogt, Masolle und Engl [1]. Bei ihm erfolgt die Umwandlung in Stromschwankungen durch eine akustisch empfindliche ionisierte Luftstrecke, die sich zwischen einer Glühkathode und einer Gegenelektrode befindet. Die Länge der Luftstrecke beträgt nur Bruchteile eines Millimeters. Die Spannung zwischen Gegenelektrode und Glühelektrode beträgt etwa 500 V. Im Gegensatz zu den oben besprochenen Druckmikrophonen, die frequenzunabhängige Generatoren darstellen, ist das Kathodophon ein Geschwindigkeitsempfänger. Seine Empfindlichkeit sinkt daher ebenso wie die Geschwindigkeitsamplitude mit $\frac{1}{\omega}$. Um diese Frequenzabhängigkeit auszugleichen, muß ein Glied umgekehrter Frequenzabhängigkeit eingefügt werden. Dies geschieht am einfachsten dadurch, daß die Ankopplung des Verstärkers über eine Selbstinduktion erfolgt, deren Induktivität so zu bemessen ist, daß ihr Widerstand bei den höchsten Meßfrequenzen klein bleibt gegenüber dem Widerstand der Entladungsstrecke. Die entsprechende Schaltung des Kathodophons als frequenzunabhängiger Schallempfänger ist in Abb. 185 wiedergegeben. In dieser Form dürfte das Kathodophon als frequenzunabhängiger Schallempfänger bis herauf zu Frequenzen von 10^5 Hertz in Frage kommen, d. h. bis sich die Ionenträgheiten bemerkbar machen.

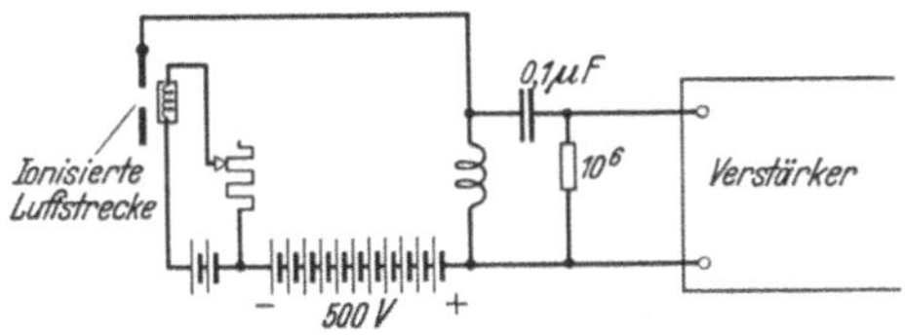

Abb. 185. Schaltung des Kathodophons als frequenzunabhängiger Schallempfänger.

Eine Umformung geringer Schalldrucke mit dem Kathodophon kommt jedenfalls bei den bekanntgewordenen praktischen Ausführungen deswegen nicht in Frage, weil der mittlere Störpegel des Kathodophons infolge von Vorgängen an der Kathode recht hoch liegt.

Nachdem in den vorhergehenden Abschnitten die Hilfsgeräte zur Umformung beliebiger Meßvorgänge in Meßspannungen, die Verstärker zur Empfindlichkeitserhöhung sowie die Kathodenstrahleinrichtungen besprochen wurde, sind alle Einrichtungen behandelt, die erforderlich sind zur Registrierung des maximalen Wertes der zu untersuchenden Vorgänge. Die Abhängigkeit des Meßvorganges von der Zeit und die gleichzeitige Niederschrift dieser Abhängigkeit in Zeit- und Vorgangskoordinate machen weitere Zusatzgeräte erforderlich, die die Niederschrift in einer von der Vorgangskoordinate unabhängigen Zeitkoordinate bewirken.

Für die Art der Niederschrift der Zeitlinie stehen die verschiedensten Möglichkeiten offen, je nachdem hierzu mechanische oder elektrische Mittel zur Anwendung kommen.

[1] Vogt, H.: Elektrische Schallaufnahme- und Wiedergabemittel. Funk 1925 Heft 1 S. 11.

IV. Die Zeitablenkung.

1. Die Zeitablenkung durch rotierende oder schwingende Spiegel.

Das Grundprinzip rotierender oder schwingender Spiegel besteht darin, daß die Neigung eines Spiegels gegen die vom Fluoreszenzfleck auf dem Leuchtschirm ausgehenden Lichtstrahlen, d. h. der Einfalls- bzw. Reflektionswinkel desselben geändert wird. Durch die Drehung des Spiegels, dessen Achse parallel zur Ordinate des Oszillogrammes liegt, wird das Bild des Fluoreszenzfleckes nacheinander an verschiedenen Stellen des Spiegels sichtbar gemacht. Bei subjektiver Beobachtung werden durch die Trägheit des Auges, bei photographischer Aufnahme durch das lichtempfindliche Material diese zeitlich nacheinander entstehenden Bilder gleichzeitig registriert; der ruhende Fleck wird zu einer Linie, der durch den Vorgang abgelenkte Fleck zu einem Oszillogramm auseinandergezogen.

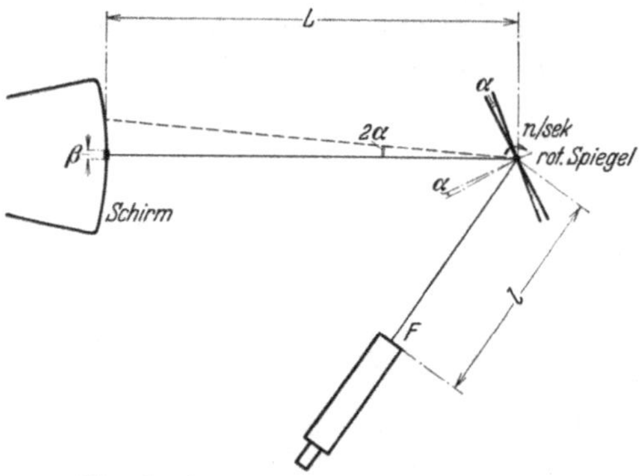

Abb. 186. Schema des Strahlenganges bei bewegtem Spiegel.

Die relative Länge der erzeugten Zeitachse ist (Abb. 186) einmal bedingt durch die Winkelgeschwindigkeit des bewegten Spiegels, zweitens durch den Abstand L des Fluoreszenzfleckes vom bewegten Spiegel, der gleich dem Abstand des virtuellen Fluoreszenzfleckbildes vom Spiegel ist. Die Geschwindigkeit der Zeitablenkung ist also eine Funktion der Umfangsgeschwindigkeit des virtuellen Fluoreszenzfleckbildes. Dabei ist zu berücksichtigen, daß einer Winkeländerung α des gedrehten Spiegels eine Winkeländerung $2\,\alpha$ des Radiusvektors zwischen Spiegelachse und virtuellem Bild entspricht.

Die maximale Ablenkgeschwindigkeit ist also erstens gegeben durch die maximale Winkelgeschwindigkeit des Spiegels, die durch dessen konstruktive Durchbildung begrenzt ist, und zweitens durch den Abstand L.

Der Abstand l von der Spiegelebene bis zur Beobachtungsstelle beeinflußt die Helligkeit des aufzunehmenden Oszillogrammes. Die Größe von l wird durch eine an dieser Stelle gegebenenfalls vorzusehende Optik bestimmt. Der Durchmesser des Fernrohrobjektives muß vom Fluoreszenzfleck aus sichtbar sein, damit der gesamte, vom Fluoreszenzfleck auf den Spiegel fallende Lichtstrom in das Fernrohr geworfen wird. Das virtuelle Bild des Oszillogrammes kann durch eine Optik vergrößert betrachtet werden, was bei großen Zeitgeschwindigkeiten von Wichtigkeit ist, da die Größe des Oszillogrammes und seine Helligkeit umgekehrt proportional L sind.

Die Beobachtungsoptik muß genügend hohe Lichtstärke aufweisen, um möglichst große Helligkeit im Oszillogramm zu erhalten. Für achtfache Vergrößerung beträgt der geeignete Objektivdurchmesser 6 cm, der bei einem Pupillendurchmesser von 8 mm noch den gesamten Lichtstrom ins Auge fallen läßt.

Als bewegte Spiegel sind am besten metallische oder Glasspiegel zu verwenden. Metallhinterlegte Glasspiegel ergeben durch die Reflexion an der Glasoberfläche doppelte Bilder. Die Intensität des Nebenbildes beträgt etwa 5% der am Metall reflektierten Bilder. Um Verzerrungen im Oszillogramm zu vermeiden, muß der Spiegel absolut plan und frei von Unebenheiten oder Schlieren sein.

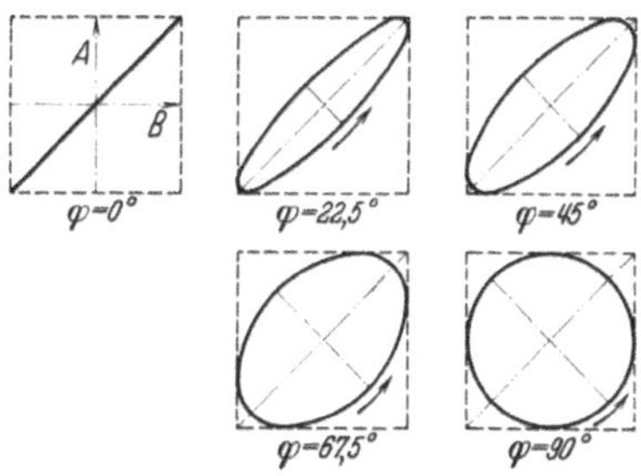

Abb. 187. Lissajous-Ellipsen bei gleicher Amplitude und veränderter Phase.

Von Wichtigkeit ist bei der Spiegelablenkung eine nachleuchtfreie Leuchtschirmfluoreszenzmasse, da sonst auf dem Spiegel neben den Abbildungen des Fluoreszenzfleckes Nachleuchtbilder entstehen, die ein verwaschenes Oszillogramm bewirken. Bei Kalziumwolframat entstehen bei Spiegelablenkung und einer Meßfrequenz von etwa 500 000 Hertz verwaschene Nulldurchgänge im Oszillogramm.

Die Spiegelablenkung kann entweder durch einen mit einer Sinusfrequenz schwingenden Einzelspiegel oder durch einen rotierenden Doppel- oder Mehrfachspiegel erfolgen.

Schwingspiegel werden meist auf einer Doppelsaite befestigt und magnetisch oder elektrodynamisch erregt. Die maximal erreichbare Zeitgeschwindigkeit ist durch die Eigenfrequenz des Spiegelsystems begrenzt. Um günstige, optische Verhältnisse zu erhalten, muß die Spiegelfläche möglichst groß gewählt werden. Die dadurch bedingte niedrige Eigenfrequenz des Spiegels gestattet nur die Aufnahme verhältnismäßig langsamer Vorgänge von maximal einigen 1000 Hertz.

Die mit dem Schwingspiegel aufgenommenen Oszillogramme zeigen geschlossene Kurven, sog. Lissajous-Figuren. Die Lissajousschen geschlossenen Figuren erhält man immer dann, wenn die Frequenz des aufzunehmenden Vorgangs gleich oder ein ganzzahliges Vielfaches der Zeitablenkfrequenz ist. Aus diesen Figuren kann man die Kurvenform der gewünschten Wechselgröße zwar nicht unmittelbar ersehen, aber durch Umzeichnen leicht ermitteln, bei bekanntem zeitlichen Verlauf der Hilfsgröße. Da Lissajoussche Figuren auch bei elektrischer Zeitablenkung durch Sinusspannungen erzeugt werden, soll auf ihre Analyse hier näher eingegangen werden. Sind die Amplituden bzw. die aufgedrückten Frequenzen von Vorgang und Zeitablenkung die gleichen, so ergibt die Lissajoussche Figur eine Ellipse, wie aus Abb. 187 ersichtlich, deren große Achse die Mittellinie zwischen beiden Komponentenrichtungen ist. Ändert sich die Phasenlage der beiden Ablenkungen, so ändert sich die Exzentrizität dieser Ellipse, bei einer Phasendifferenz von 90° geht die Ellipse in einen Kreis über. Sind die Amplituden ungleich, so erhält man ebenfalls Exzentrizität, jedoch ändert sich mit wachsender Phasendifferenz nicht nur die Exzentrizität, sondern es dreht sich auch die große Achse, wie aus Abb. 188 ersichtlich ist.

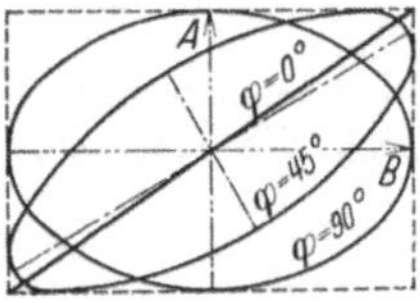

Abb. 188. Lissajous-Ellipsen verschiedener Amplitude und Phase.

Die analytische Beziehung[1] für die in Abb. 187 und 188 wiedergegebenen elliptischen Figuren ergibt sich wie folgt:

Die Ablenkungen in beiden Koordinaten sind für $\omega A = \Theta$

$$\left.\begin{aligned} x &= A \sin \Theta \\ y &= B \sin (\Theta + \varphi) \end{aligned}\right\}$$

da

$$\sin \Theta = \frac{x}{A} \text{ und } \cos \Theta = \frac{\sqrt{A^2 - x^2}}{A} \tag{40}$$

wird

$$y = \frac{B \left[x \cos \varphi + \sqrt{A^2 - x^2} \sin \varphi\right]}{A} \tag{41}$$

welches die Gleichung der Figur ist und als eine Ellipse aufgefaßt werden kann. Diese Figur ergibt für

$$\varphi = 0^0 \qquad y = \frac{B}{A} x \text{ eine gerade Linie mit der Neigung } \alpha = t_g^{-1} \frac{B}{A}$$

$$\text{für } \varphi = 90^0 \qquad y = \frac{B}{A} \sqrt{A^2 - x^2} \text{ oder } \left(\frac{x}{A}\right)^2 + \left(\frac{y}{B}\right)^2 = 1 \tag{42}$$

die Gleichung einer Ellipse, welche bei Gleichheit beider Amplituden ($A = B$) einen Kreis (Abb. 187) ergibt. Weiterhin ist für

$$\varphi = 180^0 \qquad y = -\frac{B}{A} x \text{ eine gerade Linie}$$

$$\varphi = 270^0 \text{ wie für } \varphi = 90^0$$

$$\varphi = 360^0 \text{ wie für } \varphi = 0^0$$

Sind die ablenkenden Frequenzen nicht gleich, so erhält man zwar auch, solange das Verhältnis der Frequenzen gleich dem Verhältnis zweier Zahlen ist, stillstehende Figuren, doch sind diese Figuren etwas verwickelter und nicht so einfach wie Ellipsen oder Kreise. Jedoch auch die graphische Überführung dieser geschlossenen Kurve in periodischen Funktionen der Zeit erhält man verhältnismäßig einfach nach Ryan[2], indem man einen sinoidal geteilten Maßstab einführt. In Abb. 189 ist als Beispiel eine derartige Analyse durchgeführt. Unterhalb der Lissajousschen Figur (Zeitablenkung in Richtung der Horizontalen) zeichnet man einen

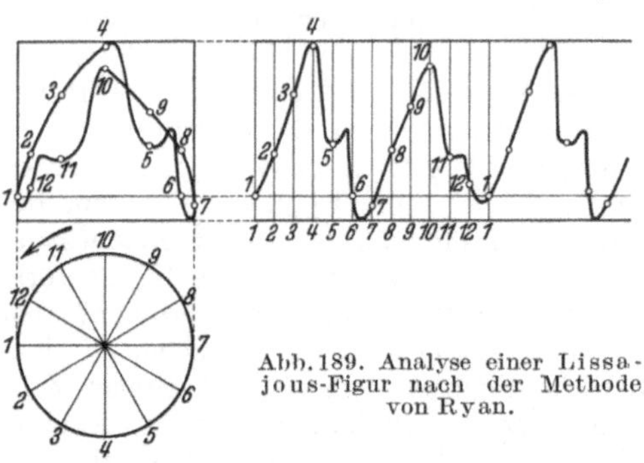

Abb. 189. Analyse einer Lissajous-Figur nach der Methode von Ryan.

[1] Hund, A.: Hochfrequenzmeßtechnik. Berlin: Julius Springer 1928.

[2] Ryan, H. J.: The cathode ray alternationg current wawe indicator. Trans. Amer. Inst. Electr. Engr. Bd. 20 (1903) S. 1417.

Kreis, dessen Durchmesser gleich der Breite der Figur ist und teilt den Umfang des Kreises in eine Anzahl gleicher Abschnitte (z. B. 12). Durch die Teilpunkte sind Senkrechte zu legen, die die Lissajoussche Figur in den Punkten 1—12 schneiden. Trägt man dann die Abstände der Schnittpunkte von der Grundlinie als Ordinate über einer in gleichen Teilen geteilten Abszissenachse auf, so erhält man die gesuchte Kurve. Bei dieser Umzeichnung werden die mittleren Teile der Lissajousschen Figur genauer wiedergegeben als die in der Nähe der die Figur begrenzenden Senkrechten gelegenen. Durch eine zweite Aufnahme mit einer Zeitablenkung anderer Phase ist dieser Fehler leicht zu beheben. Wiederholt man z. B. die Aufnahme bei um 90^0 phasenverschobener Zeitablenkung, so rückt der Teil der Kurve, der vorher auf die Enden fiel, in die Mitte, wo sein seitlicher Verlauf genau bestimmbar ist. Man entnimmt dann der ersten Aufnahme die Beträge von etwa $45—135^0$, der zweiten die Ergänzung.

Die heute fast ausschließlich angewendete Methode der Spiegelbewegung ist die Zeitablenkung mittels eines rotierenden Spiegels. Dieses Verfahren liefert ohne graphische Überführung direkt Oszillogramme mit linearem Zeitmaßstab.

Der rotierende Spiegel besitzt zwei oder mehrere Spiegelflächen. Das virtuelle Bild des Fluoreszenzfleckes durchläuft die erste Spiegelfläche senkrecht zur Ordinatenachse (s. Abb. 186) von links nach rechts. Sobald der Einfallswinkel des folgenden Spiegels genügend klein geworden ist, erscheint der Fleck auf der linken Seite der folgenden Spiegelfläche. Synchronismus zwischen Ablenkvorgang und Zeitablenkung wird dann erhalten, wenn die Frequenz der so bestehenden optischen Kippschwingung mit der Frequenz des ablenkenden elektrischen Vorganges übereinstimmt. Ist n die Drehzahl der Polygonspiegelachse in der Sekunde s die Anzahl der Spiegelflächen und f die Frequenz der Meßspannung, so erhält man bei $f/n \cdot s = 1$ das Bild einer Periode, bei $f/n \cdot s = 2$ das Bild von zwei Perioden usw.

Umlaufgeschwindigkeit und Spiegelzahl dürfen bei unperiodischen oder nicht synchron periodischen Vorgängen nicht so hoch gewählt werden, daß infolge der Nachwirkung im Auge mehrere Oszillogramme gleichzeitig wahrgenommen werden. Bei photographischer Aufnahme des Oszillogrammes läßt sich durch geeignete Öffnungszeit des Verschlusses die Belichtungszeit, die für das Auge mit 16 Bildern pro Sekunde festliegt, verkleinern und die Überlappung der Oszillogramme vermeiden.

Die maximal erreichbaren Zeitgeschwindigkeiten ergeben sich aus folgenden Zahlenbeispielen.

Für einen sehr großen Abstand von Spiegel und Fluoreszenzschirm von $L = 5$ m und eine maximale Spiegeldrehzahl von 30 Umdrehungen-sec ergibt sich eine Zeitgeschwindigkeit von etwa 1000 m je Sekunde. Diese erlaubt die Aufnahme einer maximalen Frequenz von etwa 500000 Hertz. Für den genannten Wert von L ist schon die Anwendung eines Fernrohres notwendig, um ausreichende Größe des Oszillogrammes sicherzustellen.

Die technische Durchbildung des rotierenden Spiegels ist maßgebend für die erreichbaren Umfangsgeschwindigkeiten und für die Qualität der Abbildungen.

Die Spiegelachse muß achsenparallel zur Oszillogrammordinate liegen und darf keinerlei Exzentrizität besitzen, da sonst Nullinienverschiebungen die Folge sind und das Oszillogramm springt. Für die Ausführung der Spiegelfläche selber gelten die bereits schon oben angegebenen Grundsätze. Bei geringen Spiegelumfangsgeschwindigkeiten verwendet man gewöhnliche, quecksilberhinterlegte Glasspiegel, die durch einen Metallrahmen gehalten werden. Die hierdurch gegebenen Ungenauigkeiten in der geometrischen Spiegelanordnung lassen sich durch Metallspiegel weitgehendst herabsetzen. Für höhere Spiegelgeschwindigkeiten sind die Metallspiegel wegen ihrer größeren Festigkeit geeigneter als Glasspiegel.

Abb. 190. Antrieb des rotierenden Spiegels durch ein Schallplattentriebwerk.

Bei allen Drehspiegeln ist für genaueste dynamische Auswuchtung Sorge zu tragen. Für Aufnahmen mit hohen Umlaufgeschwindigkeiten ist der Spiegel mit einem Drahtschutzkäfig zu umgeben, um eine Gefährdung des Beobachters durch etwa abreißende Teile zu vermeiden.

Für den Antrieb des Spiegels sind verschiedene Antriebsarten möglich.

Falls keinerlei maschinelle Antriebsvorrichtung vorhanden sein sollte, genügt zur Not der Handbetrieb des Spiegels, der bei nicht zu schnellen Zeitgeschwindigkeiten und einiger Übung eine leidliche Synchronisierung zuläßt.

Falls der Plattenteller eines Grammophons zur Verfügung steht, läßt sich (Abb. 190) der rotierende Spiegel verhältnismäßig einfach auf diesen Teller montieren. Sowohl die Uhrwerks- als auch die elektrischen Plattentellerantriebe lassen in weiten Grenzen eine Drehzahlregelung zu. Da die Tellerdrehzahl meist ziemlich niedrig ist, empfiehlt es sich, zur Vergrößerung der Zeitgeschwindigkeiten eine Übersetzung zwischen Spiegel und Sprechmaschinenantrieb einzubauen. Der Uhrwerkantrieb besitzt den Vorteil, daß durch ihn keinerlei magnetische Einstreuungen auf den Oszillographen entstehen. Auch bei den üblichen elektrischen Antriebsmotoren ist die magnetische Streuung sehr gering. Bei elektrischem Antrieb ist ferner die Möglichkeit elektrischer Synchronisierung gegeben (Antrieb durch Synchronmotor).

2. Die elektrische Zeitablenkung.

a) Grundsätzliches.

Im Gegensatz zur mechanisch-optischen Zeitablenkung mittels bewegter Spiegel, wo die Zeitablenkung außerhalb der Kathodenstrahlröhre durch mechanische Mittel entsteht, wird durch die elektrische Zeitablenkung die Zeitkoordinate ebenso wie die Vorgangskoordinate innerhalb der Kathodenstrahlröhre durch zusätzliche Ablenkung des Kathodenstrahles erzeugt. Die zusätzliche Ablenkung geschieht hier in der gleichen Weise wie bei der Vorgangsablenkung durch das elektrostatische Feld zweier Kondensatorplatten oder das elektromagnetische Feld von Ablenkspulen.

Bei elektrischer Zeitablenkung entsteht auf dem Fluoreszenzschirm der Röhre ein zweidimensionales, bei periodischen und synchronisierten Vorgängen stehendes Oszillogramm des aufgenommenen Vorganges. Durch die Verlegung der Zeitkoordinate in die Röhre kommen sämtliche im vorigen Abschnitt beschriebenen mechanischen Hilfsmittel in Fortfall. Hierdurch werden die räumlichen Abmessungen der gesamten anzuwendenden Aufnahmevorichtung verkleinert. Insbesondere ist auch die weiter unten beschriebene Leuchtschirmkontaktphotographie zur Aufnahme sehr schneller Vorgänge erst durch die elektrische Zeitablenkung möglich. Gegenüber der mechanischen Zeitablenkung erfordert die elektrische lediglich eine Erweiterung der sowieso für Strahlerzeugung und Vorgangsablenkung erforderlichen elektrischen Hilfsmittel.

Auch die Auflösung der Zeitlinie in eine Zeitfläche, die besonders zur Erzeugung sehr hoher Zeitgeschwindigkeiten von Wichtigkeit ist, wird erst durch die elektrische Zeitablenkung anwendbar. Die Zeitfläche entsteht aus der Zeitlinie durch Hinzufügung einer zweiten Zeitkoordinate gleicher oder verschiedener Frequenz. Hierbei ist es prinzipiell gleichgültig, ob die zusätzliche Zeitkoordinate elektrisch innerhalb des Oszillographen oder durch mechanische Bewegung außerhalb der Röhre erzeugt wird. Die Niederschrift der Zeit kann durch eine geschlossene Figur, beispielsweise ein Polardiagramm (Ellipse, Kreis usw.) erfolgen, dessen Form durch den Meßvorgang beeinflußt wird. Eine andere, oft verwendete Überschreibungsart besteht darin, die zweite gegenüber der ersten langsam verlaufende Zeitkoordinate in Richtung der Meßspannungsablenkung wirken zu lassen[1]. Evtl. ist hier ein drittes Ablenksystem vorzusehen. Der Strahl wird von der zweiten Zeitkomponente in der Querrichtung des Oszillogrammes abgelenkt. Gleichzeitig wird er in der Längsrichtung mit großer Geschwindigkeit, z. B. durch eine ungedämpfte Hochfrequenzschwingung oder eine Kippschwingung hin- und hergeführt. Die Zeitablenkung füllt die gesamte Oszillographenfläche aus, wobei die Linien der schnellen Zeitablenkung, je nach dem Verhältnis der Geschwindigkeiten, mehr oder weniger dicht beieinanderliegen. Man erreicht durch die Kombination eine im Verhältnis zur Zeitgeschwindigkeit sehr große Meßdauer je Oszillogramm. Wird der Vorgang nicht durch Ablenkung, sondern durch Intensitätsmodulation des Kathodenstrahles registriert, so wird die Zeitfläche zum Linienraster der Fernsehtechnik.

[1] Dufour: Oscillographe cathodique. Paris: Chiron 1923.

Die heute am meisten verwendeten elektrischen Zeitablenkverfahren beruhen darauf, daß Hin- und Rücklauf des Fluoreszenzfleckes auf der Zeitlinie durch eine an die Zeitablenkplatten gelegte Sinus- oder Kippschwingung verursacht wird.

Während bei der Sinusschwingung Hin- und Rücklaufzeit des Fluoreszenzfleckes gleich groß sind, läßt sich durch spezielle Formgebung der Kippschwingung erreichen, daß die Rücklaufzeit des Kathodenstrahles gegenüber der eigentlichen Zeitlinie sehr klein, möglich so klein wird, daß sie sich der visuellen und photographischen Registrierung entzieht. Da die obere Grenzfrequenz der Kippschwingungen aus weiter unten noch zu erörternden Gründen nicht beliebig gesteigert werden kann, kommt die Anwendung sinusförmiger Zeitablenkungen, speziell für hochfrequente Meßvorgänge in Frage. Die Erzeugung der hochfrequenten Zeitschwingung geschieht am besten mit einer der aus der Hochfrequenztechnik her bekannten Senderschaltungen. Der Bau von Hochfrequenzsendern bildet ein außerordentlich umfangreiches, in sich abgeschlossenes Gebiet, auf das im Rahmen dieses Buches nicht näher eingegangen werden soll. Betreffs der Schaltung von Hochfrequenzsendern sei auf die einschlägige Literatur der Hochfrequenztechnik verwiesen [1]. Lediglich ein praktischer Hinweis sei gebracht. Grundsätzlich ist es ratsam, die Ablenkspannung an einem Schwingungskreise abzugreifen. Folgende Vorteile bestehen dann: oberwellenfreie Sinusform der Spannung, die Kapazität der Ablenkplatten wird in den Schwingungskreis einbezogen und es gelingt, durch Transformation Ablenkspannungen großer Amplitude zu erhalten, leichte Regelung der Amplitude durch Verstimmung des Resonanzkreises.

Für die Erzeugung von Kippschwingungen verschiedenster Form stehen die mannigfaltigsten Möglichkeiten offen. Die Arbeitsweise sämtlicher Kippschaltungen läßt sich auf folgendes Grundprinzip zurückführen. Zeit- und Rückkippablenkung werden durch Steigerung bzw. Absenkung der Zeitablenkspannung bewirkt. An- und Abstieg werden beispielsweise durch Ladung bzw. Entladung einer Kapazität hervorgerufen. Zeitlicher Verlauf und Größe dieser Spannungsveränderungen sowie die Frequenz der Kippschwingungen werden durch Art und Größe der im Zeitschaltkreis verwendeten zusätzlichen Schalteinheiten, die zur Erzeugung von Lade- und Entladevorgang dienen, beeinflußt. Der Anstieg der Spannung wird dabei entweder durch einen Widerstand, wodurch sich ein exponentieller Verlauf der Zeitlinie ergibt, oder durch eine Elektronenröhre, welche bei Sättigungsstrom linearen Verlauf gewährleistet, bewirkt. Der Spannungszusammenbruch erfolgt meist durch eine Glimmentladung (Funkenstrecke, Glimmlampe, Thyratron) oder ebenfalls über eine gesteuerte Elektronenröhre.

Die Art der Aufzeichnung des Oszillogrammes ist verschieden, je nachdem es sich um willkürlich einschaltbare oder unwillkürlich auftretende Vorgänge, um unperiodische oder um periodische Vorgänge handelt. Unwillkürliche Vorgänge bedürfen meist einer besonderen elektrischen Einrückvorrichtung des Kathodenstrahles, auf die später

[1] Banneitz: Taschenbuch der drahtlosen Telegraphie und Telephonie. S. 713f. Berlin: Julius Springer 1927.

noch näher eingegangen werden soll. Willkürliche Vorgänge bedürfen einer speziellen Einrückvorrichtung meist nicht. Während bei unperiodischen Vorgängen nur ein einmaliges Überschreiben der Oszillogrammlänge stattfindet, wird man die durch die periodische Wiederkehr des Vorganges geschaffene Möglichkeit, das Oszillogramm mehrfach zu überschreiben, dazu benutzen, um Oszillogramme größerer Helligkeit zu erhalten. Doch muß dafür gesorgt werden, daß sämtliche Oszillogramme phasengleich an derselben Stelle des Leuchtschirmes liegen. Das Oszillogramm eines synchronisierten Vorganges ist in Abb. 191 wiedergegeben.

Von großer Wichtigkeit bei der Aufnahme periodisch wiederholbarer Vorgänge ist daher die genaue Synchronisierung der Zeitfrequenz mit der Vorgangsfrequenz. Die Synchronisierung kann grundsätzlich nach zwei Prinzipien erfolgen. Entweder wählt man die Größe der im Zeitkreis verwendeten Schalteinheiten, der Kapazitäten und Widerstände derart, daß ihre Zeitkonstante die Übereinstimmung zwischen Kippfrequenz und Meßfrequenz bewirkt, oder man drückt der Zeitablenkspannung eine besondere Steuerfrequenz auf, die den Kippvorgang einleitet, und deren Frequenz gleich der Meßfrequenz ist. Bei unabhängiger Synchronisierung ist unbedingte Konstanz der Stromquellen und der Entladungsstrecke erforderlich. Ihre Anwendung beschränkt sich auf niederfrequente Vorgänge und kurze Beobachtungszeiten.

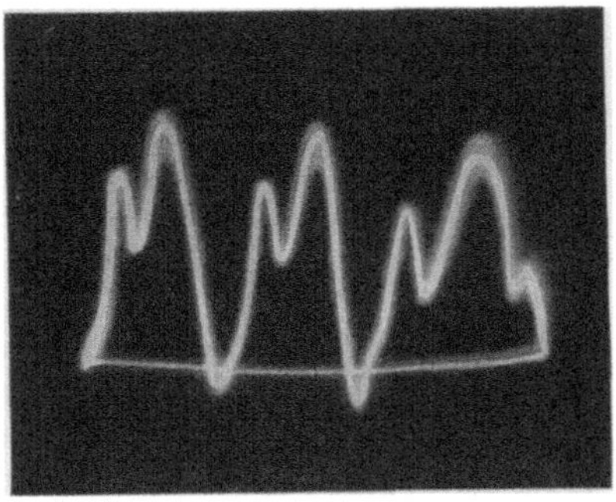

Abb. 191. Synchronisiertes Oszillogramm einer verzerrten Sinusschwingung.

Die erzwungene Synchronisierung beruht darauf, daß einem beliebigen, schwingungsfähigen Gebilde eine fremde Schwingung aufgedrückt wird. Von dieser äußeren Kraft wird innerhalb eines begrenzten Bereiches die Eigenschwingung mitgenommen. Diese als „Ziehen“ und „Mitnahme“ bekannte Erscheinung tritt auch bei Kippschwingungen auf und ist von verschiedenen Seiten theoretisch und experimentell untersucht worden. So koppelt Leyshon[1] eine Stimmgabel elektromagnetisch mit einer Blinkschaltung und entwickelt unter bestimmten Voraussetzungen eine Theorie, welche sich hauptsächlich auf die Phasenverhältnisse im Synchronisierbereich bezieht. Allgemeiner behandelt Hudec[2] die erzwungenen Kippschwingungen, wobei er hinsichtlich der Phasenbeziehungen zu ähnlichen Ergebnissen kommt, doch erstreckt sich seine Theorie nicht nur auf den Fall, daß die eingeführte Wechselfrequenz und die erzwungene Kippfrequenz unmittelbar gleich sind, sondern in einem beliebigen ganzzahligen Verhältnis zueinander stehen.

Die Synchronisierung durch eine Steuerfrequenz ist besonders für höhere Frequenzen geeignet. Die Synchronisierung muß so genau sein, daß keinerlei Wandern des geschriebenen Oszillogrammes entsteht, weil

[1] Leyshon, W. A.: Phil. Mag. Bd. 4 (1927) S. 305.
[2] Hudec, A.: Arch. Elektrotechn. Bd. 22 (1928) S. 459.

sonst keine genaue Auswertung oder photographische Registrierung der geschriebenen Oszillogramme möglich ist. Aus dem gleichen Grunde darf auch kein Springen des Oszillogrammes um eine bestimmte Nullage stattfinden. Der prozentuale Springbereich des Oszillogrammes ist ein Maß für die von ungenügendem Synchronismus herrührenden Schwankungserscheinungen. Bei guten Glimmlampen beträgt der auf die Gesamtlänge der Kippschwingung bezogene Springbereich etwa $1-\frac{1}{2}\%$. Er ist im wesentlichen durch die Stabilität der Entladung in der Röhre bedingt und abhängig von der speziellen Konstruktion der Glimmlampe. Für Thyratronröhren beträgt der Springbereich bis $\frac{1}{2}‰$. Für Elektronenröhren ist der Wert von gleicher Größenordnung.

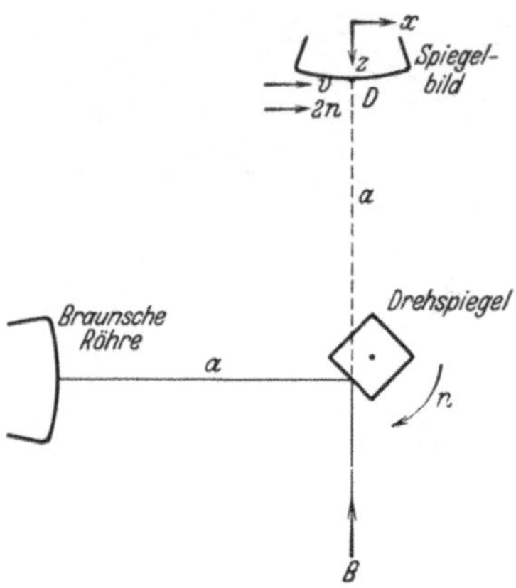

Abb. 192. Drehspiegelablenkung mit elektrischer Zeitablenkung kombiniert.

Synchronisierfehler bzw. Springbereich müssen möglichst klein sein, wenn große Frequenzunterteilungen in einer Stufe stabil erreicht werden sollen. Mit Glimmlampen lassen sich in einer Stufe nur schwer Frequenzteilungen zwischen Meß- und Zeitfrequenz von weniger als 1 : 10 erreichen. Mit Thyratron- oder Röhrenkippanordnungen sind Unterteilungen bis zu 1 : 50 einstellbar, wenn die Stromquellen die erforderliche hohe Stabilität besitzen. Will man noch mehr periodische Kurvenzüge bei größerer Frequenzteilung niederschreiben, so wird die Hintereinanderschaltung von zwei oder mehreren Reduktionsstufen erforderlich.

Damit die Spannung nicht unterhalb der Anstoßspannung der Kippschaltung bleibt und die erzwungene Kippschwingung außerhalb des „Ziehbereiches" der Steuerfrequenz fällt, ist für die Steuerfrequenz Konstanz der Spannungsamplitude zu fordern.

Wie aus allem Vorhergesagten hervorgeht, ist ein außerordentlicher Vorteil der elektrischen Zeitablenkung die verhältnismäßig leichte Regelbarkeit aller Größen: Frequenz, Zeitgeschwindigkeit, wie auch Länge der Zeitlinie lassen sich durch entsprechende Abänderung der verwendeten Schaltglieder, Schaltspannungen und Schaltströme variieren. Auch die Lage des Oszillogrammes relativ zur Schirmfläche läßt sich durch Wahl geeigneter Vorspannungen an den Zeitplatten leicht einstellen.

Von besonderer Bedeutung ist es, daß bei Benutzung geeigneter Entladungsstrecken sich mit der elektrischen Zeitablenkung Schreibgeschwindigkeiten bis zu 100 000 km/sec erzielen lassen. Derartig hohe Schreibgeschwindigkeiten lassen sich natürlich bei einmaligem Durchlauf mit Schwachstromkathodenstrahlröhren nicht ausnutzen. Im besten Falle liegt hier die maximale Schreibgeschwindigkeit unter visueller Beobachtung der Vorgänge bei etwa 200 km/sec.

Bevor auf die grundsätzlichen Schaltungsmöglichkeiten der elektrischen Zeitablenkung näher eingegangen wird, sei noch auf ein Verfahren verwiesen, das von Bab[1] entwickelt wurde, und bei dem optische Zeitablenkung durch Drehspiegel und elektrische Zeitablenkung gleichzeitig angewendet werden (Abb. 192). Dieses Verfahren gestattet die Anwendung zweier verschiedener Frequenzen, die auch unharmonisch zueinander liegen können. Der hochfrequente Vorgang wird stroboskopisch in einen niederfrequenten verwandelt, der wiederum in einem Drehspiegel aufgelöst wird.

Besitzt der zu untersuchende Vorgang eine Frequenz, die angenähert gleich der Sinusfrequenz der elektrischen Zeitablenkung in der Abszisse ist, so wandert die entstehende Lissajoussche Figur mit einer der Frequenzdifferenz entsprechenden Geschwindigkeit über den Leuchtschirm der Braunschen Röhre, und es entsteht ein Rechteck unregelmäßiger Helligkeit. Dieser Wanderungsgeschwindigkeit der Lissajousschen Figur wird noch eine Translationsgeschwindigkeit v überlagert durch Bewegung der Braunschen Röhre oder durch Zwischenschaltung eines Drehspiegels. Für

$$v = 2\pi A\,(f_1 - f_2) \tag{43}$$

wobei f_2 die Vorgangsfrequenz, f_1 die Frequenz der elektrischen Zeitablenkung ist, hebt sich aus den verschwommenen Streifen parallel zur X-Richtung die Kurve $y = F \cdot (f_2 A)$ scharf und formgetreu in kartesischen Koordinaten ab.

Die Größe der Geschwindigkeit v ist abhängig von Drehzahl, Flächenzahl und Abstand des Drehspiegels von der Braunschen Röhre, die den zu untersuchenden Frequenzen angepaßt werden müssen.

b) Kippschaltungen mit Glimmlampen und Thyratronröhren.

Am einfachsten lassen sich mit linearem oder exponentiellem Anstieg und sehr schnellem Abfall niederfrequente Kippschwingungen mit dreieckiger oder sägezahnartiger Charakteristik durch Blinkschaltungen mittels einer kippfähigen Glimmröhre erzeugen.

An Hand einer einfachen Blinkschaltung ohne erzwungene Synchronisierung (Abb. 193) bestehend aus Glimmlampe, Kondensator, Vorwiderstand und Ladebatterie, seien zunächst die Vorgänge der bekannten oszillierenden Kombination einer Glimmlampe mit Kondensator- und Vorwiderstand aus der statischen Charakteristik qualitativ abgeleitet[2]. Vorweggenommen sei, daß die folgende Betrachtung Glimmlampenträgheiten, Hysteresiserscheinungen und Eigeninduktivitäten unberücksichtigt läßt. Abb. 194 zeigt in u_c die statische Charakteristik einer Glimmlampe mit gleichartig ausgebildeten Elektroden.

Betrachten wir zunächst den stabilen Zustand und den Einschaltvorgang.

---

[1] Bab, U.: Ein einfaches Verfahren zur Beobachtung hochfrequenter Spannungskurven. Z. techn. Physik Bd. 14 (1933) Heft 1 S. 18.

[2] Friedländer, E.: Über Kippschwingungen, insbesondere bei Elektronenröhren. Arch. Elektrotechn. Bd. 17 (1926) Heft 1 S. 1.

Wird zunächst angenommen, daß die Lampe normal an die Spannung u angelegt wäre ($R = O$ in Abb. 193), so stellt sich der dem Batteriepunkt P_b in Abb. 194 entsprechende Kreisstrom i_{gl} stabil ein. Der parallel zur Lampe liegende Kondensator beeinflußt die Stabilität des Zustandes in keiner Weise. Es sei jetzt ein positiver Widerstand R in die Schaltung gelegt; der Schnittpunkt der zugehörigen Widerstandslinie

$$r \cdot [(U - i_{gl} \cdot R) \cdot i_{gl}] \tag{44}$$

mit der Charakteristik u_c sei P_s. Dann ist leicht einzusehen, daß auch dieser Zustand wie der erste stabil sein muß, d. h. daß die Lampe ruhig mit verminderter Stromstärke weiter brennt. Der Unterschied zwischen der Lampen- bzw.

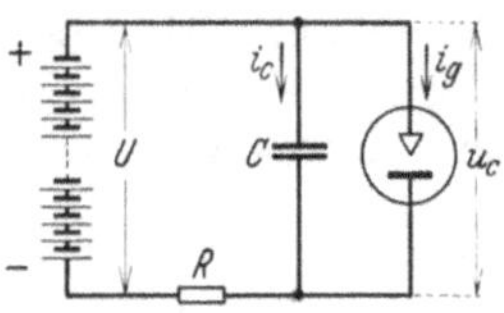

Abb. 193. Blinkschaltung.

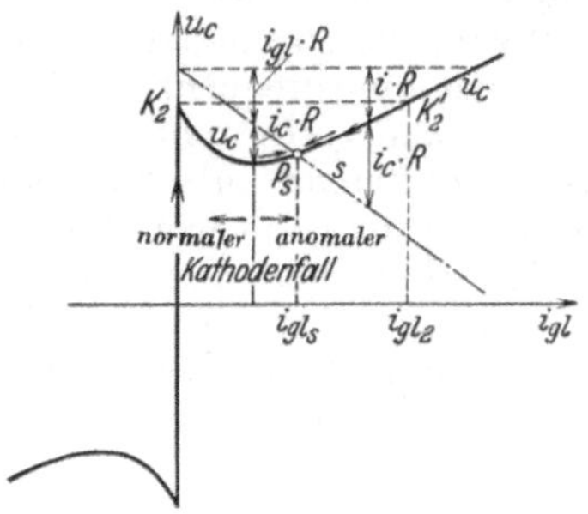

Abb. 194. Statische Charakteristik einer Glimmlampe.

Kondensatorspannung u_c und der angelegten Spannung U muß auch im Falle, daß das Gleichgewicht gestört ist, im Vorwiderstand R vernichtet werden. Es ist also

$$U = u_c + i \cdot R = u_c + i_{gl} \cdot R + i_c \cdot R,$$

folglich

$$i_c = C\frac{du}{dt} = (\underbrace{U - i_{gl} \cdot R}_{r} - u_c) \cdot \frac{1}{R} \tag{45}$$

d. h., die rechte Seite zeigt, daß für jede Abszisse der Ladestrom des Kondensators dem Abstand der Lampencharakteristik u_c von der Widerstandslinie r proportional ist. Nimmt man an, das Gleichgewicht sei gestört und i_{gl} sei in einem gegebenen Augenblick etwas kleiner, als es dem Betriebspunkt P_s entspricht, so wird dieser Abstand positiv, d. h. $i_c = C\frac{du}{dt} > O$, die Lampenspannung u_c muß also mit der Zeit so lange wachsen, bis wieder Gleichgewicht in P_s besteht. Dadurch ergeben sich sinngemäß die in Abb. 194 eingetragenen Bewegungsrichtungen des Zustandspunktes in der Lampencharakteristik aus gestörter Gleichgewichtslage. Hieraus ergibt sich leicht, daß diese Bewegungsrichtung in Abb. 194 zum Gleichgewichtspunkt P_s hinstreben, d. h. die Gleichgewichtslage ist stabil.

Es entsteht nun die Frage, was bei Einschaltung der Lampe geschieht, und wie man auf den stabilen Betriebspunkt gelangt. Zunächst stellt die Glimmlampe einen unendlich großen Widerstand dar, d. h. der Kondensator C lädt sich in bekannter Weise nach einer Exponentialfunktion der Zeit über den Vorwiderstand R auf, wobei der Zustandspunkt der Glimmlampe von O bis K_2 auf der Ordinatenachse wandert. Sobald dieser Punkt K_2, d. h. also die Zündspannung erreicht ist, kann u_c nicht weiter wachsen, obwohl $i_c \cdot R = R \cdot C \cdot \frac{du}{dt}$ noch positiv ist, also ein Wachsen von u_c verlangt. Infolgedessen springt der Arbeitspunkt auf den ansteigenden Ast der Charakteristik nach K_2' über, wobei unter Vernachlässigung der Eigenkapazität der Lampenstrom stoßweise auf den Wert i_{gl2} steigt, um nun mit endlicher Geschwindigkeit in den Betriebspunkt P_s überzugehen. Die Lampe flammt also auch beim Schalten über Widerstände erst einmal kurzzeitig hell auf, brennt dann aber dunkel weiter.

Aus den Überlegungen über den stabilen Zustand und Einschaltvorgang gelangen wir zu den beim Blinkzustand sich ergebenden Verhältnissen.

Man vergrößert R jetzt so weit, daß gemäß Abb. 195 der Gleichgewichtspunkt zwischen K_1 und K_2 der Glimmlampencharakteristik zu liegen kommt. Die oben angestellte Stabilitätsüberlegung ergibt hier die eingetragenen Pfeilrichtungen, die zeigen, daß der Punkt P_2 labil sein muß. Der Einschaltvorgang ergibt sich in diesem Fall, wie folgt: u_c steigt auch hier zunächst bis auf K_2, springt über K_2' und sinkt in vorgeschriebenem Tempo auf K_1. Hier verlangt der Abstand zwischen Charakteristik und Widerstandslinie ein weiteres Fallen von u_c, das erlaubt die Charakteristik jedoch nur nach sofortigem Übergang auf K_1', d. h. die Lampe verlischt, die Spannung steigt wieder auf K_2 und der Vorgang beginnt von neuem. Im Zeitdiagramm ergibt sich Abb. 195, die den Vorgang qualitativ richtig wiedergibt. Auf quantitative Fehlerquellen wurde eingangs schon hingewiesen. Aus Abb. 195 geht hervor, welche Teile der Glimmlampencharakteristik dem normalen Kathodenfall, bei dem noch nicht die gesamte Elektrodenoberfläche mit Glimmlicht bedeckt ist, entsprechen. Im Gebiet des anomalen Kathodenfalles ist die Elektrode vollständig bedeckt und die Stromdichte wächst mit weiter gesteigertem Röhrenstrom. Der maximale Entladungsstrom der Glimmröhre beim Kippvorgang ist auf den dem normalen Kathodenfall entsprechenden Strom begrenzt, wodurch auch die maximale Rückkippzeit der Anordnung, soweit sie vom Entladestrom der Röhre abhängt, begrenzt ist.

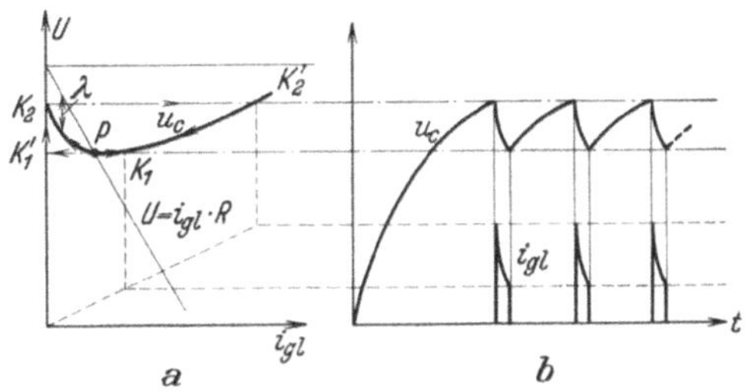

Abb. 195. Kennlinie einer Glimmlampe bei Blinkschaltung und zugehöriges Zeitdiagramm.

Zünd- und Löschspannung einer Glimmlampe sowie die Verteilung der Gebiete des normalen und anomalen Kathodenfalles sind weitgehendst abhängig von Kathodenmaterial und -form sowie von der Art des Füllgases.

Höhe der Spannung sowie Bemessungen des in Abb. 193 angegebenen Widerstandes R und der Ladekapazität C bestimmen die Form und den zeitlichen Verlauf der Kippschwingungen. Die sich aus dem Aufladewiderstand R und C sich ergebende Zeitkonstante bestimmt den A n s t i e g der Dreiecksschwingung, die aus C und dem inneren Glimmlampenwiderstand resultierende Zeitkonstante den Abfall. Der Anstieg entspricht der Zeitlinie des zu schreibenden Oszillogrammes, der Abfall bewirkt das Rückkippen des abgelenkten Kathodenstrahles in die Anfangsstellung. Da die Rückkippzeit größenordnungsgemäß klein gegenüber der Zeitlinie sein soll, muß durch entsprechende Dimensionierung der erwähnten Größen der Kippschwingung eine geeignete Form gegeben werden.

Werden kürzeste Rückkippzeiten verlangt, so wird es erforderlich, die Kapazität so weit wie möglich zu reduzieren. Schließlich bleiben nur noch die Eigenkapazitäten übrig, die in der Größenordnung von etwa 5 $\mu\mu$F liegen. Bei solchem Aufbau gelingt es mit Glimmlampenblinkschaltungen Frequenzen bis zu 100 000 Hertz zu erreichen, wenn man die bei hohen Zeitgeschwindigkeiten in diesem Fall auftretende Verkleinerung der Kippamplitude in Kauf nimmt. Zur Herabsetzung des Entladeverzuges wird für hohe Frequenzen die Glimmlampe mit Wasserstoff gefüllt. Ladekapazitäten der Größenordnung 10 $\mu\mu$F wird man nur für hohe Frequenzen und in solchen Fällen verwenden, wo der Kurvenzug ununterbrochen aufgezeichnet werden muß, da die zwangsläufig eintretende geringe Ergiebigkeit nachteilig ist.

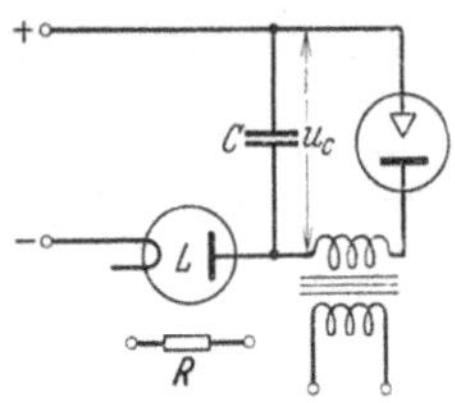

Abb. 196. Blinkschaltung mit Steuertransformator und Glimmlampe.

Abb. 196 zeigt eine Blinkschaltung, die in Erweiterung der in Abb. 193 gegebenen Schaltung durch Einfügung eines Steuertransformators zur Synchronisierung entstanden ist. Um die Konstanz der Spannungszunahme $\frac{du}{dt}$ sicherzustellen, ist an Stelle des Widerstandes R eine Elektronenröhre L gesetzt. Wird im Sättigungsbereich dieser Laderöhre gearbeitet, so erhält man statt des exponentiellen Anstieges der Zeitspannung einen linearen Anstieg, der die Auswertung des Oszillogrammes erleichtert. Auch ist die Stromzuführung durch Variation der Glühfadenheizung leichter und in weiteren Grenzen zu regeln als durch einen veränderlichen Ohmschen Widerstand.

Zu beachten ist, daß die angewendete Gleichspannung groß gegen die Zündspannung der Glimmröhre ist, damit man stets mit Sicherheit im Sättigungsbereich der Röhre arbeitet. Ein Vorteil dieser Schaltung ist darin zu sehen, daß die Synchronisierspannung im allgemeinen außer im Kippmoment völlig leerläuft, und daß die an der Kippkapazität abgenommene Kippspannung in keiner Weise durch die Steuerspannung im Glimmlampenkreis gestört wird.

Ein Nachteil dieser Schaltung liegt darin, daß der Entladungsvorgang verlangsamt wird und stark auf die Primärseite des Synchronisiertransformators bzw. eines an seiner Stelle vorgesehenen Übertragungsgliedes zurückwirkt. Um mit kleinen Widerständen im Entladekreis der Kippschaltung auszukommen und um die Rückwirkungen zu beseitigen, die besonders unangenehm werden, wenn die Meßspannung gleichzeitig zur Synchronisierung benutzt werden soll, wird bei dieser Schaltung meist die Synchronisierspannung über eine oder mehrere Verstärkerstufen zugeführt. Diese Schaltung verlangt daher erheblichen Aufwand.

Abb. 197 zeigt Oszillogramme des Zündvorganges in der Glimmlampe und die Beeinflussung dieses Vorganges durch einen Widerstand im Entladekreis. Oben ist die Stromkurve bei einem rein Ohmschen Reihenwiderstand von etwa 5000 Ohm aufgenommen. Das mittlere Oszillogramm stellt den Zündvorgang ohne Vorhandensein eines Ohmschen Widerstandes und einer Induktivität dar. Das untere Oszillogramm zeigt die Wirkung von Widerstand und Induktivität des Synchronisiertransformators. Einmal geht aus dem letzten Oszillogramm die verschleifende Wirkung der Induktivität hervor, die zu einem Schwingungsvorgang führt, andererseits erkennt man, wie die Rückkippzeit durch die Ohmschen bzw. induktiven Widerstände erheblich vergrößert wird. Während bei widerstandsfreier Schaltung, also bei Entladung nur über den Innenwiderstand der Glimmlampe eine Kippzeit von etwa $0{,}5 \cdot 10^{-4}$ sec erreicht wird, wird dieser Wert durch den Synchronisiertransformator etwa auf das Fünffache vergrößert.

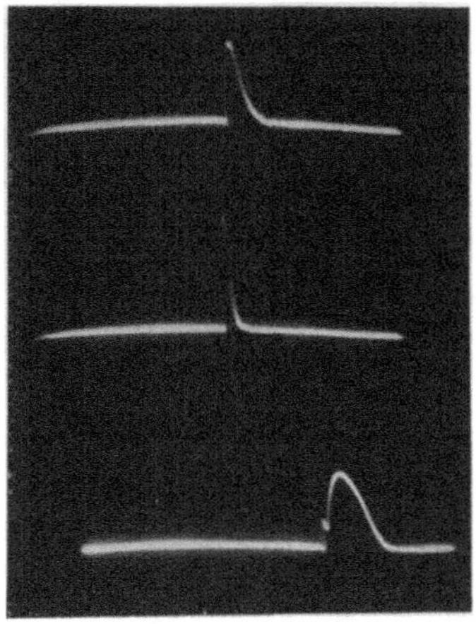

Abb. 197. Kurven des Entladestromes einer Kippschaltung bei verschiedenen Widerständen im Entladekreis (Oszillogrammlänge $^1/_{830}$ sec; $C \approx 10^3\ \mu\mu F$).

Um den Steuertransformator entbehren zu können, ist es zweckmäßig, die Synchronisierung durch ein besonderes Steuerorgan innerhalb

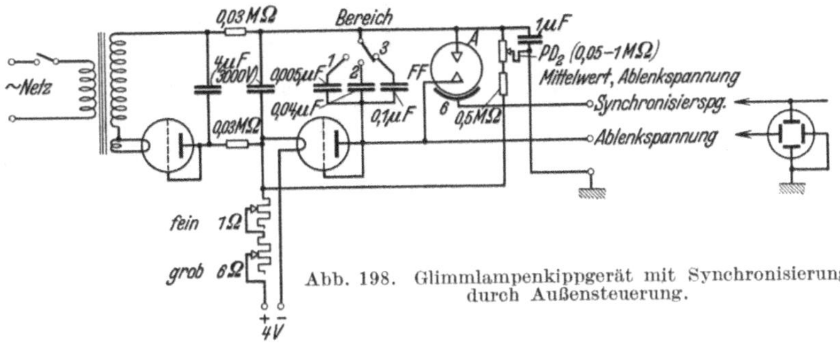

Abb. 198. Glimmlampenkippgerät mit Synchronisierung durch Außensteuerung.

oder außerhalb der Entladungsröhre zu erreichen, die den Entladungsvorgang in der Röhre selbst direkt beeinflußt. Der erstere Fall führt zur Verwendung der gittergesteuerten Glimmröhre, dem sog. Thyratron, den letzteren Fall bildet die außengesteuerte Glimmlampe.

Abb. 198 zeigt eine Kippschaltung mit einer durch Außenelektrode gesteuerten Glimmlampe. Als Gleichspannung dient eine mittels Glühkathodenrohr gleichgerichtete Wechselspannung, die, um unerwünschte

Mitnahmeerscheinungen zu vermeiden, besonders gut beruhigt ist. Die Aufladung der Kapazität erfolgt linear mit der Zeit durch den Sättigungsstrom einer weiteren Elektronenröhre. Der Kippkondensator selbst ist zur Erreichung variabler Zeitgeschwindigkeiten unterteilt. Die Lage des Oszillogrammes auf dem Schirm wird durch Variation der Vorspannung mittels Potentiometerabgriffes geregelt. Während die Wechselstromheizung der Gleichrichterröhre durch eine Wicklung des Netztransformators erfolgt, wird die Laderöhre aus einem besonderen Akkumulator geheizt. Netzheizung ist hier grundsätzlich zu vermeiden, weil die Spannungsschwankungen des Netzes große Emissionsveränderungen bewirken. Die Synchronisierung arbeitet dann nicht mehr einwandfrei oder es stellen sich selbständig andere Unterteilungen ein.

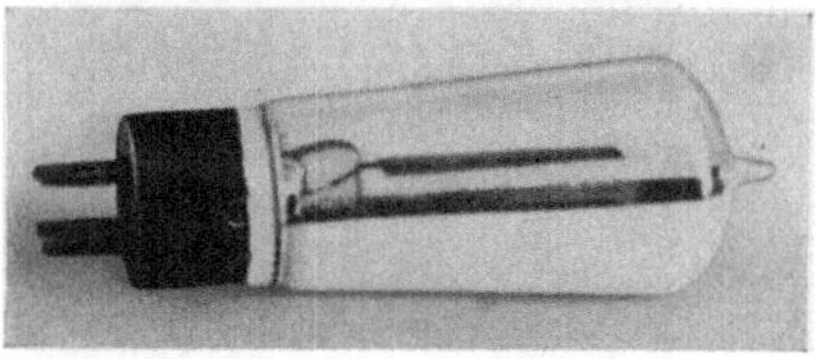

Abb. 199. Kippglimmlampe mit Außensteuerelektrode (Leybolds Nachf. A. G.).

Das Einsetzen der Glimmentladung wird durch die Außenelektrode bewirkt, die an der Synchronisierspannung liegt. Die in Abb. 199 abgebildete Glimmlampe ist eine Spezialkonstruktion des Verfassers. Die

Abb. 200. Innenansicht eines Kippgerätes mit Synchronisierung durch Außensteuerelektrode (Leybolds Nachf. A. G.).

metallische Steuerbelegung ist außen auf den Glaskolben aufgespritzt. Bei diesen Außensteuerröhren wie überhaupt bei abgeschmolzenen Glimmröhren liegt Zünd- und Löschspannung nahezu fest, wodurch die Kippamplitude jeder einzelnen Röhre gegeben ist. Wird eine größere oder kleinere Kippspannung gewünscht, so muß daher die Kippröhre durch eine Glimmlampe anderer Abmessungen ersetzt werden.

Die Außensteuerglimmlampen arbeiten bereits mit einer Synchronisierspannung von etwa 20—30 V, so daß in den meisten Fällen die

Meßspannung zur Synchronisierung benutzt werden kann. Die Innenansicht eines ausgeführten Kippgerätes mit Außensteuersynchronisierung zeigt Abb. 200.

Eine mit der Kippschaltung Abb. 198 erhaltene, stehende Figur, die die kurze Rückkippzeit erkennen läßt, ist in Abb. 201 abgebildet. Ein außerordentlicher Vorteil der zuletzt besprochenen Synchronisiermethodik liegt in dem Fortfall von Rückwirkungen und der überaus einfachen Schaltweise. Die Meßspannung wird durch den Anschluß der Außenelektrode, die nur eine Kapazität von weniger als 10 $\mu\mu$F besitzt, praktisch nicht belastet.

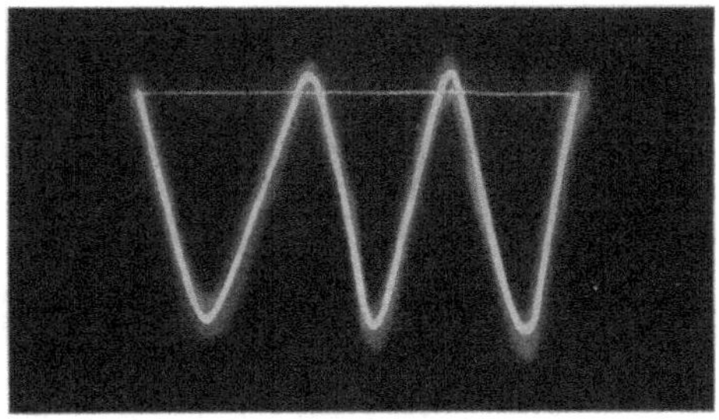

Abb. 201. Durch Außensteuerung synchronisierter Kurvenzug (Sinusspannung 800 Hertz).

Soll auch die Laderöhrenheizung aus dem Lichtnetz entnommen werden, so ist in Kippschaltungen an Stelle der Aufladung im Sättigungsgebiet die Aufladung über eine Schirmgitterröhre vorzunehmen.

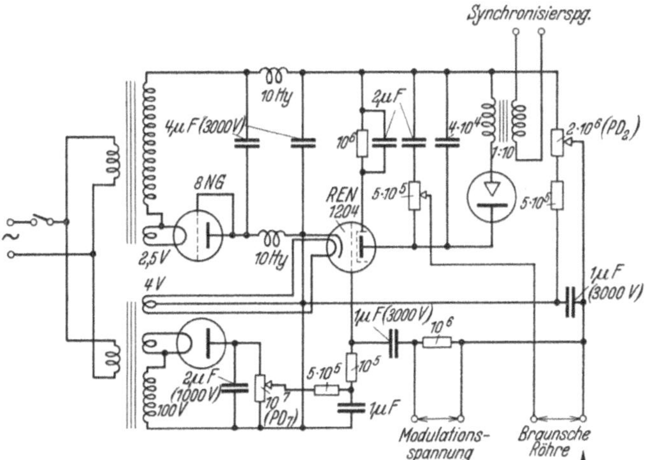

Abb. 202. Modulierbare Kippschaltung mit Kondensatoraufladung über eine Schirmgitterröhre.

Auch mit der Schirmgitterröhre läßt sich infolge ihres extrem kleinen Durchgriffes erreichen, daß der dem Kondensator zugeführte Strom unbeeinflußt bleibt von der Spannung, die am Kondensator herrscht. Im Interesse stabiler Strom- und Spannungsverhältnisse empfiehlt es sich, gegebenenfalls die Betriebsspannungen für die Laderöhre durch Glimmstrecken zu stabilisieren. Auch schon ohne Stabilisierung bleiben die Aufladeströme bei Betrieb aus normalen Lichtnetzen so konstant, daß die Synchronisierung ungestört bleibt. Um ein Schaltbeispiel zu geben, ist in Abb. 202 eine Kippschaltung mit Schirmgitterröhre, die im Laboratorium des Verfassers für Fernsehzwecke entwickelt wurde, gezeichnet. Selbstverständlich kann dieses Ladeprinzip nicht nur mit der gezeichneten Glimmlampensynchronisieranordnung benutzt werden, sondern auch mit beliebigen anderen Entlade- und Synchronisierschaltungen (beispielsweise Glimmlampenanordnung mit Außensteuerung, Thyratronanordnung, mechanischer Kontakt usw.). Ein kleiner Nachteil dieser Schaltung ist darin zu sehen, daß der Ladestrom und mit ihm die erzeugte Kippfrequenz durch die Gittervorspannungsregelung über kaum mehr als eine Größenordnung geregelt werden kann. Infolgedessen ist es bei Aufladung über eine Schirmgitterröhre notwendig, die Kapazitäten in weiteren Grenzen veränderlich zu halten, wenn von dem Kippgerät die Erfassung großer Frequenzbereiche verlangt wird.

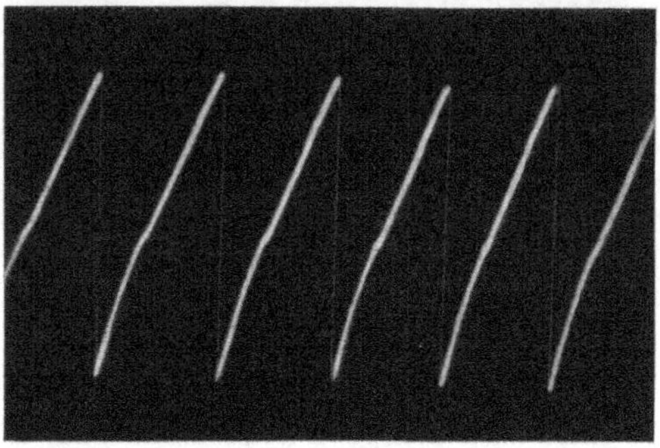

Abb. 203. Kippkurve mit leicht verzerrtem Anstieg (Ladestrom und Aufladekapazität zu klein).

Eine grundsätzliche Eigenschaft hat die Aufladung über eine Schirmgitterröhre voraus vor der Aufladung mit Sättigungsströmen. Bei ihr ist es möglich, fast trägheitslos die Aufladeströme zu verändern. Hierzu ist es nur notwendig, dem Gitter der Schirmgitterröhre Wechselspannungen zuzuführen. Sind die Frequenzen der Modulationswechselspannung groß gegenüber der Kippfrequenz, so wird die Steilheit des A n s t i e g e s der K i p p k u r v e treppenartig m o d u l i e r t. Ist die Modulationsfrequenz klein gegenüber der Kippfrequenz, so wird die Periodendauer für die einzelnen Kippentladungen variiert (Frequenzmodulation!). Speziell für die Zwecke des Fernsehens mit Kathodenstrahlröhren, aber auch für meßtechnische Aufgaben ist die erwähnte Moduliermöglichkeit von erheblicher Bedeutung.

Im Anschluß an die Betrachtung über eine Methode zur Modulation des Aufladestromes sei kurz besprochen, innerhalb welcher Grenzen der Aufladestrom praktisch schwankt. Schon oben wurde angeführt, daß der Entladestrom durch die Eigenschaften der Entladeröhre begrenzt ist. Er liegt bei handelsüblichen Röhren in der Größenordnung von Bruchteilen eines Amperes. Bei Kippkurven mit guter Kurvenform, wo die Aufladezeit groß gegenüber der Entladezeit sein soll, darf daher der Aufladestrom höchstens Werte von wenigen Milliampere annehmen. Auch in Richtung schwacher Ströme kann der Aufladestrom nicht beliebig reduziert werden. So ist es beispielsweise zur Herstellung sehr langsamer Kippschwingungen keineswegs angängig, die langsame Frequenz nur durch Reduktion des Ladestromes zu erzwingen. Sehr bald kommt nämlich der Ladestrom in die Größenordnung der Ströme zu den Ablenkplatten, und es treten dann Verzerrungen der Kippkurven ein und der äußere Nullpunktsfehler (s. oben) nimmt große Werte an.

Abb. 203 zeigt das Oszillogramm einer unter diesen Bedingungen aufgenommenen Kippschwingung, das die Nullpunktsanomalie deutlich erkennen läßt. Um daher langsame, lineare Zeitablenkungen zu erhalten, muß daher die Aufladekapazität vergrößert werden. Immerhin sind auch hier die schon oben angedeuteten Grenzen zu berücksichtigen, denn die Vergrößerung der Ladekapazität bewirkt unter Umständen eine so starke Zunahme des Entladestromes, daß das Arbeitsgebiet der Glimmröhre in den Bereich des anomalen Kathodenfalles verlegt wird, was zu Störungen des Kippvorganges führt. Aus diesem Grunde sind für langsame Zeitablenkung möglichst Glimmlampen mit großer Elektrodenoberfläche anzuwenden, die mit Sicherheit im Gebiet des normalen Kathodenfalles bleiben. Auch für die Erzeugung höherer Frequenzen kommt in solchen Fällen die Anwendung größerer Ladekapazitäten und von Glimmlampen mit großer Elektrodenoberfläche in Frage, wo das Kippgerät stärkere Belastungen erfährt.

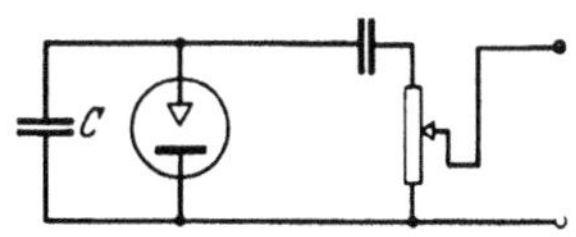

Abb. 204. Kippspannungsteiler.

Bei Glimmlampen ist es, wie schon oben ausgeführt wurde, kaum möglich, durch einfache äußere Maßnahmen die Amplitude der erhaltenen Kippspannung zu variieren. Trotzdem wird in vielen Fällen bei Glimmlampenkippgeräten die Möglichkeit einer Amplitudenregelung wünschenswert sein. Eine nachträgliche Regelung der Kippamplitude kann durch einen geeignet angewendeten Spannungsteiler erfolgen. Die Schaltung eines Kippspannungsteilers ist in Abb. 204 gezeichnet. Um keine Verzerrung der Kurvenform entstehen zu lassen, muß ein solcher Kippspannungsteiler in außerordentlich weiten Frequenzbereichen frequenzunabhängig arbeiten. Damit keine wesentliche Abrundung an der oberen und unteren Spitze der Kippkurve erfolgt, muß die Frequenzunabhängigkeit des Teilers bis zu Frequenzen bestehen von etwa dem 50fachen Betrage der Kippfrequenz. Um diese Forderung trotz parallel liegender, unvermeidlicher Kapazitäten zu erfüllen, darf der Ohmsche Spannungsteiler nicht zu hohe Werte annehmen. Bei Anwendung eines Kippteilers ist daher zwangsläufig mit einer stärkeren Belastung des Kippgenerators zu rechnen. Die in Abb. 204 vorgesehene Kopplungskapazität muß so gewählt werden, daß auch noch die tiefste vorkommende Grundfrequenz ohne Benachteiligung und ohne Phasenveränderung übertragen wird. Verzerrungen der Kippkurvenform sind erst dann ausreichend vermieden, wenn der Blindwiderstand der Kopplungskapazität für eine Sinusspannung von der Frequenz der Kippschwingung etwa $^1/_{10}$ beträgt von dem Ohmschen Widerstand des Teilers.

Eine einfachere und verzerrungsfreiere Regelung der Kippspannungsamplitude läßt sich in den sog. Thyratronröhren erreichen. Der bei diesen Röhren mögliche Regelbereich genügt für die meisten Zwecke. Thyratronröhren sind Gasentladungsröhren mit Glühkathode, in denen der Entladungsvorgang durch eine zwischen die Elektroden gebrachte Steuerelektrode beeinflußt wird. Die physikalischen Grundlagen der

Gittersteuerung von Gasentladungsröhren sind bereits an anderer Stelle ausführlich behandelt [1]. Die Schaltung eines einfachen Batteriekippgerätes mit Thyratronröhre ist in Abb. 205 abgebildet. Der einzige

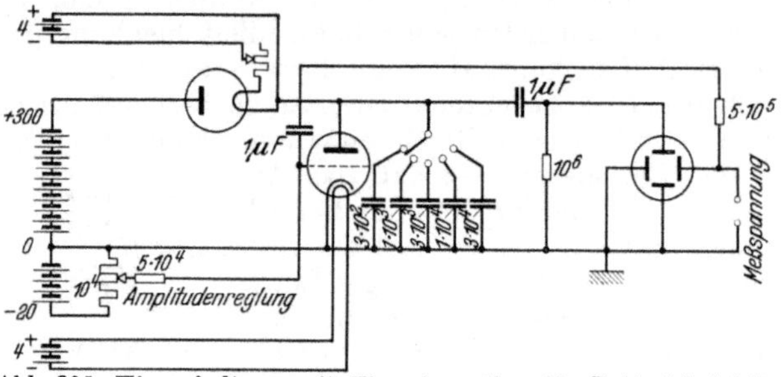

Abb. 205. Kippschaltung mit Thyratronröhre für Batteriebetrieb.

Unterschied dieser Schaltung gegenüber früheren Kippschaltungen ist das Vorhandensein des Gitterkreises der Gasentladungsröhre. Indem durch das gezeichnete Potentiometer die Ruhespannung der Steuerelektrode mehr oder weniger negativ gewählt wird, erfolgt eine Veränderung des Zündspannungswertes und damit eine Regelung der Kippamplitude. In die Leitung zur Steuerelektrode ist ein Widerstand gelegt — der mit Rücksicht auf die starken Gitterströme überdies nicht zu hohe Werte annehmen darf — um der Gleichspannung der Steuerelektrode eine Wechselspannung zum Zwecke der unten noch näher besprochenen

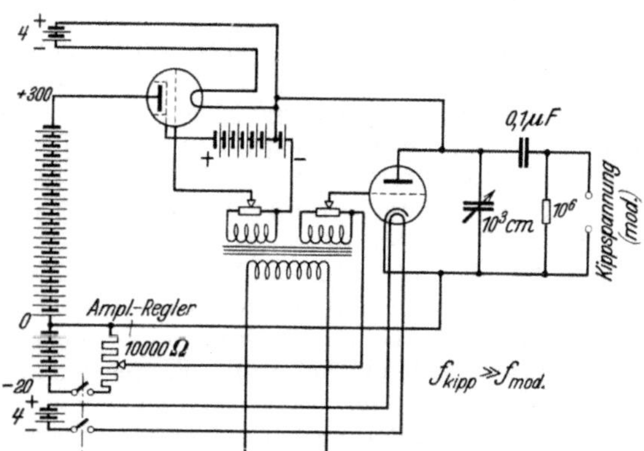

Abb. 206. Schaltung zur Modulation der Amplitude von Kippschwingungen ohne Frequenzmodulation.

Synchronisierung überlagern zu können. Selbstverständlich tritt bei Regelung der Kippamplitude in der Schaltung Abb. 205 auch eine Änderung der Kippfrequenz ein, denn der Aufladestrom bleibt konstant.

Für gewisse Änderungen, beispielsweise für die Zwecke der Aufzeichnung von Amplitudenkurven beim Tonfilm ist es wichtig, eine Modulation der Kippamplitude ohne Veränderung der Kippfrequenz zu erzielen. Eine hierfür vom Verfasser angegebene Schaltung ist in Abb. 206 gezeichnet. Hier liegt in gleicher Phase und mit einstellbarer Amplitude die Modulationsspannung auch am Gitter einer Schirmgitteraufladeröhre.

[1] Glaser, A.: Die physikalischen Grundlagen der Gittersteuerung von Gasentladungsgefäßen. Z. techn. Physik Bd. 13 (1932) Heft 11 S. 549.

Hierdurch wird erreicht, daß, sobald die Kippamplitude gesteigert wird, auch der Aufladestrom zunimmt. Durch diese Kombination ist es möglich, die Amplitude von Kippschwingungen ohne gleichzeitige Frequenzmodulation niederfrequent zu steuern.

An Stelle der kapazitiven Übertragung einer Wechselspannung an das Gitter der Steuerröhre ist auch die Übertragung mit Transformatoren praktisch üblich. Bei der Wahl der Untersetzung ist zu berücksichtigen, daß der innere Gitterwiderstand der Entladungsröhre zeitweilig niedrige Werte annimmt. Ist die Frequenz der Wechselspannung an der Steuerelektrode der Gasentladungsröhre gleich oder kleiner als die Frequenz der erzeugten Kippspannung, so gelingt eine außerordentlich stabile

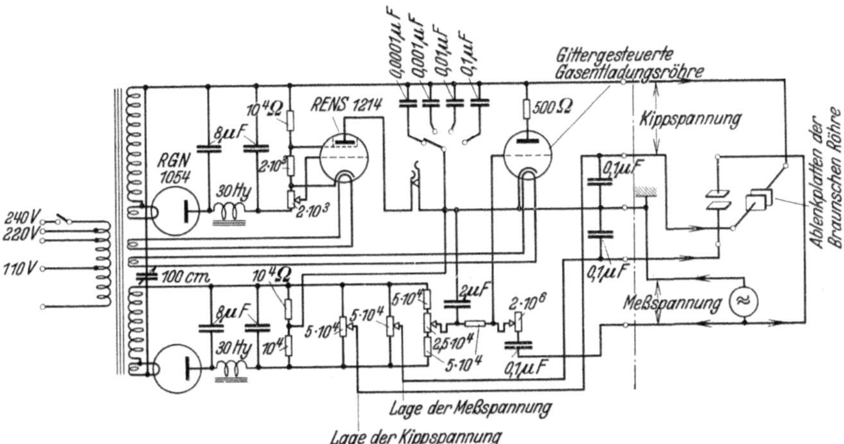

Abb. 207. Kippgerät mit Thyratronröhre für Netzbetrieb.

Synchronisierung der Kippspannungen mit der Steuerwechselspannung. Hier macht sich ein besonderer Vorzug der Gasentladungsröhre mit Glühemission bemerkbar, der darin besteht, daß Zünd- und Löschspannungen sehr große Konstanz aufweisen. Die Gleichmäßigkeit der Verhältnisse erreicht fast die Gleichmäßigkeit von Kippanordnungen mit Hochvakuumröhren. Ein weiterer Unterschied gegenüber einfachen Glimmlampen infolge der durch die Glühemission gegebenen günstigeren Ionisierungsbedingungen besteht darin, daß die Thyratronröhren auch in Verbindung mit Kapazitäten von einigen 100 $\mu\mu$F für Hochfrequenz verwendbar sind. Beispielsweise konnten mit der Schaltung Abb. 205 und der AEG-Röhre T 166 Kippschwingungen von bis zu 100 000 Hertz erzeugt werden, allerdings nur mit relativ kleinen Amplituden von etwa 20—30 V.

Eine Schaltung mit Thyratronröhren und Aufladung über eine Schirmgitterröhre für vollkommenen Netzbetrieb die gleichzeitig die Strahlruhelage in Ordinaten- und Abszissenrichtung durch Vorspannungserteilung zu regeln erlaubt, ist in Abb. 207 abgebildet. Bemerkenswert ist in diesem Schema das Vorhandensein eines Ohmschen Widerstandes von einigen 100 Ohm im Anodenkreis der

Gasentladungsröhre. Dieser Widerstand dient zur Strombegrenzung und schützt die Gasentladungsröhre vor kritischen Überlastungen. Er ist speziell bei Anwendung größerer Ladekapazitäten sehr empfehlenswert. Im Gegensatz zu Hochvakuumröhren mit indirekter Heizung darf bei den Thyratronröhren zwischen Kathode und Heizfaden keine Potentialdifferenz von mehr als etwa 10 V liegen. Aus diesem Grunde war es beispielsweise notwendig, in der Schaltung Abb. 205 getrennte Heizbatterien für Auflade- und Entladeröhre vorzusehen. Aus dem gleichen Grunde erfolgt die Heizung der Gasentladungsröhre in Abb. 207 aus einer getrennten Transformatorwicklung.

Die Synchronisierung des Kippvorganges, die bei diesen Gasentladungsröhren Frequenzunterteilungen bis 1 : 50 zuläßt, erfolgt bereits durch Wechselspannungen an der Steuerelektrode von etwa 1 V. Die erforderliche Steuerwechselspannung ist also wesentlich kleiner als bei Glimmlampen, wo sie beispielsweise bei Außensteuersynchronisierung Mindestwerte von 20 V_{eff} annehmen mußte. Trotzdem ist die Leistungsaufnahme bei Thyratronröhren größer als bei der Außensteuersynchronisierung, denn die genannte Spannung muß an einem Widerstand von etwa $5 \cdot 10^4$ Ohm aufrechterhalten werden. Hier zeigt sich eine gewisse Überlegenheit der Außensteuersynchronisierung.

c) Röhrenkippschaltungen.

Die im letzten Abschnitt besprochenen Kippschaltungen, insbesondere die Anordnungen mit außengesteuerten Glimmlampen und mit Thyratronröhren ergeben bei relativ einfachem Schaltungsaufbau Resultate, die für die Bearbeitung der meisten Aufgaben ausreichen. Die Stabilität verschiedener beschriebener Anordnungen ist so groß, daß sie auch den sehr hohen Anforderungen entspricht, die bei der Synthese feiner unterteilter Fernsehbilder gestellt werden müssen. Trotzdem gegenüber den beschriebenen Schaltungen die Röhrenkippschaltungen sich bisher für Meßzwecke nicht durchsetzen konnten, sollen diese doch ausführlich behandelt werden. Den Röhrenkippschaltungen bleibt ein bestimmtes Anwendungsgebiet vorbehalten: die präzise periodische Zeitablenkung mit sehr hoher Geschwindigkeit. Die bisher besprochenen Gasentladungsröhren versagen, wie schon oben des öfteren dargelegt wurde, sobald mittelfrequente oder hochfrequente Kippschwingungen erforderlich sind. Auch hat es den Anschein, als ob mit Gasentladungsröhren nicht die Konstanz der Charakteristiken zu erreichen ist, die bestehen muß, um von Hochfrequenzschwingungen gut stehende Figuren zu erhalten. Für Untersuchungen, die hochfrequente Zeitablenkung erfordern, ist daher an Stelle der Gasentladungsstrecke eine Hochvakuumröhrenanordnung mit ähnlichen Grenzzuständen zu setzen.

Von schalttechnischen Gesichtspunkten aus kann man die außerordentlich zahlreichen und beim ersten Überblick scheinbar sehr verschiedenartigen Röhrenkippschaltungen unter zwei große Gruppen einordnen, die selbständigen Kippschaltungen und die unselbständigen, fremdgesteuerten Kippschaltungen. Die unselbständigen, gänzlich fremdgesteuerten Kippschwingungen bleiben nur so lange bestehen, als eine Steuerspannung vorhanden ist und folgen dieser Steuerspannung mit großer Präzision synchron.

Selbständige Kippschaltungen sind solche Schaltungen, die auch ohne Vorhandensein einer fremden Kontrollwechselspannung freie Kippschwingungen ausführen. Alle Röhrenschaltungen, die in dieser Weise schwingen, sind bei näherer Betrachtung nichts anderes als entartete Röhrensenderschaltungen. Die Bedingungen zum Zustandekommen freier Kippschwingungen sind mit den Bedingungen der Selbsterregung identisch: eine fallende Charakteristik ist notwendig. Das angeregte Schwingungssystem muß außerdem entartet sein, d. h. einer der beiden Energiespeicher L und C des Schwingungskreises muß gegen den anderen stark überwiegen. Welcher von beiden dominieren muß, hängt von der Art und Schaltungsweise der verwendeten Kippvorrichtung ab (Strom- und Spannungskippvorrichtung).

In Analogie zum Röhrensender findet man daher zur Erzeugung freier Kippschwingungen bisher folgende Röhrenschaltungssysteme wieder:

Raumladungsschaltungen,
Elektronenschaltungen,
Rückkopplungsschaltungen.

Alle diese freien Kippschaltungen können von einer fremden Wechselspannung synchronisiert werden, und zwar in deren eigener oder in einer auf einen Bruchteil derselben reduzierten Frequenz. Die Wechselspannung bewirkt dabei das Zustandekommen der Amplitudenbedingung für das Kippen in einem Moment, der in der Umgebung ihres eigenen zeitlichen Maximums liegt. Sie wird, wie es gewünscht wird, erst dann wirksam, wenn sie durch die superponierte freie Kippspannung auf den Schwellwert der Kippspannungsamplitude gehoben ist. Aus dieser Überlegung folgt auch die Erklärung der Frequenzreduktion: Das Kippschwingungssystem unterzieht die Steuerspannung einer Maximalspannungsmessung im Kippmoment ohne Rücksicht auf die bis zur Meßzeit abgelaufenen, zu kleinen Amplituden vorhergehender Steuerperioden.

Leider ist bei den meisten selbständigen Röhrenkippschaltungen die gelieferte Kurvenform nicht ausreichend linear für die Zwecke der Oszillographentechnik. Aus diesem Grunde haben die Röhrenkippschaltungen der zweiten Gruppe, der unselbständigen, fremdgesteuerten Kippschaltungen, die in der Kurvenform denen der ersten Gruppe vielfach überlegen sind, mehr Beachtung gefunden.

Die unselbständigen, fremdgesteuerten Röhrenkippschaltungen lassen sich durchweg auf das gleiche Grundprinzip der Abb. 208 zurückführen. Zwei Röhren L und E, von denen die Laderöhre L durch einen Widerstand R (s. oben) ersetzt werden kann, liegen an einem Kondensator C. E ist durch eine Vorspannung verriegelt und wird von außen durch eine Steuerspannung u_{st} entriegelt. Die Steuerspannung u_{st} muß den gezeichneten rechteckigen Zeitverlauf haben. Die Öffnungszeiten müssen klein gegen die Kipperiode T sein. In der Herstellung dieser verzerrten Steuerspannung aus der äußeren Kontrollspannung liegen die Verschiedenheiten der bekannten selbständigen Kippschaltungen. Meist werden hierzu eine, zum Teil sogar zwei Röhren gebraucht. Diese Schaltungen werden recht kompliziert, geben aber die besten Resultate.

Im folgenden seien einige typische Röhrenkippschaltungen beider Hauptgruppen beschrieben.

Eine typische selbständige Kippschaltung ist das Dynatron.

Durch weitgehende Unterdrückung der Schwingkreiskapazität entartet die bekannte Dynatronschaltung zu der in Abb. 209 ge eichneten Röhrenkippschaltung. Die Kurvenform der Kippschwingung genügt den an sie zu stellenden Ansprüchen keineswegs. Bei Niederfrequenz ist eine Verbesserung durch Verwendung geschlossener Eisenkerne in der Induktivität, also durch Ausnutzung des Induktionsschwundes zu erreichen. Die Anordnung, eine „Spannungskippvorrichtung", gestattet bei *R* Kippspannungen für die Ablenkplatten der Braunschen Röhre abzunehmen.

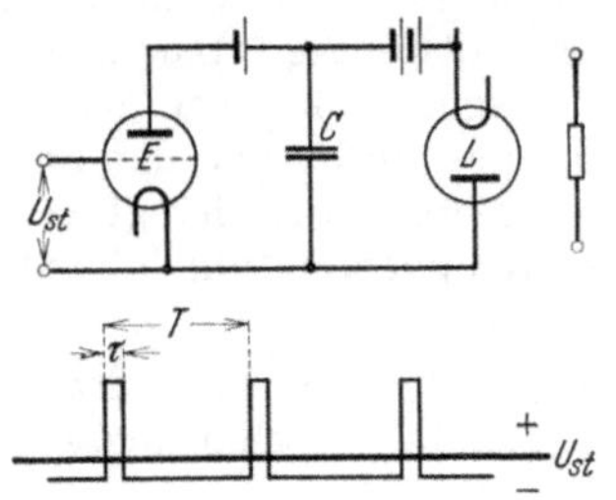

Abb. 208. Typische Schaltung für fremdgesteuerte Röhrenkippschwingungen.

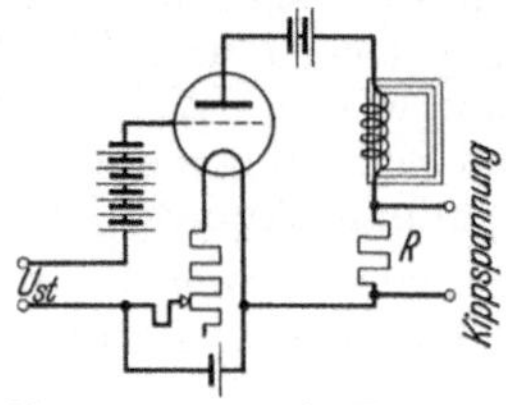

Abb. 209. Dynatron als Kippgenerator.

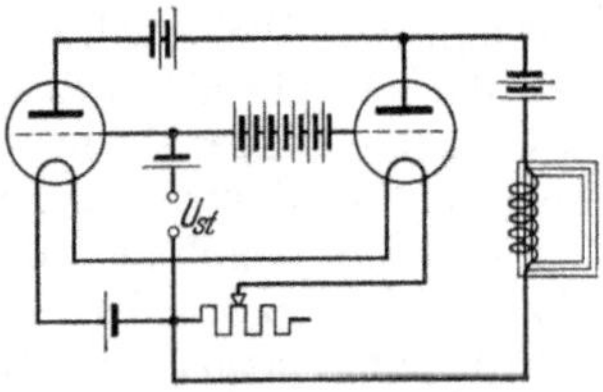

Abb. 210. Verbesserung der Kurvenform der Dynatronschaltung durch konstanten Parallelstrom.

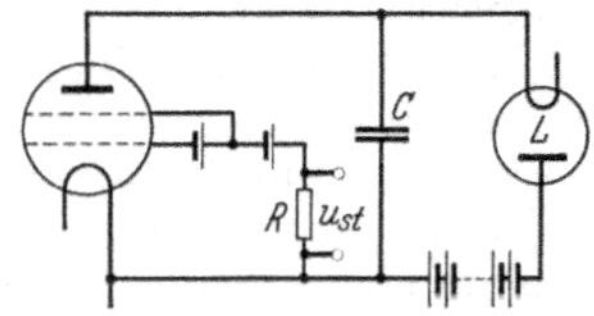

Abb. 211. Doppelgitterröhre als Kipprelais.

Abb. 210 bringt eine Schaltung, in der parallel zum Dynatron eine sättigungsstromführende Röhre gelegt ist. Der Sättigungsstrom wird gleich dem negativen Strommaximum des Dynatrons eingestellt, wodurch eine befriedigende Kippkurvenform erzielbar ist.

Als Nachteil beider Schaltungen ist festzustellen, daß die Steuerwechselspannung u_{st} durch die sehr hohen Emissionsströme am Dynatrongitter stark belastet wird. Außerdem werden für Hochfrequenzschwingungen sehr große Röhren, also auch hohe Verlustleistungen erforderlich (Senderöhren).

Bei geeigneten Vorspannungen und dynamischer Parallelschaltung der beiden Gitter einer Doppelgitterröhre kann erreicht werden, daß diese Röhre im Gitter- und Anodenkreis Bereiche fallender Charakteristik erhält. Abb. 211 läßt erkennen, wie die beiden Gitter über einen gemeinsamen Ableitwiderstand R galvanisch gekoppelt sind, wobei durch die gezeichnete Batterieanordnung das Raumladegitter etwa den halben Sättigungsstrom aufnimmt, während durch Gegenvorspannung das Außengitter praktisch nur wenig Strom aufnimmt. In der Funkempfangstechnik erscheint diese Schaltung als Schwingaudion (Negadyn von Roosenstein) wieder; R ist dabei durch einen Schwingungskreis ersetzt.

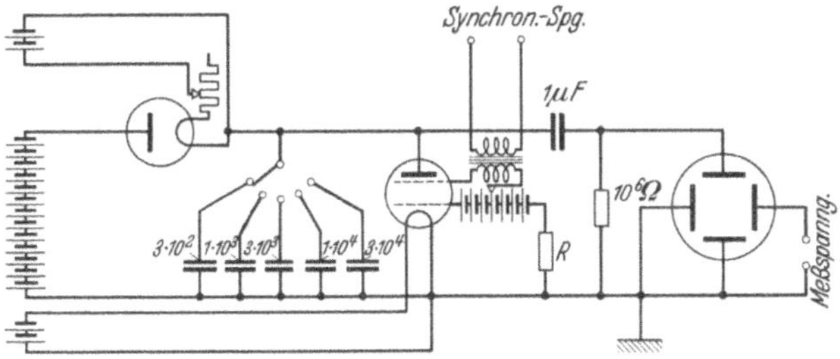

Abb. 212. Einfache Röhrenkippschaltung für Meßzwecke.

Gegenüber Spannungsänderungen an den Gittern verhält sich diese Schaltung als ein mit wachsendem R immer empfindlicher werdender Gleichstromverstärker, der jedoch bei einer kritischen Größe von R labil wird. Die Anordnung wird dann zu einem Kipprelais, d. h. zu einem System, welches nur noch zwei stabile Zustände einnehmen kann:

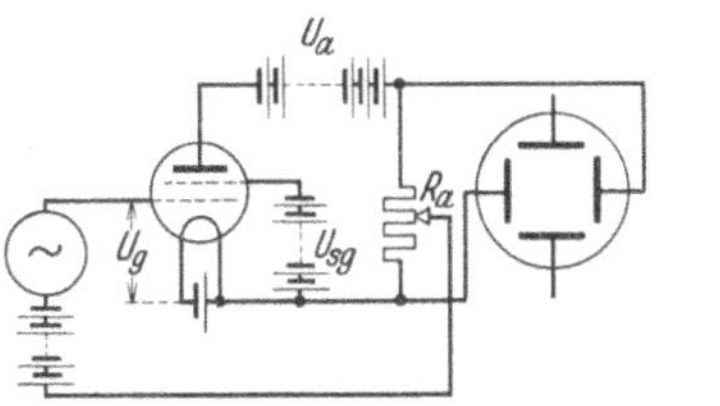

Abb. 213. Kippschaltung mit Schirmgitterröhre (nach Ulbricht).

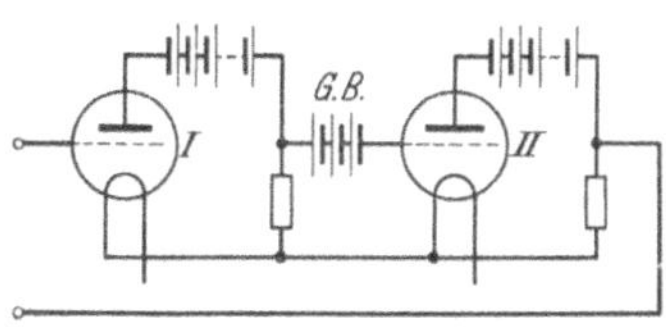

Abb. 214. Kallirotron von Turner.

zwischen maximalem und völlig verriegeltem Anodenstrom kippt das System trägheitslos bei geeignetem Anstoß am Gitter- oder Anodenkreis hin und her. In der Schaltung nach Abb. 211 entstehen freie Kippschwingungen durch die Einführung des kapazitiven Energiespeichers C, der durch die Laderöhre L zeitlinear geladen wird. Die Schwingungen können wieder durch Spannungen an R gesteuert werden. Die Kurvenform ist, abgesehen von einer Verrundung der Kippunkte, brauchbar, die Belastung der Steuerspannung ist aber auch hier ziemlich groß. Eine in dieser Hinsicht etwas günstigere Ausführung ist in dem Schema Abb. 212 angegeben, das eine komplette Anordnung für Meßzwecke zeigt. Diese Schaltung hat wegen ihrer großen Einfachheit unter den Röhrenkippschaltungen größere Bedeutung, insbesondere für Fernsehzwecke, erlangt.

Eine kippfähige Dynatronschaltung mit Schirmgitterröhre, deren Wirkungsweise aus der speziellen Charakteristik der Schirmgitterröhre resultiert, ist von Ulbricht[1] angegeben worden. Das Gitter der Röhre ist bei der in Abb. 213 wiedergegebenen Schaltung an einen Abgriff des im Anodenkreis liegenden Widerstandes R_a gelegt, wodurch die Gitterspannung mit dem Anodenstrom variabel und eine zeitproportionale Ablenkung des Kathodenstrahles erreicht wird. Die Form der Kippkurve ist hier weitgehend von dem Verlauf der Röhrencharakteristik abhängig. Synchronisiert wird die Kippschaltung dadurch, daß man dem Gitterkreis eine Steuerwechselspannung derart überlagert, daß sie gerade das labile Gebiet der Kennlinie überstreicht. Bei der sehr kurzen, für den Kippvorgang erforderlichen Zeit können noch bequem Frequenzen von 10^7 Hertz beobachtet werden.

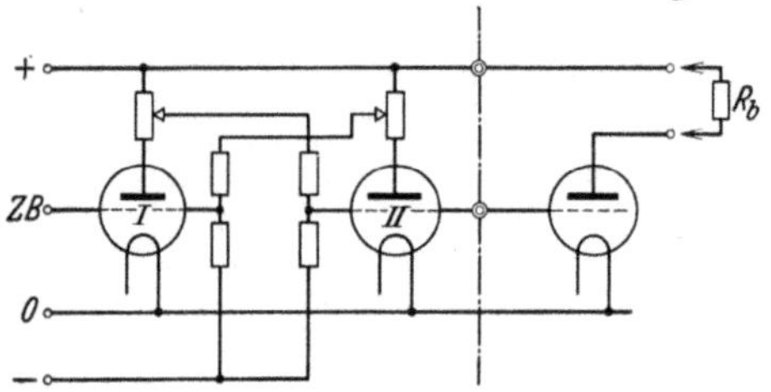

Abb. 215. Kallirotron mit Zentralbatteriebetrieb.

Die Entwicklung hat gezeigt, daß Schaltungen wie das Dynatron oder das Negadyn, welche mit anomalen Stromzuständen in Elektronenröhren arbeiten, stets durch normale Rückkopplungsschaltungen abgelöst wurden. Ob auch die Technik der Röhrenkippschwingungen diesen Weg gehen wird, scheint fraglich, da bei den bestehenden Voraussetzungen die Schaltungen mit Rückkopplung zu recht komplizierten Lösungen führen. Die Grundlage der wichtigen Schaltungsgruppe der rückgekoppelten Systeme bildet eine bereits seit 1920 bekannte Zweiröhrenschaltung: das Kallirotron von Turner. Abb. 214 zeigt diese Schaltung, welche mit einem galvanisch rückgekoppelten Gleichstromverstärker identisch ist. Das zweite Rohr wird im wesentlichen nur zur Phasenumkehr gebraucht. Bei geeigneter Größe der Verstärkung bzw. der Kopplungswiderstände wird auch dieses System labil und stellt sich, sobald die Eingangsspannung einen im richtigen Sinne wirkenden Schwellwert überschritten hat, auf einen seiner labilen Grenzzustände ein, in welchen entweder das Rohr *I* oder das Rohr *II* verriegelt ist. Diese Schaltung bildet wiederum ein Kipprelais und ist bereits von größter Bedeutung, auch auf anderen elektrotechnischen Forschungsgebieten, z. B. der Wanderwellenforschung. Abb. 215 zeigt das Kallirotron in technischer Schaltung: die Einzelbatterien sind durch eine Zentralbatterie ersetzt, die dritte Röhre ist eine Taströhre.

Zu einer Kippschaltung wird das System erst nach Einführung eines Kondensators. Bereits der normale Widerstandsverstärker mit nur einem Übertragungsblock an Stelle der Gitterbatterie *GB* (Abb. 214) führt Kippschwingungen aus, sobald die Rückkopplungsleitung von Anode *II* nach Gitter *I* gelegt ist.

Die bekannteste Ausführungsform des rückgekoppelten Zweifachverstärkers ist der Multivibrator von Abraham und Bloch[2], den Abb. 216 wiedergibt. Man erkennt den galvanisch rückgekoppelten

[1] Ulbricht, G.: Eine neue Art zeitproportionaler Kathodenstrahlablenkung. Z. Hochfrequenztechn. Bd. 39 (1932) Heft 4 S. 130.

[2] Abraham, F. u. Bloch: Ann. Physik Bd. 12 (1919) S. 237.

Widerstandsverstärker, dessen Kippfrequenz durch Veränderung der Übertragungskondensatoren C variiert wird. Die Schaltung hat große Bedeutung als Frequenzreduktor: sie läßt sich sehr gut synchronisieren, in Abb. 216 beispielsweise durch Modulation der Anodenspannung mit der Steuerfrequenz über eine rückwirkungsfreie Schirmgitterröhre. Für die Zeitkurvenaufnahme ist die Schaltung leider ungeeignet, da die Kurvenform im allgemeinen keinen längeren zeitlinearen Abschnitt aufweist, sondern sich aus symmetrischen, kurzzeitigen Impulsen zusammensetzt.

Eine Abwandlung des Multivibrators nach Abraham und Bloch ist die von Frühauf[1] angegebene symmetrische Röhrenkippschaltung (Abb. 217). Diese Schaltung läßt sich aus dem Multivibrator dadurch

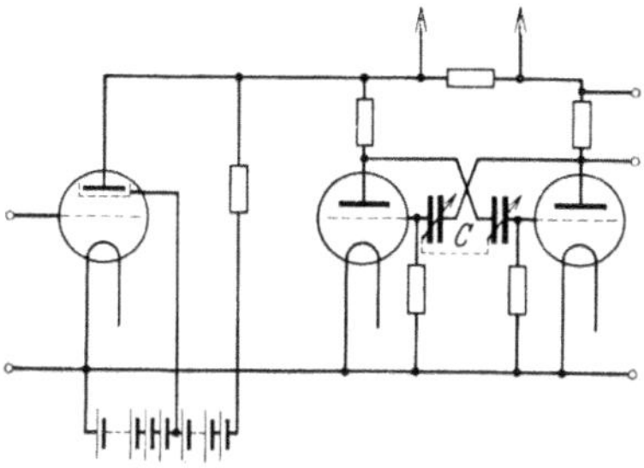

Abb. 216. Multivibrator, durch Vorröhre rückwirkungsfrei synchronisiert.

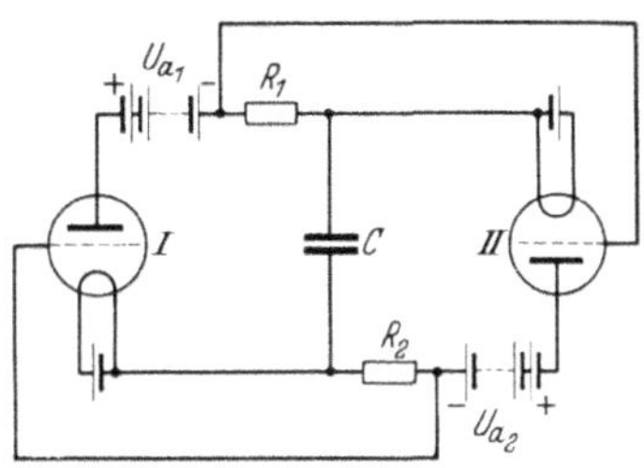

Abb. 217. Symmetrische Röhrenkippschaltung von Frühauf.

herleiten, daß die Widerstandskapazitätskopplungen bei der Röhre durch eine Gleichstromkopplung über getrennte Abriegelungsbatterien ersetzt werden. Durch diese Abänderung wird die statische Aufnahme der Kippspannungen und des Diagrammes genau so wie bei der Glimmlampe möglich.

Bedeutung gewinnt die Verwendung des Kallirotrons in Verbindung mit dem in Abb. 208 wiedergegebenen Schaltschema des getasteten Kippgenerators. Diese Schaltung, welche von E. Hudec herrührt (s. unten Abb. 220), gehört, da sie fremde Kippschwingungen ausführen kann, eigentlich noch in diesen Abschnitt, soll aber besseren Verständnisses halber erst im Zusammenhang mit den folgenden Ausführungen besprochen werden.

Die Grundlage der wichtigsten Schaltungsgruppen der unselbständigen, fremdgesteuerten Kippschwingungen bildet die schon einmal erwähnte Kombination von Lade- und Entladerohr am Kondensator (Abb. 208). Eine Steuerung kann prinzipiell sowohl an L als auch an E erfolgen. Steuerungen im Ladekreis haben als Nachteil eine zwangsläufig auftretende Verzerrung der Nutzspannung am Kondensator. Nur durch Einführung weiterer Kreise und Röhren, d. h. also durch eine gewisse Komplizierung der Anlage, kann dieser Nachteil umgangen werden (z. B. bei E. Hudec, DRP. Nr. 497 473). Einfacher ist die Entladesteuerung, die auch in den oben besprochenen Schaltungen mit

[1] Frühauf, W.: Arch. Elektrotechn. Bd. 21 (1927) S. 471 u. H. E. Hollmann: Über symmetrische Kippschwingungen und ihre Synchronisierung. ENT Bd. 8 (1931) Heft 10 S. 449.

Gasentladungsröhren durchweg zur Anwendung kommt. Zunächst ist zu ihrer Durchführung ein Entladerohr Voraussetzung, welches so große Emission besitzt, daß die Entladezeit des Kondensators C klein gegen die nutzbare Aufladezeit ist. Bei Hochfrequenz werden somit Röhren von extrem hoher Emission notwendig. Die Schaltung muß so getroffen sein, daß die Gitterspannung während des Ladeprozesses genügend stark negativ ist. Ihr positiver, die Entladung einleitender Wert soll tunlichst nur während der Zeitdauer der Entladung bestehen.

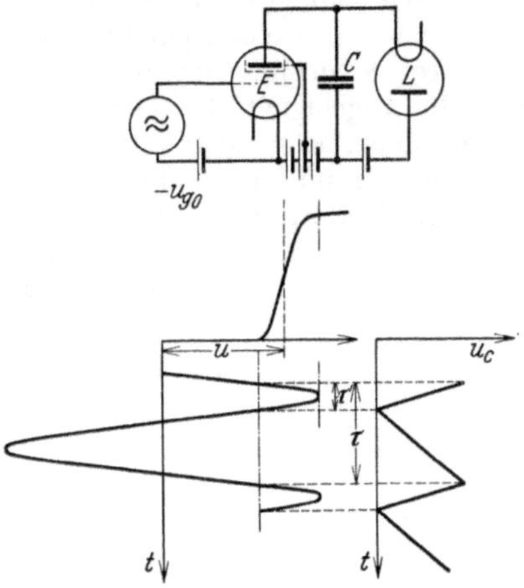

Abb. 218. Entladungssteuerung durch Spannungsabschneidung.

Am einfachsten werden Gitterspannungen der erwähnten Form durch **Spannungsabschneidung** nach Abb. 218 hergestellt. Eine Vorspannung u_{g0} bewirkt, daß das Gitter von E nur während der kurzen Zeit positiv wird, wo der Momentanwert der Steuerwechselspannung den Wert u_{g0} überschreitet. Diese Zeit richtet sich nach dem Verhältnis der beiden Spannungsamplituden. Die maximale Spannung muß das Entladungsrohr voll entriegeln. Um eine Belastung des Steuergenerators zu vermeiden, muß der Steuerkreis stets gitterstromfrei bleiben. Diese Bedingungen lassen sich durch Wahl einer geeigneten Entladeröhre, am besten durch eine Schirmgitterröhre erfüllen. Bei Verwendung einer Schirmgitterröhre wird auch das Rückkippen linear und der Kipppunkt scharf.

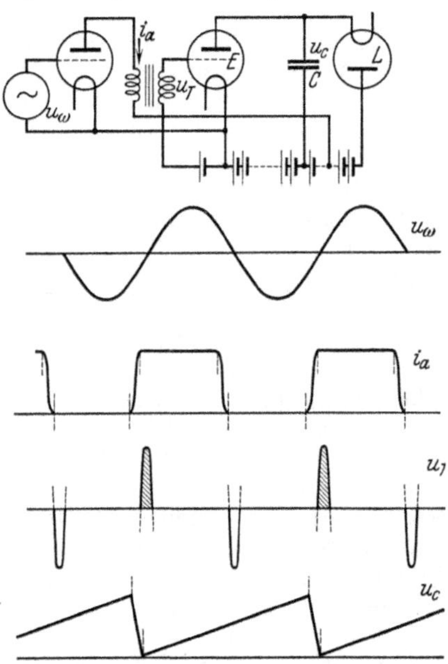

Abb. 219. Impulssteuerung der Entladung.

In Abb. 219 ist ein anderes Verfahren zur Erzielung der Steuerimpulse aus einer Wechselspannung wiedergegeben, das **Impulsverfahren**. Dieses Verfahren arbeitet mit viel geringeren Steuerspannungen und ist sehr amplitudenabhängig. Ferner läßt es sich nicht so weit ins hochfrequente Gebiet übertragen, wie die Abschneidemethode von Abb. 218. Die Vorröhre arbeitet im übersteuerten Zustande. Ihr Anodenstrom i_a ist sättigungsstrombegrenzt und hat die gezeichnete rechteckige Zeitkurve. Die Transformatorausgangsspannung u_T besteht daher aus abwechselnd positiven und negativen Spannungsstößen, deren Dauer entsprechend der Zeit, welche die Steuerspannung u_ω zum Überstreichen der mittleren Röhrencharakteristik braucht, sehr kurz werden kann. Das Ergebnis sind präzise Kippschwingungen günstiger Kurvenform mit der Zeitkurve u_c in Abb. 219.

Ein drittes Verfahren stellt die Entladesteuerung aus der Steuerwechselspannung mit Hilfe eines Kallirotrons her. Letzteres bewirkt nach seiner Natur als Kipprelais die Verformung der ankommenden Steuerspannung in eine begrenzte, präzise Rechteckspannung zwischen definierten Umkipppunkten. Für reine Fremdsteuerung ist das Verfahren noch ungeeignet, weil der Abstand der Nulldurchgänge durch künstliche Vorspannungen an der Eingangsseite des Kallirotrons einreguliert werden müßte. E. Hudec

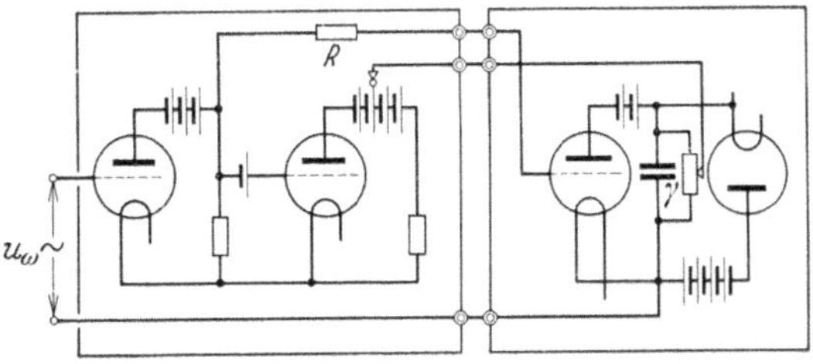

Abb. 220. Röhrenkippschaltung (nach Hudec).

geht daher den in Abb. 220 dargestellten Weg, die Betriebsspannung für das Kallirotron der Nutzspannung am Kippkondensator zu entnehmen. Eine Spannungsteilung an r bewirkt eine galvanische Rückkopplung zum Eingangsgitter, während über den Hochohmwiderstand R die Steuerung der Entladeröhre E durch das Kallirotron in der ersten Steuerröhre erfolgt. Die Schaltung gibt, da die Spannung an E genau Rechteckverlauf hat, sehr gute Schwingungsform. Sie ist gut synchronisierbar durch eine Spannung u_ω, welche in den Rückkopplungskanal zum Eingangsgitter der ersten Stufe eingeschaltet ist. u_ω ist dabei praktisch nicht belastet. Die Schaltung ist auch für Hochfrequenz geeignet, es liegen praktische Erfahrungen bis zu etwa 300 000 Hertz Kippfrequenz vor.

Abschließend kann über Röhrenkippschaltungen gesagt werden, daß ihre Einführung speziell für reine Hochfrequenzuntersuchungen gerechtfertigt ist. Mit Röhrenkippschaltungen lassen sich Kippschwingungen bis zu etwa $5 \cdot 10^5$ Hertz herstellen. Diese genügen beispielsweise zur Sichtbarmachung von vier ganzen Perioden einer Welle von etwa 100 m, reichen also für sehr viele Hochfrequenzuntersuchungen aus. Doch sind für die Erzeugung so hoher Frequenzen Röhren sehr hoher Emission erforderlich.

Im Vergleich zur Blinkschaltung muß festgestellt werden, daß die für Zeitablenkung gut brauchbaren Röhrenkippschaltungen selbst in der einfachsten Ausführung (Abb. 212) größeren Aufwand benötigen als die Glimmlampenschaltungen. Speziell der Aufwand an Heiz- und Anodenleistungen, getrennten Batterien usw. ist in diesem Zusammenhang zu werten.

Ein spezielles Anwendungsgebiet, bei dem Röhrenschaltungen für verschiedenste Frequenzbereiche sehr gerne verwendet werden, ist die elektrische Zeitablenkung zur Aufnahme unwillkürlicher oder willkürlich verlaufender unperiodischer Vorgänge.

d) Elektrische Zeitablenkung bei unperiodischen Vorgängen.

Die Arbeitsbedingungen, die bei der Aufnahme nichtperiodischer Vorgänge auftreten, sind grundsätzlich verschieden von denjenigen, die bei der Aufzeichnung periodisch wiederholbarer Vorgänge gegeben sind. Während im ersteren Falle in der gesamten Zeit der Aufnahmebereitschaft der Kathodenstrahlröhre sowohl an den Vorgangs- wie auch an den Zeitablenkplatten eine konstante periodische Schwingung liegt, wird bei der Aufnahme einmaliger unperiodischer Vorgänge der Kathodenstrahl für jede Messung nur einmal in der Abszissenrichtung abgelenkt. Der Beginn dieser Ablenkung soll mit dem Beginn der Ablenkung in der Ordinatenrichtung übereinstimmen. Bei der Aufnahme periodischer Vorgänge findet ein dauerndes, periodisches Pendeln zwischen zwei stabilen Punkten der Zeitablenkung statt, bei einmaligen unperiodischen Vorgängen kippt der Strahl lediglich einmal aus einem stabilen Zustand in den zweiten und von dort evtl. auf den Anfangszustand zurück [1].

Die einmalige Zeitablenkung wird mit Hilfe eines genau definierten einmaligen Ausgleichsvorganges gesteuert, z. B. durch Auf- bzw. Entladung der Zeitablenkungskapazität (Kapazität der Zeitablenkplatten und Kapazität eines parallel zu den Zeitablenkungsplatten geschalteten Kondensators mit veränderlicher Kapazität) über einen Widerstand. Die Auf- bzw. Entladung erfolgt entsprechend der Kondensatorladecharakteristik logarithmisch. Die Spannungsänderung und damit die Zeitablenkgeschwindigkeit ist somit nicht konstant und wird gegen das Ende zu immer langsamer. Um keine allzu große Verschiedenheit des Zeitmaßstabes im Anfang gegenüber dem Maßstab des Endes zu bekommen, wird mit dem ersten Teil der Ladekurve gearbeitet, der noch nahezu geradlinig ansteigt. Man wendet also im allgemeinen eine so hohe Zeitablenkspannung an, daß ein Teil dieser Spannung bereits genügt, um das gesamte Oszillogramm zu schreiben. Die weitere Spannungsänderung wird dann nicht mehr für das Oszillogramm verwendet, der Fluoreszenzfleck liegt bereits außerhalb des photographischen Aufnahmefeldes.

Meist ist es erwünscht, einen ideal gleichmäßigen Zeitmaßstab zu haben, der nicht für jede Stelle des Oszillogrammes aus den Eichungen besonders ermittelt werden muß. Man verwendet daher ebenso wie bei den oben besprochenen Schaltungen zur periodischen Zeitablenkung an Stelle des Widerstandes eine Hochvakuumglühkathodenröhre mit ausgeprägtem Sättigungsstrom um einen konstanten Kondensatorladestrom zu gewinnen.

Da bei der Aufnahme unperiodischer Vorgänge die Schreibdauer des Oszillogrammes verhältnismäßig kurz ist, muß vermieden werden, daß der Kathodenstrahl vor oder nach der Aufnahme auf einem Punkte des Fluoreszenzschirmes stehen bleibt. Hierdurch würde nicht nur am Wartepunkt des Strahles, sondern auch an allen übrigen Teilen des photographischen Aufnahmemittels eine Vorschwärzung entstehen.

Vielfach wird der Strahl, um die Nebenschwärzungen zu vermeiden, neben den Leuchtschirm abgelenkt und erst durch die Zeitablenkung

[1] Dissertation: Freundlich, Nov. 1932.

in das Oszillogrammfeld gebracht. Da hierbei unter Umständen ein Teil des Vorganges verlorengeht, kann man, um diesen Verlust teilweise zu vermeiden, den Strahl bei der Aufnahme eines Vorganges bestimmter Polarität anstatt durch die Zeitablenkung durch die Ordinatenablenkung hereinschreiben lassen. Hierzu wird die Nullinie des Oszillogrammes außerhalb des Oszillogrammformates verlegt. Um ein Minimum an Abszissenverlust zu erhalten, ist es besser den Strahl, wie oben erwähnt, neben den Leuchtschirm abzulenken, ihn jedoch durch einen besonderen Vorablenkvorgang schnell in das Oszillogramm hereinschreiben zu lassen. Man läßt zu diesem Zweck entweder an einem besonderen Plattenpaar eine Spannung sehr schnell zusammenbrechen, oder man läßt an den Zeitablenkplatten den Zeitablenkvorgang zeitlich vorausgehen. Die verschiedenen Auslösungen sind dabei so einzustellen, daß der Fluoreszenzfleck von einem Punkte außerhalb des Leuchtschirmes, wo er sich während der Zeit der Aufnahmebereitschaft befindet, auf einen Punkt des Leuchtschirmes, den Anfangspunkt des Oszillogrammes, schnell hingelenkt wird.

Im allgemeinen genügt die Neben- bzw. die Vorablenkung noch nicht, um das photographische Aufnahmemittel schleierfrei zu erhalten. Infolge der im Verhältnis zur Schreibdauer sehr langen Einwirkzeit genügen bereits Streuelektronen, Sekundärelektronen oder Röntgenstrahlen sehr geringer Intensität, um das photographische Aufnahmemittel direkt oder indirekt stark zu schwärzen. Daher ist dafür zu sorgen, daß der Strahl, solange kein Oszillogramm geschrieben wird, d. h. während der ganzen Dauer der Aufnahmebereitschaft, überhaupt nicht an den Teil des Oszillographen gelangt, in dem oder mit dessen Hilfe die photographische Aufzeichnung stattfindet. Zur Erreichung dieses Zieles sind zwei verschiedene Methoden möglich: erstens die Strahlschaltung, bei der der Kathodenstrahl während der Dauer der Aufnahmebereitschaft der Kathodenstrahlröhre abgeschaltet bleibt und nur für jede Aufnahme besonders kurzzeitig eingeschaltet wird, zweitens die Strahlsperrung, bei der der Kathodenstrahl während der Dauer der Aufnahmebereitschaft bestehen bleibt, jedoch in einem besonderen Raum vernichtet wird.

Die Strahlschaltung kann betätigt werden erstens mit Hilfe von mechanisch bewegten Schaltern bzw. rotierenden Schnellschaltern, ferner durch Funkenstrecken oder gittergesteuerten Elektronenröhren. Die Beeinflussung erfolgt durch Schaltung der Anodenspannung der Kathodenstrahlröhre oder besser durch Strahlsteuerung im Entladungsrohr mit Hilfe der bereits früher erwähnten Methode der Wehnelt-Zylinder- oder Gittersteuerung.

Die Strahlsperrung wird bei der Schwachstromkathodenstrahlröhre durchweg rein elektrisch in der Weise gesteuert, daß man den Elektronenstrahl während der Dauer der Aufnahmebereitschaft bereits vor der Anodenblende mit Hilfe elektrostatischer oder elektromagnetischer Felder seitlich ablenkt und ihn sich dort totlaufen läßt. Man läßt dann im Augenblick der Aufnahme die Felder zusammenbrechen, wodurch der Strahl freigegeben wird und durch die Anodenblende in den Meßraum gelangen kann.

Die verschiedenen, bisher angegebenen, zur Aufzeichnung unperiodischer Vorgänge erforderlichen Hilfskreise müssen in zweckmäßiger Weise zusammenarbeiten, um die fehlerfreie Aufnahme des Oszillogrammes zu ermöglichen.

Bei der Aufnahme eines Vorganges muß zunächst durch Aufhebung der Vorablenkung bzw. der Strahlsperrung oder der Strahlausschaltung der Oszillograph betriebsfertig gemacht werden. Bei Schaltung mit einmaliger Zeitablenkung muß gleichzeitig die Abszissenablenkung in Gang gebracht werden. Falls der Elektronenstrahl nach Beendigung der Niederschrift des Oszillogrammes nicht sehr weit von der Oszillogrammfläche hinweggelenkt wird, und falls in kurzer Folge verschiedenartige unperiodische Vorgänge oszillographiert werden sollen, muß der Strahl möglichst bald wieder in seine Strahlstellung gebracht werden. Im folgendem seien die Schaltelemente zur Steuerung der Hilfskreise kurz beschrieben.

Zum Schalten der Hilfskreise der Oszillographenröhre werden häufig Schalter verwendet, die aus einem Metallstift bestehen, der in einen mit Quecksilber gefüllten Napf eingetaucht wird. In der Regel genügen jedoch schon normale Hebelschalter oder Taster. Parallel zu Schaltern, mit denen höhere Leistungen gesteuert werden, ist zweckmäßig ein besonderer sog. Heizkreis zu legen. Dieser setzt sich aus einem Kondensator mit einem in Reihe geschalteten Widerstand zusammen. Beim Schließen des Schalters entsteht zwischen den Kontakten in der Luft vor ihrer Berührung bzw. bei kleinen Schaltspannungen im Augenblick der ersten Berührung der Kontakte ein Lichtbogen. Durch den Entladestrom des Heizkreiskondensators wird dieser Lichtbogen gut leitend gemacht. Insbesondere wird verhindert, daß bei hochfrequenten Vorgängen bei einem Stromdurchgang durch Null der Lichtbogen am Schalter aussetzt und erst neu gezündet werden muß. Der Widerstand im Heizkreis verhindert, daß die Entladung nach zu kurzer Zeit beendet ist. Er wird erfahrungsgemäß so groß gewählt, daß am Anfang ein Strom in der Größenordnung von 10 Amp. durch den Schalter fließt. Die Kapazität des Kondensators liegt größenordnungsmäßig zwischen 0,01 und 1 μF.

An Stelle der mechanischen Schalter können auch Funkenstrecken verwendet werden. Werden Funkenstrecken mit kleinen Spannungen gezündet, so ist auch hier die Parallelschaltung eines Heizkreises zweckmäßig. Normale Funkenstrecken werden durch langsame Erhöhung der Spannung bis zur Überschlagsspannung oder durch plötzliche Spannungserhöhung über die statische Überschlagsspannung hinaus gezündet. Kommt es hierbei darauf an, daß die Zündung ohne Zündverzug möglichst schnell nach dem Eintreffen der Spannungserhöhung erfolgt, so muß die Funkenstrecke einer starken Ionisierungsquelle ausgesetzt sein, einer Bogenlampe, einer Quecksilberdampflampe oder einem radiohaltigen Präparates. Funkenstrecken bedürfen zur Sicherstellung einer sofortigen Zündung einer Überspannung von mindestens 5—15% über ihre statische Überschlagsspannung. Damit man sie mit verhältnismäßig kleinen Spannungsänderungen bereits zünden kann, werden sie mit einer Spannung vorgespannt, die wenig unterhalb ihrer statischen Überschlagsspannung liegt. Die vorgespannte Funkenstrecke spricht nur bei Spannungsänderungen einer bestimmten Polarität an. In den Fällen, wo die Polarität nicht im voraus bestimmt ist, werden Dreielektrodenfunkenstrecken angewendet, die auf Spannungen beliebiger Polarität ansprechen. Im Interesse eines verzögerungsfreien Arbeiten sind die Elektroden, die bei häufiger Benutzung dem Abbrande ausgesetzt sind, rein zu halten.

Die Funktion der Schaltfunkenstrecken können auch Elektronenröhren übernehmen, die gleichzeitig als Schaltorgane und als Verstärker dienen. Sie werden überall da angewendet, wo zur Steuerung nur verhältnismäßig kleine Spannungen zur Verfügung stehen. Da ihre Leistung durch den Anodenstrom begrenzt ist, arbeiten sie als Steuerorgane langsamer als Funkenstrecken, deren Strom sehr hohe Werte annehmen kann. Sie sind dafür von äußeren Einflüssen unabhängig und arbeiten im allgemeinen bei Betriebsverhältnissen, wo keine dauernde Kontrolle möglich ist, zuverlässiger als Funkenstrecken.

Soll der Entladestrom während der Schaltzeit konstant bleiben, so sind wieder Röhren mit Wolframkathoden zu verwenden, da nur diese einen ausgesprochenen Sättigungsstrom zeigen.

Die Elektronenröhren lassen sich unter bestimmten Voraussetzungen (s. oben) auch durch die bereits erwähnten Thyratronröhren ersetzen.

Die Kombination der beschriebenen Schaltelemente zum gesamten Zeitmeßkreis richtet sich nach der Art der aufzunehmenden Vorgänge. Diese lassen sich in die beiden Hauptgruppen der willkürlichen und unwillkürlichen Vorgänge trennen.

Als willkürliche Vorgänge werden solche bezeichnet, die zu einem vom Experimentator willkürlich wählbaren Zeitpunkt durch die einmalige Schaltung einer bestimmten Spannung erzeugt werden.

Unwillkürlich sind demnach solche Vorgänge, bei denen der Experimentator entweder auf den Zeitpunkt des Entstehens oder auf deren Spannungshöhe keinen Einfluß hat, z. B. Wanderwellen auf Leitungen, die durch atmosphärische Entladungen oder durch Schaltvorgänge hervorgerufen werden.

Von Wichtigkeit für die Auswahl der Schaltelemente ist die Schaltzeit einer Strahlsteuermethode, worunter man die Zeitdauer versteht vom Beginn der Auslösung der Strahlsteuerung bis zu dem Zeitpunkt, in dem der Strahl den Meßvorgang aufzuzeichnen imstande ist.

Wird bei der Steuerung willkürlicher Vorgänge die Strahlschaltung mit mechanischer Betätigung benutzt, so schaltet man entweder mit rotierenden Schnellschaltern oder durch Mehrfachtasten, zuerst niederspannungsseitig die Erregerspannung, danach den Zeitkreis und zuletzt den Meßvorgang ein. Bei nacheinander folgender Betätigung von Zeit und Meßkreis mit Hilfe mechanischer Schaltmittel kann im allgemeinen keine geringere Schalttoleranz als $1 \cdot 10^{-4}$ sec erreicht werden. Die genaue Einstellung ist außerordentlich schwierig. Man muß also dafür sorgen, daß der Vorgang während der ganzen Zeit, innerhalb der er durch die Toleranz des Schalters erzeugt werden kann, auf dem Schirm der Oszillographenröhre registriert wird. Um den Vorgang mit Sicherheit auf der Schirmfläche zu haben, ist es beispielsweise üblich, die Zeitablenkung $5 \cdot 10^{-4}$ sec lang laufen zu lassen und erst $2 \cdot 10^{-4}$ sec nach dem Einschalten der Zeitablenkung den Meßvorgang einzustellen. Schnellere Vorgänge lassen sich bei den genannten Zeiten mit einer genügend großen Zeitablenkgeschwindigkeit nur schreiben, wenn die kombinierte Zeitablenkung mittels zweier Zeitkoordinaten (s. oben) angewendet wird.

Um diese Schwierigkeiten zu vermeiden, können Zeit- und Meßkreis elektrisch verkoppelt werden. Die mechanische Strahlschaltung durch einen rotierenden Schnellschalter mit nachfolgender Einschaltung des Zeitkreises nunmehr zusammen mit dem Meßkreis kann beibehalten werden. Infolge der Synchronisierung von Zeit- und Meßkreis ist es

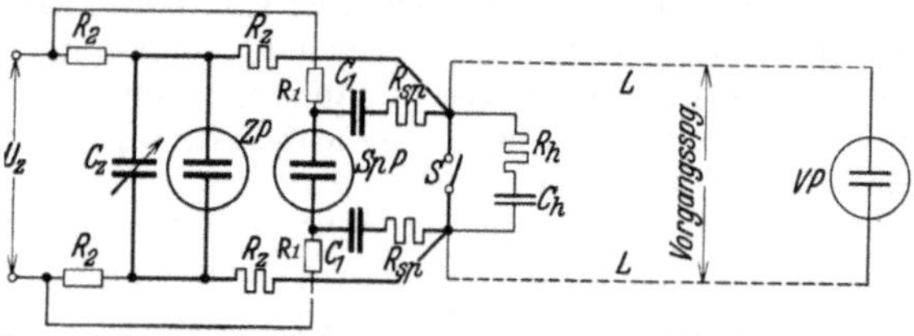

Abb. 221. Zeit- und Sperrkreisschaltung zur Aufnahme willkürlicher einmaliger Vorgänge (Entladeschaltung mit Widerständen).

möglich, mit einer einmaligen sehr schnellen Zeitablenkung zu arbeiten. Die Einschaltzeit des Strahles beträgt infolge der Ungenauigkeit der mechanischen Schaltung etwa 10^{-4} sec. Der Strahl bleibt also eine verhältnismäßig lange Zeit in der Entladungsröhre wirksam. Diese Zeit reicht bei hohen Strahlleistungen aus, um das photographische Aufnahmemittel noch erheblich zu schwärzen. Die mechanische Strahlschaltung allein genügt also bei hohen Strahlleistungen noch keineswegs. Für Schwachstromkathodenstrahlröhren ist in sehr vielen Fällen die mechanische Strahlschaltung ausreichend, um eine Vorschwärzung zu vermeiden.

Die mechanische Strahlsperrung hat bisher bei Schwachstromkathodenstrahlröhren keinen Eingang gefunden.

Die zeitlichen Ungenauigkeiten mechanischer Schaltmittel kommen bei elektrischer Betätigung in Fortfall. Die elektrische Strahlschaltung kann z. B. auf folgende Weise vor sich gehen. In die Leitung zwischen Anodenspannungsgerät und Oszillographenröhre wird eine Funkenstrecke gelegt. Diese Schaltfunkenstrecke wird durch einen Überspannungsstoß gezündet, der gleichzeitig den Zeitkreis und über eine Verzögerungsleitung den Meßvorgang mittels Funkenstrecken anstößt.

An die Stelle der Anodenspannungschaltfunkenstrecke kann auch eine gittergesteuerte Elektronenröhre gesetzt werden.

Weit häufiger als die Strahlschaltung wird die elektrische Strahlsperrung angewendet.

Zweckmäßig wird bei dieser Methode der Strahlsperrkreis zusammen mit dem Zeitkreis durch den gleichen Schaltvorgang wie der Meßkreis betätigt. Abb. 221 zeigt eine Schaltung, die aus einer von Rogowski und Flegler[1] angegebenen Schaltung von Freundlich weiter entwickelt wurde und das Vorhandensein eines besonderen Strahlsperrplattenpaares vorsieht.

[1] Rogowski, W. und E. Flegler: Arch. Elektrotechn. Bd. 14 (1925) S. 529.

Über die Widerstände R_2 werden die Strahlsperrplatten SpP, die Zeitablenkplatten ZP mit dem parallel zu ihnen liegenden Zeitablenkkondensator C_z sowie die Vorgangsleitung L, an die die Meßplatten der Kathodenstrahlröhre angeschlossen werden, auf die Spannung U_z aufgeladen. Beim Schließen des Schalter S, zu dem parallel der aus dem Kondensator C_h und dem Widerstand R_h bestehende Heizkreis liegt, wird die Kapazität der Strahlsperrplatten über die Widerstände R_{sp} entladen und dadurch der Strahl freigegeben. Gleichzeitig beginnt die Entladung der Zeitablenkkapazität C_z (die Kapazität der Ablenkplatten

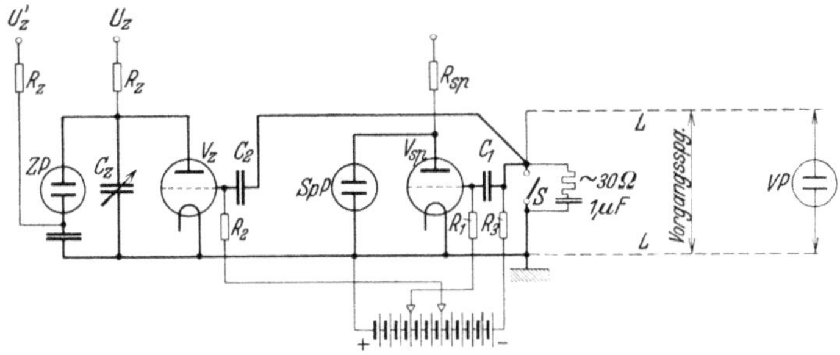

Abb. 222. Zeit- und Sperrkreisschaltung zur Aufnahme willkürlicher einmaliger Vorgänge (Entladeschaltung mit gittergesteuerten Elektronenröhren.)

wird als vernachlässigbar klein gegenüber der von C_z angesehen) über die Widerstände R_z. Hierbei bestimmt die Zeitkonstante $R_z \cdot C_z$ die Geschwindigkeit der Zeitablenkung. Sie muß der Dauer des Meßvorganges angepaßt werden. Die Dauer der Entladung von C_{sp} hängt von der Größe des Widerstandes R_{sp} ab. Dieser Widerstand ist erforderlich, um Einschaltschwingungen in dem Strahlsperrkreis zu unterdrücken. Er hat bei den üblichen Abmessungen der Strahlsperrkreise im allgemeinen eine Größe von etwa 500—1000 Ohm.

Die Kondensatoren C_1 und die Widerstände R_1 sind nur dann notwendig, wenn man verhindern will, daß der Strahl nach der Niederschrift des Oszillogrammes in seiner Endstellung so lange stehen bleibt, wie der Schalter S geschlossen bleibt. In diesem Falle sind leicht Nachbelichtungen des photographischen Aufnahmemittels möglich. Über die Widerstände R_1 werden die Kondensatoren C_1 und die Kapazität C_{sp} auf die Spannung U_z aufgeladen und so der Strahl wieder gesperrt, unabhängig davon, wie lange der Schalter S geschlossen bleibt. Die Zeitkonstanten $R_1 \cdot C_1$ bestimmen die Zeit, nach der das Rücksperren eintritt. Sie muß um etwa ein bis zwei Größenordnungen kleiner als die Vorgangsdauer sein.

Bei der Anwendung einer Funkenstrecke an Stelle des mechanischen Schalters S sind im allgemeinen keine besonderen Rücksperrkreise erforderlich, da in gewissen Grenzen durch die Wahl der Zeitkonstanten des Heizkreises der Funkenstrecke die Brenndauer des Lichtbogens beeinflußbar ist.

An Stelle der Entladungswiderstände der angegebenen Schaltung können gittergesteuerte Elektronenröhren verwendet werden. Eine derartige Schaltung ist in Abb. 222 dargestellt. Die Röhre V_{sp} steuert die

Strahlsperrung, die Röhre V_z die Zeitablenkung. Die Röhren erhalten über die Widerstände R_1 und R_2 von einer Batterie so hohe negative Gittervorspannungen, daß sie gerade gesperrt sind. Am Schalter S liegt ebenfalls eine negative Spannung, die größer als die Gitterspannung ist. Beim Schließen des Schalters erhalten die Gitter positive Spannungen, so daß die Röhren emittieren und die Strahlsperr- bzw. Ablenkplatten umsteuern. Durch die Wahl der Zeitkonstanten $R_1 \cdot C_1$ und des Widerstandes R_{sp} kann erreicht werden, daß, noch während der Schalter S geschlossen ist, an das Gitter V_{sp} eine so große negative Spannung

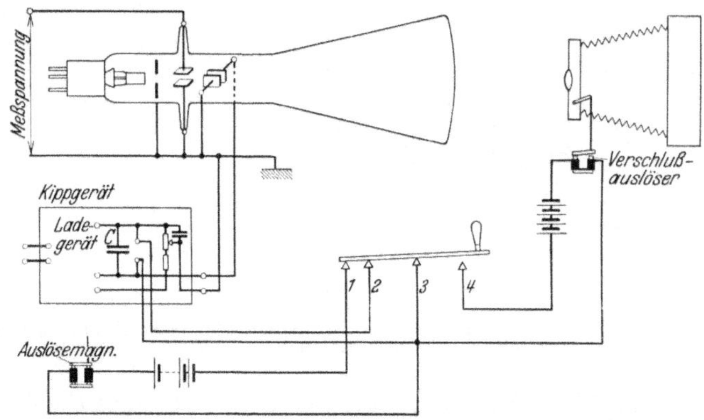

Abb. 223. Betätigungsschaltung zur Aufnahme willkürlicher Vorgänge mit Schwachstromkathodenstrahlröhren.

gelangt, daß diese Röhre wieder gesperrt und die Kapazität der Strahlsperrplatten über R_{sp} wieder aufgeladen wird. Dadurch wird wieder erreicht, daß das Oszillogramm durch den Fluoreszenzfleck in der Endlage nicht überstrahlt und der Strahl beim Wiederaufladen der Zeitablenkkapazität bereits wieder gesperrt ist. Der Vorteil von Röhren in der Zeitschaltung ist bei Anwendung von Elektronenröhren mit Sättigungsstrom die konstante Zeitablenkgeschwindigkeit.

Die beiden angegebenen Schaltungsbeispiele stellen Entladeschaltungen dar. Selbstverständlich sind auch hier wieder Ladeschaltungen möglich, bei denen durch die Schalterbetätigung die Zeitkapazitäten aufgeladen werden. Durch verschiedenartige Kombinationen der verschiedenen Schaltelemente ist für beide Schaltarten eine größere Anzahl von Schaltmöglichkeiten vorhanden, auf die im Rahmen dieses Buches nicht weiter eingegangen werden soll. Am Schlusse des Abschnittes über die Steuerung bei willkürlichen Vorgängen seien noch zwei Schaltbilder gebracht, die speziell für die Zwecke der Schwachstromkathodenstrahlröhre entwickelt wurden.

In Abb. 223 werden Vorgangs- und Zeitkreis durch eine Mehrfachtaste eingeschaltet. Beim Öffnen des Kontaktes *2* beginnt der im Ruhezustand seitlich durch eine statische Vorspannung abgelenkte Kathodenstrahl die Zeitachse zu schreiben. Wenn Kontakt *1* geöffnet wird, legt ein Auslösemagnet den Meßvorgang an die Übergangsplatten. Über einen

Kontakt *4* kann ebenfalls elektromagnetisch der Verschluß einer photographischen Kamera geschaltet werden. Die Öffnungszeit des Verschlusses ist der Ablaufzeit des Vorganges anzupassen, um Nachbelichtungen der Platte durch den rücklaufenden Strahl zu vermeiden. Bei dieser Schaltung ist selbstverständlich darauf zu achten, daß die Zeitkonstanten der einzelnen Betätigungsrelais richtig gegeneinander abgestimmt sind, insbesondere, daß das Oszillogramm erst dann abläuft, wenn der photographische Verschluß voll geöffnet ist.

Abb. 224 zeigt eine Tasterschaltung, in der Strahlsperrung durch Wehnelt-Zylindersteuerung vorgesehen ist. Beim Niederdrücken der

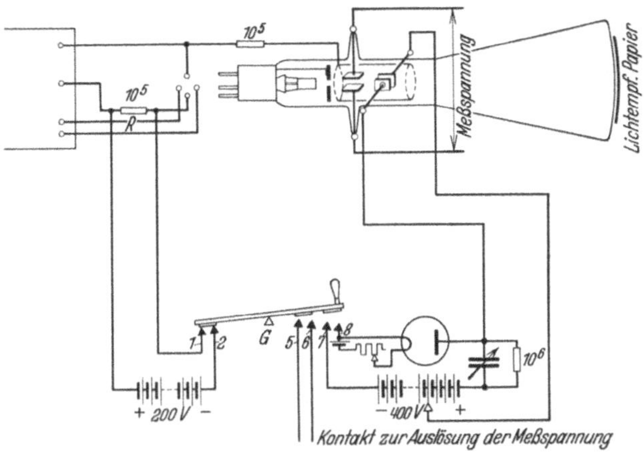

Abb. 224. Zeitablenkungs- und Strahlsperreinrichtung zur Leuchtschirmkontaktregistrierung einmaliger, willkürlicher Vorgänge.

um das Gelenk *G* drehbaren Taste werden zunächst die Kontakte *1* und *2* geöffnet, wodurch die Vorspannung des Wehnelt-Zylinders auf den zur Konzentration des Strahles notwendigen Betrag reduziert wird. Die durch eine Batterie zusätzlich erteilte Vorspannung kommt in Fortfall. Beim weiteren Durchdrücken der Taste werden die Kontakte *7* und *8* geschlossen, womit die Aufladung der Zeitablenkungskapazität eingeleitet wird und der in der Ruhestellung vorabgelenkte Strahl die Zeitachse zu schreiben beginnt. Gleichzeitig oder etwas später wird die Meßspannung durch die Kontakte *5* und *6* ausgelöst.

Bei der Aufnahme unwillkürlicher Vorgänge ist es nicht mehr möglich, die Zeitkreise (Zeitablenkkreis und Strahlsperrkreis) durch den gleichen Schaltvorgang wie den Meßkreis zu steuern. Der Vorgang muß bei jeder Aufnahme die Kathodenstrahlröhre selbsttätig in Betrieb setzen. Die Inbetriebsetzung muß möglichst trägheitsfrei erfolgen, weil sonst ein Teil des Meßvorganges bereits abgeklungen ist, bevor der Oszillograph aufnahmefertig ist. Schaltmittel, bei denen mechanische Massen bewegt werden, sind wegen ihrer Trägheit für den vorliegenden Verwendungszweck nicht zu verwenden.

Grundsätzlich bestehen zwei verschiedene Methoden, den Oszillographen bei der Aufnahme unwillkürlicher Vorgänge betriebsfertig zu machen. Bei der ersten Methode wird der Strahl direkt durch den Meßvorgang gesteuert. Bei der zweiten Methode bringt der Meßvorgang ein masseloses, unabhängiges Relais zum Ansprechen, das die Zeitkreise steuert.

Der erstgenannte Weg kann mit Hilfe der in Abb. 134 gezeichneten und bereits besprochenen Spezialröhre beschritten werden[1]. Sobald eine Vorgangsspannung an das ständig angeschlossene Ordinatenplattenpaar der Röhre trifft, setzt der Stromfluß zur Fangelektrode aus und der vorher durch den Strahlstrom verursachte Spannungsabfall an dem in Abb. 134 gezeichneten Widerstand kommt in Fortfall. Diese Spannungsänderung, die an der Klemme K abgenommen wird, muß sinngemäß dazu ausgenutzt werden, um eine einmalige Ablenkung in Richtung der Abszisse auszulösen. Dies kann dadurch geschehen, daß die Spannungsschwankung als Steuerspannung für eine der oben besprochenen unselbständigen Kippschaltungen benutzt wird.

Als unabhängiges Relais für die zweite Methode erweisen sich als geeignet: Funkenstrecken und das Elektronenröhrenkipprelais.

Funkenstrecken besitzen zwar eine sehr geringe Verzögerungszeit, benötigen aber zum Ansprechen relativ hohe Spannungen. Da die Funkenstreckenspannung bei kurzen Verzögerungszeiten mit der an den Zeitplatten liegenden Spannung identisch ist, und da diese Plattenspannung, um Überschläge zu vermeiden, insbesondere bei gasgefüllten Kathodenstrahlröhren, nicht beliebig hoch gesteigert werden kann, so werden diese Relaisschaltungen für Schwachstrom-Kathodenstrahlröhren im allgemeinen nicht angewendet.

Die zweite Type unabhängiger Relais, die Elektronenröhrenkipprelais, beruhen wieder auf dem Prinzip der Gleichstromrückkopplung. Eine Schaltung des Kipprelais, die jedoch noch nicht für die Zwecke einmaliger Aufzeichnung unwillkürlicher, nichtaperiodischer Vorgänge durchgebildet ist, war das bereits früher angegebene Kallirotron von Turner. Aus diesem Kallirotron haben sich in den letzten Jahren verschiedene Ausführungsformen von Kipprelais für die Aufzeichnung unwillkürlicher, nichtperiodischer Vorgänge entwickelt. Die modernste Ausführungsform des Kipprelais, die sowohl auf positive wie auf negative Spannungsstöße anspricht und dabei außerordentlich kleine Verzögerungszeiten zuläßt, ist das von Freundlich und Knoll angegebene Eingitterröhrenkipprelais. In diesem sind auch Zeit- und Sperrkreis in einer Schaltung mit dem eigentlichen Kipprelais vereinigt. Dieses Kipprelais stellt ein Universalgerät zur Aufnahme sowohl schnellster als auch langsamer willkürlich oder unwillkürlich verlaufender, aperiodischer oder nichtaperiodischer Vorgänge dar.

Abb. 225 zeigt eine Schaltskizze dieses Kipprelais. In der Mitte der Schaltung liegen die beiden in Gleichstromrückkopplung verbundenen Kippröhren 1 und 2. Im Ruhezustand fließt von der Batterie aus über den Punkt A und den Gitterwiderstand R_{g2} der Gitterstrom der Röhre 2, so daß das Gitter eine geringe positive Spannung hat. Daher emittiert die Röhre 2 ihren vollen Strom und es liegt an R_2 ein erheblicher Spannungsabfall. Das Gitter der Röhre 1 ist über den Widerstand R_1' so negativ

[1] Ardenne, M. v.: Über Strahlkontaktanordnungen bei gasgefüllten Kathodenstrahlröhren zur Aufnahme einmaliger unwillkürlicher Vorgänge. ENT. 1933. Im Druck.

vorgespannt, daß die Röhre *1* nicht emittieren kann. Trifft nun beispielsweise eine **negative** Stoßspannung auf den zwischen C_{st} und C_3 liegenden Stoßpunkt, so wird das Gitter der Röhre *2* plötzlich negativ. Voraussetzung ist hierbei, daß C_{st} von gleicher Größenordnung ist wie die gesamte Erdkapazität dieses Punktes, da die durch diese beiden Kapazitäten bewirkte Spannungsteilung die Gitterspannung an Röhre *2* bedingt. Die Erdkapazität ist gestrichelt gezeichnet und mit C_2' bezeichnet. Sie setzt sich zusammen aus der Anodenkapazität der Röhre *1*, der Gitterkapazität der Röhre *2* und der schädlichen Erdkapazität von C_2 sowie der Leitungen. Ebenso setzt sich die entsprechende Kapazität C_1' an der Röhre *1* zusammen.

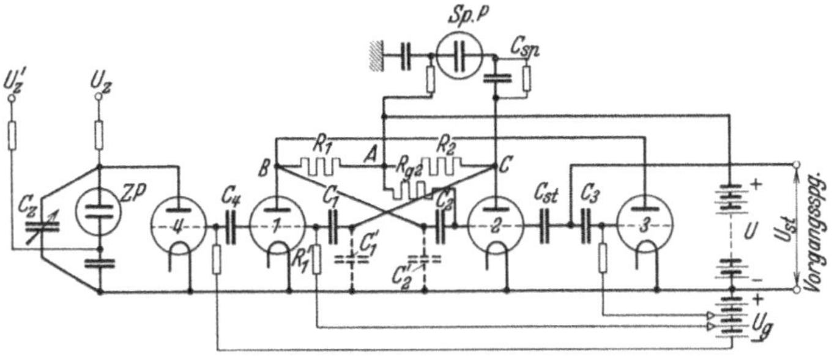

Abb. 225. Eingitterröhren-Kipprelais nach Freundlich zur Aufnahme willkürlicher und unwillkürlicher, periodischer und nichtperiodischer Vorgänge.

Die letztere ist aber noch vermehrt um die Kapazität der Sperrplatten. Bei negativem Stoß wird der Strom der Röhre *2* unterbrochen, und es lädt sich die Kapazität C_1' über R_2 auf. Gleichzeitig wird auch das Gitter der Röhre *1* positiv, so daß nunmehr diese Röhre emittiert. Hierdurch wird die Kapazität C_2' entladen, wodurch das Gitter *2* abermals einen negativen Stoß erhält. Bleibt inzwischen die negative Stoßspannung nicht in voller Höhe erhalten, oder wird sie sogar positiv, so bleibt die Röhre *2* trotzdem gesperrt. Die Spannungsänderung des Punktes *C* benutzt man, um über den Kondensator C_{sp} die rechte Sperrplatte auf die gleiche Spannung zu heben, auf der die linke liegt. Der ursprünglich vorabgelenkte Strahl wird hierdurch freigegeben. Außerdem wird gleichzeitig mit dem Gitter der Röhre *1* das Gitter der Zeitablenkröhre *4* positiv, so daß die Zeitablenkröhre den Zeitkondensator entlädt und damit die Zeitachse geschrieben wird. Natürlich können auch die Strahlsperrplatten über eine Elektronenröhre entladen werden. Dann ist das Gitter dieser Entladeröhre parallel zum Gitter der Schaltröhre *4* zu legen.

Beim Eintreffen einer **positiven** Spannung tritt die Röhre *3* in Tätigkeit. Sie beginnt zu emittieren und entlädt C_2'; hierdurch trifft ein negativer Stoß auf das Gitter *2*, und das Spiel läuft weiter ab, wie eben beschrieben. Ist das Relais gekippt, so wird über R_{g2} das Gitter der Röhre *2* wieder positiv aufgeladen, und das Relais kippt zurück. Die Rückkippzeit ergibt sich aus der Zeitkonstante $C_2 \cdot R_{g2}$.

Die Kippzeit, d. h. die Zeit, bis zu welcher der Punkt *C* sein Potential um den vollen Betrag geändert hat, hängt ab von der Kapazität C_1'

und dem Widerstand R_2. Da die untere Grenze dieser Kapazität bei etwa 100 $\mu\mu$F liegt, ist es also notwendig, den Widerstand R_2 zur Aufnahme schnellster Vorgänge möglichst klein zu machen. Quantitativ liegen die Verhältnisse etwa folgendermaßen: Die Röhre 2 möge durch zwei parallel geschaltete leistungsfähige Röhren mit je 25 Watt Anodenverlustleistung gebildet sein. Diese Röhren emittieren bei positiver Gitterspannung und etwa 120 V Anodenspannung ungefähr je 200 mA, so daß der Strom in R_2 0,4 A beträgt. Zur Betätigung der Strahlsperrung werden etwa 200 V benötigt, woraus sich aus dem Spannungsabfall R_2 dieser Widerstand mit etwa 500 Ohm ergibt. Man verwendet hier zweckmäßigerweise eine Glühlampe, in diesem Falle mit einer Leistung von 75 Watt. Die Zeitkonstante berechnet sich nun zu:

$$T = R_2 \cdot C_1' = 500 \cdot 100 \cdot 10^{12} = 5 \cdot 10^{-8} \text{ sec} \qquad (46)$$

Da man bis zur völligen Umsteuerung des Relais, d. h. bis zum praktisch völligen Spannungsausgleich zwischen C und A, bei dem die Sperrplatten den Strahl freigeben, etwa drei Zeitkonstanten rechnen muß, ergibt sich als kleinste Verzögerungszeit des Kipprelais $1{,}5 \cdot 10^{-7}$ sec; sofern zur Aufnahme weniger schneller Vorgänge längere Verzögerungszeiten zulässig sind, läßt sich durch entsprechende Veränderung der Röhren, Kapazitäten und Widerstände der Schaltung jede beliebige Verzögerungszeit für das Relais einstellen. Diese Schaltung ist somit für Hochspannungs-, Mittelspannungs- und Schwachstromoszillographen in gleicher Weise verwendbar.

c) Aufzeichnung von Kennlinien durch elektrische Zeitablenkung.

Eine besondere Art der elektrischen Zeitablenkung ist die Aufnahme von Kennlinien. Während bei der bisher beschriebenen Aufnahme von Oszillogrammen die Ordinate lediglich vom aufzunehmenden Vorgang, die Abszisse nur von der Zeit abhängig war, sind bei der Kennlinienaufzeichnung sowohl Ordinate als Abszisse abhängig von einem zeitlich veränderlichen Meßvorgang. Daraus resultiert, daß das erhaltene Oszillogramm lediglich die Abhängigkeit eines Meßvorganges der Ordinate von einem zweiten Meßvorgange der Abszisse ergibt, und daß die Zeitkoordinate aus dem Oszillogramm herausfällt [1]. Der Einfluß der Zeit beschränkt sich lediglich darauf, Unterschiede hervorzurufen in der Helligkeit verschiedener Kurvenstücke des Kennlinienoszillogrammes. Die entstehenden Helligkeitsunterschiede stören auch bei Verwendung einer Ablenkspannung mit sinusförmigem Kurvenverlauf nur wenig. Lediglich eine geringe Überbetonung der Kennlinienenden ist zu beobachten.

Das praktisch hinreichend gut erfüllte, lineare Empfindlichkeitsgesetz der Braunschen Röhre läßt Kennlinien mit linearem Ordinaten- und Abszissenmaßstab entstehen, bei denen sich spätere Umzeichnungen erübrigen.

[1] Als Kennlinien sind zum Teil auch die Lissajousschen Figuren zu werten, soweit sie den angegebenen charakteristischen Bedingungen genügen.

Die vernachlässigbar geringe Trägheit der Braunschen Röhre ermöglicht es, wenn keine großen Trägheiten der zu untersuchenden Anordnungen dies verhindern, daß die Kennlinie mehr als 20mal/sec durchlaufen werden kann. Diese Kennlinien erscheinen dem Auge somit als ruhende Figur.

Bei wiederholtem Kennliniendurchlauf pro Sekunde wird nicht die statische durch Gleichstrommessungen punktweise zu ermittelnde Kennlinie gezeichnet, sondern die dynamische Kennlinie. Die zwangsläufig gegebene Aufzeichnung dynamischer Kennlinien ist von außerordentlicher Bedeutung. Gerade das Studium der dynamischen Kennlinien, deren Verlauf, insbesondere bei Vorhandensein von Übersteuerungen, theoretisch nur schwer erfaßbar wird, ist für die Beurteilung vieler Einheiten weit wichtiger als die Kenntnis ihrer statischen Charakteristiken. Auch statische Charakteristiken lassen sich mit der Braunschen Röhre aufnehmen, indem auf wiederholten Kennliniendurchlauf pro Sekunde verzichtet wird und sehr langsam veränderliche Ablenkspannungen vorgesehen werden.

Die Braunsche Röhre erlaubt nicht nur die Arbeitskennlinien zu erfassen, die bei einer definierten Frequenz bestehen — in diesem Falle ist als Ablenkspannung eine gut sinusförmige Spannung anzuwenden —, sondern ermöglicht auch in einfachster Weise die Beobachtung von dynamischen Kennlinien für irgendwie geartete Frequenzgemische. Diese Eigenschaft verdient insofern stärkste Beachtung, als auf theoretische Weise solche Kennlinien kaum mehr oder nur mit größtem zeitlichen und rechnerischen Aufwande in ihrem Verlauf erfaßt werden können. Insbesondere für die Aufnahme von Kennlinien mechanischer Gebilde, die oft mit komplizierten Frequenzgemischen beansprucht werden, ist die Braunsche Röhre kaum durch eine gleichwertige Meßmethode zu ersetzen.

In diesem Zusammenhang soll die selbstverständliche Tatsache nicht unerwähnt bleiben, daß bei der Kennlinienaufnahme solcher Einheiten, an denen nicht unmittelbar charakteristische Ströme oder Spannungen gegeben sind, die oben ausführlich beschriebenen Meßumformer zur Anwendung kommen müssen.

Bei der Kennlinienaufnahme darf durch die Abnahme der erforderlichen Spannungen oder Ströme der Kennlinienverlauf nicht beeinflußt werden. Die zur Aufzeichnung der Kennlinie erforderliche geringe Steuerleistung darf nicht merklich auf den Meßvorgang zurückwirken. Von der Größenordnung der Leistungen, die im Meßkreis umgesetzt werden, hängt es ab, ob eine oder mehrere Verstärkerstufen zwischen Braunscher Röhre und Meßkreis zu schalten sind.

Diese Verhältnisse sollen an Hand eines Beispieles näher erläutert werden. Die Schaltung Abb. 226 gibt eine Anordnung zur Aufnahme von Magnetisierungskurven wieder, die von Krüger und Plendl[1] durchgebildet wurde. Die genannten Autoren verwenden, um die Eisenkennlinien unverflacht zu erhalten, ein Prüfstück mit geschlossenem Eisenkern. Dieser Eisenkern wird durch einen Wechselstrom i_1 erregt, der

[1] Krüger, K. u. H. Plendl: Aufnahme von Magnetisierungskurven mit der Braunschen Röhre. Z. Hochfrequenztechn. Bd. 27 (1926) Heft 5 S. 155.

gleichzeitig durch magnetische Spulenablenkung eine Oszillogrammkoordinate zeichnet. Die Induktivität des Variometers ist dabei groß gegen die Induktivität der Eisenkernspule gewählt, um unter allen Umständen einen gut sinusförmigen Magnetisierungsstrom zu erhalten. Um besonders hohe Ströme zu erreichen, die eine Aussteuerung der Eisenkurve bis in das Sättigungsgebiet gewährleistet, ist der Primärkreis durch die Kapazität C_1 und das vorgesehene eisenlose Variometer etwa auf die Periodenzahl des Wechselstromgenerators abgestimmt. Die in der Sekundärwicklung des magnetischen Kreises mit der Windungszahl N_2 durch den gemeinsamen Fluß induzierte Spannung dient zur Erzeugung der zweiten Koordinate des Oszillogrammes. Sie ist zunächst um 90^0 in der Phase gegen die Ordinate verschoben. Zur Kompensation dieser Phasenlage ist im Sekundärkreis ein Phasenschieber vorgesehen, der aus dem hohen, Ohmschen Widerstand R_2 und dem Kondensator C_2 besteht. R_2 ist so groß zu dimensionieren, daß keine merkliche Rückwirkung des Sekundärkreises auf den Primärkreis stattfindet. Der Kondensator C_2 ist so zu bemessen, daß sein Blindwiderstand gegen den Ohmschen Widerstand von R_2 zu vernachlässigen ist. Damit ist die Spannung an den Klemmen dieses Kondensators

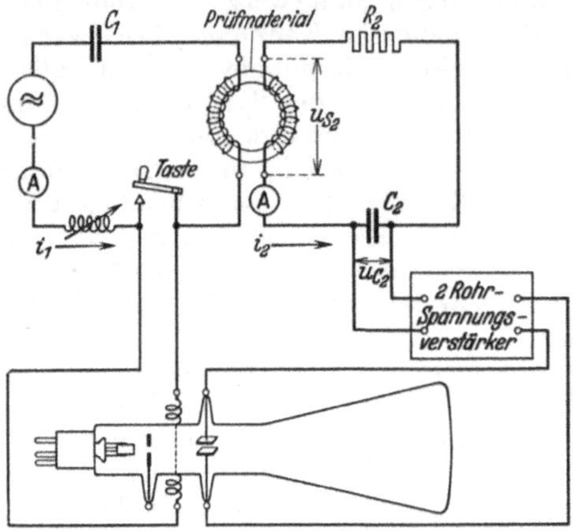

Abb. 226. Anordnung zur Aufnahme von Magnetisierungskurven.

$$U_{c2} = \frac{1}{C_2} \cdot \int i_2\, dt = -\frac{N_2}{C_2 R_2} \int \frac{d\Phi}{dt} = -\frac{N_2}{C_2 R_2}\, \Phi \tag{47}$$

Die Spannung ist also proportional dem magnetischen Fluß Φ und somit die an der Braunschen Röhre liegende Ablenkspannung proportional der Induktion $\mathfrak{B}$. Der Kondensator integriert selbständig. Der Augenblickswert seiner Klemmspannung gibt ein Maß für den Augenblickswert des Wechselflusses im Eisenkern. Bei der oben erwähnten Dimensionierung des Sekundärkreises hat die Kondensatorspannung zwangsläufig eine verhältnismäßig kleine Amplitude. Der in Abb. 226 vorgesehene Zweifachverstärker sorgt dafür, daß die Kondensatorspannung unverzerrt auf die zur Ablenkung erforderliche Größe gebracht wird.

Eine mit der beschriebenen Anordnung erhaltene Hysteresiskurve ist in Abb. 227 abgebildet. Das auf dem Bilde sichtbare Koordinatenkreuz wurde dadurch erhalten, daß kurzzeitig nacheinander sowohl die Ordinatenablenkung wie die Abszissenablenkung ausgeschaltet wurden.

In ähnlicher Weise gelingt es, die Kennlinien von Röhren aufzuzeichnen. Hier ist es möglich, wahlweise die verschiedensten Kennlinien aufzunehmen, je nachdem die Koordinaten von Gitterspannung, Anodenstrom, Anodenspannung, Gitterstrom, Hilfsgitterspannung usw. kombiniert werden. Um die tatsächlichen Arbeitskennlinien der untersuchten Schaltung zu erhalten, darf, wie schon erwähnt, diese Schaltung durch den eigentlichen Meßkreis der Braunschen Röhre nicht nennenswert belastet oder verändert werden. Soll beispielsweise der Anodenstrom oder der Gitterstrom durch den Spannungsabfall zu einem Widerstand aufgezeichnet werden, so muß der Widerstand klein bleiben gegenüber dem inneren Widerstand bzw. gegenüber dem inneren Gitterwiderstand der untersuchten Röhre. Außer bei Senderöhren bleibt der auf

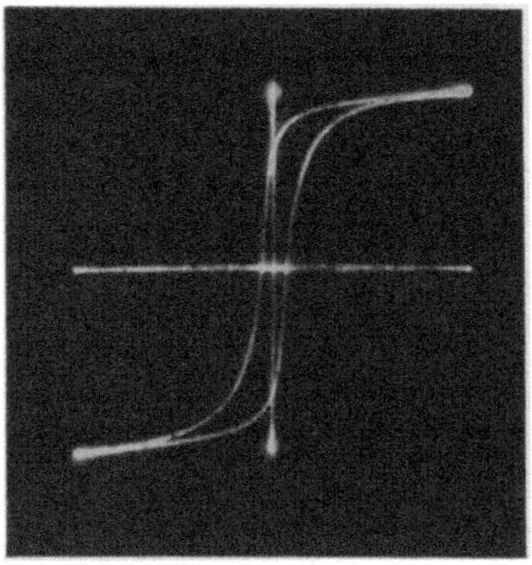

Abb. 227. Hysteresiskurve.

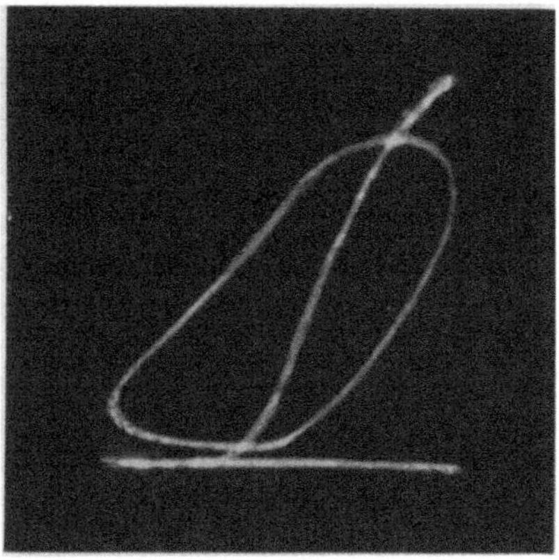

Abb. 228. Statische und dynamische Röhrenkennlinie.

diese Weise entstehende Spannungsabfall fast immer so klein, daß eine unmittelbare Strahlablenkung durch ihn nicht stattfinden kann. Die Zwischenschaltung eines Verstärkers ermöglicht auch in diesem Fall die unverzerrte Aufzeichnung großer Kennlinienfiguren. Selbstverständlich muß der Verstärker sämtliche in der Kennlinienkurve enthaltenen Oberwellen gleichmäßig verstärkt wiedergeben. Eine mit langsamer Ablenkfrequenz gezeichnete statische Röhrenkennlinie und eine mit höherer Frequenz erhaltene dynamische Kennlinie ist in Abb. 228 abgebildet. Die geschilderten einfachen Beispiele mögen genügen, um auf die grundsätzlichen Gesichtspunkte bei der Kennlinienaufzeichnung hinzuweisen. Einzelheiten über Schaltungen zur Kennlinienaufnahme finden sich weiter unten im Rahmen der Abschnitte über die Anwendungen der Braunschen Röhre als Meßgerät.

Die verschiedenen im Rahmen dieses Abschnittes angedeuteten Methoden arbeiten mit Spannungen, deren Maximalamplitude konstant gehalten wird. Ihre Größe wird so gewählt, daß gerade die Kennlinien in dem gewünschten Bereich ausgesteuert werden. Bei einzelnen Anwendungen wird es jedoch notwendig, daß die Amplitude periodisch schwankt, d. h. daß die Ablenkwechselspannung moduliert wird, und je nach dem gewünschten Intervall werden Modulationsgrade bis zu 100% erforderlich. Die Verwendung modulierter Ablenkspannungen zur Kennlinienaufzeichnung wurde vom Verfasser [1] für die Aufzeichnung von Gleichrichterkennlinien angegeben.

Infolge der trägheitslosen Arbeitsweise ermöglicht der Kennlinienschreiber mit Braunscher Röhre die gleichzeitige Sichtbarmachung mehrerer Kennlinien. Die gleichzeitige Zeichnung von zwei Kennlinien ist von großem Wert, wenn es sich darum handelt, Betriebsprüfungen oder Vergleiche vorzunehmen. Mehrere Kennlinien werden nach dem Vorgehen von Hollmann [2] dadurch erzielt, daß durch rotierende Umschalter abwechselnd Ordinatenspannungen an die Ablenkplatten gelegt werden, die von verschiedenen untersuchten Einheiten herrühren. Ist die Umschaltzahl genügend hoch, und ist sie nicht synchron zur Ablenkfrequenz, so setzen sich infolge der Trägheit des Auges die Kennlinienstücke so aneinander, daß geschlossene Kurvenzüge entstehen. Eine Variation des gleichen Gedankens besteht darin, immer abwechselnd die verschiedenen Kennlinien in ihrer Gesamtheit niederzuschreiben. Voraussetzung ist natürlich wieder, daß auf jede Kennlinie mindestens 16 Bilder pro Sekunde entfallen, um ruhige Figuren zu erhalten.

In vielen Fällen ist die aufzunehmende Kennlinie nicht direkt identisch mit der Bahn des Kathodenstrahles. Vielmehr kommt es häufiger vor, daß die gewünschte Kennlinie als die Begrenzungskurve erscheint, die durch die Scheitelwerte einer periodischen Schwingung gelegt wird, deren Periodenlänge sehr klein gegenüber der Gesamtlänge des Oszillogrammes ist. Im Grenzfalle wird aus der Aufeinanderfolge von Einzelschwingungen eine leuchtende Fläche, wodurch die Ablesegenauigkeit der Charakteristik auf ein Maximum gesteigert wird. Ein typisches Beispiel für die Art von Kurvenaufzeichnungen ist die Aufnahme von Frequenzcharakteristiken.

Schon sehr frühzeitig [3] wurde mit Hilfe eines rotierenden Spannungsteilers die Aufnahme von Resonanzkurven durchgeführt. Die von den genannten Autoren benutzte Einheit mit rotierendem Drehkondensator ist in Abb. 229 schematisch gezeichnet.

Die Einfügung dieser Einheit in die Schaltung geht aus Abb. 230 hervor. Zu jeder Strahlstellung (Potentiometerspannung) gehört ein bestimmter Kapazitätswert des Kreisplattenkondensators. Dieser Kondensator wird in den bestimmenden Schwingungskreis eines Senders eingefügt. Je nach dem Kapazitätsverhältnis der rotierenden Kapazität zur Schwingkreiskapazität wird der Frequenzmaßstab mehr oder weniger gedehnt. Wesentlich ist, daß der Sender so geschaltet und dimensioniert ist, daß innerhalb des bestrichenen Frequenzintervalles keine merkliche Amplitudenveränderung der vom Sender erzeugten Hochfrequenzschwingung eintritt. Indem die Sendeschwingung schwankender Frequenz auf einen Schwingungskreis oder einen vollständigen Hochfrequenzverstärker gegeben und die resultierende Spannung als Meßspannung an das Ordinatenplattenpaar der Braunschen Röhre

[1] Ardenne, M. v.: Bestimmung von Modulationsgraden und Gleichrichterkennlinien mit Braunschen Röhren. Elektr. Nachr.-Techn. Bd. 7 (1930) Heft 2.

[2] Hollmann, H. E.: Der Kennlinienkomporator, noch nicht veröffentlicht.

[3] Marx, E. u. F. Banneitz: Demonstration der Resonanzkurve mit der Braunschen Röhre. Z. Hochfrequenztechn. Bd. 6 (1913) Heft 2 S. 146.

gelegt wird, entsteht auf dem Fluoreszenzschirm die Selektionskurve, und zwar als Begrenzungslinie einer Fläche, beiderseitig der Nullinie. Im Interesse der Übersichtlichkeit empfiehlt es sich, evtl. die unterhalb der Nullinie befindliche Fläche abzudecken.

Die gleiche Methodik kommt bei der Sichtbarmachung von Frequenzabhängigkeiten bei Niederfrequenzverstärkern zur Anwendung. Die Anordnung 230 braucht hierzu nur dahingehend abgeändert zu werden, daß

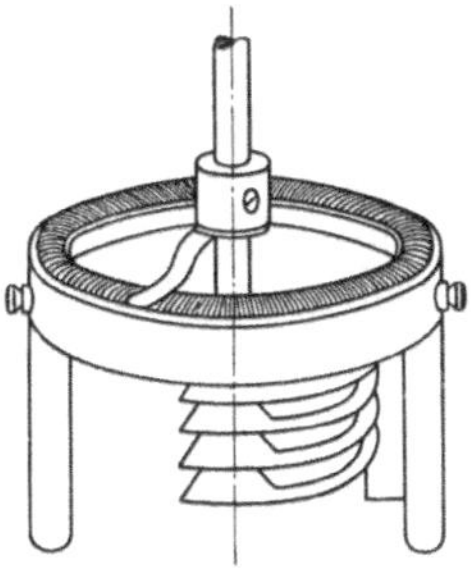

Abb. 229. Kondensator-Kreispotentiometer (nach E. Marx und F. Banneitz.)

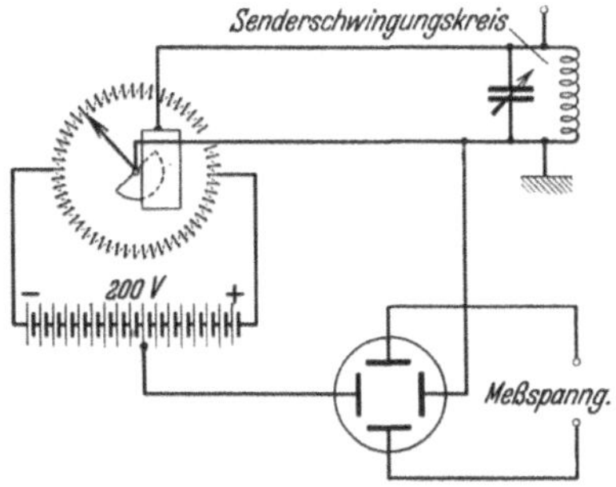

Abb. 230. Ablenkanordnung zur Sichtbarmachung von Frequenzkurven.

der rotierende Kondensator im Schwingungskreis eines Interferenztongenerators liegt[1]. Um die Frequenzkurve, insbesondere im Bereich tiefer Frequenzen möglichst deutlich, d. h. durch viele Amplitudenwerte zu beschreiben, ist es empfehlenswert, die Drehzahl der rotierenden Einheit möglichst klein zu wählen, selbst auf Kosten der Bildruhe. Nicht möglich ist es beispielsweise, durch die beschriebene Methode Lautsprecherkurven oder die Kurven mit ausgeprägten Eigenresonanzen sichtbar zu machen, weil die An- und Abklingzeiten der Resonanzstellen größer sind als die Zeiten, die für den schnellen Durchlauf des entsprechenden Frequenzbandes zur Verfügung stehen.

V. Die photographischen Hilfsmittel beim Oszillographieren.

1. Allgemeine Gesichtspunkte.

Die Beurteilung des Verlaufes von Vorgängen als Funktion der Zeit oder als Funktion eines zweiten Vorganges ist bei der Kathodenstrahlröhre in vielen Fällen in ausreichendem Maße möglich durch subjektive visuelle Beobachtung des Oszillogrammes auf dem Fluoreszenzschirm. Sehr oft ist jedoch die objektive Aufzeichnung des geschriebenen Oszillogrammes erwünscht oder erforderlich.

Die Niederschrift des Oszillogrammes, die eine objektive Unterlage über den beobachteten Vorgang schafft, erfolgt bei der Braunschen Röhre fast stets photographisch.

[1] Diamond, H. u. J. S. Webb: The testing of audio-frequency transformer coupled amplifiers. Proc. Inst. Rad. Eng. Bd. 15 (1927) Nr. 9 S. 767.

Objektive Unterlagen sind besonders dann zweckmäßig, wenn eine quantitative graphische oder rechnerische Auswertung des Oszillogrammes erforderlich ist. Diese Auswertung läßt sich im Photogramm wesentlich einfacher und genauer vornehmen als am Leuchtschirm. Insbesondere die graphische Auswertung der Oszillogramme läßt sich, soweit zeichnerische Hilfskonstruktionen notwendig werden (z. B. Lissajous-Figuren) schwer oder gar nicht am Leuchtschirmoszillogramm vornehmen.

Auch der Vergleich einer größeren Anzahl unter verschiedenen Versuchsbedingungen aufgenommenen Oszillogramme gleicher Vorgänge ist quantitativ nur durch das photographierte Oszillogramm möglich.

Die objektive Festlegung des Oszillogrammes wird dann zur Notwendigkeit, wenn die aufzunehmenden Vorgänge einmalig und nicht reproduzierbar sind. Speziell die Registrierung unwillkürlicher Vorgänge ist nur mittels photographischer Aufzeichnung möglich. Da von diesen Vorgängen die Oszillogrammfläche nur einmalig überschrieben wird, so ist eine eingehende subjektive Beobachtung und Beurteilung des Oszillogrammes wegen der kurzen Bilddauer nicht oder nur bei Anwendung sehr lange nachleuchtender Fluoreszenzschirme möglich.

Die Aufnahmemethoden zur photographischen Registrierung unterscheiden sich durch die Art der auftretenden Energieumsetzung und durch den Ort, an dem die Niederschrift des Oszillogrammes stattfindet.

Unter Berücksichtigung dieser Unterschiede ergeben sich folgende Aufnahmemethoden:

die Innenaufnahme, dazu gehört die Elektronenstrahlphotographie im Hochvakuum;

die Außenaufnahmeverfahren, dazu gehören die Elektronenstrahlphotographie durch Lenard-Fenster, die Leuchtschirmkontaktphotographie, die Photographie mit Kamera und Linse.

Bei den beiden erstgenannten Verfahren wird die kinetische Energie der schnellbewegten Strahlelektronen direkt zur Schwärzung des photographischen Aufnahmemittels verwendet. Bei Leuchtschirmkontaktphotographie und Aufnahme mit Kamera und Linse findet zunächst eine Umsetzung der kinetischen in Lichtenergie statt: erst die vom Leuchtschirm emittierten Lichtstrahlen schwärzen die photographische Platte. Während bei der Innenphotographie die Schwärzung des photographischen Materials innerhalb des Oszillographen erfolgt, wird das Aufnahmematerial bei der Elektronenstrahlaußenphotographie durch eine dünne elektronendurchlässige Folie hindurch außerhalb des Oszillographen von den Strahlelektronen geschwärzt. Das lichtempfindliche Material wird nach dem Kontaktverfahren direkt an das Elektronenfenster angelegt. Auch bei Leuchtschirmkontaktphotographie und Aufnahme mit Kamera und Linse findet die Anregung der photographischen Schicht außerhalb des Oszillographen statt. Bei dem Leuchtschirmkontaktverfahren wird ähnlich wie bei der Lenard-Aufnahme die photographische Schicht direkt an den vom Kathodenstrahl erregten Leuchtschirm angedrückt. Bei der Aufnahme mit Kamera und Linse wird die auf dem Leuchtschirm entstehende Oszillogrammfigur mit einer photographischen Kamera in bekannter Weise aufgenommen.

Der qualitative wie auch der quantitative Vergleich der vier Aufnahmeverfahren ist nach Überlegungen von Knoll [1] in folgender Weise möglich: Maßgebend für die Güte eines Oszillogrammes und damit für die Leistungsfähigkeit der gesamten Oszillographenanordnung sind:

1. Die maximale Schreibgeschwindigkeit $v_{s\,\max}$ (km/sec), die Geschwindigkeit, mit der der Schreibfleck auf der Oszillogrammfläche noch die Schwärzung 0,1 erzielt:

2. Die Bildpunktzahl: $n_b = \frac{M \cdot Z}{d_s^2}$ (M = Amplitudenbreite, Z Abszissenbreite der Oszillogrammfläche, d_s Schreibfleckdurchmesser in cm).

3. Die maximale Meßempfindlichkeit für elektrostatische Beeinflussung $a_{e\,\max}$ (cm Ausschlag/Volt Ablenkspannung). Für magnetische Beeinflussung $a_{m\,\max}$ (cm Ausschlag/Amperewindung).

4. Das Auflösungsvermögen

$$\delta = \frac{v_{s\,\max}}{c} \cdot n_b = \frac{v_{s\,\max}}{c} \cdot \frac{M\,Z}{d_s^2} \tag{48}$$

(c Lichtgeschwindigkeit).

Von diesen Kenngrößen sind die Werte d_s und $v_{s\,\max}$ für die Beurteilung der verwendeten Aufnahmemethode von Wichtigkeit bzw. werden durch sie beeinflußt. Die Geschwindigkeit des Schreibfleckes ist:

$$v_s = \frac{d_s}{t} \tag{49}$$

wenn

$$t = \frac{d_s}{v_s}$$

die Zeit bedeutet, während welcher ein Flächenelement der Schreibebene in der Mitte des Schreibstriches den Elektronen ausgesetzt ist. Die dabei in der Mitte des Schreibstriches auf die Flächeneinheit der Schreibebene fallende Elektronenzahl beträgt, wenn i_s die Schreibstromstärke und e die Ladung des Elektrons ist:

$$n_1 = \frac{i_s}{\frac{d_s^2 \pi}{4}} \cdot t = \frac{4}{\pi e} \cdot \frac{i_s}{d_s \cdot v_s} \text{ (Elektronen/Flächeneinheit)} \tag{50}$$

Wir bezeichnen weiterhin mit U_b die Anodenspannung des Kathodenstrahloszillographen in Volt und mit N die zum Hervorrufen der Schwärzung 0,1 auf der Bromsilberemulsion entsprechend der maximalen Schreibgeschwindigkeit $v_{s\,\max}$ benötigten Energiedichte in Energiequanten/cm² *. Setzen wir nun $v_s = v_{s\,\max}$, so ist n_1 einer Energiedichte N proportional, die definitionsgemäß gebraucht wird, um die mit dem Auge eben noch erkennbare Schwärzung 0,1 der Bromsilberemulsion zu erhalten. Es wird also für diesen Fall

$$N = k \cdot n_1 \text{ (Elektronen/Flächeneinheit)}.$$

---

[1] Knoll, M.: Nutzeffekt des Kathodenstrahloszillographen. Z. f. techn. Physik Jg. 12 (1931) Nr. 1, S. 54.

* Die Annahme von N als einer Konstanten ist zulässig, da die Schwärzung bei der Photographie mit Elektronenstrahlen im Gegensatz zur Photographie mit Lichtstrahlen auch im Gebiet kleiner Schwärzungen nur von der Zahl der auf die photographische Schicht auffallenden Energiequanten, nicht aber von deren zeitlicher Aufeinanderfolge abhängt.

In der Annahme, daß das Zweivoltelektron die Mindestenergiemenge darstellt, auf die das Bromsilberkron noch reagiert, wählen wir dieses für N als Energieeinheit, so daß

$$k = \frac{U_b}{2}$$

wird. Durch Einsetzen von

$$\frac{2 \cdot N}{v} = n_1,$$

i_s in μA, d_s in cm und $e = 1{,}59 \cdot 10^{-19}$ Coulomb, erhalten wir aus Gleichung (50) die maximale Schreibgeschwindigkeit. Handelt es sich nun um ein Außenaufnahmeverfahren, so ist noch durch einen Faktor η_1 der Energiedichteabfall zu berücksichtigen, welcher durch die zwischen Elektronenbrennfläche und Bromsilberemulsion erforderlichen Zwischenmedien hervorgerufen wird. Dann ergibt sich aus Gleichung (50)

$$v_{s\,\max} = 4 \cdot 10^7 \cdot \frac{i_s}{d_s} \cdot U_b \cdot \frac{\eta_1}{N} \text{ (km/sec)} \tag{51}$$

Die Abhängigkeit der maximal erreichbaren Schreibgeschwindigkeit von der Aufnahmemethode ist also von dem Wert $\frac{\eta_1}{N}$ abhängig, der für jede Aufnahmemethode eine verschiedene charakteristische Größe besitzt und dessen Bedeutung sich aus folgenden Überlegungen ergibt.

Für die Leistungsfähigkeit einer Aufnahmemethode ist die Energieausbeute bei der Umsetzung der Elektronenenergie in photochemische Energie maßgebend. Bei der Elektronenstrahlphotographie geht ein großer Betrag der auftreffenden Energie, welche sich zum Teil in Elektronenstrahlung und Wellenstrahlung umwandelt, in der Gelatine verloren. Der Rest wird teilweise zur Ionisation von A_g Br-Molekeln verwendet, von denen aber nur die an der Oberfläche der Bromsilberkörner gelegenen dem Angriff des Entwicklers zugänglich sind. Bei der Leuchtschirmphotographie muß die Elektronenenergie zunächst in Lichtenergie umgewandelt werden. Hierbei beträgt die Energieausbeute größenordnungsmäßig 1—10%. Auch von der Lichtenergie geht ein großer Teil in der Gelatine verloren. Ein anderer Teil bewirkt auf lichtelektrischem Wege die Ionisation der A_g Br-Molekeln an der Oberfläche des Bromsilberkorns. Nimmt man hinzu, daß bei beiden Methoden alle „Treffer" auf ein schon getroffenes Korn für die Energieausbeute verloren gehen, so läßt sich von vornherein erwarten, daß der Nutzeffekt größenordnungsmäßig sehr klein sein muß.

Da die photographische Platte nicht mehr anspricht, wenn eine gewisse, für die kleinste Schwärzung erforderliche Energiedichte unterschritten wird, muß man den Nutzeffekt nicht als das Verhältnis zweier Energiemengen, sondern als das Verhältnis zweier Energiedichten betrachten. Man vergleicht deshalb die Energiedichte N, welche zur Hervorrufung der Schwärzung 0,1 bei der zu untersuchenden Aufnahmemethode benötigt wird, mit der konstant angenommenen Energiedichte N_2, die theoretisch zur Hervorrufung der Schwärzung 0,1 auf einer empfindlichen photographischen Platte ausreicht. Wird außerdem, wie in der Gleichung (51), der Energiedichteabfall zwischen Elektronenbrennfläche und Bromsilberemulsion durch den Faktor η_1 berücksichtigt, so ergibt sich der Nutzeffekt einer Aufnahmemethode zu

$$\eta = \frac{N_2}{N} \cdot \eta_1 \tag{52}$$

Die Zahl der Bromsilberkörner, welche pro Flächeneinheit zur Herstellung der eben noch sichtbaren Schwärzung 0,1 entwickelbar gemacht werden muß, ist etwa 10^4mal kleiner als die Gesamtkornzahl einer Emulsion. Zur Bestimmung der Konstante N_2 rechnet man mit einer Gesamtkornzahl von $10^9/\text{cm}^2$ (Durchschnittswert für empfindliche Plattensorten). Da aus photochemischen Untersuchungen bekannt ist, daß gegebenenfalls bereits die Energie eines Lichtquantes genügt, um ein Bromsilberkorn entwickelbar zu machen, kann man N_2 angeben:

$$N_2 = 10^9 \cdot 10^{-4} = 10^5 \text{ (Lichtquanten/cm}^2\text{)}. \tag{53}$$

Wird berücksichtigt, daß ein Lichtquant etwa 2 V Elektronenenergie entspricht [1], so kann man N_2 auch in elektrischen Energiequanten ausdrücken zu

$$N_2 = 10^5 \text{ (2 V-Elektronen/cm}^2\text{)}. \tag{54}$$

Es wird also

$$\eta = 10^5 \frac{\eta_1}{N} \tag{55}$$

Die absolute Größe von η kann hieraus nach Kenntnis der Konstante N für die verschiedenen Bromsilberemulsionen bzw. Leuchtsubstanzen berechnet werden. Im folgenden Abschnitt ist die Bedeutung für die vier oben angegebenen Aufnahmemethoden angedeutet.

Im allgemeinen ergibt je nach der Aufnahmemethode verschiedenes photographisches Material die günstigsten kleinen Werte für N, da die Elektronenempfindlichkeiten von der Lichtempfindlichkeit verschieden sind. Es darf daher für den Vergleich der Aufnahmemethoden nicht ein und dieselbe, sondern es muß für jede Aufnahmemethode die günstigste Bromsilberemulsion dem Vergleich zugrunde gelegt werden. Insbesondere sind spezielle Sensibilisierungsmethoden zur Erhöhung der Elektronen bzw. Lichtempfindlichkeit der photographischen Emulsion zu berücksichtigen. Im allgemeinen wird man aber den Nutzeffektsvergleich für handelsübliche Emulsionen ziehen, da diese aus praktischen Gründen fast ausschließlich bei der Kathodenstrahlröhre in Betracht kommen. Da die bisher vorgenommenen Nutzeffektsuntersuchungen sich lediglich auf Oszillographen mit hoher Erregerspannung (70 kV) zur Aufzeichnung schnellster Vorgänge erstreckten, haben die durch diese Untersuchungen gewonnenen Vergleichswerte für den Nutzeffekt zunächst lediglich in diesen Spannungsbereichen Geltung. Für niedrigere Anodenspannungen, wie sie insbesondere bei Schwachstromkathodenstrahlröhren auftreten, gelten sie in entsprechender Abwandlung. Insbesondere gilt dies für die Größe N, deren Abhängigkeit von der Anodenspannung bei den verschiedenen Aufnahmemethoden weiter unten behandelt werden soll.

---

[1] Ein $h \cdot \nu$ der Wellenlänge 436 mμ entspricht genau der Energie eines 2,5 V Elektrons, ein $h \cdot \nu$ der Wellenlänge 546 mμ (grüne Hg-Linie) der Energie eines 2,3 V Elektrons.

Bei der Elektronenstrahlphotographie im Hochvakuum wird die zur Verfügung stehende Elektronenenergie unmittelbar in der Bromsilberemulsion photochemisch wirksam. Daher ist $\eta_1 = 1$. Für $\eta_1 = 1$ und $U_b = 70$ kV wurden aus Versuchsoszillogrammen die Werte von $v_{s\,\max} \cdot i_s$ und d_s entnommen und daraus die in Abb. 231 enthaltenen Nutzeffektswerte ermittelt.

Photographische Empfindlichkeit und Nutzeffekt bei Elektronenstrahlphotographie im Hochvakuum (Innenphotographie). 1 Energiequant = ein 2-V-Elektron.

Emulsion	$N \cdot 10^{-9}$ [Energiequanten/cm²]	$\eta \left(= 10^5 \frac{\eta_1}{N}\right) \cdot 10^6$ [Nutzeffekt]
Agfa-Positivfilm	$\sim$ 42	2,4
Agfa-Röntgenfilm	$\sim$ 12	7,9

Abb. 231.

Für die Berechnung des Nutzeffektes der Elektronenstrahlphotographie durch Lenard-Fenster (Außenphotographie) wurde ein Lenard-Fenster zugrunde gelegt, das aus hochkantgestellten Stahlstäben mit darüber gespanntem Siebgewebe besteht, welches die vakuumdichte Folie trägt. In diesem Falle ist

$$\eta_1 = \eta_{e\,1} \cdot \eta_{e\,2}, \tag{56}$$

wobei η_{e1} den vom Siebgewebe, η_{e2} den von der Folie durchgelassenen Teil der ursprünglich vorhandenen Elektronenmenge bezeichnet. Für ein Siebgewebe mit 42% freier Fläche wird $\eta_{e\,1} = 0{,}42$. Bei einer Elektronengeschwindigkeit von 70 kV ergibt sich nach Lenard der Absorptionskoeffizient beispielsweise für Cellon zu $a = 390$. Damit wird für eine Cellonfolie von 15 μ Dicke

$$\eta\, e_2 = e^{-390 \cdot 0{,}0015} = 0{,}56 \tag{57}$$

Für 70 kV ergibt sich dann:

$$\eta_1 = 0{,}42 \cdot 0{,}56 = 0{,}235 \tag{58}$$

Für höhere Erregerspannungen steigt η_2 und damit η_1 rasch an. Da der Geschwindigkeitsverlust der Elektronen in der Folie vernachlässigbar klein ist, gelten zur Berechnung des Nutzeffektes die gleichen Werte für N wie bei der Hochvakuumphotographie (Abb. 232).

Nutzeffekt bei Elektronenstrahlphotographie durch Lenard-Fenster (Außenphotographie).

Emulsion	$N \cdot 10^{-9}$ [Energiequanten/cm²]	$\eta \left(= 10^5 \frac{\eta_1}{N}\right) \cdot 10^6$ [Nutzeffekt]
Agfa-Röntgenfilm	$\sim$ 12	1,9
Bromsilberpapier „Oszillox" ...	$\sim$ 12	1,9

Abb. 232.

Bei der Leuchtschirmkontaktphotographie (Außenphotographie) entsteht das Photogramm durch Andrücken der lichtempfindlichen

Schicht an die Rückseite des Leuchtschirmes, wobei geringe Dicke des Leuchtsubstanzträgers vorausgesetzt wird. Es ergibt sich

$$\eta_1 = \frac{\text{Beleuchtungsstärke der Bildfläche auf der Bromsilberemulsion}}{\text{Beleuchtungsstärke in der Elektronenbrennfläche}} \qquad (59)$$

da die in der Elektronenbrennfläche vorhandene Lichtenergie auf dem Wege zur Bromsilberemulsion Teile der Leuchtsubstanz (von der Dicke d_2) und den Leuchtschirmträger (von der Dicke $d_1 < 0{,}5$ mm) durchdringen muß. Nimmt man eine Fensterdicke $d_1 = 5 \cdot 10^{-3}$ bis $5 \cdot 10^{-2}$ (dies sind Werte, die nur für den Hochspannungs-Kathodenstrahloszillographen mit gestütztem Leuchtschirmkontaktfenster gelten) und eine Dicke der Leuchtschirmsubstanz von $d_2 = 0{,}0015$ cm an, so wird unter Berücksichtigung der Lichtabsorption und diffusen Reflexion (an jeder Fensterfläche 4%)

$$\eta_1 = e^{-a_1 d_1} \cdot e^{-a_2 d_2} \cdot 0{,}96^2 \cong 0{,}6 \qquad (60)$$

Es ergeben sich dann für Leuchtschirmkontaktphotographien bei 70 kV Anodenspannung die Nutzeffektswerte in Abb. 233.

Photographische Empfindlichkeit und Nutzeffekt bei Leuchtschirmkontaktphotographie (Außenphotographie). 1 Energiequant = ein 2 V-Elektron.

Emulsion	$N \cdot 10^{-9}$ [Energiequanten/cm²]	$\eta \left(= 10^5 \frac{\eta_1}{N}\right) \cdot 10^6$
Agfa-Isochromfilm	$\sim$ 190	0,31
Bromsilberpapier „Oszillox" ...	$\sim$ 83	0,72

Abb. 233.

Auch für die letzte der angegebenen Aufnahmemethoden, die Aufnahme mit Kamera und Linse, läßt sich in gleicher Weise der Nutzeffekt angeben. Es sei angenommen, daß die Rückseite des Leuchtschirmes photographiert wird. In diesem Falle muß die in der Elektronenbrennfläche zur Verfügung stehende Lichtenergie auf dem Wege zur Bromsilberemulsion Teile der Leuchtsubstanz, Fenster und Linse durchdringen. Es sei daher wieder gesetzt

$$\eta_1 = \frac{E'}{E} = \frac{\text{Beleuchtungsstärke der Bildfläche auf der Bromsilberemulsion}}{\text{Beleuchtungsstärke in der Elektronenbrennfläche}} \qquad (61)$$

Wenn man den Elektronenbrennpunkt als selbstleuchtende Kreisscheibe betrachtet, für die das Lambertsche Kosinusgesetz erfüllt ist, so ist der ausgesandte Gesamtlichtstrom Φ, wenn J die Lichtstärke der Lichtquelle bedeutet

$$\Phi = \pi \cdot J \qquad (62)$$

Bezeichnet man die Leuchtdichte (Leuchtkraft) der Elektronenbrennfläche mit B, den Raumwinkel, in welchem die Ausstrahlung der Elektronenbrennfläche erfolgt, mit ω_1, den vom Objektiv ausgenützten Raumwinkel mit ω_2 und den Abbildungsmaßstab mit $\beta = \frac{dr}{ds}$ (d_p = Bilddurchmesser), so gilt

$$E' = B \cdot \omega_2 \frac{1}{\beta^2} \qquad (63)$$

und

$$E = B \cdot \omega_1 \qquad (64)$$

Solange $\omega_2 \ll \omega_1$, kann man in Gleichung (62) setzen

$$\omega_1 = \pi \tag{65}$$

und erhält

$$\frac{E'}{E} = \frac{K_1 K_2 \cdot \omega_2}{\pi \cdot \beta^2} \tag{66}$$

Die Faktoren K_1 und K_2 berücksichtigen die Verluste in Fenster und Linse. K_1 ist entsprechend dem Faktor η_1 (s. Leuchtschirmkontaktphotographie) praktisch zu $\sim 0{,}6$ zu setzen, während K_2 je nach der Art des verwendeten Objektives zwischen 0,9 (für einfache Objektive) und 0,4 (für zusammengesetzte Systeme) schwanken kann.

Bedeutet u den Öffnungswinkel zwischen dem Begrenzungsstrahl des Raumwinkels und der Objektivachse, also $\sin u = A$ die objektseitige Apertur, A' die bildseitige Apertur der Linsenanordnung, wobei $\beta = \frac{A'}{A}$, so ergibt sich

$$\eta_1 = \frac{E'}{E} = \frac{K_1 \cdot K_2 \cdot \pi \cdot \sin^2 u}{\pi \cdot \beta^2} = \frac{K_1 K_2 \cdot A^2}{\beta^2} = 0{,}6\, K_2 \cdot A'^2 \tag{67}$$

η_1 ist demnach im wesentlichen nur vom Quadrat der bildseitigen Apertur A' des Objektivs abhängig; seine absolute Größe wird beispielsweise für zwei ausgewählte Objektive bei verschiedenem Abbildungsmaßstab:

Zeiß - Tessar: $f = 100$ mm;

$$\text{Lichtstärke } \frac{I}{3{,}5} = \frac{2h}{f};$$

Radius der wirksamen Öffnung

$$h = \frac{100}{2 \cdot 3{,}5} = 14{,}3 \text{ mm}.$$

$$K_2 = 0{,}60;\quad A'^2 = \frac{14.3^2}{b^2}.$$

Abbildungsmaßstab $\beta = 1:1$.

Bildweite $b = 2,\ f = 200$ mm:

$$\eta_1 = 0{,}6 \cdot 0{,}6 \cdot \frac{14{,}3^2}{200^2} = 0{,}00184$$

$$\beta = 1:5 \text{ (Verkleinerung)}$$

$$\text{Bildweite } b = \frac{6}{5} f = 120 \text{ mm};$$

$$\eta_1 = 0{,}6 \cdot 0{,}6 \cdot \frac{14{,}3^2}{120^2} = 0{,}0051.$$

Spezialobjektiv Astro RK: f = 75 mm;

$$\text{Lichtstärke } \frac{1}{1{,}25}$$

$$h = \frac{75}{2 \cdot 1{,}25} = 30{,}0 \text{ mm};$$

$$K_2 = 0{,}85;\quad A'^2 = \frac{30^2}{b^2}.$$

$$\beta = 1:1 \quad b = 2f = 150 \text{ mm};$$

$$\eta_1 = 0{,}6 \cdot 0{,}85 \frac{30^2}{150^2} = 0{,}020;$$

$$\beta = 1:5 \text{ (Verkl.) } b = \frac{6}{5} f = 90 \text{ mm};$$

$$\eta_1 = 0{,}6 \cdot 0{,}85 \frac{30^2}{90^2} = 0{,}056$$

Unter Benutzung der für die Leuchtschirmkontaktphotographie angegebenen Größe von N erhält man für das letztere Objektiv die in Abb. 234 angegebenen Werte für den Nutzeffekt der Photographie mit Kamera und Linse.

Nutzeffekt bei Leuchtschirmphotographie mit Linse (Außenphotographie).

Emulsion	$N \cdot 10^{-9}$ [Energiequanten/cm²]	$\eta \left(= 10^5 \frac{\eta_1}{N}\right) \cdot 10^6$ [Nutzeffekt] Astroobjektiv RK $\beta = 1:1$	$\beta = 1:5$
Agfa-Isochromfilm	~ 190	0,010	0,029
Bromsilberpapier „Oszillox“ ...	83	0,024	0,068

Abb. 234.

η ist also außer von N in hohem Maße von der bildseitigen Apertur der Linsenanordnung abhängig, in welche gleichzeitig die Verkleinerung bzw. Vergrößerung des Leuchtschirmbildes eingeht. Bei Photographie der Vorderseite des Leuchtschirmes wird der Nutzeffekt im allgemeinen noch etwas günstiger, da die Absorptionsverluste in der Leuchtsubstanz geringer werden. Der dadurch entstehende Vorteil wird jedoch teilweise wieder kompensiert, weil die Aufnahme in diesem Falle stets in einem kleineren Winkel als 90° zur Schreibebene erfolgen muß.

Vergleich verschiedener Aufnahmemethoden des Kathodenstrahloszillographen bei $V = 70$ kV.

Aufnahmemethode	Emulsion	Nutzeffekt $\eta = 10^5 \cdot \frac{\eta_1}{N} \cdot 10^6$	Max. Schreibgeschw. $v_{s\,\max} = 400 \frac{i_s V}{d_s} \cdot \eta$ für $i_s = 1\,\mu$A, $V = 70$ kV, $d_s = 0{,}1$ cm km/sec
Elektronenstrahlphotographie im Hochvakuum (Innenphotographie)	Agfa-Positiv-Film	2,4	670
	Agfa Röntgen-Film	7,9	2200
Elektronenstrahlphotographie durch Lenard-Fenster (Außenphotographie)	Bromsilberpapier „Oszillox“	1,9	530
Leuchtschirm-Kontaktphotographie (Außenphotographie)	Bromsilberpapier „Oszillox“	0,72	200
Leuchtschirm-Photographie mit Linse (Außenphotographie)	Bromsilberpapier „Oszillox“	~ 0,07	~ 21

Abb. 235.

Zu einem quantitativen Vergleich der Aufnahmemethoden sind in Abb. 235 die Nutzeffekte der vier beschriebenen Aufnahmemethoden bei einer Anodenspannung von 70 kV sowie daraus für einen Schreibstrom i_s von 1 μA und für einen Durchmesser der Elektronenbrennfläche $d_s =$ 0,1 cm berechneten maximalen Schreibgeschwindigkeiten nebeneinandergestellt. Setzen wir nämlich in Gleichung (51)

$$\frac{\eta_1}{N} = 10^{-5} \cdot \eta\,, \tag{68}$$

so wird

$$v_{s\,\max} = 400 \cdot \frac{i_s}{d_s} \cdot U_b \cdot \eta \text{ (km/sec)} \tag{69}$$

Die Hochvakuumphotographie ergibt nach Abb. 235 den höchsten Nutzeffekt, während dann der Reihe nach die Aufnahmemethoden: Elektronenfenster, Leuchtschirmkontaktphotographie und Photographie mit Kamera und Linse folgen. Interessant ist die Tatsache, daß der Nutzeffekt der Aufnahmemethode mit Kamera und Linse nicht ganz so stark hinter den anderen Aufnahmemethoden zurückbleibt, wie man zunächst mit Rücksicht daraus erwarten sollte, daß eine Linse nur einen kleinen Prozentsatz des Gesamtlichtstromes verarbeiten kann. Eine genauere Bestimmung des Nutzeffektes der Aufnahmemethoden ist kürzlich durch v. Borries[1] durchgeführt worden.

Von Bedeutung für die Wahl einer geeigneten Aufnahmemethode für einen gegebenen Oszillographen ist die Abhängigkeit des Nutzeffektes von der Anodenspannung U_b. Nimmt man die Elektronendichte im Fluoreszenzfleck als konstant an, so ist bei der Elektronenstrahlphotographie zu erwarten, daß sich der Nutzeffekt in einem Bereich, der einerseits durch die Emulsionsdicke, andererseits (bei sehr kleinen Werten von N) durch den Durchmesser eines Bromsilberkorns begrenzt ist, mit der Eindringtiefe der Elektronen in die Bromsilberemulsion, also mit U_{b}^2 ändert. Bezogen auf die gleiche Energiedichte ist daher innerhalb derselben Grenze ein der Erregerspannung U_b direkt proportionaler Verlauf des Nutzeffektes wahrscheinlich.

Demgegenüber ist zu erwarten, daß der Nutzeffekt der Leuchtschirmphotographie für Spannungen zwischen 0,4 und 80 kV eine sehr viel geringere Spannungsabhängigkeit aufweist als der Nutzeffekt der Elektronenstrahlphotographie. Die Eindringtiefe der Elektronen in die Leuchtsubstanz scheint hier eine kleinere Rolle zu spielen als bei der Elektronenphotographie, wahrscheinlich deswegen, weil die leuchtenden Zentren (Metallatome) kleiner und dichter gelagert sind als die Bromsilberkörner der Emulsion.

Bei der Leuchtschirmphotographie wird demnach im Gegensatz zur Elektronenstrahlphotographie mit abnehmender Erregerspannung ($<$ 80 kV) bei gleicher Leistung im Elektronenbrennpunkt wahrscheinlich ein gleichbleibender, möglicherweise sogar vorübergehend ein steigender Bruchteil der Elektronenstrahlung in der für die Bromsilberemulsion

[1] Dissertation v. Borries Forschungsheft der Studiengesellschaft für Höchstspannungsanlagen Nr. 3. Verein. d. El.-Werke 1933. Im Druck. Vgl. ferner eine demnächst erscheinende Arbeit von B. v. Borries u. M. Knoll: Z. Physik 1933.

durchdringungsfähigeren Lichtstrahlen umgewandelt. Aus diesem Grunde wird mit abnehmender Erregerspannung die Leistungsfähigkeit der Leuchtschirmphotographie relativ zu der Elektronenstrahlphotographie ansteigen.

Daß bei Erregerspannungen unterhalb 5 bzw. 10 kV die Leuchtschirmphotographie der Elektronenstrahlphotographie überlegen ist, ist qualitativ bereits von Sommerfeld nachgewiesen worden[1].

Aus den über die Größe des Nutzeffektes der verschiedenen Aufnahmemethoden, bei verschiedenen Anodenspannungen gemachten Überlegungen ergeben sich zwangsläufig die für die Schwachstromkathodenstrahlröhren geeignetsten Aufnahmemethoden. Bestimmend für die anzuwendenden Aufnahmemethoden sind hier konstruktive und betriebsmäßige Rücksichten. Die Innenaufnahme im Hochvakuum scheidet in diesem Falle von vornherein deswegen aus, weil die Schwachstromkathodenstrahlröhre eine in sich abgeschlossene, von der Pumpe abgeschmolzene Glaseinheit darstellt, bei der auch die Anwendung von Einschleusungsmechanismen nicht möglich ist. Auch die Anwendung der Elektronenstrahlphotographie durch ein Lenard-Fenster kommt nicht in Frage, da das Elektronenfenster bei seinem heutigen Entwicklungsstand noch nicht widerstandsfähig genug ist, um einen störungsfreien Dauerbetrieb zu gewährleisten. Der Ersatz eines beschädigten Lenard-Fensters wäre gleichbedeutend mit der Neuanfertigung der gesamten Röhre. Übrig bleiben also lediglich für Schwachstromkathodenstrahlröhren die Leuchtschirmkontaktphotographie und die Photographie mit Kamera und Linse. Bei den hier verwendeten Anodenspannungen zwischen 500 und 4000 V sind jedoch außerdem die beiden letztgenannten Aufnahmeverfahren, wie oben beschrieben, der Elektronenstrahlphotographie weitaus überlegen, so daß sich die konstruktiven und betriebsmäßigen Bedingungen für die Ausnahmeverfahren in diesem Punkt begegnen. Obgleich somit für den Niederspannungsoszillographen die beiden erstgenannten Verfahren ausscheiden, erschien eine zusammenfassende Behandlung angebracht, da die Verhältnisse sich im Laufe der Zeit insofern ändern können, daß auch für Schwachstromzwecke Oszillographen mit höheren Anodenspannungen zur Anwendung kommen. Besonders geartete Verhältnisse liegen bei der Leuchtschirmkontaktphotographie vor, da der Glasboden der Röhre, die den Fluoreszenzschirm trägt, aus konstruktiven Gründen nicht so dünn gehalten werden kann wie bei dem abgestützten Leuchtschirmkontaktfenster des Hochspannungsoszillographen. Aus den gleichen Gründen muß der Kolbenboden gewölbt ausgeführt werden. Der Nutzeffekt der Leuchtschirmkontaktphotographie sinkt dadurch auf etwa $^1/_5$—$^1/_6$ der bei Hochspannungsoszillographen erreichbaren Werte. Die Überlegenheit der Leuchtschirmkontaktphotographie gegenüber der Photographie mit Kamera und Linse ist daher bei der Schwachstromkathodenstrahlröhre nicht so groß wie bei Hochspannungsoszillographen ($\sim 2:1$)[2]. Ob bei

---

[1] Sommerfeld, E.: Arch. Elektrotechn. Bd. 20 (1928) S. 607—618.

[2] Bei Verwendung der unten besprochenen Spezial-Oszillographenoptik Lichtstärke 1:1 wird dieser Unterschied noch wesentlich geringer.

der Schwachstromkathodenstrahlröhre Leuchtschirmkontaktphotographie oder Photographie mit Kamera und Linse anzuwenden ist, richtet sich nach der Art der aufzunehmenden Oszillogramme.

Praktisch treten drei Fälle des Oszillographierens auf: die Aufnahme stehender Figuren bei periodischen Vorgängen, die Aufnahme einmaliger willkürlicher oder unwillkürlicher Vorgänge mit elektrischer Zeitablenkung. Beide Aufnahmearten ergeben ein flächenhaftes Oszillogramm auf dem Leuchtschirm. Als dritte Aufnahmeart kommt hinzu das Oszillographieren mit mechanischer Zeitablenkung, bei der der Kathodenstrahl

Abb. 236. Außenaufnahme mit normaler Photokamera.

lediglich durch den aufzunehmenden Vorgang beeinflußt wird und ein der Vorgangsamplitude proportionaler Strich auf dem Leuchtschirm erscheint und abzubilden ist.

Bei der Aufnahme stehender Figuren ist die Größe des Nutzeffektes von geringer Bedeutung, da die Oszillogramme durch periodische Vielfachüberschreibung des Leuchtschirmes gewonnen werden. Der Nutzeffekt ist nur dann zu berücksichtigen und große Werte für ihn anzustreben, wenn infolge schlechten Synchronismus des aufzunehmenden Vorganges kurze Belichtungszeiten notwendig werden. Zur Aufnahme stehender Figuren wird praktisch fast stets die Photographie mit Kamera und Linse angewendet, obwohl die Leuchtschirmkontaktphotographie an sich prinzipiell möglich ist. Abb. 236 zeigt eine normale Photokamera in dieser Verwendung.

Die Aufnahme einmaliger Vorgänge ist prinzipiell ebenso mit Kamera und Linse wie auch mit Leuchtschirmkontaktphotographie möglich.

Für die Aufnahme von Vorgängen mit mechanischer Zeitablenkung, die nur ein Plattenpaar im Oszillographen erfordert, ist bei der Schwachstromkathodenstrahlröhre die Photographie mit Kamera und Linse am zweckmäßigsten. Man kann in diesem Falle entweder die gesamte Kamera relativ zum Leuchtschirm mit möglichst konstanter Zeitgeschwindigkeit bewegen und so die Abbildung des Fluoreszenzfleckes an verschiedene Stellen des photographischen Aufnahmemittels entsprechend dem zeitlichen Verlauf des Vorganges verlegen, oder aber es wird bei feststehender Kamera das lichtempfindliche Material über die Abbildungsebene der Kamera bewegt, wodurch in gleicher Weise ein Oszillogramm des Vorganges als Funktion der Zeit entsteht.

In den vorhergehenden Ausführungen sind die beim Kathodenstrahloszillographen prinzipiell möglichen Aufnahmeverfahren erwähnt und ihre Eignung für bestimmte Oszillographierverfahren qualitativ und quantitativ diskutiert worden. Im folgenden sei nun auf die Gesichtspunkte eingegangen, die speziell bei Schwachstromröhren zu berücksichtigen sind, um einerseits bei der photographischen Registrierung die besten Resultate, d. h. die Aufzeichnung höchster Strahlgeschwindigkeiten zu erzielen, und um andererseits mit geringstem Aufwande die Registrierung mäßiger Strahlgeschwindigkeiten durchzuführen.

2. Die Einstellung großer Strahlleistung.

Wie aus den Überlegungen über den Nutzeffekt hervorgeht, wird man zunächst die Oszillographenröhre so einstellen, daß eine möglichst große Helligkeit des Fluoreszenzfleckes gegeben ist. Diese Helligkeit hängt, wie bereits bekannt, von der Geschwindigkeit und von der Zahl der auf den Leuchtschirm auftreffenden Elektronen, d. h. von Anodenspannung und Strahlstrom am Strahlende, also von der Strahlleistung ab. Außerdem ist der Nutzeffekt von der Energiedichte im Fluoreszenzfleck, d. h. bei gegebener Strahlleistung vom Fleckdurchmesser abhängig. Die Stärke des Elektronenstromes läßt sich durch die negative Vorspannung am Wehnelt-Zylinder ändern. Da sich in dem hier in Frage kommenden Spannungsbereich gleichzeitig mit der Wehnelt-Zylinderspannung auch der Durchmesser des Fluoreszenzfleckes ändert, ist die Stärke des betriebsmäßigen Anodenstromes praktisch gegeben durch den Stromwert, der bei optimaler Punktkonzentration fließt. Bei den praktisch ausgeführten Schwachstromkathodenstrahlröhren liegt dieser Stromwert ziemlich unabhängig von der Anodenspannung bei etwa 0,05 mA. Bei der anderen bestimmenden Größe, der Anodenspannung ist dagegen ein größeres Intervall möglich. Braucht beispielsweise bei Vorhandensein geeigneter Vorverstärker keine Rücksicht auf die Empfindlichkeitsabnahme bei hohen Spannungen genommen zu werden, so wird man selbstverständlich möglichst hohe Anodenspannungen anwenden. Eine Grenze ist gegeben durch die Spannung, bei der im Innern der Röhre Zündungen auftreten. Wird in der Nähe der höchstzulässigen Spannungen gearbeitet, so ist der im Abschnitt über Netzgeräte besprochene Strombegrenzungswiderstand unbedingt vorzusehen. Die maximale Spannung liegt bei gasgefüllten Kathodenstrahlröhren etwa bei 4500 V. Die Zündspannung kann allerdings etwas schwanken. Man arbeitet daher besser nicht wesentlich oberhalb einer Spannung von 3000 V. In diesem Zusammenhang ist darauf hinzuweisen, daß die Überschläge immer zwischen Wehnelt-Zylinder und Anode erfolgen, solange sich der Wehnelt-Zylinder auf negativem Potential gegenüber der Kathode befindet und daher den negativsten Punkt des Elektrodensystems darstellt. Dies ist insofern wichtig, weil bei Überschlägen zwischen Kathode und Anode Zerstörungen der Oxydbelegungen auftreten. Größere Spannungen als 4000 V sind auch schon deswegen nicht vorteilhaft, weil in diesen Bereichen bei normalen Gasfüllungen die Wirkung der Gaskonzentration abnimmt, und der Strahl diffus wird (s. oben). Die bei einer Anodenspannung von 3000 V erreichbare maximale Schreibgeschwindigkeit beträgt für Photographie mit Kamera und Linse unter Verwendung geeigneter Optiken (s. unten) etwa 1 km/sec. Ein mit einer Schreibgeschwindigkeit dieser Größenordnung geschriebenes Oszillogramm einer 4000 Hertz-Schwingung zeigt die Abb. 237, die mit einer wirksamen Strahlleistung von 0,25 Watt aufgenommen wurde. Unter Anwendung der oben (S. 101) besprochenen Röhre mit verbessertem Wirkungsgrad sind Schreibgeschwindigkeiten von über 5 km/sec erreichbar. Als ungefähren Anhalt für den Einfluß der Anodenspannung auf die maximale Schreibgeschwindigkeit kann man angeben, daß innerhalb des untersuchten Intervalles bei Reduktion der Anodenspannung auf die Hälfte eine Optik mit fast doppeltem Durchmesser bei gleichbleibender Schreibgeschwindigkeit erforderlich wird.

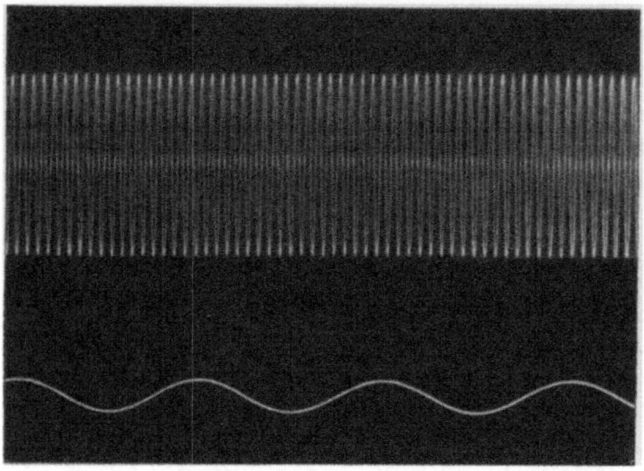

Abb. 237. Oszillogramm einer Schwingung von 4000 Hertz (Strahlleistung etwa 0,25 Watt).

Ebenso wie durch die elektrischen Konstanten wird die Leistung des Oszillographen durch die Art des verwendeten Fluoreszenzschirmes beeinflußt. Nähere Einzelheiten über Fluoreszenzschirme befinden sich bereits in dem Abschnitt A, V, d. Es sei hier nur erwähnt, daß grün und gelb leuchtende Fluoreszenzschirme aus Zinksilikat oder Zinksulfid zwar gut geeignet für visuelle Beobachtung sind, für deutsche Platten und Filmmaterialien sich jedoch als nicht geeignet erwiesen, daß insbesondere die Materialien der Agfa im grünen Bereich außerordentlich unempfindlich sind. Aus diesem Grunde besitzen die Röhren für photographische Registrierung einen Fluoreszenzschirm aus Kalziumwolframat. Die photographische Wirksamkeit ist bei Kadmiumwolframat etwas geringer als bei Kalziumwolframat, doch verbindet Kadmiumwolframat mit dieser nur unerheblich geringeren photographischen Ausbeute eine wesentlich bessere visuelle Eignung als Kalziumwolframat.

3. Das lichtempfindliche Material.

Schon aus den letzten Abschnitten ging hervor, welche Bedeutung die Wahl geeigneter Photomaterialien für die Erreichung hoher Oszillographenleistung besitzt.

Die Betrachtung des Fluoreszenzfleckes mit einem Uranglasspektroskop zeigt, daß das gelieferte Licht bei Kalzium- und Kadmiumwolframat sich zu einem beträchtlichen Teil auf das ultraviolette und das blaue Gebiet verteilt. Bei dieser spektralen Verteilung hat es natürlich keinen Sinn, für die photographische Registrierung extrem panchromatisches Material zu verwenden, denn praktisch kommt es nur auf die Empfindlichkeit im blauen und ultravioletten an. Die Erfahrung mit verschiedenen Platten- und Filmsorten zeigen allerdings, daß das panchromatische Material auch im blauen Gebiet meist noch eine hervorragende Empfindlichkeit besitzt. Welche Schwärzungsunterschiede sich bei völlig gleicher Behandlung mit verschiedenen Materialien ergeben können, zeigt Abb. 238. In Abb. 238a ist ein kaum erkennbarer Lichteindruck gegeben. Die Aufnahme wurde mit der Hauff-Ultra-Rapid-Platte (21^0 Scheiner) durchgeführt. Die Ortho-Elur-Platte (22^0 Scheiner) ergab bereits einen wesentlich stärkeren photochemischen Effekt (Abb. 238 b). Gut sichtbar wurde das Oszillogramm aber erst mit der Lumière-Opta-Platte (24^0 Scheiner, Abb. 238 c), die eine außerordentlich steile Gradationskurve in dem Anfangsgebiete besitzt. Man erkennt, daß die etwas willkürliche Scheinerskala für die vorliegenden Verhältnisse gute Unterlagen liefert. Hervorragende Resultate wurden auch mit der empfindlichsten Sorte der Agfa-Isochrom-Platte erreicht. Sehr geeignet zur Aufnahme von Oszillogrammen erweist sich auch die Astroplatte der Agfa-Gesellschaft, die eine außerordentlich selektive ultraviolette und blaue Empfindlichkeit besitzt. Da das selektive Maximum bei dieser Platte dadurch erreicht wird, daß bei der Fabrikation normaler panchromatischer Platten die Desensibilisierung der Blauempfindlichkeit zugunsten der Gesamtempfindlichkeit unterbleibt, so werden diese Platten im allgemeinen nur auf besondere Bestellung angefertigt.

a. Hauff Ultrarapid (21° Sch.).

b. Ortho Elur (22° Sch.)

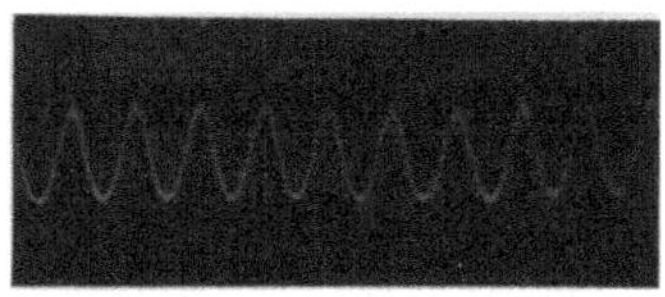

c. Lumière Opta (24° Sch.)

Abb. 238. Unterschiede der Zeichnung bei Verwendung verschiedener Filmmaterialien.

Bei sämtlichen drei Aufnahmen der Abb. 238 wurde mit der gleichen, sehr geringen Helligkeit des Fluoreszenzfleckes gearbeitet, um die Unterschiede im Gebiet geringerer Lichteffekte zu erfassen, auf die es in der Praxis ankommt, denn bei stärkeren Lichteindrücken ergibt sich eine immer ausreichende Schwärzung.

Obwohl insbesondere die empfindlichsten Plattensorten zur Registrierung der Strahlgeschwindigkeiten ausreichen, die bei niederfrequenten Schwingungen auftreten, und obwohl auch die Empfindlichkeiten ausreichen, um beispielsweise Bilder modulierter Hochfrequenzschwingungen festzuhalten, so wird doch zuweilen der Wunsch nach empfindlicherem

Material bestehen. In solchen Fällen ist eine Vorsensibilisierung mit Hilfe üblicher Verfahren (z. B. mit Ammoniak oder Öl) angebracht. Auf die verschiedenen, geeigneten Methoden braucht an dieser Stelle nicht näher eingegangen zu werden. Sie sind hinreichend bekannt aus der Praxis der astronomischen Photographie und der Gitterspektrogrammphotographie. Selbstverständlich sind die Sensibilisierungsmethoden vorzuziehen, bei denen vornehmlich die Blauempfindlichkeit steigt. In gleicher Weise wie Photoplatten lassen sich auch lichtempfindliche Filme zur photographischen Registrierung verwenden, die heute mit jeder gewünschten Emulsion entsprechend den Photoplatten lieferbar sind. Gute Resultate wurden beispielsweise erhalten mit den Filmen: Agfa-Isochrom, Agfa-Super-Pan, Leica-Feinkorn. Ebenso lassen sich auch lichtempfindliche Bromsilberpapiere, wie das auch zur Registrierung bei Schleifenoszillographen verwendete Oszilloxpapier, verwenden.

4. Die Leuchtschirmkontaktphotographie.

Die Leuchtschirmkontaktphotographie ist, wie bereits erwähnt, in gleicher Weise geeignet zur Aufnahme stehender Figuren wie zum Oszillographieren einmaliger, nichtperiodischer Vorgänge. Da jedoch durch die zwischengeschaltete Glaswand des Kolbenbodens eine Strichverbreiterung des Oszillogrammes auftritt, wird man im allgemeinen

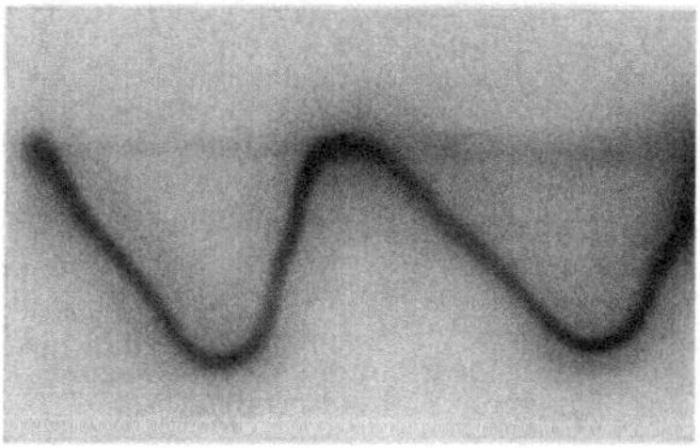

Abb. 239. Kontaktphotographie einer stehenden Figur auf normalempfindlichem Gaslichtpapier (Strahlleistung 0,05 Watt, Belichtungszeit 4 sec).

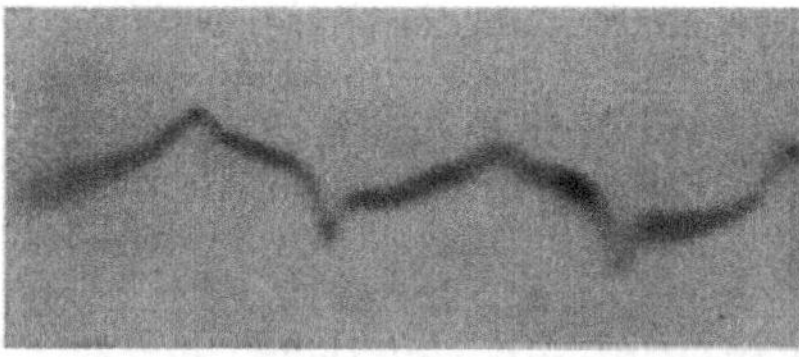

Abb. 240. Leuchtschirmkontakt-Oszillogramm bei 1 mm Glaswandstärke und einer mittleren Schreibgeschwindigkeit von 25 m/sec (Strahlleistung 0,15 Watt. Papier: Oszillox der Technophot.).

die Leuchtschirmkontaktphotographie auf die Aufnahme einmaliger Vorgänge hoher Geschwindigkeiten, die guten Nutzeffekt erfordern, beschränken, da stehende Figuren in besserer Qualität durch die Aufnahme mit Kamera und Linse erfaßt werden können. Die Leuchtschirmkontaktphotographie hat den großen wirtschaftlichen Vorteil, keinerlei besondere Aufnahmevorrichtungen zu benötigen. Das photographische Aufnahmematerial wird im einfachsten Fall lediglich mit der Hand gegen den Kolbenboden gedrückt. Ein Nachteil dieser Aufnahmemethode ist die notwendige Verdunkelung des gesamten Raumes, indem sich der Oszillograph befindet. Natürlich kann durch Anwendung von Spezialkassetten diese Schwierigkeit umgangen werden. Um jedoch ein gutes Anliegen des Photomaterials an den Kolbenboden sicherzustellen, erfordern derartige Kassetten komplizierte Andrückmechanismen, so daß die dadurch erreichte größere Einfachheit der Bedienung den erforderlichen Aufwand nicht gerechtfertigt erscheinen läßt.

Der gewölbte Kolbenboden der Oszillographenröhre beschränkt auch das verwendbare photographische Material. Um möglichst scharfe Oszillogramme zu erhalten, muß man biegsames Material, d. h. also Filme oder Bromsilberpapiere benutzen und darf nur kleinere Teile des Schirmes ausnutzen. Zur Aufnahme stehender Figuren genügen Gaslichtpapiere geringer Empfindlichkeit, während zur Aufnahme einmaliger schneller Vorgänge hochempfindliche Bromsilberpapiere erforderlich werden. Abb. 239 zeigt das auf normal empfindlichem Gaslichtpapier aufgenommene Kontaktoszillogramm einer stehenden Figur bei einer wirksamen Strahlleistung von 0,05 Watt und einer Belichtungszeit von 4 sec. Das Oszillogramm Abb. 240 wurde auf Oszilloxpapier von einem einmaligen Vorgang registriert.

5. Photographie mit Kamera und Linse.

Die Aufzeichnung sämtlicher periodisch wiederholbaren Vorgänge, also stehender Figuren wie auch die Aufzeichnung einmaliger niederfrequenter und evtl. auch mittelfrequenter Vorgänge ist mit Kamera und Linse möglich. Die Methodik dieses Aufnahmeverfahrens ist relativ einfach und läßt sich in sehr vielen Fällen mit bereits für andere Zwecke vorhandenen apparativen Mitteln vornehmen. Bei dem Verfahren mit Kamera und Linse wird die kinetische Energie der Elektronen, die auf dem Fluoreszenzschirm in Energie des Lichts umgesetzt wird, unter Zwischenschaltung rein optischer Mittel zur Niederschrift benutzt. Die bei diesem Aufnahmeverfahren zu berücksichtigenden Grundsätze bezüglich Verzerrungsfreiheit und ausreichender Schwärzung des Oszillogrammes liegen daher auch vorzugsweise auf dem Gebiet der photographischen Optik. Die registrierende Kamera muß sowohl in ihren optischen Abbildungsmitteln wie auch in ihrer eigentlichen Aufnahmevorrichtung an den niederzuschreibenden Vorgang angepaßt werden. Bevor auf die Einzelheiten der gesamten photographischen Aufnahmevorrichtung näher eingegangen wird, soll zunächst diskutiert werden, von welcher Seite des Fluoreszenzschirmes, ob von der Innen- oder von der Außenseite (s. Abb. 236), zweckmäßig photographiert werden soll. Die Antwort darauf, welche von beiden Photographiermethoden die vorteilhaftere ist, hängt von der Ausführung des Fluoreszenzschirmes ab. Man kann den Fluoreszenzschirm so dünn auftragen, daß auf beiden Seiten des Schirmes ungefähr die gleiche Helligkeit gegeben ist. Der Schirm ist dann durchscheinend. Bei solchen Schirmen, die nur bei modernen Röhren sehr gleichmäßig hergestellt sind, ist das Photographieren von außen praktischer. Die sich auf beide Seiten verteilende Gesamthelligkeit ist geringer als die Helligkeit bei dichteren Fluoreszenzschirmen, weil bei diesen die gesamte Stärke des Elektronenstromes zur Fluoreszenzerregung nutzbar wird und nicht ein Teil desselben auf unerregbare Flächen trifft (vgl. den Abschnitt über den Fluoreszenzschirm). Da gleichzeitig bei stärkeren Schirmen der überwiegende Teil der entstehenden Lichtmengen nach innen wirksam wird, ist die Stellung des Photoapparates, wie sie in Abb. 241 angegeben ist, insofern viel vorteilhafter, als bei ihr mindestens die doppelte Lichtmenge gegeben ist.

Mit Rücksicht auf diese Sachlage werden gelegentlich die Kathodenstrahlröhren mit dichteren Fluoreszenzschirmen ausgerüstet. Die Dichte wird dann jedoch so gewählt, daß bei stehenden Figuren, wo die Expositionszeit keine Rolle spielt, die Photographie von außen möglich ist. Gerade bei den flächenhaften, stehenden Figuren ist diese Möglichkeit wichtig, da bei ihr die geometrische Verzerrung am geringsten ist. Im ersten Augenblick wird es erscheinen, als ob bei der Oszillographierung mit der in Abb. 241 angedeuteten Anordnung erhebliche Verzerrungen durch die seitliche Aufnahme einerseits und durch die Brechung im Glas andererseits entstehen könnten. Praktisch zeigt sich jedoch, daß dies, solange nicht mit übermäßig großen Amplituden gearbeitet wird, nicht zutreffend ist. Da der zu photographierende Strich in seiner gesamten Länge den gleichen Abstand von der Kamera hat, schadet zunächst einmal hinsichtlich Scharfstellung, die bei den großen Öffnungsverhältnissen natürlich wegen der zu geringen Schärfe kritisch sein würde, die seitliche Aufnahme nichts. Trotzdem wird man die Kamera oder den Filmapparat, soweit die Notwendigkeit einer Apparatbewegung dies nicht verhindert, möglichst dicht an die Röhre heranbringen. In Abb. 242 sind zwei Stellungen des Apparates gegeben. Im allgemeinen wird man bei der Aufstellung *1* arbeiten. Um aber zu demonstrieren, daß selbst bei der, insbesondere hinsichtlich Verzerrungen durch Glasbrechung ungünstigsten Stellung *2* sich noch durchaus befriedigende Resultate erzielen lassen, ist in der Abb. 243 ein mit dieser Stellung *2* gewonnenes Oszillogramm wiedergegeben. Ein Vergleich dieses Bildes mit dem Bild in einem an der Außenseite des Fluoreszenzschirmes aufgestellten rotierenden Spiegel ergibt eine vorzügliche Übereinstimmung. Diese Resultate lassen es

Abb. 241. Aufbau zur Registrierung von Oszillogrammen von der Innenseite mit Kamera und einfachem Schwenkstativ.

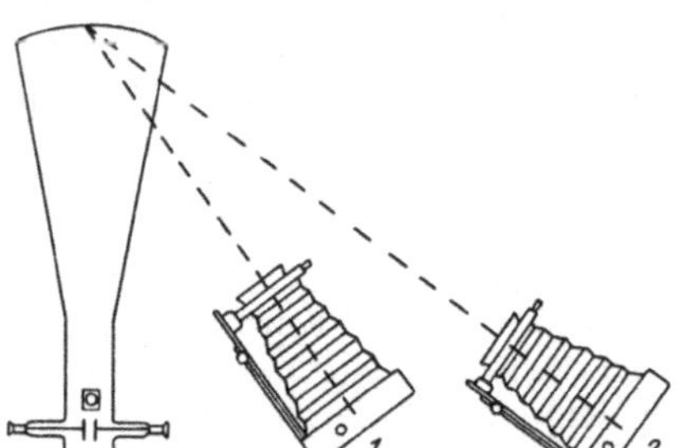

Abb. 242. Vorteilhafte (*1*) und unvorteilhafte (*2*) Anordnung des Schwenkapparates bei Aufnahme von der Vorderseite des Schirmes.

zweckmäßig erscheinen, bei der photographischen Registrierung besonders hoher Frequenzen von der Innenseite aus zu photographieren. In allen übrigen Fällen empfiehlt sich die Photographie von der Außenseite des Schirmes.

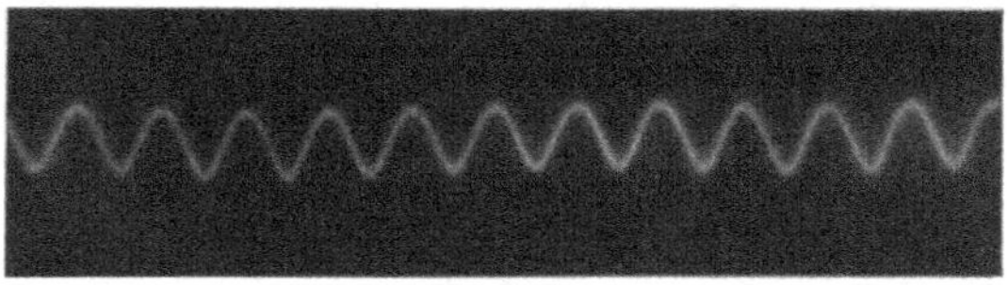

Abb. 243. Durch seitliche Aufnahme gewonnenes Oszillogramm einer Sinusspannung.

Zu beachten ist, daß die Photographie von der Innenseite des Fluoreszenzschirmes nur möglich ist bei bewegter Kamera oder bei bewegtem lichtempfindlichem Material, nicht aber bei elektrischer Zeitablenkung (s. unten), da dann eine Fläche aufzunehmen ist und infolge der geringen Tiefenschärfe der lichtstarken Objektive bei Aufnahmen aus anderen Richtungen zu unscharfe Bilder entstehen. Selbstverständlich fällt bei Röhren mit geneigten Schirmen diese Einschränkung fort.

a) Abbildungsmittel.

Die Glasoptik der zu benutzenden Kamera selbst wird man praktisch mindestens so lichtstark wählen müssen, daß bei der gegebenen Helligkeit des Fluoreszenzfleckes und der gegebenen Höchstempfindlichkeit des Materials und bei der durch den Untersuchungsgegenstand gegebenen Strahlgeschwindigkeit noch eine genügende Schwärzung eintritt, d. h. daß man aus den unteren gekrümmten Teilen der Gradationskurve der photographischen Emulsion herauskommt. Die Optik ist um so lichtstärker zu wählen, je höhere Strahlgeschwindigkeiten praktisch vorkommen. Steht ein Material von etwa 24° Scheiner zur Verfügung, so genügen zur Aufzeichnung von Schwingungen von etwa 2000 Hertz mit einer Amplitude von 1 cm bei den üblichen Strahlströmen und Anodenspannungen Optiken von etwa $f = 3{,}5$, die in normalen, qualifizierten Photoapparaten heute durchaus üblich sind. Will man eine gewisse Sicherheit haben, oder will man auch ohne die Anwendung von Sensibilisierungsmethoden noch höhere Frequenzen registrieren, so empfiehlt es sich, noch erheblich lichtstärkere Optiken anzuwenden. Solche sehr lichtstarken Objektive sind sowohl für Plattenapparate wie auch für Filmapparate überall im Handel erhältlich. Bei der Art des anzuwendenden Objektivs kommt es weniger auf eine extreme Schärfe der Zeichnung an als vielmehr auf das Öffnungsverhältnis, sofern die Unschärfe nicht so groß wird, daß die Energiedichte im Schreibfleck auf dem photographischen Aufnahmemittel merklich abnimmt. Selbst bei schlecht korrigierten Objektiven ist die Verzeichnung an den Randgebieten bei nicht übermäßig großen Amplituden kleiner als die Unschärfe, die der Brennfleck durch seine Größe von etwa 1 mm² besitzt. Bei der Auswahl der Objektive ist darauf zu achten, daß die gelieferten Lichtmengen nicht nur von dem geometrischen Öffnungsverhältnis abhängen, sondern daß auch die Lichtreflexion eine bedeutende Rolle spielt. An den Grenzflächen: Luft, Glas beträgt der

Verlust bekanntlich etwa 5%, und ist daher besonders bei nicht verkitteten Doppelanastigmaten recht erheblich. Für oszillographische Zwecke sind unbedingt verkittete Objektive vorzuziehen.

Die Anwendung extrem scharf zeichnender Objektive für das Oszillographieren bedeutet einen unnötigen Aufwand. Da die Fluoreszenzschirme meist in einem bestimmten Spektralgebiet eine besonders starke Lichtemission aufweisen, ist es möglich, auf die chromatische Korrektion der Objektive zu verzichten, wenn auch die spektrale Empfindlichkeit des angewandten lichtempfindlichen Materials in Übereinstimmung gebracht wird mit der Farbe des Fluoreszenzschirmes. Es genügt, wenn das Objektiv nur sphärisch korrigiert ist. Auf diese Weise sind Objektive möglich, die auch bei sehr großen Lichtstärken und größeren Brennweiten billig sind. Eine nach diesen Gesichtspunkten von der Astro-Gesellschaft, Berlin-Neukölln, durchgebildete Spezialoptik für Kathodenstrahl-Oszillographen ist in Abb. 244 photographiert. Das links sichtbare Objektiv ist mit einer Einstellfassung ausgerüstet. Diese Optik hat bei äußerst geringen Glasverlusten das geometrische Öffnungsverhältnis 1:1 bei einer Brennweite von 5,0 cm. Mit dieser Optik, die fast die doppelte Lichtmenge des schon oben erwähnten RK-Objektives der gleichen Gesellschaft liefert, wurden außerordentlich günstige Erfahrungen gesammelt. Bei den meisten der unten besprochenen Kameras kommt diese Spezialoptik zur Anwendung. Für die Aufzeichnung besonders großer Oszillogramme sowie für die Projektion von Fluoreszenzschirmfiguren oder -bildern auf größere Flächen wird die gleiche Optik auch mit einer Brennweite von 12 cm hergestellt.

Abb. 244. Spezialoptik für Kathodenstrahloszillographen der Astro-Gesellschaft (geometrisches Öffnungsverhältnis 1 : 1, Brennweite 50 mm).

Gegenüber diesen neuen Optiken führt die ebenfalls mögliche Verwendung gekreuzter Zylinder-Linsensysteme zu keinen rationelleren Lösungen.

Die Verwendung teurer Quarzoptiken ist trotz des starken Anteils ultravioletter Strahlung im Spektrum des Leuchtschirmes zwecklos, da durch die Glaswand des Schirmträgers sowieso der ultraviolette Anteil der Strahlung herausgefiltert wird.

b) Die Aufnahmevorrichtung.

Die Auswahl und konstruktive Durchbildung der Aufnahmevorrichtung in der Kamera richtet sich nach der Art der aufzunehmenden Oszillogramme, je nachdem es sich um die Aufnahme kurzzeitiger oder langzeitiger Oszillogramme handelt.

a) Die Aufnahme kurzzeitiger Oszillogramme mit Platten- und Trommelkamera. Handelt es sich darum, lediglich einen kurzen Zeitabschnitt aus irgendeiner periodischen oder unperiodischen Schwingung zu erfassen, so genügen Plattenapparate, evtl. mit kleinem Bildformat vollkommen. Steht keine spezielle Kamera zur Verfügung, so wird man die Kamera in geeigneter Höhe drehbar anordnen. Ein solches Kamerastativ ist in Abb. 236 und 241 abgebildet. Der sichtbare Hebel

Abb. 245. Aufnahmeeinrichtung mit Momentverschluß und Registriertrommel.

erleichtert es, die Kamera herumzuschwenken und dabei den gewünschten Zeitabschnitt zu erfassen. Ist das Stativ präzise ausgeführt, so ist es leicht, auch die Nullinie in das Oszillogramm zu bringen, indem bei einer Drehung die Braunsche Röhre mit und bei einer zweiten Drehung ohne Wechselspannung arbeitet. Besonders erwünscht ist diese Möglichkeit bei der Untersuchung von Gleichrichtern. Um Plattenmaterial zu sparen, empfiehlt es sich, auf einer Platte mehrere Oszillogramme hintereinander aufzunehmen. Hierzu ist es nur erforderlich, die Objektivhöhe durch die dafür bei den meisten Kameras angebrachte Einstellvorrichtung zu verändern. Durch Betrachtung auf der Mattscheibe und Berücksichtigung der maximal vorkommenden Amplitude ist es leicht zu vermeiden, daß die Kurven sich in solchen Fällen überschneiden.

Statt die mechanische Zeitablenkung durch Bewegung der gesamten Kamera relativ zum Fluoreszenzfleck zu erzeugen, kann man auch bei festgehaltener Optik das photographische Aufnahmematerial relativ zur Optik und Fluoreszenzfleck bewegen. Ein solches Aufnahmeaggregat von Zeiß-Ikon zeigt Abb. 245, in dem Braunsche Röhre, Momentverschluß und eine rotierende Trommel zu einer Einheit zusammengebaut sind.

Eine weitere Kamera, bei der das lichtempfindliche Material ebenfalls auf eine Registriertrommel gebracht wird, ist in Abb. 246 wiedergegeben. Bei dieser Ausführung kommt eine Trommel aus Leichtmetall mit verhältnismäßig großem Umfang zur Anwendung, auf die Film- oder Papierstreifen in einer Länge von über 1 m aufgespannt werden. Der Vorteil dieser Ausführung ist die große Länge des Oszillogrammes sowie die Möglichkeit, bei dem motorischen Trommelantrieb sehr hohe Umfangsgeschwindigkeiten zu erreichen. Damit nur während einer einzigen

Trommelumdrehung Belichtung stattfindet, ist es notwendig, die Öffnungszeit des Objektivverschlusses gleich der Zeit für eine Trommelumdrehung zu wählen. Um die jeweils erforderliche Belichtungszeit zu erkennen,

Abb. 246. Kamera mit Registriertrommel von großem Umfang für besonders hohe Geschwindigkeiten (Versuchsausführung: Institut A. Widmaier. T. H. Stuttgart).

ist bei der Ausführung Abb. 246 mit der Achse der Registriertrommel ein Tourenzähler verbunden, aus dessen Anzeige die jeweils erforderliche Öffnungszeit des Verschlusses zu ersehen ist.

Durch den motorischen Trommelantrieb, durch die Verschlußanordnung, durch Tourenzähler werden die Trommel-Registriergeräte teuer. Als weiterer Nachteil ist anzusehen, daß bei fast allen Konstruktionen das lichtempfindliche Material in einer Dunkelkammer eingelegt werden muß, und daß das Einlegen oder Aufspannen wesentlich mehr Mühe bereitet als beispielsweise das Einlegen von Platten in Kassetten. Die geschilderten Nachteile sind vermieden bei der in Abb. 247 wiedergegebenen Oszillographenkamera. Der durch die zu oszillographierende Spannung auf dem Schirm gegebene Fluoreszenzstrich wird hier über die oben besprochene lichtstarke Spezialoptik in einem schmalen Schlitz abgebildet. Die Breite des Schlitzes ist nur so groß gewählt, daß es ohne erhebliche Schwierigkeiten gelingt, die optische Abbildung des Fluoreszenzstriches durch den Schlitz ungehindert hindurchfallen zu lassen. Durch den Schlitz wird erreicht, daß im wesentlichen nur Licht aus der Zone zur Wirkung kommen kann, die von dem Fluoreszenzfleck bestrichen wird. Die hierdurch bedingte Ausschaltung alles schädlichen Nebenlichtes (beispielsweise des Lichthofes) führt zu besonders klaren Oszillogrammen und ermöglicht trotz der lichtstarken Optik die Registrierung von Oszillogrammen in hellen Räumen. Die Vorbeibewegung des lichtempfindlichen Materials vor dem Schlitz wird dadurch bewirkt, daß die das lichtempfindliche Material tragende Kassette in einem lichtdicht abgeschlossenen Schlitten durch eine Federanordnung an ihm vorbeigeschossen wird. Durch mehr oder weniger starke Anspannung der

Abb. 247. Rückansicht der Oszillographenkamera des Verfassers (Kassettenschlitten und Felderabschußvorrichtung).

Feder kann die Geschwindigkeit der Vorbeibewegung in weiten Grenzen geändert werden. Die Abschußvorrichtung ist so dimensioniert, daß der Schlitten, bevor das lichtempfindliche Material den Schlitz erreicht, seine volle Geschwindigkeit erreicht hat. Der Schlitten bewegt sich dann mit konstanter Geschwindigkeit am Schlitz vorbei und wird kurz nach Passieren des Schlitzes abgebremst. Durch sehr geringe Reibung des Schlittens in seinen Führungsschienen ist eine gleichmäßige Bewegung während des Vorbeifluges am Schlitz gesichert. Die Gleichmäßigkeit der Bewegung geht auch aus den weiter unten wiedergegebenen Oszillogrammen hervor. Die maximale Geschwindigkeit des lichtempfindlichen Materials beträgt bei dieser Anordnung etwa 4—5 m/sec. Die Geschwindigkeit der Vorbeibewegung wird dadurch kontrolliert, daß oberhalb oder unterhalb der Abbildung des Fluoreszenzstriches das Licht einer aus dem Wechselstromnetz betriebenen Glimmlampe in einem schmalen Bündel den Schlitz durchsetzt (vgl. hierzu den Abschnitt B. VII).

Bei der angewendeten Optik und der aus Gründen der effektiven Lichtstärke zweckmäßigen Verkleinerung von mindestens 1 : 3 bis 1 : 4 beträgt die maximale Breite des Oszillogrammes einschließlich des danebenliegenden, einige Millimeter breiten Streifens für die Zeitmarkierung etwa 3 cm. Eine Höhenverstellung des Kassettenschlittens, die auf Abb. 248 erkennbar ist, ermöglicht es bei dem zur Anwendung kommenden Format 9×12, drei Oszillogramme untereinander auf ein

Abb. 248. Vorderansicht der Oszillographenkamera mit Optik F 1 (Kontakt-Auslösevorrichtung, Fassung für Zeitmarkierungs-Glimmlampe, Höhenverstellung).

und dieselbe Platte zu bringen. Die Orientierung der Kamera sowie die Einstellung des Objektives erfolgt mit Hilfe einer Mattscheibe, die etwa

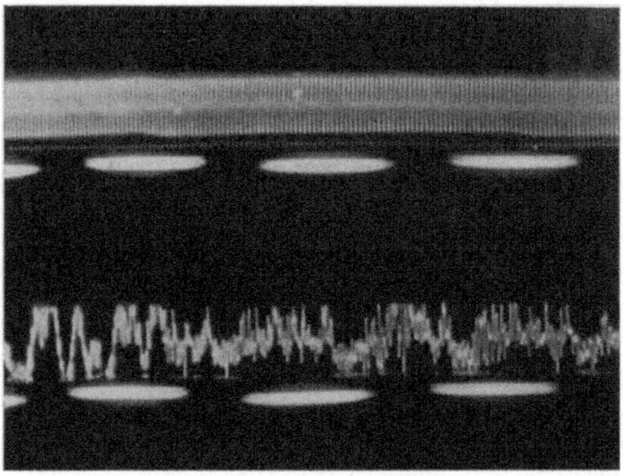

Abb. 249. Mit der Kamera Abb. 247 gewonnene Oszillogramme und Zeitmarkierungen ($U_a \sim 3000$ V, Platte: Agfa-Isochrom, normal entwickelt).

in die Ebene des lichtempfindlichen Materials hinter den Schlitz eingeführt werden kann. Der Zeitausschnitt, den die Kamera zu erfassen gestattet, beträgt je nach der Spannung der Abschußfeder $^1/_5$—$^1/_{50}$ sec.

Sollen unperiodische kurzzeitige Vorgänge oszillographiert werden, so ist es notwendig, daß der Vorgang in dem genannten kurzen Zeitintervall stattfindet, in dem sich das lichtempfindliche Material vor dem Schlitz bewegt. Um dies bei elektrisch auslösbaren einmaligen Vorgängen zu erreichen, ist mit dem Abschußhebel die in Abb. 248 links sichtbare Kontakteinrichtung konstruktiv vereinigt, die gleichzeitig mit der Auslösung oder kurz vor der Auslösung oder kurz nach der Auslösung einen Kontakt herstellt. Da bei dem beschriebenen Gerät normale Blechkassetten zur Anwendung kommen, in die das lichtempfindliche Material eingelegt werden kann, ohne daß das Registriergerät verstellt oder transportiert zu werden braucht, oder eine Verdunkelung des Raumes notwendig ist, besteht die Gewähr für einfache Bedienung sowie für Reproduzierbarkeit eingestellter optischer Verhältnisse. Zwei mit der besprochenen Kamera auf die gleiche Platte gebrachte Oszillogramme mit Zeitmarkierungen sind in Abb. 249 wiedergegeben. Trotz Anwendung normaler Anodenspannungen, normaler Plattensorten und normaler Entwicklung zeigt das Oszillogramm ausgezeichnete Kontraste.

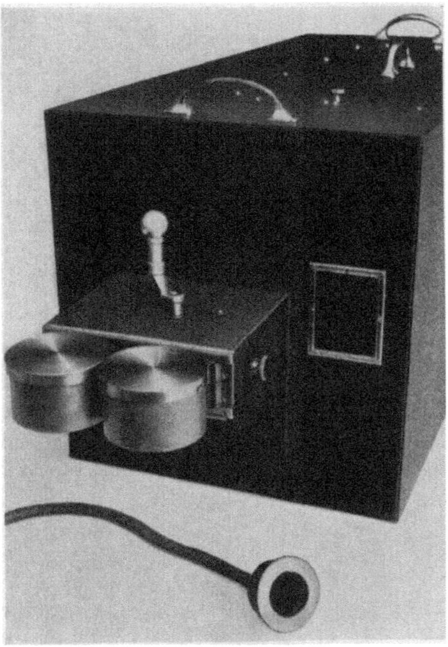

Abb. 250. Film-Aufnahmeeinrichtung mit Handantrieb und Fenster für gleichzeitige Beobachtung der Schwingung im rotierenden Spiegel.

Für Spezialzwecke, wo es erforderlich ist, mehrere Oszillogramme nicht nacheinander, sondern gleichzeitig auf ein und dieselbe Platte zu bringen, wird die gleiche Kamera mit einer Optik von 12 cm Brennweite hergestellt. Die gleichzeitige Aufnahme von zwei oder drei Oszillogrammen geschieht dann in der Weise, daß zwei oder drei Röhren mit kleinerem Kolben (beispielsweise Röhren nach Abb. 114) unmittelbar übereinander aufgebaut und die bei Ablenkung entstehenden Fluoreszenzstriche untereinander abgebildet werden.

β) Die Aufnahme langzeitiger Oszillogramme mit Filmapparaten. Bei der Aufzeichnung durch eine Filmkamera besteht der Vorteil außerordentlich lange Oszillogramme aufnehmen zu können. Bei der Benutzung normaler Filmkameras für diesen Spezialzweck ist durch Beseitigung des Malteserkreuzes dafür zu sorgen, daß der Film statt der sonst üblichen ruckweisen Bewegung eine gleichmäßige Bewegung erhält. Bei der gleichmäßigen Bewegung ist die Belastung des Getriebes und des Filmmaterials bei gleicher Geschwindigkeit pro Meter sehr viel geringer. Infolgedessen lassen sich relativ hohe Filmgeschwindigkeiten (bis etwa 5 m/sec) störungsfrei erreichen. Als Antrieb der Kamera ist sowohl Handantrieb wie elektrischer Antrieb üblich. Abb. 250 zeigt eine Aufnahmeeinrichtung mit Handantrieb, die gleichzeitig die Beobachtung der aufzunehmenden Schwingung im rotierenden Spiegel und damit das Herausgreifen beliebiger Phasen des Oszillogrammes gestattet. Im allgemeinen wird man jedoch, um ein großes Geschwindigkeitsintervall ohne Anstrengung verwirklichen zu können, den elektrischen Antrieb der Kamera dem einfachen, mechanischen Antrieb durch eine Kurbel vorziehen. Als Antriebsmotore verwendet man am besten Nebenschlußmotore mit Bürstenverstellung, die ein großes Drehzahlintervall umfassen. Die erforderliche Antriebsleistung beträgt etwa $^1/_6$ PS. Die Abb. 251 und 252 lassen Spezialfilmkameras mit elektrischem Antrieb erkennen. Die in Abb. 252 dargestellte Kamera ist speziell für die Aufnahme langzeitiger Oszillogramme gebaut.

Abb. 251. Einfache Filmkamera mit Motorantrieb.

Abb. 252. Große Filmkamera mit Motorantrieb für die Aufnahme langer Oszillogramme.

Um den Filmverbrauch gering zu halten, d. h. um den Film in einem möglichst geringen Zeitraum auf die gewünschte Geschwindigkeit, und ebenfalls um in dem kürzesten Zeitraum den Film aus der Bewegung in den Stillstand zu bringen, sieht man, insbesondere für höhere Filmgeschwindigkeiten, eine besondere Kupplungs- und Bremsvorrichtung vor. Eine solche Vorrichtung zeigt Abb. 253 in ihren konstruktiven Einzelheiten. Ist der Motor mit seiner Schwungmasse auf der erforderlichen Drehzahl, so genügt ein kurzer Druck auf den Hebel, der die konische Reibungskopplung einschaltet, um dem Film die gewünschte Geschwindigkeit zu erteilen. Sofort nach Loslassen des Knopfes wird durch Federkraft die Bremse angezogen, und das Filmband bleibt stehen. Der beschriebene Aufwand ist besonders dann durchaus lohnend, wenn kurzzeitige Oszillogramme sehr schneller Vorgänge durchgeführt werden sollen. Sind Filmgeschwindigkeit und Vorgang relativ langsam, so genügt die Reibung des Filmes allein zur Bremsung. Es genügt in diesem Falle, lediglich eine Kupplungsvorrichtung vorzusehen.

Abb. 253. Kupplungs- und Bremsvorrichtung zur Herabsetzung des Filmverbrauchs.

Wird eine große Anzahl von Oszillogrammen zu verschiedenen Beobachtungszeiten aufgenommen, so empfiehlt es sich, eine optische Markierung, z. B. das belichtete Zifferblatt einer Uhr oder ähnliches mit zu photographieren, um eine spätere Identifizierung der Oszillogramme zu ermöglichen.

VI. Die langsame photographische Registrierung von Amplitudenwerten.

Bei den in den letzten Abschnitten besprochenen photographischen Registrierungen handelte es sich darum, den genauen Verlauf des gesamten Schwingungsvorganges zu erfassen. Bei einer Reihe Anwendungen genügt jedoch schon die langsame photographische Registrierung der Strahlausschläge, ohne daß die einzelnen Schwingungen erkennbar werden. Die Registrierung von Amplitudenwerten kommt beispielsweise bei der Aufzeichnung der Frequenzabhängigkeit des Übertragungsmaßes von Verstärkern, Mikrophonen, Lautsprechern usw. in Frage, d. h. grundsätzlich bei allen den Aufgaben, wo in Zeiträumen von einigen Minuten plötzliche Amplitudenschwankungen beim Meßvorgang eintreten. Um die besonderen Vorteile beim Registrieren von Amplitudenwerten mit Braunschen Röhren erkennbar zu geben, soll kurz auf die sonst in der Technik für die Aufzeichnung von Amplitudenwerden übliche Methodik eingegangen werden.

In der Mehrzahl der Fälle werden die Amplitudenwerte punktweise gemessen. Für die Eingangs- und Ausgangswechselspannungen werden hierzu integrierende Spannungsmesser (Zeigerinstrumente, die den Effektivwert messen), benutzt. Die gefundenen Meßpunkte werden, um eine zusammenhängende Kurve zu erhalten, verbunden. Hat die Amplitudenkurve einen komplizierten Verlauf mit starken Schwankungen, so sind viele, dicht benachbarte Meßpunkte aufzunehmen. Das Verfahren ist vor allem bei Vorhandensein schnellerer Schwankungen sehr mühevoll, führt leicht zu Meßfehlern und kann schließlich bei Schwankungen, die innerhalb von Sekunden vor sich gehen, überhaupt nicht mehr angewendet werden.

Wird die Amplitudenkurve mit einer automatischen Registriervorrichtung aufgenommen, beispielsweise mit einem schreibenden Instrument, so gelingt es, den ganzen Kurvenverlauf mit allen Feinheiten nur so lange zu erfassen, bis schließlich wieder die Trägheit des Anzeigeinstrumentes eine unerwünschte Mittelwertsbildung bewirkt.

Die Notwendigkeit einer Kurvenumzeichnung infolge des nichtlinearen Zusammenhanges von Instrumentausschlag und zugeführter Wechselspannung, die fast unkontrollierbaren Anzeigefehler bei sich im Laufe der Registrierung änderndem Formfaktor der Schwingung und andere Nachteile lassen die Kurvenregistrierung mit schreibenden Instrumenten als nicht für alle Zwecke geeignet erscheinen.

Die Registrierung von Amplitudenwerten mit Kathodenstrahlröhren besitzt gegenüber den erwähnten üblichen Aufzeichnungsmethoden einige grundsätzliche Vorteile.

Die Braunsche Röhre ist kein integrierendes Instrument, sie folgt trägheitslos dem Verlauf der Ausgangsspannung. Strahlausschlag und Meßspannung hängen praktisch linear voneinander ab, so daß die registrierte Kurve fast immer ohne Umzeichnung verwendet werden kann. Die Linearität bedeutet eine große Vereinfachung der Ordinateneichung, die im allgemeinen durch Mitregistrierung einer Normalspannung vor oder nach der Messung erfolgen kann. Werden die von der Braunschen Röhre gelieferten Strahlausschläge photographisch registriert, so lassen sich Aussagen machen, die bei Verwendung von Effektivspannungsmessern nicht möglich wären. In dem mit der Braunschen Röhre erhaltenen Registrierbild werden Oberwellen der Spannung erkennbar. Je nach der Bewegungsgeschwindigkeit des Fluoreszenzfleckes macht sich bei der Registrierung ein mehr oder weniger starker photographischer Eindruck bemerkbar. So sind beispielsweise bei sinusförmigem Spannungsverlaufe die Umkehrpunkte stärker betont. Ist die zweite Oberschwingung stark ausgeprägt, so treten in der Nähe des Nullwertes Zonen erhöhter Schwärzung in Erscheinung und so fort. Für viele Zwecke der Praxis ist die auf diese Weise erfolgende Miterfassung des Klirrfaktors ausreichend deutlich. Weiterhin gelingt es, durch diese Art der Registrierung Unsymmetrien der Schwingung, die durch entsprechende Unsymmetrien des Meßobjektes verursacht sein können, daran zu erkennen, daß die Amplituden zu beiden Seiten der Nullinie ungleich werden. Die übliche Registriermethode würde an Stelle einer solchen Unsymmetrie einfach einen mittleren Wert anzeigen. Bei der Registrierung von Amplitudenwerten mit der Kathodenstrahlröhre werden ferner Reste von Hochfrequenz oder Brummspannungen, die der Meßspannung überlagert sind, sicher erkennbar. Weiterhin gelingt es, bei der Amplitudenregistrierung modulierter Hochfrequenzspannungen den Modulationsgrad mit zu erfassen, da die Zonen stärker hervortreten, in denen Umkehrpunkte der Sinusspannung liegen. Schließlich ist noch der Vorteil nicht zu unterschätzen, daß infolge der Trägheitslosigkeit der Registriereinrichtung die Registrierung sehr schnell durchlaufen werden kann, soweit nicht Trägheiten in der Meßanordnung selbst zu berücksichtigen sind.

Abb. 254. Gerät für langsame photographische Registrierung von Amplitudenwerten.

Ein Gerät für die langsame Registrierung von Amplitudenwerten ist in Abb. 254 abgebildet.

Das Gerät besteht aus einer Trommel für lichtempfindliches Papier, die durch ein Uhrwerk mit einstellbarer, gleichmäßiger Geschwindigkeit angetrieben wird. Die Zeit für die Umdrehung der Trommel läßt sich in zwei Stufen und innerhalb dieser Stufen stetig zwischen etwa $^1/_2$ Minute und 6 Minuten einregulieren. Die jeweilige Stellung der Trommel wird durch einen mitumlaufenden Zeiger erkennbar. An Stelle des Zeigers kann bei dem abgebildeten Gerät auch eine Kupplung aufgesetzt werden, welche beispielsweise zum Anschluß eines Tongeneratordrehkondensators, eines Reglers, d. h. zur starren mechanischen Kupplung mit der Zeitachse dient.

Auch ohne starre Kupplung läßt sich infolge der Gleichmäßigkeit des Trommelumlaufes leicht ein dem Vorgang passend zugeordneter Abszissenmaßstab verwirklichen. Grundsätzlich empfiehlt es sich, die Umlaufzeit der Registriertrommel so einzustellen, daß sie etwas größer ist als die Zeit, die der zu registrierende Vorgang in Anspruch nimmt. Man kann dann bis zum Beginn und sofort nach Beendigung des Vorganges die schon oben erwähnten Eichspannungen zuführen, die auf diese Weise gleichzeitig eine Zeitmarkierung ergeben. Genügen Zeitmarkierungen, die den Vorgang selbst eingrenzen, nicht, sondern werden weitere Zeitmarkierungen im Verlaufe des Vorganges gewünscht, so sind diese auf einfachste Weise dadurch möglich, daß kurzzeitig die Meßspannung vom Rohr abgeschaltet wird. Das abgebildete Registriergerät ist so gebaut, daß es unmittelbar an den Fluoreszenzschirm der Braunschen Röhre herangebracht werden kann. Die Spaltöffnung sorgt dafür, daß möglichst wenig Nebenlicht in den Lichtschacht gelangt, so daß die Registrierung auch in hellen Räumen vor sich gehen kann. Um das Eindringen von Licht vor und nach der eigentlichen Registrierung zu verhindern, ist am Gerät ein Verschluß vorgesehen. Die in den Lichtschacht eingeschaltete

Optik ist so angeordnet und dimensioniert, daß eine scharfe Abbildung des Fluoreszenzstriches auf der Papierebene erfolgt, wenn der Fluoreszenzschirm unmittelbar an die Öffnung herangebracht wird. Die Lichtstärke des Objektives ist so gewählt, daß bei Verwendung üblicher Oszillographenpapiere, bei Betrieb mit 1500 V Anodenspannung und den

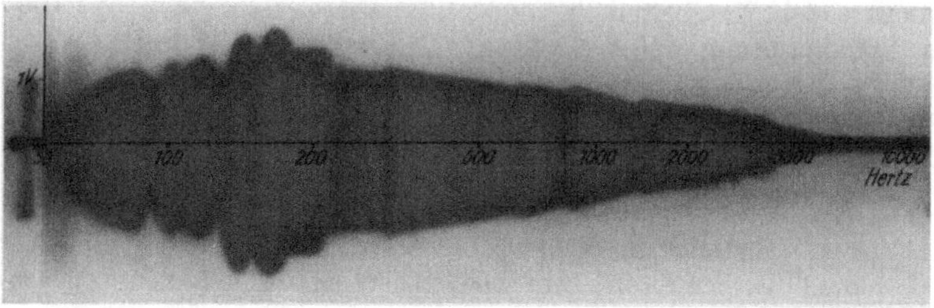

Abb. 255. Registrierte Frequenzkurve eines Tonabnehmers mit kleinem Klirrfaktor.

erwähnten Umlaufzeiten eine gute Schwärzung erfolgt. Ein von der Geschwindigkeitsregelung getrennter Ein- und Ausschalter für den Trommelumlauf bewirkt, daß einmal eingestellte Umlaufgeschwindigkeiten beibehalten werden können. Einige Registrierungen, die die typischen Eigenschaften der besprochenen Methodik erkennen lassen,

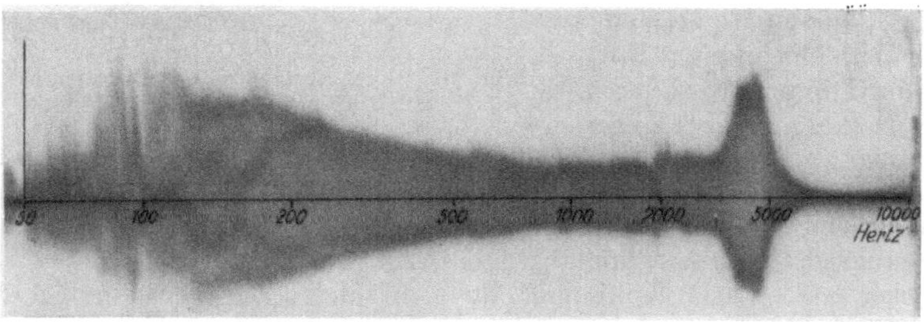

Abb. 256. Registrierung, die besonders in den links sichtbaren Bereichen starken Oberwellengehalt erkennen läßt.

sind in Abb. 255, 256 und 257 wiedergegeben. Abb. 255 zeigt die Amplitudenkurve eines Tonabnehmers bei konstant gehaltener Geschwindigkeitsamplitude und geänderter Frequenz. Der untersuchte Tonabnehmer arbeitet fast in dem gesamten Frequenzbereich ohne Amplitudenverzerrung, denn die Randzonen der Registrierung sind betont und zwischen den Begrenzungen sind keine Ungleichmäßigkeiten der Belichtung bemerkbar, d. h. die registrierte Spannung ist gut sinusförmig. Eine andere Registrierung, die besonders bei den Frequenzen bis zu 200 Hertz starken Oberwellengehalt erkennen läßt, ist in Abb. 256 wiedergegeben. Es handelt sich hierbei auch wieder um einen Tonabnehmer.

Die Schlieren in der Registrierung im Bereich tiefer Frequenzen sind bei der Wiederholung von Messungen vollkommen reproduzierbar und sind charakteristisch für den dynamischen Verlauf der Amplitudenabhängigkeit des untersuchten Meßobjektes. Auch die Registrierung

Abb. 257 ist recht lehrreich. Hier handelt es sich um die Frequenzabhängigkeiten eines unbelasteten, nicht gedämpften Lautsprechersystems, das eine Reihe scharf ausgeprägter Resonanzstellen aufweist. Man erkennt aus der Registrierung die aufschlußreiche, wenn auch naheliegende Tatsache, daß ein sinusförmiger Spannungsverlauf nur unmittelbar bei den Resonanzstellen gegeben ist. Zwischen den Resonanzstellen ist die Begrenzung nur schwach ausgeprägt. Das Oszillogramm des Spannungsverlaufes in den Zwischenbereichen ließ erkennen, daß die Spannung hier eine stark ausgeprägte dritte Oberschwingung aufwies.

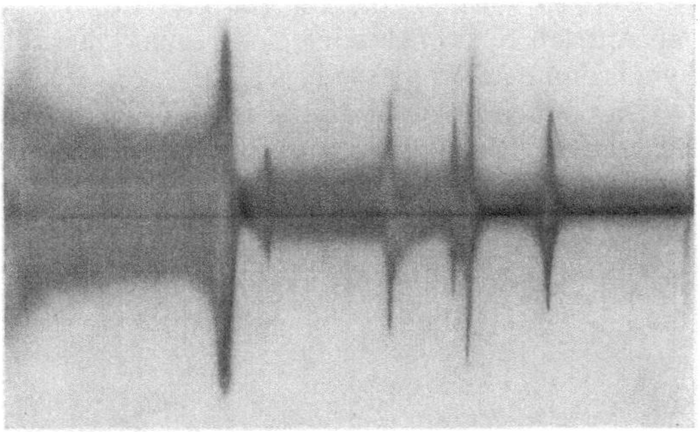

Abb. 257. Frequenzkurve eines nahezu unbelasteten elektromechanischen Systems mit mehreren Resonanzstellen.

Mit den gezeigten Beispielen dürfte zur Genüge die Eignung der langsamen photographischen Registrierung von Amplitudenwerten mit der Braunschen Röhre für bestimmte Meßaufgaben hingewiesen sein.

VII. Die Mitfixierung von Zeitmarken.

Bei der Registrierung unperiodischer Vorgänge ist zur Kurvenauswertung die Mitregistrierung von Zeitmarken sehr wichtig. Auch bei periodischen Kurvenzügen wird eine Zeitmarkierung erforderlich, wenn keine im Oszillogramm vorkommende charakteristische Komponente in ihrer Frequenz genau bekannt wird.

Automatisch wird die Zeitgröße miterfaßt, wenn die Daten der Zeitablenkung genau bekannt sind, d. h. das Gesetz, nach dem die Zeitablenkung erfolgt und die diesem zugrundeliegenden Größen. Beispielsweise ist der Zeitmaßstab bei Kippkurven mit linearem Anstieg vollkommen erfaßt, wenn die Kippfrequenz und auch die Länge des durch die Kippspannung entstehenden Fluoreszenzstriches bekannt ist. Ein einfaches Zahlenbeispiel möge eine Übersicht über die Größenordnung des Zeitmaßstabes geben, der mit einfachen Glimmlampenkippschwingungen noch erreicht werden kann. Die Kippfrequenz sei bekannt und betrage 5000 Hertz — bei normalem Schaltungsaufbau und einfachen Glimmlampen läßt sich diese Frequenz bei einer Kippspannungsamplitude von etwa 100 V noch gut erreichen —, der Bereich, den der Kathodenstrahl infolge der Kippspannung periodisch durchläuft, erstrecke sich über eine Länge von 10 cm. Dann entspricht 1 mm auf der Zeitabszisse in der Fluoreszenzfigur $^1/_{500000}$ sec. Ganz analog erfolgt die Zeitmarkierung bei Kippspannungen mit exponentiellem Anstieg oder Abfall oder bei Sinusspannungen bekannter Frequenz. Nur ist dann die besondere Gesetzmäßigkeit mit zu berücksichtigen. Auf einfachste Weise ist der

Zeitmaßstab natürlich auch bei mechanischen Zeitablenkungen gegeben, wenn der Geschwindigkeitsverlauf der bewegten Teile definiert und bekannt ist. Ein typisches Beispiel für den zuletzt erwähnten Fall ist der Antrieb optischer oder elektrischer Zeitablenkungsmittel über einen Synchronmotor.

Die verbreitetste Methode ist die schon oben ausführlich besprochene elektrische Zeitablenkung durch Kippspannungen mit linearem Anstieg oder Abfall. Verhältnismäßig selten stehen im Laboratorium Kippspannungen genau bekannter Frequenz zur Verfügung. Sehr häufig dagegen sind Sinusspannungen bekannter Frequenz gegeben, beispielsweise aus einem 50- oder 500-Periodennetz, aus Tongeneratoren, Stimmgabelsummern, Röhrensummern oder Quarzgeneratoren. Durch Synchronisierung der Kippspannung nach einer der oben beschriebenen Methoden mit der Sinusspannung gelingt die Herstellung definierter Kippfrequenzen. Durch Prüfung ist jeweils festzustellen, welche Frequenzunterteilung eingestellt ist. Zur Prüfung ist es nur notwendig, kurzzeitig die Sinusspannung an die Ordinatenplatten der Braunschen Röhre zu legen und die Zahl der sichtbaren Kurvenzüge festzustellen. Die oben beschriebene Synchronisierung von Kippschwingungen ist daher nicht nur für die Erzeugung stehender Figuren bei periodischen Vorgängen, sondern allgemein für die Herstellung einer definierten elektrischen Zeitablenkung von Bedeutung.

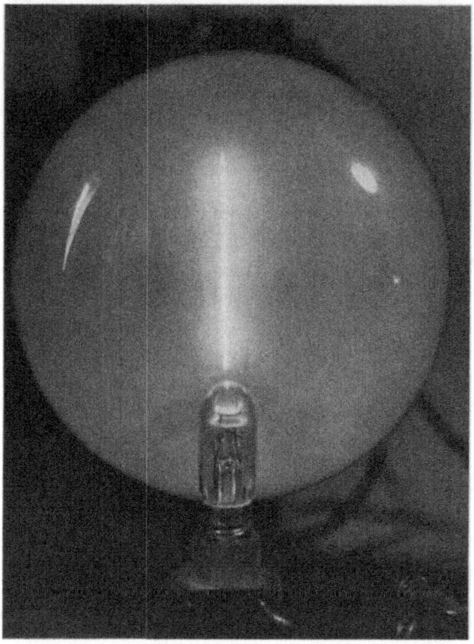

Abb. 258. Zeitmarkierung durch Mitphotographieren einer kleinen, aus dem Wechselstromnetz betriebenen Glimmlampe.

In all den Fällen, wo nicht schon durch die Anordnung selbst eine Zeitmarkierung gegeben oder möglich ist, muß diese durch zusätzliche Hilfsmittel erfolgen. Die einfachste Methode bei der photographischen Registrierung oder bei der Beobachtung im rotierenden Spiegel eine Zeitmarkierung zu erreichen, besteht darin, gleichzeitig mit dem Kurvenzug der Meßspannung eine kleine Glimmlampe mit zu photographieren, die aus dem 50-Perioden-Lichtnetz oder von einem anderen Wechselstrom bekannter Frequenz betrieben wird. Hierbei ist dafür Sorge zu tragen, daß die Glimmlampe möglichst gleichzeitig mit dem Fluoreszenzfleck optisch abgebildet wird, da sonst bei nicht konstanter

Ablenkgeschwindigkeit Fehler eintreten. Am einfachsten ist es, die Glimmlampe in der Verlängerung des Fluoreszenzstriches unmittelbar an dem Braunschen Röhrenkolben anzubringen. Eine solche Anordnung unter Verwendung einer kleinen Osram-Signal-Glimmlampe ist in Abb. 258 photographiert. Eine mit diesem Aufbau erhaltene Zeitmarkierung findet sich in den Oszillogrammen Abb. 249. Im Interesse scharfer Markierung empfiehlt es sich, hier kleine oder zum mindesten abgeblendete Lampen zu verwenden, deren Zünd- und Löschspannung nicht sehr weit auseinanderliegen, damit die Glimmlampe nur kurz im Augenblick, wo die Wechselspannung ihren Maximalwert erreicht, leuchtet. Durch die Anordnung oberhalb oder unterhalb des Fluoreszenzstriches ist gleichzeitig erreicht, daß der Kurvenzug nicht gestört wird. Die Zeitmarkierung durch eine aus dem 50-Periodenlichtnetz betriebene abgeblendete Glimmlampe ist auf Abb. 259 erkennbar. Die schwarzen Punkte entsprechen Abständen von je $^1/_{100}$ sec, da die Ausblendung an der Lampe so getroffen war, daß die Leuchtdichte bei positiver und negativer Halbperiode ungeändert bleibt.

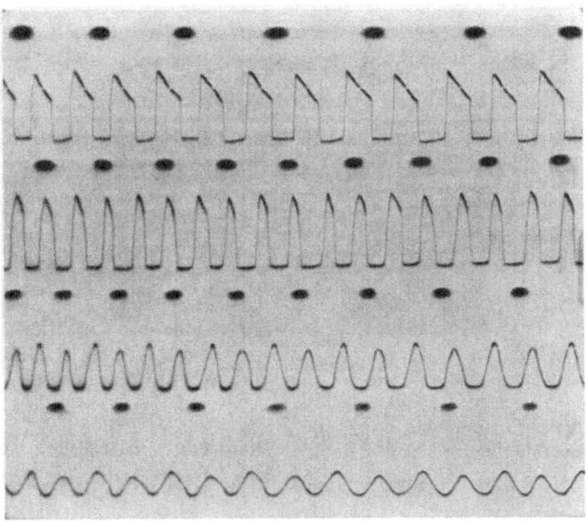

Abb. 259. Zeitmarkierung durch eine außerhalb angebrachte aus den 50 ∿ Netz betriebene Glimmlampe.

Die Abmessungen der Glimmlampe zur Zeitmarkierung sind weniger beschränkt — es können sogar handelsübliche Lichtnetzglimmlampen zur Anwendung kommen — wenn die Zeitmarkierung unter Zuhilfenahme einer Spaltanordnung erfolgt, die, ähnlich wie beim Tonfilm, seitlich ein Lichtband schwankender Intensität entstehen läßt. Eine auf diese Weise bewirkte Markierung auf einen bewegten Filmstreifen ist in Abb. 260 abgebildet.

Eine Methode der Zeitmarkierung, die etwas größere Genauigkeiten liefert und schon sehr frühzeitig[1] angewendet worden ist, besteht darin, neben der Schwingungskurve eine Zeitlinie mit Hilfe eines schwingenden Leuchtpunktes aufzuzeichnen. Auch hier besteht wieder die Möglichkeit, die optische Abbildung gemeinsam mit dem Kurvenzug oder getrennt vorzunehmen. Im ersteren Falle muß der schwingende Lichtpunkt wieder in die Ebene des Fluoreszenzschirmes gebracht werden, sei dies nun durch optische oder mechanische Mittel.

[1] Wehnelt, A. u. B. Donath: Photographische Darstellung von Strom- und Spannungskurven mittels der Braunschen Röhre. Wiedemann-Ann. Bd. 69 (1899) S. 168.

Eine Anordnung mit getrennter optischer Abbildung der Zeitlinie, die von Wawrziniok[1] beschrieben wurde, ist in Abb. 261 gezeichnet. Bei ihr wird das Schwingungsbild einer in Rückkopplungsschaltung

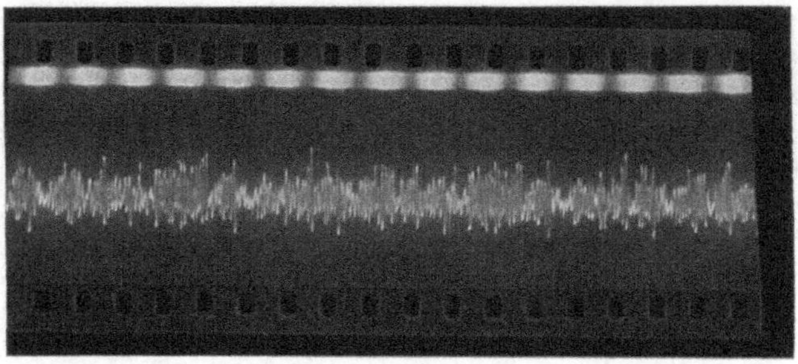

Abb. 260. Zeitmarkierung durch seitlich angebrachten Spalt, der von einer mit Wechselstrom gespeisten Glimmlampe beleuchtet wird.

elektrisch erregten Stimmgabel photographiert. Ein mit dieser Anordnung von Wawrziniok erzieltes Oszillogramm mit Zeitlinie ist in Abb. 262 reproduziert. Die Zeitlinie wurde durch eine Stimmgabelschwingung

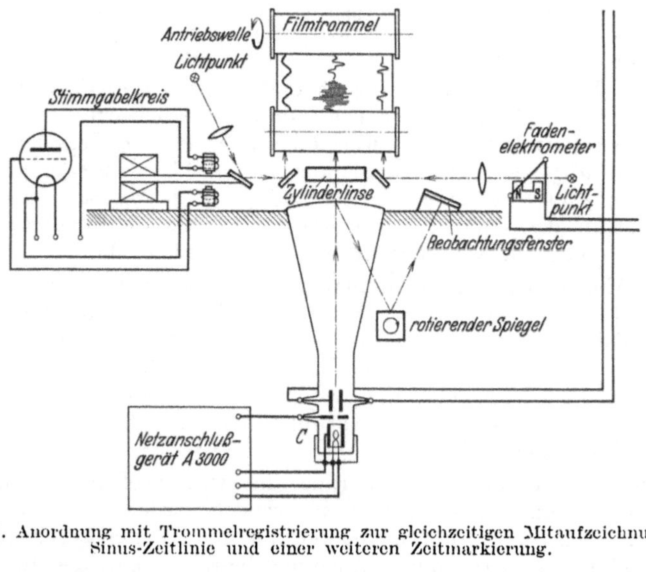

Abb. 261. Anordnung mit Trommelregistrierung zur gleichzeitigen Mitaufzeichnung einer Sinus-Zeitlinie und einer weiteren Zeitmarkierung.

von 230 Hertz hervorgerufen. Die oszillographierte Sinusspannung entsprach einer Frequenz von 10 000 Hertz. Bemerkenswert ist bei der Anordnung Abb. 261, daß neben Zeitlinie und Oszillogramm noch die Registrierung eines weiteren Zeitpunktes mit Hilfe der gezeichneten Elektrometeranordnung gelingt.

[1] Wawrziniok: Methode zur Messung der Klopfgeräusche an Verbrennungskraftmaschinen. Automob.-techn. Z. Bd. 34 (1932) Nr. 23/24, S. 546.

Ein gewisser Nachteil durch die Verwendung einer Stimmgabel ist das Gebundensein an eine einzige Frequenz. Wird beispielsweise der schwingende Spiegel nicht an einer Stimmgabel, sondern an einem

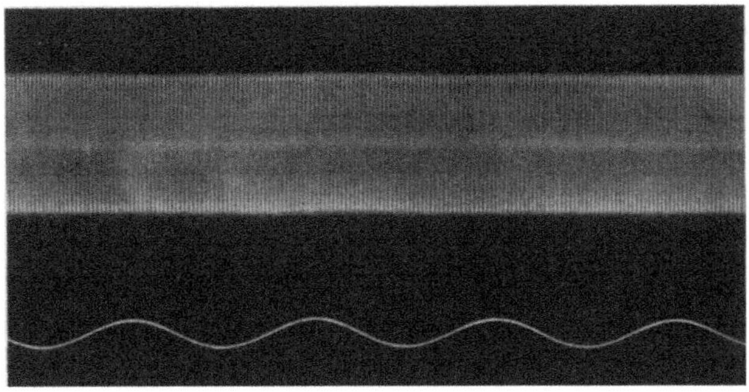

Abb. 262. Oszillogramm einer Spannung von 10000 Hertz mit einer durch Schwingspiegel erzeugten Zeitlinie (230 Hertz).

elektromagnetischen oder elektrodynamischen Lautsprechersystem befestigt, so fällt diese Beschränkung fort; es können dann, soweit Niederfrequenzgeneratoren bekannter Frequenz zur Verfügung stehen, fast beliebige Frequenzen zur Zeitlinienerzeugung gewählt werden. Erst bei Frequenzen oberhalb 2000 Hertz nehmen die Amplituden so ab, daß auch bei Zuführung größerer Leistungen an die Lautsprechersysteme keine befriedigende Markierung mehr gelingt.

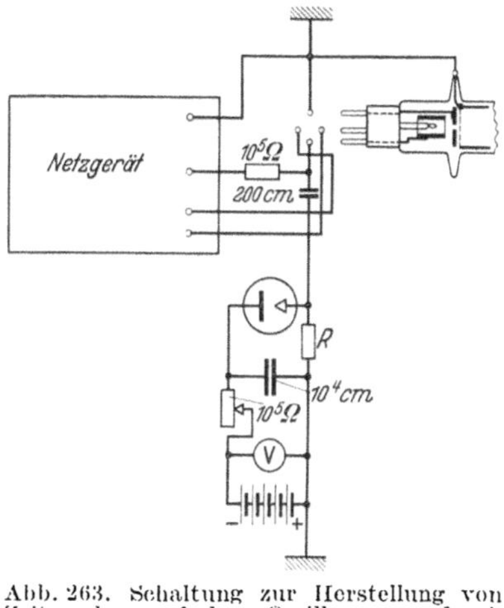

Abb. 263. Schaltung zur Herstellung von Zeitmarken auf dem Oszillogramm durch Intensitätssteuerung mit Hilfe sehr kurzer Spannungsstöße.

Eine weitere, wichtige Methodik zur Zeitmarkierung besteht darin, daß kurze Spannungsstöße, die in bekannten Zeitabständen erfolgen, der Anoden- oder Zylinderspannung überlagert werden. Es entstehen dann den Schaltstößen entsprechende Zacken, dunkle oder helle Punkte im Kurvenzug. Damit der Kurvenzug durch diese Art der Markierung möglichst nicht verzerrt wird, ist es ratsam, die Amplitude des Schaltstoßes nicht unnötig groß und die Dauer des Schaltstoßes möglichst klein zu wählen, ferner die Steuerung beim Wehnelt-Zylinder oder einer anderen Lichtsteuerelektrode erfolgen zu lassen. Die Herstellung von kurzdauernden Schaltstößen geschieht zum Teil durch mechanische Mittel (Umlaufkontakte), bei größeren Frequenzen durch Kippschwingungen. Mit einer Kippanordnung nach Abb. 263 sind kurze Schaltstöße sehr einfach zu erreichen, indem nicht die Kippspannung selbst verwendet wird, sondern ein Spannungsabfall, der durch den kurzdauernden

Entladungsstrom der Glimmlampe verursacht wird. Der in Serie mit der Glimmlampe zu schaltende Widerstand darf nur Werte von wenigen 100 Ohm annehmen, damit die Entladungsdauer nicht vergrößert wird. Durch den Entladungsstromstoß üblicher Glimmlampen entstehen jedoch schon an Widerständen von einigen 100 Ohm Spannungen, die ausreichen, um deutliche Lichtsteuerungen zu bewirken.

VIII. Kombinierte Apparaturen.

Nachdem in den früheren Abschnitten alle Einzelteile, die in den Oszillographen zur Anwendung kommen, besprochen sind, kann sich der vorliegende Abschnitt darauf beschränken, auf die rein konstruktiven Merkmale kombinierter Apparaturen einzugehen.

Eine der Hauptaufgaben der konstruktiven Gestaltung von Apparaten mit Braunscher Röhre ist die Halterung der Röhre. Zwei grundsätzlich

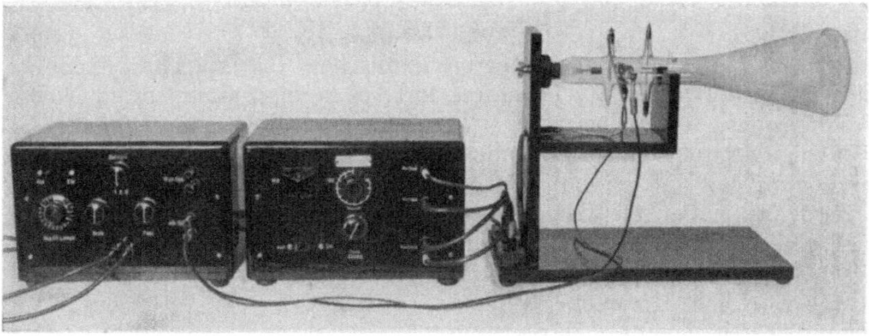

Abb. 264. Zusammengeschaltete einfache Kathodenstrahlapparatur mit Netz- und Kippschwingungsgerät (Leybold Nachf. A. G.).

verschiedene Möglichkeiten bestehen hier. Bei der einen ist die Röhre so gefaßt und abgestützt und möglicherweise in Augenhöhe montiert, daß das Fluoreszenzbild aus fast allen Richtungen zu beobachten ist. Die Möglichkeit, nicht nur von der Vorderseite, sondern auch von der Innenseite des Schirmes die Leuchtschirmfigur betrachten zu können, ist speziell bei universeller Verwendung im Laboratorium recht wichtig, denn oft sind Schaltmaßnahmen zu verfolgen, die nicht unmittelbar neben den Oszillographen, sondern an irgendwelchen anderen Stellen des Arbeitsraumes vorgenommen werden. Abb. 264 zeigt im Bilde rechts eine Stativkonstruktion, die sich praktisch bewährt hat. Die Röhre ist hier gut abgestützt, trotzdem befindet sich unterhalb der Röhre ein Raum für die Anordnung solcher Teile des Meßaufbaues, die gegebenenfalls durch kürzeste Leitungen mit den Ablenkplatten zu verbinden sind. Die Fassung ist hier fast über 180° drehbar gehalten, um die jeweils gewünschte Orientierung der Koordinaten einstellen zu können. Die Heizleitungen sind so geführt, daß sie möglichst nicht in die Nähe des Röhrenhalses kommen, damit bei Wechselstromheizung keine periodischen Ablenkungen des Strahles durch das magnetische Streufeld der Heizleitung entstehen. Neben dem Stativ in Abb. 264 befinden sich Netzanschlußgerät und Kippschwingungsgerät, beide in getrennte Kästen eingebaut. Diese Ausführungsform hat eine recht erhebliche Verbreitung erlangen können. Zum größten Teile dürfte dies darauf zurückzuführen sein, daß alle Ströme und Spannungen, mit Ausnahme des Heizstromes für das Kippgerät, dem Wechselstromnetz entnommen werden. Auch die konstruktive Trennung von Netz- und Kippgerät dürfte der abgebildeten Apparatur zugute gekommen sein. Häufig wird keine elektrische Zeitablenkung gewünscht. Die Apparatur läßt sich dann durch die Fortnahme des Kippschwingungsteiles einfacher und übersichtlicher halten. Gelegentlich werden im Laboratorium auch Kippschwingungs- oder Netzgeräte für besondere Zwecke benötigt. Dies alles spricht dafür, nicht schon von vornherein die gesamte Apparatur zu kombinieren, solange universelle Verwendung aller Teile gewünscht wird.

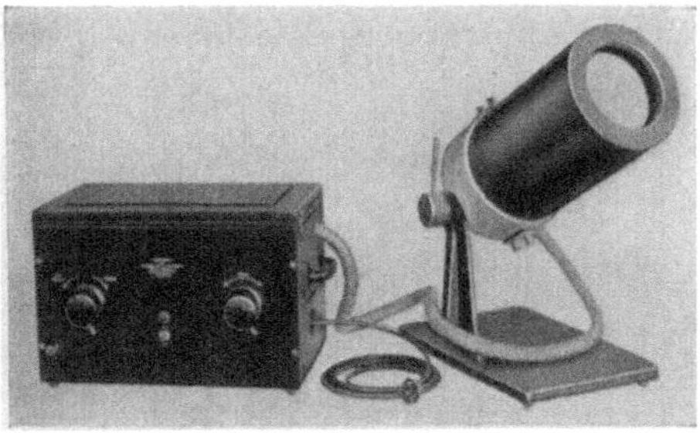

Abb. 265. Netzgerät und Röhrenhalter mit verstellbarer Neigung (General Radio).

Eine in Amerika von der General Radio Company, Cambridge durchgebildete Anlage ist in Abb. 265 abgebildet. Auch hier ist Netzgerät und Röhre konstruktiv getrennt. Bemerkenswert ist hier die Ausführung der Röhrenhalterung. Die Röhre kann mehr oder weniger geneigt werden. Die Röhre selbst ist von einem Zylinder umgeben, der eine elektrische Abschirmung und die Fernhaltung von Nebenlicht bewirkt. Durch den Lichtschutz wird die Beobachtung der Figur in hellen Räumen sehr erleichtert, dafür ist allerdings der Betrachtungswinkel stark eingeschränkt gegenüber der zuerst besprochenen Konstruktion.

Abb. 266. Einheitliche Apparatur mit leichter Austauschbarkeit der Nebenapparate.

Eine komplette Apparatur der gleichen Firma, bei der alle erforderlichen Teile konstruktiv vereint sind, zeigt Abb. 266. Röhre, Verstärker zur Empfindlichkeitserhöhung sowie das Netzgerät befinden sich in drei Etagen untereinander. Die Konstruktion ist so gewählt, daß je nach den gestellten Anforderungen weitere Zusatzgeräte übereinander eingebaut werden können.

Die Abmessungen der Teile sind hier so getroffen, daß sie wahlweise in den Kasten eingeschoben (Abb. 265) oder in die große, gemeinsame Frontplatte eingesetzt werden können (Abb. 266). Diese Konstruktionsweise bietet auch dem Hersteller Vorteile, indem sie die Anpassung der kombinierten Apparatur an die jeweilig gestellten Anforderungen erleichtert.

Abb. 267. Gerät zur Untersuchung periodischer Meßvorgänge (Westinghouse).

Eine weitere, ebenfalls in Amerika ausgeführte Apparatur ist in Abb. 267 abgebildet. Auch diese Abbildung gibt weitere Anregungen für die Anordnung der Röhre und der Zusatzgeräte. Sämtliche zur Einstellung erforderlichen Bedienungsgriffe befinden sich auf der Frontplatte

Abb. 268. Gerät für Batteriebetrieb mit Zeitablenkung (AEG).

unterhalb der Öffnung für die Beobachtung des Fluoreszenzschirmes. Abschirmende Zwischenwände sorgen dafür, daß keine elektrostatischen Einstreuungen von den Zusatzgeräten zur Braunschen Röhre stattfinden.

Um Störungen durch magnetische Streuungen zu vermeiden, ist speziell bei eng zusammengebauten, kombinierten Geräten darauf zu achten, daß die meist vorhandenen Netztransformatoren gut geschlossene Eisenkerne besitzen und daß im übrigen diese Eisenkerne so orientiert sind, daß die übrigbleibende Streuung keine Beeinflussung der Strahlbahn bewirken kann.

Ein in neuester Zeit herausgekommenes, kombiniertes Gerät, das von der AEG hergestellt wird, ist in Abb. 268 aufgenommen. Die Konstruktionsweise ähnelt dem zuletzt besprochenen amerikanischen Gerät. Durch das Fehlen von Netzteilen — da die AEG-Röhre mit Spannungen von wenigen 100 V betrieben wird, genügen Trockenbatterien zur Speisung — und durch die kleineren geometrischen Abmessungen der Röhre ist hier eine sehr handliche Apparatur entstanden.

Abb. 269. Fahrbare, aus dem Lichtnetz betriebene Apparatur mit eingebauten Hilfsgeräten (Versuchsapparatur des Verfassers).

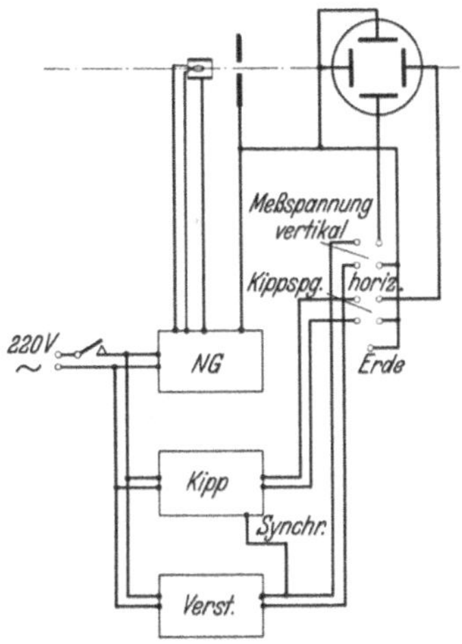

Abb. 270. Zweckmäßige Schaltweise einer kombinierten Apparatur.

Eine weitere, zu einer Einheit zusammengefügte Apparatur, die vom Verfasser entwickelt wurde, ist in Abb. 269 abgebildet. Neben der Beobachtbarkeit von allen Seiten besitzt diese vollkommen aus dem Lichtnetz betriebene Apparatur den Vorteil leichter Fahrbarkeit. Diese Konstruktionsweise, die den schnellen Transport des gesamten betriebsfertigen Gerätes zu verschiedenen Meßplätzen erlaubt, erhöht die Bequemlichkeit und damit die Häufigkeit der Anwendung. Netzanschlußgerät und Zeitablenkungsgerät sind untereinander an der Vorderseite des Wagens montiert. Einschalter für Netzgerät und Schalter für Kippschwingungsgerät sind getrennt, um die Geräte auch einzeln benützen zu können. Unterhalb des Zeitablenkungsgerätes ist ein Raum für die Hinzufügung eines aperiodischen netzbetriebenen Vorverstärkers vorgesehen.

Bei kombinierten Anlagen empfiehlt sich die Anbringung eines kleinen Verteilers für die zu den Ablenkplatten führenden Leitungen, wie es in Abb. 270 angedeutet ist. Durch die erkennbare Schaltweise kann, ohne daß die Einheitlichkeit des Gerätes irgendwie gestört wird, die Röhre auf die verschiedensten Arten mit Zusatzgeräten verbunden werden. Auch ist es ohne weiteres möglich, Kippschwingungsgeräte oder Vorverstärker allein mit der Meßanordnung zu verbinden.

Die abgebildeten und besprochenen Konstruktionen müssen beispielsweise für die Beobachtungen im rotierenden Spiegel oder für die Zwecke der photographischen Registrierung mit den entsprechenden Zusatzapparaten kombiniert werden. Da meist die photographische Registrierung nicht die Hauptaufgabe der Apparatur ist, ist bisher bei der Entwicklung der Anlagen davon abgesehen worden, auch die weiteren erforderlichen, zum Teil recht kostspieligen Zusatzapparate mit der Apparatur zu vereinen. In der Regel sind die Apparate so ausgeführt, daß durch Aufstellung der weiteren Zusatzteile auf den gleichen Tisch oder durch Anklemmung eine in optischer Hinsicht einwandfreie Orientierung der Hilfsgeräte erfolgt. Da bereits in vorhergehenden Abschnitten neben ihrer konstruktiven Ausführung auch die Frage ihrer Kombination mit Röhre und Hauptgerät behandelt wurde, erübrigt sich in diesem Abschnitt ein erneutes Eingehen auf die zahlreichen Konstruktionsmöglichkeiten und bekannt gewordenen praktischen Ausführungen.

IX. Hilfsmethoden beim Arbeiten mit Braunschen Röhren.

Beim Arbeiten mit Braunschen Röhren ist eine Anzahl verschiedener Hilfsmethoden gegeben, deren Beachtung die Vornahme von Untersuchungen wesentlich erleichtert. Zum Teil sind diese Hilfsmethoden schon gelegentlich der Diskussion über Röhre und Röhrenschaltungen beschrieben worden, so daß an dieser Stelle nur kurze Hinweise erforderlich sind.

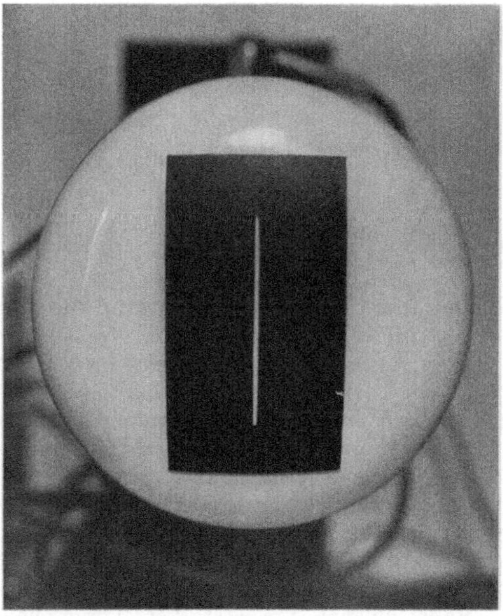

Abb. 271. Abblendung des durch Lichthofstörung und Streuelektronen verursachten Nebenlichtes bei Fluoreszenzstrichen.

Zu unterscheiden sind innere Hilfsmethoden, die den Betrieb der Kathodenstrahlröhre erleichtern oder verbessern, und äußere, teils schaltungsmäßige, teils mechanische Hilfsmethoden, die nicht nur Erleichterungen bringen, sondern zum Teil auch den Verwendungsbereich der Braunschen Röhre erweitern.

Von den inneren Hilfsmethoden sind die wichtigsten diejenigen, die zur Verbesserung der Qualität des aufgenommenen Oszillogrammes dienen.

Sollte durch Überschläge in der Röhre infolge zu hoher Betriebsspannung eine Entaktivierung der Kathode eingetreten sein, so ist es möglich, ohne die Röhre an die Pumpe zu setzen, die Kathode nach dem im Abschnitt über Glühkathodenherstellung angegebenen Verfahren neu zu formieren und bei nicht allzu starker Zerstörung der Oxydschicht zu regenerieren.

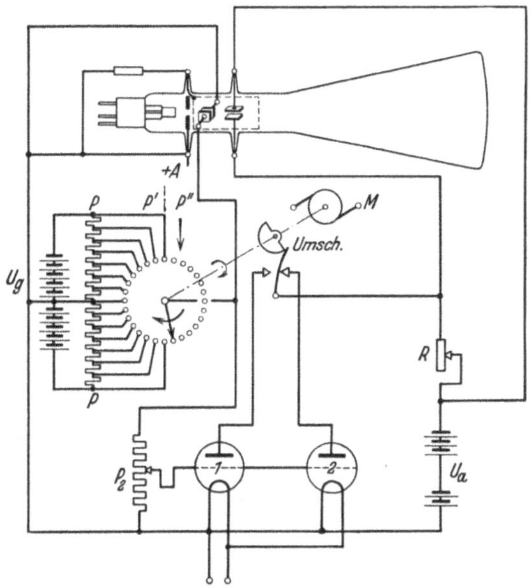

Abb. 272. Kennlinienkomparator mit rotierendem Umschalter.

Eine sehr wichtige und empfehlenswerte Hilfsmaßnahme bei der Aufnahme oder Betrachtung von Oszillogrammen mit mechanischer Zeitablenkung ist die Abblendung des Fluoreszenzstriches. Die einfache Ausführung dieser Maßnahme geht aus der Abb. 271 hervor. Durch diese Abblendung wird das Nebenlicht, das durch Lichthofbildung und Streuelektronen verursacht wird (vgl. Abb. 258), ausgeschaltet. Die Klarheit der Oszillogramme steigt außerordentlich. Die gleiche Maßnahme in etwas anderer Ausführungsform findet sich bei den Geräten Abb. 247 und 254.

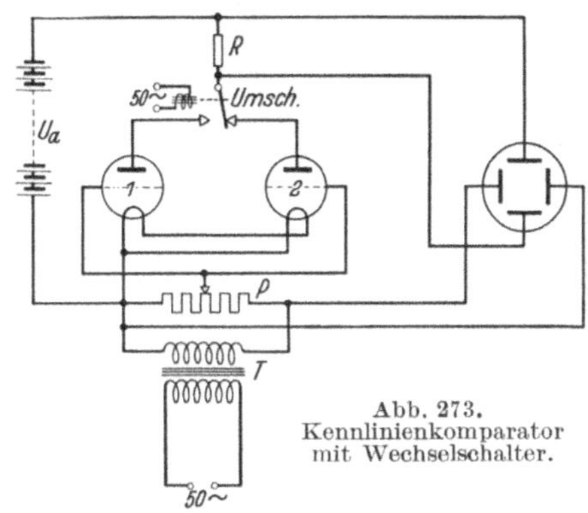

Abb. 273. Kennlinienkomparator mit Wechselschalter.

Beim Aufbau der Röhre ist darauf zu achten, daß keine eisernen Stative oder Klammern zur Montage verwendet werden, da leicht in diesen magnetische Remanenzerscheinungen vorhanden sind, die zu konstanten Ablenkungen des Strahles aus der Mittelachse der Röhre Anlaß geben. Zeigt sich trotz der Verwendung von nichtmagnetischen Stativen eine Strahlverlagerung, so ist diese oft auf nicht genau zentrische Lagerung der Elektroden infolge einer nachträglichen mechanischen Beanspruchung der Röhre auf einem stattgefundenen Transport zurückzuführen. In diesem Falle kann man, wenn die Röhre eine magnetisierbare Anode oder einen magnetisierbaren Zylinder enthält, durch zusätzliche Magnetisierung eine Strahljustierung vornehmen.

Eine Verlagerung des Strahles erfolgt auch häufig durch das Erdfeld oder die Streufelder großer magnetischer, im Untersuchungsraum befindlicher Eisenmassen, z. B. Fundamente von Maschinen usw. Dieser Einfluß kann, besonders bei niedrigen Elektronengeschwindigkeiten sehr störend werden. Dann ist es ratsam, die Röhrenachse in Richtung des Störfeldes anzuordnen, um die Wirkung dieses Störfeldes zu beseitigen. Oft genügt es zur Erdfeldkompensation auch bereits, die Röhre senkrecht statt wagerecht zu montieren, da bei der Erdfeldneigung von etwa 70° die vertikale Komponente wesentlich größer als die Horizontalkomponente ist. Bei kleineren Fleckverlagerungen sind oft Permanentmagnete ausreichend zur verzerrungsfreien Justierung; gegen große Störfelder wendet man Richtspulen an, die sich über die ganze Oszillographenlänge erstrecken.

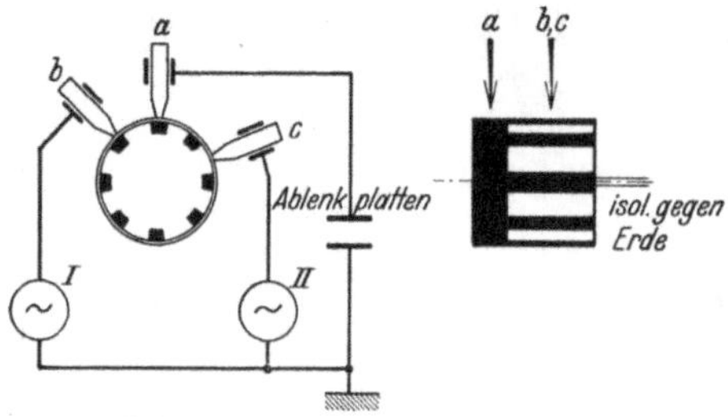

Abb. 274. Schema eines Kollektorumschalters zur Sichtbarmachung von zwei Kurvenzügen.

Im Zusammenhang mit den äußeren Hilfsmethoden sei auf die im Abschnitt über Netzgeräte (Kapitel B I) erwähnten Anoden- und Wehnelt-Zylinderschutzwiderstände hingewiesen.

Abb. 275. Ansicht eines Kollektorumschalters für mehrere Hundert Umschaltungen pro Sekunde.

Eine Erweiterung des Verwendungsbereiches der Kathodenstrahlröhre ist durch die Anwendung der bereits im Abschnitt über die Aufnahme von Kennlinien mit elektrischer Zeitablenkung kurz gestreiften Verfahren zur Mehrfachkennlinienaufnahme zu erreichen.

Grundsätzlich sind hier zwei Verfahren möglich: die wechselweise Aufzeichnung [1] je eines Kurvenzuges, und die Auflösung beider Kurven in Einzelelemente, die abwechselnd geschrieben und durch die Trägheit des Auges zu einem Kurvenzug zusammengesetzt werden. Das erstere Verfahren, das von Hollmann [2] zum Kennlinienkomparator weiter entwickelt wurde, verwendet in einer Ausführungsform einen rotierenden Umschalter, der durch besondere Kurvenform einer Nockenscheibe (Abb. 272) mechanisch über einen Umschalter die Anodenspannung zweier zu vergleichender Elektronenröhren nach Durchlauf je einer

[1] Hudec, E.: Zeitproportionale, synchronlaufende Zeitablenkung für die Braunsche Röhre. Z. Hochfrequenztechn. Bd. 34 (1929) Heft 6 S. 218.

[2] Hollmann, H. E.: Der Kennlinienkomperator. Z. Hochfrequenztechn. 1933.

Kennlinie abwechselnd an die Ablenkplatten legt. Durch einen auf der gleichen Achse rotierenden Potentiometerabgriff wird entsprechend die zugehörige Gitterspannung geschaltet und variiert. Statt des rotierenden Umschalters kann auch ein elektromagnetischer Wechselschalter (Pendelumformer) verwendet werden (Abb. 273), der bei Betrieb mit der Lichtnetzwechselspannung und richtig eingestellten Kontakten die Kennlinien als in ihrem ganzen Verlauf entstehen läßt. Die Abszissenaufzeichnung erfolgt automatisch, wenn zwischen den beiden Schaltkontakten eine kurze Unterbrechung liegt.

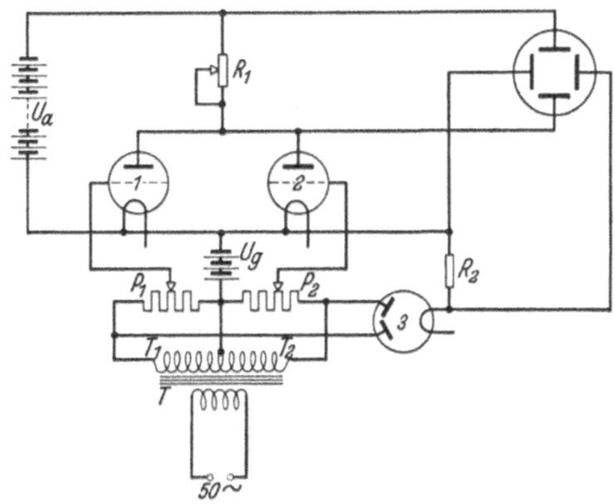

Abb. 276. Kennlinienkomparator mit Röhrenumschaltung (nach Hollmann).

Bei dem Verfahren der Kurvenaufzeichnung in Einzelelementen wird ein rotierender Kollektorumschalter (Abb. 274, 275) benutzt. Durch entsprechende Wahl des Abstandes dreier Bürsten wird erreicht, daß wechselweise je eine der beiden zu vergleichenden Wechselspannungen an die Vorgangsablenkplatten der Röhre gelegt wird. Die sich notwendigerweise ergebenden Unterbrechungen des Kurvenzuges werden bei gegebener Frequenz des untersuchten Vorganges um so kleiner, je größer die Umfangsgeschwindigkeit bzw. Drehzahl des Kollektors ist. Man wird daher die Umschalterdrehzahl so hoch und die Lamellenzahl des Kollektors so groß wählen, als es die mechanischen Betriebsbedingungen erlauben[1]. Dies gilt insbesondere für die Aufnahme einmaliger Vorgänge. Doch können die Unterbrechungen im Kurvenzug nie kleiner als die

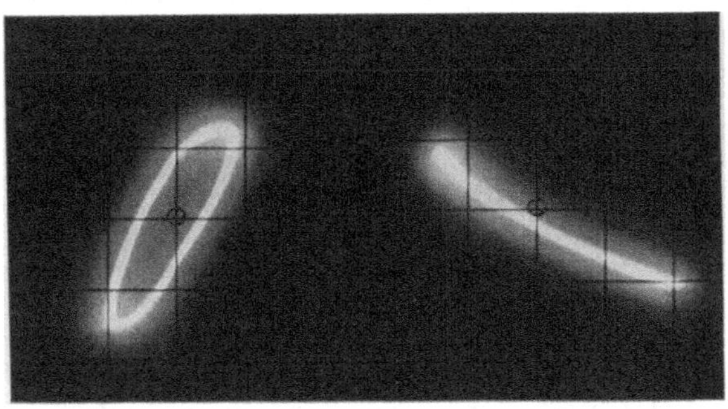
Abb. 277. Koordinatennetz auf dem Fluoreszenzschirm.

[1] Vgl. auch Alberti, E.: Braunsche Kathodenstrahlröhren und ihre Anwendung. S. 151. Berlin: Julius Springer 1932.

tatsächlich geschriebenen Kurvenstücke werden. Für die Aufnahme hochfrequenter Vorgänge wird man daher bei beiden Verfahren die Umschaltung durch Röhrenanordnungen vornehmen. Eine Schaltung für die wechselweise Aufzeichnung je eines Kurvenzuges mit Umschaltung durch eine Elektronenröhre[1] zeigt Abb. 276.

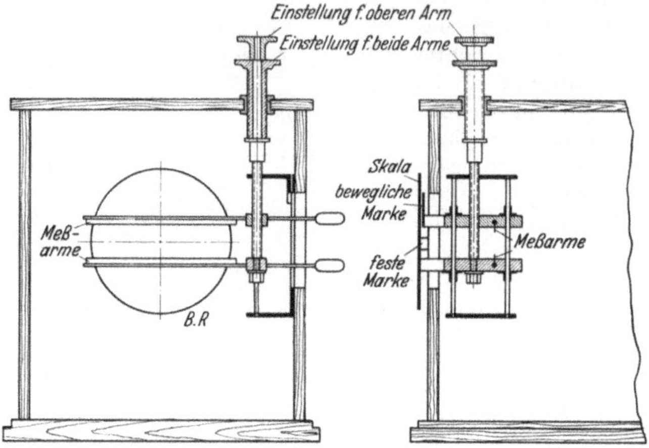

Abb. 278. Hilfsvorrichtung zur Messung von Amplitudenwerten.

Oft ist es sehr erwünscht, die Auswertung von Oszillogrammen direkt am Leuchtschirm vorzunehmen. Um das unbequeme Anlegen eines Maßstabes zu erleichtern, empfiehlt es sich, ein Koordinatenkreuz mit Glastinte direkt auf die Außenseite des Leuchtschirmes aufzutragen (Abb. 277). Falls es sich nur um die Ablesung von Amplitudenwerten handelt, so ermöglicht die in Abb. 278 gezeichnete Hilfsvorrichtung eine genaue Ausmessung. Sie besteht aus zwei in der Höhe verstellbaren Meßarmen, deren Distanz an einer Skala direkt abgelesen werden kann. Diese Skala kann auch direkt in Spannungswerten geeicht werden. Liegt nur eine Ablenkspannung an der Röhre, so genügt es nach Abb. 279 eine Meßskala vor dem Leuchtschirm anzuordnen.

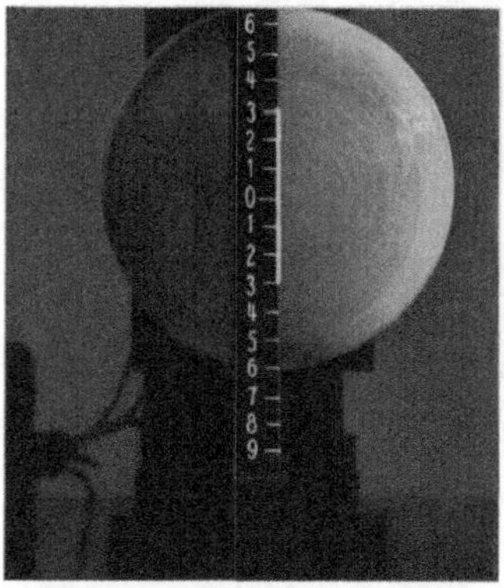

Abb. 279. Maßstab zur direkten Ablesung von Spannungswerten.

[1] Ähnliche Anordnungen mit Thyratron-Röhren sind neuerdings beschrieben bei R. Sewig: Simultanaufzeichnung mehrerer Vorgänge mit dem Kathodenstrahloszillographen. Z. techn. Physik Bd. 14 (1933) Heft 4 S. 152.

C. Die wichtigsten Anwendungen als Meßgerät.

In vorhergehenden Teilen des Buches wurde die Kathodenstrahlröhre behandelt, ihr Prinzip und ihre Fertigung sowie die zum Arbeiten mit Braunschen Röhren erforderlichen Hilfsapparate. Die Hilfsapparate wurden, soweit ihre Anwendung grundsätzlich für alle Untersuchungen mit der Braunschen Röhre sind, eingehend beschrieben. Der jetzt beginnende Hauptabschnitt erstreckt sich auf die wichtigsten, speziellen Anwendungen der Kathodenstrahlröhre als Meßgerät. Diese Anwendungen sollen jeweils nur insoweit beschrieben werden, als bei ihnen grundsätzlich neue Zusammenstellungen der Röhre mit ihren Hilfsapparaten gegeben sind. Sie sollen vor allen Dingen einen Überblick über die möglichen Anwendungen der Kathodenstrahlröhre vermitteln und sind daher im einzelnen nicht in der Ausführlichkeit beschrieben, wie bei den Abschnitten über die Röhre und ihre Hilfsapparate.

I. Die Beobachtung des Strahlweges als selbständige Aufgabe.

Der ursprüngliche Verwendungszweck sowohl der Hochvakuum- wie auch der gasgefüllten Braunschen Röhre ist die Aufzeichnung eines veränderlichen Vorganges in Abhängigkeit von der Zeit. Die Einführung einer Gasfüllung in die Kathodenstrahlröhre, die die Eigenkonzentration des Strahles durch die von ihm selbst erzeugte positive Raumladung bewirkt, führt zur Bildung eines räumlich begrenzten, leuchtenden Strahles. Diese Röhrengattung ermöglicht daher nicht nur durch Bewegung des Fluoreszenzfleckes die Aufzeichnung von Oszillogrammen, sondern durch direkte Beobachtung des Strahles selbst Untersuchungen über die physikalischen Verhältnisse der Strahlerzeugung wie auch Untersuchungen über auf den Strahl einwirkende Fremdfelder. Hierzu ist die Schwachstromkathodenstrahlröhre wegen ihrer verhältnismäßig niedrigen Anodenspannung besonders geeignet. Der Einbau von besonderen Ablenkelektroden für diese Art von Messungen ist nicht erforderlich.

Wie bereits in früheren Abschnitten erwähnt, lassen sich durch Variation von Gasdruck, Gasart, Temperatur, Elektronengeschwindigkeit und Elektronenzahl Ionisierungserscheinungen und Konzentrationsbedingungen untersuchen. Ebenso kann die Diffusion der Elektronen im dichten Gas an der eintretenden Strahlverbreiterung gemessen werden. Auch die Stromrückleitung in der Kathodenstrahlröhre, sowohl der Elektronen wie auch der positiven Ionen, ist durch Leuchtanregung der betreffenden Stromwege erkennbar. Die quantitative Ausmessung dieser Rückstrome ist durch gesonderte Strommessungen an einzelnen

Elektroden möglich. Ionisierungszeiten lassen sich durch hochfrequente Ablenkung des Kathodenstrahles an der sich ergebenden Fleckvergrößerung erkennen.

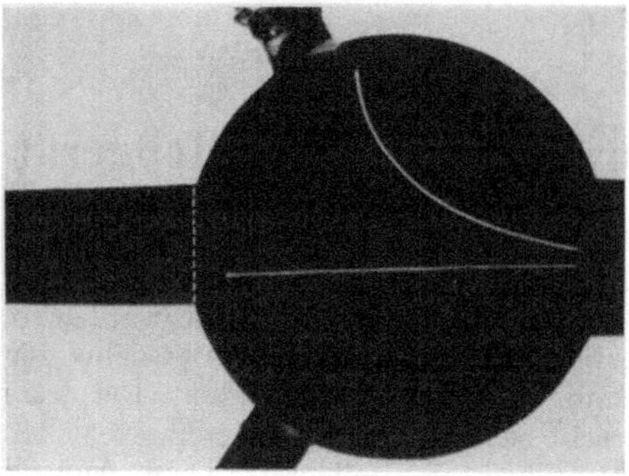

Abb. 280. Kathodenstrahl im Magnetfeld abgelenkt.

Mit der Astonschen Querkathodenstrahlmethode, bei der die Ablenkung eines zweiten Kathodenstrahles, der den Primärstrahl kreuzt, gemessen wird, ist die Potentialverteilung in der Strahlbahn festzustellen. Hierbei ist zu berücksichtigen, daß durch den zweiten quer zum Hauptstrahl liegenden Kathodenstrahl leicht Potentialveränderungen in der Bahn des Primärstrahles auftreten können.

Unter der Einwirkung magnetischer Kraftfelder wird der Elektronenstrahl aus seiner normalen geradlinigen (s. oben) zu einer Kreisbahn abgelenkt (Abb. 280). Aus dem Krümmungsradius des abgelenkten Kathodenstrahles bzw. bei bekannter Zeigerlänge der Röhre aus der Ablenkung des Fluoreszenzfleckes aus der Nullage auf den Leuchtschirm läßt sich die Größe des auf den Kathodenstrahl wirkenden Fremdfeldes berechnen[1]. Auf diese Weise läßt sich punktweise ein beliebiges magnetisches Feld mit der Elektronenstrahlröhre abtasten. Statt die Feldstärke aus jeder Ablenkung einzeln zu berechnen, ist es möglich, die Kathodenstrahlröhre durch ein bekanntes homogenes Feld vorher zu eichen. Man kann in diesem Falle direkt eine Eichskala in Form eines konzentrischen Kreises auf dem Leuchtschirm anbringen. Wichtig ist, daß die Röhre zu diesem Zweck in einen feldfreien Raum gebracht wird und die Einwirkung des Erdfeldes kompensiert wird. Entweder wird als feldfreier Raum das Innere zweier ineinandergesteckter Weicheisenrohre benutzt, oder man kompensiert das Erdfeld durch eine möglichst große Stromspule. Diese Stromspule kann gleichzeitig zur Eichung der Röhre benutzt werden.

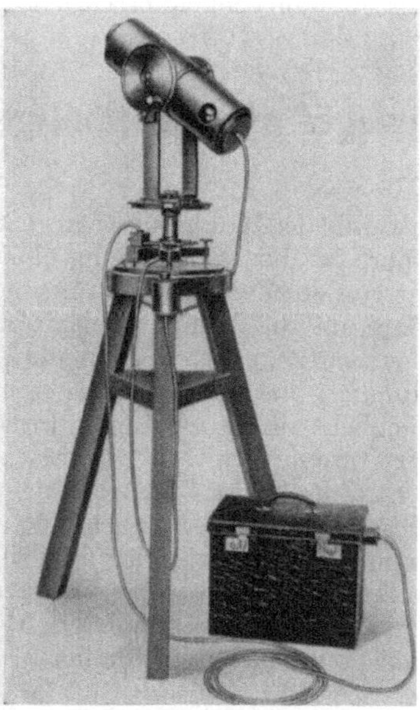

Abb. 281. Elektronenstrahl-Meßgerät zur schnellen Festlegung von Größe und Richtung eines ausgedehnten magnetischen Feldes.

[1] Brüche, E.: Über die Ausmessungen magnetischer Felder mittels Elektronenstrahl. Z. techn. Physik Jg. 12 (1931) H. 2 S. 94.

Abb. 281 zeigt ein von der AEG entwickeltes Gerät zur Erdfeldmessung. Das Rohr ist hier in ähnlicher Weise wie das Fernrohr eines Theodolithen gelagert und ist um die vertikale und horizontale Achse

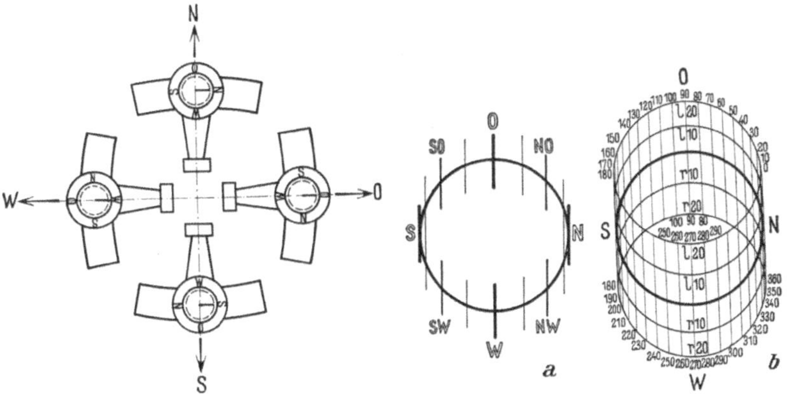

Abb. 282. Elektronenstrahlkompaß für Flugzeuge (nach Brüche).

leicht schwenkbar. Teilkreise ermöglichen die quantitative Erfassung der Winkel. Durch eine besondere Vorrichtung läßt sich das Rohr genau um 90° herumklappen, wie es zur Bestimmung der Feldgröße notwendig ist. Dieses Meßgerät besitzt den Vorteil, die beiden wichtigen Felddaten (Richtung und Größe) in Bruchteilen einer Zeitminute zu erfassen. Bei vertikal stehender Röhre läßt sich die senkrecht zur Strahlbahn liegende Horizontalkomponente des Erdfeldes allein bestimmen. Dabei zeigt der Fluoreszenzfleck, da der Elektronenstrahl senkrecht zu den magnetischen Kraftlinien abgelenkt wird, nach Osten. Nutzt man diese Feststellung der Horizontalkomponente zur Richtungsanzeige des Feldes aus, so ergibt sich aus dieser Anordnung der von Brüche entwickelte Elektronenstrahlflugzeugkompaß (Abb. 282).

Abb. 283. Ansicht des Elektronenstrahlflugzeugkompasses.

Bisher wurden Richtung und Größe des von Ort zu Ort veränderlichen Erdfeldes in bezug auf die Erdoberfläche festgelegt. Beim Flugzeugkompaß wird durch Messungen im bekannten Magnetfeld der Erde die Nordrichtung bzw. im Flugzeug die Flugrichtung gefunden und die Orientierung gegenüber der Erde festgestellt. Als Nachteil des Magnetkompasses ist die Unmöglichkeit zu werten, die Wirkungen der Vertikalkomponente des Erdfeldes bei der Neigung des Flugzeuges in der Kurve auszuschalten, sowie ferner die Trägheit seiner Magnetnadel. Abgesehen von der Trägheitsfreiheit des Elektronenstrahles erfaßt dieser Horizontal- und Vertikalkomponente einzeln und bringt sie getrennt zur Anzeige; damit vermeidet er nicht nur die Fehler des Magnetkompasses, sondern benutzt diese Ursache, um positive Aussagen über die Neigung des Flugzeuges zu machen.

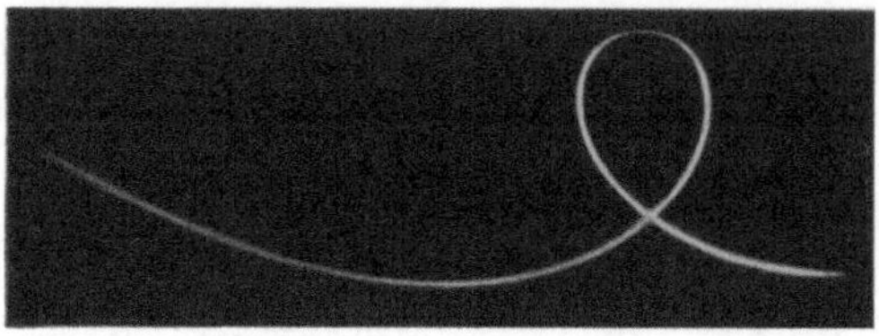

Abb. 284. Räumliche Ablenkung des Kathodenstrahls zu einer Schleife.

Wird die Röhre zusammen mit dem Flugzeug um ihre senkrechte Achse gedreht, so behält der Elektronenstrahl seine Lage zum Kraftfeld der Erde unverändert bei, der Fluoreszenzfleck ist stets nach Osten abgelenkt. Schreibt man, wie in Abb. 282 dargestellt, auf den Schirm Richtungen nach Art einer Windrose, so ist damit die Orientierungsmöglichkeit gegeben. Die Drehung des Flugzeuges bewirkt also ein Wandern des Fleckes, er beschreibt den sog. „Kurskreis". Steht die Röhre nicht mehr vertikal, sondern schräg im Raum, so verläßt der Fleck unter dem Einfluß der Vertikalkomponente des Erdfeldes den

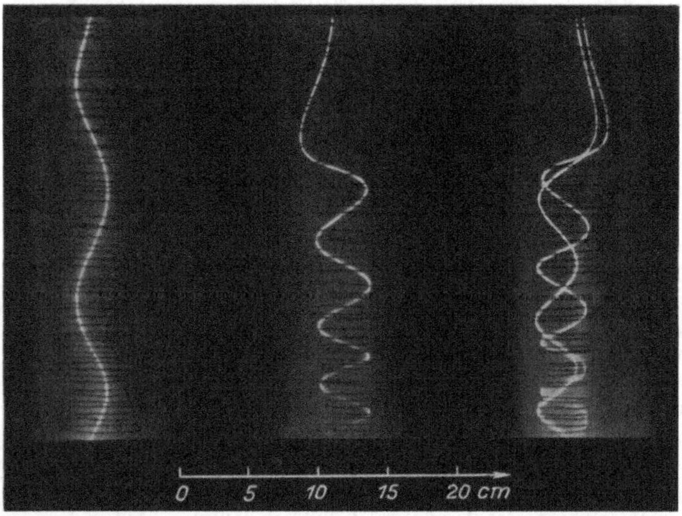

Abb. 285. Räumliche Ablenkung des Kathodenstrahls durch die Magnetfelder von Spulen.

Kurskreis. Auf diese Weise ist der Elektronenkompaß auch als Neigungsmesser zu benutzen. In Abb. 282 rechts ist ein Kurskreisdiagramm für verschiedene Vertikalneigungen des Flugzeuges gegeben. Nachteilig ist beim Elektronenstrahlkompaß, daß die Anzeigeart des Gerätes für den Flugzeugführer nicht ohne weiteres sinnfällig ist, sondern stets erst durch gedankliche Überlegungen des Flugzeugführers der tatsächliche Flugzustand aus der Anzeige des Gerätes festgestellt werden muß. Eine mit allen Zusatzgeräten zu einem Elektronenstrahlflugzeugkompaß zusammengestellte Kathodenstrahlröhre zeigt Abb. 283. Im oberen Teil des Gerätes ist der Beobachtungstubus für den Leuchtschirm erkennbar.

Da der Elektronenstrahl durch räumlich ausgedehnte Felder zweidimensional abgelenkt wird, sind mit der Elektronenstrahlröhre Versuche an Modellen räumlich sehr ausgedehnter magnetischer Felder möglich. Beispiele räumlicher Ablenkung des Kathodenstrahles zeigen die Abb. 284 u. 285. Modellversuche wurden von Brüche[1] zur experimentellen Bestätigung der Störmerschen Polarlichttheorie gemacht. Nach der Störmerschen Theorie entsteht das Polarlicht durch Elektronenstrahlen, die aus den Sonnenflecken auf die Erde kommen. Störmer hat durch sehr langwierige Nordlichtbeobachtungen und Berechnungen gezeigt, daß diese Strahlen durch die Einwirkung des magnetischen Erdfeldes in eng begrenzten Streifen auf die Erde gelangen können, wo sie in der Atmosphäre die bekannten Leuchterscheinungen hervorrufen oder aber in den Weltraum zurücklaufen. Brüche hat nun zur Prüfung dieser Theorie gaskonzentrierte Strahlen magnetischen Feldern ausgesetzt, deren Form etwa dem Erdfeld entspricht. Diese Versuche sind insbesondere zur Erforschung der physikalischen Verhältnisse der Heavisideschicht von Wichtigkeit. Auch die Reflexion und Brechung von Hochfrequenzwellenzügen an der Heavisideschicht kann durch elektrostatische Modellversuche nachgebildet werden. Die Hochfrequenzwellen werden nach der de Broglieschen Beziehung durch Elektronenstrahlen entsprechender Geschwindigkeit ersetzt, die an einen oder mehreren auf verschiedenem Potential befindlichen Drahtnetzen abgelenkt oder reflektiert werden.

Abb. 286. Ansicht einer Röhre für Bestimmung des Wertes $\frac{e}{m}$ aus der Strahlbahn.

Für physikalische Übungen und den physikalischen Unterricht ist die Röhre Abb. 286 entwickelt worden. Das Strahlerzeugungssystem ist in dieser Röhre so angeordnet, daß der Strahl sich in einem homogenen Magnetfeld zu einer Kreisbahn zusammenschließen kann. Aus Kreisbahndurchmesser, Elektronengeschwindigkeit und Magnetfeldstärke gelingt nach A. Bestelmeyer die Bestimmung des $\frac{e}{m_\sigma}$-Wertes[2].

[1] Brüche, E.: Modellversuche mit sichtbaren Elektronenstrahlen zu Störmers Theorie des Polarlichtes und des Weltraumechos. Naturwiss. Bd. 18 Heft 50 S. 80.

[2] Vgl. P. Lenard u. A. Becker: Kathodenstrahlen. Handbuch der Experimentalphysik, Bd. 14 (1927) S. 424.

II. Die Anwendung der Braunschen Röhre in der Hochfrequenztechnik.

Der eigentliche Verwendungszweck der Kathodenstrahlröhre, für den sie auch von ihrem Erfinder, Ferdinand Braun, ursprünglich geschaffen wurde, bleibt die Registrierung zeitlich veränderlicher Vorgänge. Da die Röhre infolge ihrer Trägheitsfreiheit die Aufnahme zeitlich sehr schnell verlaufender Vorgänge ermöglicht, stellt sie das geeignetste Meßinstrument der Hochfrequenzmeßtechnik dar. Speziell die klassischen Arbeiten von Zenneck und seinen Schülern haben gezeigt, daß mit der Kathodenstrahlröhre die mannigfachsten Untersuchungen der Hochfrequenztechnik vorgenommen werden können. Sowohl die Eigencharakteristik der in der Hochfrequenztechnik verwendeten Schaltelemente wie auch die Charakteristik der sich aus diesen Elementen zusammensetzenden Aggegrate lassen sich verzerrungsfrei registrieren. Die Aufnahme kurzzeitiger Vorgänge in der Anlage, wie auch die langzeitige Kontrolle des Betriebes von Hochfrequenzaggregaten kann in idealer Weise mit der Kathodenstrahlröhre vorgenommen werden.

1. Untersuchung von Einzelelementen.

Das Grundelement aller Hochfrequenzschaltungen bildet der aus elektromagnetischem und elektrostatischem Speicher, Induktivität und Kapazität zusammengesetzte Schwingkreis. Voraussetzung für die Kenntnis der Arbeitsweise eines Schwingkreises ist die Untersuchung der im Schwingkreis verwendeten Kapazität und Induktivität.

a) Kondensatoruntersuchungen.

Die Untersuchung von Kapazitäten wird auf verschiedene Aufgaben zu richten sein. In elektrischer Hinsicht ist als wichtigste Messung die Bestimmung seines Kapazitätsbetrages anzusehen. Diese kann entweder durch Bestimmung der absoluten Größe erfolgen oder durch Vergleichsmessungen. Die weitere Untersuchung hat sich auf die Ermittlung der Ohmschen Ableitung der Kapazität zu erstrecken. Methoden, die durch einen Meßvorgang die Bestimmung der beiden Größen gestatten, werden insbesondere für Prüfung bei der Serienherstellung willkommen sein. Eine weitere charakteristische Größe für den Kondensator ist seine Durchschlagsspannung oder richtiger Durchbruchsfeldstärke. Der zeitliche Einsatz des Durchbruches, die Gesamtdurchschlagszeit sowie die Höhe der Durchschlagsspannung läßt sich mit der Schwachstromröhre erfassen, nicht jedoch der zeitliche Verlauf von Spannung und Strom während des Durchbruches. Dieses für die theoretische Klärung des Durchbruchsmechanismus wichtige Aufgabe bleibt der Bearbeitung durch Hoch- oder Mittelspannungsoszillographen vorbehalten. Im Zusammenhang mit der Durchbruchsfrage steht die oszillographische Bestimmung und der Vergleich der Betriebsspannungen mit den Prüfspannungen.

Die Kapazitätsmessung kann auf sehr einfache Weise mit der Braunschen Röhre erfolgen, indem die Röhre als Spannungs- oder Strommesser benutzt wird. Eine typische Anordnung für die Messung komplexer Widerstände ist in Abb. 287 abgebildet. Hier wird die Spannung gemessen, die bei unmittelbarem Anschluß an einen Generator von sehr kleinem, inneren Widerstand besteht und bei Anschluß über den zu messenden Widerstand an einen bekannten Widerstand R_p. Durch die Dimensionierung von Generatorspannung und von R_p läßt sich der Meßbereich dieser einfachen Meßschaltung in weiten Grenzen ändern. Eine Grenze in der Wahl von R_p ist lediglich insofern zu berücksichtigen, als er klein bleiben muß gegenüber dem inneren Plattenwiderstand der Röhre. Bei Röhren mit Innenzylinder, oder Innenmetallisierung oder Hochvakuumröhren darf der Widerstand R_p Werte von 100000 Ohm annehmen, unter der Voraussetzung, daß die Meßfrequenz und die schädliche Kapazität des Ablenkplattenkreises so klein bleibt, die kapazitive Überbrückung von R_p vernachlässigt werden kann. Die Meßgenauigkeit der Anordnung hängt von den Röhreneigenschaften, insbesondere vom Brennfleckdurchmesser und von der Konstanz der Generatorspannung während der Zeit ab, die für die Durchführung der beiden Messungen erforderlich ist. Für sehr genaue Kapazitätsmessungen kommt diese einfache Anordnung nicht in Frage, wohl dagegen für Serienprüfung von Kapazitäten, bei der insbesondere eine sehr kurze Meßzeit oft von erheblicher Bedeutung ist. Ein gewisser Nachteil der Anordnung liegt darin, daß die Größe der Spannungsteilung von dem komplexen Widerstand der Kapazität und nicht allein von ihrem Blindwiderstand abhängt. Zur Prüfung von Kondensatoren mit dieser Methodik ist es daher notwendig, vorher eine Aussortierung der Kapazitäten vorzunehmen, deren Ohmsche Ableitung unzulässig groß ist.

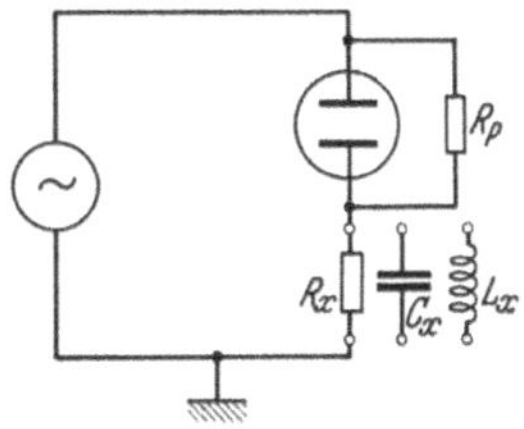

Abb. 287. Anordnung zur Messung komplexer Widerstände.

Sobald genaueste Kapazitätsbestimmungen verlangt werden, ist es üblich, Brückenmethoden anzuwenden. Auch als Brückenindikator ist die Braunsche Röhre in Verbindung mit einem Vorverstärker sehr geeignet. Sehr viel genauer und unbeeinflußt von etwaigem Fabriklärm geschieht die optische Einregelung des Brückenminimums. Liefert der Brückengenerator keine ideale Sinusspannung, so ist die Feststellung des neutralen Brückenpunktes mit der Braunschen Röhre dann sehr viel genauer als die übliche akustische Methode, wenn z. B. durch elektrische Zeitablenkung die Kurvenform und nicht nur die Amplitude betrachtet werden kann. Auch gegenüber Galvanometern, Röhrenvoltmetern und anderen Einheiten hat die Kathodenstrahlröhre als Brückenindikator, durch ihre Trägheitslosigkeit erhebliche Vorteile.

Für die Bestimmung der weiteren charakterisierenden Größe, der Ohmschen Ableitung, kommen auch wieder direkte Meßmethoden und Brückenmessungen in Frage. Die direkte Messung zielt in der Regel darauf hin, auch das zweite Plattenpaar der Braunschen Röhre mit auszunutzen und den Verlustwinkel aus der Phasenlage zu ermitteln. Eine häufiger benutzte Schaltung ist in Abb. 288 gezeichnet. Hier wird die Sinusspannung eines Generators mit der Frequenz f mit dem Lotplattenpaar, der die Meßkapazität C durchsetzende Blindstrom mit dem Querplattenpaar, bestimmt. Der Blindstrom wird als Spannungsabfall an einem Widerstand R unter Zuhilfenahme eines Verstärkers gemessen.

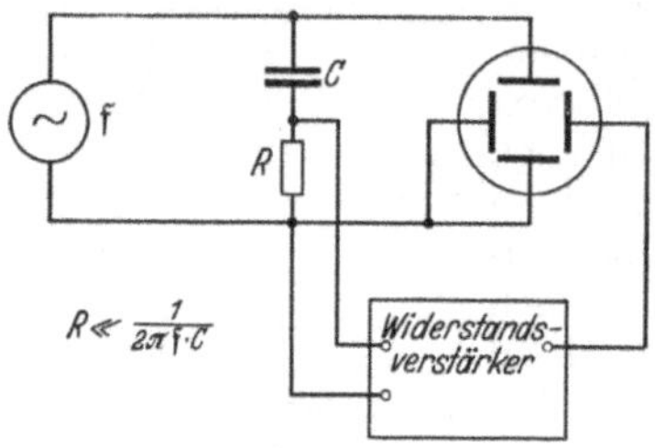

Abb. 288. Schaltung zur Messung der dielektrischen Verluste.

Der Verstärker ist, insbesondere bei Schwachstromuntersuchungen, notwendig, damit der Widerstand R sehr klein bleiben kann gegenüber dem Widerstand von C und auf diese Weise keine Störung der Phasenverhältnisse durch ihn erfolgt. Selbstverständlich darf auch durch den Verstärker keine Phasendrehung eintreten. Grundsätzlich sind an dieser Stelle Widerstandsverstärker notwendig, da nur bei diesen die entstehende zusätzliche Phasendrehung vernachlässigt werden kann. Der Verstärker ist so zu dimensionieren, daß er seine maximale Verstärkung bei der Generatorfrequenz hat (s. Kapitel C II, 1, e). Auch hier ist wieder die Bedingung zu erfüllen, daß der innere Widerstand des Generators klein ist gegenüber dem inneren Plattenwiderstand der Röhre. Da die an dem Widerstand R abgegriffene Spannung der Generatorspannung um 90^0 voraus eilt, erhält man auf dem Leuchtschirm der Braunschen Röhre bei passend eingestelltem Verstärkungsgrad ein ideales Kreisdiagramm, wenn der Kondensator keinerlei Ohmsche Ableitung besitzt. Ist jedoch eine solche Ohmsche Ableitung vorhanden, so wird das Kreisdiagramm durch das Hinzukommen des mit der Generatorspannung phasengleichen Wirkstromes moduliert. Besonders deutlich treten Ohmsche Komponenten in die Erscheinung, wenn, wie beispielsweise bei Glimm- und Sprühentladungen, die Ohmsche Ableitung amplitudenabhängig ist. Ist der Verlustwinkel sehr klein, so erscheint es besser, auch die Spannung für das Ordinatenplattenpaar über den Blindstrom einer Hilfskapazität mit Hilfe eines rein Ohmschen Widerstandes und Verstärkers herzustellen. Bei dieser Betriebsweise geht das Kreisdiagramm in eine Gerade über, und es machen sich bereits kleine Verlustwinkel durch Schleifenbildung bemerkbar. Voraussetzung hierbei ist natürlich, daß der Vergleichskondensator verlustfrei ist. Der Frequenzbereich der Meßanordnung ist bei der Verwendung von Verstärkern nicht durch die obere Grenzfrequenz der erforderlichen aperiodischen Verstärker begrenzt, sondern schon durch die bereits oben empfohlene Frequenz maximaler Verstärkung. Durch Verwendung kleiner Übertragungskondensatoren läßt sich diese Frequenz in Richtung höherer Frequenzen verlegen. Da die Halbwertsbreite des Verstärkers entsprechend abnimmt, kommt es allerdings zur Herbeiführung der erforderlichen Phasenlage immer mehr darauf an, daß die Generatorfrequenz präzise mit der Resonanzfrequenz des Verstärkers übereinstimmt.

Hinsichtlich Messung der Durchschlagsspannung, des Kurvenverlaufes der Betriebsspannung und des Verlaufes von Prüfspannungen ist darauf hinzuweisen, daß der Meßbereich von Schwachstromröhren in der Regel die Anwendung der bereits oben ausführlich besprochenen Spannungsteiler erforderlich macht, wenn nicht eine Spezialröhre sehr geringer Empfindlichkeit (z. B. Röhre Abb. 120) zur Verfügung steht. Schließlich sei der Vollständigkeit halber erwähnt, daß ebenso wie die Kapazität natürlich auch die Dielektrizitätskonstante in analogen Meßanordnungen untersucht werden kann. Beispielsweise durch Kopplung einer elektrischen Zeitablenkung mit der Frequenzregelung des Meßgenerators läßt sich eine evtl. Frequenzabhängigkeit der Dielektrizitätskonstanten unmittelbar auf dem Schirm sichtbar machen.

Über die Messung sehr kleiner Kapazitätsänderungen finden sich bereits oben im Abschnitt (Kapitel B, III, 6) die erforderlichen Schaltungen und Angaben.

b) Drossel- und Transformatoruntersuchungen.

Für die Untersuchung der elektromagnetischen Speicher eines Schwingkreises, der Drosseln oder Transformatoren, sind ähnliche Methoden anzuwenden, wie bei der im vorhergehenden Abschnitt geschilderten Untersuchung von Kapazitäten. Die Methoden zur Messung des elektromagnetischen Speichers sind, sinngemäß abgewandelt, analog denen zur Messung des elektrostatischen Speichers, der Kapazität. Die Dielektrizitätskonstante wird durch die Permeabilität ersetzt. Bei Induktivitäten ist zu unterscheiden, ob magnetische oder nichtmagnetische Materialien in den Weg des magnetischen Flusses geschaltet sind. Für nichtmagnetische Materialien ist die Permeabilität konst. $= 1$, für magnetische Materialien ist sie eine veränderliche, theoretisch kaum erfaßbare Funktion.

Die Bestimmung des Eigenwiderstandes einer Induktivität kann hier übergangen werden. Für die Messung der Induktivität mit der Braunschen Röhre ergeben sich wieder wie bei der Kapazitätsmessung die direkte und die indirekte Methode. Für die direkte Methode ist in Abb. 287, Anordnung zur Messung komplexer Widerstände, die Kapazität lediglich durch die Induktivität zu ersetzen. Für die Dimensionierung der in dieser Schaltung verwendeten Widerstände und Spannungen gelten sinngemäß die gleichen Grundsätze wie für die Kapazitätsmessungen.

Auch für die genaue Messung von Induktivitäten ist die Brückenmethode angebracht. Hierbei ist jedoch, um Meßfehler zu vermeiden, die Eigenkapazität der Induktivität zu berücksichtigen. Um den durch diese Größe in die Messung eingehenden Fehler möglichst klein zu machen, ist die Frequenz der Generatormeßspannung so klein wie möglich zu halten. Ebenso kann natürlich auch die Bestimmung der schädlichen Kapazität einer Drossel bzw. eines Transformators in der angegebenen Anordnung als Selbstzweck erfolgen.

Für Eisendrosseln und Transformatoren wird die Bestimmung der Permeabilität wegen der durch ihre Veränderlichkeit bewirkten Verzerrungen von größter Bedeutung. Gerade für diese Messungen ist die

Braunsche Röhre das gegebene Instrument, weil sie in einer Messung das gesamte Diagramm liefert.

Die magnetische Permeabilität wird definiert durch die Gleichung:

$$\mu = \frac{\mathfrak{B}}{\mathfrak{H}}$$

wo $\mathfrak{H}$ die magnetische Feldstärke, $\mathfrak{B}$ die zugehörige Induktion bedeutet. Diese Definition führt bei jedem magnetischen Kreisprozeß zu Schwierigkeiten; man erhält infolge der Hysteresis für jedes $\mathfrak{H}$ zwei $\mathfrak{B}$-Werte, je einen auf dem ansteigenden und absteigenden Ast der Hysteresiskurve. Diese beiden Werte der Permeabilität entsprechen der gewählten Feldstärke nur bei dem gerade herausgegriffenen Kreisprozeß, der durch eine ganz bestimmte Maximalinduktion gekennzeichnet ist. Wird der Kreisprozeß bis zu einem anderen Wert der maximalen Induktion durchgeführt, so entsprechen demselben $\mathfrak{H}$ zwei andere Werte derselben Permeabilität. Hieraus resultiert ein unendlich vieldeutiger Wert von μ. Setzt man fest, daß die Permeabilitätswerte der mindestens bis zur Sättigung durchlaufenden Magnetisierungskurve entnommen werden, so erhält man für jedes $\mathfrak{H}$ nicht mehr unendlich viele, aber doch noch zwei Werte, je einen auf dem ansteigenden und absteigenden Ast. Für Gleichstrom entgeht man dieser Schwierigkeit durch die Festsetzung, daß die Permeabilitätswerte der jungfräulichen Hysteresiskurve zu entnehmen sind. Wesentlich schwieriger werden die Verhältnisse bei dynamischer Magnetisierung durch ein Wechselfeld. Gerade bei diesen Versuchen ist die Überlegenheit der Braunschen Röhre zur Aufnahme der magnetischen Hysteresiskurve besonders einleuchtend. Infolge ihrer Trägheitsfreiheit gestattet die Braunsche Röhre auch hier die Anwendung hoher Frequenzen zur Untersuchung. Außer zur Bestimmung der Permeabilität ist die Aufnahme der dynamischen Magnetisierungskurve von technischer Bedeutung für die Bestimmung der Eisenverluste, deren Betrag durch den Flächeninhalt der Hysteresiskurve gegeben ist.

Nach dem Verfahren von Angström [1] wird der Kathodenstrahl in einer Richtung durch das Magnetfeld eines Spulenpaares mit offenem Eisenkern in der dazu senkrecht durch das Feld eines eisenlosen Spulenpaares abgelenkt, wobei die beiden Spulenpaare hintereinandergeschaltet sind. Die eisenlosen Spulen liefern zwar eine Ablenkung, die dem Magnetisierungsstrom des eisenhaltigen Spulenpaares proportional ist und die Ablenkung der eisenhaltigen Spulen ist wohl dem Fluß in dem hineingeschobenen Eisenstab proportional; aber dieser Fluß ist nur zum unwesentlichen Teil durch die magnetischen Eigenschaften des zu untersuchenden Eisens bestimmt und keineswegs proportional der Induktion $\mathfrak{B}$ im Eisen. Vielmehr hängt der Fluß Φ nur unwesentlich vom Eisen ab, solange der Weg im Eisen und der in Reihe geschaltete Luftweg von gleicher Größenordnung sind. Diesen Nachteilen versucht die Anordnung von Madelung [2] zu begegnen. Bei dem letzteren Verfahren sind die Magnetisierungsspulen auf zwei halbkreisförmig gebogene Glasröhren

[1] Angström, K.: Phys. Rev. (1900) S. 1074.

[2] Madelung, E.: Über Magnetisierung durch schnell verlaufende Ströme und die Einwirkungsweise des Rutherford-Marconischen Detektors. Ann. Physik Bd. 17 (1905) S. 861.

gewickelt, die das Untersuchungsmaterial in Form eines geschlitzten Ringes enthalten, der in dem Schlitz die Braunsche Röhre an ihrer engsten Stelle umfaßt. Gegenüber der Angströmschen Anordnung ergibt sich der Vorteil, daß man ein wesentlich homogeneres Feld am Orte der Ablenkung hat, als wenn nur ein Pol zur Ablenkung verwendet wird, und daß daher eine Verzerrung der Kurve vermieden wird. Ferner wird das Material als festgeschlossener Ring untersucht, wodurch die entmagnetisierende Kraft der Enden kleiner und die Ablenkung des Kathodenstrahles bei gleicher Eisenlänge und Magnetisierung größer wird Auch bei der Anordnung von Madelung zur Aufnahme der i-$\mathfrak{H}$-Kurve ist infolge des durch die Braunsche Röhre bedingten Luftschlitzes in dem Eisenring noch eine Fehlerquelle vorhanden. Infolge des Luftschlitzes ergibt sich eine von der Permeabilität abhängige Streuung, die sich, da die Permeabilität selbst nicht bekannt ist, der Berechnung entzieht.

Richtige Magnetisierungskurve des Eisens erhält man nur dann, wenn man von einem geschlossenen Eisenkern ausgeht. Faßbender und Hupka [1] nehmen für einen geschlossenen Eisenkern die Kurve $\frac{d\Phi}{dt} \perp t$, aus welcher sie durch graphische Integration $\Phi \perp t$ erhalten. Ferner machen sie eine Aufnahme der Kurve $i \perp t$, oder nehmen diese, wenn es die Bedingungen erlauben, als sinusförmig an, und erhalten durch Konstruktion $\Phi \perp i$ als gesuchte Hysteresiskurve. Dieses indirekte Verfahren ist zeitraubend und nicht sehr genau. Diese Nachteile vermeidet das von Krüger und Plendl angegebene Verfahren mit geschlossenem Eisenkern zur direkten Aufnahme der Magnetisierungskurve, das bereits in Abschnitt B (Kapitel IV, 2, e. Abb. 226) geschildert ist. Mit diesem Verfahren läßt sich die Magnetisierungskurve in Abhängigkeit von den verschiedenartigsten Einflüssen, z. B. von der Sättigung, der Blechstärke, der Größe eines evtl. vorhandenen Luftspaltes und der Gleichstromvormagnetisierung zeigen. Ebenfalls die Frage der Frequenzabhängigkeit wie der Temperaturabhängigkeit läßt sich auf diese Weise mit der Braunschen Röhre klären.

Außer der Ermittlung der Magnetisierungskurve selbst ist es von Interesse, die Einwirkungen der Form der Magnetisierungskurve in verschiedenen Kreisen, bei denen eisenhaltige Induktivitäten zur Anwendung kommen, festzustellen. Auch hier bietet die Kathodenstrahlröhre infolge ihrer Trägheitslosigkeit, insbesondere bei der Untersuchung hoher Frequenzen, ein sehr geeignetes Meßinstrument. Wie bereits oben angedeutet, treten durch die im Eisen zu leistende Magnetisierungsarbeit und die zeitliche Veränderlichkeit der Permeabilität Verzerrungen einer dem magnetischen Kreise aufgedrückten Primärspannung auf, die verschieden sind, je nachdem man im ansteigenden Teil der magnetischen Charakteristik oder in ihrem Sättigungsbereich arbeitet. Praktisch ausgenutzt werden diese Verzerrungen zu einem Verfahren der Frequenzvervielfachung durch Eisenwandler [2]. Die Registrierung derartiger Verzerrungen

---

[1] Faßbender, H. u. E. Hupka: Magnetische Untersuchungen im Hochfrequenzkreis. Z. Hochfrequenztechn. Bd. 6 (1931) S. 133.

[2] Plendl, H., F. Sommer u. J. Zenneck: Z. Hochfrequenztechn. Bd. 27 (1926) Heft 4 S. 102 u. E. Kramer: Frequenzvervielfachung durch Eisenwandler. Diss. Dresden 1928. Berlin: M. Krayn.

ist ebenfalls mit der Braunschen Röhre auf einfache Weise möglich. Die Wirkungsweise der Frequenzvervielfachung besteht darin, eine Eisendrossel, die in Reihe mit einer Induktivität an einer Wechselstromquelle liegt, so hoch zu sättigen, daß die volle Ummagnetisierung des Eisens nur in einem Bruchteil der Halbperiode des durchfließenden Stromes, der sog. Stoßzeit, erfolgt, wodurch die an der Drossel hervorgerufene Spannung eine außerordentlich spitze Kurvenform erhält. Ein von dieser Sättigungsspitze angestoßener Schwingungskreis wird so zu Eigenschwingungen angeregt, deren Frequenz durch die im Schwingkreis vorhandene Kapazität und Induktivität gegeben ist. Die Eisendrossel stellt den Generator der entstehenden Oberschwingungen dar. Die sämtlichen in dieser Anordnung durch die Größe der zusätzlichen Schaltglieder hervorgerufenen Einflüsse lassen sich am einfachsten oszillographisch mit der Kathodenstrahlröhre ermitteln. Zu diesem Zweck werden in den angestoßenen Schwingungskreis zwei eisenfreie Spulen von kleiner Induktivität und kleinem Widerstand geschaltet, die bei der Aufnahme des Stromverlaufes im Sekundärkreis zur magnetischen Ablenkung der Braunschen Röhre dienen.

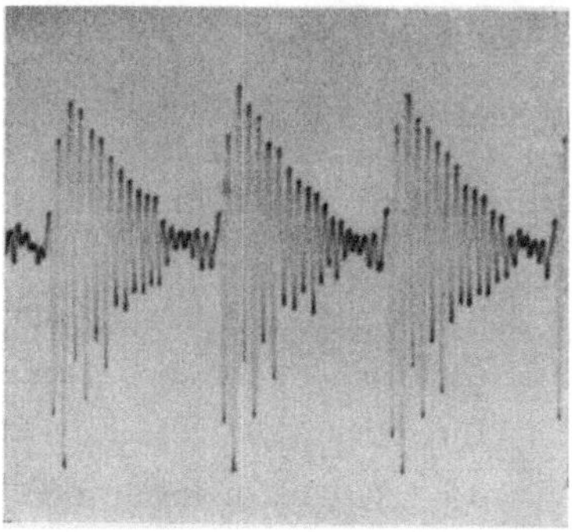

Abb. 289. Unsymmetrische Schwingungsamplituden im Oszillogramm eines Vokals („e“) durch Eisenkurve verursacht.

Je nachdem eine Magnetisierungskurve im ansteigenden oder absteigenden Ast durchlaufen wird, ergeben sich verschiedene zugehörige Amplituden der erzeugten Sekundärspannung. Diese Amplitudenverschiedenheit kann man aus Abb. 289 erkennen, die ein Oszillogramm des Vokals „e“ darstellt. Ähnliche Amplitudenverschiedenheiten zeigt das Oszillogramm der Frequenzabhängigkeit einer Transformatorstufe in Verbindung mit einer Röhre (s. Abb. 290), das mit dem in Abschnitt B VI, besprochenen Verfahren zur langsamen photographischen Registrierung von Amplitudenwerten erhalten wurde. Man erkennt deutlich die aus den Eisenverzerrungen im Gebiet kleiner Frequenzen resultierenden Amplitudenverschiedenheiten. Die aufgenommene Kurve zeigt die resultierende Frequenzcharakteristik, die durch das Zusammenwirken von Transformator und Röhre gegeben ist. Bei der untersuchten Transformatorstufe erfolgt durch den inneren Röhrenwiderstand eine ausreichend starke Pseudodämpfung, um die Frequenzen des Hörbereiches genügend gleichmäßig zu übertragen. Die abgebildete Registrierung ist insofern besonders interessant, als bei ihr die Streuresonanz, die hier bei etwa 7000 Hertz liegt, stark zum Ausdruck kommt.

Eine häufig wiederkehrende Aufgabe bei der Untersuchung von Drosselwiderstandsanordnungen ist die Aufnahme des Einschwingvorganges. Meist zielt die Untersuchung darauf hin, die betreffende Zeitkonstante zu erfassen. In der Regel läuft die Messung darauf hinaus, den Verlauf von Strom und Spannung als Folge eines plötzlichen Schaltstoßes zu oszillographieren. In gleicher Weise lassen sich selbstverständlich auch die Lade- und Entladevorgänge von den Kondensatorwiderstandsanordnungen aufzeichnen. Praktisch gewonnene Kurven solcher

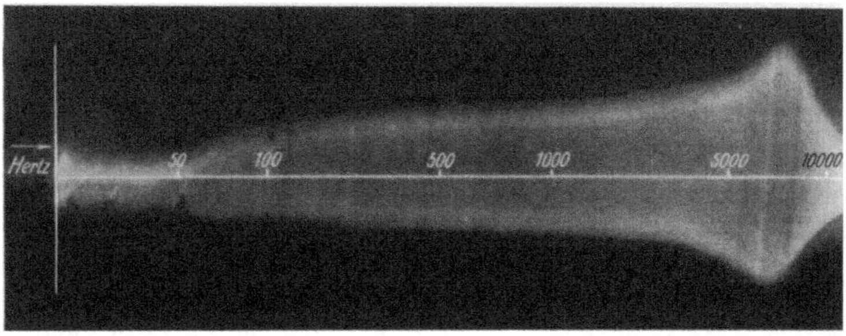

Abb. 290. Registrierte Frequenzkurve einer Transformatorstufe mit stark ausgeprägter Streuresonanz und erheblicher Eisenverzerrung bei Frequenzen unter 100 Hertz.

Einheiten mit verschiedenen Zeitkonstanten sind in einem der folgenden Kapitel (C II 1, c) gebracht. Befindet sich nicht nur einer der beiden Energiespeicher, sondern beide zugleich in dem untersuchten Kreis, so zeigt das Oszillogramm nicht nur ein Abklingen oder Ansteigen, sondern ein periodisches Pendeln der Energie zwischen beiden Speichern.

c) Schwingungskreisuntersuchungen.

Wird in der angegebenen Weise auf den aus Induktivität und Kapazität bestehenden Schwingungskreis ein Stoß gegeben, so entsteht eine gedämpfte Schwingung. Wird diese gedämpfte Schwingung mit der Kathodenstrahlröhre oszillographiert, so zeigt das erhaltene Oszillogramm den durch die Verluste im Schwingungskreis bewirkten, allmählichen Verlauf der Amplituden. Voraussetzung ist hierbei selbstverständlich, daß die Zeitablenkung gleiche Größenordnung hat, wie der gesamte Ein- oder Ausschwingvorgang. Ein typisches Oszillogramm einer gedämpften Schwingung zeigt Abb. 291. Aus der Amplitudenhüllkurve kann direkt das logarithmische Dekrement des Vorganges abgelesen werden. Handelt es sich um Hochfrequenzschwingungskreise, so ist bei der Aufnahme mit der Schwachstromkathodenstrahlröhre der Schaltstoß periodisch zu wiederholen und die Zeitablenkung mit dem Schaltstoß zu synchronisieren.

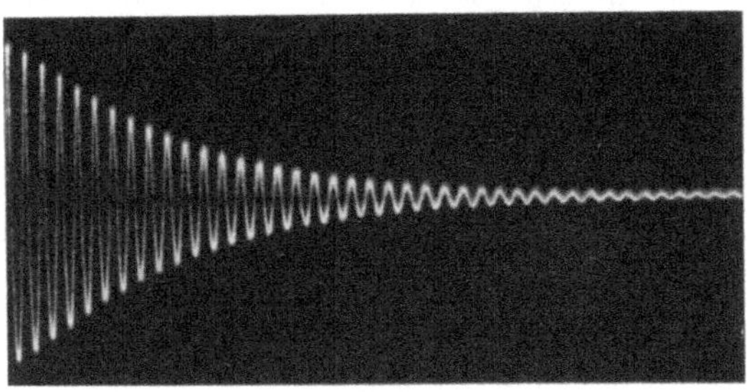

Abb. 291. Oszillogramm einer gedämpften Schwingung.

Solange es sich um definierte Schwingungskreise handelt mit amplitudenunabhängigen Eigenschaften, hat die Aufzeichnung des gesamten

Schwingungsverlaufes hauptsächlich für Demonstrationszwecke Bedeutung. Anders ist es im Falle einer Amplitudenabhängigkeit von L, evtl. auch von R oder C. Besteht Amplitudenabhängigkeit, so vermittelt die Braunsche Röhre auf einfache Weise die Beurteilung sämtlicher Einflüsse auf den Schwingungsverlauf.

Auch die Registrierung des Kurvenverlaufes von Strom und Spannung an gekoppelten Schwingungskreisen hat in erster Linie Bedeutung für Unterrichtszwecke. Den typischen Spannungsverlauf gekoppelter Kreise zeigt Abb. 292. Ein weiteres Oszillogramm (Messung von Kammerloher), das besonders stark gedämpfte Schwingungen in festgekoppelten Kreisen zeigt, ist in Abb. 293 abgebildet.

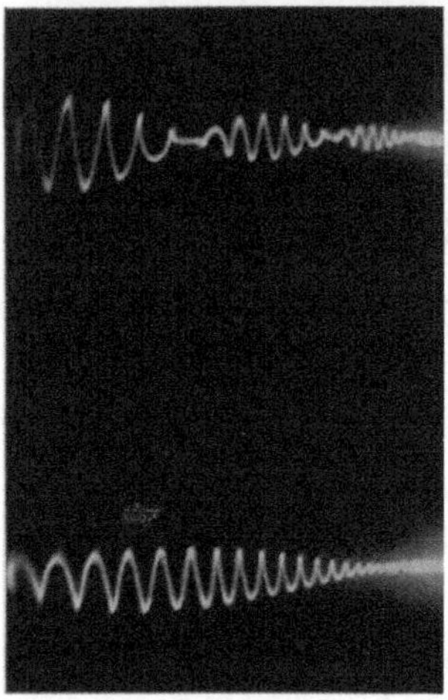

Abb. 292. Spannungsverlauf an gekoppelten Kreisen.

Die Feststellung der Ein- und Ausschwingvorgänge hat besondere Bedeutung auch bei der Prüfung, ob Sender und Empfänger für Schnelltelegraphie geeignet sind. Gemessen wird in diesem Falle die Zeitkonstante, die klein bleiben muß gegenüber der Zeitdauer des Morsepunktes. Bei sehr schwach gedämpften Anordnungen liegen die Ein- und Ausschwingzeiten, wie aus dem eben Gesagten hervorgeht, in der Größenordnung der Periodendauer von Niederfrequenzen. Für schwach gedämpfte Anordnungen kann es vorteilhafter sein, das Dämpfungsdekrement aus der Abklingkurve zu entnehmen. In allen anderen Fällen ist die im folgenden beschriebene Methode anzuwenden.

Für einzelne Hochfrequenzschwingungskreise, für gekoppelte Hochfrequenzkreise und für komplette Hochfrequenzverstärker läßt sich die resultierende Frequenzcharakteristik nach dem im Kapitel B IV 2, e, beschriebenen Verfahren unmittelbar auf dem Schirm sichtbar machen. Das Verfahren, das darauf beruht, die Frequenz eines Senders synchron mit einer elektrischen Zeitablenkung pendeln zu lassen, kann für Hochfrequenzuntersuchungen etwas abgeändert werden. Die Frequenzschwankung kann beispielsweise durch eine elektromagnetisch erregte Kondensatoranordnung, deren eine Belegung durch eine Telephonmembrane gebildet ist, hervorgerufen werden. Wenn diese schwankende Kapazität in den Schwingungskreis einer einfachen Überlagereranordnung gelegt wird, entstehen als Zwischenfrequenz Hoch- und Niederfrequenzen je nach der Dimensionierung [1].

Die resultierende Frequenzcharakteristik zeigt bei einem Schwingungskreis die Resonanzkurve als Umhüllung einer leuchtenden Fläche. Aus ihr kann unmittelbar die Halbwertsbreite und damit das Dämpfungsdekrement bestimmt werden. Aus der Resonanzkurve und mindestens

[1] Näher beschrieben in: M. v. Ardenne: Die Sichtbarmachung von Frequenzabhängigkeiten mit der Braunschen Röhre. Helios, Lpz. 1930 Nr. 2 S. 11.

einer der weiteren Größen des Schwingungskreises können seine charakteristischen Größen (Resonanzwiderstand, Verlustwiderstand) nach bekannten Beziehungen berechnet werden.

Von großer praktischer Bedeutung ist die Sichtbarmachung der Frequenzcharakteristik gekoppelter Einheiten, insbesondere bei Hochfrequenzverstärkern und anderen Anordnungen, wo mehrere Kreise gemeinsam abgestimmt werden. Die trägheitslose Niederschrift der Frequenzcharakteristik ermöglicht hier die sorgfältige Abgleichung der Schwingungskreise und ihrer Steuerung vorzunehmen. Das geschilderte Verfahren ist bei der Einregelung von Einknopfempfängern für Betriebsprüfungen häufig in Gebrauch.

Sind die Selektionen der zu untersuchenden Einheiten sehr erheblich oder liegt die Eigenfrequenz im Niederfrequenzbereich, so ist es nicht mehr möglich, die Frequenzcharakteristik flimmerfrei auf den Schirm der Braunschen Röhre aufzuzeichnen. Vielmehr wird es notwendig, die Frequenzänderung zu verlangsamen. Eine mit langsamem Frequenzdurchlauf gewonnene Registrierung einer Kondensatorkette (Messung von Kammerloher) ist in Abb. 294 abgebildet.

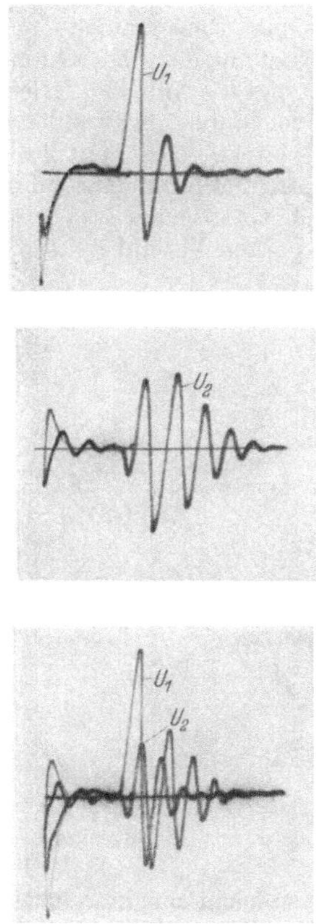

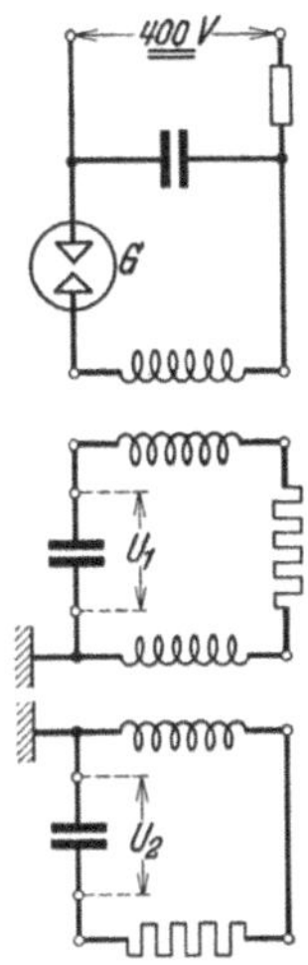

Abb. 293. Gedämpfte Schwingung in fest gekoppelten Kreisen.

d) Röhrenuntersuchungen.

Die wichtigsten Eigenschaften der Elektronenröhren: Steilheit, Durchgriff, innerer Widerstand, Sättigungsstrom und schließlich Lage und Länge des linearen Teiles folgen aus ihren Kennlinien. Die grundsätzlichen Vorteile der Kennlinienaufzeichnung durch die Braunsche Röhre sowie die zur Lösung dieser Aufgabe üblichen Schaltungen sind bereits oben (Kapitel B, IV, 2, c) ausführlich besprochen. Daher wird es genügen, daß in dem Rahmen dieses Abschnittes lediglich zusätzliche Gesichtspunkte für die praktische Durchführung von Röhrenuntersuchungen gebracht werden[1].

[1] Vgl. M. v. Ardenne: Sichtbarmachung von Röhrenkennlinien mit der Braunschen Röhre. Funk 1930 Heft 6 u. 8. — Ein Kennlinienschreiber zum Prüfen von Verstärkerröhren. Funkmagazin, Oktober 1931.

Das Erscheinen der Kennlinie und die Herstellung des Koordinatenkreuzes allein ermöglicht noch nicht die Beurteilung der Röhreneigenschaften. Vielmehr ist noch die Eichung der beiden Maßstäbe erforderlich. Eine einfache Schaltung, die schnell und übersichtlich die Feststellung des Abszissenmaßstabes sowie des Ordinatenmaßstabes gestattet, zeigt die Abb. 295. Hier ist wieder das übliche Prinzip zur Kennlinienaufzeichnung angewendet. Die Spannung des Generators wird an die Querplatten gelegt und die durch die Steuerwirkung dieser Spannung verursachten Anodenströme als Spannungsabfall an einen Widerstand R_a auf die Lotplatten der Braunschen Röhre gegeben. Damit die Kennlinie in ihrem ganzen Verlauf richtig beurteilt werden kann, ist es wünschenswert, daß

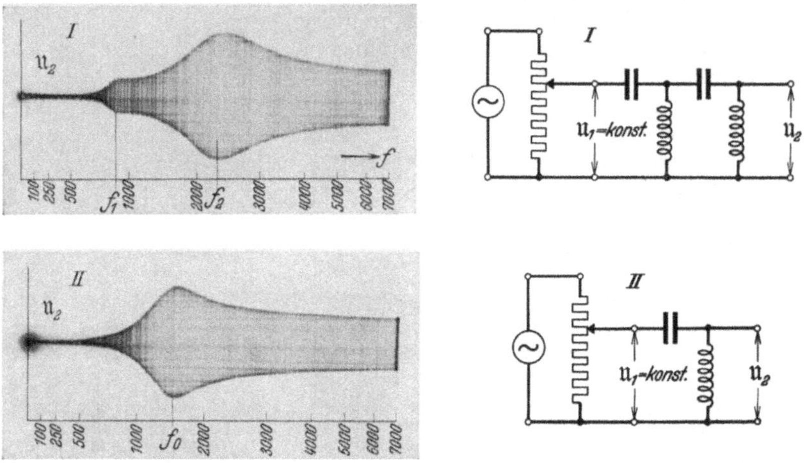

Abb. 294. Frequenzabhängigkeit einer Kondensatorkette.

sie nicht nur hinreichend groß ist, sondern daß ihr linearer mittlerer Teil weder zu steil, noch zu flach verläuft. Das Optimum ist bei einer Neigung des linearen Teiles der Kurve von etwa 40° gegen die Abszisse gegeben. Damit die Kennlinie die angegebene Lage auf dem Fluoreszenzschirm einnimmt, ist es notwendig, die Spannungsverhältnisse in den verschiedenen Teilen der Anordnung passend zu wählen. Zunächst ist die Generatorspannung selbst so zu bemessen, daß die Abszisse auf dem Fluoreszenzschirm eine Länge von etwa der Hälfte des Fluoreszenzschirmdurchmessers erhält. Dann ist durch den gezeichneten Spannungsteiler ein so großer Teil der Generatorspannung abzugreifen, daß die Röhrenkennlinie vom Einsatzpunkt bis zum Sättigungspunkt ausgesteuert wird. Der Widerstand des Spannungsteilers selbst muß so klein bleiben, daß an ihm keine wesentlichen Spannungsabfälle durch die Gitterströme erfolgen, die im Verlauf der positiven Gitterspannungsperioden gegeben sind. Liefert der Generator eine sinusförmige Spannung, was sich mit Hilfe eines bewegten Spiegels sofort kontrollieren läßt, so kann mit Hilfe eines einfachen Wechselspannungszeigerinstrumentes die am Gitter der Röhre liegende Effektivspannung bestimmt und damit der jeweilige Abszissenmaßstab festgelegt werden. Die im Interesse guter Kennlinienlage erforderliche Länge der Ordinate ist schwieriger zu verwirklichen. Der Anodenwiderstand R_a muß, wie schon früher ausgeführt wurde, klein gegenüber dem inneren Widerstande der Röhre sein. Damit trotzdem der an ihm entstehende Spannungsabfall (Größenordnung $^1/_{10}$ der angewendeten Anodenspannung) ausreichende Ordinatenlänge ergibt, muß die Ablenkempfindlichkeit in dieser Richtung sehr erheblich sein. Das Ordinatenplattenpaar ist besonders lang und eng auszuführen. Außerdem sind geringe Elektronengeschwindigkeiten in der Braunschen Röhre anzuwenden. Gelingt es trotzdem noch nicht, die erforderliche Ordinatenlänge zu verwirklichen, so ist eine einstufige Gleichstromverstärkung an dieser Stelle vorzusehen. Durch Regeln des Anodenwiderstandes R_a läßt sich auch der Ordinatenmaßstab in weiten Grenzen variieren. Die Eichung des Ordinatenmaßstabes geschieht am einfachsten entweder durch einen Gleichstrom bekannter Größe, der über R_a geschaltet wird, oder durch einen Wechselstrom bekannter Größe. Das zuletzt genannte Eichverfahren findet in der besprochenen Schaltung Anwendung. Um diesen Kreis zu eichen, ist es nur notwendig, kurzzeitig den Schalter von M nach E umzulegen. Durch Regeln des Widerstandes R_0 läßt sich leicht die Ordinatenlänge einstellen, die vorher durch den Anodenstrom der Röhre ausgesteuert wurde.

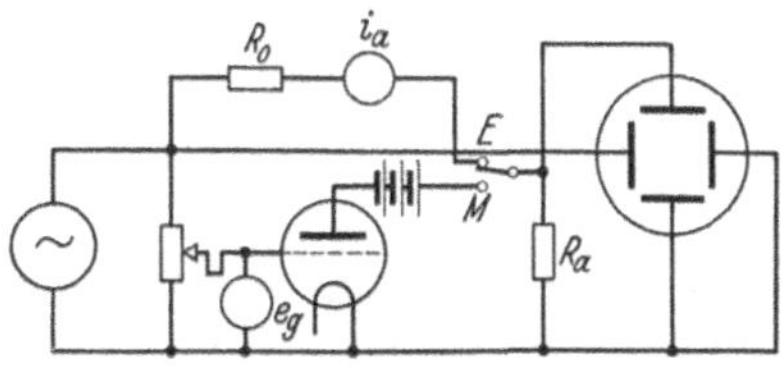

Abb. 295. Prinzipschaltung eines Kennlinienschreibers.

Die verschiedenen, besprochenen Regelmöglichkeiten sind notwendig, um mit ein und derselben Schaltung Röhrentypen mit den verschiedensten Eigenschaften hinreichend genau beurteilen zu können. Nicht immer sind die Kennlinien verschiedener Röhrentypen so wenig unterschiedlich, wie beispielsweise in Abb. 296, und es entsteht dann die Notwendigkeit, gleichzeitig mit dem Einsatz der neuen Röhrentype auch den Meßbereich der Schaltung zu ändern.

Eine ganz andere Sachlage besteht, wenn mit ein und demselben Gerät, beispielsweise für die Zwecke einer Fabrikationskontrolle, immer nur die Kennlinien ein und derselben Type zu betrachten sind. In solchen Fällen ist es einfacher, auf die Ordinateneichung überhaupt zu verzichten und die Beurteilung der Röhreneigenschaften durch den Vergleich mit einer Normalröhre vorzunehmen. Einfache Schaltungen für die Sichtbarmachung der Kennlinien zweier verschiedener Röhren sind bereits oben (Kapitel B IX) angegeben und besprochen. Die Abb. 297 veranschaulicht den Verlauf der Kennlinie zweier verschiedener Röhren im Kennlinienkomparator.

Auch die Größe und Richtung der Gitterströme bei den verschiedenen Gitterspannungswerten läßt sich unmittelbar auf dem Fluoreszenzschirm ablesen. Hierzu ist es nur notwendig, in die Verbindung zum Gitter der zu untersuchenden Röhre einen großen Widerstand (etwa $5—10 \cdot 10^6$ Ohm) zu legen, der normalerweise kurz geschlossen ist[1]. Der durch den

[1] Vgl. hierzu M. v. Ardenne: Eine indirekte Methode zur Messung von Gitterströmen. Z. Hochfrequenztechn. Bd. 29 (1927) Heft 3.

Gitterstrom an diesem Widerstand verursachte Spannungsabfall bewirkt eine entsprechende Veränderung der Anodenstromkennlinie, die bei schnellem Tasten des Überbrückungskontaktes für diesen Widerstand

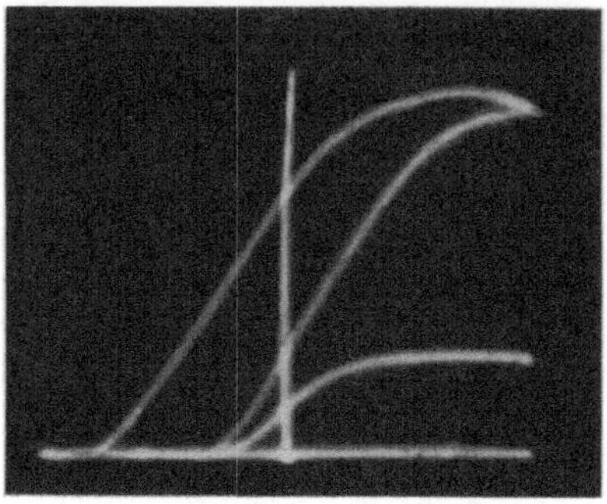

Abb. 296. Kennlinien verschiedener Röhrentypen.

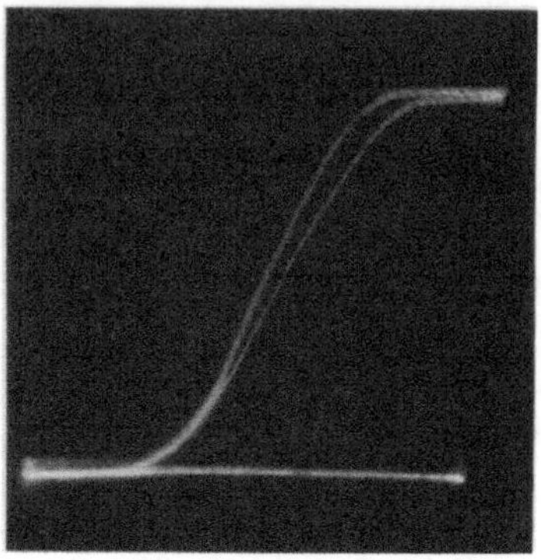

Abb. 297. Kennlinien zweier verschiedener Röhren im Kennlinienkomparator.

deutlich sichtbar wird. Das Äußere eines mit der besprochenen Prinzipschaltung Abb. 295 ausgerüsteten Kennliniengerätes ist in Abb. 298 abgebildet. Das Gerät enthält neben den zur Eichung erforderlichen

Abb. 298. Außenansicht eines Kennlinienschreibers für die Untersuchung verschiedenster Röhrentypen.

Instrumenten weitere Instrumente für die Bestimmung der eingestellten Heizdaten und ist für vollkommenen Netzbetrieb durchgebildet. Bei Netzbetrieb von Kennliniengeräten muß grundsätzlich durch Glimmstreckenstabilisatoren dafür gesorgt sein, daß alle Spannungen im Gerät unabhängig von der Netzspannung und unabhängig von den wechselnden Belastungen sind, die im Verlauf der Röhrenuntersuchungen durch die Röhre selbst gegeben sind. Das Innere des abgebildeten Kennliniengerätes ist in Abb. 299 gebracht, da es ein lehrreiches Beispiel für den Zusammenbau von Röhren und anderen Teilen einer

Abb. 299. Innenansicht des Kennlinienschreibers.

Meßschaltung bildet. Durch möglichst entfernte und richtig orientierte Aufstellung der erforderlichen Netztransformatoren ist das Entstehen störender Strahlbeeinflussung vermieden.

Der besondere Vorteil der Kennlinienaufnahme durch die Kathodenstrahlröhre liegt in der Möglichkeit, die dynamische Kennlinie zu erfassen und ferner darin, daß die durch Rückheizung des Anodenstromes verursachten Kennlinienverzerrungen in Fortfall kommen. Durch die dynamische Kennlinienaufzeichnung gelingt es speziell, den Sättigungsstromwert auch solcher Röhren zu erfassen, deren Emissionseigenschaften durch die dem Heizstrom überlagerten hohen Anodenströme völlig verändert werden.

Die dynamischen Kennlinien lassen sich mit all den Frequenzen zeichnen, die im praktischen Betrieb vorkommen. Besondere Bedeutung hat die Untersuchung dynamischer Kennlinien, wenn im Gitterkreis oder im Anodenkreis der Röhren kapazitive, induktive oder auch solche Widerstände enthalten sind, in denen beide genannten Komponenten zur Wirkung kommen.

Ein typisches Beispiel für dynamische Kennlinien bei ohmisch-kapazitiver Zusammensetzung des Gitterkreises einer Röhre ist in Abb. 300 abgebildet. Hier ist für eine Außensteuerröhre der Zusammenhang Anodenstrom und Gitterspannung, der aus statischen Messungen nicht zu ermitteln ist, dargestellt[1]. Die verschiedenen Kennlinien zeigen trotz eines rein Ohmschen Anodenwiderstandes eine Phasenverschiebung zwischen Gitterwechselspannung und Anodenstrom. Diese Phasenverschiebung rührt von der Kapazität Wandladung-Steuerelektrode her, deren Widerstand bei der Generatorfrequenz 50 Hertz nicht mehr klein gegenüber der Ohmschen Ableitung ist. Da die Ohmsche Ableitung in diesem Fall den hohen Wert $12 \cdot 10^9$ Ohm aufwies, konnte unschwer aus dem Bilde die Kapazität Wandladung-Steuerelektrode zu 0,8 $\mu\mu$F bestimmt werden. Erst auf Grund untersuchter dynamischer Kennlinien gelingt es, bei Außensteuerröhren die sonst kaum zu erfassenden Wandladungseffekte quantitativ zu beurteilen.

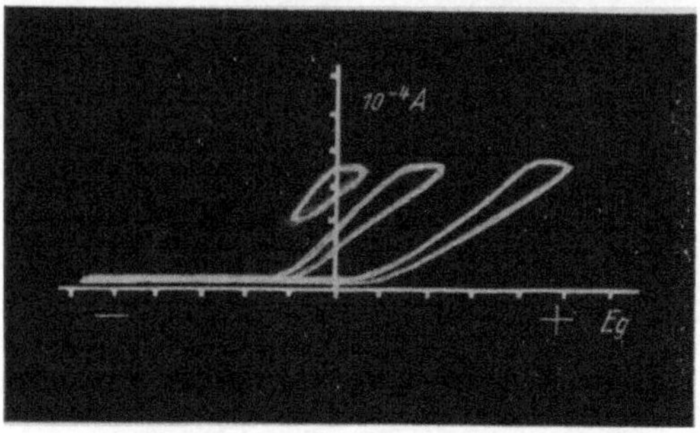

Abb. 300. Kennlinien einer Außensteuerröhre.

Selbstverständlich ist die Kennlinienaufnahme keineswegs auf die Niederschrift des Anodenstromes als Funktion der Gitterspannung, des Anodenstromes als Funktion der Anodenspannung und des Anodenstromes als Funktion evtl. vorhandener Hilfselektroden beschränkt. In entsprechend komplizierteren Meßschaltungen können die durch Anode-Gitterkapazität entstehenden Scheinkapazitäten und Scheinwiderstände dynamisch veranschaulicht werden. Ferner können Schwingkennlinien, Kennlinien, die die Größe der ersten und zweiten Ableitung der Anodenstromcharakteristik veranschaulichen und andere charakterisierende Kurven in entsprechenden Anordnungen verhältnismäßig einfach hergestellt werden.

Eine besondere Bedeutung gebührt der Kennlinienaufzeichnung von Gasentladungsröhren, die unter dem Einfluß der Wandladungs- und anderer Effekte fast nur dynamisch einwandfrei zu erfassen sind. Sowohl die Untersuchung gittergesteuerter Gasentladungsröhren wie insbesondere die Untersuchung des Zündvorganges bei den verschiedensten Gasentladungsröhren bedeutet ein weiteres Aufgabengebiet der Braunschen Röhre.

Aufschlußreiche Untersuchungen sind mit der Braunschen Röhre ausgeführt worden durch die oszillographische Erfassung der Belastungen, die an Hochvakuum-, insbesondere aber an gasgefüllten Gleichrichterröhren betriebsmäßig gegeben sind. Eine Reihe weiterer Röhreneigenschaften können durch oszillographische Methoden quantitativ klar-

[1] Ardenne, M. v.: Wirkungsweise der Außensteuerröhre. Funk 1930 Heft 40 S. 655.

gestellt werden. So gelingt es mit Hilfe der Braunschen Röhre und eines geeichten Vorverstärkers beispielsweise, die Störkomponente zu ermitteln und zum Aussteuerbereich der Endstufe in Beziehung zu setzen, die durch den Mikrophoneffekt, durch Wechselstromheizung der Röhrenkathode, durch den Funkeffekt und schließlich auch durch den Schroteffekt gegeben sind.

e) Verstärkeruntersuchungen.

Zur Charakterisierung eines Verstärkers ist die Kenntnis des Verstärkungsgrades bei den verschiedenen Frequenzen seines Anwendungsbereiches von größter Bedeutung. Erfolgt unter Anwendung üblicher Meßschaltungen[1] die Verstärkungsgradbestimmung bei einer einzigen Frequenz bzw. bei einer Anzahl Frequenzen, d. h. punktweise, so bedient man sich gern der Braunschen Röhre als Spannungsmesser. Speziell, wenn die Schaltung so getroffen ist, daß Spannungen ausreichender Amplitude für die Ablenkung zur Verfügung stehen und somit der Mittelpunktsfehler weniger ins Gewicht fällt, hat die Braunsche Röhre gegenüber anderen üblichen Spannungsmessern (Elektrometern, Röhrenvoltmetern) erheblichen Vorteil. Die Beobachtung der Lichtverteilung auf dem Fluoreszenzstrich oder die Betrachtung der Kurvenform mit Hilfe elektrischer oder mechanischer Zeitablenkung, ermöglicht bei Beginn der Messung die Feststellung, ob die Meßspannungen sinusförmigen Verlauf haben. Die oft sehr erheblichen Meßfehler durch Oberwellen kommen daher bei der Verwendung der Braunschen Röhre als Voltmeter in Fortfall. Gegenüber dem Elektrometer hat die Braunsche Röhre als Spannungsmesser den Vorteil leichter Beobachtbarkeit, gegenüber dem Röhrenvoltmeter den Vorteil trägheitsloser Anzeige und leichter Eichbarkeit. Der besondere Vorteil der oszillographischen Spannungsmessung bei Verstärkereichungen liegt darin, daß Störspannungen sofort erkannt und von den Meßspannungen abgezogen werden können.

Handelt es sich nur darum, die maximale Verstärkung zu ermitteln, so ist die bereits oben besprochene ballistische Methode (B II, 1) mit Braunscher Röhre sehr einfach in Aufbau und Anwendung.

Die Frequenzabhängigkeit des Verstärkungsgrades läßt sich ebenso wie bei Schwingungskreisen, auch Transformatorstufen durch die schon oben (Kapitel B, IV, e) besprochene Methodik auf dem Schirm der Braunschen Röhre sichtbar machen. Im Interesse richtiger Messungen ist darauf zu achten, daß der Tongenerator bzw. der Hochfrequenzsender innerhalb des Bereichs, in dem die Frequenz schwankt, die gleiche Amplitude (evtl. über einen korrigierenden Spannungsteiler) an den Verstärkereingang liefert.

Eine weitere wichtige Kurve zur Charakterisierung von Verstärkern ist durch die resultierende Amplitudenabhängigkeit gegeben. Die Amplitudenabhängigkeit des Verstärkungsgrades läßt sich auf verschiedene Weise mit der Braunschen Röhre übersichtlich erfassen. In der Regel wird es genügen, die Amplitudenabhängigkeit zu messen für die Frequenz, bei der der Verstärker seine größte Verstärkung besitzt. Die naheliegendste

[1] Vgl. z. B. „Verstärkermeßtechnik“ l. c.

Methodik besteht darin, an die Eingangsseite des Verstärkers eine Meßspannung zu legen von konstant bleibender Frequenz, aber periodisch schwankender Amplitude. Die Maximalamplitude der Meßspannung und ihr Modulationsgrad ist so zu wählen, daß während einer Modulationsperiode die Spannung den gesamten Aussteuerbereich durchläuft. Je größer der Unterschied zwischen Frequenz der Meßspannung und Modulationsfrequenz ist, durch desto mehr Meßpunkte wird die Kurve der Amplitudenabhängigkeit bezeichnet.

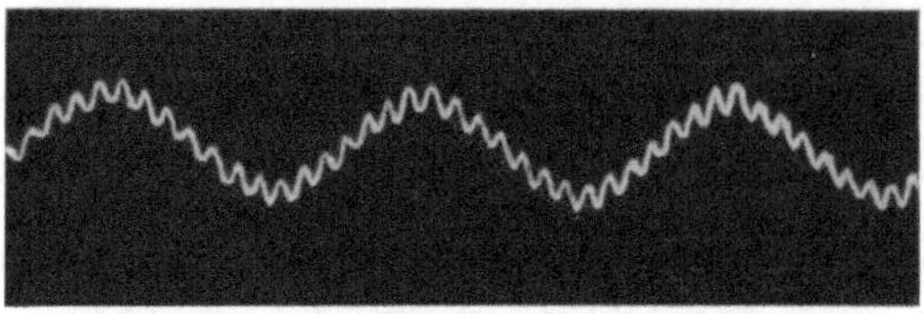

Abb. 301. Oszillogramm zweier superponierter Sinusspannungen verschiedener Frequenz und Amplitude.

Die dynamische Verstärkungsmessung erfolgt in der Weise, daß z. B. an die Querplatten die in ihrer Amplitude schwankende Eingangsspannung und an die Lotplatten die Ausgangsspannung des Verstärkers gelegt wird. Bei passend eingestellter Phasenlage resultiert ein Fluoreszenzstrich, der durch den Schnittpunkt des Koordinatenkreuzes geht, und dessen Neigung gegen die Abszisse ein Maß für den Verstärkungsgrad darstellt. Sobald Störungen der linearen Gesetzmäßigkeit zwischen Eingangs- und Ausgangswechselspannung des Verstärkers bestehen, zeigt die entstehende Kennlinie Gebiete geringerer Steilheit.

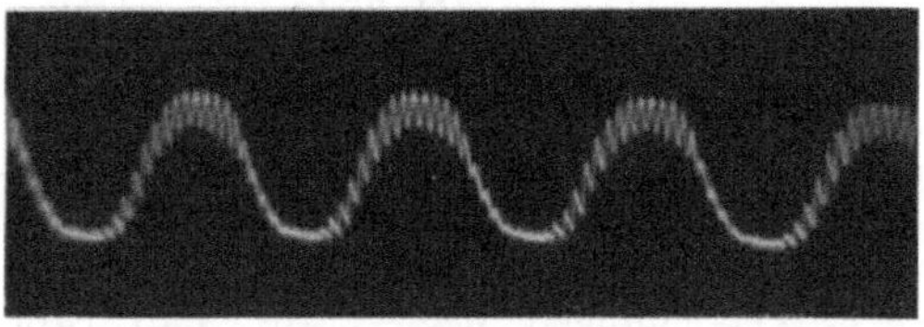

Abb. 302. Durch Übersteuerung verzerrte superponierte Sinusspannungen verschiedener Frequenz und Amplitude.

Ein weiteres, vom Verfasser benutztes Verfahren zur Darstellung der Amplitudenabhängigkeit von aperiodischen Verstärkern, Transformatoren, Röhren und anderen Einheiten geringer Frequenzabhängigkeit und begrenzter Aussteuerbarkeit besteht darin, symmetrische Kippschwingungen, d. h. Schwingungen, deren Anstieg und Abfall linear und mit der gleichen positiven bzw. negativen Steilheit erfolgt, anzuwenden. Werden solche Schwingungen mit linearem Verlauf an den Eingang der zu untersuchenden amplitudenabhängigen Einheit gegeben, zo zeigt das Oszillogramm der Ausgangsspannung an Stelle des ursprünglich linearen Verlaufes unmittelbar die Kurve der Amplitudenabhängigkeit in dem durch die Amplitude der Kippschwingungen festgelegten Meßbereich. Symmetrische Kippschwingungen sind mit den oben besprochenen Anordnungen (Kapitel B, IV, 2, c) bei passender Dimensionierung von Auf- und Entladekreis leicht herstellbar. Die erforderliche Symmetrie und Linearität besteht dann, wenn Auflade- und Entladestrom immer den gleichen Wert beibehalten.

Das zuletzt erwähnte, oszillographische Verfahren zur Feststellung der Amplitudenabhängigkeit läßt sich dadurch etwas variieren, daß der Meßspannung eine zweite Spannung von wesentlich höherer Frequenz und wesentlich kleinerer, aber konstant bleibender Amplitude überlagert wird. Die Abnahme der Steilheit der resultierenden Kennlinien des gesamten Verstärkers läßt sich besonders leicht aus der Abnahme der Amplitude der überlagerten Spannung bestimmen. Dieses Verfahren hat den Vorteil, daß man nicht an eine bestimmte Kurvenform bei der

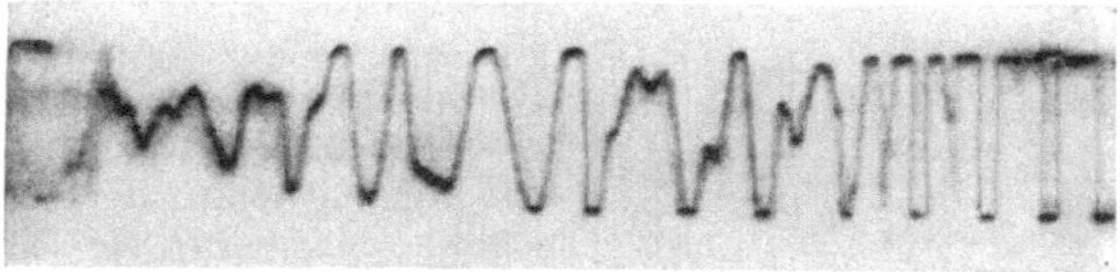

Abb. 303. Oszillogramm einer durch Übersteuerung verzerrten Niederfrequenzschwingung.

Meßspannung gebunden ist. Abb. 301 zeigt das Oszillogramm zweier superponierter Sinusspannungen, bei denen Amplitude und Frequenz passend für die Untersuchung von Amplitudenabhängigkeiten gewählt sind. Die Verzerrung eines solchen Kurvenverlaufs durch Amplitudenabhängigkeiten zeigt Abb. 302. Die negative Halbperiode der Grundschwingung reicht bereits in ein Gebiet herein, wo der Verstärkungsgrad

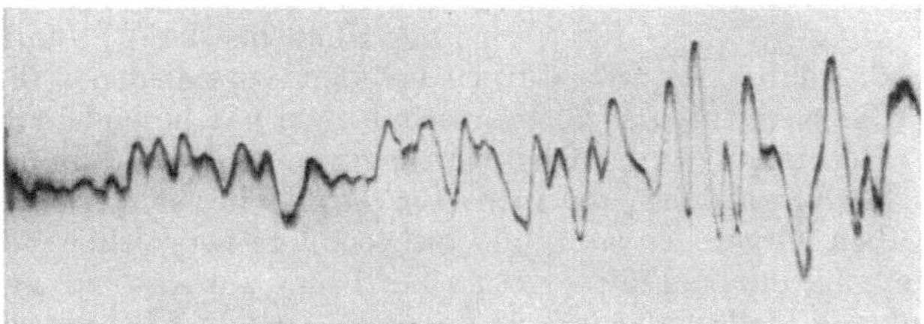

Abb. 304. Oszillogramm einer unverzerrten Niederfrequenzschwingung.

stark abgenommen hat. Die Folge ist, daß die überlagerte kleine Spannung in diesem Teil nahezu verschwindet.

Während die bisher erwähnten Verfahren zur Messung der Amplitudenabhängigkeit relativ genaue Ergebnisse auch dann liefern, wenn die resultierende Amplitudenkurve infolge des Vorhandenseins mehrere Verzerrungsursachen einen komplizierteren Charakter aufweist, ermöglicht das folgende, oft benutzte und äußerst einfache Verfahren eine Orientierung über den Aussteuerbereich, falls dieser einigermaßen scharf begrenzt ist. In der Mehrheit der Fälle resultiert die Amplitudenabhängigkeit eines Verstärkers aus dem begrenzten Aussteuerbereich seiner Endstufe. Durch Gitterstromeinsatz und oberen Knick sowie durch den unteren Knick ist dieser Aussteuerbereich praktisch meist scharf begrenzt. Überschreiten zugeführte Spannungsamplituden diese Grenzen, so zeigen sich scharfe Begrenzungen im Oszillogramm. Der Abstand zwischen oberer und unterer Begrenzung gibt ein Maß über die Aussteuerbarkeit des Verstärkers. Das Oszillogramm einer Niederfrequenzschwingung, deren Amplitude während des überwiegenden Teiles der Zeit den Aussteuerbereich überschritt, ist in Abb. 303 abgebildet. Aus diesem Bild ist zu erkennen, wie außerordentlich scharf die Schwingungsamplituden durch obere und untere Aussteuergrenze eingeschränkt sind. Abb. 304 zeigt zum Vergleich das Oszillogramm einer unverzerrten Niederfrequenzschwingung.

Die oszillographische Kontrolle der jeweilig gegebenen Aussteuerung von Verstärkern, Kerrzellen, Aufzeichnungsglimmlampen, Schallplattenrekordern, gehört zu den wichtigsten Anwendungen der Braunschen Röhre. Die betriebsmäßige Kontrolle geschieht in der Regel in der Weise, daß auf dem Schirm der Braunschen Röhre Markierungen angebracht sind. Sobald die Spannungen diese Markierungen überschreiten, werden Lautstärkerregler bedient, die die Amplituden auf den vorgeschriebenen Maximalbetrag heruntersetzen. Häufig dient bei solchen Aussteuerungsmessungen eine aus dem Lichtnetz bezogene 50-Periodenspannung zur Zeitablenkung.

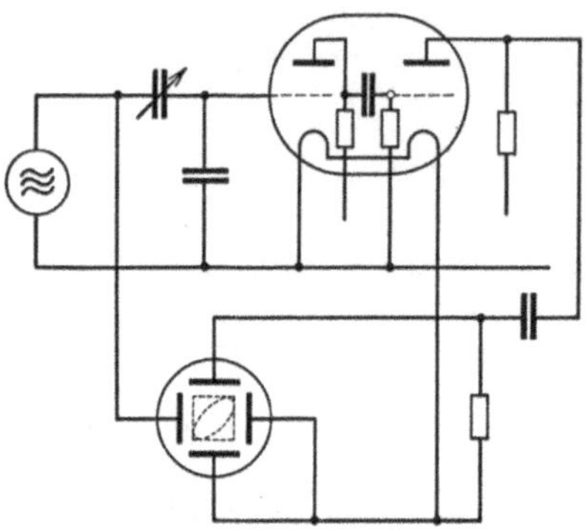

Abb. 305. Meßschaltung zur Bestimmung von Phasendrehungen in Kaskadenverstärkern.

Für gewisse Aufgaben ist auch die Kenntnis der Phasendrehung wichtig, die durch den Verstärker bei den verschiedenen Frequenzen erfolgt. Die Kenntnis der Phasenverhältnisse hat besondere Bedeutung bei der Beurteilung von Rückwirkungs- und Rückkopplungserscheinungen, bei Verstärkern, die nicht für akustische, sondern für optische Wiedergaben vorgesehen sind, und insbesondere bei solchen Verstärkern, die in Meßanordnungen mit Braunscher Röhre zur Anwendung kommen. Eine einfache Meßschaltung zur Bestimmung von Phasendrehungen in Kaskadenverstärkern ist in Abb. 305 abgebildet. Genau so wie bei einer auf Seite 280 erwähnten Anordnung werden hier auch wieder Eingangs- und Ausgangswechselspannung an die beiden Plattenpaare der Braunschen Röhre gelegt. Der gezeichnete phasenreine kapazitive Spannungsteiler gestattet es, die Eingangsspannung so einzuregeln, daß die Ausgangswechselspannung die Amplitude der Generatorspannung erhält. Das Ergebnis von Phasenmessungen an einer Hochfrequenzzweifachröhre ist in Abb. 306 dargestellt [1]. Die untersuchte Einheit zeigte auf Grund der aufgenommenen Frequenzkurve bei den Wellen von etwa 250 m und von etwa 25 000 m eine Abnahme der Maximalverstärkung auf die Hälfte. In guter Übereinstimmung mit der Theorie zeigen die wiedergegebenen Phasendiagramme bei den so definierten Grenzwellen des Verstärkers Kreisform. Bei der Frequenz maximaler Verstärkung (Wellenlänge 2500 m bei der untersuchten Einheit) entsteht infolge der Phasengleichheit von Eingangs- und Ausgangsspannung eine Gerade. Aus diesem Meßbeispiel geht der große Vorteil gut dimensionierter Widerstandsverstärker hervor, der darin besteht, daß Änderungen der Phasenlage in weiten Frequenzbereichen in der Umgebung der Resonanzfrequenz so klein sind, daß sie vernachlässigt werden können.

[1] Der Widerstandsverstärker als Schwingungskreis. l. c.

Ein weiteres Untersuchungsgebiet, das in stärkstem Maße auf die Braunsche Röhre angewiesen ist, besteht in der Oszillographierung von Einschaltvorgängen bei Verstärkern. Wird ein Schaltstoß auf den Verstärkereingang gegeben, so erscheint derselbe schon nach sehr

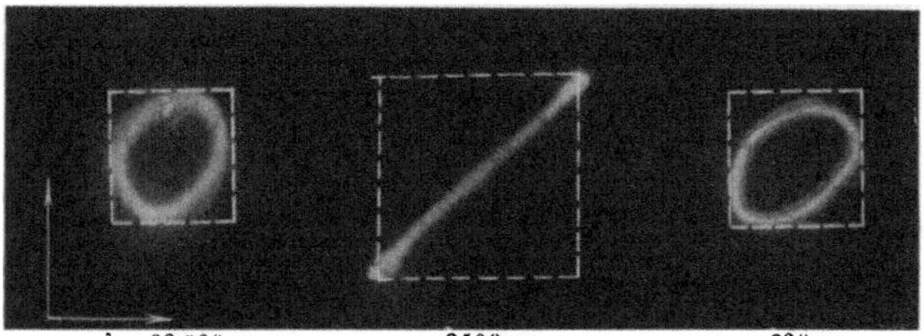

λ = 28 000 m 2500 m 230 m

Abb. 306. Phasendiagramm beim Hochfrequenzverstärker.

kurzer Zeit an der Ausgangsseite des Verstärkers. Die Steilheit des Spannungsanstieges ist dabei sehr erheblich und richtet sich nach der oberen Grenzfrequenz des Verstärkers. Bei Hochfrequenzverstärkern oder Fernsehverstärkern erfolgt der Anstieg in einer Zeit von etwa 10^{-5} bis 10^{-6} sec, d. h. in einer Zeit, die etwa mit der Periodendauer der oberen Grenzfrequenz des Verstärkers übereinstimmt. Sodann beginnt mehr oder weniger langsam der Spannungsabfall. Die für den Abfall benötigte Zeit stimmt überein mit der Periodendauer für die untere Grenzfrequenz des Verstärkers. Sie liegt bei Telephonieverstärkern in der Größenordnung $^1/_{20}$—$^1/_{100}$ sec. Während der langsamere Ausschwingvorgang leicht bei einmaligem Durchlauf zu photographieren ist, muß der kurzzeitige Einschwingvorgang häufig wiederholt werden, um eine photographische Fixierung unter Verwendung der Schwachstromröhre zu erreichen.

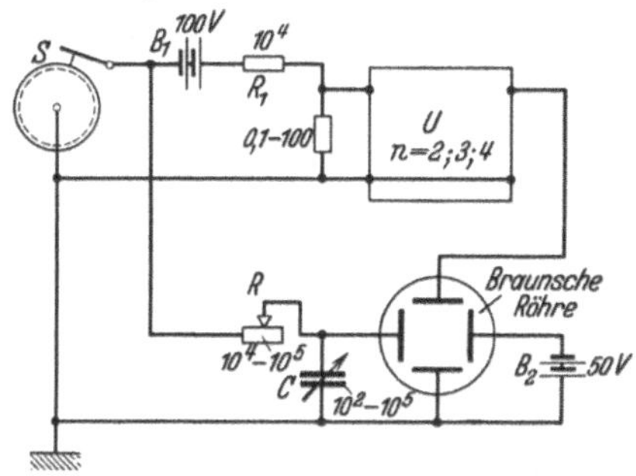

Abb. 307. Schaltung für Laufzeitmessungen an Verstärkern.

Eine einfache Anordnung zur Untersuchung der Einschaltvorgänge mit der Schwachstromröhre ist in Abb. 307 schematisch gezeichnet. Der Grundgedanke dieser Anordnung [1] besteht darin, die gesuchte Einschwingzeit mit der Zeitkonstante eines definierten Widerstandskapazitätskreises zu vergleichen, dessen Entladung die Niederschrift der Zeitachse der Braunschen Röhre bewirkt, während der Einschwingvorgang auf die dazu senkrechte Spannungsachse gegeben wird. Die Schwierigkeit besteht darin, beide Vorgänge zur gleichen Zeit beginnen zu lassen. Bei der abgebildeten Schaltung wird diese Schwierigkeit dadurch umgangen, daß beide Stromkreise durch denselben Schalter geschaltet werden.

Eine Batterie von etwa 100 V mit kleinem inneren Widerstande ist über einen Ohmschen Spannungsteiler R_1 mit dem Gesamtwiderstand

[1] Einschaltvorgänge bei Widerstandsverstärkern. l. c.

10^4 Ohm geerdet. An diesem Teiler wird eine Spannung von 10^{-3} bis 1 V, je nach der Empfindlichkeit des zu untersuchenden Verstärkers V abgegriffen. Der Pluspol der Batterie steht in dauernder Verbindung mit dem Meßkondensator C und dem Zeitachsenplattenpaar der Braunschen Röhre. Die Batterie lädt daher bei geöffnetem Schalter S den Kondensator C über den Meßwiderstand R auf bei an das eine Ende der Zeitachse vorabgelenktem Fluoreszenzfleck. Sobald sich der Schalter S schließt, entlädt sich der Kondensator über den Widerstand in einer genau bekannten Zeit gegen Erde. Dabei wird der Fluoreszenzfleck von einer Gegenbatterie B_2 von etwa 50 V zum anderen Zeilenende herübergenommen. Gleichzeitig ist jedoch ein Spannungsstoß über den Schalter S

Abb. 308. Ansicht der Anordnung zur Messung von Einschaltvorgängen an Verstärkern.

an den Verstärker gelangt. Durch Variation der Zeitkonstante des Zeitablenkkreises können die gewünschten Bereiche in der Einschwingkurve auf den Schirm gebracht werden. Der als rotierender Unterbrecher ausgebildete Schalter S ist so ausgeführt, daß Schließungs- und Öffnungszeiten stets groß gegen die Zeiten aller Schaltvorgänge bleiben. In Abb. 308 ist eine Versuchsanordnung nach der besprochenen Schaltung abgebildet. Im Hintergrund links ist der rotierende Umschalter angeordnet. Bei etwa 30 Unterbrechungen pro Sekunde konnten mit einer normalen Röhre bei Expositionsdauern von etwa 5 Minuten Aufnahmen erhalten werden, die noch Zeiten von 10^{-6} sec gut erkennen ließen. Zwei typische Oszillogramme sind in Abb. 309 und 310 reproduziert. Abb. 309 ist ein Einschwingvorgang, bei dem die Laufzeit im Verstärker (B), die Einschwingperiode (C) und die Erreichung des Maximums (D) zu erkennen ist. Abb. 310 zeigt einen um drei Größenordnungen abweichenden Zeitmaßstab beim Abklingvorgang, bei welchen die Einschwingvorgänge der vorhergehenden Abbildung nur als sehr lichtschwache Anstiegslinie (A) gegenüber der sehr viel helleren Ausschwinglinie (B) zu sehen sind. Die abgebildeten Oszillogramme wurden gewonnen an einem vierstufigen Widerstandsverstärker, dessen Verstärkungsgrad bei 30 Hertz und bei 20 000 Hertz auf die Hälfte des Maximalverstärkungsgrades abgesunken ist. Ihrer Entstehung entsprechend, sind beide Oszillogramme zyklisch, wobei die sehr helle Rücklauflinie R und der

Verweilpunkt A (Oszillogramm des Einschaltvorganges) besonders abgedeckt werden mußten, um Überstrahlungen zu vermeiden.

Die Methodik der Untersuchung von Einschaltvorgängen bei Verstärkern ist deswegen im Rahmen dieses Abschnittes ausführlicher besprochen worden, weil die Methodik mit geringen Abänderungen anwendbar ist auf die Untersuchung von Ausgleichsvorgängen an Freileitungen, Kabeln, Siebketten und anderen Einheiten.

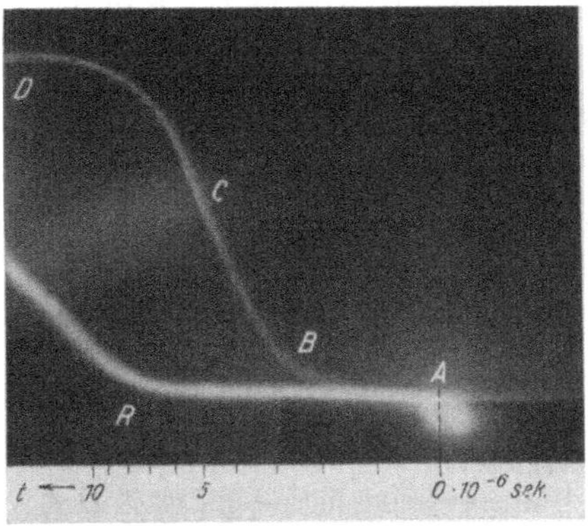

Abb. 309. Einschaltvorgang bei einem vierstufigen Widerstandsverstärker.

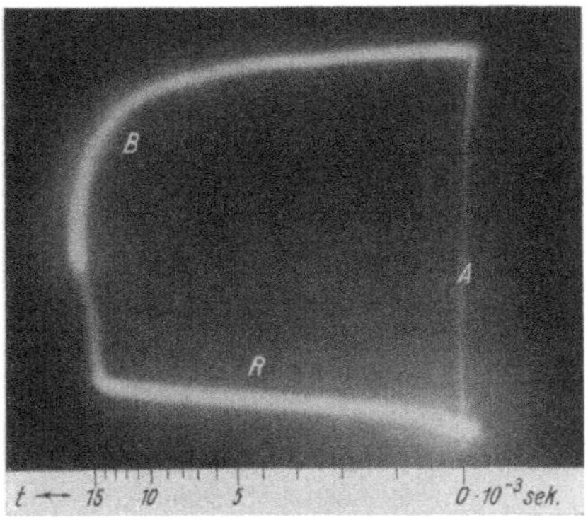

Abb. 310. Abklingvorgang bei einem vierstufigen Verstärker.

f) Gleichrichteruntersuchungen.

Gleichrichteranordnungen kommen in der Hochfrequenztechnik in den Netzteilen und auf der Empfangsseite zur Gleichrichtung zugeführter Hochfrequenzspannungen zur Anwendung. Die Untersuchungsmethoden für die beiden großen Gruppen von Gleichrichtern weichen infolge der starken Verschiedenheit der umgesetzten Leistungen, der zugeführten Frequenzen usw. stark voneinander ab. Zunächst sei auf die Methoden zur Untersuchung der Gleichrichter für Speisung aus dem Lichtnetz eingegangen.

Schon oben (Kapitel C, II, 1, d) wurde die oszillographische Methode für die Untersuchung von Glühkathoden-Gleichrichteranordnungen angegeben. Auch für die Untersuchung elektrolytischer Gleichrichter und Sperrschichtgleichrichter ist die oszillographische Methode zu empfehlen. Sie gestattet bei der meist verhältnismäßig niedrigen Betriebsfrequenz die Beobachtung aller Kurvenfeinheiten, beispielsweise die Feststellung von Unsymmetrien bei Vollwege-Gleichrichteranordnungen, Verlauf und Größe des in Sperrichtung fließenden Stromes, Feststellung der Strom- und Spannungskurven am Gleichrichter bei verschiedenartiger Dimensionierung der Speicherkondensatoren und der Gleichrichterbelastung, der Spannungen am Gleichrichter usw. Mit Schleifenoszillographen ist dagegen, wie kürzlich gezeigt wurde [1], eine völlig verzerrungsfreie Kurvenaufzeichnung, selbst bei der Gleichrichtung von 50 oder 100 Perioden Wechselstrom, kaum möglich. Auf die Untersuchung des

[1] Lončar, J.: Einige Beobachtungen beim Oszillographieren. ETZ. Bd. 54 (1933) Heft 22 S. 522.

Schwankungsanteiles durch Gleichrichtung hergestellter Gleichspannungen wird weiter unten (Kapitel C, II, 2, b) gesondert eingegangen werden. In Verbindung mit geeigneten Spannungsteilern (Kapitel B, III, 2) ermöglicht die Schwachstromröhre auch die Untersuchung von Strom- und Spannungskurven am Gleichrichterteil von Sendern.

Auch bei den Empfangsgleichrichtern, wo es in erster Linie darauf ankommt, die Art und Größe von Gleichrichterverzerrungen zu beurteilen und die Empfindlichkeit der Anordnung festzustellen, liegt die oszillographische Methode nahe. Aus der Abweichung des Kurvenverlaufes, die bei der resultierenden Niederfrequenz gegenüber der die Hochfrequenz modulierenden Niederfrequenz zu beobachten ist, lassen sich anschauliche Unterlagen gewinnen. Diese Unterlagen haben jedoch den Nachteil, daß sie nur für die bestehenden Verhältnisse, d. h. für den benutzten Empfangsgleichrichter und für die zugeführte Hochfrequenzamplitude, gelten. Schon kleine Änderungen der Hochfrequenzamplitude genügen, um das Aussehen der Kurve erheblich zu beeinflussen. Trotzdem hat die oszillographische Methode auch bei der Untersuchung von Empfangsgleichrichtern ihren Anwendungsbereich. Erst aus dem Oszillogramm der Niederfrequenz im Anodenkreis des Gleichrichters bzw. der Niederfrequenz am Ausgang eines nachgeschalteten Verstärkers ist zu erkennen, ob der Hochfrequenzanteil ausreichend beseitigt ist. Der Hochfrequenzanteil, der zu Verzerrungen und charakteristischen Rückkopplungsstörungen führt, macht sich im Oszillogramm durch die seinem Spannungsbetrage entsprechende Verbreiterung der Schreiblinie bemerkbar. Um frequenzunabhängige Gleichrichtereinheiten zu untersuchen, kann das bereits im letzten Abschnitt besprochene Verfahren mit symmetrischen Kippschwingungen zur Anwendung kommen. Ist der innere Widerstand des Kippschwingungsgenerators klein gegenüber dem kleinsten Eingangswiderstand der Gleichrichtereinheit, so zeigt das Oszillogramm der Ausgangsspannung unmittelbar die Widerstandscharakteristik des Gleichrichters. Besser geeignet für eine alle bestehenden Frequenzabhängigkeiten mit berücksichtigende Untersuchung von Empfangsgleichrichtern ist das im folgenden beschriebene Verfahren.

Um Unterlagen zu erhalten, die den Gleichrichter möglichst umfassend charakterisieren, empfiehlt es sich, ein Verfahren zu verwenden, das die charakteristischen Eigenschaften der Gleichrichteranordnung in ihrer Gesamtheit offenbart. Umfassenden Aufschluß über die Gleichrichtereigenschaften gibt die Gleichrichterkennlinie, die die Abhängigkeit des Gleichrichtereffektes von der zugeführten Spannung darstellt. Die Gleichrichterkennlinien haben in ihrem unteren Teil in allen Fällen einen quadratischen Verlauf. Meist beginnt bei Wechselspannungen oberhalb etwa 0,5—1 V ein linearer Teil. In manchen Fällen knickt die Kennlinie im oberen Teil wieder um. Ist die Gleichrichterkennlinie bekannt, so ist aus der Länge des geradlinigen Teiles unmittelbar die günstigste Hochfrequenzspannung zu entnehmen und weiterhin auch der bei dieser Hochfrequenzspannung höchst zulässige Modulationsgrad. Wird der Niederfrequenzverstärker in seinem Verstärkungsgrad der für den Empfangsgleichrichter optimalen Hochfrequenzspannung angepaßt, so ist die Verteilung des Röhrenaufwandes im Empfänger gut durchgeführt

In den meisten Fällen liefert nur die dynamische Methode der Kennlinienaufzeichnung mit der Braunschen Röhre Unterlagen, die den tatsächlichen Verhältnissen entsprechen. Statische Methoden ergeben oft, da sie die bestehenden Frequenzabhängigkeiten nicht berücksichtigen, unrichtige Werte. Auch die dynamischen Methoden der Aufnahme von Gleichrichterkennlinien mit Wechselspannungen und Röhrenvoltmetern führen

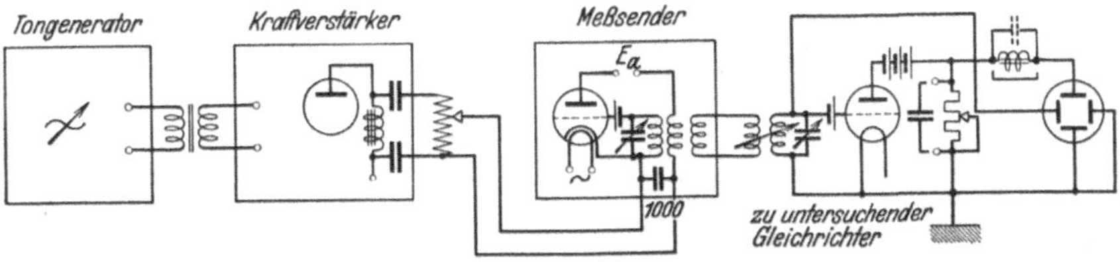

Abb. 311. Schaltung zur Sichtbarmachung der Kennlinien von Empfangsgleichrichtern.

selten zu einwandfreien Unterlagen, da die Röhrenvoltmeter stärkste Meßfehler bei den hierbei zwangsläufig auftretenden verzerrten Spannungen aufweisen. Eine Schaltung[1] zur Niederschrift von Gleichrichterkennlinien mit der Braunschen Röhre ist in Abb. 311 gezeichnet. Die Methode setzt zunächst voraus, daß die hochfrequente Eingangsspannung mit genügend schnellem Rhythmus zwischen Null und einem Maximalwert pendelt. Eine solche Hochfrequenzspannung läßt sich sehr einfach dadurch erzeugen, daß ein Sender so weit ausgesteuert wird, bis die Amplituden seiner Schwingung zeitweilig auf Null heruntergehen. Durch Anodenspannungsmodulation eines kleinen Meßsenders mit Hilfe einer leistungsfähigen Tongenerator-Kraftverstärkerkombination läßt sich dies leicht erreichen. Das Oszillogramm einer auf diese Weise extrem stark modulierten Hochfrequenz ist in Abb. 312 zur Erläuterung reproduziert. Der Grundgedanke des Verfahrens besteht darin, auf die Querplatten einer Braunschen Röhre die durchmodulierte Hochfrequenz, auf die Lotplatten die nach Gleichrichtung erhaltene Niederfrequenz zu geben. Die Kurvenform der modulierenden Niederfrequenzschwingung ist ohne wesentliche Bedeutung. Sie verändert nur die Helligkeitsverteilung auf dem entstehenden Bilde. Da Hochfrequenzspannung und Niederfrequenzspannung miteinander über die Gesetzmäßigkeit der Gleichrichterlinie verknüpft sind, muß letztere in der besprochenen Schaltung als Umrandung einer leuchtenden Fläche erscheinen. Dient als Modulationsfrequenz eine Niederfrequenz über etwa 30 Hertz, so erscheint die Figur als ruhig stehende Leuchterscheinung. Verzerrungen beim Betrieb des

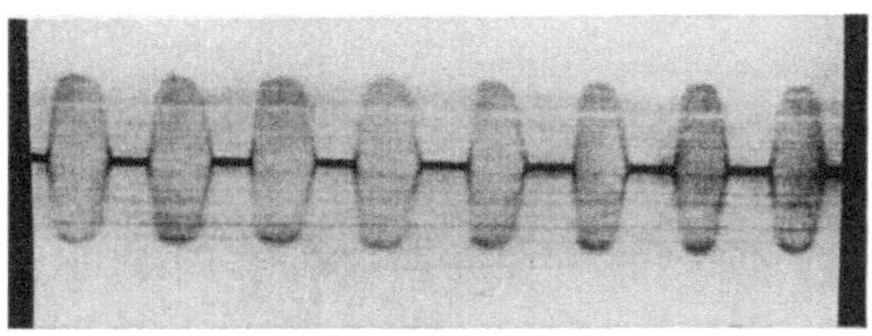

Abb. 312. Oszillogramm einer für die Zwecke der Kennlinienaufnahme extrem stark modulierten Hochfrequenzschwingung.

[1] Ardenne, M. v.: Bestimmung von Modulationsgraden und Gleichrichterkennlinien mit Braunschen Röhren. Elektr. Nachr.-Techn. Bd. 7 (1930) Heft 2.

Gleichrichters sind nur so lange vermieden, als Gleichrichtereffekt und Hochfrequenzspannung linear miteinander verknüpft sind. Eine in dieser Hinsicht besonders ungünstige, in der besprochenen Weise gewonnene Gleichrichterkennlinie ist in Abb. 313 abgebildet. Nur verhältnismäßig kurze Bereiche der Kennlinie können hier als ausreichend linear angesehen werden. Der höchste zulässige Modulationsgrad, der eine verzerrungsfreie Gleichrichtung ermöglicht, läßt sich aus der Kennlinienfigur leicht ablesen. Auf welche Weise dies möglich ist, möge die Abb. 314 demonstrieren. Die Hochfrequenz sei mit der Amplitude A_1 gegeben. Entsprechend der Konstruktion Abb. 314 wird dann von dem Punkt B, wo gekrümmter und geradliniger Teil der Gleichrichterkennlinien ineinander übergehen, ein Lot auf die Ordinate gefällt.

Abb. 313. Die Gleichrichterkennlinie als Begrenzungskurve einer leuchtenden Fläche.

Die der Länge dieses Lotes entsprechende Amplitude A ermöglicht die Bestimmung des maximalen Modulationsgrades. Der maximale Modulationsgrad ist

$$K = \frac{A_1 - A}{A_1}$$

In dem in der Konstruktion gezeigten günstigen Fall (Kraftdetektoranordnung) beträgt der maximale Modulationsgrad somit etwa 60%. Bei der Gleichrichterkennlinie (Abb. 313) beträgt der höchstzulässige Modulationsgrad dagegen nur etwa 20%. Gleichrichterkurven mit komplizierterer Gesetzmäßigkeit lassen sich mit der beschriebenen Anordnung an Empfängern feststellen, in denen der Empfangsgleichrichter unzulässigerweise sowohl als Anoden- als auch als Audion-Gleichrichter wirkt. Durch die Überlagerung der einander entgegengesetzten Gleichrichtereffekte ergeben sich Kennlinien, die eine geringe Empfindlichkeit und sehr schwache Aussteuermöglichkeiten erkennen lassen.

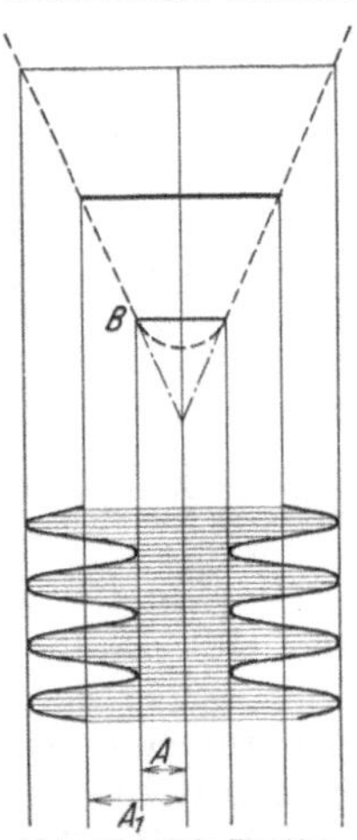

Abb. 314. Die Bestimmung des Modulationsgrades, der gerade noch eine verzerrungsfreie Gleichrichtung zuläßt aus der Gleichrichterkennlinie.

g) Messungen an Endstufen.

Schon in einem früheren Kapitel (C, II, 1, d) wurde die Aufnahme von Oszillogrammen von Verstärkerausgangswechselspannungen empfohlen, um Übersteuerungseinflüsse zu erfassen. Ganz besonders kommt dieses Vorgehen bei der Untersuchung von Endstufen in Frage, wo die Spannungsamplituden sowohl im Gitter- wie im Anodenkreis Höchstwerte annehmen. Gitterspannungs- und Anodenspannungskurven einer Endstufe (Röhre *RE* 604) sind für verschiedene Spannungsverhältnisse in Abb. 315 abgebildet (Messungen von Kammerloher). Nur bei der oberen Kurve ist durch richtige Arbeitspunktlage und nicht zu große Aussteuerung gute Kurvenform erhalten. Die bei zu schwach negativer Vorspannung eintretende Verzerrung von Gitterspannung und Anodenspannung infolge des sehr plötzlichen Gitterstromeinsatzes ist aus dem darunter abgebildeten Oszillogramm zu ersehen. Die bei zu stark negativer Vorspannung eintretenden Verzerrungen der Anodenspannungskurve sind aus dem weiteren Oszillogramm ersichtlich, während das untere Oszillogramm den Verlauf beider Spannungskurven bei Übersteuerung zeigt. Hier überlagern sich die verschiedenen zuvor angeführten Verzerrungsarten.

Erfolgen Spannungsmessungen wie die eben diskutierten in einer Meßschaltung, deren weitere Spannungs- und Stromverhältnisse kontrolliert werden können, und deren Anodenkreiswiderstände einem Lautsprecher nachgebildet sind, so kann mit ihrer Hilfe die maximale Leistungsabgabe von Endstufen festgestellt werden. Eine von Kammerloher[1] für diesen Zweck benutzte Schaltung ist in Abb. 316 dargestellt. Die

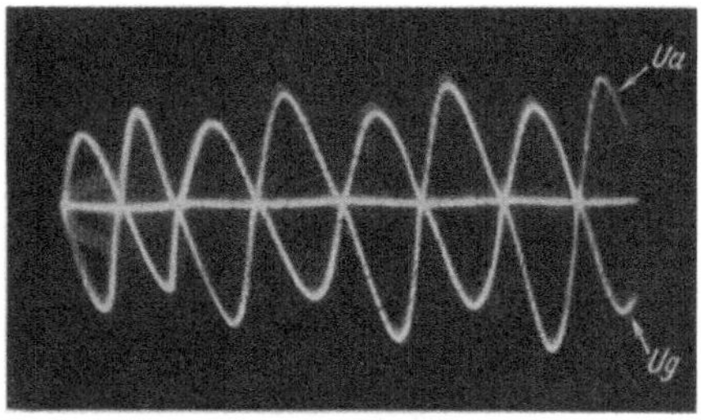

Spannungsverlauf bei richtiger Arbeitspunktlage und nicht zu großer Aussteuerung.

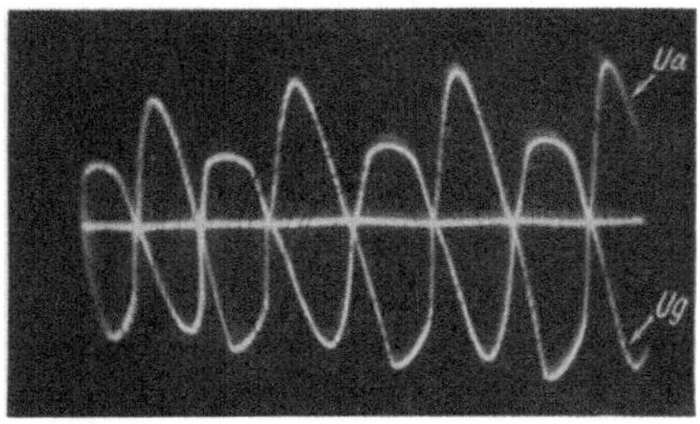

Spannungsverlauf bei zu schwach negativer Vorspannung (Verzerrungen durch Gitterstrom).

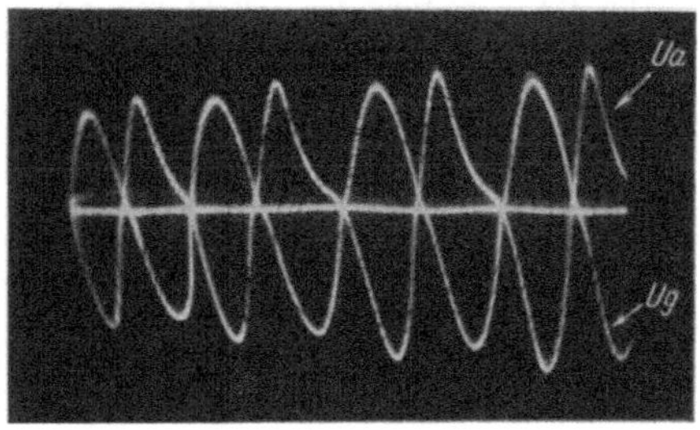

Spannungsverlauf bei zu stark negativer Vorspannung.

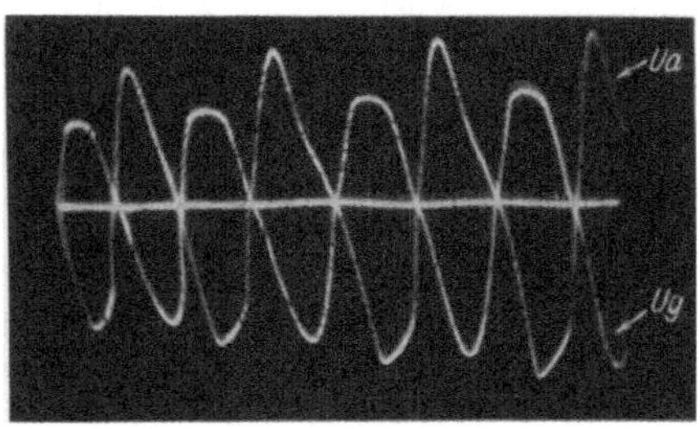

Spannungsverlauf bei Übersteuerung.

Abb. 315. Gitterspannungs- und Anodenspannungskurven unter verschiedenen Spannungsverhältnissen (Röhre RE 604).

[1] Kammerloher, J.: Graphische Bestimmung der maximalen Leistungsabgabe von Ein- und Mehrgitterröhren bei gegebener Anodenbatteriespannung und bei voller Aussteuerung der im Negativen liegenden Kennlinie. Elektr. Nachr.- Techn. Bd. 8 (1931) Heft 9 S. 371.

Spannungsmessung erfolgt entweder in zwei verschiedenen Braunschen Röhren oder durch ein- und dieselbe Röhre, deren Ordinatenplatten wahlweise vom Anoden- auf den Gitterkreis umgeschaltet werden. Die in Abb. 315 wiedergegebenen Kurven wurden mit dieser Schaltung und einer Röhre *RE* 604 gewonnen. Die sinusförmige Spannung eines Tongenerators geht hier über die Eingangsklemmen *1*, *2* an den Spannungsteiler *S*, dessen Teilwiderstand etwa in der Größenordnung der Widerstandswerte zu liegen hat, die zur Gitterableitung von

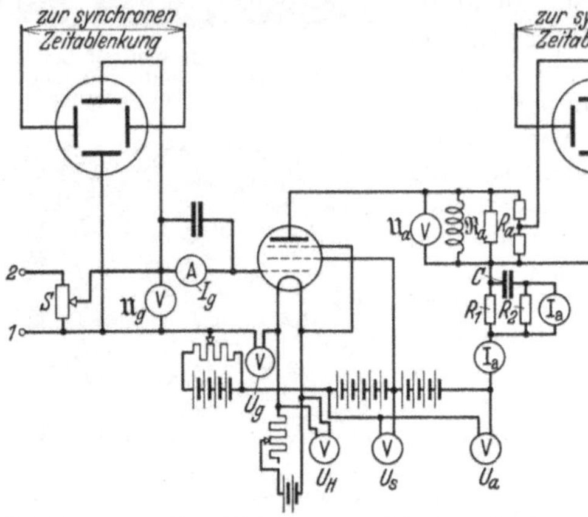

Abb. 316. Schaltung zur Durchführung von Leistungsbestimmungen an Endstufen.

Endstufen üblich sind. Die Messung der Gitterwechselspannung U_g geschieht entweder durch einen Spannungsmesser oder durch die Braunsche Röhre selber. Das gleiche gilt auch für die Spannungsmessungen im Anodenkreis. Die Wechselstrommessung im Anodenkreis erfolgt als Spannungsmessung an dem Widerstand R_1, der eine Größe von etwa nur 10 Ohm hat und daher als Störung zu vernachlässigen ist. Der Anodenwechselstromwiderstand besteht aus einer Drossel, deren induktiver Widerstand bei der Meßfrequenz vollkommen durch den rein Ohmschen Widerstand R_a überbrückt ist. Bei der Messung von Eingitterröhren fällt die Verbindung zu Schutzgitter und Fanggitter fort. Aus den gemessenen Werten von Anodenwechselspannung und Anodenwechselstrom läßt sich jeweils die Anodenwechselstromleistung berechnen. Die entsprechenden Werte bei günstigster Arbeitspunktlage und gerade noch nicht einsetzenden Verzerrungen ergeben die Maximalleistungen für die betreffende Röhre, für die jeweils bestehenden Betriebsspannungen und Anodenwiderstände.

Für verschiedene Untersuchungen an Endstufen ist es nützlich, die Arbeitskennlinien sichtbar zu machen, die dynamisch bestehen [1]. Die Darstellung der Kennlinien kann mit den gleichen Schaltungen erfolgen, die schon in früheren Kapiteln B, IV, 2, e und C, II, 1, d) besprochen wurden. Die Kennlinienniederschrift ist hier insofern besonders einfach,

[1] Ardenne, M. v.: Zur Theorie der Endverstärker. Z. Hochfrequenztechn. Bd. 30 (1927) Heft 3 S. 116.

als bei der Endstufenuntersuchung Wechselspannungen ausreichender Amplitude zur Verfügung stehen, so daß die Anwendung von Hilfsverstärkern sich erübrigt. Im allgemeinen ist es üblich, die Arbeitskennlinie durch eine Sinusspannung niederzuschreiben. Die entstehende Kennlinie ist dann die dynamische Kennlinie für die Frequenz der Sinusspannung. Eine interessante Variation besteht darin, die Arbeitskennlinien nicht durch Sinusspannungen, sondern unmittelbar durch die im praktischen Betriebe auftretenden Niederfrequenzspannungen mit ihrem komplizierten Verlauf niederschreiben zu lassen. Das entstehende Fluoreszenzbild zeigt wirr durcheinander laufende Arbeitskennlinien, deren Lage, Form und Größe von Amplitude und Frequenz der Komponenten in der zugeführten Niederfrequenzschwingung abhängt. Die Helligkeitsverteilung eines auf diese Weise erhaltenen Kennlinienfeldes gibt einen statistischen Überblick über die tatsächlich im Betriebe vorkommende Beanspruchung von Endstufen. Ist die Endstufe übersteuert, so zeigen sich beim Gitterstromeinsatzgebiet ziemlich scharf ausgeprägte Begrenzungen der leuchtenden Fläche.

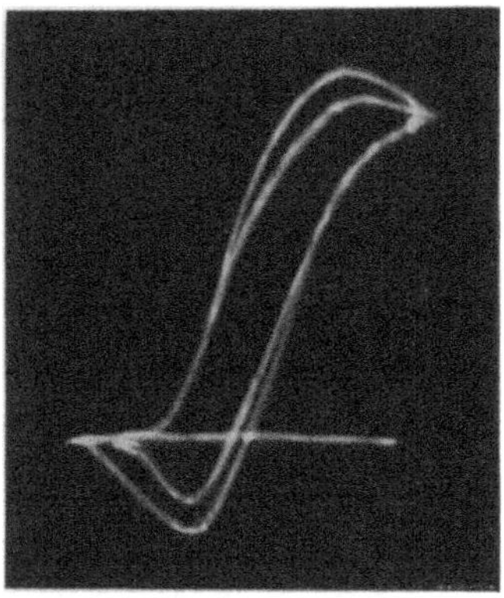

Abb. 317. Dynamische Arbeitskurve einer Lautsprecherendstufe bei frei beweglichem und festgehaltenem Lautsprecheranker.

Wertvolle Unterlagen für die Untersuchung von Endstufen in Kombination mit Lautsprechern ergeben sich durch die Aufnahme von mit Sinusspannungen geschriebenen Arbeitskennlinien für verschiedene mechanisch-akustische Zustände des Lautsprechers. Dynamische Kurven einer Lautsprecherendstufe bei Übersteuerung und überwiegend induktiver Belastung des Anodenkreises sind in Abb. 317 wiedergegeben für frei beweglichen und festgehaltenen Lautsprecheranker.

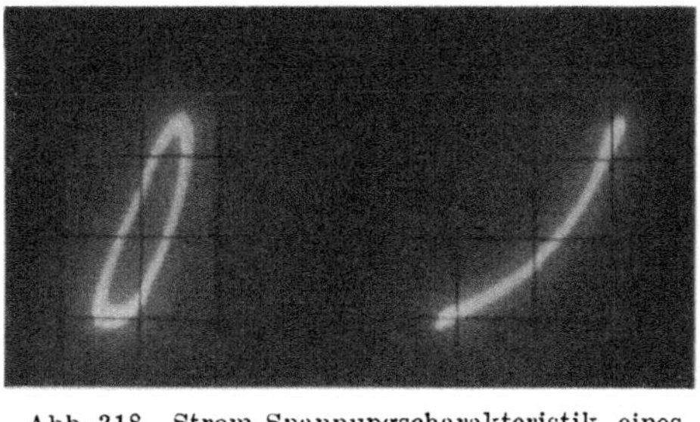

Abb. 318. Strom-Spannungscharakteristik eines magnetischen Vierpollautsprechers (Frequenz 100 Hertz, starke Verzerrungen).

h) Messungen an Lautsprechern.

Aus den Veränderungen, die an Arbeitskennlinien von Endstufen zu beobachten sind, wenn eine Lautsprechermembrane mit dem Schwingungssystem des Lautsprechers gekoppelt wird, wenn der Lautsprecher in Räume mit erhöhtem oder verringertem Luftdruck gesetzt wird, wenn Trichter- oder Schallschirme angebracht oder verändert werden, wenn die schwingungsfähigen Teile festgehalten werden, wenn die Rückstellkräfte geändert werden, wenn eingeschaltete mechanische Übersetzungsverhältnisse variiert werden usw. lassen sich die wichtigsten Größen des komplizierten elektrischen Ersatzschemas eines Lautsprechers bestimmen. Noch deutlicher kommen Rückwirkungen der aufgezählten Maßnahmen in der Stromspannungscharakteristik eines Lautsprechers zum Ausdruck. Diese Charakteristik ist auf einfache Weise zu erhalten, indem bei Anwendung einer Endröhre mit kleinerem innerem Widerstande die Spannung auf das Querplattenpaar, die Stromablenkung auf die dazu senkrechte Richtung gegeben werden. Bei den verhältnismäßig hohen fließenden Strömen ist es in diesem Falle zweckmäßig, die Stromablenkung magnetisch vorzunehmen. Eine auf diese Weise erhaltene Charakteristik ist in Abb. 318 wiedergegeben. Nur in einem schmalen Frequenzgebiet, in der Nähe seiner elektrischen Resonanz (Größenordnung 1000 bis 2000 Hertz bei den üblichen Lautsprechern), ist der Lautsprecher als Ohmscher Widerstand zu werten. Um auch in abweichenden Frequenzgebieten an Stelle einer elliptischen Charakteristik eine nichtgeschlossene Kurve zu erhalten, ist es notwendig, die Phasenverschiebung zwischen Strom und Spannung durch einen Phasenschieber zu kompensieren. Links ist in Abb. 318 die Charakteristik ohne Phasenschieber, rechts die Charakteristik mit Phasenschieber abgebildet. Besonders gut ist auf dieser Abbildung der nichtlineare Verlauf der Kennlinie zu ersehen. Bei der Messung handelt es sich um einen magnetischen Vierpollautsprecher bei einer für diesen Lautsprechertyp relativ niedrigen Frequenz von 100 Hertz. Besonders aufschlußreich ist die Veränderung der Charakteristik in Abhängigkeit von den oben aufgezählten Maßnahmen bei geänderter Frequenz. Selbstverständlich ist mit der Frequenz immer der Phasenschieber neu einzuregeln. Durch das beschriebene Verfahren kann weiterhin der Einfluß von Parallelkapazitäten und geänderten Übersetzungsverhältnissen an Ausgangstransformatoren erfaßt werden.

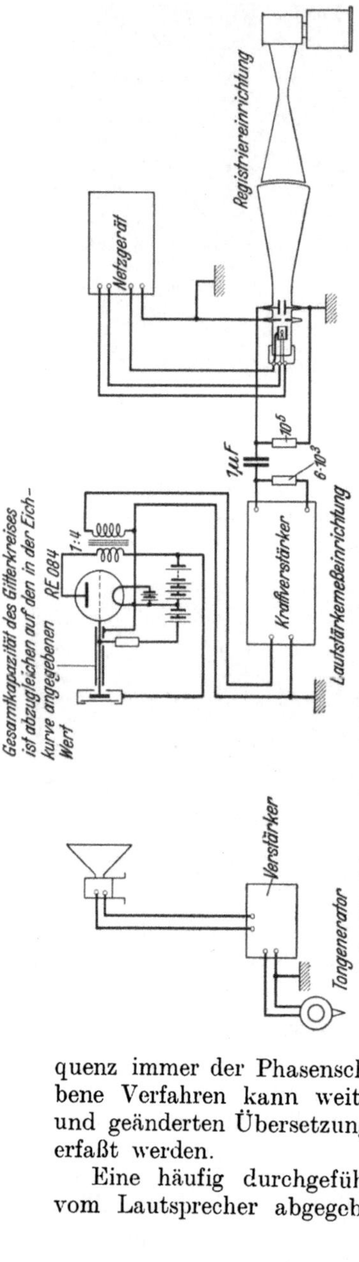

Abb. 319. Schema einer einfachen Schallmeßeinrichtung für Vergleiche und orientierende Versuche.

Eine häufig durchgeführte Meßaufgabe ist die Bestimmung der vom Lautsprecher abgegebenen Schalleistung bei konstant gehaltener

Gitterwechselspannung an der Endstufe in Abhängigkeit von der Frequenz. Für orientierende, vergleichende Messungen genügt es, einem Lautsprecher ein frequenzunabhängiges Mikrophon mit nachgeschaltetem Verstärker gegenüberzustellen und die Ausgangsspannungen des Verstärkers in Abhängigkeit von der Frequenz zu bestimmen. Die entsprechende, einfache Anordnung ist in Abb. 319 schematisch dargestellt. Als Tongenerator dient hier ein Verstärker, dessen Eingangsspannung von einer Tonmeßplatte (s. den folgenden Abschnitt) über einen möglichst frequenzunabhängigen Tonabnehmer geliefert wird. Bei Verwendung einer Meßplatte mit gleitendem Ton ändert sich die Frequenz gleichmäßig

Abb. 320. Registrierte Frequenzkurve eines älteren dynamischen Lautsprechers.

von den höchsten bis zu den tiefsten Tönen. Die Frequenzänderung in Abhängigkeit von der Zeit bei den meisten Meßplatten ist so gewählt, daß immer der gleiche Zeitraum für eine Zehnerpotenz der Frequenz benötigt wird, so daß bei gleichmäßigem Ablauf einer Registrierung auf der Schallempfangsseite automatisch der Abszissenmaßstab logarithmisch geteilt wird. Die Registrierung der Spannungen an der Ausgangsseite des Schallempfängers geschieht zweckmäßig mit Hilfe einer Kathodenstrahlröhre und einer Registriereinrichtung (Kapitel B VI). Die Einsetzung einer Kathodenstrahlröhre an Stelle eines registrierenden Instrumentes hat den Vorteil, daß zufolge des linearen Zeitmaßstabes ein größeres Amplitudenintervall erfaßt und daß Oberwellenfehler in Fortfall kommen. Eine mit der einfachen Anordnung gewonnene Registrierung eines älteren elektrodynamischen Lautsprechers zeigt Abb. 320. Stehen Lautsprecher und Meßmikrophon sich im Freien gegenüber, oder in einem durch besondere Wandbekleidungen nachhallfrei gehaltenen Raum, d. h. können sich keinerlei stehende Wellen ausbilden, so hat die Registrierung den weiteren Vorteil, daß ausgeprägte nichtlineare Verzerrungen aus der Registrierung erkennbar werden. Durch unmittelbare Kontrolle des Kurvenverlaufes bei den einzelnen Frequenzen mit Hilfe einer Zeitablenkung treten bei der Messung ohne Nachhall Amplitudenverzerrungen sofort in Erscheinung. Sind Untersuchungen über den Kurvenverlauf der erzeugten Schallschwingungen in Abhängigkeit von der Frequenz beabsichtigt, so wird es notwendig, dafür zu sorgen, daß die der Lautsprecherendstufe zugeführten Spannungen sinusförmigen Verlauf haben und daß keine Übersteuerung der Endstufe selbst stattfindet. Der in Abb. 319 angegebene Tongenerator wird durch einen guten Röhrensummer mit geringem Klirrfaktor ersetzt.

Über den Bau von Röhrensummern ist bereits an anderer Stelle ausführlich berichtet [1]. Wird auch bei Anwendung eines Tongenerators die Möglichkeit automatischer Registrierung gefordert, so ist wieder ein logarithmisch geteilter Frequenzmaßstab anzustreben. Dieser läßt sich erreichen, wenn dem Tonkondensator des Röhrensummers eine bestimmte, von der jeweiligen Dimensionierung abhängige Randkurve erteilt wird. Die Randkurve des Tonkondensators, die für einen an anderer Stelle ausführlich beschriebenen [2] Interferenzgenerator berechnet wurde, und die angenähert auch für etwas abweichend dimensionierte übliche Interferenztongeneratoren zutrifft, ist in Abb. 321 abgebildet. Ein völlig idealer Verlauf der Frequenzkurve läßt sich infolge der theoretisch schwer erfaßbaren Randeffekte erst erreichen, wenn dem Tonkondensator mit der berechneten Plattenkurve eine Korrektionsplatte parallel geschaltet wird. Die Ausführung eines Tonkondensators ist in

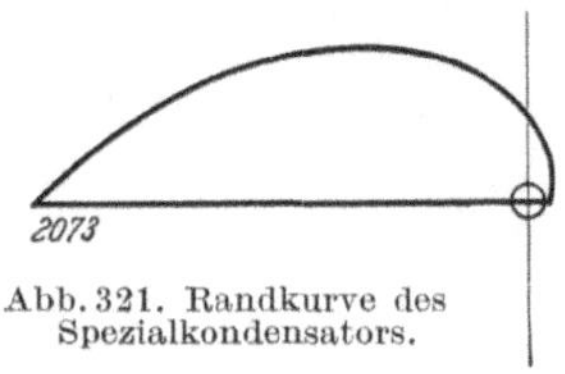

Abb. 321. Randkurve des Spezialkondensators.

Abb. 322. Tonkondensator mit Korrektionsplatte und Kupplungseinrichtung.

Abb. 322 abgebildet. Rechts ist die Korrektionsplatte sichtbar. Durch besondere Schaltkontakte kann bei bestimmten Frequenzen die Tonerzeugung kurzzeitig unterbrochen werden, um Frequenzmarken der Registrierung zu erhalten. Nach Einschaltung der Reibungskupplung wird der Drehkondensator langsam über ein Getriebe von einem Motor in Drehung gesetzt. Die Durchlaufszeit für das Frequenzintervall von 50 bis etwa 12 000 Hertz beträgt normalerweise 4 Minuten, so daß auch ausgeprägte Resonanzspitzen scharf in der Registrierung zum Ausdruck kommen. Die Seitenansicht des Tonkondensators mit den Antriebs- und Kupplungsvorrichtungen zeigt Abb. 323. Für die Untersuchung

[1] Ardenne, M. v.: Verstärkermeßtechnik. l. c.
[2] Ardenne, M. v.: Über eine Schallmeßeinrichtung, Teil I. Funk 1930 Heft 27.

von Frequenzabhängigkeiten mit ausgesprochenen Resonanzstellen ist die besprochene Hilfsvorrichtung zur automatischen langsamen Frequenzänderung im Hörbereich von größter Wichtigkeit. Unter ihrer Mitverwendung lassen sich beispielsweise vorzüglich die ausgeprägten

Abb. 323. Seitenansicht der Tonkondensatoreinheit.

Frequenzabhängigkeiten von Lautsprecherantriebssystemen mit abgenommener Membrane untersuchen. Die Schwingungsamplitude, die an den verschiedenen Stellen eines Antriebssystemes besteht, läßt sich dabei sehr einfach mit Hilfe der oben diskutierten kapazitiven Methodik (Kapitel B, III, 6) bestimmen, ohne daß die dynamischen Verhältnisse im System irgendwie geändert werden. Indem gleichzeitig die Kurvenform der Schwingungsamplitude durch die Kathodenstrahlröhre messend verfolgt wird, können Verzerrungsursachen im Lautsprechersystem abgetastet werden.

Für Klirrfaktormessungen, d. h. für die Bestimmung des Verhältnisses von Effektivwert der Summen aller Oberschwingungen zum Effektivwert der Grundschwingung ist die Braunsche Röhre als nicht integrierendes Instrument wenig geeignet. Dagegen kann mit ihrer Hilfe der Amplitudenklirrfaktor, der gegeben ist durch das Verhältnis der höchst vorkommenden Amplitude der Summe aller Oberschwingungen zur Amplitude der Grundschwingungen gut mit der Braunschen Röhre gemessen werden. Eine Anordnung für diese Messung zeigt Abb. 324. Die zu untersuchende verzerrte Sinusschwingung gelangt an das eine Plattenpaar direkt und an das zweite Plattenpaar über die gezeichnete Verstärker-Schwingungskreisanordnung. Die Ankopplung des Resonanzkreises an den Verstärker ist lose, damit der Schwingungskreis geringe Dämpfung aufweist. Er wird abgestimmt auf die Grundschwingung der zu untersuchenden Spannung. Der Verstärkungsgrad ist so einzuregeln, daß die Grundschwingung gerade die Amplitude erhält, die die verzerrte Spannung besitzt. Es entsteht dann, wenn die Meßspannung keinen Klirrfaktor besitzt, eine unter 45° gegen die Abszisse geneigte Gerade. Enthält die Meßspannung Oberwellen, so erscheinen Schwingungsamplituden in Richtung der Ordinate und aus dem Amplitudenverhältnis der Oberwelle zur Grundwelle kann der Amplitudenklirrfaktor abgelesen werden.

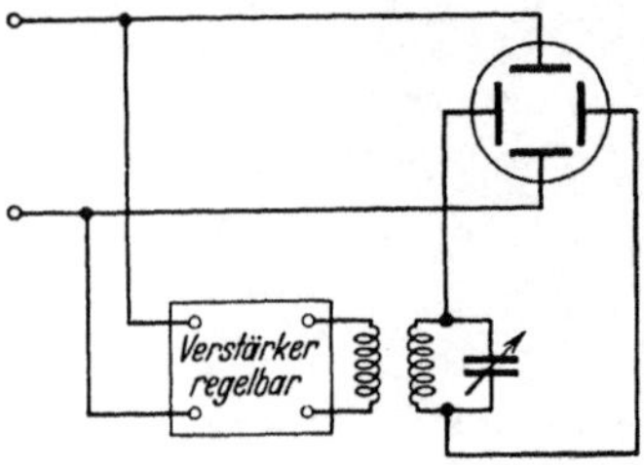

Abb. 324. Schaltung zur Messung des Amplitudenklirrfaktors.

Soll die Gesamtschalleistung eines Lautsprechers in Abhängigkeit von der Frequenz gemessen werden, so bedient man sich am einfachsten der Methodik von E. Meyer [1]. Erforderlich wird ein Nachhallraum, dessen Nachhallzeit bei verschiedenen Frequenzen genau bekannt ist und ein Tongenerator mit etwas schwankender Frequenz, um den Einfluß stehender Wellen im Nachhallraum auszuschalten. Eine Methode zur Bestimmung der Nachhallzeit in Räumen ist im Kapitel über die Anwendung der Braunschen Röhre in der Akustik gebracht. Die periodische Frequenzänderung wird auf einfache Weise dadurch erhalten, daß ein weiterer kleinerer Drehkondensator dem Tonkondensator parallel geschaltet wird, dessen eine Belegung auf die Achse des Antriebsmotors gesetzt wird und etwa 10mal/sec an der Gegenplatte vorbeiläuft. Dieser Kondensator — mit Rücksicht auf die charakteristischen, durch ihn verursachten Tonschwankungen als Heulkondensator bezeichnet — ist in der Seitenansicht Abb. 323 vorn links zu erkennen. Ausführlichere Angaben über den Tonkondensator und über die Ausführung von Schalldruck- und Gesamtenergiemessungen nach E. Meyer finden sich bereits an anderer Stelle [2].

Eine interessante Anwendung der Kathodenstrahlröhre für Lautsprecheruntersuchungen, die jedoch auf sehr lichtstarke Kathodenstrahlröhren beschränkt bleibt, besteht darin, die Kathodenstrahlröhre als intermittierende Lichtquelle für stroboskopische Untersuchung von Membranschwingungen und Systemschwingungen zu benutzen [3]. Damit das stroboskopische Bild scharf begrenzt erscheint, darf die Beleuchtung nur in einem Bruchteil der für eine Schwingungsperiode benötigten Zeit erfolgen. Ein Versuchsaufbau für die Verwendung als intermittierende Lichtquelle ist in Abb. 325 photographiert. Von dem Tongenerator, der gleichzeitig auch den zu untersuchenden Lautsprecher betreibt, werden zwei Spannungen mit 90° Phasenverschiebung und gleicher Amplitude abgegriffen, so daß auf dem Schirm der als Lichtquelle dienenden Braunschen Röhre ein Kreisdiagramm erscheint. Die Strahlleistung ist möglichst groß einzustellen. Ferner sind die Amplituden der Ablenkspannungen ebenfalls möglichst groß zu wählen, damit die

[1] Meyer - Just: Gesamtenergie von Schallquellen. Z. techn. Physik Bd. 10 (1929) Nr. 8.

[2] Ardenne, M. v.: Eine Schallmeßeinrichtung, Teil II. Funk 1930 Heft 29 und: Über eine Schallmeßeinrichtung, Teil III. Funk 1930 Heft 31.

[3] Ardenne, M. v.: Eine stroboskopische Methode zur Untersuchung von Lautsprechermembranen. Funk 1930 Heft 34.

Kreisfigur eine möglichst große Fläche bedeckt und somit der Fluoreszenzwirkungsgrad nicht durch Sättigungserscheinungen herabgesetzt wird. Die entstehende Kreisfigur wird verdeckt, nur ein schmaler Sektor von etwa 5—10° bleibt offen und gestattet den Lichtdurchtritt zur Beleuchtung. Sind die Schirmträgheiten kleiner als 10^{-5} sec, so sind die Voraussetzungen für die Durchführung stroboskopischer Untersuchungen im gesamten Gebiet der Niederfrequenzschwingungen erfüllt. Durch

Abb. 325. Die Braunsche Röhre als intermittierende Lichtquelle für stroboskopische Untersuchung von Membranschwingungen.

Drehung des Sektors kann die Phase des Beleuchtungsabschnittes beliebig eingestellt werden. Infolge des Betriebes aus dem gleichen Generator besteht absoluter Synchronismus zwischen dem Schwingungsvorgang und der Beleuchtung. Auch mit Hilfe der oben besprochenen Glimmlampen-Kippschwingungsanordnungen lassen sich leicht zu synchronisierende, intermittierende Lichtquellen herstellen. Entweder wird hier unmittelbar die Leuchterscheinung ausgenutzt, die durch den die Glimmlampe kurzzeitig durchsetzenden Entladestrom verursacht wird, oder der Entladestoß wird dazu benutzt, um Leuchtröhren- oder Lichtrelais fremd zu steuern.

i) Tonabnehmeruntersuchungen.

Um einen Tonabnehmer zu charakterisieren, ist es notwendig, zu wissen, welche Spannungen bei konstant bleibender und gegebener Geschwindigkeitsamplitude der Spitze einer Normalnadel bei den verschiedenen Frequenzen bewirkt werden. Neben der Frequenzkurve soll der Klirrfaktor, der bei den verschiedenen Frequenzen besteht, bekannt sein, um ein abschließendes Urteil über die Größe der Verzerrungen geben zu können, die im Tonabnehmer entstehen. Eine Messung, die die beiden oben genannten Eigenschaften kennzeichnet und damit die Charakterisierung von Qualität und Wirksamkeit erlaubt, kann durch

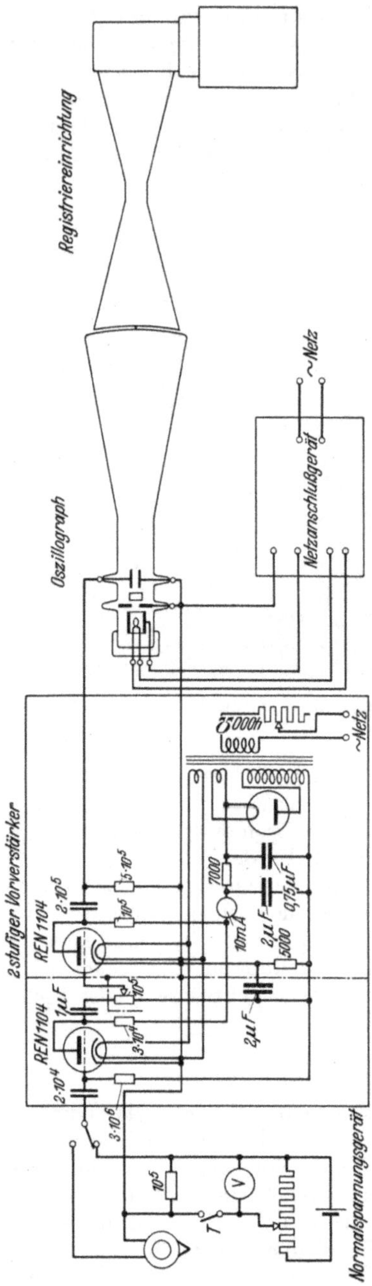

Abb. 326. Anordnung zur Registrierung von Tonabnehmerkurven.

die bereits oben beschriebene, registrierende Methodik (Kapitel B, VI) vorgenommen werden. Ein kompletter Schaltungsaufbau einer Anordnung für die Registrierung von Tonabnehmerkurven ist in Abb. 326 abgebildet. Durch die Betätigung der Taste T kann ein Gleichspannungsstoß definierter Größe zur Eichung des Ordinatenmaßstabes gegeben werden. Von großer Bedeutung für die Qualität der Registrierung ist, daß die benutzte Meßplatte mit möglichst konstanter Geschwindigkeitsamplitude und möglichst sinusförmigem Kurvenverlauf geschnitten ist. Von den älteren Meßplatten ist die Platte der Deutschen Grammophongesellschaft Nr. 626870 (B 9526) recht brauchbar gewesen, mit der die weiter unten wiedergegebenen Kurven gewonnen wurden. Der Aufbau einer Meßanordnung mit der Schaltung Abb. 326 ist in Abb. 327 photographiert. Links ist der durch einen Synchronmotor angetriebene Plattenteller angeordnet, rechts daneben die Taste für die Eichspannungen und der Verstärker. Dann folgt die Kathodenstrahlröhre mit Netzgerät und Registrierapparatur. Eine mit der beschriebenen Apparatur erhaltene Registrierung eines schlechten Tonabnehmers bei zu schwacher Ankerdämpfung ist in Abb. 328 abgebildet. Eine weitere Registrierung, die starke Obertonbildung im gesamten Frequenzbereich erkennen läßt, ist in Abb. 329 reproduziert. Hier ist die Obertonbildung darauf zurückzuführen, daß die Dose zu leicht gehalten ist und daher in der Rille springt. Die Registrierung einer besonders guten Dose zeigt Abb. 330. Hier besteht ziemlich weitgehende Frequenzunabhängigkeit in dem maßgebenden Frequenzbereich von etwa 100 bis 6000 Hertz. Außerdem ist in diesem gesamten Bereich dadurch, daß der Anker sehr weich gelagert ist, gute Kurvenform gegeben. Erst bei sehr hohen Frequenzen stellt sich infolge von Nadeldurchbiegungen ein Klirrfaktor ein. Durch die beschriebene Registriermethodik lassen sich aufschlußreiche Vergleiche der im Handel befindlichen Tonabnehmer

Abb. 327. Ansicht einer kompletten Tonabnehmer-Meßanordnung.

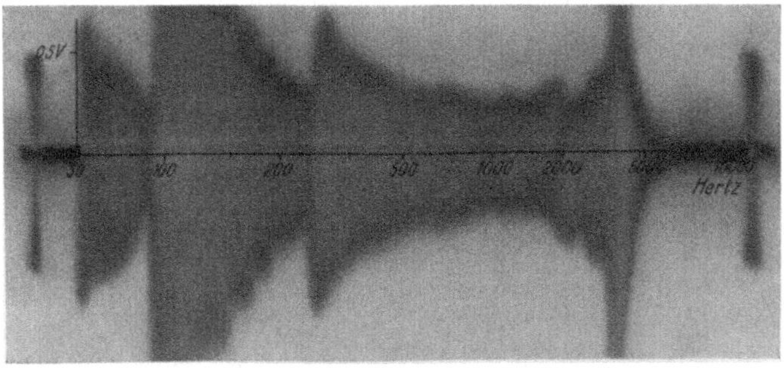

Abb. 328. Kurve eines schlechten Tonabnehmers bei zu schwacher Dämpfung.

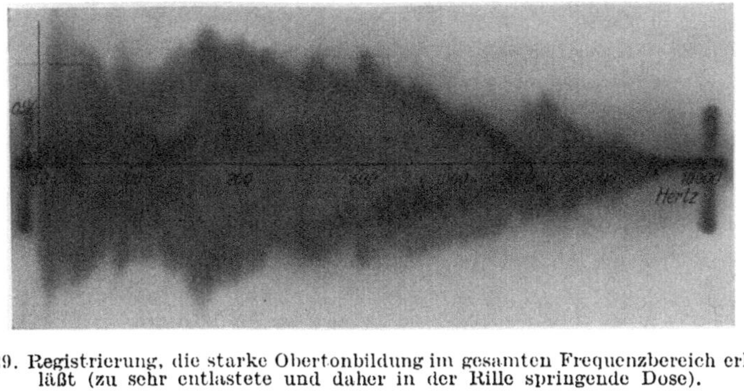

Abb. 329. Registrierung, die starke Obertonbildung im gesamten Frequenzbereich erkennen läßt (zu sehr entlastete und daher in der Rille springende Dose).

durchführen. Die Methodik liefert ferner präzise Unterlagen über den Spannungsrückgang bei Stiftabnutzung, über den Einfluß verschiedener Lautstärkeregler auf die Frequenzcharakteristik, über den Einfluß der Dämpfung, über den Einfluß des Tonabnehmergewichts usw. Im Rahmen einer zusammenfassenden Arbeit[1] ist bereits früher an Hand von Registrierungen, die nach der beschriebenen Methode erhalten wurden, über die verschiedenen Einflüsse berichtet worden.

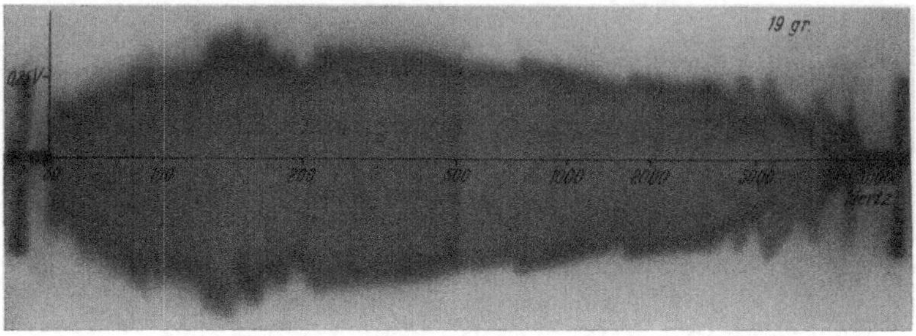

Abb. 330. Registrierung eines besonders guten Tonabnehmers.

Neben der Untersuchung durch Registrierungen hat auch die oszillographische Untersuchung eine gewisse Bedeutung. Insbesondere dann,

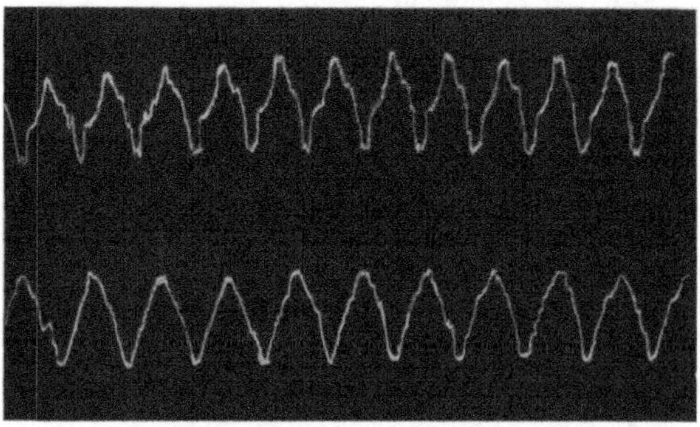

Abb. 331. Oszillogramm eines Tones mit überlagertem Nadelgeräusch.

wenn es sich darum handelt, das Amplitudenverhältnis von Nadelgeräuschspannungen zur ausgesteuerten Niederfrequenzspannung anzugeben. Das Oszillogramm einer periodischen Spannung mit überlagertem Nadelgeräusch ist in Abb. 331 abgebildet. Die Nadelgeräuschamplitude beträgt bei der oberen Kurve mehrere Prozent der Niederfrequenzschwingung, bei der unteren Kurve etwa 1%.

k) Untersuchungen von Photozellen und Glimmlampen.

Insbesondere für Fernsehzwecke, aber auch für Tonfilmzwecke und zahlreiche meßtechnische Aufgaben ist die Kenntnis der Eigenschaften von Photozellen von erheblicher Bedeutung. Die Anwendung oszillographischer Methoden bei der Untersuchung von Photozellen beschränkt sich

[1] Ardenne, M. v.: Die Kurven moderner Tonabnehmer. Radiohändler Jg. 8 (1931) H. 23 u. 24.

auf Feststellung der Trägheit und auf Feststellung der dynamischen Empfindlichkeit. Um die erwähnten beiden Größen zu untersuchen, leistet die Anordnung[1] Abb. 332 gute Dienste. Durch die schematisch angedeutete Kombination einer Schlitzscheibe mit einer schmalen Schlitzblende wird kurzzeitig ein Lichtstrom auf die Photozelle gebracht, der außerordentlich plötzlich beginnt und ebenso plötzlich verschwindet. Bei Anwendung eines normalen schnellaufenden Motors und von Scheiben von etwa $^1/_2$ m Durchmesser läßt sich an der Stelle des Scheibenausschnittes

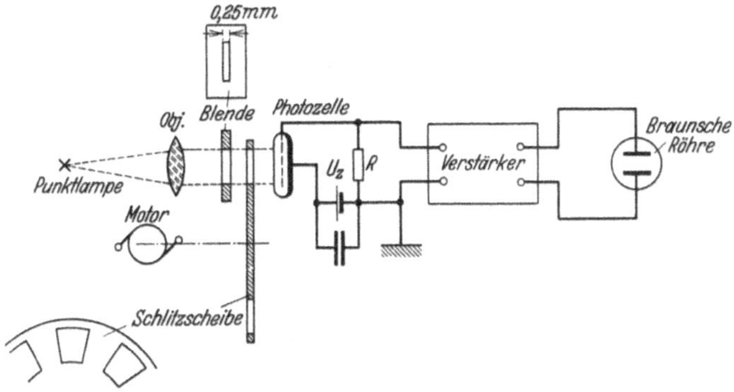

Abb. 332. Anordnung zur oszillographischen Untersuchung von Photozellen.

eine Umfangsgeschwindigkeit von 75 m/sec verwirklichen. Beträgt die Schlitzblende $^1/_4$ mm, so erfolgt Anstieg und Abfall des Lichtstromes in $^1/_{300\,000}$ sec. Der absolute Wert des den Schlitz durchsetzenden Lichtstromes bleibt bei Anwendung starker Lichtquellen und optischer Konzentriermittel so groß, daß ausreichende Spannungen auch an relativ kleinen Ableitewiderständen R entstehen. Aus der Abrundung, die im oszillographierten Spannungsverlauf sich bemerkbar macht, ist die Trägheit der Photozellen zu entnehmen. Selbstverständlich ist darauf zu achten, daß weder im Photozellenkreis noch im Verstärker Trägheiten bestehen, die größer sind als die natürliche Trägheit der intermittierenden Lichtquelle. Durch Dimensionierung des Widerstandes R und der Verstärkerabmessungen kann dieser Forderung leicht genügt werden. Die Amplitude der aus Oszillogramm und Verstärkungsgrad bestimmbaren Spannungen ist gleichzeitig ein Maß für die dynamisch bestehende Empfindlichkeit der Photozelle. Mit Rücksicht auf die hohen Schreibgeschwindigkeiten, die bei dieser Untersuchung vorkommen, empfiehlt es sich, von der Spannung mit Hilfe synchronisierter Zeitablenkung stehende Figuren herzustellen. Zur Herstellung des intermittierenden Lichtstromes kann bei ausreichend nachleuchtfreiem Fluoreszenzschirm auch eine Braunsche Röhre benutzt werden (vgl. Kapitel D II, 3 c). Doch sind dann die Lichtverhältnisse ungünstiger, und es bereitet Schwierigkeiten, den Widerstand R in dem erforderlichen Maße zu verkleinern, ohne daß die Photospannungen die Größenordnung der Schrotspannung erreichen. Für die Herstellung

[1] Krawinkel, G.: Erfahrungen mit Photozellen. Z. Fernsehen Bd. 1 (1930) Heft 2 und I. Kirschstein: Über die Trägheit der Photozellen. Z. Fernsehen Bd. 1 (1930) Heft 4.

von sehr schnell intermittierendem Licht werden gelegentlich Kerrzellenanordnungen benutzt. Es ist dann üblich, die Kurvenform der die Kerrzelle modulierenden Mittel- oder Hochfrequenz zu vergleichen mit Kurvenform und Amplitude am Verstärkerausgang, und zwar in Abhängigkeit von der Frequenz.

Als Meßgerät wird die Braunsche Röhre in der Fernsehtechnik, außer für die Bestimmung von Trägheiten, vor allem für Aussteuerkontrollen, für den Vergleich der Signalspannung mit der Schrotspannung und für Phasenmessungen benutzt, speziell auch für die

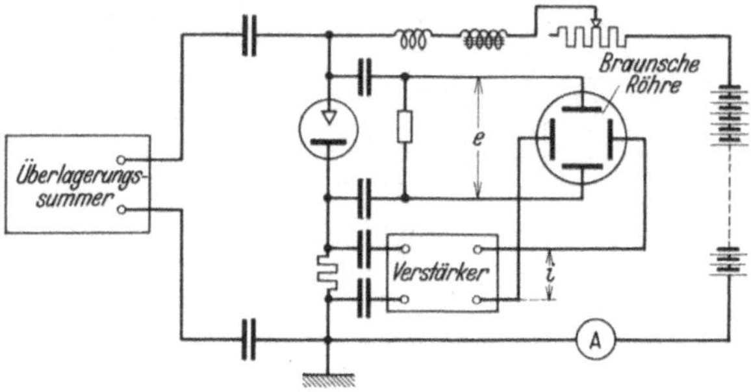

Abb. 333. Schaltung zur Aufnahme von Glimmlampenkennlinien.

Bestimmung von Phasendrehungen in der Nähe der oberen und unteren Grenzfrequenz der Gesamtanordnung. Auch für die Aufnahme der dynamischen Charakteristik von Beleuchtungsglimmlampen für mechanische Fernsehempfänger bedient man sich der Braunschen Röhre.

Eine Schaltung für die Aufnahme der Stromspannungscharakteristik von Glimmlampen ist in Abb. 333 gezeichnet [1]. Durch den gezeichneten Gleichstromkreis wird die zu untersuchende Glimmlampe gezündet und mit dem Regelwiderstand ein mittlerer Ruhestromwert eingestellt. Diesem Ruhestrom wird über den Wechselstromkreis, der durch die gezeichneten Drosseln von dem Gleichstromkreis getrennt ist, ein Wechselstrom überlagert. Der Wechselstrom wird einem Frequenzen bis zu 100 000 Hertz liefernden Überlagerungssummer in der erforderlichen Amplitude entnommen. Die Spannung an der Glimmlampe, die bei richtiger Aussteuerung unabhängig vom Strom bleibt, liegt am Lotplattenpaar. Der die Glimmlampe durchfließende Strom wird als Spannungsabfall an einem kleinen Widerstand von wenigen Ohm abgenommen und durch einen frequenzunabhängigen Verstärker auf die zur Ablenkung erforderliche Amplitude gebracht. Sowohl im Spannungs- wie im Strommeßkreis wird durch zwischengeschaltete Kapazitäten erreicht, daß lediglich die Wechselspannung gemessen wird. Trägheiten der Glimmlampe zeigen sich hier in der dynamischen Charakteristik durch Schleifenbildung.

[1] Vgl. F. Kirschstein: Die Glimmlampe als Fernsehlichtrelais. Z. Fernsehen Bd. 1 (1930) Nr. 11/12.

2. Untersuchungen an kombinierten Anlagen.

Die resultierende Charakteristik aus vielen Einzelelementen kombinierter Anlagen ist für die Beurteilung der Gesamtanlage

Röhrengenerator mit der Röhre *RE* 604 bei f = 770 Hz.

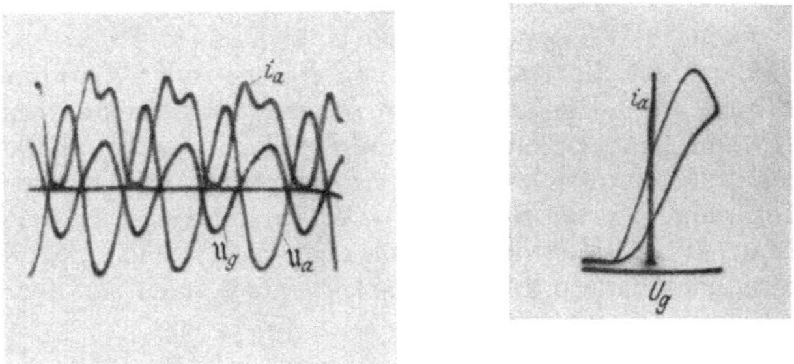

$I_a = 47$ mA, $U_B = 80$ V, $I_g = 7{,}5$ mA
$W_a = 1000$, $W_g = 600$.

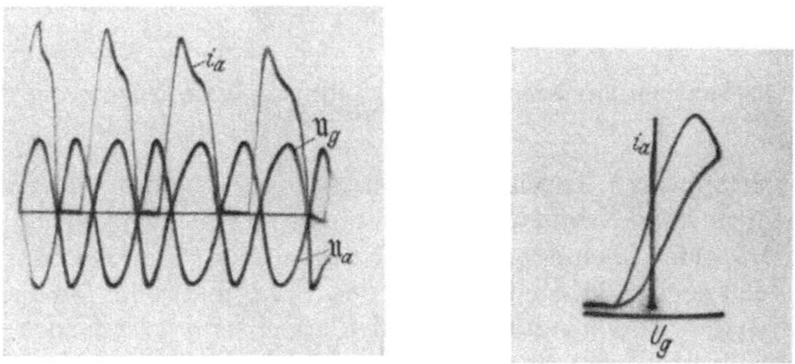

$I_a = 41$ mA, $U_g = 78$ V, $I_g = 12{,}8$ mA
$W_a = 800$, $W_g = 800$.

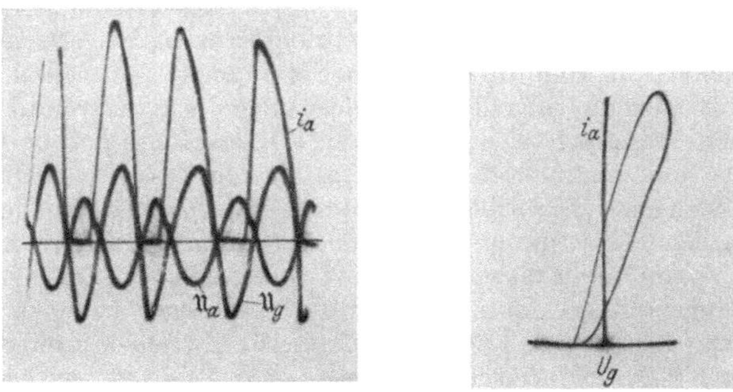

$I_a = 60$ mA, $I_g = 16{,}2$ mA, $U_B = 75$ V
$W_a = 600$, $W_g = 1000$.

Abb. 334. Spannungs- und Stromverlauf eines Röhrengenerators.

maßgebend. Untersuchungen über die resultierenden Eigenschaften kommen in der Hochfrequenztechnik, vor allen Dingen an Sendern und

Empfängern in Frage. Zu unterscheiden ist bei Untersuchungen an kombinierten Anlagen zwischen solchen, bei denen nur das Endresultat gemessen wird, und solchen, bei denen an verschiedenen Stellen der in Betrieb befindlichen Anlage Messungen vorgenommen werden.

a) Untersuchungen an Sendern.

Eine wichtige Verwendung der Braunschen Röhre bei Senderuntersuchungen ist die Aufnahme von Strom- oder Spannungskurven. Oszillogramme über den Verlauf von Anodenwechselstrom- und Anodenspannung und Gitterwechselspannung haben speziell Bedeutung für Lehrzwecke. Eine von Kammerloher durchgeführte Untersuchung an einem Tonfrequenzgenerator unter drei verschiedenen Betriebsverhältnissen ist in Abb. 334 wiedergegeben. Um die gleichen Untersuchungen an Hochfrequenzsendern durchzuführen, sind je nach der Sendefrequenz

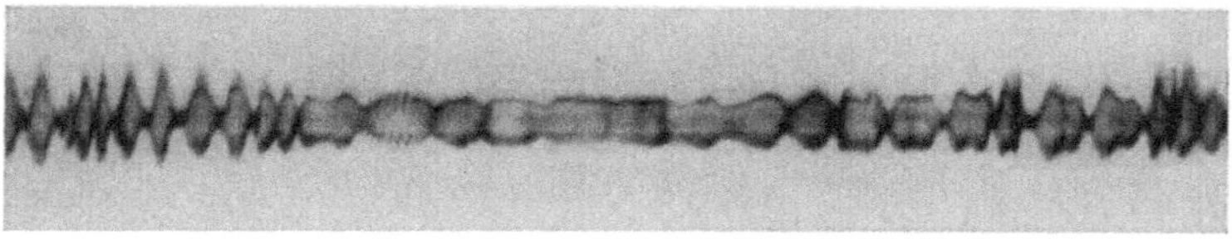

Abb. 335. Oszillogramm einer empfangsseitig aufgenommenen modulierten Hochfrequenz eines Rundfunksenders.

gut synchronisierte Röhrenkippschwingungen oder Thyratronkippschwingungen zur Erhaltung stehender Figuren erforderlich. Bei einmaligem Durchlauf gelingt es nur mit Mittel- oder Hochspannungsoszillographen, ausreichende Helligkeiten des Schreibstriches zu erhalten.

Insbesondere für Telegraphie- und Fernsehsender ist ferner die oszillographische Messung der An- und Abklingkurven bei plötzlicher Ein- und Ausschaltung der Sendeleistung aufschlußreich. Aus ihnen kann die resultierende Dämpfung des Senders abgelesen werden. Auch die oszillographische Bestimmung der Amplitude verschiedener bestehender Störspannungen, z. B. des Gleichrichtertones, ist eine gelegentlich zu erfüllende Aufgabe. Je nach den Spannungs- und Leistungsverhältnissen wird für die angedeuteten Messungen eine Anwendung der besprochenen Spannungsteiler (Kapitel B, III, 2) erforderlich und auch eine elektrische und magnetische Abschirmung der gesamten Meßapparatur einschließlich der Braunschen Röhre. Für Untersuchungen an den stärksten, heute bekannten Rundfunksendern hat es sich als ausreichend erwiesen, wenn die Röhre in einen doppelt oder dreifach gepanzerten Kasten eingebaut ist. Es ist dabei üblich, die verschiedenen Kästen so ineinander zu setzen, daß zwischen ihnen ein Zwischenraum von einigen Millimetern besteht. Durch die voneinander isolierte Aufhängung der Abschirmkästen wird vermieden, daß durch Wirbelströme hervorgerufene Spannungsabfälle galvanisch auf innere Abschirmungen übertragen werden können.

Fast unersetzlich ist die Braunsche Röhre für Modulationsgradmessungen an Sendern. Aus dem Oszillogramm der Hochfrequenzschwingung läßt sich der jeweils gemessene Modulationsgrad ablesen.

Das Oszillogramm einer empfangsseitig aufgenommenen modulierten Hochfrequenz eines Rundfunksenders zeigt Abb. 335. Durch die Beobachtung des Kurvenverlaufes in einem rotierenden Spiegel läßt sich der Modulationsgrad auch bei nichtperiodischer Modulation fortlaufend kontrollieren. Damit das erhaltene Oszillogramm fehlerfrei wird, ist bei

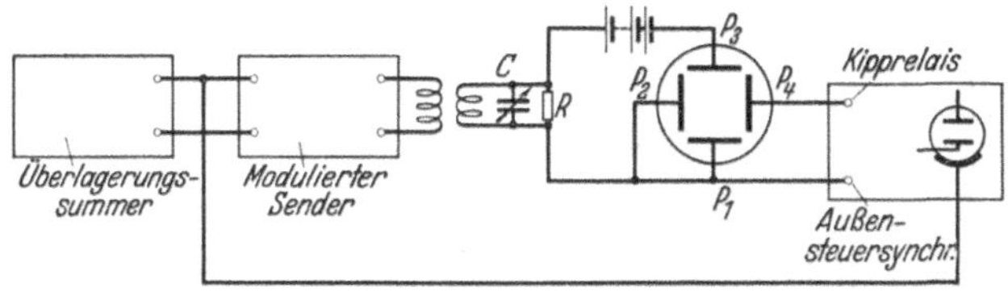

Abb. 336. Anordnung mit elektrischer Zeitablenkung zur Bestimmung des Modulationsgrades.

dieser Messung und auch bei den weiter unten angegebenen Messungen durch Erteilung einer Vorspannung von 30—50 V dafür zu sorgen, daß die Ruhelage des Kathodenstrahls außerhalb des gerade im Gebiet der Hochfrequenzen kritischen Nullpunktfehlerbereiches liegt.

Eine Anordnung mit elektrischer Zeitablenkung zur Bestimmung des Modulationsgrades, die natürlich nur von periodischen Modulationen stehende Figuren liefert, ist in Abb. 336 abgebildet. Auch für die visuelle Überwachung bei nicht periodischer Modulation ist diese einfache Anordnung durchaus emfehlenswert, nur ist dann die Synchronisierleitung zu öffnen. Der Widerstand R in der Zeichnung muß klein sein gegenüber dem inneren Plattenwiderstand der Röhre, die gezeichnete Batterie bewirkt die Vorablenkung des Strahles, damit wieder die höchsten vorkommenden Hochfrequenzamplituden nicht in die Zone des Nullpunktfehlers hineinragen. Bei periodischen Modulationen liefert die Anordnung ruhigstehende Figuren. Die Aufnahme einer solchen Figur, die von Kammerloher mit einer ähnlichen, älteren Anordnung erhalten wurde, ist in Abb. 337 abgebildet. Der Modulationsgrad errechnet sich hier einfach aus:

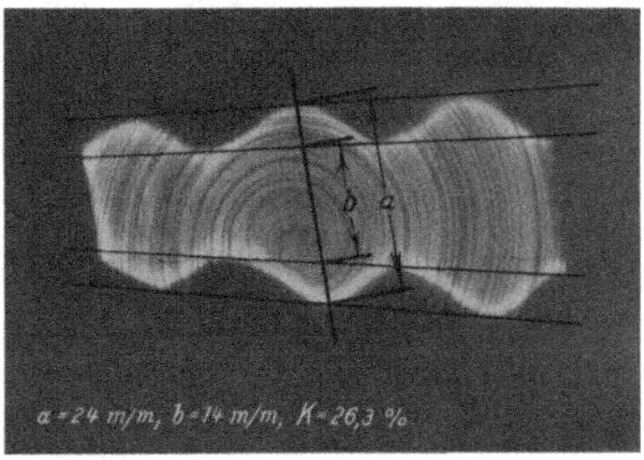

Abb. 337. Oszillogramm einer modulierten Hochfrequenzschwingung bei synchronisierter elektrischer Zeitablenkung.

$$K = \frac{a - b}{a + b} \tag{70}$$

Die in Abb. 337 angewendete und aus ihr zur Genüge hervorgehende Methode zur Bestimmung des Amplitudenverhältnisses von der größten zur kleinsten Amplitude ist deswegen besonders empfehlenswert, weil Fehler durch ungleichmäßig verteilte Wandladungen usw. herausfallen [1].

[1] Vgl. J. Kammerloher: Neue Meßmethode zur Bestimmung des Modulationsgrades von Telephoniesendern. Elektr. Nachr.-Techn. Bd. 8 (1931) Heft 10.

Ein weiteres, bei Erteilung einer Vorablenkung ebenfalls sehr genaues Meßverfahren ist die Trapezmethode, deren Grundzüge bereits oben ausführlich dargelegt wurden (Kapitel C, II, 1, f). Die Methode ist, wenn Modulationsgradbestimmungen unmittelbar am Sender beabsichtigt sind, dahin abzuändern, daß auf das eine Plattenpaar direkt die modulierende Niederfrequenz gegeben wird. Auf dem Fluoreszenzschirm erscheint eine Trapezfigur, aus der die größte und kleinste Spannung abzulesen und nach der schon eben erwähnten Beziehung der Modulationsgrad zu berechnen ist. Die Aufnahme einer auf diese Weise erhaltenen Trapezfigur ist in Abb. 338 wiedergegeben. Wird der Sender zu 100% ausgesteuert, so zeigt die Umrandung der leuchtenden Fläche die Modulations- oder Aussteuerkennlinie des Senders. Im Gegensatz zu den oben abgebildeten Gleichrichterkennlinien zeigt sich das nichtlineare Verhalten bei hohen Spannungen.

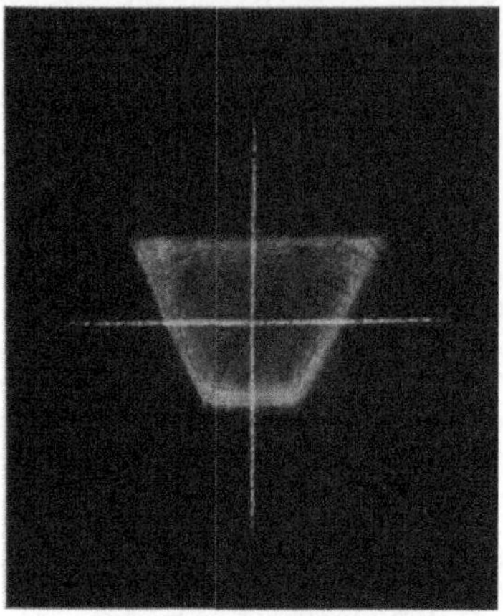

Abb. 338. Trapezfigur zur Modulationsgradbestimmung am Sender.

Besteht eine Phasenverschiebung zwischen Modulationskurve der Hochfrequenz und Niederfrequenz — das letztere ergibt sich leicht, wenn die Trapezmethode empfangsseitig angewendet wird und im Gleichrichter- und Verstärkerteil Phasendrehungen eintreten —, so zeigen sich in der Fluoreszenzfigur zwei Ellipsen. Auch in diesem Falle bereitet, wie die Darstellung Abb. 339 erkennen läßt, die Bestimmung von größter und kleinster Amplitude und damit die Bestimmung des Modulationsgrades keine Schwierigkeiten [1].

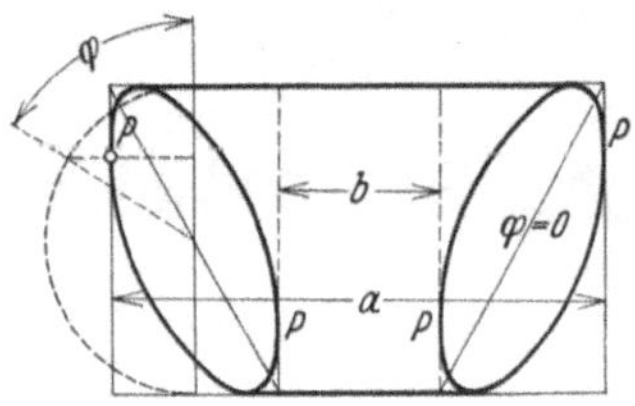

Abb. 339. Modulationsgradbestimmung aus verzerrter Trapezfigur bei Vorhandensein einer Phasenverschiebung.

Von großer Bedeutung für die Beurteilung von Sendern ist es zu wissen, wie stark die unerwünschte Frequenz- und Phasenmodulation bei der Durchführung der beabsichtigten Amplitudenmodulation ist. Frequenz- und Phasenmodulation sind speziell deswegen sehr schädlich, weil sie in Empfangsgebieten mit selektivem Fading erhebliche Verzerrungen zur Folge haben. Unter den verschiedenen bekanntgewordenen Verfahren zu ihrer meßtechnischen Erfassung, die sich zum Teil ebenfalls oszillographischer Methoden bedienen, ist hier speziell die von A. Heilmann angegebene, übersichtliche und einfache Methodik [2] zu erwähnen. Das Verfahren von Heilmann erlaubt die während einer Modulations-

[1] Näheres siehe bei M. v. Ardenne: Bestimmung von Modulationsgraden und Gleichrichterkennlinien mit Braunschen Röhren. l. c.

[2] Heilmann, A.: Ein stroboskopisches Verfahren zur Messung von Frequenz- und Phasenmodulation. Elektr. Nachr.-Techn. Bd. 8 (1931) Heft 11.

periode auftretenden Phasenänderungen der modulierten Hochfrequenzschwingung gleichzeitig mit dem Amplitudenmodulationsgrad unmittelbar abzulesen. Es beruht auf dem Vergleich der zu untersuchenden Schwingung mit einer Hilfsschwingung konstanter Frequenz.

In der vektoriellen Darstellungsweise von Wechselstromgrößen entspricht einer sinusförmigen Schwingung ein Vektor, der mit einer konstanten Winkelgeschwindigkeit Ω rotiert und dessen Endpunkt dabei

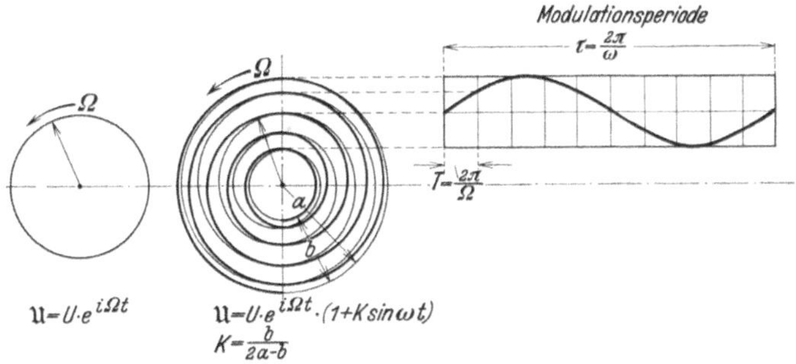

Abb. 340. Vektorielle Darstellung einer unmodulierten und einer modulierten Schwingung ($\Omega = 10\,\omega$.)

einen Kreis beschreibt. Eine modulierte Schwingung wird in der gleichen Weise dargestellt, nur daß jetzt infolge der Größenänderung des Vektors dessen Endpunkt nicht mehr auf einen Kreis, sondern auf einen spiralförmigen Kurvenzug abläuft und so eine ringförmige Fläche bestreicht, deren Breite vom Modulationsgrad k abhängt (s. Abb. 340). Solange

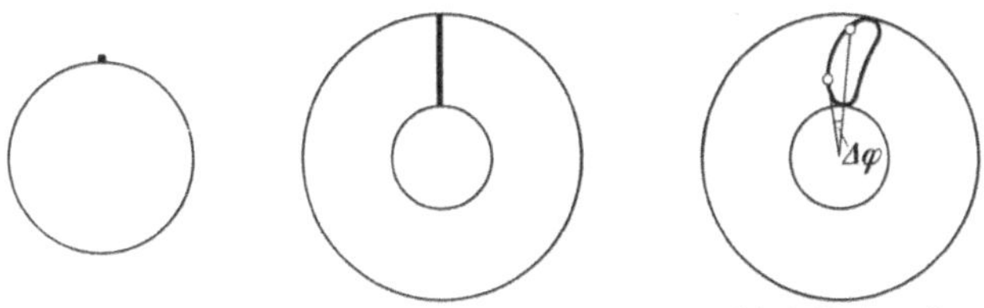

Unmoduliert. Moduliert (ohne Phasenmodulation). Moduliert (mit Phasenmodulation).

Abb. 341. Zeitmarke im Kreisdiagramm verschieden modulierter Hochfrequenzschwingungen.

die Trägerfrequenz Ω konstant bleibt, werden in beiden Fällen in gleichen Zeitabschnitten gleiche Winkelwege durchlaufen. Ändert sich dagegen die Frequenz nach irgendeinem Zeitgesetz, so werden auch die Winkelwege innerhalb gleicher Zeitabschnitte verschieden sein.

Wird eine Zeitmarke eingeführt in der Weise z. B., daß der Vektor in bestimmten Zeitabständen kurzzeitig vergrößert, verkleinert oder in seiner Schreibintensität moduliert wird, so erscheinen auf dem Kreisumfang kurze Impulse. Wird der Abstand zwischen zwei aufeinanderfolgenden Impulsen gleich der Periode der zu untersuchenden Schwingung im unmodulierten Zustand, so erscheint die Zeitmarke jedesmal an der gleichen Stelle des Kreisumfanges (s. Abb. 341). Wird jetzt die Schwingung moduliert, so gleitet die Zeitmarke innerhalb des Kreisringes auf einer nach dem Mittelpunkt des Kreisringes zustrebenden Geraden auf und ab, wenn keine Phasenmodulation vorhanden ist (Abb. 341 Mitte). Zeigt dagegen der Sender Frequenz- oder Phasenmodulation, so wandert die Zeitmarke je nach der Größe der Phasenänderung auch seitlich hin

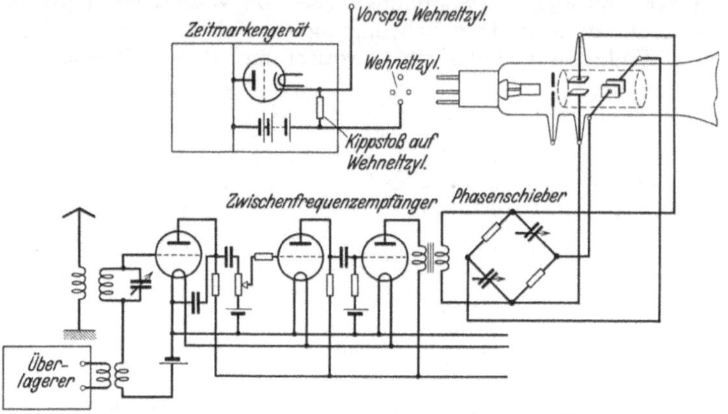

Abb. 342. Schaltung zur stroboskopischen Untersuchung von Frequenz- und Phasenmodulation an amplitudenmodulierten Sendern.

und her und beschreibt so im Kreisring eine Kurve, die die Phasenänderung unabhängig von der Modulationsphase unmittelbar angibt. Die Phasenänderung zwischen zwei verschiedenen Modulationsphasen ist dabei gegeben durch den Winkel, den die Verbindungslinien der zugehörigen Zeitmarke mit dem Mittelpunkt des Kreisringes einschließen (Abb. 341 rechts).

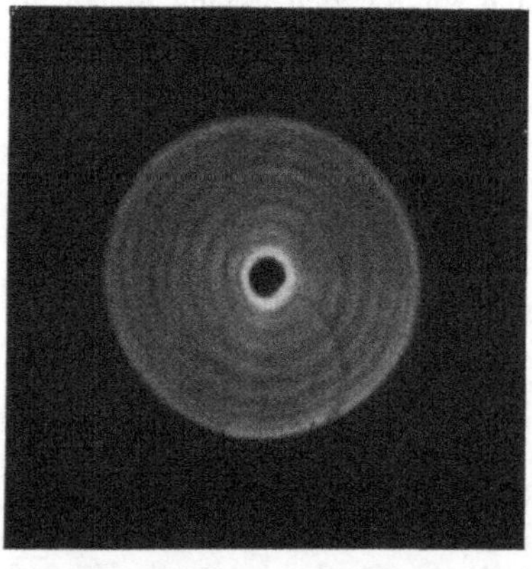

Abb. 343. Von einer modulierten Hochfrequenzschwingung geschriebenes Spiraldiagramm mit stroboskopisch erhaltener Zeitmarkierung, die Phasenmodulation erkennen läßt.

Das besprochene Meßprinzip läßt sich mit Hilfe der Braunschen Röhre in der Schaltung Abb. 342 einfach verwirklichen. Die ursprüngliche Hochfrequenzschwingung wird zunächst nach der bekannten Überlagerungsmethode in Zwischenfrequenzschwingungen verwandelt. Mehrere Vorteile resultieren:

1. Schwingneigung wird vermieden.
2. Die gasgefüllten Röhren ergeben infolge der kleineren Ablenkfrequenz eine präzisere Zeichnung.

Die an der Zwischenfrequenz gemessenen Phasen- und Amplitudenänderungen sind identisch mit denen der eigentlichen Sendeschwingung. Durch den Phasenschieber sind an der Braunschen Röhre zwei Ablenkspannungen gleicher Amplitude mit 90° Phasenverschiebung gegeben, so daß der Lichtfleck auf dem Fluoreszenzschirm Kreis- oder Spiraldiagramme beschreibt, wie in Abb. 340 gezeichnet. Steht die Modulationsfrequenz in keinem ganzzahligen Verhältnis zur Trägerfrequenz, so wird auf dem Schirm eine fast gleichmäßig beleuchtete kreisförmige Fläche sichtbar. Wird eine Zeitmarke beispielsweise durch Anlegung kurzer Spannungsimpulse an den Wehnelt-Zylinder hervorgerufen, so entstehen in dem leuchtenden Kreis Markierungen, die direkt den Verlauf der Phasenänderungen anzeigen. Ein von Heilmann gewonnenes Bild, bei dem die Zeitmarkierung durch Anwendung kurzer Spannungsimpulse an eines der Ablenksysteme erreicht ist, zeigt Abb. 343. Damit die Zeitmarke ruhig steht, muß die Hilfsfrequenz in genaue Übereinstimmung mit der Zwischenfrequenz gebracht werden. Der Hilfsfrequenzgenerator muß sehr konstant arbeiten. Die Zwischenfrequenz darf nicht zu niedrig gewählt werden, weil schließlich der Phasenschieber für die Seitenwellen der Trägerfrequenz nicht mehr die Phasenverschiebung von 90^0 liefert. Ist das Verhältnis von Modulationsfrequenz zur Zwischenfrequenz klein, so kann dieser Fehler vernachlässigt werden.

b) Untersuchungen an Empfängern.

Bei Empfängeruntersuchungen liegt ein wichtiges Anwendungsgebiet der Braunschen Röhre in der Ermittlung der Spannungsverhältnisse an den verschiedenen Teilen der Anlage. Insbesondere die

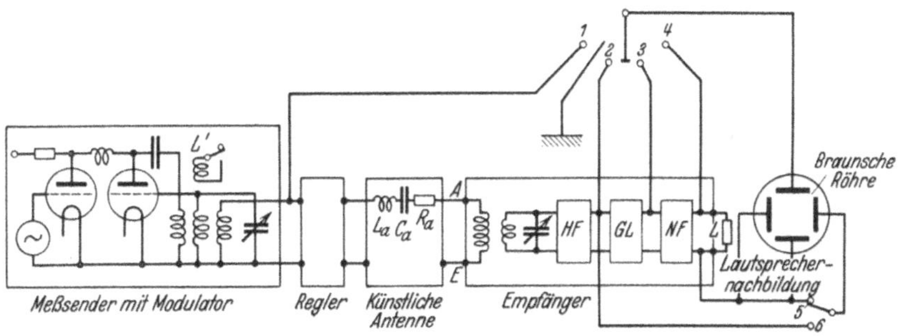

Abb. 344. Anordnung zur Durchführung von Empfängeruntersuchungen.

Prüfung der Empfindlichkeit, die Ermittlung von Verzerrungsursachen und die Feststellung der Amplituden von Störspannungen ist hier die Aufgabe.

Eine Empfängerprüfschaltung, bei der die Braunsche Röhre für die Bestimmung der verschiedensten Spannungswerte dient, ist in Abb. 344 abgebildet. Bei Stellung *1* des Meßschalters wird die mittlere Amplitude und gegebenenfalls durch gleichzeitige Prüfung im rotierenden Spiegel der Modulationsgrad festgestellt. Bei Stellung *2* des Meßschalters wird die Hochfrequenzspannung am Gitter des Gleichrichters, bei den Stellungen *3* und *4* die Niederfrequenzspannungen im Gitter- und Anodenkreis der Endstufe gemessen. Außerdem gelingt die Aufnahme der Gleichrichterkennlinie, wenn das zweite Ablenkplattenpaar zu Hilfe genommen, der betreffende Schalter an die Klemme *6* und der Meßschalter auf Kontakt *3* gelegt wird. Oszillogramme der Spannungen, die den Schalterstellungen *1*, *2* und *4* der Prüfanordnung 344 entsprechen, sind in Abb. 345

reproduziert (Messung Kammerloher). Mit der besprochenen Prüfeinrichtung gelingt es in Verbindung mit einem geeichten Meßregler, die meisten für die Beurteilung von Empfängern wesentlichen Daten zu erhalten (Spannungsempfindlichkeit, Hochfrequenzverstärkungsgrad, Gleichrichterwirkungsgrad, Aussteuerbereich der Gleichrichterkennlinie, Niederfrequenzverstärkungsgrad, Aussteuerbarkeit der Endstufe). Ferner lassen sich bei Veränderung der Trägerfrequenz des Meßsenders die weiteren Empfängereigenschaften (Selektionskurven usw.) ermitteln. Bei geänderter Modulationsfrequenz gelingt es weiterhin, die resultierende Frequenzcharakteristik des Empfängers messend zu verfolgen.

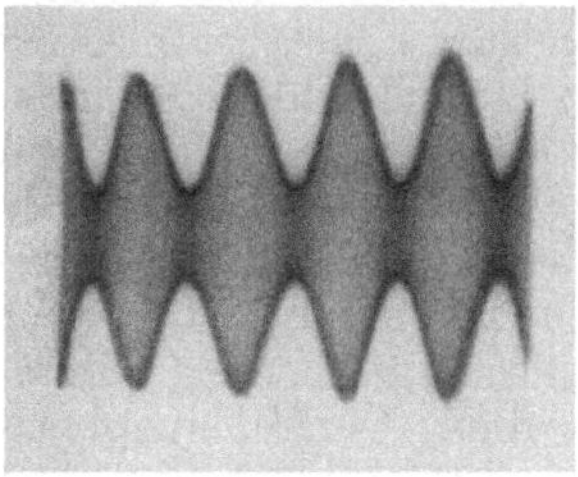

Modulierte Hochfrequenz.

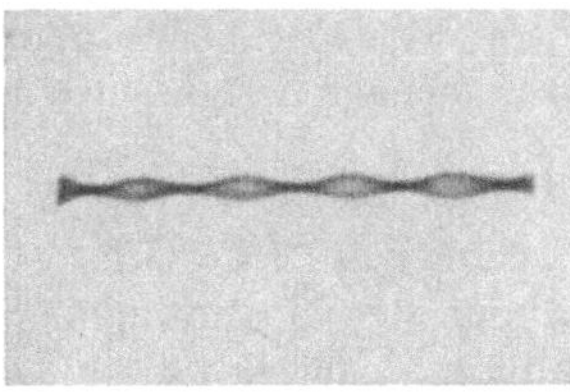

Spannung vor dem Gleichrichter

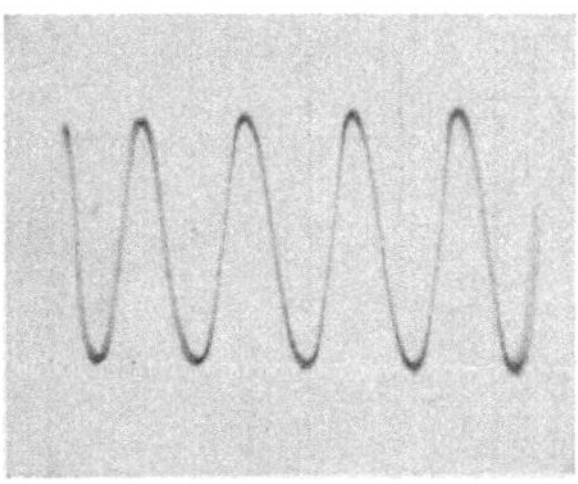

Spannung hinter dem Gleichrichter (am Anodenwiderstand gemessen).

Abb. 345.

Eine wichtige Aufgabe ist die Untersuchung des Netzgeräusches. Auf oszillographischem Wege gelingt es besonders leicht, den Entstehungsort des Brummens festzustellen und die wirtschaftlichste Dimensionierung von Netzteilen ausfindig zu machen. Da die Untersuchung des Schwankungsanteiles von Gleichspannungsquellen auch bei der Beurteilung von Generatoren usw. in Frage kommt, sei in diesem Zusammenhang etwas näher auf die zweckmäßige Methodik bei Netzgeräteuntersuchungen eingegangen. Eine vorteilhafte Schaltung, bei der der Schwankungsanteil durch einen zwei- bis dreistufigen Verstärker auf die zur Ablenkung erforderliche Amplitude gebracht wird, zeigt Abb. 346. Das vorgesehene Potentiometer, dessen Gesamtwiderstand dem Lautsprecherwiderstand zu entsprechen hat, wird zweckmäßig als geeichter Spannungsteiler ausgebildet. Der Brummfaktor, der definiert wird als das Verhältnis Netzgeräuschamplitude zur maximal aussteuerbaren Amplitude, läßt sich dadurch bestimmen, daß die Fluoreszenzstrichlänge gemessen wird, die bei Vollaussteuerung des Endverstärkers, und die Fluoreszenzstrichlänge, die bei nichtausgesteuertem Empfänger besteht. Während zur Bestimmung des Brummfaktors nur ein kleiner Teilwiderstand am Spannungsteiler abzugreifen ist, empfiehlt es sich zur oszillographischen Aufzeichnung der Netzgeräuschkurve eine wesentlich größere Teilspannung abzugreifen, um die Kurve in allen Feinheiten niederzuschreiben. Als Beispiele seien einige Netzgeräuschoszillogramme besprochen [1]. Abb. 347

[1] Ardenne, M. v.: Untersuchungen über das Brummen von Netzempfängern. Z. Funkmagazin Bd. 4 (1931) Heft 9 S. 713.

zeigt links den typischen Verlauf des Netzgeräusches, wenn die Anodenspannung einem Vollwegegleichrichter entnommen wird und Gitter- und Heizspannung von Gleichstromquellen geliefert wird. Die rechte Kurve entspricht dem Netzgeräusch bei Durchführung einer direkten Wechselstromheizung unter Anwendung des üblichen Mittelabgriffes für den Anschluß des Gitterkreises. Gitterspannung und Anodenspannung sind bei diesem Oszillogramm Batterien entnommen. Wesentlich komplizierterer Verlauf der Netzunruhe zeigt sich bei überlagerter Heizkreis- und Anodenkreisunruhe (Abb. 348).

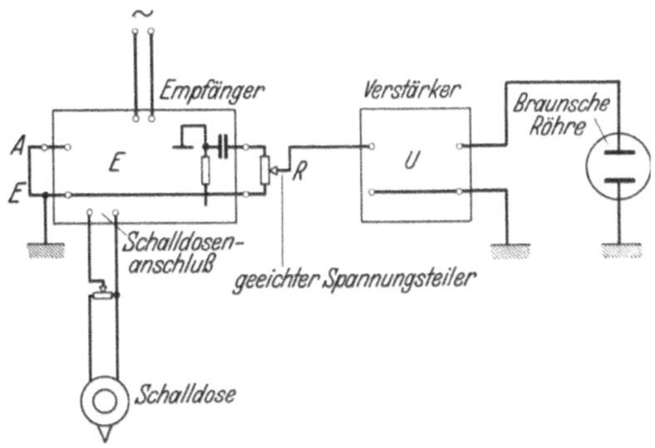

Abb. 346. Anordnung zur Untersuchung des Netzgeräusches.

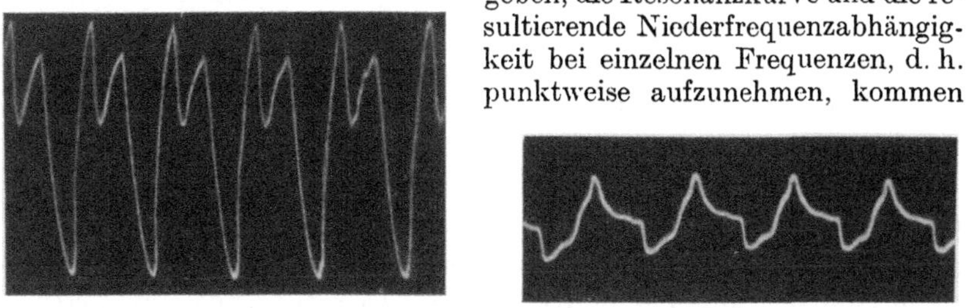

Abb. 347. Anodenunruhe allein (links) und Heizunruhe (rechts) im Oszillogramm.

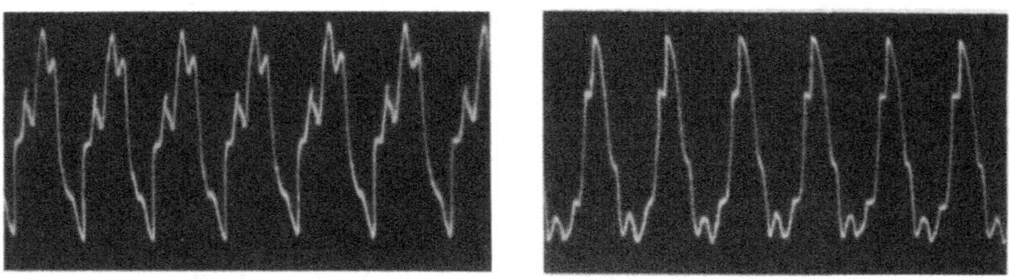

Abb. 348. Heiz- und Anodenkreisunruhe überlagert.

Anstatt, wie bei der Besprechung der Empfängerprüfschaltung angegeben, die Resonanzkurve und die resultierende Niederfrequenzabhängigkeit bei einzelnen Frequenzen, d. h. punktweise aufzunehmen, kommen für präzisere Untersuchungen wieder Methoden mit langsamer Registrierung in Frage. Eine Schaltung zur langsameren Registrierung von Resonanzkurve oder Niederfrequenzabhängigkeit ist in Abb. 349 abgebildet. Sollen Resonanzkurven registriert werden, so ist es erforderlich, daß die Welle eines Senders stetig in bekannter Gesetzmäßigkeit mit der Zeit geändert wird. Soll die Niederfrequenzabhängigkeit gemessen werden, so ist die Welle eines zweiten Senders, die mit der Welle des

Hauptsenders zur Interferenz kommt, stetig zu variieren. Zur Vornahme der Frequenzänderung werden zweckmäßig Tonkondensatoranordnungen benutzt, wie sie schon früher beschrieben wurden (Kapitel C, II, 1, h).

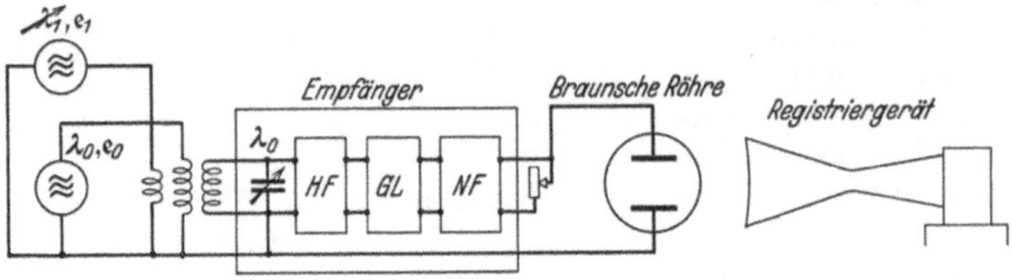

Abb. 349. Anordnung zur Registrierung der resultierenden Frequenzcharakteristik kompletter Empfänger.

Damit in der Registrierung Amplitudenabhängigkeiten ausgeschaltet sind, soll die Hochfrequenzspannung, die von der veränderlichen Frequenz am Schwingungskreis hervorgerufen wird, klein sein gegenüber der vom

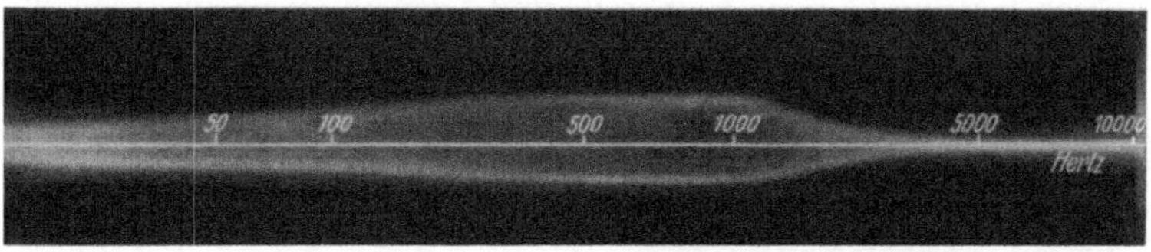

Abb. 350. Registrierte Frequenzkurve eines Audionempfängers bei starker Benachteiligung hoher Frequenzen durch weitgetriebene Entdämpfung des Schwingungskreises.

Sender konstanter Frequenz im Schwingungskreis entstehenden Spannung. Eine mit der angedeuteten Anordnung erhaltene Registrierung ist in Abb. 350 abgebildet. Hier handelt es sich um die resultierende Frequenzkurve eines Rückkopplungsempfängers bei starker Benachteiligung der Frequenzen über 1000 Hertz durch weitgetriebene Entdämpfung.

3. Untersuchungen von Ausbreitungsvorgängen.

Bei der Untersuchung von Ausbreitungsvorgängen dient die Braunsche Röhre in erster Linie zu Feldstärke- und Modulationsgradmessungen am Empfängerort, als Richtungsanzeiger und als Kurzzeitmeßgerät für Echosignale.

a) Feldstärkemessungen.

Die unmittelbare Registrierung des Feldstärkenverlaufes gelingt, wenn die von der Ausgangsseite eines leistungsfähigen Hochfrequenzverstärkers gelieferte Hochfrequenzspannung an das Plattenpaar einer Braunschen Röhre gelegt und die Länge des entstehenden Fluoreszenzstriches mit den oben beschriebenen Einrichtungen registriert wird (Kapitel B VI). Die bereits oben aufgezählten Vorteile sind gegeben. Darüber hinaus besteht bei dieser Methode der zusätzliche Vorteil, daß gleichzeitig aus den Registrierungen die Größe der Modulation abgeschätzt werden kann[1], die zu den verschiedenen Zeitmomenten bestanden hat. Wird nicht mit einer periodischen Schwingung moduliert, sondern wie immer bei Sprach- und Musikübertragungen mit komplizierten, dauernd sich ändernden Schwingungen, so pendeln die Umkehrpunkte

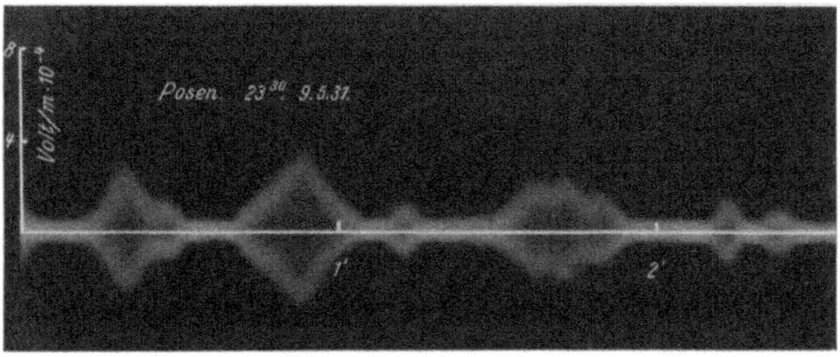

Abb. 351. Eine Fadingregistrierung, die gleichzeitig den ungefähren Verlauf des Modulationsgrades erkennen läßt.

der Hochfrequenzschwingungen zwischen einem oberen und unteren Grenzwert hin und her, aus dem sich ein mittlerer Modulationsgrad herleiten läßt. In der photographischen Registrierung treten die Gebiete stärker hervor, in denen die Umkehrpunkte des Kathodenstrahles liegen.

Abb. 352. Anordnung zur Feldstärkenregistrierung.

Bei nichtmodulierter Hochfrequenzschwingung liegen die Umkehrpunkte immer in gleicher Höhe, und man erkennt in der Registrierung ein leuchtendes Band, dessen Grenzen besonders scharf hervortreten. Die Registrierung sieht beispielsweise ähnlich aus wie die oben gebrachten Registrierungen guter Tonabnehmer. Ist die Hochfrequenz durch Sprache oder Musik moduliert, so liegen die Umkehrpunkte recht unregelmäßig. Bei der Registrierung erscheint ein diffuses Band am Rande der leuchtenden Fläche, aus dessen Breite der „mittlere" Modulationsgrad entnommen

[1] Ardenne, M. v.: Modulationsgrad und Fading. Z. Der Deutsche Rundfunk Bd. 9 (1931) Heft 27 S. 69.

werden kann. Deutlich sind die geschilderten Zusammenhänge aus der in Abb. 351 wiedergegebenen Registrierung zu erkennen. Aus der Höhe der Kurve über der Abszisse ist die jeweilige Feldstärke und aus der Breite des Bandes im Verhältnis zur Höhe der jeweilige Modulationsgrad zu entnehmen. Die gesamte, für diese Registrierung benutzte Apparatur ist in Abb. 352 abgebildet. Links sieht man ein Feldstärkemeßgerät, das den Absolutwert der Feldstärke zu bestimmen gestattet,

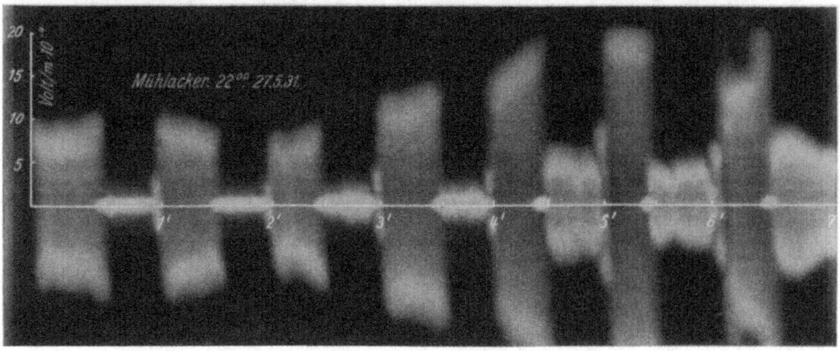

Abb. 353. Gleichzeitige Registrierung des Feldstärkenverlaufes bei zwei zueinander senkrecht angeordneten Rahmenantennen.

rechts den Empfänger mit einer Halbwertsbreite von etwa 10^4 Hertz. Kathodenstrahlröhre und Registriereinrichtung befinden sich in dem rechts sichtbaren, abgeschirmten Schrank. Die völlige Abschirmung dieses Teiles der Anordnung ist notwendig, um Rückkopplungen zu vermeiden. Eine interessante Variation dieser Meßanordnung besteht darin, kurz hintereinander verschiedene Antennen, speziell in verschiedenen Ebenen orientierte Rahmenantennen, mit der Eingangsseite zu verbinden. Auf diese Weise gelingt es, die Schwankungserscheinungen bei den verschiedenen Komponenten gleichzeitig zu erfassen. Eine Registrierung, bei der in Zeitabständen von etwa $^1/_2$ Minute zwei zueinander senkrechte Rahmenantennen angeschlossen wurden, zeigt Abb. 353. Selbstverständlich sind auch sehr viel schnellere Umschaltungen möglich, so daß die erhaltenen Registrierungen sich gegenseitig durchdringen. Es werden dann alle Feinheiten des Verlaufes erkennbar.

b) Die Braunsche Röhre als Richtungsanzeiger.

In verhältnismäßig einfachen Schaltungen ist die Braunsche Röhre in der Lage, die Einfallsrichtung ankommender Wellen unmittelbar anzuzeigen. Das Schema einer Anordnung mit Kreuzrahmen zur direkten Richtungsanzeige mit Braunscher Röhre ist in Abb. 354 gezeichnet. Diese Anordnung wurde von W. Watt angegeben und dazu benutzt, um den genauen Ort von entfernten Gewittern zu bestimmen [1]. Zwei genau gleichartig ausgeführte Rahmenantennen zerlegen ankommende

[1] Watt, R. A. Watson: Weather and Wireless: From the quarterly journal of the royal meteorological society. Bd. 55 (1929, Juli) S. 273 und The cathode ray oscillograph in radio research l. c. S. 133.

Signale in Nord-Süd und Ost- Westkomponenten; die entstehenden Spannungen werden durch genau gleichartige Verstärker in gleichem Maße verstärkt und an je ein Plattenpaar einer Braunschen Röhre gelegt. Die Resultierende wird unmittelbar auf dem Schirm der Röhre sichtbar und entspricht bei richtiger Orientierung direkt der Einfallsrichtung. Damit ein Fluoreszenzstrich auf dem Schirm erscheint, ist es notwendig, daß beide Komponenten phasengleich sind. Durch sorgfältige Abstimmung der symmetrischen Verstärker auf die gleiche Welle kann diese Bedingung leicht erfüllt werden. Die Abgleichung auf Symmetrie der Meßanordnung kann einfach durch eine beispielsweise mit Kippschwingungen angestoßene Hilfssenderanordnung erfolgen, die in einiger Entfernung im Kreuzrahmen so aufgebaut ist, daß die gleiche EMK in beiden Rahmen induziert wird. Im Bereich kürzerer Wellen bereitet die Verwirklichung dieser Methodik Schwierigkeiten. Die Phasengleichheit beider Komponenten ist praktisch nicht mehr zu erreichen, wenn außer der direkten Strahlung auch auf indirektem Wege Wellen einfallen. Für kurze Wellen sind daher andere Methoden zur Richtungsanzeige entwickelt worden.

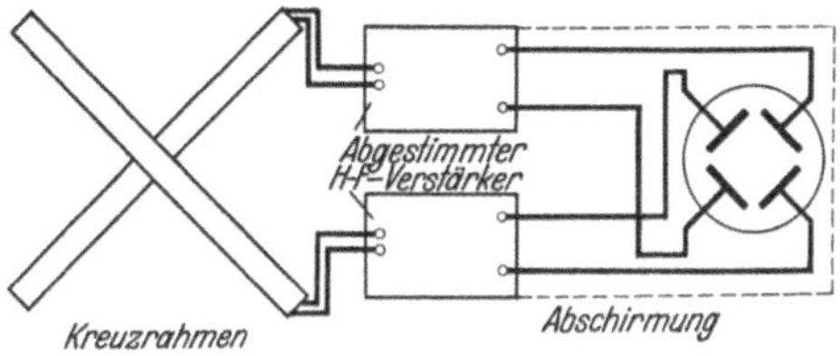

Abb. 354. Anordnung zur direkten Richtungsanzeige mit Braunscher Röhre.

Ein sehr elegantes Meßprinzip, das von Friiss[1] für die Bestimmung von Azimut- und Elevationswinkeln einfallender Kurzwellen benutzt wurde, beruht darauf, die einfallenden Wellen mit einem zentralen Überlagerer zur Interferenz zu bringen. Mit zwei voneinander in bestimmtem Abstand aufgestellten Empfängern, die ihrerseits mit je einem Plattenpaar der Braunschen Röhre verbunden sind, wird die Phase des Interferenztones, die von der Einfallsrichtung abhängt, miteinander verglichen. Die verschiedene Orientierung der Empfangsanlagen sowie die Abhängigkeit

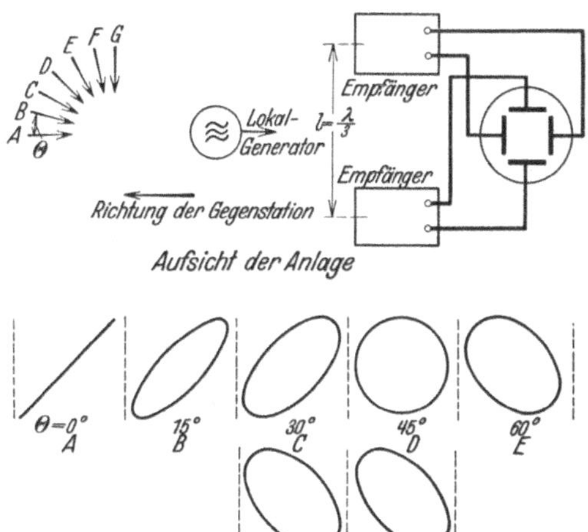

Abb. 355. Anordnung zur Bestimmung des Azimutwinkels einfallender Wellen.

[1] Friiss, H. T.: Oscillographic, Observations on the direction of propagation and Fading of short waves. Proc. Instn. Radio Engr. Bd. 16 (1928) Nr. 5 S. 658.

der Fluoreszenzfiguren von der Einfallsrichtung geht aus den Darstellungen Abb. 355 und 356 hervor. Auch hier kommt es darauf an, daß die

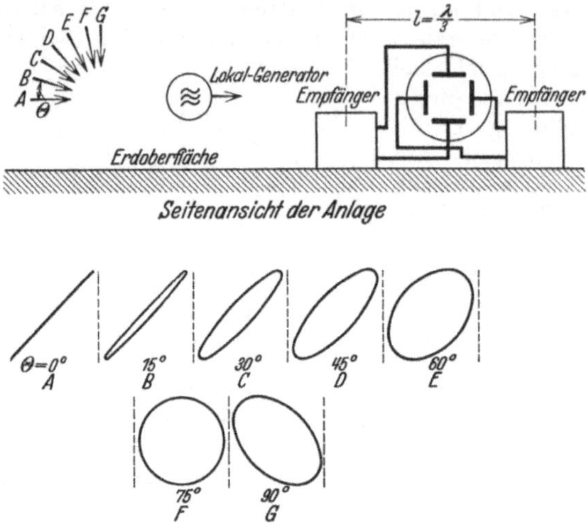

Abb. 356. Anordnung zur Bestimmung des Elevationswinkels einfallender Wellen.

Symmetrie beachtet wird, d. h. vor allem, daß die Empfänger gleiche Empfindlichkeiten aufweisen. Weiterhin muß der Lokalgenerator eine sehr konstante Frequenz liefern.

c) Höhenbestimmung der Heavisideschicht.

Bei der Aussendung von Signalen in der drahtlosen Telegraphie werden bisweilen im Empfänger Echoerscheinungen beobachtet, die zu Ablesefehlern bei der Deutung der übermittelten Signalfolge Anlaß geben können. Neben dem Hauptsignal, das nach einer der Fortpflanzungsgeschwindigkeit der elektromagnetischen Wellen und dem Weg entsprechenden Zeit am Empfängerort eintrifft, werden in gewissem zeitlichen Abstand vom Primärsignal ein weiteres Signal, bzw. mehrere Signale registriert. Werden diese Echozeichen bereits in relativ geringem Abstande vom Sender beobachtet und folgen sie kurzzeitig auf das Hauptsignal, so werden sie auf Reflektion der elektromagnetischen Wellen an der sog. Heavisideschicht zurückgeführt. Diese wird als eine in etwa 100 km Höhe sich über der Erdoberfläche ausbreitende Schicht mit einem großen Gehalt freier Elektronen angenommen. Sie reflektiert infolge ihrer relativ guten Leitfähigkeit einen Teil von der Erde kommender Wellen. Die Klärung dieser sog. Kurzzeitechoerscheinungen ist einmal aus betriebsmäßigen Gründen von Wichtigkeit, andererseits liefert sie auch wertvolle physikalische Erkenntnisse über die Heavisideschicht. Die ersten oszillographischen Höhenbestimmungen wurden von E. V. Appleton[1] und M. A. F. Barnett[2] und

[1] Appleton, E. V.: Proc. Phys. Soc. London Bd. 37 (1925) S. 160.

[2] Appleton, E. V. u. M. A. F. Barnett: Proc. Phys. Soc. London Bd. 37 (1925) S. 109 u. 621.

amerikanischen Autoren ausgeführt. Ein weiteres Verfahren zur Höhenmessung wurde von Breit und Tuve[1] angegeben: Vom Sender werden kurze Wellengruppen ausgesandt, im Empfänger die ankommenden kurzen Zeichen registriert; einer einzigen Wellengruppe des Senders entsprechen dann mehrere Zeichen im Empfänger. Beobachtet wird die Zeitdifferenz zwischen Echo und dem direkten Zeichen. Aus der bekannten Entfernung von Sender und Empfänger und der annähernd richtigen Annahme, daß

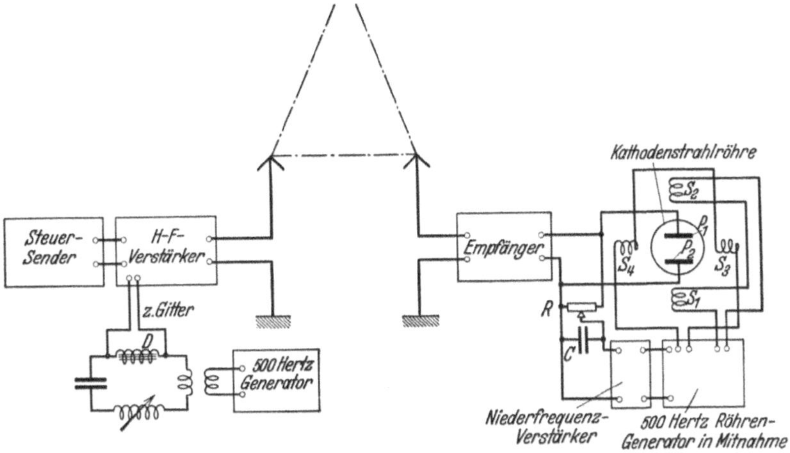

Abb. 357. Meßschaltung zur Bestimmung der Heavisideschicht-Höhe nach Goubau und Zenneck.

die Gruppengeschwindigkeit der Bodenwelle gleich der Lichtgeschwindigkeit in nichtionisierter Luft ist, ergibt sich die Laufzeit des direkten Zeichens. Addiert man dazu die beobachtete Zeitdifferenz zwischen Hauptsignal und Echo, so ergibt sich die Laufzeit des Echos. Die Kenntnis der Laufzeit des Echos ermöglicht wiederum die Ermittlung der Höhe der Heavisideschicht. Mit dieser Methode läßt sich die Abhängigkeit der wirksamen Höhe von der Entfernung Sender-Empfänger, von Tages- und Jahreszeiten usw. ermitteln. Die zeitliche Registrierung von Hauptsignal und Echo erfolgt am zweckmäßigsten mit der Braunschen Röhre[2]; der Kathodenstrahl überschreibt mit bekannter Geschwindigkeit, die mit dem vom Sender gegebenen Zeichen synchronisiert wird, die Oszillogrammfläche. Die Bahnkurve wird durch die ankommenden Signale moduliert, der geometrische Abstand der Markierung ergibt direkt die Laufzeitdifferenz.

Im einzelnen sind zwei Aufnahmeverfahren üblich. Entweder erfolgt die Zeitbewegung des Fluoreszenzflecks in einem Polardiagramm oder aber die Zeitablenkung wird als Kippschwingung ausgebildet. Das erstere Verfahren in der Anordnung nach Goubau und Zenneck[3] zeigt Abb. 357.

---

[1] Breit, G. u. M. A. Tuve: Physic. Rev. Bd. 28 (1926) S. 571.

[2] Watt, R. A. Watson: The cathode ray oscillograph in radio research l. c. S. 110.

[3] Goubau, G. u. J. Zenneck: Messung von Echos bei der Ausbreitung elektromagnetischer Wellen in der Atmosphäre. Z. Hochfrequenztechn. Bd. 37 (1931) Heft 6 S. 207 und G. Goubau u. J. Zenneck: Anordnung für Echomessungen an der Ionosphäre. Z. Hochfrequenztechn. Bd. 40 (1932) Heft 3 S. 78.

Die kurzen Impulse, die zur Modulation des Röhrensenders dienen, werden durch eine stark gesättigte Eisendrossel hergestellt. Sie liegt in einem Kondensatorkreis, der von einem 500-Periodengenerator gespeist wird. Bei sinusförmigem Verlauf der Spannung wird an dem Ende der Drossel eine Spannung von einem zeitlichen Verlauf mit stoßartigem Charakter erhalten. Der eigentliche Sender besteht aus Steuersender und Hochfrequenzverstärker. Die Gitter der Hochfrequenzverstärkerröhren der letzten Stufe haben so starke negative Vorspannung, daß im Ruhezustand kein Anodenstrom und damit auch kein Antennenstrom fließt. In den Gitterkreis dieser Stufe wird die Eisendrossel eingeschaltet. Man erhält dann 500mal in der Sekunde kurze Wellengruppen von etwa 10^{-4} sec Zeitdauer; ihr zeitlicher Verlauf ist in Abb. 358 mit einer Braunschen Röhre aufgenommen. Dabei ist die Spannung, die zur vertikalen Ablenkung des Kathodenstrahlbündels den Röhrenplatten zugeführt wurde, direkt aus der Antenne entnommen. Die horizontale Ablenkung erfolgt durch den Strom eines Kondensatorkreises, der durch einen 500-Periodengenerator gespeist wird.

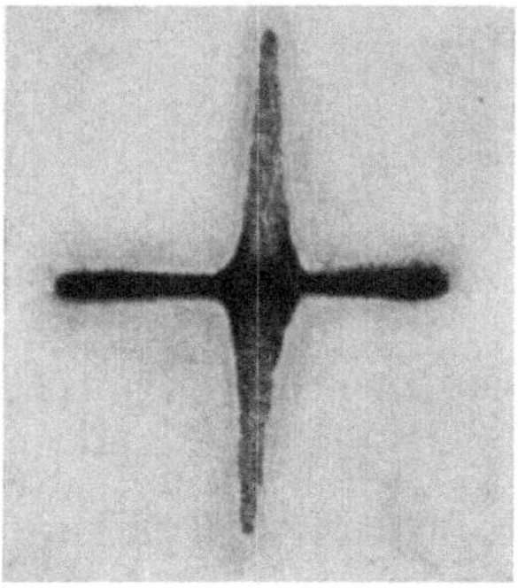

Abb. 358. Zeitlicher Verlauf der Wellengruppe eines Signals.

Die Empfangseinrichtung hat zwei Aufgaben: Zunächst ist die Aufnahme und Niederschrift der Zeichen erforderlich. Sie erfolgt bei der Schaltung Abb. 357 durch elektrische, und zwar vertikale Ablenkung des Kathodenstrahlbündels einer Braunschen Röhre. Die Ablenkplatten (P_1, P_2) derselben sind an den Empfänger unmittelbar angeschlossen. Jedes Zeichen des Senders gibt auf den Ablenkungskondensator P_1, P_2 in der Braunschen Röhre eine Ladung, die den Fluoreszenzfleck in vertikaler Richtung während des Zeichnens ablenkt. Selbstverständlich kann durch Hinzunahme eines zweiten Ablenkplattenpaares auch eine Radialauslenkung des Strahles erreicht werden, oder noch besser eine Steuerung am Wehnelt-Zylinder vorgenommen werden, wodurch die Auswertung einfacher und genauer wird.

Die zweite Aufgabe der Empfangsanordnung ist die Herstellung einer linearen Zeitablenkung, die mit dem 500-Periodengenerator des Senders vollkommen synchron erfolgt. Bei der abgebildeten Schaltung wird die Zeitablenkung durch ein auf die Kathodenstrahlröhre wirkendes magnetisches Drehfeld bewirkt. Hergestellt wird das Drehfeld durch einen 500-Perioden-Röhrengenerator, dem die Ablenkspulen S_1, S_2, S_3 und S_4 angehören. Die Synchronisierung des Röhrengenerators geschieht dadurch, daß die vom Empfänger aufgenommenen Zeichen durch einen Spannungsteiler P und einen Niederfrequenzverstärker hindurch auf den Gitterkreis des Röhrengenerators induzieren. Die Betriebsbedingungen des Röhrengenerators und die Amplitude der Steuerspannung sind so eingestellt, daß der Röhrengenerator durch diese Zeichen mitgenommen wird.

Eine einfachere, praktisch benutzte Methode der Synchronisierung besteht darin, daß der Synchronisierungston über eine Telephonieleitung oder über eine Langwellenverbindung übertragen wird. Diese Synchronisierung beseitigt folgende Schwierigkeit. Arbeitet man mit kürzeren Wellen auf größerer Entfernung, so wird wegen der Absorption der Bodenwellen kein wirkliches Zeichen erhalten. Ein definierter Synchronisierimpuls und der Nullpunkt für die Bestimmung der Laufzeit fehlen.

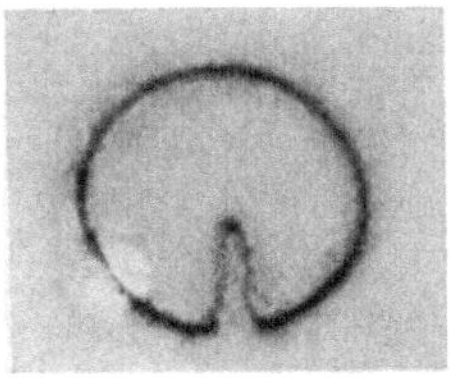

Abb. 359. Aufnahme ohne Echo.

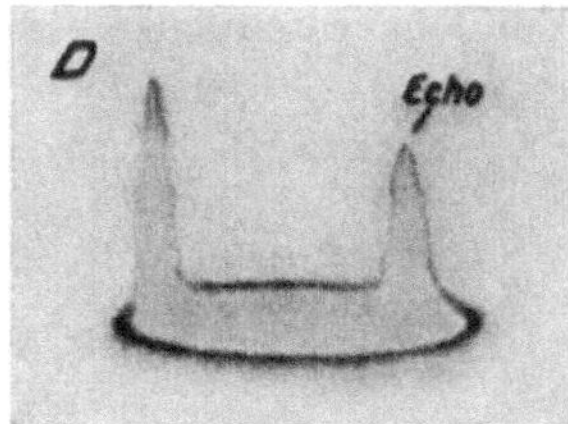

Abb. 360. Aufnahme mit Echo.

Z. B. durch eine lange Welle, deren Bodenwelle am Empfangsort ausreichende Stärke besitzt, kann die Lage der direkten Zeichen auf dem Schirm der Braunschen Röhre markiert werden. Das erhaltene, stehende Bild hat, wenn nur ein direktes Zeichen eintrifft, die Form von Abb. 359;

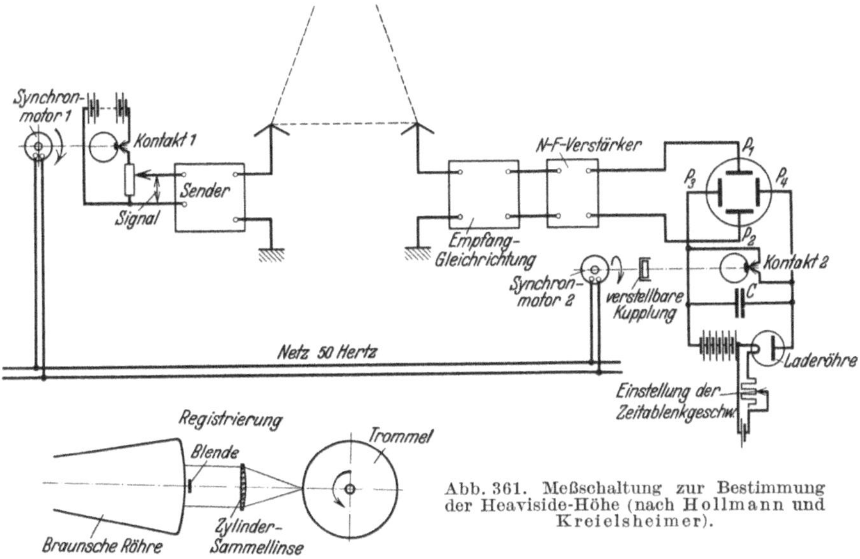

Abb. 361. Meßschaltung zur Bestimmung der Heaviside-Höhe (nach Hollmann und Kreielsheimer).

wenn außer dem direkten Zeichen D noch ein Echo ankommt, den Verlauf von Abb. 360. Die wirksame Höhe, aus der ein Echo kommt, ist auf der Aufnahme gegeben durch den Winkelabstand dieses Echos von dem direkten Zeichen. Bei langzeitigen Registrierungen empfiehlt es sich, durch das Mitphotographieren des Zifferblattes einer Uhr oder durch andere Markierungen die Aufnahmezeit der einzelnen Echos festzulegen.

Nach der Methode von Hollmann und Kreielsheimer[1] erfolgt die zeitliche Bewegung des Fluoreszenzfleckes in einer Kippschwingung, die mit dem Sendersignal synchronisiert ist (Abb. 361). Ein Sender strahlt jede $^1/_{50}$ Sekunde synchron mit dem Lichtnetz ein kurzes Zeichen aus. Die Auslösung des Signals erfolgt über einen durch einen Synchronmotor 1 angetriebenen Kontakt K_1. Die ausgestrahlten Zeichen gelangen zum Empfänger und lenken über das Plattenpaar P_1, P_2 der Braunschen

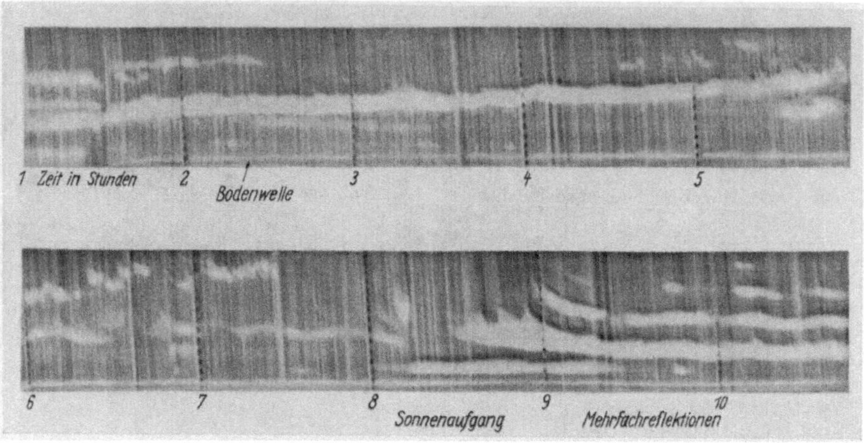

Abb. 362. Dauerregistrierung von Kurzwellenechoerscheinungen nach Hollmann und Kreielsheimer.

Röhre den Kathodenstrahl in der Ordinate ab. Die Zeitablenkung erfolgt durch Aufladung des Kondensators C über eine Laderöhre von einer Batterie aus. Die Zeitablenkung muß ebenfalls 50mal in der Sekunde wiederholt werden. Zu diesem Zweck wird der Kondensator über einen analogen und aus dem gleichen Netz synchron angetriebenen Kontakt K_2 periodisch entladen. Zum Ausgleich der Phasenverschiebung, d. h. um das direkte Senderzeichen exakt auf den Anfang der Zeitachse legen zu können, ist der Kontakt K_2 zur Achse des Motors beweglich angeordnet. Die Ablenkgeschwindigkeit ist durch die Größe des Kondensators und die Emission der Laderöhre variabel. Damit das ganze direkte Zeichen noch mitabgebildet wird, muß der Kontakt K_2, der den Anfang der Zeitablenkung bestimmt, dem Kontakt K_1 um eine geringe Zeit vorlaufen. Abb. 362 zeigt eine mit der Apparatur erhaltene Dauerregistrierung über 10 Stunden. Die Registrierung zeigt überaus anschaulich zahlreiche Mehrfachreflektionen und besonders schöne Sonnenaufgangsphänomene.

Zur Registrierung wird die Ordinatenablenkung durch eine Zylinderlinse zusammengezogen, wobei die Zeitachse zweckmäßig ausgeblendet wird (vgl. Abb. 361). Auf einer photographischen Registrierung zeichnen sich dann das direkte und die Echozeichen als Punkte oder Striche auf, deren zeitlicher Abstand die Höhe der Haevisideschicht erkennen läßt.

[1] Hollmann, H. E. und K. Kreielsheimer: Elektr. Nachr.-Techn. 1933. Im Druck.

III. Die Anwendung in der Telegraphen- und Fernsprechtechnik.

Auch in der Telegraphen- und Fernsprechtechnik wird die Braunsche Röhre zur Aufnahme kurzzeitiger Vorgänge häufig verwendet. Die auftretenden Probleme decken sich in vielen Fällen mit den Aufgaben der Hochfrequenztechnik und sollen daher, soweit eine Übereinstimmung vorliegt, nur kurz aufgezählt werden. Messungen an Kapazitäten, Induktivitäten, Verstärkern, Röhren, Generatoren, Telephonen, die Untersuchung aller in der Telegraphie- und Fernsprechtechnik verwendeten Hoch- und Niederfrequenzglieder sind in diesem Zusammenhang zu nennen, ferner die Untersuchung der in Telegraphen- und Fernsprechtechnik vielfach angewendeten Siebketten. Auch die Registrierung der Einschwingvorgänge, insbesondere langer Leitungen, ist hier von Wichtigkeit, beispielsweise um die Eignung für Schnelltelegraphie festzustellen.

Für die Untersuchung und Prüfung von Leitungen kommen analoge Methoden zur Anwendung, wie für die Messung von Einschaltvorgängen an Verstärkern bereits oben (Kapitel C, II, 1, e) besprochen. Wanderwellenvorgänge, Resonanz- und Dämpfungserscheinungen lassen sich in bekannter Weise oszillographieren.

Die dielektrischen Verluste eines Kabels können nach der im Abschnitt C, II, 1, a (Kondensatoruntersuchungen) angegebenen Methode ermittelt werden. Besonders wichtig ist die oszillographische Fehlerortsbestimmung an langen Leitungen. Wird eine an beiden Seiten offene Freileitung oder ein Kabel plötzlich an Spannung gelegt, so zieht eine Wanderwelle ein, die am offenen Ende mit Spannungserhöhung reflektiert wird. Trifft die Welle auf ihrem Wege auf einen Kurz- oder Erdschluß, so findet an dieser Stelle ebenfalls eine Reflektion, aber mit einer Spannungsverminderung, statt, die sich nach der Größe des Ausgangswiderstandes richtet. Da diese Welle bei homogenen Leitungen, wie sie in der Praxis gegeben sind, mit einer konstanten Geschwindigkeit weiterläuft, so kann aus dem Oszillogramm der Wanderwelle die Laufzeit der Welle bis zur Reflektionsstelle [1] und daraus die Entfernung des Fehlerortes von der Meßstelle ermittelt werden. Abb. 363 zeigt ein Prinzipschaltbild zur Fehlerortsbestimmung. Durch den Schalter S wird die Spannung U eines Kondensators C an die Leitung L gelegt und gleichzeitig die Zeitablenkung des Oszillographen ausgelöst. Da der Oszillograph in einer gewissen Entfernung vom Schalteranschluß in Leitungsrichtung angeschlossen ist, so kommen die Ablenkplatten erst dann auf die Spannung U, sobald die Welle den Anschlußpunkt erreicht. Dieser Abstand des Oszillographen vom Leitungsanfang, der zweckmäßig etwa 2—3% der Leitungslänge beträgt, ist erforderlich, da sonst der die reflektierte Welle anzeigende Spannungsanstieg bzw. die Spannungsverminderung im Oszillogramm zu schmal werden oder ganz verschwinden würden. Dieser Abstand kann auch durch den Widerstand R nach Abb. 364 ersetzt werden, der annähernd gleich dem Wellenwiderstand der Leitung ist und der an den Anfang der Leitung zwischen

[1] Nach Röhrig: Fehlerortsbestimmungen mit dem Kathodenstrahloszillographen. Elektrotechn. Z. Bd. 52 (1931) S. 241.

Spannungsquelle und den Anschlußpunkt des Oszillographen gelegt wird. Um den ersten Anstieg der Spannung auf das Oszillogramm zu bringen, wird die Stromquelle durch das Einlegen des Schalters S zunächst auf einen Verzerrungskreis geschaltet, in dem sich über den Widerstand R_1

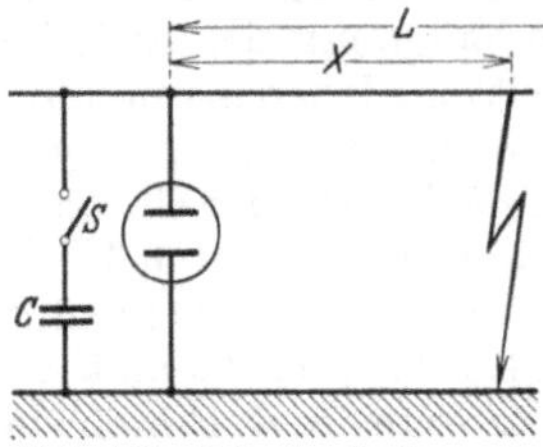

Abb. 363. Prinzipschaltung zur Fehlerortsbestimmung.

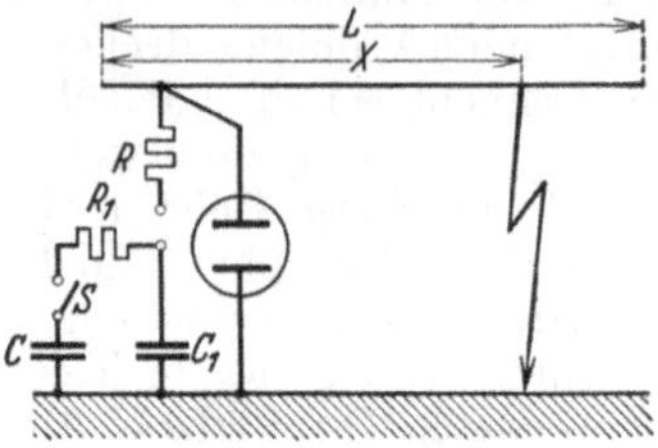

Abb. 364. Betriebsmäßige Anordnung zur Fehlerortsbestimmung.

der Kondensator C_1 mit der Zeitkonstante R_1C_1 auflädt. Nach dessen Aufladung wird eine gewissermaßen als zweiter Schalter dienende Funkenstrecke durchschlagen, über die dann die Welle in die Leitung eintritt. Selbstverständlich kann statt dieser Funkenstreckenschaltung, die speziell

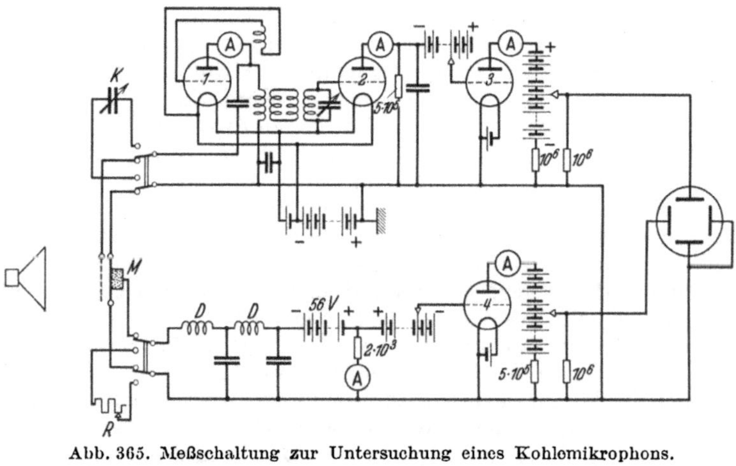

Abb. 365. Meßschaltung zur Untersuchung eines Kohlemikrophons.

für Mittel- oder Hochfrequenzoszillographen geeignet ist, auch eine Elektronenröhrenschaltung gesetzt werden.

Auch die Ermittlung der Verzögerungs- und Schaltzeiten aller Arten der in der Fernsprech- und Telegraphentechnik verwendeten Relais wird durch naheliegende Zeitmeßmethoden mit der Kathodenstrahlröhre häufiger vorgenommen.

Eine spezielle Anwendung der Braunschen Röhre in der Fernsprechtechnik, die etwas ausführlicher besprochen werden soll, ist von H. Salinger [1] angegeben worden. Abb. 365 zeigt eine Meßschaltung zur

[1] Salinger, H.: Beobachtungen am Kohlemikrophon. Elektr. Nachr.-Techn. Bd. 6 (1929) Heft 7.

Untersuchung von Mikrophonkapseln. Die erhaltenen Oszillogramme sind Kennlinien, deren Ordinate die Membranbewegung, deren Abszisse den Widerstand des Mikrophones darstellt. Da die Empfindlichkeit der Braunschen Röhre nicht ausreicht, sind Verstärker vorgesehen. Um gleichzeitig die bei Mikrophonen auftretenden dauernden Verlagerungen des Arbeitspunktes beobachten zu können, sind in der wiedergegebenen Schaltung Gleichstromverstärker eingesetzt. Vor der Membrane des Mikrophons *M* ist in geringem Abstand eine stark durchlöcherte Gegenelektrode angebracht. Diese Gegenelektrode bildet mit der Membrane einen Kondensator, aus dessen Kapazitätsänderungen die Bewegung der Kohlenmembrane gemessen werden. Diese Meßkapazität liegt im Schwingkreis einer Röhre *1*, so daß die Frequenz der erregten Schwingungen von seiner Kapazität abhängt. Ebenso wie bei einer bereits oben (Kapitel B, III, 6) besprochenen Anordnung entstehen am Gitter des Rohres *2* und schließlich am Anodenwiderstand des Rohres *3* Spannungen, die proportional der jeweiligen Kapazität des Meßkondensators sind.

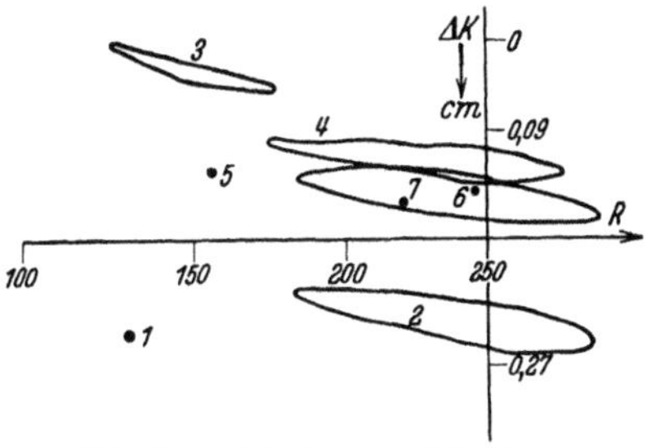

Abb. 366. Schwingungsbild einer Fernsprech-Mikrophonkapsel.

Der Kohlestromkreis des Mikrophons wird von einer Batterie (56 V) über einen Vorschaltwiderstand von 2000 Ohm gespeist. Die Drosselkette *D* dient zur Fernhaltung der Hochfrequenzschwingungen. Die Spannung am Vorschaltwiderstand wird durch das Widerstandsrohr *4* verstärkt auf das waagerechte Plattenpaar der Kathodenstrahlröhre gegeben. Zwei Umschalter ermöglichen eine Eichung der Anordnung. Mit dem einen Umschalter kann die Meßkapazität durch einen Drehkondensator *K* mit Feineinstellung ersetzt werden, dessen Kapazität, wenn bei der Betätigung des Umschalters alles ungeändert bleibt, gleich der des Meßkondensators ist. Mit Hilfe der Feineinstellung lassen sich dann einige Eichpunkte auf der Kapazitätsachse des Schwingungsbildes ersetzen. In gleicher Weise ersetzt der zweite Umschalter die Kohleseite des Mikrophones durch einen Widerstand *W*, mit dessen Hilfe Eichpunkte auf der Widerstandsachse des Schwingungsbildes gefunden werden. Infolge der Inkonstanz der Widerstandsverhältnisse in der Kohlekammer und wegen der Schwierigkeit, die Spannungen aller Batterien genügend konstant zu halten, wandert das Bild auf dem Leuchtschirm langsam hin und her. Das in Abb. 366 gegebene Oszillogramm wurde durch Nachzeichnung auf Transparentpapier gewonnen. In diesem Oszillogramm wird der Zustand des Mikrophones vor dem Einsetzen der Schallschwingungen durch den Punkt *1* angegeben; die Kurve *2* zeigt das Schwingungsbild unter dem Einfluß eines Tones von 1170 Hz. Dann wurden zunächst die Eichpunkte auf den beiden Achsen ermittelt, hierauf wurde das Schwingungsbild der Schleife *3*, etwas später das der Schleife *4* beobachtet. Darauf wurde der erregende Ton abgeschaltet.

Der Widerstand und die Lage der Membrane wurden jetzt durch den Punkt *5* angegeben, der aber langsam nach *6* wanderte. Nochmaliges Einschalten des Tones gab Kurve *7*. Man sieht aus dem Oszillogramm, daß die Mikrophoncharakteristik eine Hysteresisschleife beschreibt.

IV. Die Anwendung in der Starkstromtechnik.

In der Starkstromtechnik wird die Kathodenstrahlröhre nicht allein wegen ihrer großen Registriergeschwindigkeit bei der Aufnahme kurzzeitiger Vorgänge eingesetzt, sondern auch wegen verschiedener anderer Eigenschaften, die ihr auf gewissen Gebieten eine Überlegenheit über den teureren Schleifenoszillographen sichern. Einer dieser Vorzüge liegt in der Möglichkeit, direkt Ströme und Spannungen oszillographieren und Kennlinien aufzeichnen zu können. In der Stromempfindlichkeit ist die Schwachstromkathodenstrahlröhre mit magnetischer Ablenkung dem Schleifenoszillographen im Gebiet von 10 000 Hertz gleichwertig, wenn nicht überlegen. Der Gesamtausschlag des Schleifenoszillographen von 40 mm erfordert bei einer Schleife mit der Eigenfrequenz von 12 000 Hertz 100 mA, entspricht also einer Stromempfindlichkeit von 0,4 mm/mA. Für die entsprechende Frequenz beträgt die Stromempfindlichkeit der Kathodenstrahlröhre etwa 1 mm/mA. Bei unmittelbarer Spannungsmessung besteht der Vorteil, daß eine nur sehr geringe Meßleistung erforderlich ist. Schließlich ist als grundsätzlicher Vorteil, der gerade bei Starkstromuntersuchungen sehr ins Gewicht fällt, ihre große meßtechnische Überlastbarkeit zu erwähnen. Auch die Unempfindlichkeit gegen mechanische Erschütterungen und die leichte Transportmöglichkeit tragen dazu bei, daß in vielen Fällen der Schleifenoszillograph durch den Kathodenstrahloszillographen ersetzt wird. Als Demonstrationsgerät zeigt sich die Kathodenstrahlröhre ebenfalls überlegen, da das auf dem Leuchtschirm erscheinende hell leuchtende Oszillogramm auch in größeren Räumen gut beobachtbar ist, besonders natürlich bei Anwendung einer Projektionsanordnung. Durch Demonstrationsvorführungen können mit der Kathodenstrahlröhre fast alle Grundbegriffe der Starkstromtechnik sinnfällig veranschaulicht werden. Das elektrische und magnetische Feld, Größe und Kurvenform von Spannungen, die wichtigen Begriffe der Phasenverschiebung, des Leistungsfaktors und der Frequenz. Als Beispiel eines Demonstrationsversuches sei Abb. 367 gebracht, das im Oszillogramm das Zustandekommen eines Drehfeldes zeigt. Zur Ablenkung werden drei um 120° versetzte Magnetspulen benutzt, an die die einzelnen Phasen des Drehfeldes herangeführt wurden. Die geraden Striche des Oszillogrammes entsprechen den Ablenkungen der einzeln geschalteten Spulen, die Ellipsen den Ablenkungen durch je zwei Spulen, und der Kreis ergibt sich als Ablenkung durch das von allen drei Spulen gelieferte Drehfeld.

Ein wichtiges Problem ist die Bestimmung der Netzunruhe an Gleichstromnetzen oder Generatoren (s. Kapitel C, II, 2, b). Für diese Untersuchung ist besonders dann die Kathodenstrahlröhre geeignet, wenn die zu oszillographierenden Oberwellen hohe Ordnungszahlen besitzen und mit Spannungsspitzen zu rechnen ist.

Wichtig ist fernerhin die Verfolgung von Schaltvorgängen in Netzen. Untersucht werden sowohl betriebsmäßige als auch unfreiwillige Schaltmaßnahmen und deren Wirkungen auf Stationen und Apparate. Die Oszillographierung kurzzeitiger Kurzschluß- und Ausgleichsvorgänge, die Bestimmung der Schaltzeit von Ölschaltern, insbesondere von Schnellschaltern, die Messung der Ansprechzeit der verschiedensten in der Starkstromtechnik verwendeten Netz- und Schaltrelais sind in diesem Zusammenhang als häufigste Aufgaben zu nennen. Oszillographische Untersuchungen über die Verwendung von Elektronenröhren als Schalter haben Fischer und Pungs vorgenommen [1].

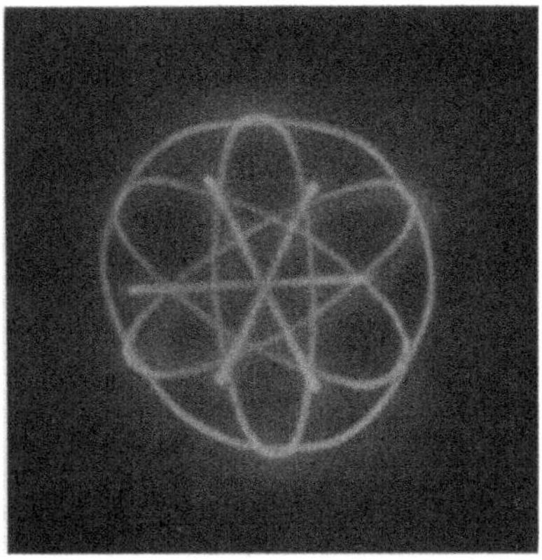

Abb. 367. Fluoreszenzschirmfigur zur Demonstration des Zustandekommens eines Drehfeldes (Messung H. G. Möller, Hamburg).

Beim Schaltvorgang von Ölschaltern ist außer der Abschaltzeit auch der im Schalterkessel beim Schaltvorgang auftretende Druck von Wichtigkeit. Als Meßumformer dient meist ein Piezokristall (Kapitel B, III, 7). Der Verlauf der steilen und hohen Druckanstiege interessiert hauptsächlich bei Untersuchungen des Lichtbogenlöschvorganges an Hochleistungsschaltern. Hier ereicht der Druck, der durch die vom Abschaltlichtbogen erzeugte Ölgasblase entsteht, Werte bis zu 30 kg/cm^2 und entsteht etwa innerhalb $^1/_{100}$ sec. Auch bei Druckgasschaltern wird die oszillographische Druckmessung mit Quarzkristall angewendet. Ein Wiederzünden nach Rückkehr der Spannung wird dadurch verhindert, daß der durch den Kontakt strömende Gasstrom das vorher noch erhitzte Gas kühlt und mit sich fortnimmt, so daß keine Ionen zur Lichtbogenbildung mehr vorhanden sind. Speziell untersucht wird der Verlauf des Gasdruckes vor der Schaltdüse, der Druckanstieg infolge der Erhitzung durch den Lichtbogen innerhalb der Düse sowie die Druckverhältnisse im Schalldämpfer, den die ausströmenden, heißen Gase passieren müssen, damit der Abschaltknall vermindert wird.

Ferner interessiert sowohl in Schaltern wie auch an Maschinen großer Leistung der stoßartige Verlauf von Kurzschlußkräften. Bei Messungen an Hochleistungsschaltern ist stets sorgfältig darauf zu achten, daß die starken, beim Schalten auftretenden elektromagnetischen Felder keine Störungen hervorrufen.

Auch die sehr schnellen anfänglichen Schwingungen, die bei Kommutierungsschaltungen von Gleich- und Wechselstrommaschinen auftreten, sind so kurzzeitig, daß sie meist nur mit der Kathodenstrahlröhre unverzerrt registriert werden können.

[1] Fischer, W. u. L. Pungs: Die Beeinflussung von Schaltvorgängen durch Elektronenröhren. Z. Hochfrequenztechn. Bd. 35 (1930) Heft 6 S. 205.

Die Untersuchung von Vorgängen der Hochspannungstechnik ist ein Gebiet, das fast ausschließlich dem Kathodenstrahloszillographen vorbehalten ist. Soweit diese Untersuchungen allerschnellste Vorgänge betreffen, ist allein der Hochspannungsoszillograph zur Registrierung geeignet. Sehr viele Untersuchungen lassen sich aber bereits auch mit Schwachstrom- oder Mittelspannungskathodenstrahlröhren vornehmen. Die Untersuchung der Kurvenform von Strom und Spannung erfolgt in gleicher Weise wie bei der Niederspannung mit dem Unterschied, daß die Oszillographenröhre über einen Spannungsteiler an die zu messende Spannung gelegt wird. Es sei hier insbesondere auf eine Arbeit von Vieweg und Pfestorf[1] hingewiesen, über die schon an anderer Stelle dieses Buches (Kapitel B, II, 2) eingehend berichtet wurde.

Bezüglich der Fehlerortsbestimmung beim Kurzschluß langer Leitungen sei auf den entsprechenden Abschnitt im Kapitel C, III verwiesen. Als Beispiel einer oszillographischen Untersuchung von Hochspannungsgeräten sei die Sprungwellenprobe von Transformatoren erwähnt. Diese Stückprüfung erfolgt unter voller Spannung. Die Erregung des Prüfobjektes wird so lange gesteigert, bis die Oberspannungswicklung bei 110% der Nennspannung über eine entsprechend eingestellte Kugelfunkenstrecke überschlägt. Da die Prüfungsdauer 10 sec beträgt und während jeder Periode etwa 4 Überschläge pro Phase eintreten, wird jede Spule des Transformators im ganzen etwa von 2000 Sprungwellen beansprucht. Die Verteilung des Spannungsanstieges einer solchen Welle auf die einzelnen Windungen der Spulen ist räumlich und zeitlich sehr verwickelt, da die Spule eine Kombination von verteilter Induktivität und Kapazität ist. Dieser Zusammenhang ist eindeutig nur durch oszillographische Aufnahmen zu klären.

V. Die Anwendung in der Akustik.

Die Untersuchung der in der Elektroakustik verwendeten Geräte mit Hilfe der Braunschen Röhre ist bereits in früheren Abschnitten

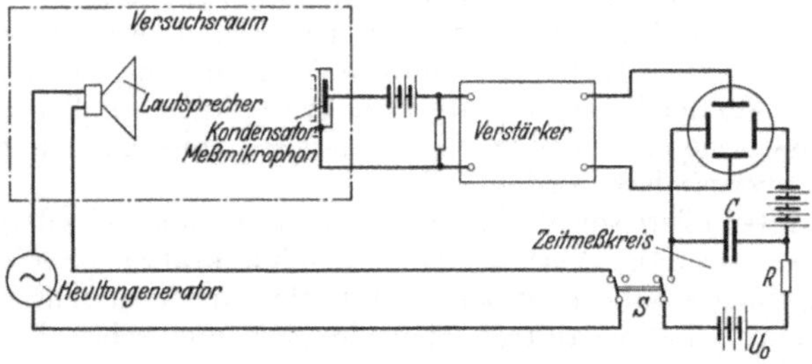

Abb. 368. Schaltung zur Messung der Nachhalldauer mit der Braunschen Röhre.

(Kapitel B, III, 6 und 8, Kapitel C, II, 1, h und C, III) eingehend beschrieben worden. Im folgenden seien noch einige Anwendungen behandelt, die der Erfassung rein akustischer Vorgänge dienen.

[1] Vieweg u. Pfestorf: l. c.

Die Phase akustischer Wellen läßt sich nach dem von Hollmann und Saraga angegebenen Verfahren bestimmen, das bereits in dem Abschnitt A, IV, 3, b (Abb. 70) eingehend beschrieben worden ist.

Von außerordentlicher Wichtigkeit ist die Bestimmung der Anhall- und Nachhallzeiten eines Raumes. Die in Abb. 368 gezeichnete Schaltung wurde vom Verfasser [1] zur Messung der Raumakustik für die verschiedenen Frequenzen benutzt. Ein Lautsprecher wird durch einen Heultongenerator erregt. Im Versuchsraum befindet sich außer dem Lautsprecher ein Kondensatormikrophon. An die vertikalen Platten der Braunschen Röhre ist die Ausgangsspannung des Mikrophonverstärkers gelegt, welche die Schalldichte im Versuchsraum anzeigt. Durch eine Doppeltaste S wird in demselben Augenblick, in dem der Heultongenerator abgeschaltet wird, der an den waagerechten Platten liegende Zeitmeßkreis eingeschaltet, dessen Zeitkonstante durch den Kondensator C und den Widerstand R gegeben ist. Ein mit dieser Schaltung erhaltenes Nachhalloszillogramm ist in Abb. 369 abgebildet. Sind die Zeitkonstanten des Versuchsraumes und des Kondensatorkreises einander gleich, so erhält man eine dreieckige Begrenzung, andernfalls Parabel als Randkurve der Oszillogrammfläche.

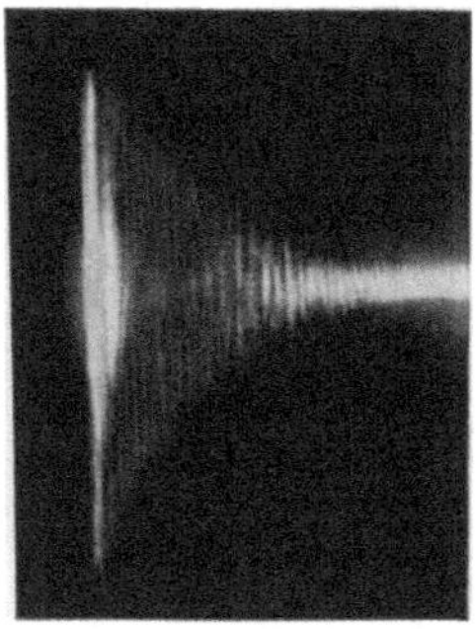

Abb. 369. Akustische Nachhallkurve.

Hollmann und Kreielsheimer verwenden eine Schaltung zur Bestimmung der Höhe der Heavisideschicht dadurch zur Bestimmung der Nachhallzeit, daß sie an Stelle von Sender und Empfänger Lautsprecher und Mikrophon setzen (Kapitel C, II, 3, c).

Eine außerordentlich elegante Methode zur Bestimmung von Anhall- und Nachhallzeit durch sog. raumakustische Kippschwingungen geben Hollmann und Schultes [2] an. Das Prinzip dieser Anordnung beruht darauf, daß in einer elektrischen Kippschaltung, zum Beispiel der bekannten Blinkschaltung einer Glimmlampe, der Kondensator als elektrischer Energiespeicher durch einen Raum als akustischer Energiespeicher ersetzt wird und über Mikrophon und Lautsprecher eine Umformung der akustischen Energie in elektrische Steuerspannungen und umgekehrt stattfindet. Zweckmäßig wird die Glimmlampe durch die

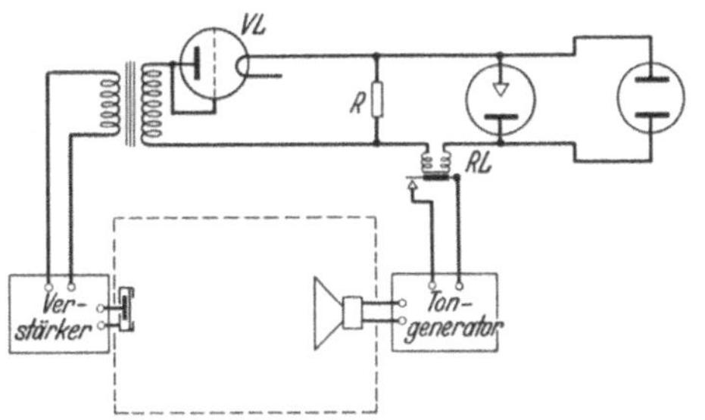

Abb. 370. Prinzipschema zur Erzeugung raumakustischer Kippschwingungen.

[1] Ardenne, M. v.: Über eine Schallmeßeinrichtung, II, Funkbastler 1930 Heft 29 S. 485.

[2] Hollmann, H. E. u. Th. Schultes: Raumakustische Kippschwingungen. Elektr. Nachr.-Techn. Bd. 8 (1931) Heft 11 S. 494.

Kallirotronröhrenkippschaltung ersetzt, die den Vorzug hat, daß sich ihre Kippschwingungen in beliebigem Verhältnis einstellen lassen und daß sie zur Steuerung keine merkliche Leistung verbraucht. Die Prinzipschaltung Abb. 370 mit einer Glimmlampe als Steuerorgan hat folgende Wirkungsweise: Im Meßraum befindet sich der Lautsprecher als Schallquelle, der von einem Tongenerator gespeist wird, sowie das Aufnahmemikrophon, dessen Wechselspannungen über einen Verstärker und ein Ventil VL am Widerstand R in Gleichspannungen umgesetzt werden. An diesem Widerstand liegt die Glimmlampe, deren Zündstrom schaltet über das Relais RL den Lautsprecher L ab, wenn die gleichgerichtete Mikrophonspannung die Zündspannung erreicht hat. Von diesem Augenblick an klingt die Schallenergie im Meßraum ab und mit ihr die Mikrophongleichspannung, bis die Löschspannung der Glimmlampe erreicht wird und der Lautsprecher durch das Relais wieder eingeschaltet wird. Nunmehr beginnt von neuem die Anhallperiode, der dann beim Erreichen der Zündspannung wieder die Nachhallperiode folgt und so fort. Man erkennt, daß daraus ebenso wie bei der Blinkschaltung ein Pendeln der Mikrophonspannung zwischen den beiden

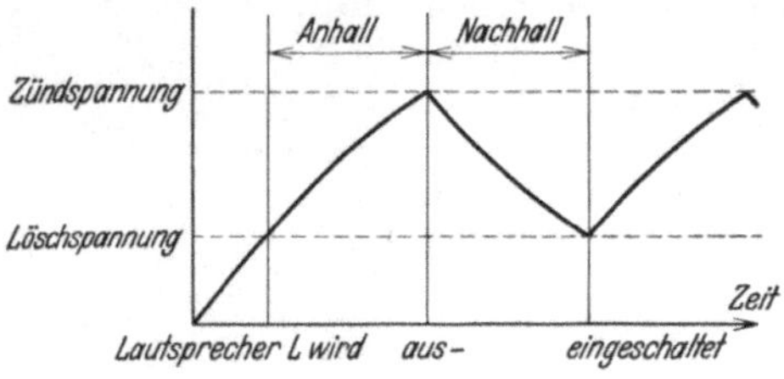

Abb. 371. Kippdiagramm der Mikrophongleichspannung.

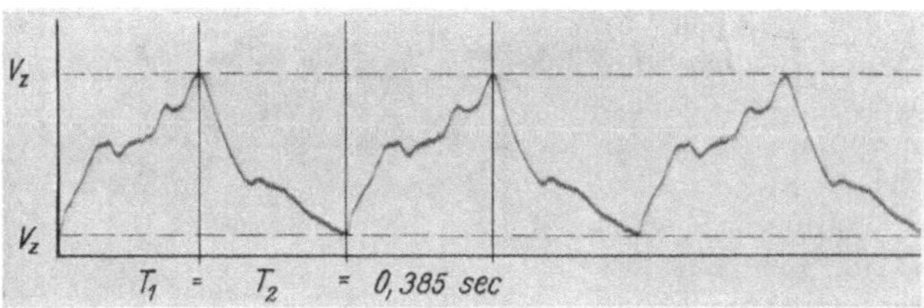

Abb. 372. Symmetrisches raumakustisches Kipposzillogramm.

Kippspannungen der Glimmlampe resultiert, wie das den zeitlichen Verlauf der Mikrophonspannung darstellende Diagramm der Abb. 371 veranschaulicht. Ein in dieser Kippanordnung gewonnenes raumakustisches Oszillogramm zeigt Abb. 372.

Eine häufig wiederkehrende Aufgabe ist die Bestimmung von Eigenfrequenz und Eigendämpfung akustischer Schwingungssysteme (z. B. Hohlräume). Ein einfacher Weg zur Lösung dieser Aufgabe besteht darin, den Hohlraum beispielsweise durch eine Kondensator-Funkenentladung akustisch zu erregen, und mit Hilfe eines Schallempfängers mit nachgeschalteter Oszillographeneinrichtung das Oszillogramm der abklingenden Schallschwingung aufzunehmen. Aus dem erhaltenen Bilde kann dann unmittelbar die Eigenfrequenz sowie die Dämpfung entnommen werden.

Als nächstliegende Anwendung soll im Rahmen dieses Kapitels die Oszillographierung von Klangkurven, insbesondere die Messung des Kurvenverlaufes von Sprach- und Musikschwingungen, nicht unerwähnt bleiben. Die zur unverzerrten Aufzeichnung erforderlichen Hilfsmittel sind bereits oben (Kapitel B, III, 8 und B, II, 1) besprochen.

VI. Die Anwendung für mechanische Messungen.

Überall da, wo mechanische Messungen zeitlich veränderlicher Größen mit großer Änderungsgeschwindigkeit vorzunehmen sind, ist die Braunsche Röhre unter Zwischenschaltung eines geeigneten Meßumformers anwendbar. Hieraus ergibt sich eine Fülle von Anwendungsmöglichkeiten, aus der eine Anzahl prägnanter Beispiele herausgegriffen werden sollen.

Den Piezokristall verwenden zur elektrischen Erschütterungsmessung Kluge und Linckh. Eine aus mehreren Quarzscheiben bestehende Meßsäule (Abb. 373) wird durch eine Membrane unter Vorspannung gehalten. Diese Vorspannung ändert sich bei Erschütterungen der Anlage infolge des trägen Gewichts eines schweren Metallgehäuses, das auf der Quarzsäule lagert. Mehrere Kristallpaare werden verwendet, um die Empfindlichkeit zu steigern. Die Zwischenelektroden gleicher Polarität werden parallel geschaltet. Bei Verwendung nur eines Kristallpaares und Verstärkung der Ladung arbeitet die Meßkammer im allgemeinen exakter. Ein mit dieser Anordnung aufgenommenes Oszillogramm von Fundamentschwingungen beim Anlauf eines Drehstrommotors zeigt Abb. 374, während in Abb. 375 Turbinenschwingungen oszillographiert wurden.

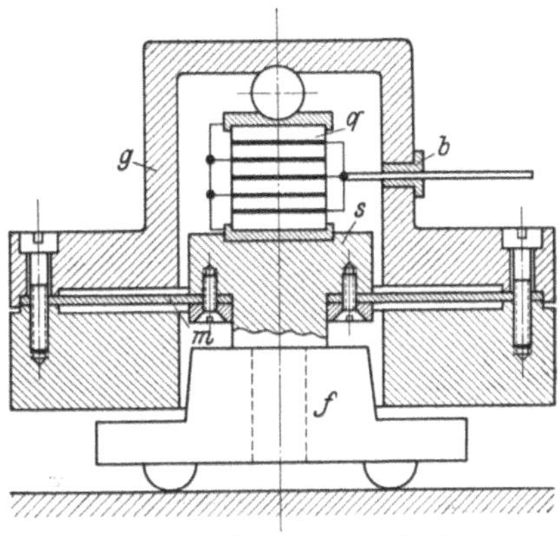

Abb. 373. Piezoelektrischer Erschütterungsmesser. *q* Quarzsäule; *m* Membran; *b* Bernsteindurchführung; *g* Gehäuse (Abstützmasse); *s* Stempel (untere Abstützung); *f* Fuß.

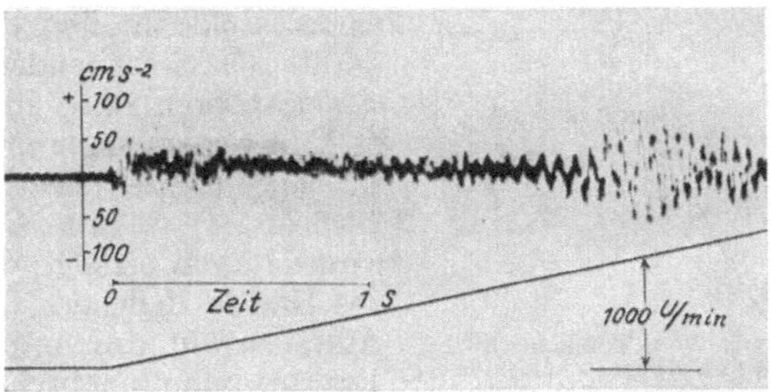

Abb. 374. Fundamentschwingungen beim Anlauf eines Drehstrommotors.

Stoßartige Vorgänge kürzester Zeitdauer beobachtete Watanabe mit dem Druckmeßquarz durch Kerbschlagbiegeprobe (Abb. 376).

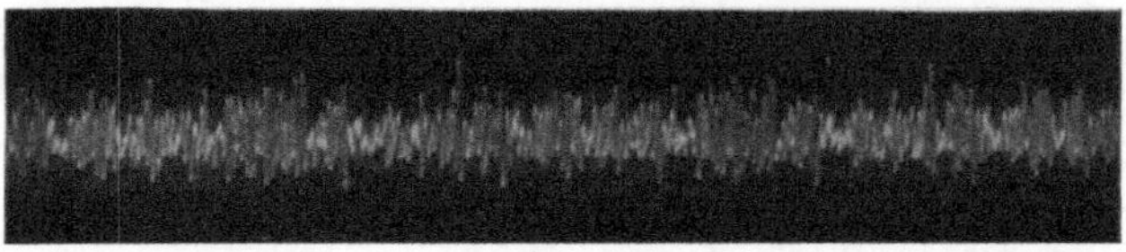

Abb. 375. Oszillogramm von Turbinenschwingungen (Messung M. Niehr).

Zwei mit entgegengesetzter Polarität aufeinander gelegte Kristalle bilden das Lager des Versuchsstabes mit dem Kerbloch, auf das der Kerbschlaghammer fällt, der gleichzeitig die Zeitablenkung des Oszillographen einschaltet. Das Oszillogramm wird nur einmalig überschrieben.

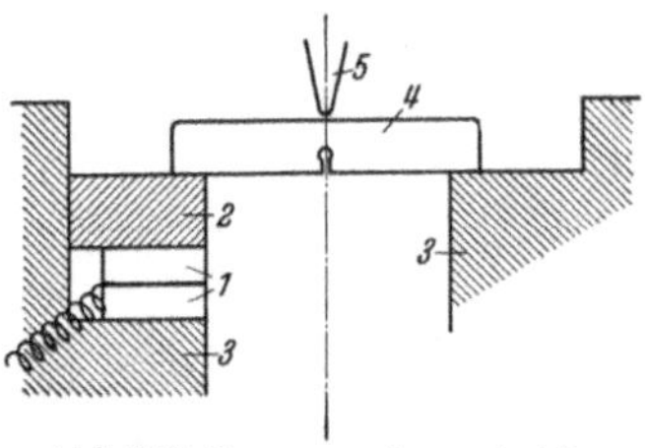

Abb. 376. Quarzanordnung bei der Schlag-Biegeprobe. *1* Quarze; *2* Übertragungsstück; *3* Unterlagen; *4* Werkstück; *5* Kerbschlaghammer.

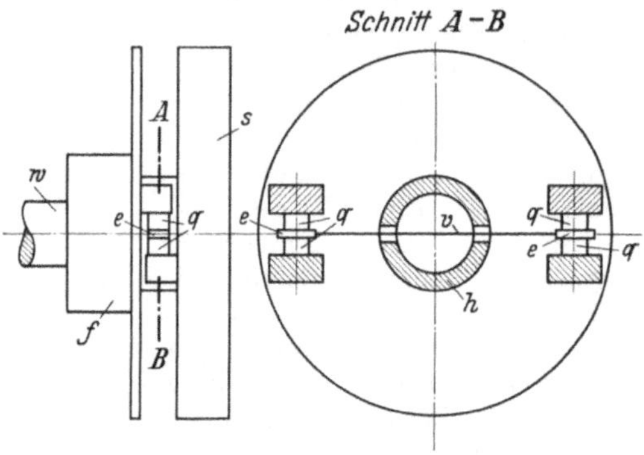

Abb. 377. Aufbau eines Drehbeschleunigungsmessers. *q* Quarze; *e* Elektroden; *s* Schwungscheibe; *w* Motorwelle; *h* Hohlwelle; *f* Flansch; *v* Verbindungsstück der Elektroden.

Kluge und Linckh[1] nehmen die Stoßbeanspruchung eines statisch vorbelasteten Strahldrahtes auf. Die Versuchsanordnung besteht aus einem senkrecht hängenden Strahldraht (Klaviersaitendraht), der an seinem oberen Ende eingespannt ist und an seinem unteren Ende durch ein angehängtes Gewicht statisch vorbelastet ist. Die Stoßbelastung wird dadurch erzeugt, daß ein längs des Drahtes fallendes Gewicht beim Auffallen auf das untere Ende des Drahtes seine kinetische Energie an den Draht abgibt. Dadurch entstehen in dem Draht zwei Längsschwingungen, eine Stoßschwingung und eine Massenschwingung, die durch eine Quarzkammer oszillographiert werden, welche so angeordnet ist, daß die am oberen Ende des Drahtes auftretende Kraft sich unmittelbar auf den Quarz überträgt.

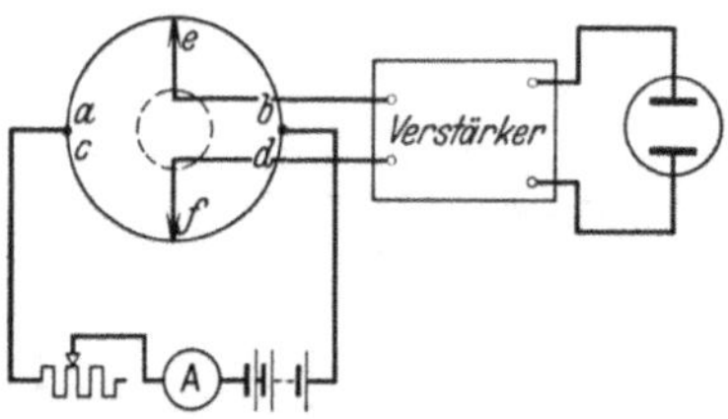

Abb. 378. Messung von Torsionsschwingungen mittels Wheatstonescher Brücke.

[1] Kluge, J. u. H. E. Linckh: Piezoelektrische Messungen von Druck- und Beschleunigungskräften. Z. Ing. Bd. 73 (1929) Nr. 37 S. 1311.

Eine Einrichtung zur Messung von Drehbeschleunigungen mittels Druckquarz zeigt Abb. 377. Die Anordnung besteht aus zwei durch eine Hohlwelle miteinander starr verbundenen Drehkörpern, von denen nur der eine auf den Wellenstumpf der zu untersuchenden Maschine aufgeschraubt wird. Der lediglich als träge Masse dienende zweite Drehkörper hat das Bestreben, sich gegen den ersten Teil zu verdrehen, wenn dieser durch die Welle beschleunigt wird. Die Eigenfrequenz ist dabei wegen der sehr starren Verbindung durch die Hohlwelle gering. Eine gegenseitige elastische Drehung wird durch zwei Quarzmeßkammern verhindert, die von Gegenlagern der Art einer Klauenkupplung gestützt werden. Die Kammern werden daher mit einer der Drehbeschleunigung proportionalen Kraft beansprucht.

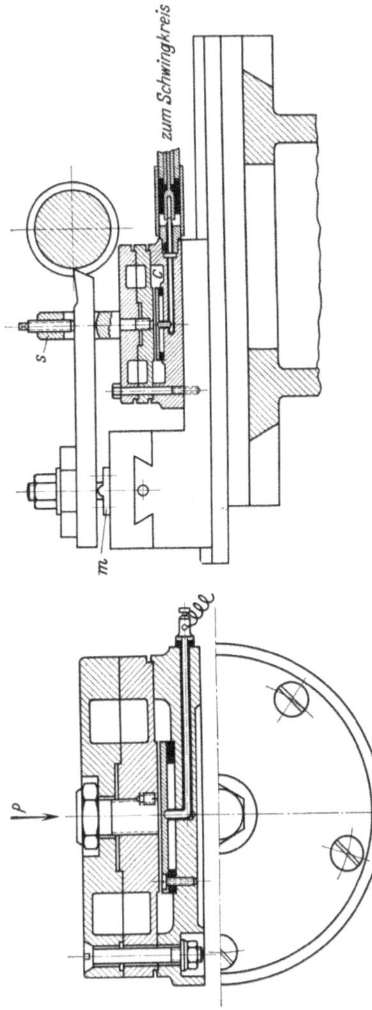

Abb. 379. Kondensatormeßdose für Schnittdruckmessung und ihr Einbau in den Support.

Elsässer[1] oszillographiert die Verdrehung mittels Ohmscher Widerstände einer Wheatstoneschen Brückenschaltung (Abb. 378). Der Bezugsteil des Torsionsschwingungen ausführenden Systems trägt in Kreisringanordnung die vier Brückenzweige, während auf dem gegen ihn sich verdrehenden Teil der Brückenindikator befestigt ist. Die von den Schleifkontakten *e* und *f* auf den Brückenzweigen abgegriffene Spannung wird über einen Verstärker mit der Braunschen Röhre oszillographiert.

Die Schnittdruckmessung von Drehstählen untersuchen Kluge und Linckh[2] mit dem Piezokristall. Die Quarzkammer wird zwischen den freien Enden des Stahls und dem Drehbanksupport zugleich mit dem Stahl festgespannt. Vor der Messung wird das Gerät auf — 2 V aufgeladen. Dadurch entfernt man einerseits die dem Vordruck entsprechende Ladung und erreicht andererseits, daß das Gerät auf dem geradlinigen Teil der Quarzcharakteristik arbeitet.

[1] Elsässer: Messungen von Schwingungen und Drehmomenten mittels des Oszillographen. Z. VDI Bd. 68 (1924) S. 485. [2] Kluge, J. u. L. Linckh: l. c.

Eine Kondensatormeßdose nach Abb. 379 verwendet Gerdien zur Schnittdruckmessung.

Längsschwingungsmessungen lassen sich nach dem Elsässerschen Verfahren völlig analog der Drehschwingungsbestimmung mit der Wheatstone-Brücke ausführen (Abb. 380).

Steinmetz[1] mißt die Riemendehnung mit Hilfe eines magnetischen Kontaktverfahrens (Abb. 381). Auf den zu untersuchenden Riemen

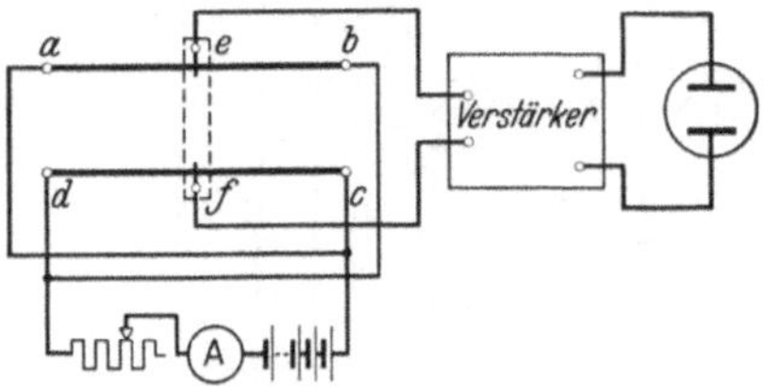

Abb. 380. Messung von Längsschwingungen.

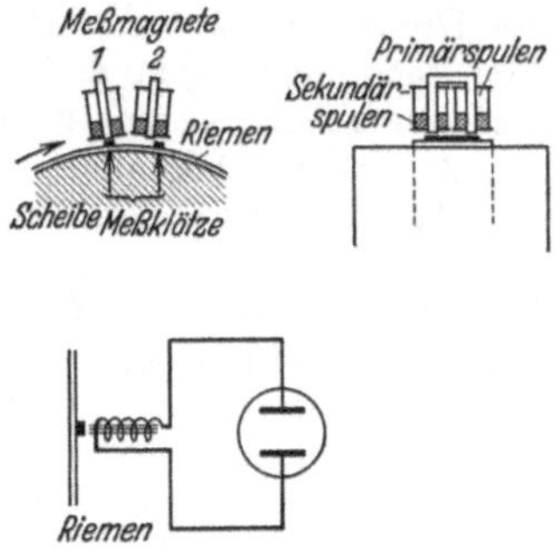

Abb. 381. Messung der Riemendehnung.

werden im Abstand von etwa 70—100 mm zwei schmale Streifen Schmiedeeisen aufgenietet. Dicht gegenüber der Riemenscheibe stehen in demselben Abstand voneinander zwei offene Elektromagneten angeordnet, die je zwei getrennte Wicklungen tragen. Die Primärwicklungen werden mit Gleichstrom erregt. Beim Vorbeilaufen der Eisenstreifen an den Magnetpolen werden in den Sekundärkreisen Spannungen induziert, die mit der Braunschen Röhre oszillographiert werden. Man erhält beim Vorbeistreichen der Eisenstreifen zwei Oszillogramme der beiden in den Sekundärwicklungen der Elektromagneten induzierten Spannungen. Die Veränderung des Abstandes beider Kurven gibt ein Maß für die Dehnung des Riemens. Gleichzeitig läßt sich aus diesem Abstande auch die Umlaufsgeschwindigkeit des Riemens entnehmen.

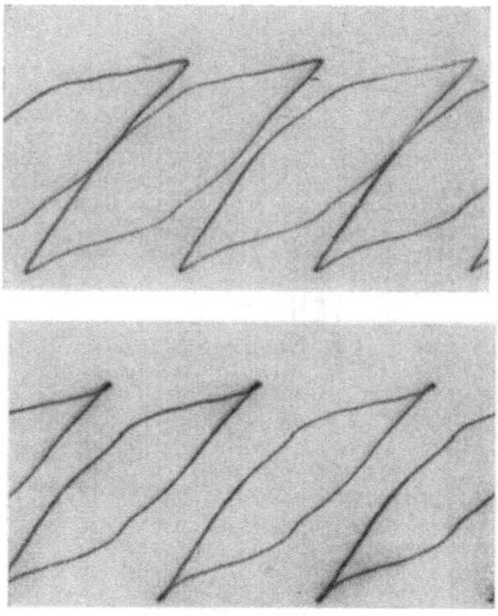

Abb. 382. Oszillographische Untersuchungen über den Einfluß von Zugspannungen auf die magnetischen Eigenschaften von Stahl.

Den Einfluß verschiedener Zugspannungen auf die magnetischen Eigenschaften von Stahl zeigen die von Schwinning aufgenommenen Oszillogramme der Abb. 382. Der Kurvenverlauf ähnelt dem einer Hysteresisschleife.

[1] Steinmetz, G.: Drehungsmesser am laufenden Riemen. Diss. T. H. Berlin 1917.

VII. Die Anwendung für ballistische und chemische Forschung.

Für die Messung der schnell verlaufenden ballistischen Vorgänge wird die Kathodenstrahlröhre häufig benutzt. In Verbindung mit Druckmikrophonen dient sie zur Feststellung des Verlaufes von Explosionsvorgängen, in Verbindung mit Kontakteinrichtungen oder ähnlichen

Abb. 383. Druckkammer und Verstärker für die Messung von Explosionsdrucken in einem Gewehrlauf (Zeiß Ikon).

Hilfsvorrichtungen zur Geschwindigkeitsmessung an den verschiedenen Stellen der Geschoßbahn.

Eine von der Zeiß-Ikon A.G. für die Messung des Druckverlaufes in Gewehren entwickelte Apparatur[1] zeigt Abb. 383. Links ist die mit dem Gewehrlauf kombinierte Druckkammer angebracht, deren Mikrophon so konstruiert ist, daß die Raumverhältnisse nicht wesentlich gegenüber den normalen Verhältnissen geändert werden. Die Ansicht des zugehörigen Piezodruckmikrophones ist in Abb. 384 abgebildet. Rechts befindet sich das Druckelement. Von der Druckkammer führt ein abgeschirmtes hochisoliertes Kabel zu dem netzbetriebenen und mit Glimmstrecken stabilisierten Verstärker. Ein von einem Abschuß erhaltenes Druckoszillogramm ist in Abb. 385 reproduziert. Die Ablaufzeit des Vorganges liegt in der Größenordnung $^1/_{1000}$ sec. Aus dem Oszillogramm können alle für den Vorgang des Schusses wichtigen Daten entnommen werden, nämlich die Zeit der Schlagbolzenbewegung, die Schußentwicklungszeit, den Maximaldruck, den Gasdruck beim Geschoßaustritt, die Anfangsgeschwindigkeit usw. Für die Auswertung der Ordinatenhöhe in Druckeinheiten kann man verschiedenartig verfahren. Die einfachste und exakteste Methode besteht in der empirischen Eichung der Apparatur mittels einer Hebelpresse. Dabei

Abb. 384. Piezodruckmikrophon für die Messung von Explosionsdrucken (Zeiß Ikon).

[1] Gasdruckmessungen mit Piezokristallen. Z. Kugel u. Schrot 1931.

wird das Druckelement genau wie ein Kupferzylinder unter der Presse statisch belastet und der entsprechende Ausschlag der Braunschen Röhre bei ruhendem Registrierstreifen aufgezeichnet.

Um Geschoßgeschwindigkeiten festzustellen, besteht eine große Anzahl Möglichkeiten. Die einfachste Methode ist die, von dem Geschoß zwei aus dünnen Metallfolien hergestellte und in bekannter Entfernung voneinander montierte Kontaktstreifen zerreißen zu lassen und oszillographisch die Zeitdifferenz zwischen den stattgefundenen Zerreißungen

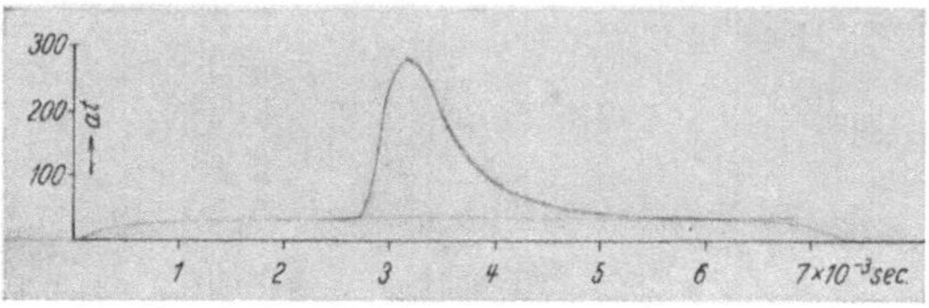

Abb. 385. Oszillogramm des Druckes in einem Gewehrlauf.

festzustellen. An Stelle mechanischer Kontakte können auch mit geringer Trägheit behaftete Lichtstrahlphotozellenanordnungen benutzt werden, bei denen die Lichtstrahlunterbrechung durch das Geschoß benutzt wird, um Spannungsstöße zu erzeugen. Im Interesse guter Meßgenauigkeit wird im allgemeinen der Abstand zwischen den beiden Meßpunkten groß gegenüber der Geschoßlänge gewählt werden, soweit in der betreffenden Wegstrecke die Geschwindigkeit noch als ausreichend konstant angesehen werden kann, bzw. nur die mittlere Geschwindigkeit gemessen werden soll. Für die Lichtstrahlmethode genügt eine Photozelle und ein frequenzunabhängiger Verstärker (s. beispielsweise den Fernsehverstärker Kapitel B II, 1), wenn die zwei erforderlichen Lichtstrahlen mit Hilfe sinngemäß angebrachter Spiegel schließlich auf die eine Photozelle konzentriert werden. Die Vorbelichtung durch den nichtverdunkelten Strahl spielt bei der Anwendung eines Wechselstromverstärkers keine Rolle. In einzelnen Fällen ist auch dazu übergegangen worden, dem Geschoß eine magnetische Remanenz zu erteilen und durch Induktionsspulen hindurchzuschießen. Besitzt die Induktionsspule kleine Abmessungen und kleine Induktivität und der Verstärker die erforderliche geringe Trägheit und den notwendigen Verstärkungsgrad, so verlaufen die Induktionsspannungen an der Ausgangsseite ausreichend steil, um eine genügend genaue Zeitbestimmung zu gewährleisten.

In Verbindung mit entsprechend orientierten Druckmikrophonen dient die Kathodenstrahlröhre dazu den Druckverlauf in den verschiedenen Koordinaten bei der Explosion verschiedener Explosivstoffe zu ermitteln. Mehr und mehr beginnt sich die Braunsche Röhre auch für die Untersuchung schnell verlaufender Reaktionen in der chemischen Forschung durchzusetzen. Die Änderungen des Druckverlaufes während einer im abgeschlossenen Raum vor sich gehenden Reaktion und die Änderungen der Lichtabsorption, der Intensitätsverlauf einer evtl. eintretenden Lichtemission und andere eintretende Schwankungserscheinungen werden mit der Braunschen Röhre kontrolliert. Eine Anordnung zur oszillographischen Untersuchung der

Chlorknallgasreaktion ist in Abb. 386 gezeichnet. Von der mit Uviolglasfenster versehenen Lampe durchtritt ein die Reaktion noch nicht einleitender Lichtstrahl das Reaktionsgefäß und trifft auf die Photozelle. Reaktionsgefäß und Photozelle sind ebenfalls aus Uviolglas hergestellt. In den Strahlweg ist ferner ein Schwarzglasfilter eingeschaltet. Solange die Reaktion noch nicht begonnen hat, tritt eine starke Lichtabsorption

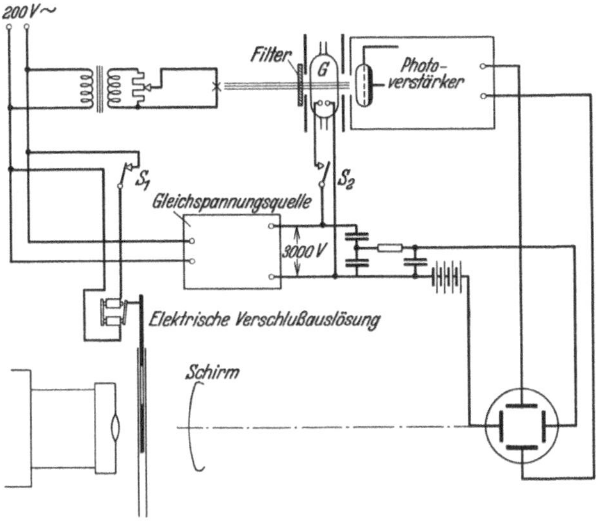

Abb. 386. Anordnung zur oszillographischen Untersuchung von Gasreaktionen.

durch das Chlor ein. Die Änderung der Lichtabsorption nach Einleitung der Reaktion wird oszillographisch aufgezeichnet. Die Einleitung der Reaktion erfolgt durch Funkenüberschlag. Durch den Schalter S_2 wird der Funkenüberschlag gesteuert und gleichzeitig die elektrische Zeitablenkung ausgelöst. Der kurz zuvor ausgelöste Schalter S_1 öffnet den Verschluß der registrierenden Kamera. Die Funkenstrecke ist so angeordnet, daß ein möglichst kleiner Anteil des Funkenlichtes die Photozelle trifft.

Auch für Messungen von schnellen Änderungen der Strömungsgeschwindigkeit von Gasen ist die Braunsche Röhre angesetzt worden [1].

VIII. Messungen an Verbrennungskraftmaschinen und Fahrzeugen.

Bei Messungen an Verbrennungskraftmaschinen und Fahrzeugen kommt die Kathodenstrahlröhre zur Anwendung, um Druck-Zeitdiagramme aufzunehmen und Klopfgeräusche von Explosionsmotoren zu oszillographieren. Erschütterungsmessungen, insbesondere die Bestimmung mechanischer Resonanzen einzelner Konstruktionsteile werden

[1] Ziegler, M.: A complete arrangement for the investagation, the measurement and the recording of rapid airspeed fluctuations with very thin and short hot wires. Medeeling Nr. 21 von het Labor. voor Aero- en Hydrodynamica der Techn. Hoogschool te Delft.

mit der bereits früher beschriebenen Quarzkristallmeßeinrichtung vorgenommen. Weitere Untersuchungen sind die Registrierung plötzlicher Stoßbeanspruchungen insbesondere Lagerbeanspruchungen in verschiedenen Richtungen. Auch die Messung des Schienenstoßes bei

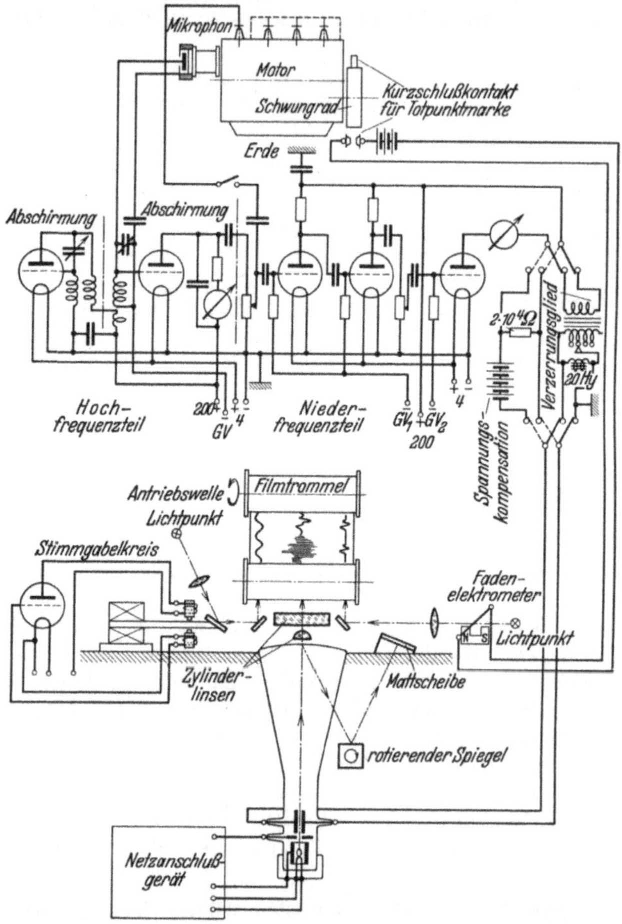

Abb. 387. Meßapparatur nach Wawrziniok zur Untersuchung von Klopfgeräuschen in Verbrennungskraftmaschinen.

Eisenbahnen und des Druckes des Stromabnehmers gegen den Dahrdraht bzw. gegen die Stromschiene werden mit der Braunschen Röhre ausgeführt.

Die Druck-Zeitkurve in Zylindern von Verbrennungsmotoren wurde von Kluge und Linckh[1] mit der bereits früher besprochenen Quarzdruckkammer aufgenommen. Bei der Aufnahme dieser Kurven kann

[1] Kluge, J. u. H. E. Linckh: Piezoelektrischer Indikator für schnell verlaufende Verbrennungsmotoren. Z. VDI Bd. 74 (1930) Heft 25 S. 887.

gleichzeitig der Zündpunkt auf der Kurve dadurch markiert werden, daß am Zündweg eine Spannung von etwa 30 V, d. h. weniger als 1% der Zündspannung abgezweigt und diese an den Wehnelt-Zylinder des Oszillographen geführt wird. Je nach der Phase markiert sich der Augenblick der Zündung als heller oder dunkler Punkt auf der Druckzeitkurve. In ähnlicher Weise kann auch die Totpunktsmarkierung sowie überhaupt die Markierung jedes beliebigen Arbeitspunktes erfolgen. Bei diesen Aufnahmen bietet die Braunsche Röhre weiterhin die Möglichkeit, die Kurve als stehende Figur auf dem Leuchtschirm zu erhalten, wenn an das zweite Ablenkplattenpaar der Braunschen Röhre eine mit der Arbeitsperiode synchrone Kippschwingung gelegt wird. Bei veränderlichen Drehzahlen des Motors empfiehlt sich eine automatische Synchronisierung. Am einfachsten wird die Synchronisierung mit Hilfe eines umlaufenden auf die Kurbelwelle gesetzten Kontaktes erreicht. Dieser Umlaufkontakt wird entweder an Stelle der Glimmlampe in den Stromkreis des Kippgerätes elektrisch eingefügt, oder er wird dazu benutzt, an die Außensteuerelektrode einer Glimmlampe periodisch eine Spannung zu legen.

Von besonderer Wichtigkeit für die Untersuchung der Arbeitsweise von Motoren und der Wirkung verschiedener Brennstoffe ist die Klopfgeräuschanalyse der Verbrennungsmotore, die von Wawrziniok[1] unter Mitwirkung von Martin mit der Kathodenstrahlröhre durchgeführt wurde[2]. Abb. 387 zeigt ein Gesamtschaltbild der verwendeten Meßanordnung. Mittels eines freischwingenden Kondensatormikrophones wird das vom Motor ausgehende Geräusch aufgenommen. Dabei ist zwischen Mikrophongehäuse und Motorzylinder ein kurzer Gummischlauch geschaltet, der Nebengeräusche fernzuhalten hat. Die Aufnahme des Geräuschbildes erfolgt mittels der Kathodenstrahlröhre, der ein Verstärker vorgeschaltet ist. Der Verstärker kann wahlweise über ein rein Ohmsches Ausgangsglied oder über ein induktives Verzerrungsglied, das einen Kurzschluß für tiefere Frequenzen darstellt, an die Braunsche Röhre geschaltet werden. Durch das Verzerrungsglied wird die maximale Verstärkung in die Zone der Klopfgeräuschfrequenzen verlegt und die nicht interessierenden tieferen Frequenzen fallen aus dem Gesamtgeräusch heraus. Zur Zeitmarkierung wird auf dem Filmstreifen des Oszillographen fortlaufend das Schwingungsbild einer Stimmgabel photographiert, das auf dem unteren Rande des Oszillogrammes als Sinuslinie erscheint. Die Zündpunktsmarkierung erfolgt durch eine zusätzliche kurzzeitige Störung des Verstärkers mittels des Motorzündstromes. Sie macht sich in den Oszillogrammen als leichter Anstieg des Linienzuges bemerkbar. Die Totpunktsmarkierung wird am oberen Ende des Oszillogrammes

[1] Wawrziniok, W.: Methode zur Messung der Klopfgeräusche in Verbrennungsmaschinen. Automob.-techn. Z. (Mitt. d. Inst. f. Kraftfahrwesen a. d. sächs. T. H. Dresden) Jg. 34 (1931) Heft 23/24 S. 544; Heft 25 S. 572 u. Heft 28 S. 652.

[2] In diesem Zusammenhang sei auch auf eine neuere Veröffentlichung der gleichen Autoren verwiesen, die auch durch den Bericht über Erfahrungen mit gleichzeitiger Registrierung mehrerer Vorgänge unter Verwendung von zwei Oszillographenröhren besonderes Interesse verdient: Wawrziniok, W.: Druckanstieg, Gasschwingungen und Verbrennungsgeräusche bei der Verpuffung von Kraftstoffen. Automob.-techn. Z. Jg. 36 (1933) Heft 3 S. 73 u. Heft 5 S. 136.

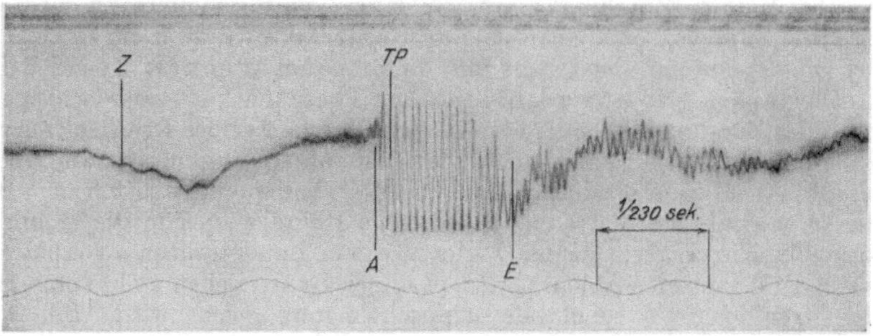

$n = 600$ min^{-1}. Vorzündung $= 40°$. Brennstoff: Benzin. Klopffrequenz $v = 3360$ Hertz.

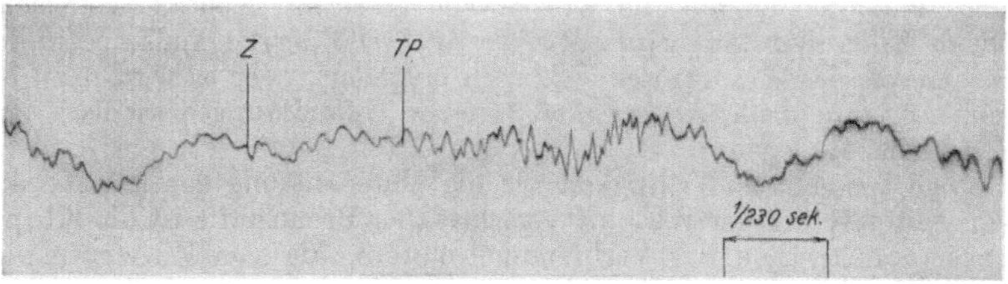

Abb. 388. Oszillogramme der Schallschwingungen eines Verbrennungsmotors.

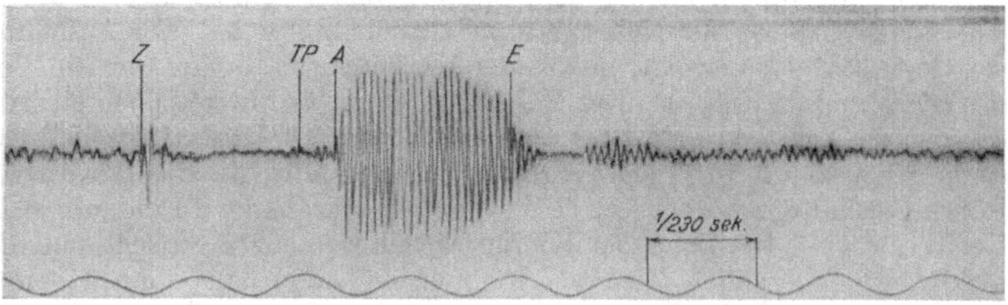

$n = 1000$ min^{-1}. Vorzündung $= 40°$. Brennstoff: Benzin.

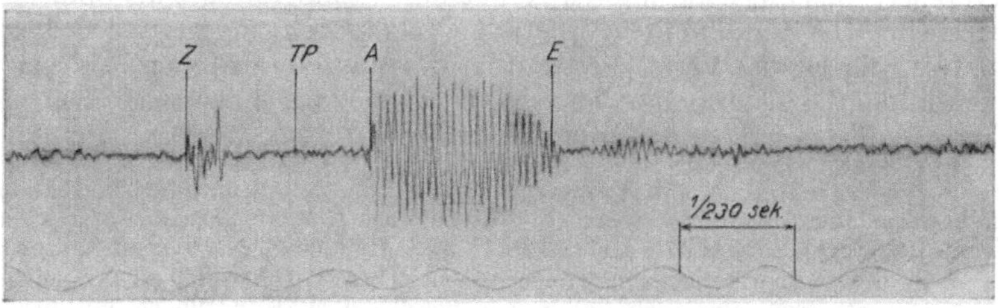

$n = 1000$ min^{-1}. Vorzündung $= 25°$. Brennstoff: Benzin.

Abb. 389. Klopfgeräuschoszillogramme bei verschiedener Vorzündung.

durch ein Fadenelektrometer bewirkt, das durch einen Kurzschlußkontakt vom Schwungrad betätigt wird. Selbstverständlich kann auch hier die Zündpunktsmarkierung durch Wehnelt-Zylinderbeeinflussung erfolgen. Die Zeitablenkung erfolgt durch mechanische Bewegung des Aufnahmefilmes. Einige Oszillogramme, die mit dieser Anordnung aufgenommen wurden, sind in Abb. 388 und 389 wiedergegeben. Diese Oszillogramme lassen erkennen, welchen Einfluß der verwendete Brennstoff und die Größe der Vorzündung auf das Klopfgeräusch haben. Man sieht, daß Benzol im Gegensatz zu Benzin keine Klopfgeräusche zeigt, daß andererseits mit wachsender Vorzündung auch die Klopfgeräuschamplitude zunimmt.

IX. Die Anwendung in der medizinischen Forschung.

Die Aufzeichnung von Herztönen und Nervenaktionsströmen mit Oszillographen ist bereits zu einer klassischen Anwendung in

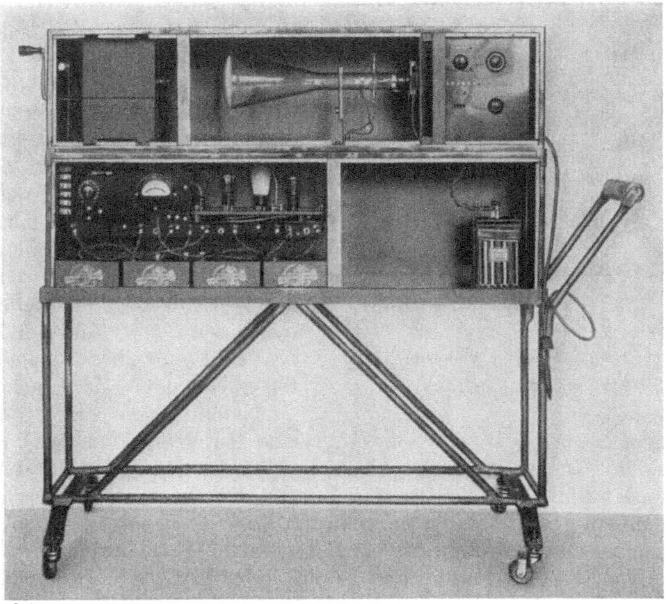

Abb. 390. Kathodenstrahl-Elektrokardiograph nach Schmitz (E. Leybold Nachf. A. G.).

der medizinischen Forschung und medizinischen Praxis geworden. Die oszillographische Aufzeichnung bringt einen Fortschritt in zweierlei Hinsicht. Die erhaltene Kurve legt objektiv Zeugnis ab von dem Klangcharakter, der zu den verschiedensten Zeiten bestanden hat. An Hand der Kurvenbilder kann der Arzt ein sicheres Urteil über stattgefundene Veränderungen des Klanges gewinnen. Weiterhin erfaßt die Aufzeichnung charakteristische Klangverschiedenheiten, die der subjektiven Beobachtung verlorengehen müssen. Bei Verwendung geeigneter

Mikrophone und Verstärker lassen sich auch sehr tiefe Frequenzen registrieren, die vom menschlichen Ohr nicht mehr wahrgenommen werden.

Zur Aufnahme von Herzgeräuschen und Herzaktionsströmen sind Schleifenoszillographenanordnungen im Gebrauch und erst in neuester Zeit scheint der Kathodenstrahloszillograph auch hier ein gewisses Anwendungsfeld zu finden. Ein fahrbarer Kathodenstrahlelektrokardiograph, der Oszillographeneinrichtung, erforderliche Verstärker und Stromquellen enthält, ist in Abb. 390 abgebildet. Elektrokardiogramme, die mit diesem Gerät geschrieben wurden, sind in Abb. 391 reproduziert. Infolge der Überlastbarkeit treten auch bei unvorhergesehenen Bewegungen der Versuchsobjekte, welche sehr starke Aktionsströme hervorrufen können, niemals Beschädigungen der Apparatur auf. Beispielsweise ist es mit dem abgebildeten Gerät gelungen, die Wirkung des elektrischen Schlages bei gleichzeitiger Elektrokardiographie zu untersuchen. Für den Spannungsabgriff bedient man sich spezieller, den Versuchsbedingungen angepaßter Elektroden, die mit der Eingangsseite des fast immer erforderlichen Verstärkers meist abgeschirmt zu verbinden sind. Auch die Ausgestaltung der Mikrophone hängt sehr stark von der jeweiligen Meßaufgabe ab, meist wird die Mikrophonmembrane unmittelbar mit der zu untersuchenden Zone gekoppelt.

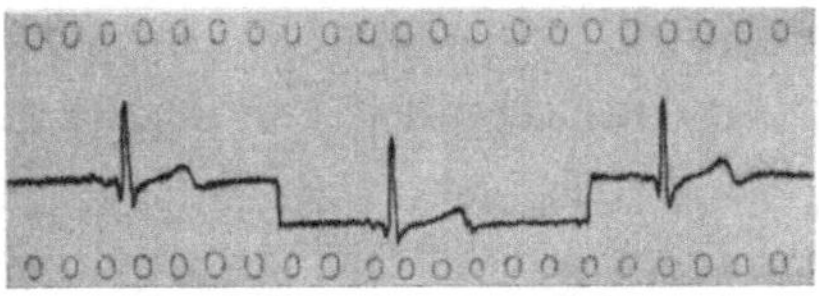

Elektrokardiogramm in Ableitung I.

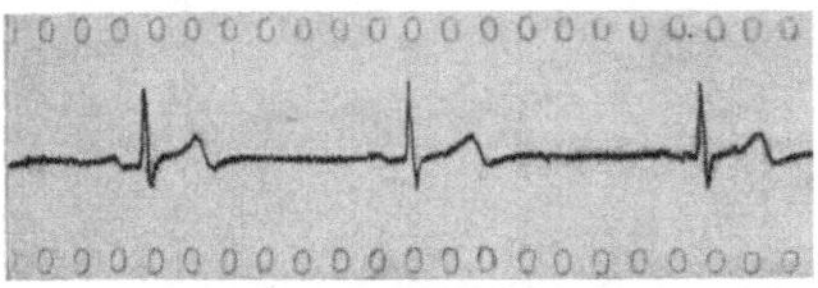

Elektrokardiogramm in Ableitung II.

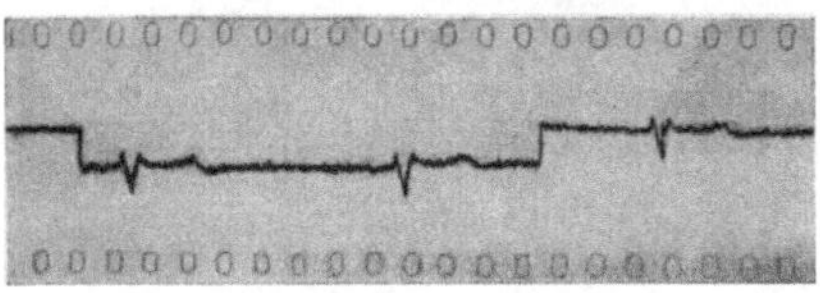

Elektrokardiogramm in Ableitung III.

Abb. 391. Elektrokardiogramme.

Neben den Herztonuntersuchungen, über die eine umfangreiche Literatur vorliegt[1], ist es naheliegend, auch die *Aufzeichnung von Lungengeräuschen* vorzunehmen. Die Aufzeichnung der Lungengeräusche ist technisch nicht ganz einfach, weil sie sehr schwach im Vergleich zu den Herzgeräuschen sind. Größere Verstärkungsmittel und besondere Dimensionierungen von Mikrophon und Verstärker werden erforderlich, um die Störungen durch gleichzeitig auftretende Herzgeräusche auszuschalten. Die Frequenzen, die als Komponenten in den Herztönen vorkommen, sind im wesentlichen ziemlich tief, während die Frequenzen der Lungengeräusche hoch liegen. Durch Benachteiligung der tiefen Frequenzen zugunsten der höheren gelingt die Herstellung von Meßspannungen, die fast ausschließlich den Lungengeräuschen entsprechen. Das Oszillogramm eines Atemgeräusches ist in Abb. 392 abgebildet. Wie weitergehende Arbeiten erkennen ließen[2], lassen sich wertvolle Schlüsse aus den Oszillo-

[1] Siehe insbesondere die Arbeiten von K. Posener und F. Trendelenburg.

[2] Werner, A. u. M. v. Ardenne: Beitrag zur objektiven Untersuchung der Akustik von Atmungsorganen. Klin. Wschr. Bd. 10 (1931) Heft 6 S. 257.

grammen verschiedener Atemgeräusche (Bronchialatmen, Vesikuläratmen, verschärftes Atmen, Giemen, Rasselgeräusche usw.) ziehen.

Großes Interesse findet der Kathodenstrahloszillograph in der physiologischen Forschung. Hier interessieren die kleinen Ströme und Spannungen, die im tierischen und menschlichen Organismus in Nerven und Muskeln auftreten. Die Untersuchungen erstrecken sich dabei auf die Abhängigkeit der Spannungsgröße und des Kurvenverlaufes als Folge von Sinneseindrücken, von Gedanken und Willensakten usw. Der Vorgang ist dabei sowohl in Nerven wie in Muskeln so, daß eine gegenüber der noch unerregten Stelle negative Ladung den Nerv oder

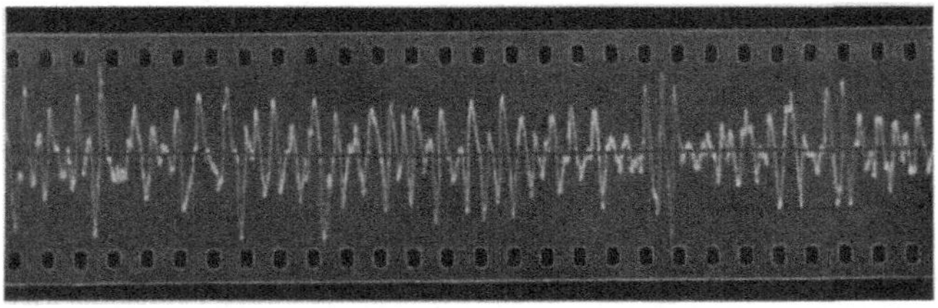

Abb. 392. Oszillogramm eines Atemgeräusches (Bronchialatmen).

Muskel durchläuft. Die Meßaufgabe ist die Oszillographierung dieser verhältnismäßig langsam fortschreitenden Wanderwelle.

Eine ausführlichere Darstellung über akustische Messungen mit dem Kathodenstrahloszillographen in der Physiologie wurden kürzlich von F. Scheminzky [1] veröffentlicht. Im Rahmen einer zusammenfassenden Darstellung behandelt der gleiche Autor [2] die Oszillographierung von Nervenaktionsströmen mit der Braunschen Röhre. Die Hauptschwierigkeit bei der Registrierung von Nervenaktionsströmen liegt darin, daß in ihnen außerordentlich langsame Frequenzen als Komponenten vorkommen, weshalb die Anwendung von Gleichstromverstärkern zur Notwendigkeit wird. Über die zweckmäßige Ausgestaltung dieser Verstärker, insbesondere über die hier gut geeignete Methodik der Trägerstromverstärkung finden sich oben (Kapitel B, II, 2) bereits ausführlichere Hinweise.

---

[1] Scheminzky, F.: Methoden und Ergebnisse der Anwendung von Elektronenröhren in der physiologischen Akustik. Aus Erg. Physiol. Bd. 33. München: J. F. Bergmann 1931.

[2] Scheminzky, F.: Elektronen-Ionenröhren. Handbuch der biologischen Arbeitsmethoden, Abt. 3, Teil a, S. 1186. Wien: Urban und Schwarzenberg 1928.

D. Die Braunsche Röhre als Betriebsgerät.

Die Entwicklung der Braunschen Röhre vom ausgesprochenen Laboratoriumsgerät zu einer handlichen, jederzeit betriebsfertigen Einheit ist nicht nur der Meßtechnik zugute gekommen. Gerade diese Entwicklung hat der Braunschen Röhre ein weiteres Gebiet eröffnet: ihre Anwendung als Betriebsgerät.

Spekulative Vorschläge, die Braunsche Röhre als Betriebsgerät nach verschiedenen Richtungen hin zu benutzen, finden sich schon sehr frühzeitig in der Literatur, ohne daß über praktische Verwirklichung bzw. praktisch brauchbare Resultate etwas bekannt geworden ist. Erst durch die eingangs erwähnte Entwicklung wurde in jüngster Zeit der Mindestwert erreicht und überschritten, der für die Verwendung als Betriebsgerät in der Technik üblicherweise gefordert wird. Trotzdem somit dieses Gebiet ziemlich jung ist, und trotzdem erst wenige Veröffentlichungen vorliegen, soll auch im heutigen Zeitpunkt ein Abriß über dieses Gebiet versucht werden. Ein solcher Versuch rechtfertigt sich aus dem sehr starken Interesse, das der Braunschen Röhre als Betriebsgerät heute entgegengebracht wird. Zweifellos wird die systematische Bearbeitung dieses Gebietes, die zur Zeit der Abfassung in einer großen Anzahl von Hochschul- und Industrielaboratorien stattfindet, noch manche Vereinfachung der Röhrenkonstruktion sowie der Konstruktion und Schaltung der Hilfsgeräte bringen. Die praktische Bedeutung der gebrachten Verfahren und Methoden im Vergleich zueinander wird durch die weitere Entwicklung sich in der einen oder anderen Richtung verschieben. Trotzdem wird sicher vieles, was heute als wertvoll und brauchbar angesehen wird, in der späteren Praxis Verwendung finden. Wenn im Rahmen dieses letzten Teiles des Buches die Arbeiten des Verfassers einen größeren Raum gefunden haben, als im Rahmen der Gesamtentwicklung des Gebietes gerechtfertigt ist, so darf darauf hingewiesen werden, daß zur Zeit der Niederschrift vorliegender Zeilen seitens dieses Gebiet bearbeitenden Industrielaboratorien aus verständlichen Gründen stärkste Zurückhaltung ausgeübt wird.

Eine Anwendungsmöglichkeit der Kathodenstrahlröhre, das im gewissen Umfange heute bereits wirtschaftliche Bedeutung erlangt hat, ist die Tonfilmaufnahme.

I. Die Verwendung zur Tonfilmaufnahme.

Die Braunsche Röhre zur Tonfilmaufzeichnung beim Sprechfilm zu verwenden, wurde im Jahre 1921 von Vogt, Engl und Massolle vorgeschlagen [1]. Die ersten, praktisch brauchbaren Resultate, bei denen eine ausreichende Schwärzung der Negativmaterialien stattfand, wurden im Januar 1930 mit den Röhren des Verfassers durch Breusing-Hartel erreicht. Schon kurz vorher hatten die Arbeiten von Frieß begonnen.

1. Grundsätzliche Gesichtspunkte.

Die Verwendung der Braunschen Röhre zur Tonaufzeichnung hat den Vorteil, daß man mit sehr kleinen Steuerleistungen auskommt. Der Verstärkeraufwand, der insbesondere bei transportablen Anlagen unerwünscht ist, geht damit auf ein Minimum zurück. Meist genügen schon 1—2 Stufen, um die Empfindlichkeitsreserve zu sichern, die notwendig ist, um allen Möglichkeiten bei der Aufnahme Rechnung zu tragen, d. h. um Mikrophonmischanordnungen vorschalten zu können und um eine Anpassung der Frequenzcharakteristik an Sprache oder Musik zu erlauben. In den Fällen, wo es sich darum handelt, Sprache aufzuzeichnen, die unmittelbar vor dem Mikrophon gesprochen werden kann, genügen bereits die Steuerspannungen, die von besonders wirksamen Mikrophonen gegeben sind (z. B. Reisz-Starkstrommikrophon), um eine Volldurchsteuerung des Filmes unter Vermeidung jeglicher Verstärkung zu gewährleisten.

Ein weiterer Vorteil, der ebenfalls der Transportfähigkeit sehr zu statten kommt, ist die geringe Ruheleistung (Verlustleitung) von nur wenigen Watt. Schließlich ist auch die im Niederfrequenzgebiet bestehende Frequenzunabhängigkeit — ein genügend trägheitsfreier Fluoreszenzschirm ist natürlich Voraussetzung — als Vorteil dieser Aufzeichnungsart zu werten.

2. Amplituden- und Intensitätsschrift mit Braunscher Röhre.

Zwei verschiedene Verfahren der Tonaufzeichnung sind heute üblich. Die Wirkungsweise beider Verfahren ist auf der Abb. 393 schematisch

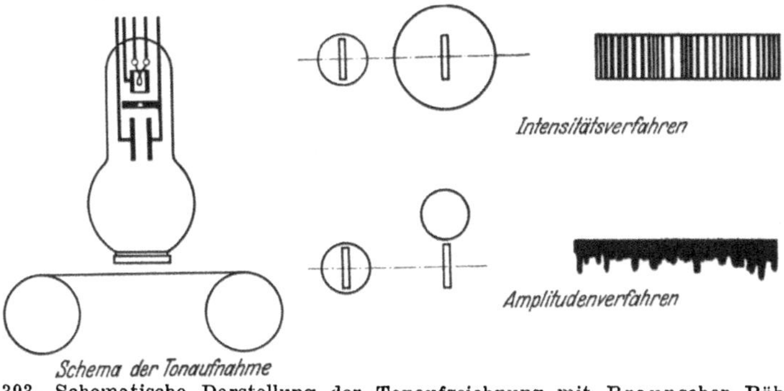

Abb. 393. Schematische Darstellung der Tonaufzeichnung mit Braunscher Röhre für Amplituden- und Intensitätsverfahren.

dargestellt. Unmittelbar hinter dem Leuchtschirm der abgeschmolzenen Tonaufzeichnungsröhre wird eine möglichst schmale Spaltblende von

[1] Vogt, Engl u. Massolle: Vorrichtung zur Aufzeichnung von Lauten auf einen lichtempfindlichen Träger unter Anwendung eines Kathodenstrahlbündels, DRP. 363 918. Später von der Tobis fallen gelassen worden.

der Höhe des Tonstreifens angebracht. Ist die Strahlintensität der Tonröhre moduliert, so wird der am Spalt vorbeilaufende Film mit variabler Lichtmenge belichtet. Es entsteht die sog. Intensitätsschrift. Wird die den Spalt durchsetzende Fluoreszenzlichtmenge nicht durch Änderung der Strahlintensität, sondern durch mehr oder weniger starke seitliche Ablenkung des Strahles moduliert, so entsteht Amplitudenschrift. Beide Verfahren sind heute üblich. Da die von dem Amplitudenverfahren erwarteten photographische Vorteile sich nicht in vollem Umfange einstellten, ist heute die Bedeutung der Intensitätsmethode im Anwachsen. Bei beiden Verfahren ist ein aus photographischen Gründen begrenztes Aussteuerintervall gegeben. Man hat daher versucht, beide Verfahren kombiniert anzuwenden. Eine solche kombinierte Aufzeichnung ist bei der Braunschen Röhre besonders leicht zu verwirklichen. Ehe auf die speziellen Gesichtspunkte der Fluoreszenzlichtsteuerung für die Zwecke der Tonaufzeichnung eingegangen wird, seien kurz die verschiedenen Abbildungsmethoden referiert, da von ihnen die zweckmäßige Modulationsmethode zum Teil mit abhängt.

3. Die Herstellung eines schmalen Aufzeichnungsstriches.

Damit bei der gegebenen Filmgeschwindigkeit von 46 cm pro Sekunde auch die an der oberen Grenze des Hörbereiches liegenden Frequenzen amplitudengetreu aufgezeichnet werden, darf die Breite des Aufzeichnungsstriches auf dem Film nicht mehr als etwa 15—20 μ betragen [1]. Dies gilt in gleicher Weise für Amplituden- und Intensitätsschrift. Da so schmale Spalte schwer gleichmäßig zu erhalten sind — schon kleinste Verunreinigungen oder Staubteilchen genügen, um den Spalt zu überbrücken, — ist man bei der Tonaufzeichnung mit Kerr-Optik, Glimmlampen usw. durchweg dazu übergegangen, einen Spalt mit größeren Abmessungen optisch verkleinert auf dem Film abzubilden. Durch die optischen Abbildungsmittel geht der überwiegende Teil der zur Verfügung stehenden Lichtmenge verloren. Da die Braunsche Röhre jedenfalls anfänglich keinen erheblichen Lichtüberschuß vermittelte, war es naheliegend, optische Abbildungsmittel zu vermeiden. Ein von Breusing früher erfolgreich eingeschlagener Weg hierzu ist bei der in Abb. 394 schematisch gezeichneten Aufnahmekamera beschritten. Zwischen dem Fluoreszenzschirm der Röhre und dem Film befindet sich ein Doppel-

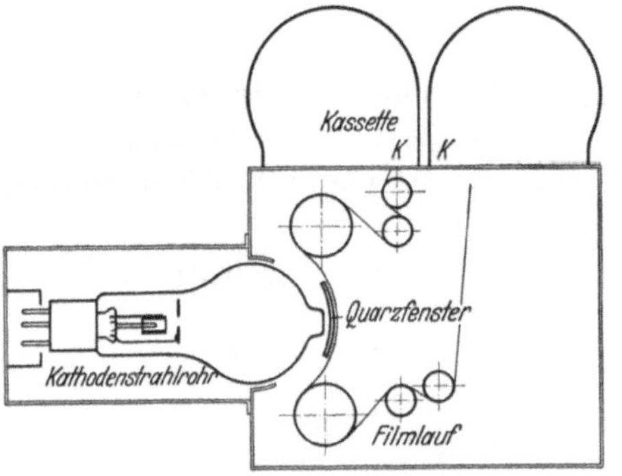

Abb. 394. Tonaufzeichnung ohne optische Abbildung.

[1] Fischer, F.: Die Verzerrungsarten beim Tonfilm. Z. Physik Bd. 13 (1932) Nr. 1 S. 6.

meniskus aus Quarz, auf dessen konvexer, hochglanzpolierter Fläche der Film beim Transport schleift. Zwischen den Berührungsflächen der beiden Einzellinsen des Meniskus ist eine undurchsichtige Silberschicht angebracht, in die ein reeller Spalt von 12 μ Breite eingeritzt ist. Der Abstand der Spaltebene vom Film beträgt etwa 0,15 mm. Sie ist sehr klein gegenüber dem Abstand Spalt-Fluoreszenzschirm, so daß ein ausreichend scharfes Schattenbild des Spaltes von dem Fluoreszenzfleck oder von einem in Richtung des Spaltes orientierten Fluoreszenzstriches erfolgt. Gelegentlich ist der Staubschutz des Spaltes auch durch eine dünne Kollodiumhaut versucht worden. In neuester Zeit scheint man auch bei der Braunschen Röhre allgemein dazu überzugehen, das Strichbild durch optische Verkleinerungsmittel herzustellen. Als Abbildungsmittel dienen hierbei kleine, aber sehr lichtstarke Spezialobjektive, Zylinderlinsenanordnungen, Parabolspiegelanordnungen usw. in den verschiedensten Variationen. Daß heute auch bei Verwendung optischer Abbildungsmittel vollkommen ausreichende Lichtmengen zur Verfügung stehen, um normales Negativ- und Positivmaterial auszusteuern, beweisen die in Abb. 395 und 396 wiedergegebenen Reproduktionen von Intensitäts- und Amplitudenaufzeichnungen (Tonaufnahmen Frieß). Die Anodenspannung lag bei diesen Aufnahmen in der Größenordnung von 2000—2500 V.

Abb. 395. Intensitätsschrift mit Kathodenstrahlröhre erhalten.

Abb. 396. Amplitudenschrift mit Kathodenstrahlröhre erhalten.

4. Die Modulation des Fluoreszenzlichtes.

Das Fluoreszenzlicht soll mindestens so weit modulierbar sein, daß der gesamte lineare Bereich der Gradationskurve des Negativmaterials ausgesteuert werden kann. Mindestens in dem so eingegrenzten Intervall soll die Steuerung linear erfolgen. Eine Lagenänderung der Leuchterscheinung, die zu Fehlern, evtl. zu einer Frequenzmodulation führen kann, muß vermieden werden. Zunächst seien die verschiedenen zur Intensitätssteuerung bei der Tonaufzeichnung üblichen Methoden angeführt.

Grundsätzlich kommen für die Intensitätssteuerung zunächst sämtliche im ersten Teil des Buches angegebenen Verfahren zur Beeinflussung der Strahlintensität in Frage. Trotzdem eine Lagenänderung bei Spannungsmodulation leicht zu vermeiden ist, wenn der Strahl keinem ablenkenden Feld ausgesetzt wird, hat die Spannungsmodulation mit Rücksicht auf die erforderlichen Steuerspannungen der Größenordnung 1000 V keine Bedeutung erlangt. Praktisch wird in erster Linie Strommodulation benutzt. Die Steuerung geschieht in der Regel durch den Wehnelt-Zylinder. Die Steuerspannungen können um so kleiner werden, je größer die Steilheit der Steuercharakteristik ist. Um hier möglichst große Steilheiten zu erreichen, werden bei den Tonaufzeichnungsröhren des Verfassers enge Wehnelt-Zylinder angewendet. Solange ausschließlich Zylindersteuerung in Frage kommt, können die Röhren mit verhältnismäßig kleinen Abmessungen gebaut werden. Eine Grenze ist lediglich durch die mit verringertem Gasvolumen abnehmende Lebensdauer und Druckstabilität gegeben. Über eine Anwendung der Strommodulation durch Blendsteuerung im Innern der Röhre ist nichts bekannt geworden. Dagegen hat man anfangs eine Ablenklichtsteuerung des Fluoreszenzlichtes ohne Strommodulation dadurch bewirkt, daß der Fluoreszenzfleck auf dem Schirm ähnlich wie bei dem oben schon erwähnten Amplitudenverfahren mehr oder weniger in eine reelle Spaltöffnung gelenkt wurde. Der Unterschied gegenüber der in Abb. 394 angegebenen Methodik der Amplitudensteuerung liegt nur darin, daß die Fluoreszenzfleck- oder Fluoreszenzstrichablenkung senkrecht zur Spaltrichtung erfolgt. Grundsätzlich ist bei dieser Art Lichtsteuerung im Interesse linearer Empfindlichkeitskurve und großer Ablenkempfindlichkeit durch Vorspannungserteilung zu bewirken, daß außerhalb der Zone des Nullpunktsfehlers gearbeitet wird. Die oben geschilderte Art der Intensitätssteuerung hat wegen der großen Baulänge der Röhre, wegen der größeren Empfindlichkeit gegen äußere Störfelder und wegen der leichteren Übersteuerbarkeit keine große Bedeutung erlangt. Die Aussteuerkurve verläuft ähnlich ungünstig wie bei einer Kerrzelle, d. h. bei sehr weitgehender Übersteuerung tritt ein Rückgang der Helligkeit ein.

Gute Lichtausbeute ist dann leichter zu erreichen, wenn der Fluoreszenzfleck eine Form hat, die ähnlich dem auf dem Film gewünschten schmalen Aufzeichnungsstrich ist. Um eine längliche Form des Fluoreszenzleuchtens zu erhalten, bestehen verschiedene Möglichkeiten. Man kann den Strahl streifend auf den Leuchtschirm auffallen lassen oder durch sehr starke, räumlich konzentrierte Magnetfelder breit drücken. Die zweite Methode hat den Vorteil, daß bei ihr Lagenveränderung unter dem Einfluß der Lichtsteuerung kaum stattfinden kann. Die Strahllage ist magnetisch festgehalten. Durch Justierung des Magneten kann der Fluoreszenzstrich bequem justiert, durch Änderung des Magnetisierungsstromes seine Breite verändert werden. Dieses von Frieß praktisch durchgebildete Verfahren hat den Vorteil, daß die Strichbildung nicht durch Ausblendung mit Verlusten erfolgt, sondern dann die gesamte Strahlenergie nutzbar gemacht wird. Die magnetische Strahlverbreiterung wird häufig in Kombination mit elektrischer Strahlverbreiterung benutzt. Das Auseinanderziehen des Fleckes mit Hilfe einer hoch- oder mittelfrequenten magnetischen oder elektrischen Ablenkung hat den Vorteil, daß Striche entstehen, die in ihrer ganzen Länge gleichmäßige Leuchtdichte besitzen. Dies ist ganz besonders der Fall, wenn die Strahlablenkung nicht durch eine Sinusschwingung, sondern durch eine Kippschwingung erfolgt. Zu beachten ist, daß zur Aufrechterhaltung einer guten Gaskonzentrationswirkung die Ablenkfrequenz möglichst niedrig zu wählen ist (Größenordnung

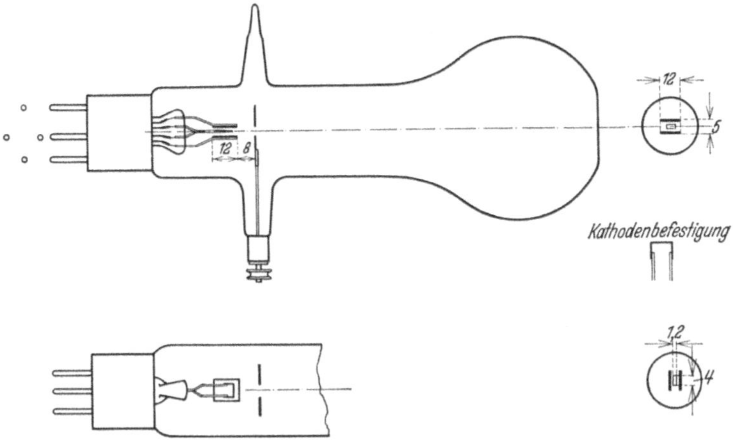

Abb. 397. Anordnung zur Erzeugung von Fluoreszenzstrichen.

10^5 Hertz). Die absolute Größe der Leuchtdichte nimmt natürlich durch Verteilung der Strahlenergie auf eine größere Fläche ab. Anfänglich ist diese Abnahme jedoch infolge von Sättigungs- und Ermüdungserscheinungen des Fluoreszenzschirmes nicht vorhanden oder nur sehr schwach. Praktisch sind Fluoreszenzstrichlängen der Größenordnung 1 cm üblich, bei einer Strichbreite von $^1/_2$—1 mm. Findet eine Lagenänderung statt, die klein bleibt gegenüber der Breite des Fluoreszenzstriches, so ist evtl. durch eine weitere Ablenkung mit stark abweichender Frequenz in senkrechter Richtung zum Strich eine künstliche Verbreiterung vorteilhaft. Auch diese führt selbstverständlich zu einer Abnahme der Leuchtdichte und ist daher möglichst klein zu halten (Ablenkamplitude Größenordnung 1—2 mm).

Eine andere zur Herstellung leuchtender Striche oder leuchtender Rechteckflächen gelegentlich benutzte Methode, die auch in Kombination mit dem einen oder anderen oben angedeuteten Verfahren verwendet worden ist, besteht in der Stricherzeugung durch das Elektrodensystem der Röhre (Abb. 397). Gegenüber den schon im ersten Teil des Buches angedeuteten Anordnungen ist in Abb. 397 die besondere Ausgestaltung des Fadens zu erwähnen, der bei gleichmäßiger Oxydauftragung und geringer Überheizung infolge der U-Form eine auch an den Enden ziemlich scharf begrenzte strichförmige Emissionsquelle darstellt. Da der Anodenstrom bei der Ergiebigkeit dieser Kathode die Größenordnung 10^{-3} Ampere erreicht, genügen bereits verhältnismäßig geringe Anodenspannungen, um die erforderliche Leuchtdichte zu erhalten. Der Rücktransport so hoher Elektronenströme vom nicht abgeleiteten Fluoreszenzschirm über den Gasraum geht nicht immer schnell genug vor sich. Es zeigen sich intensive Schirmaufladungen. Aus diesem Grunde sind bei solchen Röhren, falls nicht schon eine Schirmableitung vorgesehen werden kann, eine dem Schirm benachbarte und mit der Anode zu verbindende Hilfselektrode großer Oberfläche vorgesehen worden. Bei der Zeichnung Abb. 397 ist diese Hilfselektrode fortgelassen.

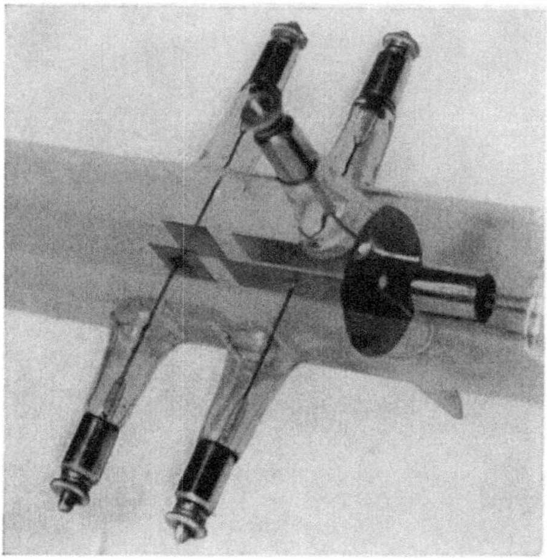

Abb. 398. Elektrodensystem einer Frieß-Röhre für Amplitudenschrift.

Zur Erreichung der Amplitudenschrift ist zunächst auch wieder nach Möglichkeit ein länglicher Fluoreszenzfleck anzustreben, der mehr oder weniger in die Spaltfläche einzutauchen hat. Gelegentlich sind auch die zur Stricherzeugung angewendeten Ablenkspannungen direkt moduliert worden, um Tonaufzeichnung ohne Zuhilfenahme eines Spaltes zu erreichen. Daß diese Modulation auch bei den an sich günstigeren Kippschwingungen fehlerfrei gelingt, wurde in dem Kapitel über die elektrische Zeitablenkung bereits angegeben (B, V, 2). Ein Nachteil der Modulationsverfahren besteht darin, daß außer bei Verwendung komplizierter Ausgleichsschaltungen mit zunehmender Amplitude die Dichte abnimmt, da die Strahlenergie sich auf eine größere Fläche verteilt. In gewissen Grenzen kann durch Übersteuerung bei der Belichtung dieser Fehler abgeschwächt werden. Verbreiteter ist die schon eingangs angedeutete Methodik, einen Fluoreszenzstrich möglichst gleichmäßiger Leuchtdichte mehr oder weniger den Spalt ausfüllen zu lassen. Die Ablenkung des Striches geschieht am besten vor der Auseinanderziehung zu einem Strich, damit im Interesse kleinster Steuerspannungen oder -ströme die Ablenkmittel möglichst dicht an den Strahl herangebracht werden können. Eine derartige Anordnung der Elektroden zeigt Abb. 398. Unmittelbar hinter der Anode ist hier ein langes, enges Plattenpaar vorgesehen, das relativ große Ablenkempfindlichkeit vermittelt. An diesem Plattenpaar liegt die Modulationsspannung. Hinter diesem Plattenpaar befindet sich in gleicher Richtung ein zweites mit geringer Empfindlichkeit (kürzere Platten, größerer Plattenabstand). An diesem Plattenpaar liegt eine mittelfrequente Hilfsspannung zur

Stricherzeugung. Ebensogut kann die Stricherzeugung von außen her durch magnetische Ablenkung bewirkt werden. Auch die gleichzeitige Zuführung von Niederfrequenz und Hochfrequenz an ein und dasselbe Plattenpaar — unter Vorschaltung passend dimensionierter Drosseln — hat gelegentlich Anwendung gefunden. In den vorstehenden Zeilen sind unter zahlreichen möglichen Kombinationen nur diejenigen herausgewählt, deren praktische Verwendung besonders bekannt geworden sind. Eine weitere große Anzahl von Möglichkeiten ergibt sich durch Permutation anderer, schon im Rahmen dieses Buches gebrachter Konstruktionen und Hilfsschaltungen. Besondere Bedeutung dürfte auch für die Tonfilmaufnahme die mit äußeren Konzentriermitteln und daher auch von außen zusätzlich beeinflußbare Hochvakuumelektronenstrahlröhre in Zukunft erlangen.

5. Praktische Ausführungen von Aufnahmeeinheiten.

Die Tonfilmaufzeichnung gelingt vorzüglich mit normalen Oszillographenröhren. Trotzdem wurde sehr bald zu gedrungenen Röhrenkonstruktionen übergegangen, um die Baulänge der Aufnahmegeräte zu verringern. Gleichzeitig mit der Verkürzung des Strahlweges zeigt

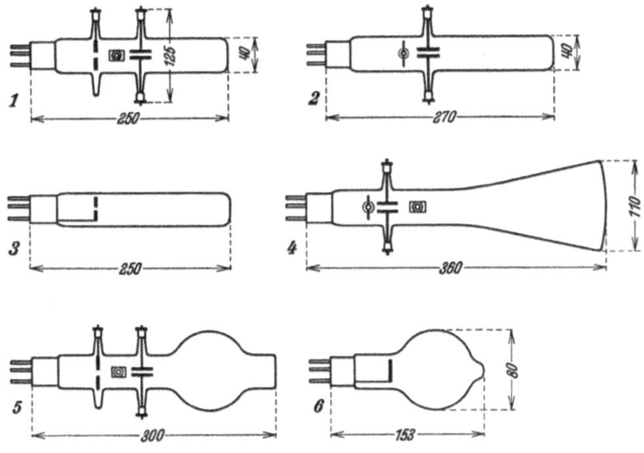

Abb. 399. Ausführung und Abmessungen handelsüblicher Röhren für Tonaufzeichnung.

sich auch eine Zunahme der am Schirm auftreffenden Strahlenergie infolge abnehmender Verluste im Gasraum. Die Abmessungen verschiedener, handelsüblicher Tonfilmröhren mit mehr oder weniger universellen Verwendungsmöglichkeiten, d. h. mit mehr oder weniger Ablenkplatten sind aus Abb. 399 erkennbar. Bei den in Frage kommenden Strahlintensitäten bleibt die Glaserwärmung gerade noch unterhalb des kritischen Wertes, so daß sich Abkühlvorrichtungen erübrigen. Die Lebensdauern der Röhren liegen je nach der spezifischen Belastung zwischen etwa 10 und 500 Stunden. Je nach den speziellen Anforderungen werden die Röhren mit Kathoden ausgerüstet, die sehr scharfe, flächen- oder strichförmige Fluoreszenzflecke liefern. Eine Betriebsschaltung einer Tonfilmaufnahmeröhre ist in Abb. 400 abgebildet.

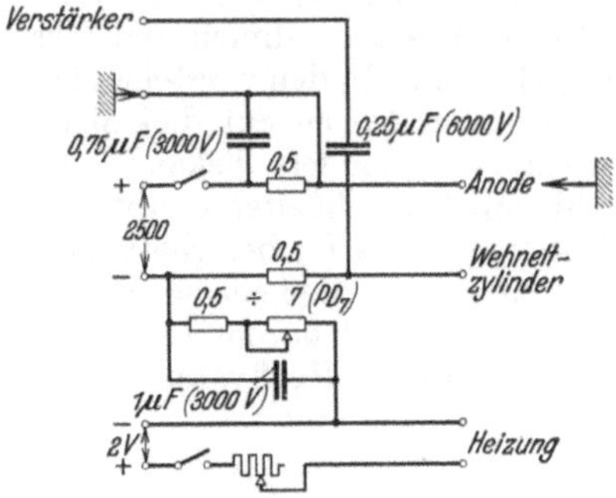

Abb. 400. Betriebsschaltung für Tonfilmaufnahme-Röhren.

Die Lösung der Erdungsfrage, die Zuführung der Steuerwechselspannung ist hier zu erwähnen. Im allgemeinen wird wie bei der Schaltung Abb. 400 auch bei Tonaufzeichnung die Erdung der Schaltung an der Anode der Röhre vorzunehmen sein. Nur bei Röhren ohne Ablenkplatten für reine Intensitätssteuerung empfiehlt sich die Erdung am Kathodenpunkt. Grundsätzlich sollte bei der Tonfilmaufnahme die Heizung nicht mit Wechselstrom, sondern mit einem Akkumulator erfolgen. Auch bei der Gleichspannungsquelle, die Anoden- und Zylinderspannung liefert, ist größte Konstanz erforderlich. Entweder sind hier Batterien üblich, oder es werden die oben erwähnten

Abb. 401. Fahrbare Kathodenstrahl-Aufnahmeeinrichtung der Frieß A. G.

Hochfrequenznetzanschlußgeräte benutzt. Die letzteren erfordern nur eine kleine Anodenbatterie und evtl. einen zusätzlichen Heizakkumulator und sind daher für transportable Anlagen hervorragend geeignet.

Die konstruktive Ausführung der Aufnahmekamera von Breusing-Lignose ist schon zu Beginn dieses Abschnittes gebracht worden. Die konstruktive Ausführung einer kompletten, fahrbaren Aufnahmeeinrichtung der Frieß A.G. ist aus Abb. 401 ersichtlich. Links oben befindet sich mit verschiedenen Kontrollinstrumenten versehen die Verstärkereinrichtung, der Sender zur Stricherzeugung sowie die Betriebsschaltung

Abb. 402. Anordnung von Abbildungsoptik und Optik zur Beobachtung des Spaltbildes während der Aufnahme (Frieß A. G.).

für die Aufzeichnungsröhre. Von hier führt ein abgeschirmtes Kabel zu der rechts angeordneten Kathodenstrahlröhre, die justierbar vor der Abbildungsoptik montiert ist. Mit Hilfe einer einfachen Beobachtungsoptik kann die Fleckschärfe während der Aufnahme kontrolliert werden. Durch diese Beobachtung erfolgt gleichzeitig eine Kontrolle des Aussteuerungsgrades. Die Anordnung von Aufzeichnungs- und Beobachtungsoptik bei der Frieß-Apparatur zeigt Abb. 402. Im unteren Teile des Wagens sind die Akkumulatoren und Batterien untergebracht.

II. Die Verwendung im Fernsehsender und Fernsehempfänger.

Solange das Prinzip der punktweisen Auflösung und Wiederzusammensetzung des Bildes, d. h. solange das Rasterverfahren benutzt werden muß, wird das Fernsehen ein typisches Beispiel für schnelle, hochfrequente Energieumwandlungen bleiben. Die Voraussage, nach der das spätere Fernsehen auf rein elektronischer Grundlage ohne Motore, Scheiben, Spiegelräder u. dgl. vor sich gehen wird, die von F. Schröter[1] mit großer Bestimmtheit vor einigen Jahren ausgesprochen wurde, scheint

[1] Schröter, F.: Die Braunsche Röhre als Fernseher. Z. Fernsehen Bd. 1 (1930) Nr. 1 S. 4.

sich zu bestätigen. Die Entwicklungslinie des Fernsehens folgt, wenn man die jüngste Entwicklung mitberücksichtigt, augenscheinlich der Entwicklungslinie anderer Entwicklungsgebiete hochfrequenter, elektrischer Schwingungen. Immer zeigt sich die Tendenz, mechanische Vorrichtungen durch praktisch trägheitsfreie Hochvakuum-Elektronenröhren oder mit geringer Trägheit behaftete Gasentladungsröhren zu ersetzen, wie bereits die Technik der Verstärker, der Gleich- und Wechselrichter gezeigt hat.

1. Grundsätzliche Gesichtspunkte.

Die Braunsche Röhre besitzt alle die Eigenschaften, um die ihr im Sinne der angedeuteten Entwicklungslinie zukommende Stellung in der Fernsehtechnik vollständig einzunehmen und zu behaupten. Ihre grundsätzlichen Vorzüge sind:

1. Fortfall aller mechanischen Antriebsmittel, infolgedessen ein völlig lautloser Betrieb.

2. Für Ablenkung und Modulation des Kathodenstrahles sind nur sehr geringe Leistungen notwendig, so daß der Verstärker- und der Synchronisieraufwand klein bleiben.

3. Die Strahllage und Strahlhelligkeit wird nicht wie bei mechanischen Einheiten mit getrennten Vorrichtungen gesteuert.

4. In der Regel keine Absorptions- und Aperturverluste durch kombinierte Optiken.

5. Ideale räumliche Lichtverteilung des Schirmbildes.

6. Die Strahlleistung läßt sich ohne Ausblendung, d. h. ohne Verluste zur Fluoreszenzlichterzeugung ausnutzen.

7. Zufolge der Trägheitsfreiheit des Strahles können auch solche Abtastmethoden zur Anwendung kommen, bei denen sprunghafte Änderungen der Abtastgeschwindigkeit gegeben sind.

8. Die Gleichmäßigkeit der Bildrasterung hängt nicht von der teuren Präzisionsausführung mechanischer Teile ab, sondern in erster Annäherung nur von der Kurvenform der Ablenkung.

9. Die Möglichkeit, durch einfache Dimensionierungsänderungen die Abtastung mit anderen Zeilenzahlen und anderen Bildzahlen vorzunehmen, ist gegeben.

10. Durch kleine Zusatzschaltungen kann zu anderen Abtastsystemen übergegangen werden.

11. Der Aufbau der Röhre geschieht aus durchweg einfachen und billigen Elementen.

2. Historischer Überblick.

Die aufgezählten Vorzüge sind zu einem großen Teile schon sehr frühzeitig erkannt worden. Weit vorausschauend hat Rosing schon 1907 die Braunsche Röhre für die Empfangsseite vorgeschlagen. Ebenfalls sehr präzise Vorschläge sind mit den Namen Campbell-Swinton,

Nicolson, Dauvillier, Dieckmann, Sabbah und Skaupy verknüpft. Neben den Vorschlägen der eben genannten Erfinder findet sich in der Patentliteratur eine große Zahl von weiteren Anregungen verstreut, die jedoch zum großen Teile für die praktische Lösung von untergeordneter Bedeutung geblieben sind und daher bei dieser Aufzählung unberücksichtigt bleiben sollen. Fast alle älteren Patentvorschläge sind niemals praktisch ausgeführt worden. Die Technik der Verstärker und die Technik von Photozellen und Braunscher Röhre hatten den zur praktischen Verwirklichung erforderlichen Stand noch nicht erreicht. Die ersten tastenden Vorversuche finden im Jahre 1924 durch Dauvillier, und ein wenig später durch Dieckmann statt, der auf der Münchener Verkehrsausstellung bereits Silhouetten einfacher geometrischer Figuren zeigte. Diese Arbeiten mußten deshalb Vorversuche bleiben, weil bei ihnen nur normale, der damaligen Technik entnommene Teile kombiniert wurden. Die planmäßige Entwicklung des Braunschen Röhrenempfängers wurde etwa gleichzeitig und unabhängig voneinander in Amerika von Zworykin und in Deutschland vom Verfasser betrieben. An beiden Stellen wurden, ehe kombinierte Versuche stattfanden, die wichtigsten Einzelelemente einer Untersuchung und einer Verbesserung unterzogen. Zworykin widmete besondere Aufmerksamkeit der Durchbildung von Photozellen und Kathodenstrahlröhren, während der Verfasser sich der Entwicklung aperiodischer Verstärker und der Kathodenstrahlröhre zuwandte. In einem Vortrag im Januar 1930 konnte durch Vorführungen nachgewiesen werden, daß die Braunsche Röhre hinsichtlich Punktschärfe und Punkthelligkeit zur Herstellung eines präzisen, lichtstarken Rasters laboratoriumsmäßig durchgebildet war. In der Folgezeit wurde dann an dem Problem der Lichtsteuerung ohne Lagenänderung gearbeitet, bis die Aussicht bestand, bei kombinierten Versuchen schnell zu befriedigenden Resultaten zu gelangen. Inzwischen erhielt Zworykin die ersten Bilder, allerdings noch mit sinusförmiger Bildabtastung. Die ersten gleichmäßig ausgeleuchteten und mit gleichmäßiger Schärfe geschriebenen bewegten Bilder, deren Qualität die der auf mechanischem Wege damals erzielten bewegten Bilder nahekam oder übertraf, wurden vom Verfasser in der Zeit vom November 1930 bis April 1931 erreicht. Schon zu Beginn der Versuche wurde zur Abtastung durch Kippspannungen mit linearem Anstieg übergegangen, da diese sich der Abtastung durch Sinusspannungen weit überlegen zeigten. Das erste photographierte Fluoreszenzschirmbild mit Halbtönen, das im Dezember 1930 vorgeführt wurde, ist in Abb. 403

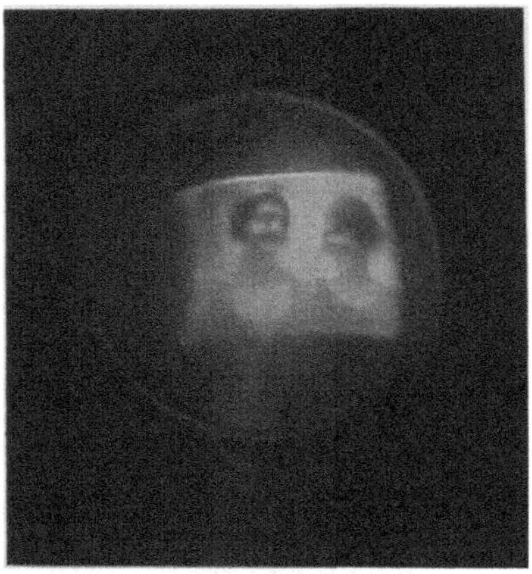

Abb. 403. Fluoreszenzschirm-Fernsehbild (Dezember 1930).

abgebildet. Schon wenige Monate später konnten einem großen Kreise bewegte Bilder von der in Abb. 404 durch unretuschierte photographische Aufnahmen des Fluoreszenzschirmes belegten Qualität vorgeführt werden. Dieses Bild entspricht einer Bildpunktzahl von etwa 9000 und zeigt über das ganze Bildfeld eine präzise Lichtsteuerung. Es zeigt ferner außerordentlich starke Kontraste bei guter Zeichnung der Halbtöne. Weiterhin ist bei ihm eine Störung des Bildinhaltes durch die Nullpunktsanomalie vermieden.

Zum Teil unter dem Eindruck dieser Resultate, die durch Vorführungen bekanntgegeben wurden, setzte an den verschiedensten Stellen eine intensive Weiterentwicklung des Kathodenstrahlfernsehempfängers

Abb. 404. Unretuschiertes vom Fluoreszenzschirm photographiertes Bild (v. Ardenne, April 1931).

ein. In diesem Zusammenhang sind die Arbeiten von Hudec (Reichspostzentralamt) zu erwähnen, der speziell die Abtastung und Synchronisierung mit Röhrenkippschaltungen bearbeitet hat und schon im Herbst 1931 mit getrennter Synchronisierung bewegte Fluoreszenzschirmbilder zeigen konnte (Funkausstellung 1931).

Eine sehr wirksame Förderung verdankt die Fernsehtechnik mit Braunscher Röhre den unter der Leitung von F. Schröter ausgeführten, sehr systematischen Arbeiten der Telefunken G. m. b. H. Die Versuche der Telefunkengesellschaft an kombinierten Einheiten beginnen etwa gleichzeitig mit den Arbeiten von Hudec. Die ersten öffentlichen Vorführungen konnten mit großer Qualität (Rasterung etwa 10 000 Bildpunkte und getrennter Synchronisierung) auf der Funkausstellung 1932 stattfinden.

Nachdem bei den Versuchen im Frühjahr 1931 vom Verfasser erkannt wurde, daß die Qualitätsbegrenzung in erster Linie auf der Sendeseite lag, und die Mittel für die beabsichtigte Einsetzung der Hochspannungsoszillographentechnik für die Weiterbearbeitung der Aufgabe nicht zur Verfügung standen, wandte der Verfasser seine weiteren Arbeiten auf die praktische Durchführung der von Thun angegebenen Liniensteuerung. Vorführungen von Bildern geringerer Qualität nach der Liniensteuerungsmethode fanden schon im Frühjahr 1931 statt. Bewegte Bilder mit einer Qualität, die derjenigen nach der Intensitätsmethode erhaltener Bilder nahezu gleichkam, wurden Ende 1931 gezeigt.

3. Kathodenstrahlfernsehsender und Bildabtastung.

Auch für Sendezwecke ist die Braunsche Röhre frühzeitig und oft vorgeschlagen worden (Schoultz, Zworykin, Sabbah, Farnsworth). Der Grundgedanke aller älteren Vorschläge ist, daß an Stelle des Leuchtschirmes ein photoaktives Zellenmosaik gesetzt wird, welches ein darauf optisch abgebildetes Bild durch den abtastenden Kathodenstrahl zur Modulation einer Trägerschwingung benutzt. Die Vorschläge zur Erreichung dieses Zieles sind sehr verschieden und zum Teil sogar weder in elektrischer noch in quantentheoretischer Beziehung einwandfrei. Ihre praktische Durchführung stößt weiterhin auf erhebliche vakuumtechnische Schwierigkeiten. Auch die vorgesehenen photoaktiven Schichten oder Rasterelemente lassen sich nach dem heutigen Stande der Technik nicht mit der erforderlichen Gleichmäßigkeit herstellen. Immerhin verdient dieses Prinzip insofern Erwähnung, als bei einzelnen Lösungen, bei denen eine Integrierung des Lichteindruckes über die gesamte Bilddauer stattfindet, die grundsätzliche Möglichkeit besteht, Bilder normaler Helligkeit zu übertragen [1]. Über die praktische Verwirklichung des angedeuteten Gedankens mit erwähnenswerten Resultaten ist nichts bekannt geworden.

Ein anderer Vorschlag über die Verwendung der Braunschen Röhre zur Abtastung stammt von Thun (Sommer 1930). Dieser Vorschlag wurde wenige Monate später vom Verfasser praktisch verwirklicht. Da derselbe im Prinzip bis heute beibehalten wurde, soll dieser Vorschlag und seine praktische Verwirklichung im Rahmen dieses Abschnittes eingehend behandelt werden.

Das Prinzip dieses Senders sei an Hand der Versuchsanordnung Abb. 405 erläutert. Die Ablenkplatten von Sender- und Empfängerröhre sind hier parallel geschaltet, so daß bei richtig gewählter Zeilenkippspannung (Spannung an den Querplatten) und Bildkippspannung (Spannung langsamer Frequenz an den Lotplatten) der Kathodenstrahl bei beiden Röhren synchron eine Rechteckfläche in aufeinanderfolgenden Zeilen abtastet. Das entstehende Rasterbild auf dem Fluoreszenzschirm der Senderöhre wird über eine lichtstarke Optik scharf auf dem zu übertragenden Diapositiv oder Filmstreifen abgebildet. Hinter dem Diapositiv ist eine Photozelle angeordnet. Jeder Augenblicksstellung des Fluoreszenzpunktes entspricht ein bestimmter Lichtstrom, der die Photozelle trifft. Die Größe dieses Lichtstromes hängt ab von der

---

[1] Vgl. Schröter, F.: Handbuch der Bildtelegraphie und des Fernsehens S. 62. Berlin: Julius Springer.

Durchlässigkeit des Diapositives am Ort der optischen Abbildung des Fluoreszenzfleckes.

Bei Anwendung der im Rahmen dieses Buches beschriebenen Röhren und bei Anwendungen von Anodenspannungen, die im Laufe der Entwicklung bis zu 8000 V bei Wasserstoffgasfüllung getrieben wurden, entstehen an dem Photozellenwiderstand auch von schnellen Schwankungen Wechselspannungen, die genügend oberhalb des Schrotpegels

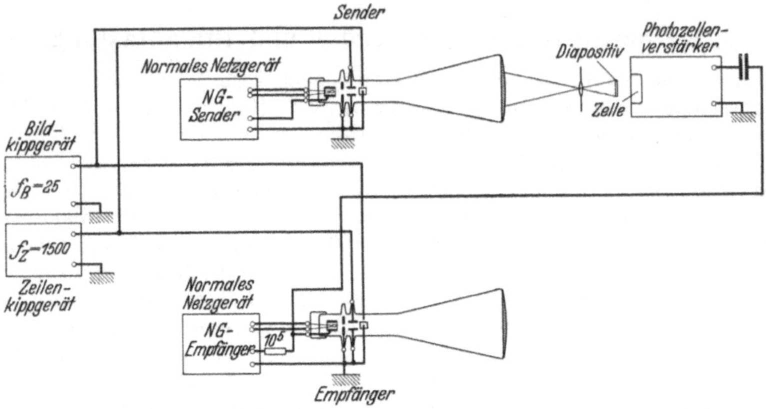

Abb. 405. Schaltung für Fernsehversuche im Kurzschluß.

liegen, also verstärkbar sind. Die verstärkten Photospannungen werden bei dem besprochenen Schema der Empfangsröhre zugeführt, in der die Lichtsteuerung mit Hilfe des Wehnelt-Zylinders erfolgt. Diese einfache Anordnung ermöglicht unter Anwendung normaler Meßröhren, normaler Netzgeräte und normaler Kippgeräte und unter Anwendung von Photozellen mit Argonfüllung und guter aperiodischer Verstärker (s. oben) bereits viele interessante Versuche und leidliche Resultate. Sie ist speziell als Demonstrationsanordnung vorzüglich geeignet.

a) Die Wahl der Abtastspannungen.

Bei der Wahl der Abtastspannung liegt die Entscheidung hauptsächlich zwischen Sinus- oder Kippspannung. Die Abtastung mit Sinusspannungen hat den Vorteil, daß sie besonders geringe Anforderungen an Empfänger und Verstärker stellt, und daß die Selektion der Bild- und Zeilenspannung besonders einfach gelingt. Die Erzeugung der Bild- und Zeilenspannung kann leicht in geeigneten Tongeneratoren geschehen. So vorteilhaft die Sinusabtastung aus elektrischen Gründen zu sein scheint, sie kommt trotzdem kaum in Frage. Durch die veränderliche Strahlgeschwindigkeit sind bei der Sinusabtastung erhebliche Helligkeitsunterschiede gegeben. Der durch die Umkehrpunkte begrenzte Rand der leuchtenden Fläche erscheint außerordentlich hell, die Mitte dagegen verhältnismäßig dunkel. Man könnte sich hier dadurch helfen, daß man den Bildrand etwas abblendet, eine Maßnahme, die auf der Empfängerseite auf jeden Fall empfehlenswert ist, um ein scharf umrandetes Bildformat zu erhalten. Ein weiterer Nachteil ist die dann resultierende, gegenüber der Kippabtastung geringere mittlere Bildhelligkeit. Die ungleichmäßige Geschwindigkeit der Abtastung hat Verschiedenheiten des möglichen Detailreichtums auf der Bildfläche zur Folge. Gerade die Mitte des Bildes, die zwangsläufig die höchste Aufmerksamkeit auf sich zieht, wird am schnellsten abgetastet und verfügt daher, solange kritische Trägheiten die Wahl der Zeilenfrequenz beeinflussen, über die schlechteste Zeichnung. Sind in der Übertragungseinrichtung, wie dies jedenfalls in absehbarer Zeit noch der Fall sein wird, kritische Trägheiten gegeben, so verschlechtern dieselben bei Sinusabtastung die Konturen in der Zeile vielmehr, als bei Abtastung in nur einer Richtung. Die Trägheiten bewirken bekanntlich nicht nur eine Konturenverwaschung, sondern eine Verschiebung der Bildelemente in Richtung späterer Zeitmomente. Diese Verschiebung fällt bei dem zwangsläufigen Synchronismus der besprochenen Versuchsanordnung sofort auf, wenn die Zeilenfrequenz im Vergleich zu den Trägheiten der Anordnung zu groß gewählt wird. Sie ist in der Regel bereits wesentlich eher zu beobachten, als die gleichzeitig einsetzende Konturenverwaschung. Die Verschiebung durch bestehende Trägheiten ist bei Abtastung in nur einer Richtung nicht weiter kritisch. Bei Abtastung in zwei Richtungen, wie es bei Sinusabtastung zwangsläufig der Fall ist, tritt jedoch eine Aufspaltung des Bildes ein, die das Bild ungemein schädigt und dazu zwingt, mit unnötig tiefen Zeilenfrequenzen und entsprechend niedrigen Bildpunktzahlen zu arbeiten. Die praktische Auswirkung dieses Aufspaltens wurde bereits an anderer Stelle an Hand von Beispielen diskutiert [1]. Nach diesen Betrachtungen scheint die Abtastung in nur einer Richtung, d. h. die Abtastung mit unsymmetrischen Kippspannungen ausschließlich in Frage zu kommen. Über die zweckmäßige Erzeugung von Kippspannungen finden sich oben (Kapitel B, IV, 2) alle erforderlichen Unterlagen. Von besonderer Bedeutung ist bei der Abtastung, daß die Rückkippzeit möglichst klein ist. Besonders kritisch ist der Rücklauf bei der Bildkippspannung. Er verursacht leuchtende Striche, die quer durch das Bildfeld gehen und besonders in dunklen Partien des Bildes auf der Empfangsseite störend empfunden werden. Bei der Zeilenspannung führt der Rücklauf ebenfalls zu Nachteilen, indem die Bildbreite und damit die mögliche Bildpunktzahl verringert und das mögliche Kontrastintervall verkleinert wird. Um Störungen durch den Rückkippvorgang zu vermeiden, sind verschiedene Wege erfolgreich eingeschlagen worden:

1. Durch möglichst weitgehende Verkleinerung der Zeitkonstanten des Entladekreises ist versucht worden, die Rückkippzeiten so weit abzukürzen, daß sie nur wenige Prozente der Dauer für die gesamte Kippperiode betragen. Dieses Vorgehen führt jedoch nur bei der Zeilenspannung, nicht jedoch bei der Bildspannung zum Erfolg.

2. Zeilen- und Bildspannung wurden so miteinander verkoppelt, daß der Rücklauf in einer Ecke oder an der Seite des Bildes erfolgt. Hierzu

---

[1] Ardenne, M. v.: Über neue Fernsehsender und Fernsehempfänger mit Kathodenstrahlröhren. Z. Fernsehen, April 1931.

ist es notwendig, die Zeilenspannung kurzzeitig während des Rücklaufes der Bildspannung aussetzen zu lassen (Methodik von Hudec).

3. Während des Bildrücklaufes wird durch eine lokale Hilfsschaltung oder noch besser vom Sender her ein Impuls gegeben, der Dunkelsteuerung bewirkt (Vorschlag des Verfassers).

Zur Wahl der Zeilen- und Bildfrequenz ist folgendes zu bemerken. Die erforderliche Bildfrequenz hängt davon ab, ob der Schirm der Empfängerröhre nachleuchtet oder nicht. Schon bald nach den ersten praktischen Versuchen mit nachleuchtenden Schirmen zeigte sich, daß bei dem üblichen Charakter der Ausleuchtkurve auch schon bei verhältnismäßig langsam bewegtem Bildinhalt starke Störerscheinungen hervortreten. In der Folgezeit wurde grundsätzlich mit Schirmen kürzester Nachleuchtzeit gearbeitet. Da mit einfachen Mitteln die Ausleuchtkurve nicht geändert, und insbesondere eine plötzliche Ausleuchtung nicht herbeigeführt werden kann, ist es heute allgemein üblich, auch auf der Empfangsseite mit Fluoreszenzmaterialien geringerer Nachleuchtzeit zu arbeiten [1]. Um normale Tonfilme zu übertragen, sind Bildfrequenzen von 24 pro sec einzustellen, die gerade ausreichend flimmerfreie Bilder liefern. Mit weiterer Steigerung der Bildhelligkeit dürfte sogar damit zu rechnen sein, daß die Bildfrequenz noch weiter auf 36 Hertz, ja sogar 48 Hertz gesteigert wird. Bei gegebener Bildfrequenz wird die Zeilenfrequenz so einzuregeln sein, daß die Zeichnung in Zeilen- und Bildspannungsrichtung etwa gleich gut wird [2]. Von Hudec und etwa gleichzeitig vom Verfasser ist vorgeschlagen worden, die Zeilenfrequenz nicht als ganzzahliges Vielfaches der Bildfrequenz zu wählen, um ein Wandern der Zeilen über das Bild hervorzurufen. Die Zeilenbewegung bedingt einen besseren Bildeindruck [3]. Auf den Kunstgriff der Zeilenwanderung kann allerdings verzichtet werden, wenn die Größe des Fluoreszenzfleckes bzw. die Größe der angewendeten Kippspannungen so eingestellt wird, daß Zeile an Zeile ohne Zwischenraum aneinander anschließen.

Auch auf der Senderseite ist ein enger Anschluß der Zeilen aneinander zu empfehlen. Ein unnötig großer Zeilenabstand hat keine wesentliche Schärfezunahme, wohl aber eine Abnahme der Lichtausbeute infolge der bei der Abbildung maßgebenden optischen Gesetze zur Folge. Im Zusammenhang hiermit sei kurz auf die statischen Grenzen eingegangen, die sowohl bei der Verwendung im Fernsehsender als auch im Fernsehempfänger zu berücksichtigen sind.

b) Die statischen Grenzen für die Bildschärfe.

Die wichtigste Grenze ist gegeben durch die Zahl der Fluoreszenzflecke, die ohne wesentliche Überdeckung auf der ausleuchtbaren

[1] Eine ausführliche Behandlung der Nachleuchtfrage im Hinblick auf die Abtastung findet sich bei F. Schröter: Handbuch der Bildtelegraphie und des Fernsehens, S. 142 u. f.

[2] Vgl. F. Schröter: Handbuch der Bildtelegraphie und des Fernsehens, Kapitel über Gesetze, Probleme und Grenzen des Fernbildrasters.

[3] Hudec, E.: Zur Physiologie des Fernsehens. Elektr. Nachr.-Techn. Bd. 8 (1931) Heft 12 S. 544.

Fläche des Fluoreszenzschirmes aneinandergereiht werden können. Bei den bisher angewendeten Kolbengrößen beträgt die mit Rücksicht auf Schirmkrümmung und Schirmabmessungen aufleuchtbare Fläche 9mal 10 cm, in glastechnisch noch genügend leicht zu verarbeitenden Spezialkolben läßt sich schließlich das zulässige Format auf den Wert von 12mal 14 cm, ja sogar auf 18mal 24 cm steigern. Der Durchmesser des Fluoreszenzfleckes liegt bei normalen Anordnungen in der Größenordnung von $^1/_2$—1 mm. Geht man von der Größe 1 mm aus, so lassen sich bei dem kleinsten der genannten Formate 9000, bei den größten der genannten Formate etwa 25 000 Bildpunkte aneinanderreihen. Bei $^1/_2$ mm Fleckdurchmesser haben bei dem kleinsten genannten Format 36 000 Bildpunkte, bei dem größten genannten Format fast 150 000 Bildpunkte Platz. Die statischen Grenzen liegen also in einer Größenordnung, daß sie bei der Dimensionierung sehr wohl zu berücksichtigen sind, im übrigen aber grundsätzlich die Durchführung außerordentlich feiner Bildrasterungen gestatten. Eine weitere statische Grenze, die insbesondere auf der Empfangsseite zu berücksichtigen ist, wird durch die Körnung des Fluoreszenzschirmes verursacht. Wieweit heute schon die Körnung die erzielbaren Konturen stören kann, mag die Abb. 406 erläutern. Aus dieser Abbildung ist zu erkennen, daß die Körnung hier bereits nicht mehr als Bildfehler zu vernachlässigen ist, und daß die Herstellung besonders feinkörniger Fluoreszenzschirme für Sender und Empfänger von Bedeutung ist. Hier liegt insofern eine Aufgabe vor, die besonderer Bearbeitung bedarf, als die meisten Fluoreszenzmaterialien mit sehr gutem elektrooptischen Wirkungsgrad ihre Leuchtkraft mit abnehmender Korngröße zum Teil einbüßen. Eine weitere statische Grenze, die das Kontrastintervall der Fernseh-Bilder bei den üblichen Röhrenausführungen kritisch einschränkt, ist durch die bereits oben ausführlich besprochene Lichthofstörung gegeben (Abschnitt A, V, 1, d, ε). Erst nach Abschwächung des Lichthofes durch eine der beschriebenen Maßnahmen (Abb. 109 d) gelang es, Bilder mit guten Kontrasten zu erhalten (Abb. 404). Erlauben die statischen Grenzen die Erreichung der geforderten Bildpunktzahl, und sind die Kippspannungen im Sinne obiger Ausführungen gewählt, so sind die wichtigsten Voraussetzungen für die einwandfreie Bildabtastung auf der Sendeseite und Bildsynthese auf der Empfangsseite erfüllt.

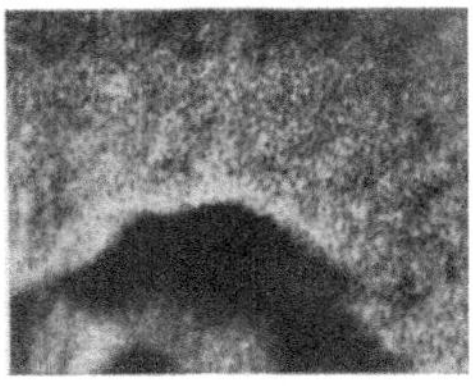

Abb. 406. Fluoreszenzschirmkörnung und Bildzeichnung.

c) Der Kathodenstrahlfernsehsender und seine dynamischen Grenzen.

Die Gesamtansicht einer Kathodenstrahlsendeeinrichtung, die bei den Versuchen des Verfassers Verwendung fand, ist in Abb. 407 wiedergegeben. Im Hintergrund befindet sich die Braunsche Röhre mit dem Netzgerät für einige 1000 V Anodenspannung. Vor der Röhre ist die Filmtransporteinrichtung abgebildet, die auf einem späteren Bilde noch genauer zu erkennen ist. Vor dem Filmtransport ist der Kasten mit Photozelle und erster Verstärkerstufe angeordnet, der seitlich an den Hauptverstärker angesetzt ist. Einzelheiten dieser Verstärkerkonstruktion finden sich oben in dem Kapitel B, II, 1. Die durch die Krümmung

Abb. 407. Filmabtastsender mit Kathodenstrahlröhre.

des Röhrenkolbens entstehenden optischen Fehler sind auch hier zu vernachlässigen. Durch besonders gute Beruhigung von Anoden- und Zylinderspannung sind die 50 Periodenstörungen auszuschalten. Gerade bei den sehr lichtstarken Objektiven, die für den vorliegenden Zweck nur in Frage kommen, ist die Helligkeitsabnahme nach dem Bildrande sehr erheblich. Diese Helligkeitsabnahme wirkt sich bei der Fernsehübertragung außerordentlich störend aus. Aus diesem Grunde wird es notwendig, Objektive relativ langer Brennweite (7,5 cm und mehr) anzuwenden, wenn das gesamte Filmformat gleichmäßig ausgeleuchtet werden soll. Filmtransport und langbrennweitige lichtstarke Optik sind in der Photographie Abb. 408 abgebildet. Der Synchronismus zwischen Filmtransport durch das Malteserkreuz und Kippentladung, der bei der Sendung erforderlich ist, wird bei der abgebildeten Einheit sehr einfach dadurch erreicht, daß die Bildkippentladung über einen mechanischen Kontakt stattfindet, der unmittelbar mit der Filmtransporteinrichtung gekoppelt ist. Dieser Kontakt wird an Stelle der Entladungsröhre in die vorgesehene Kippschaltung eingefügt und bewirkt eine sehr schnelle Entladung. Durch Serienschaltung eines Widerstandes von einigen hundert Ohm ist es zweckmäßig, den Entladungsstoß etwas zu dämpfen. Durch Verwendung besonderer Röhren mit sehr geringem Mikrophoneffekt in der ersten Stufe des Verstärkers gelingt es, trotz der starken Erschütterungen und Geräusche zu erreichen, daß die Störspannungen kleiner bleiben als die Signalspannungen und der Schrotpegel.

Abb. 408.
Filmtransport mit Abbildungsoptik und Bildkippkontakt.

Zwei Grenzen sind es, die bei der Durchbildung von Kathodenstrahlabtastsendern besonders schwer zu überwinden sind: erstens die Grenze durch die zur Verfügung stehende Lichtmenge, zweitens die Grenze durch die Trägheiten des Senderfluoreszenzschirmes.

Die zuerst genannte Grenze ist durch die Verhältnisse im Gitterkreis der ersten Stufe gegeben. Wird von Photozelle und erster Verstärkerstufe eine bestimmte, sehr geringe Trägheit verlangt, so resultiert eine bestimmte, bestmögliche Empfindlichkeit. Diese Empfindlichkeit wird um so kleiner, je kleiner die verlangte Zeitkonstante wird (vgl. oben Kapitel B, III, 4). Geht die im Verlauf der Abtastung eintretende Lichtstromänderung unter diesen Empfindlichkeitswert herunter, d. h.

sinkt die Signalspannung unter die Schrotspannung, so kann im Bilde auf der Empfangsseite nur der durch die Schrotspannung gegebene charakteristische Eindruck vermittelt werden. Von dem Bildinhalt ist dann jede Spur verschwunden. Die Aufnahme eines durch Schrotspannung stark modulierten Zeilenrasters auf der Empfangsseite sei in diesem Zusammenhang gebracht (Abb. 409).

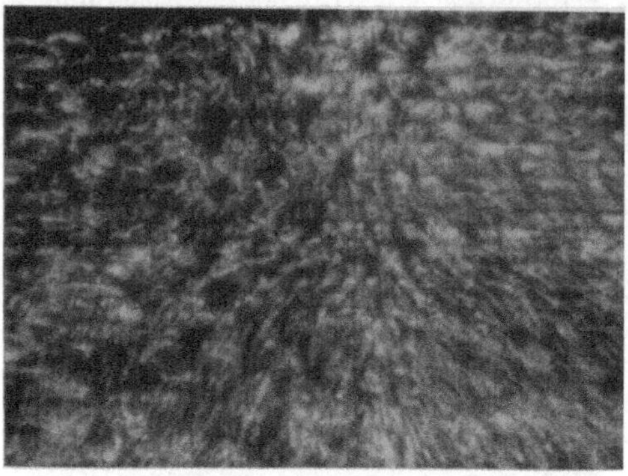

Abb. 409. Zeilenraster auf der Empfangsseite durch Schrotspannung moduliert.

Um ein ausreichendes Kontrastintervall zu vermitteln, ist es notwendig, daß die bei Übergang von hell auf dunkel entstehende Lichtstromänderung über die Photozellen am Gitterwiderstand eine Wechselspannung entstehen läßt mit einer Amplitude von etwa 10^{-5} V. Bei Anwendung gasgefüllter Kathodenstrahlröhren mit leistungsfähigen Kathoden gelingt es, unter günstigsten Betriebsbedingungen und unter Anwendung besonders guter Photozellen bei kapazitätsärmster Ausgestaltung des Photozellenkreises dieser Bedingung zu genügen, bei einer resultierenden Zeitkonstante von etwa $^1/_{200\,000}$ sec. Um mit dem Kathodenstrahlsender feinere Bildrasterungen bei gesteigerter Bildfrequenz zu erhalten, ist es daher, solange nicht Röhren mit vielfach größeren Strahlströmen zur Verfügung stehen, unbedingt erforderlich, von der gasgefüllten Röhre abzugehen und die Hochvakuum-Hochspannungsoszillographen hier einzusetzen. Insbesondere, wenn gleichzeitig die Kathodenergiebigkeit gesteigert wird, erzeugen die Hochspannungsoszillographen bei gleicher Fleckgröße etwa die 20fache bis 100fache Fleckhelligkeit gasgefüllter Röhren. Erst durch den Einsatz der Hochspannungsoszillographentechnik ist der Lichtüberschuß gegegeben, der beim Arbeiten mit den unempfindlicheren, aber trägheitsärmeren Photozelleneingangskreisen unbedingt erforderlich ist. Auch die weitere, durch die Schirmträgheiten gegebene Grenze läßt die Einführung des Hochspannungsoszillographen an dieser Stelle notwendig erscheinen.

Die Frage der Schirmträgheiten und auch die Frage ihrer Messung wurde bereits oben besprochen (Kapitel A, V, 1, d). Ist die resultierende Trägheit vom Photozellenkreis und Verstärker klein gegenüber der Schirmträgheit, so ist es sehr einfach, mit der Versuchsanordnung Abb. 405 den Einfluß der Schirmträgheit auf die Zeichnungsmöglichkeiten im Fernsehbild messend zu verfolgen. Hierzu ist es nur notwendig, die Ausgangswechselspannung zu oszillographieren, die entsteht, wenn ein schmaler Spalt senkrecht zur Zeilenrichtung aus dem Rasterbild ausgeblendet wird. Wird die Zeilenfrequenz gegenüber ihrem Normalwert gesteigert, so wird der Einfluß der Trägheiten verdeutlicht; wird die

Zeilenfrequenz sehr verlangsamt, so gelingt es, den Anteil zu erkennen, den der endliche Strahldurchmesser an der resultierenden Unschärfe hat. Ein Oszillogramm zur Ermittlung der Trägheit, das bei einer Zeilenfrequenz von etwa 1000 Hertz ermittelt wurde, und das die mögliche Schärfe der entstehenden Konturen für die untersuchte, ältere Anordnung charakterisiert, ist in Abb. 410 wiedergegeben. Die Ordinate gibt die Höhe der vom Photoverstärker gelieferten Spannung, die Abszisse den Zeitwert an, der bei der erwähnten Zeilenfrequenz vom Anfang bis zum Ende der leuchtenden Zeile $^1/_{1000}$ sec beträgt. Um zu trennen, wieweit Schirmträgheiten, Bildpunktdurchmesser und die übrigen Trägheiten der Anordnung die resultierende Unschärfe verursachen, empfiehlt es sich, neben einer Messung wie der angedeuteten weitere Untersuchungen mit sehr schnell bewegten rotierenden Spiegeln oder mit Anordnungen durchzuführen, bei denen der Fluoreszenzfleck mit verschiedenen Hochfrequenzen vor einer Spaltöffnung bewegt wird.

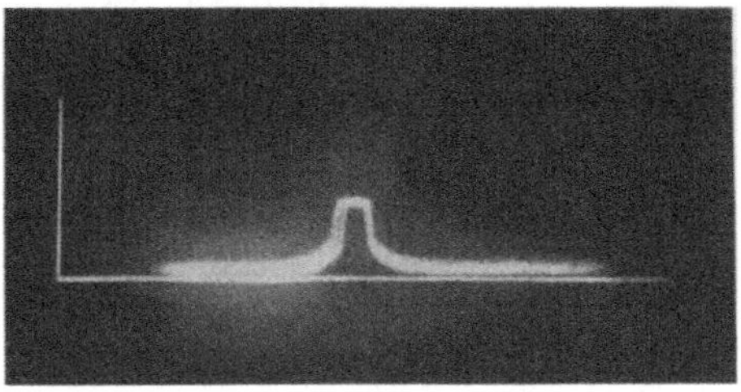

Abb. 410.
Oszillogramm zur Beurteilung der Zeichnungsmöglichkeiten einer Fernsehsendeeinrichtung.

Bei der zuletzt erwähnten Methodik ist mit Hilfe einer zweckmäßig geeichten, abgestimmten, im übrigen gut abgeschirmten Photozellenanordnung zu messen, nach welchem Gesetz eine Veränderung des Schwankungsbetrages mit der Ablenkfrequenz erfolgt. Eine spezielle, für diese Zwecke hergestellte Spaltanordnung ist aus Abb. 411 zu erkennen; Spalte verschiedener Breite können hier vor den Fluoreszenzstrich gebracht werden. Durch Ausblendung des Mittelteiles wird eine Frequenzverdoppelung erreicht, die im Interesse der Vermeidungen von Einstreuungen des Ablenksenders auf die Meßanordnung erwünscht ist. Das angedeutete Untersuchungsverfahren ist einfacher als die früher angedeutete Methodik mit Modulation der Strahlintensität, da es bei ihr leichter ist, Fehler durch Frequenzabhängigkeiten infolge der Gasfüllung zu kontrollieren und zu korrigieren. Das letztere beispielsweise dadurch, daß immer wieder auf gleiche Fleckschärfe und gleiche Ausschlaggröße eingeregelt wird. Untersuchungen mit dieser Methodik bestätigen die schon oben angedeuteten Resultate, wonach bei den besten Kalziumwolframat Schirmträgheiten von etwa $^1/_{500\,000}$ sec bestehen. Da bei dem größeren Lichtüberschuß des Hochspannungsoszillographen auch Fluorszenzmaterialien in Frage kommen, deren elektrooptischer Wirkungsgrad kleiner ist als der des heute für diese Zwecke üblichen Kalziumwolframates, ist es wahrscheinlich, daß Substanzen ausfindig gemacht werden, die bei noch ausreichendem Wirkungsgrad noch wesentlich kleinere Trägheiten besitzen. Möglicherweise gelingt es auch, durch Verwendung von Quarzgläsern den Schwankungsanteil des reinen Fluoreszenzleuchtens so zu heben, daß er nicht mehr $1^1/_2$—2% des Phosphoreszenzleuchtens, sondern vielleicht wesentlich höhere Prozentsätze ausmacht. Auch ist es wahrscheinlich, daß bei systematischer Untersuchung der Fluoreszenzmaterialien solche gefunden werden, bei denen der Betrag des Fluoreszenzlichtes wesentlich höhere, absolute Werte annimmt, als bei dem im Abschnitt über Fluoreszenzschirme besprochenen und diskutierten Kalziumwolframat. Zum mindesten ist es sehr wahrscheinlich, daß durch Weiterbearbeitung der hier angeschnittenen Frage der Kathodenstrahlsender so weit vorgebildet werden kann, daß er die Abtastung von Bildern mit sehr weitgehender Zerlegung gestattet. Wenn im Rahmen dieses Abschnittes dem Kathodenstrahlsender ein größerer Raum gewährt wurde, so geschah dies deswegen, weil die noch heute auf der Sendeseite üblichen mechanischen Einrichtungen bei weitem nicht so einfach und schnell die Veränderung von Zeilen- und Bildfrequenz, evtl. auch die Veränderung der Abtastmethodik gestatten, wie der Kathodenstrahlsender. Völlig versagen die mechanischen Sendeeinrichtungen bei dem Abtastverfahren mit modulierter Geschwindigkeit.

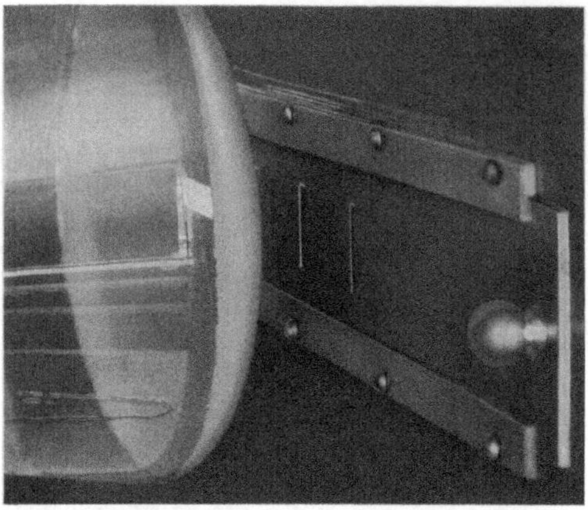

Abb. 411. Die Herstellung von intermittierendem Licht für Nachleuchtmessungen durch Spaltanordnung vor einem durch Hochfrequenzablenkung erzeugten Fluoreszenzstrich.

4. Der Kathodenstrahlfernsehempfänger.

Bei der Verwendung der Braunschen Röhre zum Fernsehempfang bestehen im wesentlichen vier Aufgabenkomplexe:

1. Die Herstellung ausreichend kleiner, scharf begrenzter Fluoreszenzflecke.

2. Erzielung möglichst großer Leuchtdichte im Brennfleck und damit auch im Bildraster.

3. Präzise Helligkeitssteuerung.

4. Präzise, mit der Sendeabtastung synchronisierte Steuerung der Flecklage.

Der zuerst genannte Aufgabenkomplex ist an verschiedenen Stellen dieses Buches zur Genüge behandelt worden. Auch über den zweitgenannten Aufgabenkomplex finden sich bereits eingehendere Ausführungen, insbesondere in den Abschnitten über Kathoden- und Fluoreszenzschirme. Trotzdem sollen an dieser Stelle im Hinblick auf die Bedeutung gerade dieser Zusammenhänge für die Fernseheignung der Braunschen Röhre einige, zum Teil durch Beispiele belegte Betrachtungen angestellt werden.

a) Die erreichbaren Leuchtdichten.

Die Leuchtdichte im Fluoreszenzfleck berechnet sich aus dem Lenardschen Gesetz. Da wirksame Stromdichte im Strahl und Anodenspannung praktisch in der Regel festgelegt sind, liegt die Hauptaufgabe darin, zu erreichen, daß die sog. Materialkonstante im Lenardschen Gesetz möglichst hohe Werte annimmt. Genauere photometrische Untersuchungen ließen erkennen, daß die Materialkonstante keineswegs allein vom Material abhängt, sondern auch in sehr starkem Maße von der Geschwindigkeit der einfallenden Elektronen und von der Zahl der sekundlich auf eine Flächeneinheit des Leuchtschirmes eintreffenden Elektronen. Übersteigt diese Zahl einen bestimmten, wieder vom Material abhängigen Wert, so zeigen sich ausgesprochene Sättigungserscheinungen. Wird die Strahlenergie auf eine ausreichend große Fläche

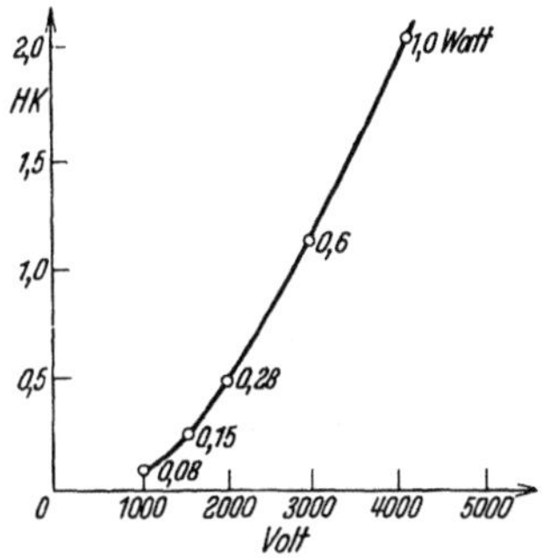

Abb. 412. Vom Strahl erzeugte Fluoreszenzlichtstärke in Abhängigkeit von der Anodenspannung.

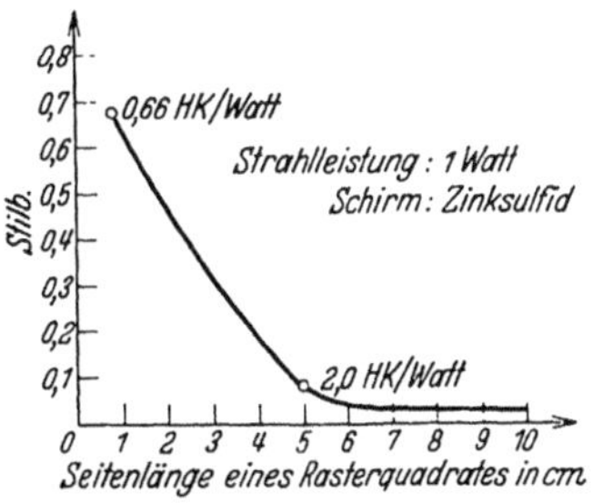

Abb. 413. Leuchtdichte eines Rasterquadrates als Funktion der Seitenlänge.

verteilt, so daß also Sättigungseffekte nicht berücksichtigt zu werden brauchen, so läßt sich die Spannungsabhängigkeit der hier interessierenden Größe für sich allein untersuchen. Nach Messungen von Knoll wurde bei einer Elektronengeschwindigkeit von 80 kV die Größe zu 5,2 HK/Watt, bei Zinksulfid, festgestellt. Mit Elektronengeschwindigkeiten von 4000 V wurde ebenfalls bei Zinksulfid vom Verfasser die Größe zu 2 HK/Watt, bei Anodenspannungen der Größenordnung 1000 V zu etwa 1 HK/Watt bestimmt. Neuere Messungen über die Abhängigkeit der Gesamtlichtstärke des Fluoreszenzlichtes von Anodenspannung und wirksamer Strahlleistung bei einer Röhre mit gutem Fluoreszenzschirm sind in Abb. 412 aufgetragen. Bei dieser Messung wurde die Strahlenergie auf eine Fläche von etwa 25 cm² verteilt. Ob Sättigungserscheinungen schon eine Rolle spielen, läßt sich bei solchen Messungen sehr einfach an Röhren mit abgeleiteten Schirmen dadurch ermitteln, ob die gemessene Lichtstärke linear mit dem Strahlstrom bei variierter Wehnelt-Zylinderspannung verknüpft ist. Die Spannungsabhängigkeit des Leuchtschirmwirkungsgrades ist ein wichtiger Grund dafür, mit nicht zu kleinen Anodenspannungen zu arbeiten. Ob es gelingt, noch wesentlich höhere Wirkungsgrade der Umwandlung von Kathodenstrahlenergie in Licht zu erreichen, ist nicht abzusehen.

Die durch die begrenzte Zahl erregbarer Zentren bedingte Sättigungserscheinung des Leuchtmaterials bewirkt[1], daß die Leuchtdichte nicht ohne weiteres mit zunehmender Rasterfläche linear mit der Fläche abnimmt. Vielmehr nimmt die Leuchtdichte, von den bei kleineren Flächen gemessenen Werten ausgehend, langsamer ab als nach dem zunächst zu erwartenden arithmetischen Verdünnungsgesetz der Helligkeit. Dieser Umstand ist günstig für die Erzielung größerer und trotzdem heller Bilder, aber ungünstig für die Herstellung kleiner Bilder in

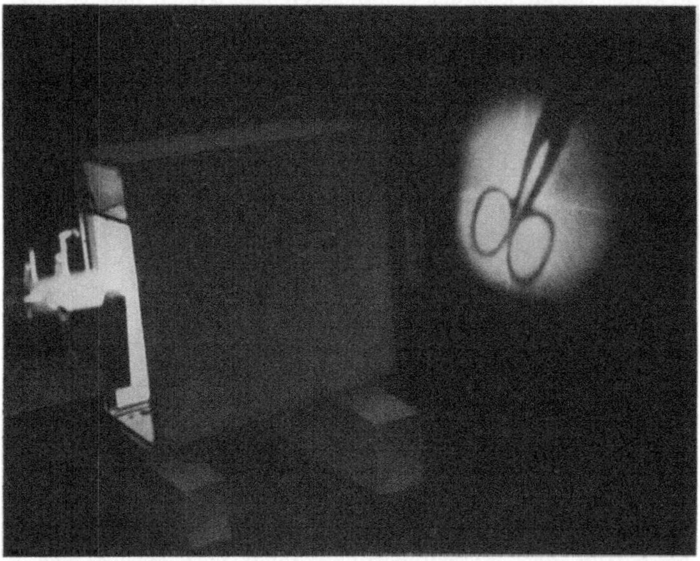

Abb. 414. Bild eines in Betrieb befindlichen älteren Projektionsempfängers.

Röhren für Projektionszwecke. Eine neuere Messung, die die Abhängigkeit der Leuchtdichte bei einer Strahlleistung von einem Watt (Elektronengeschwindigkeit 4000 V) als Funktion der Seitenlänge eines ausgeleuchteten Quadrates zeigt, ist in Abb. 413 gezeichnet. Sättigungserscheinungen scheinen nach dieser Messung erst dann vernachlässigt werden zu können, wenn die Strahlleistung kleinerer Werte als $^1/_{25}$ Watt pro cm^2 annimmt, denn erst oberhalb dieser Fläche von 25 cm^2 sinkt die Leuchtdichte linear mit zunehmender Fläche. Die Leuchtdichte einer normalen Kinoprojektionsfläche[2] beträgt etwa 0,001 Stilb (HK/cm^2). Die Leuchtdichte hat nach den Messungen Abb. 413 bei einer Bildgröße von 10mal 10 cm Werte, die etwa 20mal so hoch liegen wie die Leuchtdichte einer Kinoprojektionsfläche. Infolgedessen gelingt es, das Bildquadrat auch in unverdunkelten Räumen bequem zu beobachten. Wird

[1] Ardenne, M. v.: Die Braunsche Röhre als Fernsehempfänger. Z. Fernsehen Bd. 1 (1930) Nr. 5 S. 195.

[2] Natürlich ohne Zwischenschaltung des Bildes. Die mittlere Leuchtdichte bei eingeschaltetem Bild beträgt etwa $^1/_5$—$^1/_{10}$ dieses Wertes, je nach dem Bildinhalt.

durch einen geeignet konstruierten Lichtschutz dafür gesorgt, daß der Fluoreszenzschirm nicht unmittelbar von künstlicher Beleuchtung oder Tageslichtbeleuchtung getroffen wird, so ist unter allen in Frage kommenden Verhältnissen die Beobachtbarkeit auch bei Intensitätssteuerung gesichert. Bei Intensitätssteuerung geht die mittlere Leuchtdichte etwa auf $^1/_5$ gegenüber den in den Messungen angegebenen Leuchtdichten zurück, wenn ein ausreichendes Kontrastintervall erfaßt werden soll. Bei der Liniensteuerung ist die mittlere Leuchtdichte nahezu gleich der aus den Messungen hervorgehenden Dichte, denn bei ihr wird immer die Vollstrahlenergie zur Fluoreszenzerregung ausgenutzt. Speziell bei der Liniensteuerung sind die Leuchtdichten[1] ausreichend, um die Schirmbilder trotz Absorptions- und Aperturverlusten vergrößert zu projizieren, ohne daß die Helligkeit der Wiedergabe auf zu geringe Beträge herabsinkt. Ein durch Projektion abgebildetes, älteres Fluoreszenzschirmbild sei in diesem Zusammenhang in Abb. 414 gebracht.

b) Die speziellen Gesichtspunkte einer Lichtsteuerung für Fernsehzwecke.

Der Aufgabenkomplex einer präzisen Intensitätssteuerung ist bereits weiter oben (Kapitel A, III, 2, a) ausführlich behandelt worden. Daher mag es genügen, hier wieder nur die zusätzlichen, für die Anwendung im Fernsehen wichtigen Gesichtspunkte zu bringen. Eine Lichtsteuerung für Fernsehzwecke muß fünf Bedingungen genügen:

1. Der Steuervorgang soll möglichst die gesamte Helligkeitsskala zu durchlaufen gestatten, die im Originalbilde vorkommen.

2. Der Steuervorgang soll frequenzunabhängig sein.

3. Selbst bei vollständiger Hell-Dunkelsteuerung darf keine Beeinflussung der Elektronengeschwindigkeit,

4. keine Beeinflussung der Strahlkonzentration, d. h. der Fleckschärfe und des Fleckdurchmessers und

5. keine Beeinflussung der Strahlrichtung erfolgen.

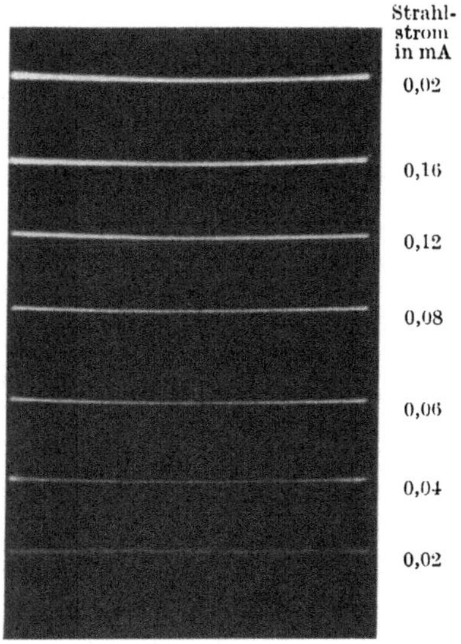

Abb. 415. Fluoreszenzstrich bei verschiedenen Strahlströmen.

Unter „keine Beeinflussung“ ist im strengen Sinne zu verstehen, daß die maximale Fleckverschiebung durch Änderung der Elektronengeschwindigkeit, zweitens die Änderung des Fleckdurchmessers und drittens die Änderung der Flecklage durch Beeinflussung der Strahlrichtung klein bleibt gegenüber dem Durchmesser eines Bildelementes. Praktisch darf eine

[1] Eine vorzügliche Darstellung der Helligkeitsfragen findet sich bei R. Thun: Die technischen Grenzen der Bildgüte des Fernsehens. Z. Fernsehen Nr. 11/12 (1930) S. 488.

Lichtsteuerung als gut gelöst angesehen werden, wenn der aus den drei Fehlerkomponenten bei Hell-Dunkelsteuerung resultierende Fehler kleiner bleibt als etwa $^1/_{10}$ des Bildelementdurchmessers. Von den zahlreichen, praktisch bekannt gewordenen Steuermethoden kommen verhältnismäßig wenige in Frage, die diese strengen Steuerbedingungen erfüllen können.

a

b

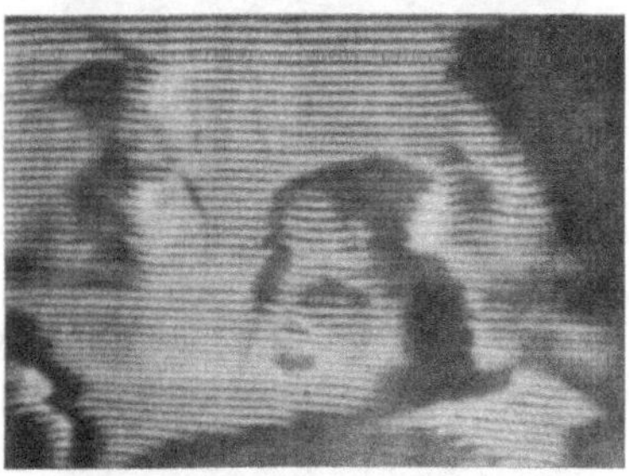

c

Abb. 416. Fernsehbild normal ausgesteuert (a) und übersteuert (b und c).

Die Wehnelt-Zylindersteuerung ist bei genauer Lage des Elektronenquellpunktes in der Zylinderachse und bei günstig gewähltem Abstand von der Zylinderöffnung in der Lage, die formulierten Bedingungen, außer bei sehr feiner Rasterung, zu erfüllen. Die Schwierigkeit liegt bei Wehnelt-Zylindersteuerung hauptsächlich in den insbesondere durch Frequenzabhängigkeiten begrenzten Aussteuerintervallen, so daß bei dieser Steuerart leicht flaue Bilder entstehen. Allerdings kann die Begrenzung bei der Intensitätsänderung zum Teil durch Wahl geeigneter Gradationskurven des Schirmes wieder auskompensiert werden. Durch getrennte und konstante Nachkonzentrationsfelder ließ sich das Aussteuerintervall[1] vergrößern. Auch Hudec[2] hat den Gedanken der Trennung von Steuerfeld und Konzentrationsfeld aufgegriffen. Durch seine schon oben besprochene[3] Elektronenanordnung gelingt ihm die Strahlintensitätsänderung etwa in einem Intervall von 1 : 10 ohne allzu erhebliche Konzentrationsänderung. Die der angeführten Arbeit entnommene Abbildung (Abb. 415) bestätigt dies. Die Qualität einer Lichtsteuerung kann am einfachsten aus dem Zeilenverlauf in der Nähe von Helligkeitsübergängen bei mehr oder weniger starker Bildaussteuerung ermittelt werden. In welcher Weise sich Lichtsteuerfehler praktisch bemerkbar machen, mögen die Bilder Abb. 416 und 417 erläutern. Das menschliche Auge ist gegen Verzerrungen bei dieser Art von Bildinhalt sehr

[1] Ardenne, M. v.: Über Helligkeitssteuerung bei Kathodenstrahlröhren unter besonderer Berücksichtigung einer neuen Methode. Z. Fernsehen Bd. 3 (1932) Nr. 1 S. 21.

[2] Hudec, E.: Die Helligkeitssteuerung bei Braunschen Röhren. Elektr. Nachr.-Techn. Bd. 9 (1932) Heft 6 S. 213.

[3] Kapitel A, III, 2, a.

empfindlich. Die Anforderungen an die Präzision der Braunschen Röhre sind beim Fernsehen weit höher als die Anforderungen, die üblicherweise bei der Bearbeitung von Meßaufgaben gestellt werden.

Abb. 417. Durch Lichtsteuerfehler verzerrtes Fernsehbild.

Neben den Wehnelt-Zylinderhelligkeitssteuerungen, die in den verschiedensten Variationen zu recht guten und einfachen Elektrodensystemen führen, ist die Ablenksteuerung für Fernsehzwecke geeignet. Auch die Ablenklichtsteuerung ist bereits oben ausführlich besprochen. Das Elektrodensystem einer älteren Fernsehröhre für elektrostatische Ablenksteuerung ist in Abb. 418 abgebildet. Die gleiche Röhre im Betrieb mit dem durch Lichtsteuerablenkung und Kompensationsablenkung eigentümlich verlaufenden Strahl ist in Abb. 419 photographiert. Um kleine Geschwindigkeitsbeeinflussungen zu vermeiden, die bei dieser

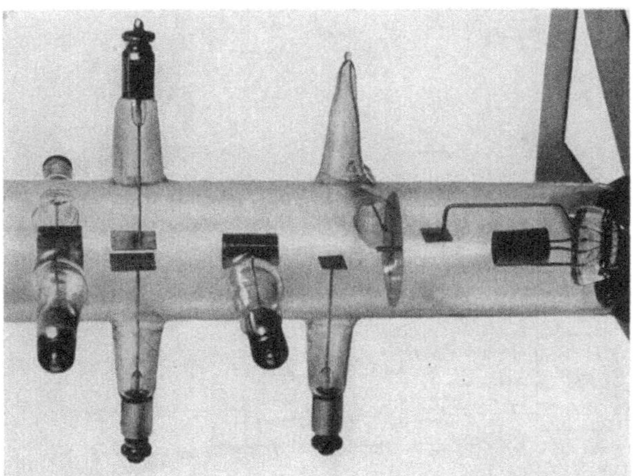

Abb. 418. Ältere Röhre für Ablenksteuerung mit Kompensation des Richtungsfehlers.

Steuerart erst wieder durch den weiteren Zylinder aufgehoben werden, und um die Notwendigkeit bestimmter Ruhespannungen bei den verschiedenen Steuerelektronen zu umgehen, sind vom Verfasser die in Abb. 420 abgebildeten Anordnungen mit magnetischer Strahlbeeinflussung vorgeschlagen worden. Die Strahlablenkung erfolgt durch nahe an den Strahl herangebrachte kleine Ablenkspulen geringer Induktivität. Bei dem

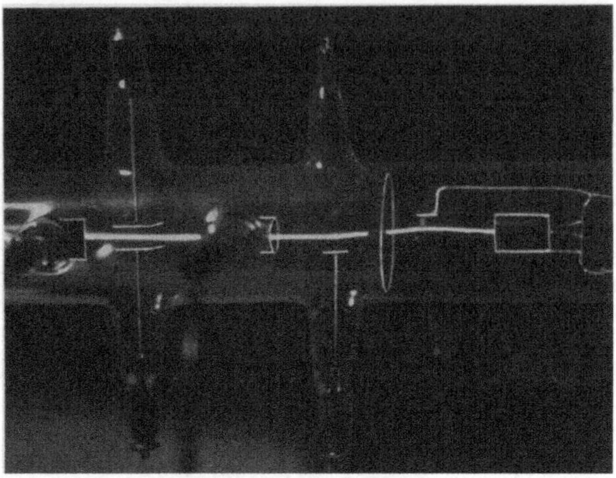

Abb. 419. Weg des Kathodenstrahls zwischen den Elektroden einer Ablenklichtsteuerröhre.

unteren System wird durch eine auf dem Blend- und Innenzylinderpotential stehende, enge Gitterkonstruktion erreicht, daß eine nennenswerte

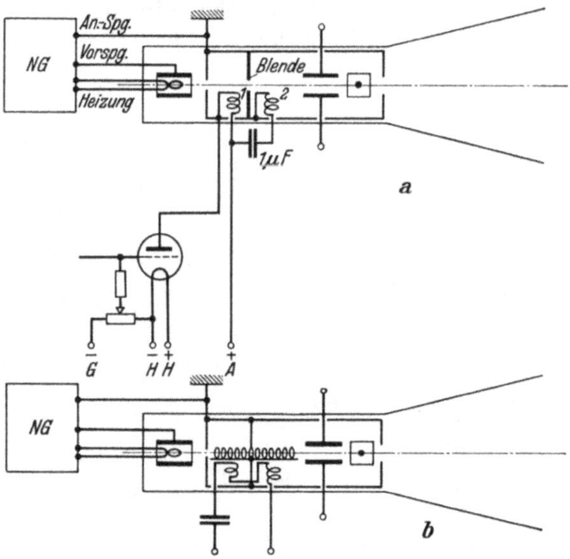

Abb. 420. Lichtsteuerung mit Ablenkung durch Spulen.

Beeinflussung der Konfiguration des elektrostatischen Feldes in der Umgebung des Strahles durch die Ablenkspulen nicht bewirkt wird. Das magnetische Feld dagegen kann ungestört auf die Strahlbahn durchgreifen. Die Ablenksteuerungen haben den großen Vorteil, daß auch ohne allzu erhebliche mechanische Präzision eine sehr präzise Steuerung erreichbar ist. So konnte der Verfasser auf Grund der Versuche an Röhren mit Ablenklichtsteuerung schon Mitte 1931 mitteilen [1], daß die Empfangsseite röhren- und verstärkermäßig so weit entwickelt sei, daß Bildwiedergaben von 20000—30000 und mehr Bildpunkten pro Bild möglich wären, wenn Sender entsprechender Qualität zur Verfügung ständen. Welche der verschiedenen Lichtsteuerarten im Laufe der weiteren Entwicklung auf einfachste Weise die erforderliche Präzision liefert und praktisch die größte Bedeutung erlangt, läßt sich heute nicht voraussagen.

Die Röhrenkonstruktion der Spezialfernsehröhre unterscheidet sich in erster Linie dadurch von den Meßröhren, daß im Interesse großer Bilder besonders große Kolben und Fluoreszenzschirme angewendet werden oder eine für Projektion geeignete Schirmanordnung und Kolbenform besteht. Wird zu feineren Bildrasterungen übergegangen, so ist es sogar mit Rücksicht auf den Mindestbeobachtungsabstand von 25 cm für das menschliche Auge notwendig, dem Bilde eine gewisse Größe zu geben, wenn der volle, der Bildrasterung entsprechende Detailreichtum zur Wirkung kommen soll [2]. Inwieweit auch auf der Empfangsseite Hochvakuumröhrenkonstruktionen mit magnetischer Konzentrierung für große Bildformate in Frage kommen, wird davon abhängen, wieweit es gelingt, durch Dimensionierung der magnetischen Konzentrationsoptik Randunschärfen auszuschalten, wie überhaupt die Gesamtanordnung zu vereinfachen und zu verbilligen.

Von besonderer Bedeutung ist das Problem der Synchronisierung der Strahlbewegung auf der Empfangsseite mit der Strahlbewegung auf der Sendeseite.

c) Die Synchronisierung der Strahlbewegung.

Die einfachste Form der Synchronisierung besteht in der Parallelschaltung der Ablenkplatten von Sende- und Empfangsröhre. Diese Parallelschaltung ist prinzipiell auch bei drahtloser Übertragung denkbar. Für die Intensitätssteuerung sind dann allerdings insgesamt drei Kanäle notwendig. Der Vorteil der Parallelschaltung liegt darin, daß der Empfänger bei beliebigen Variationen am Sender synchronisiert bleibt.

Sind auf der Sendeseite mechanische Einrichtungen gegeben, so kommt in erster Linie die getrennte Herstellung synchronisierter Ablenkspannungen am Empfangsort in Frage. Über Herstellung und elektrische Synchronisierung von Kippspannungen ist bereits alles Erforderliche in einem früheren Kapitel (B IV, 2) mitgeteilt worden. Um Bildverzerrungen zu vermeiden, müssen die für Fernsehzwecke benutzten Kippspannungen einen besonders guten Kurvenverlauf aufweisen. Außerdem ist von der Kippschaltung große Konstanz der Eigenschaften auch über längere Zeiten zu verlangen, damit der Synchronismus beider Kippspannungen nicht gestört wird. Die Verhältnisse sind hier grundsätzlich

[1] Ardenne, M. v.: Fortschritte beim Fernsehen mit Kathodenstrahlröhren. Z. Fernsehen Bd. 2 (1931) Nr. 3 S. 173 f.

[2] Vgl. hierzu die Betrachtungen von Fr. Wiedemann: Über die Beziehung zwischen Bildpunktzahl, Bildgröße und Helligkeit bei Fernsehbildern. Z. Fernsehen Bd. 2 (1931) Nr. 1 S. 8.

komplizierter als bei mechanischen Zerlegern mit Rücksicht auf den doppelten Synchronismus von Bild- und Zeilenspannung. Praktisch sind sie jedoch einfacher, weil infolge des geringen Leistungsbedarfes und der geringen Trägheit der Schaltanordnungen ein geringerer Aufwand genügt. Da die Konstanz einfacher örtlicher Generatoren nicht ausreicht, um Bild- und Zeilenkippspannungen über längere Zeit mit den entsprechenden Spannungen des Senders zu synchronisieren, ist es erforderlich, vom Sender her den Synchronismus zu erzwingen. Praktisch ist es üblich geworden, nach dem Vorgehen von Hudec am Ende jeder Zeile einen kurzen Impuls und am Ende jeden Bildes einen langen Impuls der Lichtsteuerspannung des Sendeverstärkers mit ausreichender Amplitude zu überlagern. Die Herstellung synchroner Impulse kann mit Hilfe besonders präzise ausgeführter Kollektoren, die auf die Achse der

Abb. 421. Kollektor zur mechanischen Erzeugung einer synchronen Zeilenfrequenz.

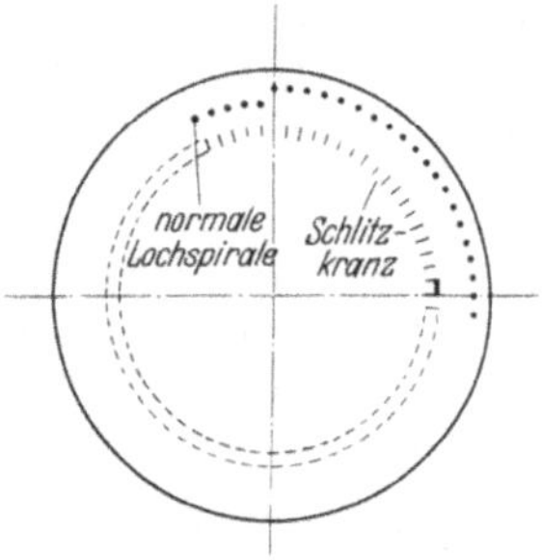

Abb. 422. Nipkowscheibe nach Hudec für Erzeugung kurzer Synchronisierimpulse am Ende jeder Zeile und eines langen Impulses am Ende jedes Bildes.

Zerlegerscheibe oder des Spiegelrades aufgesetzt werden, geschehen. Ein solcher Spezialkollektor, der für Versuchszwecke hergestellt wurde, ist in Abb. 421 abgebildet. In neuerer Zeit geschieht die Herstellung der Steuerimpulse, meist indem neben der eigentlichen Abtastlochreihe ein weiterer Lochkranz in eine Nipkowscheibe gestanzt wird. Einer der auf den Umfang verteilten Synchronisierschlitze, der den langen Bildwechselimpuls vermittelt, ist verbreitert. Die Zeichnung einer Scheibe zur Herstellung kurzer Synchronisierimpulse am Ende jeder Zeile und eines langen Impulses am Ende jedes Bildes ist in Abb. 422 wiedergegeben. Vor die Schlitzreihe wird eine besondere Projektionseinrichtung gebracht, die über eine zweite Photozelle und einen zweiten Photoverstärker geringerer Empfindlichkeit die Synchronisierimpulse liefert. Infolge der verschiedenen Länge der Impulse gelingt es auf der Empfangsseite, die Trennung in einfacher Weise dadurch, daß eine Art elektrischer Weiche vorgesehen wird, die Einheiten verschiedener Zeitkonstanten enthält. Einzelheiten dieser Methodik finden sich in einer Veröffentlichung von Hudec und Perchermeier[1]. Steht dem Empfänger das gleiche Lichtnetz zur Verfügung, aus dem der Sender betrieben wird, und sind auf der Sendeseite

[1] Hudec u. Perchermeier: Die Fernsehanordnung des Reichspostzentralamtes mit Braunscher Röhre. Z. Fernsehen Bd. 2 (1931) Heft 4 S. 244.

die mechanischen Zerleger oder Kippschwingungen mit der Netzfrequenz synchronisiert, so kommt grundsätzlich auch eine Betriebsweise in Frage, wie sie in dem Schema Abb. 423 angedeutet ist, wo die Bildspannung

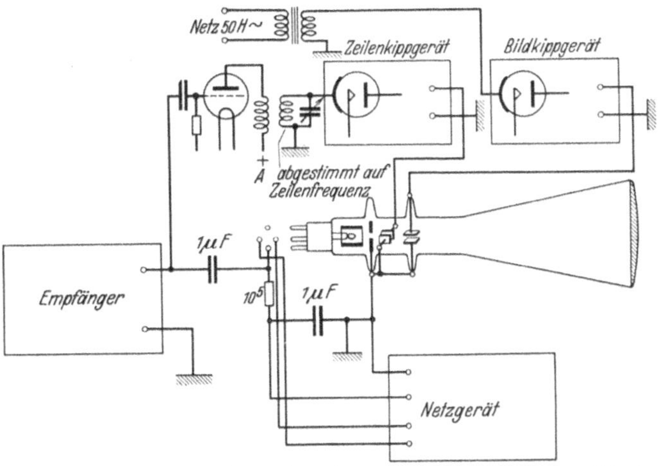

Abb. 423. Schema einer kompletten Empfangseinrichtung, für Intensitätssteuerung.

aus dem Lichtnetz getrennt synchronisiert ist. Mit Rücksicht auf die Phasenveränderungen, die bei Belastungsschwankungen im Netz zwangsläufig vor sich gehen, wird allerdings bei einer solchen Schaltung

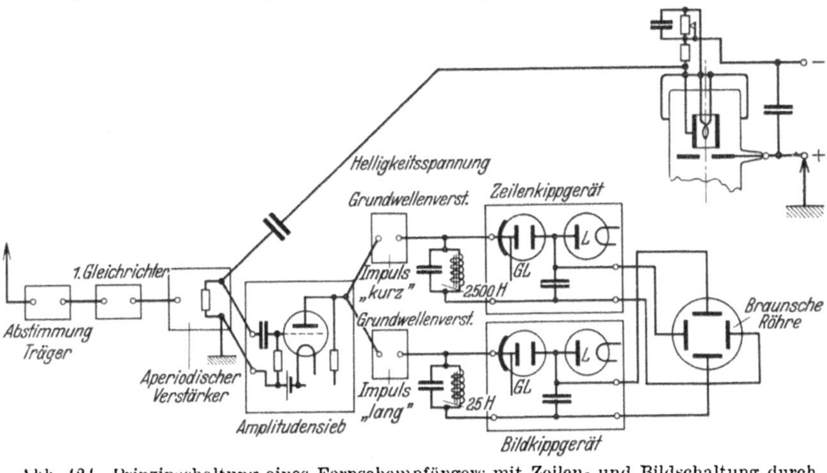

Abb. 424. Prinzipschaltung eines Fernsehempfängers mit Zeilen- und Bildschaltung durch Synchronisierimpulse verschiedener Länge.

ein Phasenschieber für die Bildsynchronisierspannung vorzusehen sein, der von Zeit zu Zeit zu betätigen ist. Es ist unverkennbar, daß selbst bei Anwendung der Impulsmethode und bei Anwendung von Glimmlampen oder Einrohrkippschaltungen der Aufwand auf der Empfangsseite noch recht erheblich ist. Das Prinzipschema einer kompletten

Anlage mit Impulssynchronisierung sei in diesem Zusammenhang in Abb. 424 gezeichnet. Daher wird sehr intensiv an weiterer Vereinfachung des Synchronisierproblems gearbeitet. Stark positive Ergebnisse sind hier notwendig, um zu billigen, der Allgemeinheit zugänglichen und von jedermann bedienbaren Einheiten zu gelangen.

5. Durchführung und Möglichkeiten der Liniensteuerung[1].

Fast alle bisher zur praktischen Ausführung gelangten Fernsehsysteme arbeiten mit konstanter Abtastgeschwindigkeit und gesteuerter Strahlintensität. Erst als Mitte 1930 R. Thun in einer zusammenfassenden Arbeit[2] alle grundsätzlichen Möglichkeiten für die Rasterverfahren diskutierte, war die Anregung gegeben zu einer Umkehrung der üblichen Methodik der Bildsynthese, d. h. zur Durchführung einer Bildübertragung mit konstant gehaltener Strahlintensität und variierter Abtastgeschwindigkeit. Diese neue Möglichkeit, von Thun selbst als Methode der Liniensteuerung bezeichnet, ist oft diskutiert, aber wegen der experimentellen Schwierigkeiten nicht praktisch verwirklicht worden.

Die Liniensteuerung erfordert plötzliche erhebliche Änderungen der Abtastgeschwindigkeiten. Beispielsweise kann zur Charakterisierung eines scharfen Überganges, dessen angrenzende Flächen Helligkeitsunterschiede 1 : 10 aufweisen, es notwendig werden, daß die Strahlgeschwindigkeit sich im Laufe einer $^1/_{100\,000}$ sec von 100 auf 1000 m pro Sekunde steigert. In diesem Beispiel ist angenommen, daß die Übergangsschärfe bei einer Zeilenlänge von etwa 10 cm einer Bildrasterung von etwa 10 000 Bildpunkten entspricht. So hohe Geschwindigkeiten, speziell aber so außerordentliche Beschleunigungen, sind mit mechanischen Mitteln praktisch kaum zu verwirklichen. Auch wenn die Strahlsteuerung durch Spiegeldrehungen, wie bei einem Oszillographen, erfolgen, sind die erforderlichen Beschleunigungen von einer Größenordnung, die das Arbeiten mit nichtmikroskopischen Masseteilchen verhindert. Die Liniensteuerung hat also, soweit es sich um die Synthese einigermaßen detailreicher Bilder handelt, das Fehlen mechanisch bewegter Teile auf der Sendeseite und auf der Empfangsseite zur Voraussetzung. Als praktisch trägheitsfreiem Empfänger standen der Liniensteuerung schon von Anfang an die Kathodenstrahlröhren zur Verfügung, die durch das Fehlen einer Strahlintensitätsänderung bei der Thunschen Methode besonders einfach ausgebildet und leicht bedient werden können. In der Diskussion über die Liniensteuerung ist daher dem Kathodenstrahlempfänger stets besondere Aufmerksamkeit gewidmet worden. Die speziellen Vorteile der Liniensteuerung liegen in der schon früher erwähnten, wesentlich größeren, mittleren Bildhelligkeit. Weiterhin in der größeren Einfachheit der Braunschen Röhre mit ihrer durch den Fortfall der Strahlintensitätssteuerung definierteren

[1] Ardenne, M. v.: Die praktische Durchführung der Thunschen Liniensteuerung unter Anwendung neu entwickelter Methoden. Z. Fernsehen Bd. 3 (1932) Nr. 4 S. 210.

[2] Thun, R.: Grundsätzliche Systeme der elektrischen Übertragung bewegter Bilder. Z. Fernsehen Bd. 1 (1930) Heft 6 S. 267.

Zeichnung. Nur die aufgezählten Vorteile sind in der Lage, den ungeheuren Nachteil, der für die Einführung darin besteht, daß sie nicht mit Empfängern nach den heute üblichen Systemen kombinierbar ist, zu kompensieren. Die Entscheidung Liniensteuerung oder Helligkeitssteuerung kann heute noch nicht getroffen werden. Es wird zweifellos noch längere Zeit eingehender Prüfungen seitens der verantwortlichen Stellen und technischen Weiterbildung in den Laboratorien bedürfen, ehe die endgültige Entscheidung gefällt werden kann.

a) Die experimentelle Lösung eines Senders für Liniensteuerung.

Das erste Problem, das bei der Durchführung eines Senders bei Liniensteuerung zu lösen ist, liegt darin, die Abtastgeschwindigkeit in der Zeile in Abhängigkeit von den Helligkeitswerten auf der zu sendenden Bildzeile zu steuern. Diese Aufgabe läßt sich in erster Annäherung durch Einführung einer optischen Rückkopplung lösen. Wird beispielsweise ein Kathodenstrahlröhrensender verwendet, so ist die Rückkopplung dann gegeben, wenn die an der Ausgangsseite des Photoverstärkers bestehenden Spannungen dazu benutzt werden, die Zeilenkippspannung zu modulieren. Die verzerrungsfreie Modulation von Kippschwingungen geschieht durch die im Abschnitt über Zeitablenkung besprochene Schirmgitterkippschaltung oder analoge Kippschaltungen, bei denen die Modulation des Aufladestromes mit einer besonders dimensionierten Raumladegitterröhre erfolgt. Im Prinzip der Liniensteuerung liegt es, daß, je nach dem Integralwert der Helligkeit über eine Zeile, mehr oder weniger lange Zeiten für die Abtastung der Zeile benötigt werden. Bei den früheren Vorschlägen für die experimentelle Durchführung eines Liniensteuerungssenders sollte durch besondere Vorrichtungen nach Erreichung des Zeilenendes die Bildspannung immer um einen konstanten Betrag, der zur Verschiebung der Zeilen um eine Breite erforderlich ist, vergrößert werden. Trotz der eleganten Lösungswege, die hierzu insbesondere Hudec angegeben hat, sind solche Zeilenschalteinrichtungen praktisch von erheblichem Nachteil und erschweren die experimentelle Durchführung des Thun-Prinzips ungemein. Besonders kritisch werden solche Zeilenschalteinrichtungen, wenn sie nicht nur beim Sender, sondern auch beim Empfänger zur Anwendung kommen sollen, weil bei Übertragungsschwankungen erhebliche Synchronisierstörungen sich einstellen können, denen auch durch Einführung von Zeilen- und Bildrändern kaum begegnet werden kann. Ist durch die Zeilenschaltung die äquidistante Lagerung der Zeilen erreicht, so muß, wenn das Bild durchlaufen ist, die Bildschaltung erfolgen. Auch die Bildschaltung erfordert besondere Einheiten, weil bei Schwankungen der mittleren Bildhelligkeit die Zeiten für die Bildabtastung verschieden werden. Die für den ursprünglichen Lösungsweg geschilderten, erheblichen experimentellen Schwierigkeiten hatten von der allgemeinen praktischen Durchführung dieser Methode abgeschreckt. Auf einem anderen Wege ist jedoch eine einfache Lösung möglich, die im folgenden Absatz beschrieben wird.

Die Lösung besteht darin, die gleiche, vom Photoverstärker gelieferte Spannung, die die Zeilenmodulation bewirkt, dazu zu benutzen, um eine zweite Kippspannung geringer Frequenz zu modulieren und diese zur Zeilenverteilung, d. h. als Bildspannung zu verwenden. Diese Modulation erfolgt phasenrichtig durch Einführung einer bis auf die Größe des Kippkondensators identischen Kippanordnung für die Bildablenkung. Ist bei der Bildkippspannung keine Modulation vorgesehen, so liegen die Zeilen je nach ihrer mittleren Helligkeit mehr oder weniger dicht nebeneinander. In den schnell durchlaufenen dunklen Partien liegen sie dicht nebeneinander und umgekehrt. Aus den Unterschieden der Abstände kann man unmittelbar die Verschiedenheiten der mittleren Helligkeit und bei Bildern mit völlig zugedeckten und völlig unverdeckten Zeilen das ausgesteuerte Kontrastintervall ablesen. Die Zusammendrängung dunkler Zeilen und die Auseinanderziehung heller Zeilen wirkt der natürlichen Helligkeitsverteilung entgegen. Versuche mit einer großen Zahl von Bildern verschiedenster Struktur zeigten, daß der Verzicht auf eine Regelung des Zeilenabstandes den Bildcharakter im Durchschnitt zu sehr schädigt. Die alleinige Übertragung einer modulierten Zeilenkippspannung und die lokale Erzeugung einer synchronisierten, aber unmodulierten Bildkippspannung kommt daher für das praktische Fernsehen leider nicht in Frage. Durch die Modulation der Bildkippspannung wird erreicht, daß die Steilheit der Kippkurve in Augenblicken dunkler Zeilen erheblich ist und umgekehrt. Erfolgt die Modulation mit der richtigen Amplitude — sind die beiden Kippschaltungen durch Verwendung verschieden empfindlicher Röhren nicht genau gleich empfindlich, so ermöglicht ein einfacher Spannungsteiler die erforderliche Amplitudenregelung — so liegen die Zeilen ganz unabhängig von ihrer Durchlaufszeit in gleichem Abstande. Das Kathodenstrahloszillogramm einer zur Regelung des Zeilenabstandes modulierten Kippspannung ist in Abb. 425 wiedergegeben. Das Oszillogramm läßt gleichzeitig den typischen, treppenartigen Charakter einer für die Zwecke der Liniensteuerung modulierten Kippschwingung erkennen. Sind Zeilen- und Bildkippspannung entsprechend der Bildstruktur mit richtiger Amplitude und verzerrungsfrei moduliert, so erscheint das abgetastete Bild unmittelbar auf dem Schirm des Senders. Die Photographie Abb. 426 zeigt einen im Betrieb befindlichen Liniensteuerungssender mit dem auf dem Schirm erkennbaren Bild der bekannten beiden Mädchenköpfe. Die Qualität des aufgenommenen Bildes entsprach im Augenblick des Betriebes etwa einem Raster von 5000 Bildpunkten. Je nach der Phase der Photospannung, d. h. je nach der Stufenzahl des Photoverstärkers erscheint auf dem Sendeschirm ein Positiv oder ein Negativ.

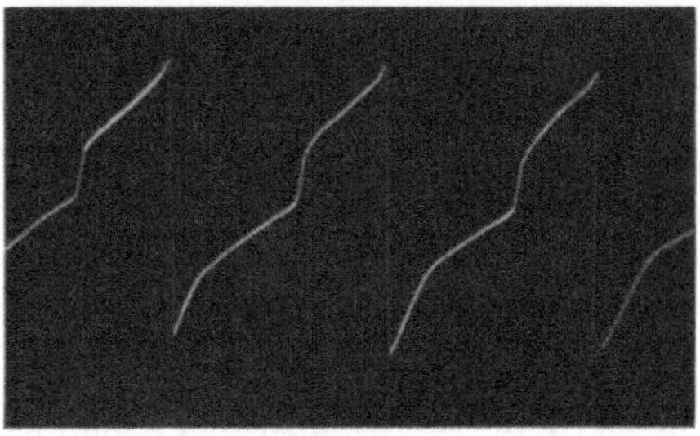

Abb. 425. Oszillogramm einer modulierten Kippschwingung.

Bei Abtastung eines Diapositives bleibt naturgemäß die Zeit für die Abtastung eines Bildes konstant. Auch bei Filmabtastung, d. h. bei der Übertragung von Bildern mit schwankender mittlerer Helligkeit lassen sich die Zeiten für die Bildabtastung zwangsläufig konstant halten, indem von der Verstärkereinrichtung von vornherein alle Frequenzen abgeschnitten werden, die kleiner als die gewollte sekundliche Bildzahl sind. Dieses Abschneiden bedeutet, daß nunmehr alle Bilder, auch wenn sie optisch verschiedene mittlere Helligkeiten haben, bei der Wiedergabe von gleicher, mittlerer Helligkeit sind. Die bewußte Anwendung dieses Mittels bedeutet keinerlei Verschlechterung der Bilder nach der Liniensteuerungsmethode gegenüber den Bildern nach der Intensitätsmethode.

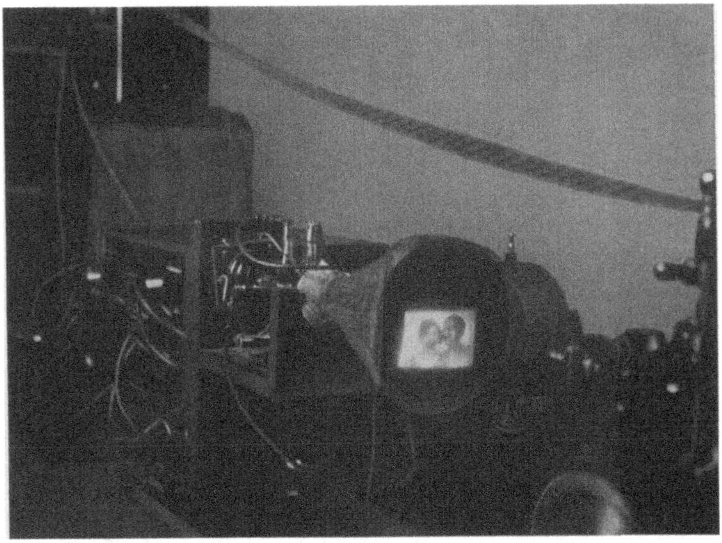

Abb. 426. Teilansicht eines in Betrieb befindlichen Liniensteuerungssenders mit dem Bild auf dem Fluoreszenzschirm.

Auch bei den normalen Fernsehverfahren nach der Intensitätsmethode werden Wechselstromverstärker angewendet, deren Verstärkungsgrenze nicht wesentlich unter der oben genannten Grenze liegt. Auch bei den üblichen Fernsehempfängern ist daher die mittlere Helligkeit konstant für Bilder verschiedenster optischer mittlerer Helligkeit. Soll oder kann der Frequenzabfall des Photoverstärkers bzw. einer mit diesem kombinierten Siebkette nicht sehr scharf abfallen, so kann durch Einführung einer weiteren von der Photowechselspannung betriebenen Modulationseinrichtung die Bildkippspannung eine zusätzliche Modulation erfahren, die eine genaue Konstanthaltung der Bildfrequenz ergibt. Die Einführung dieser zusätzlichen Komplikationen scheint jedoch praktisch kaum je erforderlich, denn kleine Schwankungen der Zeilenzahl machen sich dem Auge nicht bemerkbar, solange wie in dem vorliegenden Falle die Struktur des Bildes, die optisch-starr mit dem Diapositiv verknüpft ist, nicht geändert wird. Die genauere Schaltung eines Senders für

Liniensteuerung ist in Abb. 427 dargestellt. Sie enthält alle technischen Einzelheiten und Dimensionierungsangaben für das Bild- und Zeilenmodulationsgerät.

b) Die Methoden der Synchronisierung und des Empfanges.

Das charakteristische Merkmal eines Senders nach dem Prinzip der Liniensteuerung besteht darin, daß auf seinem Schirm das zu übertragende Bild sichtbar wird. Durch Beobachtung des Senderbildes ist eine hervorragende Kontrolle gegeben. Das Problem der Aufnahme eines Bildes nach der Liniensteuerungsmethode besteht darin, die beiden Plattenpaare des Empfängers den beiden Plattenpaaren des Senders parallel zu schalten. Diese Parallelschaltung kann über zwei Drahtleitungen oder

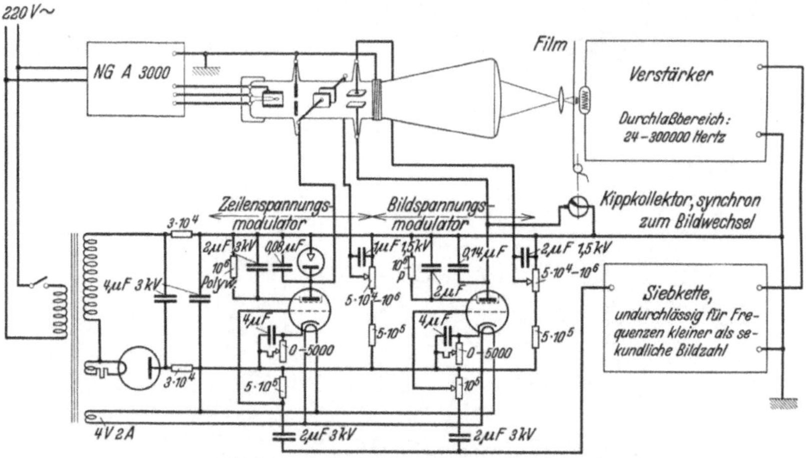

Abb. 427. Schaltung eines Kinosenders für Liniensteuerung.

unter Zuhilfenahme von zwei Wellen oder auch über eine Welle und eine Drahtleitung — die letztere wird zweckmäßig zur Übertragung der langsameren Bildfrequenzen benutzt — erfolgen, wenn modulierte Bildkippspannungen und modulierte Zeilenkippspannung auf getrennten Kanälen zum Empfänger gelangen sollen. Auch die Verwendung einer Welle mit Doppelmodulation kann zum Ziele führen. Zur Lösung dieser Aufgabe führen eine ganze Reihe interessanter Kombinationen, in denen wenigstens einer der beiden Kanäle gleichzeitig noch für eine weitere Aufgabe, z. B. Tonübermittlung, ausgenutzt wird. Die genauere Betrachtung der Komponenten, aus denen sich modulierte Bild-, Zeilen- und Kippspannungen zusammensetzen, läßt grundsätzlich sogar die Möglichkeit erkennen, beide Frequenzgemische voneinander getrennt auf einen einzigen Kanal, d. h. auf eine einzige Welle und unter Verwendung eines einzigen Empfängers mit einem Niederfrequenzteil zu übermitteln. Die tiefste Frequenz, die in der modulierten Zeilenkippspannung vorkommt, hängt ab von der längsten Zeit, die für die Abtastung einer Zeile benötigt wird, d. h. von dem Mittelwert der Helligkeit der hellsten Zeile des Bildes. Auch bei kontrastreicher Bildaussteuerung läßt sich einrichten, daß z. B.

bei einer mittleren Zeilenfrequenz von 3000 Hertz die längsten Abtastzeiten pro Zeile kürzer sind als ein achthundertstel Sekunde. Die höchsten Frequenzen, die in der Zeilenkippspannung vorkommen, entsprechen scharfen Kontrastübergängen in dunklen Partien des Bildes und mögen bis zu 500 000 Hertz betragen. Ein Sender, der die Übertragung der Zeilenkippspannung allein übernehmen würde, hätte daher nur Frequenzen in dem Intervall von 800—500 000 Hertz auszustrahlen. In dem Frequenzintervall von den tiefsten Frequenzen bis zu der im Beispiel erwähnten Frequenz 800 wäre er unausgenutzt. Dieser untere Bereich läßt sich für die Übertragung der modulierten Bildkippfrequenz ausnutzen. Die tiefste, in der modulierten Bildkippfrequenz vorkommende Frequenz ist gegeben durch die Bildwechselfrequenz, die bei Tonfilmsendungen 25 Hertz betragen möge. Die höchste, vorkommende Frequenz hängt wieder ab von der Schärfe der Übergänge in der treppenartigen Bildmodulationskurve. Während es bei der Zeilenfrequenz außerordentlich darauf ankommt, im Interesse der Bildschärfe plötzliche Steilheitsänderungen vor sich gehen zu lassen, kommt es bei der Bildspannung nicht so sehr auf schärfste Sprünge an. Es liegt das daran, daß die Bildkippspannung lediglich die Aufgabe hat, die Zeilenabstände, die nur bei großen Verschiedenheiten große Differenzen zeigen, zu regulieren. Es sind daher gewisse Abrundungen der Übergänge bei der Bildkippspannung durchaus zulässig. Die Zulässigkeit der Abrundungen bedeutet, daß bei der Bildspannung nicht unbedingt die Oberschwingungen der Grundfrequenz (Zeilenfrequenz) übertragen werden müssen, deren Ordnungszahl gleich der Zeilenzahl pro Bild ist. Bei 200 Zeilen, also z. B. die zweihundertste Oberschwingung von 25 Hertz — sondern es genügt, ohne daß eine praktisch störende Verzerrung normaler Bilder eintritt, wenn zur Beschreibung der modulierten Bildkippspannung nur die Frequenzen bis zur 10. oder 20. Oberschwingung übertragen werden. Der Bereich der in der modulierten Bildkippspannung notwendigerweise enthaltenen Frequenzen erstreckt sich daher in dem Beispiel nur von 25—500 Hertz. Um auf der Empfangsseite Störungen (z. B. Streifenbildungen) zu vermeiden, kommt es darauf an, die beiden Frequenzbänder auf der Empfangsseite scharf voneinander zu trennen. Das weitere Problem liegt darin, die Kippspannungen ohne Frequenzabhängigkeiten und Phasenverschiebungen zu übertragen und zu verstärken. Speziell die Vermeidung von Phasenverschiebungen in so weiten Frequenzbereichen stellt besonders hohe Anforderungen an die Verstärkungsmittel. Die beiden geschilderten Aufgaben lassen sich lösen. Die Aufteilung des Frequenzbandes geschieht nach oder besser vor dem Endverstärker des Niederfrequenzteiles. (Auf der Empfangsseite durch eine einfache Tonweiche, die aus zwei kleinen Selbstinduktionen und zwei Kondensatoren besteht.) Das Schema der Übertragung, das, wie schon erwähnt, auf die dynamische Parallelschaltung zweier Ablenkplattenpaare über einen Kanal hinausläuft, ist in Abb. 428 wiedergegeben. An die beiden Ablenkplattenpaare des Senders nach Abb. 427 sind symmetrisch über Spannungsteiler zwei Röhren mit besonders großem Aussteuerbereich geschaltet. Die Teilung an dieser Stelle betrug bei den Versuchen 50 : 1. Übersteuerungen an dieser Stelle sind außerordentlich kritisch, da Ober- und Kombinationstöne entstehen, die in den anderen Frequenzbereich fallen können. Um solche unerwünschten Frequenzen auszuschalten, wurde auch an dieser Stelle eine sinngemäß geschaltete Bandfilteranordnung eingefügt. Erst nach der Bandfilteranordnung erfolgt die Mischung der beiden Frequenzbänder durch

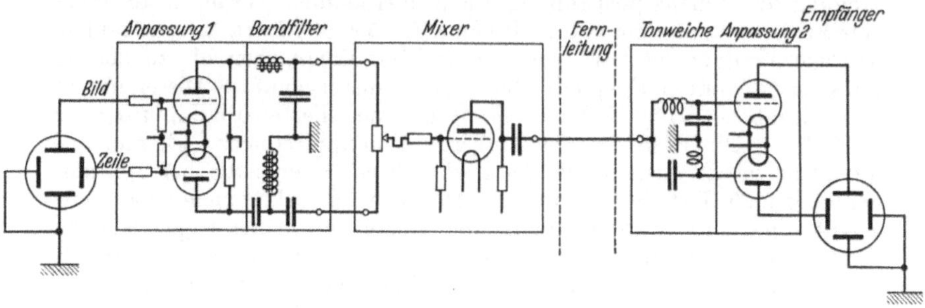

Abb. 428. Schema einer Fernsehübertragung unter Anwendung eines einzigen Kanals zwischen Sender und Empfänger und unter Vermeidung örtlicher Kippeinrichtungen.

eine einfache Schaltung, deren Ersatzschema in Abb. 429 abgebildet ist. Durch Änderung des Abgriffes an dem Spannungsteiler R_k wird die Amplitude der beiden Frequenzgemische zueinander geändert. Auf der Empfangsseite wirkt sich eine Regelung an dieser Stelle so aus, daß das Format des Bildes vom schmalsten Querformat zum schmalsten Hochformat geändert werden kann. Steht R_k auf Mittelabgriff, so ist,

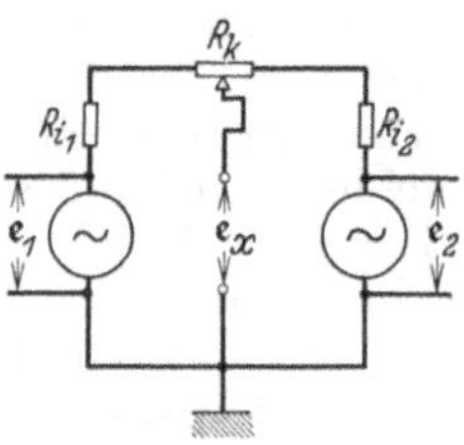

Abb. 429. Ersatzschema der Mischschaltung.

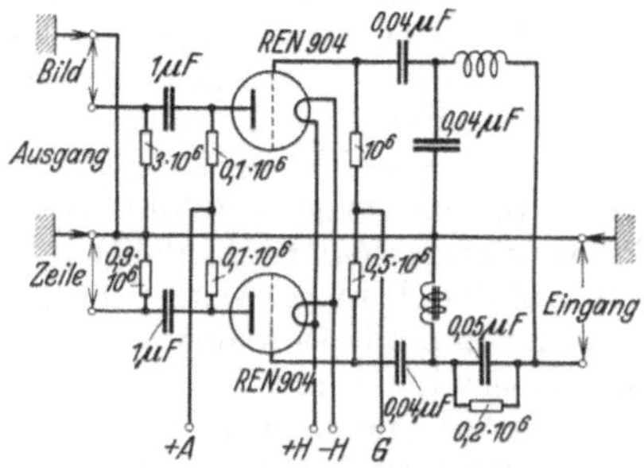

Abb. 430. Schaltung von Tonweiche und Endstufe.

gute Symmetrie vorausgesetzt, das Format der Empfangsseite gleich dem Bildformat auf dem Sender, und es entstehen keine Bildverzerrungen. Selbstverständlich muß dieser Spannungsteiler weitgehendst frequenzunabhängig sein, eine Bedingung, der bei dem niedrigen Wellenwiderstand des vorgeschalteten Bandfilters leicht zu genügen ist. Nachdem die beiden Frequenzbänder vermischt sind, kann, wie bei den Versuchen, über eine Drahtleitung oder über einen Sender das Gemisch zur Empfangsseite geführt und hier hoch- oder niederfrequent verstärkt werden. Am Ende des Niederfrequenzteils liegt die schon besprochene Tonweiche, deren Bildseite bei den Versuchen Frequenzen über 400, und deren Zeilenseite Frequenzen unter 600 abschnitt. Nach der Tonweiche werden die

Spannungen direkt oder über je eine Verstärkerstufe den beiden Plattenpaaren der Empfängerröhre zugeführt. Die genaue Dimensionierung auf der Empfangsseite ist aus der Schaltung Abb. 430 zu entnehmen. Ob es erforderlich ist, die Tonweiche, wie bei den Versuchen vor den Endverstärker zu legen, hängt im wesentlichen von Aussteuerfragen ab, die ihrerseits mit der Ablenkempfindlichkeit der Braunschen Röhre eng verknüpft sind. Eine gewisse Schwierigkeit, die jedoch mit zunehmender Zeilenzahl weniger ins Gewicht fällt, und die durch Zusatzeinrichtungen bei der Sende- und Empfangsseite beseitigt werden kann. besteht darin, daß durch die Abrundung der Bildkippspannung natürlich auch die Spitzen in der Nähe des Zurücklaufes abgerundet werden. Dies bedeutet, daß die Rücklaufzeit zunimmt, und naturgemäß länger als die normale Zeit für den Durchlauf einer Zeile wird. Infolgedessen wird die Rücklauflinie als Zickzackkurve auf der Empfangsseite sichtbar.

Wenn im Rahmen dieses Buches die Übermittlungsmethode mit Frequenzbereichunterteilung sehr ausführlich behandelt wurde, so geschah dies deswegen, weil aus den mitgeteilten Gesichtspunkten und Schaltungen sich manche Anregungen ergeben können, die bei der Bearbeitung von Meßaufgaben mit Braunschen Röhren wertvoll sind.

Sehr viel größere Aussichten auf praktische Anwendung beim Fernsehen scheint eine im folgenden beschriebene weitere Methode des Verfassers zu haben, bei der ein grundsätzlicher Nachteil vermieden ist, der den vorher besprochenen Lösungen des Liniensteuerungssystemes anhaftete. Bei allen älteren Lösungen wird wenigstens eine der Kippspannungen mit übertragen. Die eigentliche, die Bildzeichnung verursachende Signalamplitude beträgt je nach der Feinheit der Rasterung nur $^1/_{100}$ oder weniger der Kippamplitude. Infolgedessen können Störungen leicht erhebliche Verzerrungen des Bildinhaltes bewirken. Demgegenüber gelangt bei der neuen Methode die volle, den Bildinhalt beeinflussende Signalamplitude zur Wirkung, indem grundsätzlich auf die Mitübertragung der Kippschwingungen verzichtet wird. Hierdurch ist die erwähnte Störanfälligkeit vermieden und die Reichweite eines gegebenen Senders auf den gleichen hohen Wert gebracht, der bei der üblichen Intensitätsmethode gegeben ist. Dieses Ergebnis wird dadurch erreicht, daß nicht die modulierten Kippspannungen selbst übertragen werden, sondern nur die Modulationsspannung, die an der Ausgangsseite des Photozellenverstärkers eines im Betriebe befindlichen Liniensteuerungssenders besteht. Diese Modulation dient auf der Empfangsseite dazu, Bild- und Zeilenkippspannung, die örtlich erzeugt werden, zu modulieren. Die örtlich modulierbaren Kippgeräte können in der gleichen Weise ausgestaltet sein, wie beispielsweise die in Abb. 427 gezeichneten modulierbaren Kippeinheiten. Nur muß, damit durch die übertragene Spannung auf der Empfangsseite das gleiche Bild wie auf der Sendeseite entsteht, dafür gesorgt sein, daß die Kippentladung sowohl im Zeilen- als auch im Bildkippkreis vom Sender her synchronisiert wird. Hierzu eignen sich die gleichen Verfahren, die bei Fernsehempfängern mit Intensitätssteuerung zur Anwendung kommen. Der Aufwand für den Liniensteuerungsempfänger unterscheidet sich gegenüber dem Aufwand für einen Intensitätssteuerungsempfänger nur dadurch daß die Kippspannungen modulierbar sein müssen. Diese Bedingung läßt sich bei modernen Kippschaltungen sehr einfach erfüllen. Der Aufwand für die Synchronisierung ist in dieser Form praktisch nicht größer wie der Aufwand bei der Intensitätsmethode. Der Vorteil der Vermeidung einer Lichtsteuerung in der Braunschen Röhre sowie der Vorteil der erheblich größeren Bildhelligkeit dürfte später den Übergang der Technik von der Intensitätsmethode zum Liniensteuerungssystem bewirken. Dieser Übergang wird dadurch erleichtert, daß ein Empfänger für Intensitätssteuerung durch Umlegung einer einzigen Leitung in einen Liniensteuerungsempfänger der angedeuteten Form umgewandelt werden kann. Hierzu ist es nur erforderlich, die vom Empfängerausgang gelieferte Modulationsspannung von der Modulierelektrode der Braunschen Röhre umzuleiten auf den Gitteranschluß der modulierbaren Kippgeräte.

c) Praktische Ausführung, Resultate und Entwicklungsaussichten.

Die Gesamtansicht einer älteren Sendeeinrichtung für Liniensteuerung ist in Abb. 431 gezeigt. Ganz links sind die zwei hintereinandergeschalteten Netzgeräte sichtbar, die Spannungen bis zu 7000 V nebst Heiz- und Zylinderspannung für die Senderöhre zu liefern in der Lage sind. Die Senderöhre selbst ist in der Mitte des Bildes zu erkennen. Sie enthält einen Spezialschirm geringer Nachleuchtzeit. Genau ebenso wie bei den früher beschriebenen Kathodenstrahlsendern erfolgt die optische Abbildung des durch die Kippschwingungen auf dem Schirm entstehenden leuchtenden Rechteckes auf dem Film. Der Verstärker hat die bereits früher mitgeteilten Eigenschaften, nur ist bei dieser Konstruktion besonderer Wert darauf gelegt, daß Frequenzen, kleiner als die Bildfrequenz, im Sinne obiger Ausführungen nicht mit verstärkt werden. Der bei dem außerordentlich hohen Spannungsverstärkungsgrad durch besondere Kathoden und Elektrodenhalterungen nicht ganz vermiedene Mikrophoneffekt der ersten und zweiten Stufe wird weitgehend dadurch abgeschwächt, daß der Verstärker auf einen aufgepumpten Fahrradschlauch aufgesetzt ist. Die Eigenschwingung des so entstandenen mechanischen Systems liegt unter 5 Hertz, also weit unterhalb der Verstärkungsgrenzen des Verstärkers, so daß Störungen durch mechanische Erschütterungen vermieden sind. Von der Ausgangsseite des Photoverstärkers führt eine Drahtleitung zu den beiden modulierbaren Kipposzillatoren, die, in Abb. 431 links neben der Senderöhre, in einen gemeinsamen Kasten eingebaut, sichtbar sind. Der Betrieb der gesamten Kippeinrichtung ebenso wie der Betrieb der Senderöhre erfolgt ausschließlich aus dem Wechselstromnetz. Von dem Sender führen bei der Versuchsanordnung zwei Drähte zu einer Kontrollempfängerröhre. Über die beiden Drähte erfolgt die direkte Parallelschaltung der Plattenpaare. Von diesem Kontrollempfänger führen gemäß der oben besprochenen älteren Methode die beiden Drähte weiter zu der Mischapparatur. Von der Ausgangsseite des Mischgerätes erfolgt über einen einzigen Draht die Zuführung sämtlicher bei diesem System erforderlichen Spannungen zum eigentlichen Empfänger. Am Ende des Drahtes befinden sich Tonweiche und die Braunsche Röhre mit ihrem Netzgerät. Die Tonweiche mit der hier noch getrennten Endstufe ist in Abb. 432 abgebildet.

Die Schärfe der Bilder entsprach den bereits oben veröffentlichten Bildern bei der Intensitätsmethode. Bei gleicher Güte kann sogar, wie die eingehendere Betrachtung gezeigt hat, die Güte der Bilder nach der Liniensteuerungsmethode größer werden als nach der Intensitätsmethode. Es zeigt sich nämlich, daß die elektrische Auskompensation des Strahldurchmesserfehlers durch Anwendung noch nicht periodischer Bevorzugung höchster Frequenzen bei der Thun-Methode gleichzeitig Sender- und Empfängerfehler zum Teil zu kompensieren gestattet, bei der

Abb. 431. Blick auf die Sendeeinrichtung für Liniensteuerung.

Intensitätsmethode dagegen nur den Fehler des in der Praxis kleineren Sendepunktes. Durch reichliche Dimensionierung von Röhren- und Betriebsspannungen sind Übersteuerungen zu vermeiden, die bei der Thun-Methode oft etwas schwieriger als solche zu erkennen sind. Ist die genügende Leistungsreserve in allen Teilen der Anordnung gegeben, so ermöglicht die Liniensteuerung, wie insbesondere auch das Senderfluoreszenzschirmbild bei Abb. 426 erkennen läßt, die Erfassung eines genügenden Kontrastintervalles. Die beiden Kontrastgrenzen bei der Liniensteuerung sind gegeben durch die schnellste, mit Rücksicht auf das Frequenzband erreichbare Strahlbewegung und durch die langsamste, mögliche Bewegung. Ist der Kippmodulator übersteuert, so können natürlich auch sehr langsame Bewegungen, ja sogar bei völlig verriegeltem Gitter ein Stehenbleiben des Strahles eintreten. Letzteres führt praktisch zu Zeilenabreißungen, die so lange anhalten, bis der Verstärker sich (in einer Zeit von weniger als $^1/_{25}$ sec in obigem Falle) wieder eingeschwungen hat.

Noch mehr wie bei den oben besprochenen Versuchen mit dem Kathodenstrahlfernsehen nach der Intensitätsmethode liegen die Grenzen für die Bildqualität hier auf der Sendeseite. Die Amplitude der modulierten Kippspannung kann mit einfachen Versuchseinrichtungen nicht auf unbedingt ausreichende Werte gebracht werden. Man muß sich daher bei den gegebenen Empfindlichkeiten der Senderöhre mit verhältnismäßig kleinen Formaten begnügen, die den Strahldurchmesserfehler erheblich werden lassen. Kleinere Anodenspannungen, die entsprechend größere Röhrenempfindlichkeiten haben würden, sind wegen des geringen

Abb. 432. Versuchsausführung einer Tonweiche.

Lichtüberschusses unverwendbar. Es ist eine Selbständlichkeit, daß mit den auf der Sendeseite zur Verfügung stehenden wirtschaftlichen Mitteln auch hier wieder die Einsetzung der äußerst leistungsfähigen Hochspannungskathodenstrahloszillographen in Frage kommt. Diese Oszillographen sind, wie aus ihren bekannten Eigenschaften hervorgeht, zusammen mit modulierbaren Hochspannungskippeinrichtungen in der Lage, Bilder mit so feiner Rasterung zu liefern, daß die Grenze für die Bildgüte ausschließlich durch die Breite des mit Ultrakurzwellen übertragbaren Frequenzbandes und durch den Punktdurchmesser auf der Empfangsseite gegeben ist.

Im heutigen Zeitpunkt beginnt der Fernsehempfang mittels Braunscher Röhre schon mehr zu sein, als nur ein interessantes aussichtsreiches Laboratoriumsexperiment. Trotzdem wird sicherlich noch einige Zeit vergehen, bis die Technik die zahllosen Einzelfragen, vom Standpunkt einer rationellen Fabrikation aus gesehen, völlig meistert.

Literaturverzeichnis.

A. I.

Lenard, P.: Quantitatives über Kathodenstrahlen. Heidelberg: Karl Winter 1918.

Wehnelt, A.: Empfindlichkeitssteigerung der Braunschen Röhre durch Benutzung von Kathodenstrahlen geringer Geschwindigkeit. Physik. Z. Bd. 6 (1905) S. 732.

A. II.

Ardenne, M. v.: Mitt. E. Leybolds Nachfolger A. G. Köln 1930.

— Untersuchungen an Braunschen Röhren mit Gasfüllung. Z. Hochfrequenztechn. Bd. 39 (1932) Heft 1 S. 22.

Bijl, H. J. van der: Vacuum tube and method of operating the same. Amer. Pat. 1 565 873.

Braun, F.: Über ein Verfahren zur Demonstration und zum Studium des zeitlichen Verlaufes variabler Ströme. Wiedemanns Ann. Bd. 60 (1897) S. 552.

Brüche, E.: Strahlen langsamer Elektronen und ihre technische Anwendung, Forschung und Technik, S. 31. Berlin: Julius Springer 1930.

— Naturwiss. Bd. 20 (1932) S. 49 u. 353.

— u. W. Ende: Fadenförmige, sichtbare Elektronenstrahlen. Z. Physik Bd. 64 (1930) Heft 3 S. 186.

Buchmann, E.: Über die Auslösung von Sekundärelektronen von 1,30 kV. Ann. Physik (4) Bd. 87 (1928) S. 509.

Buchta, J. W.: A low voltage electron beam oscillograph. J. Opt. Soc. Amer. Bd. 16 (1925) S. 581.

Busch, H.: Über die Wirkungsweise der Konzentrationsspule bei der Braunschen Röhre. Arch. Elektrotechn. Bd. 18 (1927) S. 583.

Compton, H. T. and C. C. van Voorhis: Probality ionisation of gas molecules by electron impact. Physic. Rev. Bd. 26 (1925) S. 436, 453.

Des Coudres: Verh. dtsch. physik. Ges. Bd. 16 (1897) S. 157.

Ende, W.: Über Gaskonzentration von Elektronenstrahlen. Physik. Z. Bd. 32 (1931) S. 942.

Jttérbeck, H. van: Eeenige beschouwingen omtrent het verwesenlyiken van gekoncentreerte electronenbundels, Constructie van een lagspanningsoscillograph. Naturwiss. Tijdschr. Bd. 10 (1928) S. 161.

Johnson, J. B.: A low voltage cathode ray oscillograph. Physic. Rev. Bd. 10 (1921) S. 420.

Knoll, M. u. E. Ruska: Beitrag zur geometrischen Elektronenoptik. Ann. Physik (5) Bd. 12 (1932) Heft 5 S. 607.

— — Beitrag zur geometrischen Elektronenoptik I. l. c. S. 658.

Kossel, W.: Über die sekundären Kathodenstrahlen in Gasen in der Nähe des Optimums der Primärgeschwindigkeit. Ann. Physik Bd. 37 (1912) S. 395.

Ranzi, J.: Sulla concentrazione di fasci di elettroni lenti. Nuovo Cimento Bd. 7 (1930) S. 254.

Rogowski, W.: Improvements in cathode ray Oscillograph. Brit. Pat. 295 710.

Thomson, J. J.: Philos. Mag. (5) Bd. 44 (1897) S. 293.

Wehnelt, A.: Eine Braunsche Röhre für elektrostatische Ablenkung. Ber. dtsch. physik. Ges. Bd. 5 (1903) S. 29.

Westphal, W. H.: Potentialmessungen im dunklen Kathodenraum glühender Oxydspiralen. Ann. Physik Bd. 27 (1908) S. 586.

Weichert, E.: Experimentelle Untersuchungen über Geschwindigkeit und magnetische Ablenkbarkeit der Kathodenstrahlen. Wiedemanns Ann. Bd. 69 (1899) S. 739.

Wilson, C. T. R.: Investigation on X-rays by the cloud method. Proc. Roy. Soc. Lond. (A) Bd. 104 (1923) S. 195.
Wood, A. B.: The cathode ray oscillograph. J. Amer. Inst. electr. Engr. Bd. 63 (1925) S. 1046.

A. III.

Ardenne, M. v.: Die Braunsche Röhre als Fernsehempfänger. Z. Fernsehen Bd. 1 (1930) Heft 5 S. 200.
Skaupy, F.: D.R.P. 349 838.

A. IV.

Ardenne, M. v.: Bemerkungen zu der Arbeit v. W. Heimann: Z. Hochfrequenztechn. Bd. 40 Heft 6 S. 217.
Bedell, F. u. J. Kuhn: Linear correction for cathode ray Oscillograph. Physic. Rev. (2) Bd. 36 (1930) Heft 5 S. 993.
Goubau, G.: Eine Methode zur radialen Ablenkung an der Braunschen Röhre. Z. Hochfrequenztechn. Bd. 40 (1932) Heft 1 S. 1.
Heimann, W.: Über die Empfindlichkeit der Braunschen Röhre mit Gaskonzentration bei verschiedener Frequenz. Z. Hochfrequenztechn. Bd. 40 (1932) Heft 4 S. 127.
Hollmann, H. E.: Die Braunsche Röhre bei sehr hohen Frequenzen. Z. Hochfrequenztechn. Bd. 40 (1932) Heft 3 S. 97.
— D.R.P. 908 741.
— u. W. Saraga: Stroboskopische Untersuchungen mit der Braunschen Röhre. Mitteilungen aus dem Heinrich-Hertz-Institut für Schwingungsforschung. Z. Hochfrequenztechn. Bd. 41 (1933) Heft 2.
Hudec, E.: Die Verzerrungen durch die Raumladung in der Braunschen Röhre. Elektr. Nachr.-Techn. Bd. 10 (1933) Heft 5 S. 215.
*) A circular time-base, giving radialdeflections for use with the cathode ray Oscillograph. Staff of the Radio Research Station. J. Instn. electr. Engr. Bd. 71 (1932) Nr. 426 S. 82.

A. V.

Ardenne, M. v.: Bedeutung und Beseitigung der Lichthofstörung bei Kathodenstrahlröhren. Z. Hochfrequenztechn. Bd. 42 (1933) Heft 2.
— D.R.G.M. 1 254 744.
— Vortrag „Über einige Themen aus dem Fernsehgebiet". Fernseh-Verein Berlin, 12. Juni 1933.
Bijl, J. van der: Vacuum tube and method of operating the same. Amer. Pat. 1 565 873.
Dobke, G.: Eine neue Braunsche Röhre kleiner Strahlgeschwindigkeit. Z. techn. Physik Bd. 13 Nr. 9 S. 433.
Ende, W.: Über Gaskonzentration von Elektronenstrahlen. Physik. à. Bd. 32 (1931) S. 942.
Espe, W.: D.R.P. 447 043.
Gábor, D.: Oszillographieren von Wanderwellen mit den Kathodenoszillographen. Forschungsheft der Studiengesellschaft für Höchstspannungsanlagen 1927 Heft 1 S. 17.
Johnson, J. B.: A low voltage cathode ray oscillograph. Physic. Rev. Bd. 10 (1921) S. 420.
Knoll, M.: Mehrfach-Kathodenstrahloszillograph. Elektrotechn. Z. Bd. 53 (1932) Heft 46, S. 111.
— F. G. Houtermans, W. Schulze: Untersuchung der Emissionsverteilung an Glühkathoden mit dem magnetischen Elektronenmikroskop. Z. Physik Bd. 78 (1932) Heft 5 S. 340.
— u. E. Ruska: Das Elektronenmikroskop. Z. Physik Bd. 78 (1932) Heft 5 S. 318.
Lenard, P. u. A. Becker: Kathodenstrahlen. Handbuch der Experimentalphysik, Bd. 14. Leipzig 1927.
Lilienfeld, E.: Die Elektrizitätsleitung im extremen Vakuum. Röntgenspektren bei verschiedenen Entladungsbedingungen. Ber. Verh. sächs. Akad. Wiss. Leipzig Bd. 71 (1919) S. 113.

Michelssen u. Kleen: Die Intensitätssteuerung gaskonzentrierter Elektronenstrahlen durch elektrische Felder (Wehnelt-Zylinder). Telefunkenztg. Bd. 61 (Juli 1932) S. 35.
Möller, H. G.: Die Elektronenröhren und ihre technischen Anwendungen, 3. Aufl. (1929) S. 6 u. 226. Braunschweig: F. Vieweg & Sohn.
Perry, C. T. and E. L. Chaffee: Determination of e/m for an electron by direct measuring of the velocity of cathode rays. Physic. Rev. Bd. 39 (1930) Nr. 5 S. 907.
Reibedanz, H.: Neue Braunsche Röhre mit Wechselstromheizung. Z. Hochfrequenztechn. Bd. 36 (1930) S. 196.
Rogowski, W. u. W. Grösser: Über einen lichtstarken Glühkathodenstrahloszillographen zur Außenaufnahme rasch verlaufender Vorgänge. Arch. Elektrotechn. Bd. 15 (1925) S. 377.
Schröter, F.: D.R.P. 535 163.
Sommerfeld, E.: Kathodenstrahloszillograph hoher Spannungsempfindlichkeit. Arch. Elektrotechn. Bd. 20 (1928) S. 607.
Watt, R. A. Watson: The Cathode Ray Oscillograph in Radio Research. His Majestys Stationary Office 1933 S. 21, 78, 245.
Wood, A. B.: Recent developments in cathode ray oscillographs. J. Inst. elektr. Engr., Lond. Bd. 71 (1932) S. 41.
Zworykin, V. K.: Improvements in cathode ray tube design. Electronics. November 1931.

A. VI.

MacGregor Morris, J. T. and H. Wright: Accuracy of measurements made with hot-filament cathode-ray tubes. Inst. of elektr. Engr. 1932.

B. I.

Laub, H.: Stromrichter, E. u. M. Bd. 50 (1932) Heft 23 S. 332.

B. II.

Ardenne, M. v.: Aperiodische Verstärkung von Rundfunkwellen. Z. Hochfrequenztechn. Bd. 33 Heft 5 S. 166.
— Der Bau von Widerstandsverstärkern, 2. Aufl. S. 43, Berlin: R. C. Schmidt 1927.
— Über Röhrenverzerrungen bei Verstärkern. Z. techn. Physik Bd. 6 (1927) S. 235 f.
— Verstärkermeßtechnik. Berlin: Julius Springer 1929.
— Die Elektronenröhre in der Meßtechnik. Referat nach einem Vortrage im Elektrotechnischen Verein, Funk 1930 3. Januarheft.
— Die aperiodische Verstärkung von ultrakurzen Wellen. Z. Hochfrequenztechn. Bd. 40 (1932) Heft 2.
Barkhausen, H.: Elektronenröhren Bd. 1. Leipzig: S. Hirzel 1933.
Möller, H. G.: Die Elektronenröhren. Braunschweig: F. Vieweg & Sohn 1929.
Schlesinger, K.: Der Widerstandsverstärker als Schwingungskreis. Elektr. Nachr.-Techn. 1931 Heft 10 S. 437.
— Einschaltvorgänge beim Widerstandsverstärker. Z. Hochfrequenztechn. Bd. 38 (1931) Heft 4, S. 144.
Schröter, F.: Handbuch der Bildtelegraphie und des Fernsehens. Berlin: Julius Springer 1932. Abschnitt „Die Verstärkung mit Trägerfrequenz".

B. III.

Ardenne, M. v.: Über Anodengleichrichtung I. Z. Hochfrequenztechn. Bd. 29 (1927) Heft 3 S. 82 und Über Anodengleichrichtung II. Z. Hochfrequenztechn. Bd. 31 (1928) Heft 2 S. 51.
— Einige Messungen über die Hochfrequenzspannungen an der Eingangsseite von Empfängern. Z. Hochfrequenztechn. Bd. 32 (1928) Heft 6.
— Über eine neue Feldstärkemeßeinrichtung. Elektr. Nachr.-Techn. Bd. 7 (1930) Heft 11 S. 434.

Ardenne, M. v.: Über eine Schallmeßeinrichtung. Abschnitt: „Die Eichung eines Kondensator-Mikrophons". Funk 1930 Heft 29 S. 485.
— Die Kurven moderner Tonabnehmer. Der Radiohändler. Jg. 8 (1931) Heft 23/24.
— u. W. Stoff: Die Berechnung der Scheinkapazität bei Widerstandsverstärkern. Z. Hochfrequenztechn. Bd. 30 (1927) Heft 3 S. 86.
Fleischer, R. u. H. Teichmann: Die lichtelektrischen Zellen und ihre Herstellung. Dresden und Leipzig: Theodor Steinkopff 1932.
Grützmacher, M. u. E. Meyer: Eine Schallregistriervorrichtung zur Aufnahme der Frequenzkurven von Telephonen und Lautsprechern. Elektr. Nachr.-Techn. Bd. 4 (1927) Heft 5 S. 203.
— u. P. Just: Über Kohlenmikrophone. Elektr. Nachr.-Techn. Bd. 8 (1931) S. 104.
Hull, E.: Physic. Rev. Bd. 17 (1921) S. 359, Bd. 19 (1922) S. 108.
Klotz, E.: Ein Beitrag zur quantitativen Messung von Empfängern. Telefunkenztg. 1927 Nr. 46/47.
Kluge, M.: Frequenzgang und Plattenbeanspruchung von Tonabnehmern. Z. Hochfrequenztechn. Bd. 40 (1932) Heft 2 S. 55.
— J. u. H. E. Linckh: Piezoelektrische Messungen von Druck- und Beschleunigungskräften. Z. VDI Bd. 73 (1929) Nr. 37 S. 1311.
— — Piezoelektrischer Indikator für schnellaufende Verbrennungsmotoren. Z. VDI Bd. 74 (1930) Nr. 25, S. 887.
Lange, B.: Über die spektrale Empfindlichkeit von Sperrschichtphotozellen. Naturwiss. Bd. 19 (1931) S. 525.
Lawrence, E. O. and J. W. Beams: Physic. Rev. Bd. 29 (1927) S. 903 und Bd. 32 (1930) S. 478.
Lubszynski, G.: Über Messung und Ablenkung magnetischer Störfelder, insbesondere beim Kathodenstrahloszillographen. Dissertation. 3. Forschungsheft der Studiengesellschaft für Höchstspannungsanlagen. VDEW, Berlin 1933.
Martin u. Karris: Messung rasch veränderlicher Drücke durch einen als Zündkerze ausgebildeten elektrischen Indikator. Automot. Ind. Bd. 62 (1930) S. 592.
Meyer, E.: Grundlegende Messungen zur Schallisolation von Einfachtrennwänden. Sonderausg. Sitzgsber. preuß. Akad. Wiss., Physik.-math. Kl. 1931, IX.
Ollendorf, F.: Die Grundlagen der Hochfrequenztechnik, S. 372. Berlin: Julius Springer 1926.
— Über Trägheitserscheinungen in gasgefüllten Photozellen. Z. techn. Physik Bd. 12 (1932) Heft 12 S. 606.
Peters: New Development and Electric Telemetres. Proc. Amer. Soc. Test. Mat. Bd. 23, 2 (1923) S. 592.
Schlesinger, K.: Ein kapazitiver Spannungsteiler mit Lastausgleich und seine Anwendungen. Z. Hochfrequenztechn. Bd. 36 (1930) Heft 5.
Schottky, W.: Über Gleichrichterwirkungen von Kupferoxydul gegen aufgebrachte Metallelektroden. Z. Hochfrequenztechn. Bd. 37 (1931) Heft 4/5 S. 162, 175.
Schröter, F. u. G. Lubszynski: Untersuchungen zur Frage der Trägheit gasgefüllter Photozellen. Physik. Z. Jg. 31 (1930) Heft 20 S. 897.
Simon u. Suhrmann: Lichtelektrische Zellen und ihre Anwendung. Berlin: Julius Springer 1932.
Steuding, H.: Messung mechanischer Schwingungen. VDI-Verlag 1928.
Stoerk, C.: Elektrotechn. Z. 1925, S. 95.
Vieweg u. Pfestorf: Über die Aufnahme der Hochspannungskurvenform mit dem Braunschen Rohr. Elektrotechn. Z. Bd. 53 (1932) Heft 38 S. 913.
Vogt, H.: Elektrische Schallaufnahme- und Wiedergabemittel. Funk 1925 Heft 1 S. 11.
Zenneck, J. u. H. Rukop: Lehrbuch der drahtlosen Telegraphie, 5. Aufl., S. 765 f. Stuttgart: Ferdinand Enke 1925.

B. IV.

Abraham, F. u. Bloch: Ann. Physik Bd. 12 (1919) S. 237.
Ardenne, M. v.: Bestimmung von Modulationsgraden und Gleichrichterkennlinien mit Braunschen Röhren. Elektr. Nachr.-Techn. Bd. 7 (1930) Heft 2.

Ardenne, M. v.: Über Strahlkontaktanordnungen bei gasgefüllten Kathodenstrahlröhren zur Aufnahme einmaliger unwillkürlicher Vorgänge. Elektr. Nachr.-Techn. 1933. Im Druck.
Bab, U.: Ein einfaches Verfahren zur Beobachtung hochfrequenter Spannungskurven. Z. techn. Physik Bd. 14 (1933) Heft 1 S. 18.
Banneitz, F.: Taschenbuch der drahtlosen Telegraphie, S. 713 f. Berlin: Julius Springer 1927.
Dufour: Oscillographe cathodique. Paris: Chiron 1923.
Friedländer, E.: Über Kippschwingungen, insbesondere bei Elektronenröhren. Arch. Elektrotechn. Bd. 17 (1926) Heft 1 S. 1.
Frühauf, W.: Arch. Elektrotechn. Bd. 21 (1927) S. 471.
Glaser, A.: Die physikalischen Grundlagen der Gittersteuerung von Gasentladungsgefäßen. Z. techn. Physik Bd. 13 (1932) Heft 11 S. 549.
Hollmann, H. E.: Über symmetrische Kippschwingungen und ihre Synchronisierung. Elektr. Nachr.-Techn. Bd. 8 (1931) Heft 10 S. 449.
Hudec, A.: Arch. Elektrotechn. Bd. 22 (1928) S. 459.
Hund, A.: Hochfrequenzmeßtechnik. Berlin: Julius Springer 1928.
Krüger, K. u. H. Plendl: Aufnahme von Magnetisierungskurven mit der Braunschen Röhre. Z. Hochfrequenztechn. Bd. 27 (1926) Heft 5 S. 155.
Leyshon, W. A.: Philos. Mag. Bd. 4 (1927) S. 305.
Marx, E. u. F. Banneitz: Demonstration der Resonanzkurve mit der Braunschen Röhre. Z. Hochfrequenztechn. Bd. 6 (1913) Heft 2 S. 146.
Rogowski, E. u. E. Flegler: Arch. Elektrotechn. Bd. 14 (1925) S. 529.
Ryan, H. J.: The cathode ray alternating current wave indicator. Trans. Amer. Inst. Electr. Engr. Bd. 20 (1903) S. 1417.
Ulbricht, G.: Eine neue Art zeitproportionaler Kathodenstrahlablenkung. Z. Hochfrequenztechn. Bd. 39 (1932) Heft 4 S. 130.

B. V.

Borries, B. v.: Dissertation, Forschungsheft der Studiengesellschaft für Höchstspannungsanlagen, Nr. 3. Ver. Elektr.-Werke 1933. Im Druck.
Diamond, H. u. J. S. Webb: The testing of audio-frequency transformer coupled amplifiers. Proc. Instn. Radio. Engr. Bd. 15 (1927) Nr. 9 S. 767.
Knoll, M.: Nutzeffekt des Kathodenstrahloszillographen. Z. techn. Physik Jg. 12 (1931) Nr. 1 S. 54.
Sommerfeld, E.: Arch. Elektrotechn. Bd. 20 (1928) S. 607—618.

B. VI.

B. VII.

Wawrziniok: Methode zur Messung der Klopfgeräusche an Verbrennungskraftmaschinen. Automobiltechn. Z. Bd. 34 (1932) Nr. 23/24 S. 546.
Wehnelt, A. u. B. Donath: Photographische Darstellung von Strom- und Spannungskurven mittels der Braunschen Röhre. Wiedemanns Ann. Bd. 69 (1899) S. 168.

B. VIII.

B. IX.

Alberti, E.: Braunsche Kathodenstrahlröhren und ihre Anwendung, S. 151. Berlin: Julius Springer 1932.
Hollmann, H. E.: Der Kennlinienkomperator. Z. Hochfrequenztechn. 1933. Im Druck.
Hudec, E.: Zeitproportionale, synchronlaufende Zeitablenkung für die Braunsche Röhre. Z. Hochfrequenztechn. Bd. 34 (1929) Heft 6 S. 218.
Sewig, R.: Simultanaufzeichnung mehrerer Vorgänge mit dem Kathodenstrahloszillographen. Z. techn. Physik Bd. 14 (1933) Heft 4 S. 152.

C. I.

Brüche, E.: Modellversuche mit sichtbaren Elektronenstrahlen zu Störmers Theorie des Polarlichtes und des Weltraumechos. Naturwiss. Bd. 18 Heft 50 S. 80.
— Über die Ausmessungen magnetischer Felder mittels Elektronenstrahl. Z. techn. Physik Jg. 12 (1931) Heft 2 S. 94.
Lenard, P. u. A. Becker: Kathodenstrahlen. Handbuch der Experimentalphysik Bd. 14 (1927) S. 424.

C. II.

Angström, K.: Physic. Rev. 1900 S. 1074.
Appleton, E. V.: Proc. physic. Soc., Lond. Bd. 37 (1925) S. 160.
— u. M. A. F. Barnett: Proc. physic. Soc. Lond. Bd. 37 (1925) S. 109, 621.
Ardenne, M. v.: Eine indirekte Methode zur Messung von Gitterströmen. Z. Hochfrequenztechn. Bd. 29 (1927) Heft 3.
— Zur Theorie der Endverstärker. Z. Hochfrequenztechn. Bd. 30 (1927) Heft 3 S. 116.
— Bestimmung von Modulationsgraden und Gleichrichterkennlinien mit Braunschen Röhren. Elektr. Nachr.-Techn. Bd. 7 (1930) Heft 2.
— Die Sichtbarmachung von Frequenzabhängigkeiten mit der Braunschen Röhre. Helios, Lpz. 1930 Nr. 2 S. 11.
— Sichtbarmachung von Röhrenkennlinien mit der Braunschen Röhre. Funk 1930, Heft 6 8.
— Über eine Schallmeßeinrichtung, Teil I. Funk 1930 Heft 27.
— Eine Schallmeßeinrichtung, Teil II. Funk 1930 Heft 29 und: Über eine Schallmeßeinrichtung, Teil III. Funk 1930 Heft 31.
— Eine stroboskopische Methode zur Untersuchung von Lautsprechermembranen. Funk 1930 Heft 34.
— Wirkungsweise der Außensteuerröhre. Funk 1930 Heft 40 S. 655.
— Die Kurven moderner Tonabnehmer. Radiohändler Jg. 8 (1931) Heft 23/24.
— Modulationsgrad und Fading. Z. Dtsch. Rundfunk Bd. 9 (1931) Heft 27 S. 69.
— Untersuchungen über das Brummen von Netzempfängern. Z. Funkmag. Bd. 4 (1931) Heft 9 S. 713.
— Ein Kennlinienschreiber zum Prüfen von Verstärkerröhren. Funkmagazin, Okt. 1931.
Breit, G. u. M. A. Tuve: Physic. Rev. Bd. 28 (1926) S. 571.
Fassbender, H. u. E. Hupka: Magnetische Untersuchungen im Hochfrequenzkreis. Z. Hochfrequenztechn. Bd. 6 (1931) S. 133.
Friiss, H. T.: Oscillographic Observations on the direction of propagation and Fading of short waves. Proc. Instn. Radio Engr. Bd. 16 (1928) Nr. 5 S. 658.
Goubau, G. u. J. Zenneck: Messung von Echos bei der Ausbreitung elektromagnetischer Wellen in der Atmosphäre. Z. Hochfrequenztechn. Bd. 37 (1931) Heft 6 S. 207.
— — Anordnung für Echomessungen an der Ionosphäre. Z. Hochfrequenztechn. Bd. 40 (1932) Heft 3, S. 78.
Heilmann, A.: Ein stroboskopisches Verfahren zur Messung von Frequenz- und Phasenmodulation. Elektr. Nachr.-Techn. Bd. 8 (1931) Heft 11.
Hollmann, H. E. und K. Kreielsheimer: Elektr. Nachr.-Techn. 1933. Im Druck.
Kammerloher, J.: Graphische Bestimmung der maximalen Leistungsabgabe von Ein- und Mehrgitterröhren bei gegebener Anodenbatteriespannung und bei voller Aussteuerung der im Negativen liegenden Kennlinie. Elektr. Nachr.-Techn. Bd. 8 (1931) Heft 9 S. 371.
— Neue Meßmethode zur Bestimmung des Modulationsgrades von Telephoniesendern. Elektr. Nachr.-Techn. Bd. 8 (1931) Heft 10.
Kirschstein, J.: Über die Trägheit der Photozellen. Z. Fernsehen Bd. 1 (1930) Heft 4.
— Die Glimmlampe als Fernschlichtrelais. Z. Fernsehen Bd. 1 (1930) Nr. 11/12.
Kramer, E.: Frequenzvervielfachung durch Eisenwandler. Diss. Dresden 1928. Berlin: M. Krayn.
Krawinkel, G.: Erfahrungen mit Photozellen. Z. Fernsehen Bd. 1 (1930) Heft 2.

Lončar, J.: Einige Beobachtungen beim Oszillographieren. Elektrotechn. Z. Bd. 54 (1933) Heft 22 S. 522.
Madelung, E.: Über Magnetisierung durch schnell verlaufende Ströme und die Einwirkungsweise des Rutherford-Marconischen Detektors. Ann. Physik Bd. 17 (1905) S. 861.
Meyer-Just: Gesamtenergie von Schallquellen. Z. techn. Physik Bd. 10 (1929) Nr. 8.
Plendl, H., F. Sommer u. J. Zenneck: Experimentelle Untersuchungen über magnetische Frequenzwandler. Z. Hochfrequenztechn. Bd. 27 (1926) Heft 4 S. 101.
Watt, R. A. Watson: The cathode ray oscillograph in radio research l. c. S. 110.
— Weather and Wireless: From the quarterly journal of the royal meteorological society. Bd. 55 (Jule 1929) S. 273 und The cathode ray oscillograph in radio research, l. c. S. 133.

C. III.

Röhrig: Fehlerortsbestimmungen mit dem Kathodenstrahloszillographen. Elektrotechn. Z. Bd. 52 (1931) S. 241.
Salinger, H.: Beobachtungen am Kohlemikrophon. Elektr. Nachr.-Techn. Bd. 6 (1929) Heft 7.

C. IV.

Fischer, W. u. L. Pungs: Die Beeinflussung von Schaltvorgängen durch Elektronenröhren. Z. Hochfrequenztechn. Bd. 35 (1930) Heft 6 S. 205.

C. V.

Hollmann, H. E. u. Th. Schultes: Raumakustische Kippschwingungen. Elektr. Nachr.-Techn. Bd. 8 (1931) Heft 11 S. 494.

C. VI.

Elsässer: Messungen von Schwingungen und Drehmomenten mittels des Oszillographen. Z. VDI Bd. 68 (1924) S. 485.
Kluge, J. u. H. E. Linckh: Piezoelektrische Messungen von Druck- und Beschleunigungskräften. Z. VDI Bd. 73 (1929) Heft 37 S. 1311.
Steinmetz, G.: Drehungsmesser am laufenden Riemen. Diss. Techn. Hochsch. Berlin 1917.

C. VII.

Zeiss, Ikon: Gasdruckmessungen mit Piezokristallen. Z. Kugel u. Schrot 1931.

C. VIII.

Kluge, J. u. H. E. Linckh: Piezoelektrischer Indikator für schnellaufende Verbrennungsmotoren. Z. VDI Bd. 74 (1930) Heft 25 S. 887.
Wawrziniok, W.: Methode zur Messung der Klopfgeräusche in Verbrennungsmaschinen. Automob.-techn. Z. (Mitt. Inst. Kraftfahrwes. sächs. Techn. Hochsch. Dresden) Jg. 34 (1931) Heft 23/24 S. 544, Heft 25 S. 572, Heft 28 S. 652.
— Druckanstieg, Gasschwingungen und Verbrennungsgeräusche bei der Verpuffung von Kraftstoffen. Automob.-techn. Z. Jg. 36 (1933) Heft 3 S. 73, Heft 5 S. 136.
Ziegler, M.: A complete arrangement for the investigation, the measurement and the recording of rapid airspeed fluctuations with very thin and short hot wires. Medeeling Nr. 21 von het Labor. voor Aero-en Hydrodynamica der Techn. Hoogschool te Delft.

C. IX.

Scheminsky, F.: Elektronenröhren-Ionenröhren. Handbuch der biologischen Arbeitsmethoden, Abt. 3, Teil a, S. 1186. Wien: Urban & Schwarzenberg 1928.

Scheminsky, F.: Methoden und Ergebnisse der Anwendung von Elektronenröhren in der physiologischen Akustik. Aus Erg. Physiol. Bd. 33. München: J. F. Bergmann 1931.
Werner, A. u. M. v. Ardenne: Beitrag zur objektiven Untersuchung der Akustik von Atmungsorganen. Klin. Wschr. Bd. 10 (1931) Heft 6 S. 257.

D. I.

Fischer, F.: Die Verzerrungsarten beim Tonfilm. Z. techn. Physik Bd. 13 (1932) Nr. 1 S. 6.
Vogt, Engl u. Massolle: Vorrichtung zur Aufzeichnung von Lauten auf einen lichtempfindlichen Träger unter Anwendung eines Kathodenstrahlbündels. D.R.P. 363 918.

D. II.

Ardenne, M. v.: Die Braunsche Röhre als Fernsehempfänger. Z. Fernsehen Bd. 1 (1930) Nr. 5 S. 195.
— Fortschritte beim Fernsehen mit Kathodenstrahlröhren. Z. Fernsehen Bd. 2 (1931) Nr. 3 S. 173 f.
— Über neue Fernsehsender und Fernsehempfänger mit Kathodenstrahlröhren. Z. Fernsehen Bd. 2 (1931) Nr. 2 S. 65 f.
— Über Helligkeitssteuerung bei Kathodenstrahlröhren unter besonderer Berücksichtigung einer neuen Methode. Z. Fernsehen Bd. 3 (1932) Nr. 1 S. 21.
— Die praktische Durchführung der Thunschen Liniensteuerung unter Anwendung neu entwickelter Methoden. Z. Fernsehen Bd. 3 (1932) Nr. 4 S. 210.
Hudec, E.: Zur Physiologie des Fernsehens. Elektr. Nachr.-Techn. Bd. 8 (1931) Heft 12 S. 544.
— Die Helligkeitssteuerung bei Braunschen Röhren. Elektr. Nachr.-Techn. Bd. 9 (1932) Heft 6 S. 213.
— u. Perchermeier: Die Fernsehanordnung des Reichspostzentralamtes mit Braunscher Röhre. Z. Fernsehen Bd. 2 (1931) Heft 4 S. 244.
Schröter, F.: Die Braunsche Röhre als Fernseher. Z. Fernsehen Bd. 1 (1930) Nr. 1, S. 4.
— Handbuch der Bildtelegraphie und des Fernsehens, S. 62. Berlin: Julius Springer.
— Handbuch der Bildtelegraphie und des Fernsehens, S. 142 u. f.
— Handbuch der Bildtelegraphie und des Fernsehens, Kapitel über Gesetze, Probleme und Grenzen des Fernbildrasters.
Thun, R.: Die technischen Grenzen der Bildgüte des Fernsehens. Z. Fernsehen Bd. 1 (1930) Nr. 11/12 S. 488.
— Grundsätzliche Systeme der elektrischen Übertragung bewegter Bilder. Z. Fernsehen Bd. 1 (1930) Heft 6 S. 267.
Wiedemann, Fr.: Über die Beziehung zwischen Bildpunktzahl, Bildgröße und Helligkeit bei Fernsehbildern. Z. Fernsehen Bd. 2 (1931) Nr. 1 S. 8.

Namen- und Sachverzeichnis.

Verlag von Julius Springer / Berlin

Braunsche Kathodenstrahlröhren und ihre Anwendung. Von Dr. phil. **E. Alberti,** Regierungsrat und Mitglied des Reichspatentamts, Berlin. Mit 158 Textabbildungen. VII, 214 Seiten. 1932.
RM 21.—; gebunden RM 22.20

Diese Monographie zeigt zunächst chronologisch die Entwicklung der Kathodenstrahlröhre. Die physikalischen Grundlagen werden nur in ihren wesentlichen Punkten knapp behandelt. Die eingehende Behandlung des Aufbaus der Röhre und der Aufnahmeverfahren bringt eine Fülle von Material. Dies ist für den Fachmann dadurch besonders wertvoll, weil es auch die Patentliteratur weitgehend einschließt. Von den Anwendungsgebieten ist vor allem die meßtechnische Seite stark herausgearbeitet. Aber auch die moderne Anwendung der Kathodenstrahlröhre für Bildübertragung und Fernsehen kommt nicht zu kurz. Literatur-, Namen- und Sachverzeichnis vervollständigen diese wertvolle Zusammenstellung.
„Zeitschrift für technische Physik"

Lichtelektrische Zellen und ihre Anwendung. Von Dr. **H. Simon,** Berlin, und Professor Dr. **R. Suhrmann,** Breslau. Mit 295 Textabbildungen. VII, 373 Seiten. 1932. RM 33.—; gebunden RM 34.20

Handbuch der Bildtelegraphie und des Fernsehens. Grundlagen, Entwicklungsziele und Grenzen der elektrischen Bildfernübertragung. Unter besonderer Mitwirkung des Laboratoriums Karolus in Leipzig bearbeitet und herausgegeben von Professor Dr. phil. **F. Schröter,** Direktor der Forschungsabteilung der Telefunken-Gesellschaft für drahtlose Telegraphie m.b.H., Berlin. Mit 365 Textabbildungen. XVI, 487 Seiten. 1932.
Gebunden RM 58.—

This comprehensive and masterly treatise has been written by a number of experts, each dealing with his own special branch of the subject.

On turning over the pages one is impressed by the enormous amount of work which has been done in this branch during the last seven years, for only brief references are made to earlier work unless it was of a fundamental character and formed a step towards modern developments. Although the book deals to a large extent with the methods and processes developed by Karolus, Siemens and Halske, and the Telefunken Company, the work of other companies is described very fully, and special reference is made in the preface to the German Post Office, the Radio Corporation of America and the Marconi Company. The first three of the eleven chapters are by Schröter and deal with scanning in both picture transmission and television; 147 pages are dovoted to this subject. Successive chapters deal with photoelectric cells, picture reproduction and light modulation, synchronisation, amplification, wireless picture transmission and reception, line picture transmission, the construction and operation of picture transmission and television apparatus.

A valuable feature of the book is the detailed references given at the foot of nearly every page to articles and patent specifications. The diagrams, illustrations, printing and binding are all of the excellent quality which one has come to associate with the name of Springer. We cannot speak too highly of the book; its publication marks an epoch in the development of the subject, and although the price sounds rather excessive we feel sure that it would be money well spent by anyone seriously interested in picture transmission or television.
,,The Wireless Engineer and Experimental Wireless"

Forschung und Technik. Im Auftrage der Allgemeinen Elektricitäts-Gesellschaft herausgegeben von Professor Dr.-Ing., Dr. rer. pol. e. h. **W. Petersen.** Mit 597 Abbildungen im Text. VII, 576 Seiten. 1930.
Gebunden RM 40.— (abzügl. 10% Notnachlaß)

Enthält u. a.: Strahlen langsamer Elektronen und ihre technische Anwendung. Von E. Brüche.

Verlag von Julius Springer / Berlin

***Verstärkermeßtechnik.** Instrumente und Methoden. Von **Manfred von Ardenne.** Unter Mitarbeit von Wolfgang Stoff und Fritz Gabriel. Mit einem Geleitwort von Professor Dr. M. Pirani. Mit 246 Textabbildungen. VII, 235 Seiten. 1929. RM 22.50; gebunden RM 24.—

Das Buch gibt zunächst eine Übersicht der für das Gesamtgebiet der Verstärkermeßtechnik im Laboratorium erforderlichen Apparaturen und Instrumente. Sodann folgt eine Beschreibung der verschiedenen Meßverfahren, die bei Untersuchungen an Hoch- und Niederfrequenzverstärkern und Empfängern anzuwenden sind. Anschließend wird auf verwandte Messungen eingegangen, wie Modulations- und Feldstärkebestimmungen usw. Fehlerquellen werden eingehend erörtert.

***Die Grundlagen der Hochfrequenztechnik.** Eine Einführung in die Theorie. Von Dr.-Ing. **Franz Ollendorff,** Charlottenburg. Mit 379 Abbildungen im Text und 3 Tafeln. XVI, 640 Seiten. 1926. Gebunden RM 36.—

Hochfrequenztechnik in der Luftfahrt. Im Auftrage der Deutschen Versuchsanstalt für Luftfahrt herausgegeben von Professor Dr. **H. Faßbender,** Berlin. Mit 475 Textabbildungen und 48 Tabellen. XII, 577 Seiten. 1932. Gebunden RM 68.—

Im Faßbenderschen Buch wird dem Hochfrequenztechniker und dem Luftfahrttreibenden mit weitem Blick die Fülle der Probleme eines interessanten Zweiges des Funkwesens gezeigt. Außer den theoretischen Unterlagen findet man eine große Anzahl meßtechnisch gewonnener Werte, die bisher in der Hochfrequenztechnik unbekannt waren.

Im Luftfahrzeug spielen mehr als irgendwo in der Hochfrequenztechnik Gewicht und Ausmaße sowie der Widerstand im Luftstrom liegender Teile eine ausschlaggebende Rolle. Dieser Aufgabe der Anpassung des Funkgeräts an die praktischen Verhältnisse im Luftfahrzeug hat sich die Funkindustrie aller luftfahrttreibenden Länder gewidmet. Hier hat die Technik manche durch Forschung gewonnene neue Erkenntnis verwerten können. Auch dieses Kapitel der Praxis findet in dem Buche volle Berücksichtigung. Die neuesten Funk- und Peilgeräte für Luftschiffe, Flugzeuge und Bodenstationen — der in- und ausländischen Industrie — sind in bezug auf Wirkungsweise und technischen Aufbau behandelt.

Schließlich befaßt sich das Werk noch mit der Organisation des internationalen Flugfunk- und Peilbetriebes und gibt damit einen interessanten Überblick über den Einsatz und den Wert der Boden- und Bordfunkstationen im Luftverkehr.

Das Faßbendersche Buch zeichnet sich durch eine an anderer Stelle der Fachliteratur nicht zu findende Vollständigkeit dieses interessanten und wichtigen Hochfrequenz- und Luftfahrtgebietes aus. Es kann als das Handbuch der Hochfrequenztechnik in der Luftfahrt bezeichnet werden.

„Zeitschrift für Flugtechnik und Motorluftschiffahrt“

***Hochfrequenzmeßtechnik.** Ihre wissenschaftlichen und praktischen Grundlagen. Von Dr.-Ing. **August Hund,** Fellow of the Institute of Radio Engineers, Fellow of the American Physical Society. Zweite, vermehrte und verbesserte Auflage. Mit 287 Textabbildungen. XIX, 526 Seiten. 1928. Gebunden RM 39.—

***Taschenbuch der drahtlosen Telegraphie und Telephonie.** Herausgegeben von Dr. **F. Banneitz.** Mit 1190 Abbildungen und 131 Tabellen. XVI, 1253 Seiten. 1927. Gebunden RM 64.50

* Auf die Preise der vor dem 1. Juli 1931 erschienenen Bücher wird ein Notnachlaß von 10% gewährt.

GPSR Compliance

The European Union's (EU) General Product Safety Regulation (GPSR) is a set of rules that requires consumer products to be safe and our obligations to ensure this.

If you have any concerns about our products, you can contact us on ProductSafety@springernature.com

In case Publisher is established outside the EU, the EU authorized representative is:

Springer Nature Customer Service Center GmbH
Europaplatz 3
69115 Heidelberg, Germany

Batch number: 10682323

Printed by Printforce, the Netherlands